哈尔滨工程大学“十五”研究生教材建设专项资金资助出版

# 实用计算流体力学基础

吴德铭 郜 冶 编

哈尔滨工程大学出版社

## 内容简介

本书对CFD软件的基本方程、数值方法和软件使用中的基本问题进行了系统阐述。共分4编。第一编着重解决实际问题的基本技能,CFD的常识性基础。第二编在有限容积法基础上,对CFD偏微分方程、数值方法和边界条件进一步深化理解,以及非稳态流场数值解应注意的问题。第三编是对湍流物理基础和湍流模型的介绍,同时,给出了在工业和工程中常用的湍流模型及其特点,并给出了一些典型算例和程序设计。第四编介绍了7个有代表性的与湍流相关的工程实际算例。

本书可作为流体力学专业硕士、博士研究生教材,也可供有关专业高年级本科生参考。

**图书在版编目(CIP)数据**

实用计算流体力学基础/吴德铭,郜冶编.—哈尔滨:哈尔滨工程大学出版社,2006

ISBN 978-7-81073-761-6

Ⅰ.实… Ⅱ.①吴…②郜… Ⅲ.计算流体力学-高等学校-教材 Ⅳ.O35

中国版本图书馆CIP数据核字(2006)第035479号

---

出版发行 哈尔滨工程大学出版社
社 址 哈尔滨市南岗区东大直街124号
邮政编码 150001
发行电话 0451-82519328
传 真 0451-82519699
经 销 新华书店
印 刷 黑龙江省地质测绘印制中心印刷厂
开 本 787mm×960mm 1/16
印 张 35.25
字 数 756千字
版 次 2006年6月第1版
印 次 2008年2月第2次印刷
定 价 58.00元
http://press.hrbeu.edu.cn
E-mail:heupress@hrbeu.edu.cn

---

# 目　录

## 第一编　CFD 与商用软件基础

## 第二编 有限容积方法和 SIMPLE 改进算法

## 第三编 流体运动方程与湍流模式

## 第四编　CFD 商用软件和工程应用算例

# 第一编 CFD与商用软件基础

# 第1章 绪 论

## 1.1 CFD(Computational Fluid Dynamics)技术的目标

计算流体力学在20世纪70年代以来的成就,显示出它在人类深入研究各种流动现象,以及在工业和工程应用方面的强大生命力。在航空、气象、海洋、流体机械、建筑和车辆设计等各个领域都显示出巨大威力。近年来,由于计算机速度和存储信息能力的大幅度提高,特别是计算机自动生成三维物体网格能力的迅速发展,计算机软件水平突飞猛进,给科学发展和工程应用设计带来了根本性的变化。

作为一门崭新的学科,计算流体力学主要研究描述各种流动现象,它的目标是在工程上尽可能用数值实验代替实物实验,用计算机模拟自然环境、设计生物体和工程机械装置。计算机的大量使用,计算流体力学通用大型软件的成熟,彻底改变了人们在工程和工业产品实验和设计中的传统观念。通过数值模拟对工作过程细节的了解,使得工程装置的优化设计现在已经作为一种新的手段。可以做到预报真实的流体机械、换热与燃烧装置、工业炉、大气污染等现象的全过程。可以得到设计所需的各种定量数据,又能把实验所需的人力、物力及财力减到最低限度,实现了真正意义的设计革命。通用计算机软件的发展,使数值仿真技术成为与模拟实验同样有效的手段。在计算机程序中,改变物理和化学因素以及改变环境条件都比在实验室中改变这些参数要容易得多。既可以加快研究速度,又可以拓宽研究参数的变化范围,从而增加科研的深度和广度。20世纪90年代以前,一部轿车的空气动力和车外型设计计算需要几个月,而使用通用软件,可以在一个星期内完成一部新车的网格生成、力学计算和造型分析工作。

CFD技术在工业和非工业领域显示出强大的功能,主要领域是:

- 各种飞行器和汽车空气动力学
- 船舶水动力学
- 环境工程中污染物的排放和流出
- 水力和海洋学
- 各种机车中的发动机和燃气轮机
- 涡轮机械、泵和风机中旋转通道内部的流动、扩散等

• 燃烧空气动力学，火灾和爆炸
• 电气和电子工程设备的冷却
• 化学工艺过程中的混合、分离和聚合
• 建筑物内部和外部环境
• 海上建筑物的负荷
• 气象学中的天气预报

CFD 技术的最终发展目标是提供一个可与其他计算机辅助工程学(CAE)工具(例如应力分析软件)相类似的工具。CFD 发展缓慢的主要原因在于流体的基本流动特性错综复杂，使得人们无法对流体流动行为进行有效而充分完整的描述。近年来，高性能计算机硬件价格的下降，在软件中引入了更好的图形用户界面，使得人们使用 CFD 的兴趣有所高涨。20 世纪 90 年代以后，CFD 已被应用到更广泛的工业领域中。

总体来说，对 CFD 软件的投资并不大，整个花费通常远远没有一个高性能实验装置那样大。CFD 应用于流动系统设计中有如下优点：

• 研制时间和费用大大减少
• 能够对那些实验设计困难和不可能进行实验的系统进行研究(例如非常大的系统)
• 能够在危险的情况下对系统的安全工况和超出安全工况的界限进行研究(例如安全性研究和事故分析)
• 给出实际情况更细致和必要的信息

实验花费取决于实验装置和人力耗费，也与实验数据的数量和测试结构的数量成比例。相反，CFD 可以提供大量的结果而不增加费用，用它进行不同流动和热力参数变化过程的研究是非常廉价的。

## 1.2 CFD 软件及其主要功能

CFD 建立在数值计算的基础上，可以解决关于流动的许多问题。为了便于操作和发挥它解决问题的功能，所有的商业 CFD 软件都打包有高级图形用户界面用以输入计算参数和检查结果，因此所有的软件包括三个主要部分：前处理、求解和后处理。下面我们简单介绍一下这三个部分的功能。

**前处理**

前处理由一个友好界面构成，这个界面用于给出计算程序输入与流动问题有关的参数，接下来将这些参数转化成求解所需的合适形式。前处理阶段的功能包括以下各项。

(1)求解区域的几何定义：计算区域

(2)网格生成—将区域划分成大量更小的相互无重叠的子区域：控制容积或元素小网格

(3)选择需要建模的物理现象或化学现象

(4)定义流动特性

(5)确定网格的边界条件,使它和主区域的边界条件一致

解决流动问题(速度、压力、温度等)首先要定义子区域节点值。CFD的计算精度取决于网格中子区域的数量多少。在一定的硬件条件和计算时间下,计算精度和误差取决于网格划分的正确性。最佳的网格通常并不是唯一的。在相邻点的物理量变化较大的地方,网格应更精细一些;而在物理量相对变化较小的地方网格可稀疏一些。人们已经发展了一种称为自适应网格的计算方法,会自动地在求解变量变化剧烈的地方将节点加密。这种强有力的方法已经被引入商业化的CFD软件。目前,网格生成的水平仍要依赖于CFD软件使用者的技巧。

工业CFD应用中,所耗费时间中超过一半被用于几何区域的定义和网格的生成。为了最大限度地发挥CFD软件使用者的工作效率,所有CFD软件现在都有自身携带的计算机图形用户界面或工具,以便于和专用的网格生成软件相连接。例如用PATRAN和I-DEAS导入数据,使用ICEM软件生成复杂系统的网格再接入计算分析软件。在给出主要流动方程的同时,前处理也给使用者提供了常见流体的物性参数库、特殊的物理和化学过程模型,如湍流模型、热辐射模型、燃烧模型,以供使用者选用。

**求解**

数值求解的方法可分为三个分支:有限差分法、有限元法、谱分析法和后来已发展成为比较独立的有限容积法。求解的基本步骤可分以下几步:

(1)用简单的函数描述未知的流动参数变量之间的关系

(2)适当离散流体运动控制方程并进行数学处理

(3)求解代数方程

这几个分支的主要区别在于流动参数变量的近似的方法和离散的过程。

**有限差分法**

有限差分法在直角坐标系中通过网格节点上的 $\phi$ 值来描述整个流动问题的未知变量 $\phi$。通常将在网格节点上的 $\phi$ 用截断的泰勒级数展开,将导数项近似地表示成有限差分的形式。这个导数项可用此节点及其附近的一些节点的未知量,表示出现在控制方程中的导数项。通过有限差分代替,从而得到一个用各个节点上的 $\phi$ 值表示的代数方程组。

**有限元法**

有限元法用简单分段曲线函数(线性或二次函数)在节点的值来描述流体 $\phi$ 在当地的变化。控制方程的精度通过对 $\phi$ 的正确分解来决定。如果用线性方程近似代替控制方程,它不会完全精确,它的余项用来衡量误差。第二,余项在一定意义上可以通过增加质量方程及其完整性来减小,于是就得到了表示近似方程的一组系数未知的代数方程。有限元理论最初是为进行结构强度分析而发展起来的。在流体力学的一个成功应用是由Zienkiewicz和Taylor(1989)完成的。

**谱分析法**

谱分析法是用有限项的傅立叶级数展开式和切比雪夫展开多项式来近似表示未知项。与有限元法和有限差分法不同的是,这种近似并不意味着多项式仅对当地的节点函数值有用,而是对整个区域都有效,然后我们用有限级数来代替控制方程中的未知项。与有限元法或基于大量网格节点近似求解方程一样,求解傅立叶或切比雪夫代数方程组的局限性在于存在一个权余项和近似性。有关这种特殊方法的更多资料可参考 Gottlieb 和 Orszag(1997)的著作。

**有限容积法**

有限容积法最初源于一种特殊的有限差分法,现在已从物理上的守恒定律出发,成为独立的数值方法。本书将集中介绍这种已建立的并被多年实践认为有效的数值方法。现在已经获得广泛商业化的 5 种 CFD 软件中有 4 种都主要采用有限容积法,如 PHOENICS、FLUENT、STAR-CD 和 CFX。这种方法主要包括以下几个步骤:

- 在求解区域的所有控制容积上建立完备的流体运动控制方程组
- 离散化包括用某种有限差分格式表示通用方程组中的各个流动过程项,如对流项、扩散项和源项,将通用方程组转化成代数方程组
- 用迭代法求解代数方程组

首先,控制容积的守恒性使有限容积法有别于其他的 CFD 技术。对于每一个容积元来说都有这种性质。有限容积法的主要优点之一就是这种数值方法和基本的物理守恒定律之间联系是非常清晰的。相对于有限元法和谱分析法来说,它使工程师们更容易理解有关概念。一般变量 $\phi$ 的守恒性,例如速度分量或焓的守恒,在一个有限的容积内,物理量变化总的平衡关系是

$$\begin{matrix}\text{控制容积内}\ \phi\ \text{对}\\ \text{时间的变化率}\end{matrix} = \begin{matrix}\text{对流引起控制容}\\ \text{积内}\ \phi\ \text{的变化率}\end{matrix} + \begin{matrix}\text{扩散引起控制容}\\ \text{积内}\ \phi\ \text{的变化率}\end{matrix} + \begin{matrix}\text{控制容积内}\ \phi\\ \text{的生成率}\end{matrix}$$

CFD 软件中的离散化方法适合处理一些主要输运现象,例如由于流体的流动而引起的对流现象、由于 $\phi$ 的变化而引起的扩散现象,同时还包括与 $\phi$ 的产生或消失有关的源项以及与时间有关的变化率。实际中的物理现象是复杂的,并且是非线性的。因此,需要采用迭代方法求解。目前求解代数方程最流行的方法是逐级推进的三对角矩阵法(TDMA),将压力与速度正确相关联的 SIMPLE 算法。近年来,商业软件提供更多的方法以供使用者选择,如 STONE 算法和共轭梯度法。

有限容积法从描写流动与传热问题的守恒型控制方程出发,对它在控制容积上进行积分。在积分过程中需要对界面上被求函数的本身(对流通量)及其一阶导数的(扩散通量)构成方程作出假设,这就形成了不同的格式。由于扩散项多是采用相当于二阶精度的线性插值,因而格式的区别主要表现在对流项上。用有限容积法导出的离散方程可以保证具有守恒性(只要界面上的插值方法对位于界面两侧的控制容积是一样的即可)。对区域形状的适应性也比有限差分法要好,是目前应用最普遍的一种数值方法。顺便指出,文献中曾有过把有限容积法作为

有限差分法的一种实施方法来看待的观点。但这两种方法在获得离散方程的原理上完全不同,因而把它们看作获得离散方程的两种方法更加合适。虽然在不少情况下,两种方法可以导致相同的离散结果。

**后处理**

如同在前处理过程中一样,近年来,人们在后处理方面也做了大量的工作。由于图形工作平台的直观性,先进的 CFD 软件包目前都具有多种数据可视化工具,这包括:

- 几何区域和网格的显示
- 矢量图绘制
- 曲线图和阴影图的绘制
- 2D 和 3D 表面图绘制
- 视图处理(转换、旋转、缩放等)
- 色彩填充输出

这些工具还包括计算结果的动态显示。除了图形处理外,所有的软件都有可靠的数据输出功能,并且有数据接口以便在外部对这些数据作进一步处理。

## 1.3 CFD 数值方法的基本原则

流体运动的基本物理现象是复杂的,CFD 软件计算出的结果应尽量同流体的物理现象一致。在建立并模拟一个流动问题之前,我们应根据物理和化学现象,建立一个描述流动现象的方程。其中最基本的一条就是对一个问题是用二维来描述还是用三维来描述,是否排除周围温度的影响,是否考虑压力变化对流体密度变化的影响,是否采用湍流方程去描述问题,是否可以忽略流体中的小气泡。要作出正确的选择必须具有熟练的建模技巧,因为即使对最简单的流动问题,我们也必须作一些假设,以便使问题的复杂程度降低到可以处理的水平,这同时也保留了问题的主要特征。合适的简化过程在一定程度上决定了 CFD 软件计算结果的正确性。因此,使用者必须依据假设条件忽略那些次要因素。

真正的理解数值求解方法是非常重要的。决定算法是否成功并且对算法的其他方面有影响的三个数学概念是:收敛性、相容性和稳定性。

收敛性是网格尺寸、控制容积尺寸或单元尺寸趋于零时数值方法的求解结果接近于精确解的特性。

相容性是当网格尺寸趋于零时,代数方程接近于原控制方程组的程度。

稳定性是用数值方法求解过程中保持误差不扩大的特性。如果一个方法是不稳定的,原舍入误差将导致计算数值大幅振荡或发散。

通常,我们很难在理论上建立收敛性的判断规则,实际上我们常使用 Lax 等价定理。Lax

等价定理可表述为:对一个线性问题,收敛的充分和必要条件是这种方法是稳定的,而且还是相容的。第 2 章中我们将看到,这个定理的作用是有限的,因为控制方程是非线性的。在这些问题中相容性和稳定性的假设是必要的而不是充分的。

从理论上,我们往往还无法充分证明某种数值求解格式是收敛的。但我们不必太关心这一点,由于我们的计算机存储数字的位数是有限的,所以网格大小趋于零的过程是不可能的。当网格尺寸远远未到达零之前,舍入误差已经淹没了求解值。工程人员需要那些能在有限网格下也能取得精确结果的 CFD 软件。帕坦卡(1980)系统地阐述了强有力的有限(有时甚至是稀疏的)格式的计算规则。在第 4 章我们将对此进一步的讨论。这里我们将强调这种方法的三个主要特性:守恒性、有界性和输运性。

有限容积法能够保证在每一个控制容积内相关物理量的守恒性。具有收敛性的数值格式可以保证在整个区域上流动都是守恒的,这在实际中也是非常重要的。只要保证相容性就可得到从相邻的控制容积通过表面进入的 $\phi$ 通量。有界性和稳定性是一致的,它要求在无“源”问题中,求解结果在最大与最小的边界条件值之间变动。边界条件可以通过代数方程系数的大小和符号来确定。尽管流动问题是非线性的,但是研究有限容积法,线性的边界问题对于更进一步的求解非线性问题是非常重要的。

所有的流动过程都包含有对流和扩散的效应。在扩散现象中,如热传导中,某一点的温度变化或多或少地影响它周围与其相邻节点的温度。而对流是涉及到与流动方向有关的现象,即某一点的值主要受它上游条件的影响。有限容积格式的输运特性可以解释为扩散与对流的相对大小对流动方向的影响。

守恒性、有界性和输运性被引进到所有的有限容积格式中,在 CFD 模拟中取得了很大的成功。因此,目前它们被看作是替代收敛性、相容性和稳定性的更加严格的数学概念。一个好的 CFD 算法通常会在精度和稳定性之间作出权衡。使用者应对一个软件的守恒性、有界性和输运性作出完整的评价。

实际进行 CFD 计算时需要具有各种操作技巧。几何区域和网格的生成是输入阶段的主要任务。其次,使用者要想获得正确的模拟结果必须注意的两个方面是迭代过程的收敛性和网格的独立性,求解的方法自然是迭代法。在一个收敛的方法中,衡量流动参数收敛性的余项是非常小的。一个求解过程可以通过细心设置各种相关参数以达到收敛。希望达到较快的求解速度需要对软件本身相当熟悉,只有通过大量的实践才能获得。在一般的流动中我们没有正规的方法来评价由于网格设计不适当而引入的误差的大小。一个好的网格在很大程度上依赖于对所求流动问题的理解。要衡量由于网格的稀疏而引起的误差的唯一办法就是对网格的划分进行研究,这是一个对网格不断加密的过程,直到满足结果的需要为止。模拟和网格是相互独立的,对独立于网格进行系统的研究一直是高品质 CFD 软件的基本任务之一。

每种数值算法都有其自身的数学误差。CFD 对错误结果的处理是用一些非常专业的术语表达的,如数值发散、伪扩散和数值溢出。只有对算法有完全的了解才有可能知道是哪种错误。在模拟结束后,使用者必须判断运算的结果是否足够好,我们不可能对像 CFD 这种复杂的软件中嵌入的物理和化学模型的有效性进行评估,也不能用除了实验以外的方法对它的准确性进行评估,任何人必须意识到在一些关键的问题中,CFD 软件不能代替实验,但它却是一个有用的求解工具。确定 CFD 软件的有效性需要知道与边界条件有关的大量详细资料和实验结果。为了确定这些信息和结果是否有效,获得相似条件下的实验数据是非常必要的。这就涉及到利用热线风速仪或激光多普勒测速仪来测量流场中各点的流体速度。

CFD 的一个优点是使用者几乎可以得到任意详细程度的结果,进而了解流动的内部机理。可以肯定,对 CFD 算例的计算结果进行分析可以加深对其物理问题的理解。

经过再三验证和有效的经验对最终计算结果的可靠性起着关键性作用。CFD 软件的使用取得成功的三个因素是:经验、对流体运动问题的深度理解及基本的数值计算方法。本书的目的是为了让使用者更好地理解 CFD 软件的内部工作机理,提供必需的背景资料及进行成功运算的数值方法。

## 1.4 国外通用计算流体力学商用软件的现状

通用性是要求一个程序可以用于研究众多不同的有公共特性的问题,经过较少的变化就可以研究新的和不同方面的问题,要求程序在编制时善于发现和抓住问题的共性。就程序的通用性而言,大体可以分为针对所研究的具体问题的专用程序和针对各种情况的通用程序。前者比较精练,可靠性和经济性都比较好。后者便于控制和使用、便于引进新技术,缺点是程序较大、不易掌握。下面介绍几个当前被广泛使用并获得巨大成功的软件。

PHOENICS 程序是英国 CHAM 公司 20 世纪 70 年代后逐渐完成的曾经享誉世界的通用计算流体力学软件。是英国帝国理工学院著名学者 D.B.Spalding 教授及科研团队和几十位博士集 20 多年不断努力的典范之作。它是流体力学、气体动力学、传热传质、化学反应及相关学科的通用计算软件。可以计算二维、三维、稳态、瞬态、黏性、非黏性、可压、不可压、层流、湍流、单相及多相流等各种流动与传热现象。该程序具有强大的前后处理功能,具有贴体坐标生成、滑移边界处理,和可编辑功能,用户可以编写自己的用户子程序来代替原程序中的部分功能。CHAM 公司已经使 PHOENICS 从 80 年代的 1.6 版本发展到 1998 年的 3.2 版本。不断补充新的实用的湍流模型以及其他改进。曾经广泛应用于航空航天、船舶、水利、汽车、环保、电站、冶金、核工业、生物医学和农业等行业,并带来了可观的经济效益。30 余年来 CHAM 公司定期发行自己的杂志"The PHOENICS Journal of Computational Fluid Dynamics and Its Applications"。PHOENICS 软件的网址为:http://www.cham.co.uk。

近年来,PHOENICS 程序在前后处理方面、在复杂形状物体网格生成的适用性方面,受到了后来新发展的大型通用程序的挑战。主要是 AEA - T(Atomic Engineering Authority)公司开发的 CFX 软件、FLUENT 欧洲联合开发的 FLUENT 软件和 CD(Computational Dynamics)公司开发的 STAR – CD 软件。

CFX 作为 AEA – T 公司的大型计算软件，具有 PHOENICS 程序的众多功能，在旋转机械、混合流、多相反应及生物医学等方面有过全面的成功使用。该公司定期出版 CFX Update 杂志，传播和交流 CFX 的消息和成功算例。CFX 软件的网址为：http://www.aeat.co.uk。AEA – T 公司 1996 年推出了最新的 CFX5，比原来推出的 CFX – TASC flow 和 CFX4 更便于使用。以往，CFX – TASC flow 在旋转机械、加工工业、发电设备和安全方面有多年成功的应用。CFX4 不仅在燃烧、化学反应器、阀门设计等方面很成功，在生物医学方面也表现良好。例如成功完成过人体上呼吸道气流特征、脑内流体流动状况、心脏辅助泵的设计等。

FLUENT 欧洲公司是多家软件公司的联合体，相对保持各家软件公司的独立性。这些软件主要是：FLUENT、FLUENT/UNS、RAMPANT、MixSim、GeoMesh、Tgrid 以及 Nektonics 公司的 NEKTON。各自都有自己的长期用户，各软件都有自己的特点。该程序在航空和宇航器设计、自动化机械设计、生物医学和化学处理工业、电站、半导体仪器、涡轮机，特别在高超音速激波模拟与捕获等方面都显示出极其特殊的性能。FLUENT 定期发行杂志 FLUENT NEWS。FLUENT 软件的网址为：http://fluent.com。FLUENT 和 FDI(Fluid Dynamics International)在 1996 年联合之前，都曾致力于复杂形状物体结构与非结构化连接网格生成软件研究。FDI 有自己的 FIDAP 软件，FLUENT 也扩展了自己可产生混合网格的 Tgrid 软件。FDI 在 1997 年发行的 FIDAP8 为今后独立的网格生成能力打下了坚实的基础。FLUENT 欧洲公司也在继续致力于有限元(FEM)和有限容积(FVM)两个方面网格生成软件的开发。

由 CD(Computational Dynamics)公司发行的软件 STAR – CD 经历了近十年的不断完善。它具有更为广泛的功能，在内燃机燃烧，以及瞬态动网格生成方面有自己的特点，在 CFD 计算的不同方面都显示出先进性。该软件在其他机械的 CAD 设计和基础设计方面，也同具有相当好的能力。STAR – CD 软件的网址为：http://www.cd.co.uk。在 STAR – CD 新推出的版本中，可以完成瞬态流高阶变化的混合网格，可以适用于任意一侧边界变化造成的动力响应的模拟等等。在完成高精度自动产生网格方面，其开发的 MARS 网格生成软件与过去的 Gamma 网格生成软件相比，具有二阶精度，并可以传输变量和变化密度，有更稳定的特性和更快的收敛能力。

ICEM 公司在网格生成和集合形状 CAD 方面处于世界领先地位，其主要产品有 ICEM Surf, ICEM CFD, ICEM DDN, ICEMetrix，其网址为：http://www.icem.com。ICEM Surf 可以生成复杂形状的三维实体和外表面图形、可以完成艺术造型，ICEM DDN 可以用来工业产品造型设计，而 ICEM CFD 具有 CAD 和分析功能。PHOENICS 和 STAR – CD 均可以和 ICEM 的网格生成软件进行连接。

由于计算机软件拥有巨大的市场和商业利益，竞争很是激烈。各软件发行公司每年在世界上不同的国家都开几十次培训和学术研讨会，以使程序使用者有学术交流和交换意见的机会，也是为了普及和扩展自己软件的市场。可以预见，随着上述软件在工程设计和实验中的大量成功应用，对我国在这一领域的科研和教育将会产生深刻的影响。1997、1998 年以来，各软件公司都先后在北京、上海有了代理公司，并在国内已经有了众多用户，很多研究所和高校都已经购买了软件使用权。近几年，使用上述通用商业软件的研究生也大量增加。

## 1.5 本书主要内容

本书提供了进行 CFD 计算所需要的不同层次的基本知识，对商用 CFD 软件使用基本问题给出了系统阐述。全书分为四个主要部分。第一编由第 1 章至第 5 章组成。针对 CFD 最基本概念和商用软件中的基础问题。有流体力学基础知识的本科毕业生和工程技术人员在阅读本编后，便可初步使用现在市场上出售的 CFD 软件，并能解决一些基本问题。对于不太复杂的工业和工程中的实际问题都可以进行独立的处理。本编着重于解决实际问题的基本技能，而不拘泥于对湍流流动问题和相应理论的深入的理解。适用于那些希望能进行商业 CFD 软件操作，学会初步的数值方法，又要回顾一下流体力学主要知识的读者，例如要完成的本科毕业生的毕业论文。

第二编从第 6 章至第 12 章，在有限容积法基础上对计算流体力学偏微分方程的数值方法给出进一步的深化理解。主要包括稳定流动的离散格式和求解程序，基本方法的进一步认识以及对流和扩散现象的差分格式，离散格式的主要特征，以及离散后用来求解代数方程的基本方法。以守恒性、有界性和输运性为基础进一步讨论了对流扩散的通用格式，QUICK 格式，基本非线性问题，如何对密度变化的流动中对压力和速度关系进行处理，SIMPLE 算法的中心内容及它的一些衍生算法。

本编还介绍了这些方法在非稳态流场中的应用，各种格式在解决非稳态问题时的优缺点，有限容积法在数值求解过程中常见的边界条件，直角坐标系下描述流体运动的基本方程的推导，正交曲线坐标系下的 SIMPLEC 和 SIMPLEX 方法以及有限容积方法的物理意义。

上述内容，作为硕士研究生阶段对 CFD 理论基础的需求已经足够，但要能进行更为复杂的实际工程问题的数值计算，特别是大多数实际问题都是湍流流动状态，对现阶段湍流表达的物理基础和数值方法的理解是十分重要的。对其内容的了解程度会影响到 CFD 商业软件使用者对工程问题的深入程度。故又增加了第三编，着重对湍流研究比较接近工程实用问题，对比较成熟的模型和物理数学特征给予了进一步的介绍，以满足博士研究生的课程要求和工程软件工作者们对复杂工程问题进行数值仿真的需求。第 13 章讲述对流体运动基本方程更深入一步的理解。第 14 章至第 16 章讲述的湍流机理和湍流流动特点，以及利用不同湍流模型，使推导出的描述湍流雷诺方程组进行封闭的主要方法。另外，对通常在工业和工程中常用的典型湍流模型给出了详细介绍。还介绍了近年来发展起来的并且在将来可能对 CFD 有影响的模型。但本书是一本 CFD 的基础教材，对最前沿的 CFD 计算成果和相应的理论基础当然不可能全含在内。

第四编主要介绍了典型的 CFD 算例。

第 17 章给出了十个典型的算例程序，是本书作者多年来编写程序的主要经验积累。每个程序都尽可能给出了设计思路和编写提示，十个程序都具有各自不同的工程应用特征。第 18 章给出了七个近几年有代表性的比较典型的 CFD 算例。这些算例都是针对工程基础问题，一定程度代表着不同湍流模型工程应用 CFD 发展的水平。本书编者推荐下面的著作作为重要的参考书：

"Computational Methods for Fluid Dynamics"(2001, 3rd, Ferziger, J. H and Penic, M), "Numerical Methods for Incompressible Viscous Flow"(2001, Winther R)。

本书内容以本科生、硕士研究生和博士研究生为学习对象分为三个层次，以满足不同水平的 CFD 工作者的理论基础的需求，内容虽略有重复，但每次都增加了新的深度和更为丰富的补充。本书在写作过程中主要参考的著作有："Eliptic Systems: Finite - Difference Method"(S. V. Patankar, G. D. Raithby and G. E. Schneider); "An introduction to computational fluid dynamics - The finite volume method"(H. K. Versteeg and W. Malalasekera); "Using Computational Fluid Dynamics"(C. T. Shaw)。

# 第2章　流体运动的一般情况

## 2.1　流体的运动特性

计算机软、硬件可以帮助我们明白流体运动的一般情况以及这种运动与某一正在设计或已经完成的设计之间相互作用的形式。每个从事 CFD 工作的人要对流体运动时会产生什么样的物理现象有相当程度的了解,才会在工业和工程设计中更好地使用 CFD 软件。因为这些现象是 CFD 必须要分析或预测的。如何以计算机为基本工具来预测不同工程问题中的流体运动是本书的主要目的。所以首先必须要了解一下流体运动的基本过程。尽管这些过程是极为复杂的,但计算机模拟时必须要尽量减少这种复杂性。如果 CFD 软件使用者们基本了解本章叙述的这些物理事实,他们就能修改他们的模型,在掌握流体力学理论尚不是十分足够的情况下,仍有可能得到符合工程问题的较好的计算结果。

很多工程工作者学习过流体特性,这是他们本科课程的一部分,但尚不能熟练地使用。因此本章试图为那些只是有过本科工科学习基础的读者以及那些对流体力学只有初步了解的读者提供一些补充。首先所呈现的材料是有关流体运动时会产生的基本特性。目的是为了帮助读者形成对本门学科的一种直观的感觉。然后将讨论运动流体分析中所要用到的一些数学方面常识性的基础知识。这样做是想强调一些更重要的流体运动基本特性,为进一步研究奠定基础。更深入的内容将在第三编中讲述。

### 2.1.1　常见的流体

当开始考虑流体流动的方式时,很多人会因这门学科的复杂性而打消念头。即使想要了解流动的分类,也需要有较多的流体流动的知识。本节的目的是通过身边常见的流动现象,进一步了解流动的物理特征。如果看一些有关流体特性的教材的话,可以很清楚地知道流体分类可以分为:

- 黏性流或无黏流
- 不可压缩流或可压缩流
- 管内流动和通道流动
- 泵和涡轮机内的流动
- 水波

CFD 软件使用者对这些分类间的相互关系必须很清楚，对所研究问题的流动进行分类是十分有用的。对于从事 CFD 工作的人来说，知道流体的分类和知道每种流动类型会发生什么样的物理现象同样重要，否则难于胜任自己要解决的工程实际问题。

用计算机来模拟工业上、航空应用中一些简单的流动并不是很难的事。一些工业上的流动中，很多流动速度很低，因此流体的黏性会产生阻碍流动的力。尤其当流动发生在固定的固体边界所包围的内流场中时，情况更是如此。为了对这类流动有一个更直观的感觉，我们来考虑一些低速黏性流动的共同特性。

每个人都看到过很多具有流动特性的例子，这些特性存在于工业流体力学问题中。看到从水龙头里流出来的水，被风吹动的纸片以及流入河流的水。仔细研究这些事物，就能了解很多流体流动时所表现出来的方式。事实上在家里就能重新展现流体力学的一些经典实验，甚至在短途散步时也能经历这些实验。

以家用水槽上装的公共自来水龙头为例。缓慢打开水龙头，可以看到水从里面滴下来。再逐渐打开水龙头，直到水龙头里出来的水是不变的水柱时停止。可以注意到这条纯净水柱像玻璃一样清澈。再进一步增加流速，在整个水柱变得不透明前，水柱表面开始缓慢移动。在这个最终阶段，水一般是向下流的，但如果看一下水柱内的一个点时，就会看到流体好像是随意流动的。这种运动就是所说的湍流运动，可以叠加在一般的流动现象之上。这个简单的水从水龙头里流出来的实验说明黏性流体主要有两类流动：首先是光滑的层流流动，比如水一层一层的运动形成一个清晰的液柱；然后是随机振荡的湍流流动。

在浴缸中倒入高于几个厘米厚度的水，等水的自然运动平息后，确保当水运动时水面是被照亮着的。这样做可以提供一些水运动的情况，来帮助理解流动现象。现在，在水里拖动各种各样的东西，看一看会发生的情况。举例来说，把一个诸如胶罐的圆柱体放入水中，沿着竖直位置的纵轴移动圆柱，可以注意到流过柱体前部的流动是光滑的，但是在柱体的后部流动就并非如此了。在那里，水形成了如图 2－1 所示的闭合漩涡。用手也可以重复相同的实验。首先伸直手指，再把手垂直伸入水里，使手指成从左到右的排列，现在向左移动手看会发生的情况。发生的情况与柱体的情况非常相似，如图 2－2(a)所示。现在把手指倾斜一个角度放到先前的位置，然后缓慢向左移动。可以注意到如图 2－2(b)所示的新的流动形式。首先，水在分裂成两股流之前好像是从下方接近你的手，而分裂成的两股流中一股沿着手较低的一边运动，另一股流过前缘然后沿着手的上方向下运动，流体的旋转产生在手右端末梢的初始位置。停止移动手，然后看一下哪里的旋转与第一个漩涡的转向相反。如果采用快速开始并快速停止的话，就会看到图 2－2(c)表示出的流体的两个漩涡区一起运动并互相影响的情况。

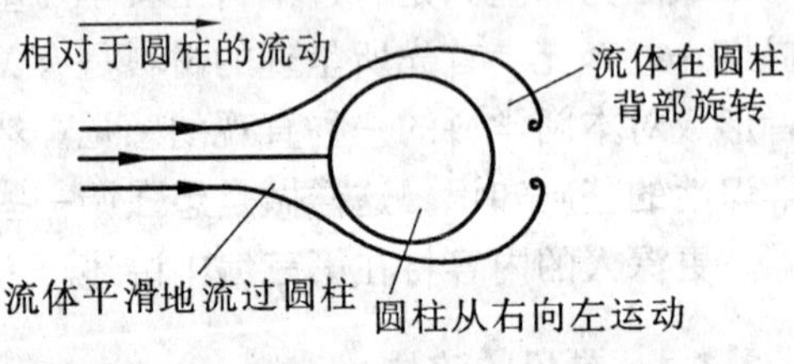


**图 2－1　水中运动的柱体**

进一步的实验是在浴缸的水里撒入诸如爽身粉之类的粉末，然后在水里放入一张卡片或一张纸，使扰动能刚好拖动它。可以注意到离卡片最近的流体和卡片一起运动，就好像把其余的流体落在后面似的。

通常可以看到流动的地方是河流或小溪。可以在水流过的桥下或是拐弯处的某一点上看到非常有趣的现象。举例来说，当站在桥上，向下看到的流动会有什么样的情况呢？图 2-3 表示出了能看到的一些流动性质。观察一下这种流动，发现在靠近河岸处，诸如小昆虫或树叶之类的东西在流体中运动得要比在河中心处慢得多。看一下图，在靠近河中心处，物体在给定时间内能从 $A$ 处运动到 $B$ 处，但是在靠近河岸处，物体在相同时间内只能从 $C$ 处运动到 $D$ 处。还可以注意到在靠近河岸处，物体趋于打圈旋转，如图 2-3 所示的情况是顺时针方向旋转；但是在流体的中心处就不会转动。假定水里有一根支撑桥的柱子，可以看一下柱子下游流体转动的区域，都可以看到流体的黏性特征。

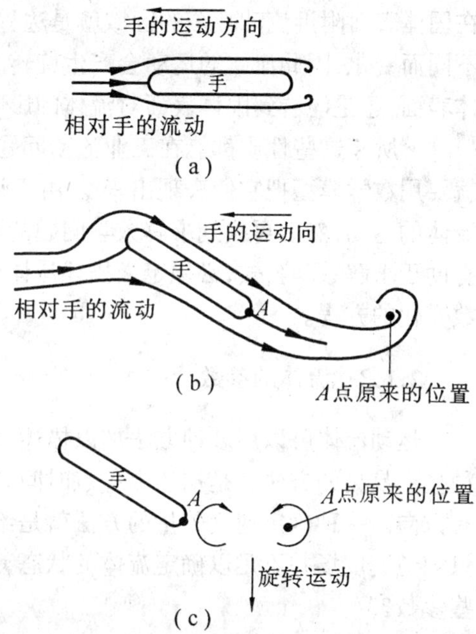


**图 2-2　水中手周围的流动**

(a)手平行的运动；(b)手的某一角度运动；(c)如(b)所示的运动但手快速启动和停止

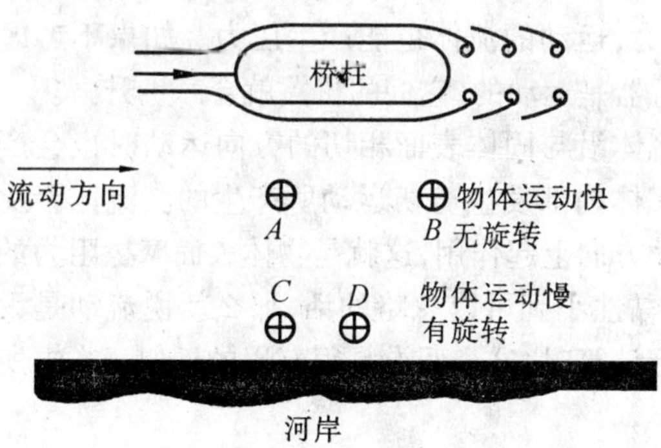


**图 2-3　在河中的流动**

### 2.1.2　流体的运动方式

上述这些简单的示例说明低速流动时会发生的一些主要性质。特别要指出的是以下几点十分重要。

- 黏性流动可以是层流。层流内流体顺序流动，好像是流过一系列互不影响的薄层。
- 黏性流动可以是湍流。湍流内一点的流动是有一个相对稳定的方向的，但是这种均匀流动之上会有一个附加的十分任意并且振荡的分量。
- 通常流体会在低速下保持以原来的状态流过物体的前部，但是流过物体后部时，流体的运动方向不会保持和物体表面平行，并且流体会旋转。流体与表面分离，并且形成了涡。

• 当流体流过固体表面时，固体表面会减缓流体的流动，这是因为流体是有黏性的。流体在固体表面附近流动减缓的区域就是边界层。在边界层内，流体速度随其到固体表面距离的不同而变化，因此流体的运动会产生旋转，在边界层外不会发生这种现象。一旦流体流过了固体表面，还是能看到固体表面对流体的影响，这一区域成为"尾流区"。

• 所有这些性质都能在工业流动问题中碰到。如果上述现象物理上确实存在的话，我们就要用数学模型把它们表现出来 。由于计算机只能进行数值计算，所以必须用数学语言描述流体的运动，然后再找到求解数学问题的数值方法，并由此进行对物理流动问题的预测。为了有助于求解数学公式，必须定义描述流体运动的不同物理参数，形成时间和空间上控制这些参数变化的方程。

### 2.1.3 流体的参数

运动流体可以用多种方法加以描述，但是需要找到某种能完全描述流体状态的方法。一种显而易见的方法就是描述出各点时间和空间上的速度。注意速度是矢量，既要有大小，又要有方向。一种确定速度矢量的方法就是给出在直角坐标系三个方向上速度矢量的分量。但是只知道速度场并不足以确定流体的状态，还必须知道其他参数。现在问题就是："需要知道哪些参数?"

流体能对物体施加力，这是一个常识。举例来说，狂风能吹倒人和树木，也能刮走房顶上的板块，因此空气一定会对这些物体施加某种力。流体所产生的力可以完成各种方式的输运。船漂浮在水面上时，水会提供一个浮力。飞行器成功飞行时，流过飞行器机翼的空气也能提供一个升力。产生这些力的机理是：流体会对物体表面施加一个压力，这个压力通过这样一种方式起作用：对物体表面上每个细小部分上的压力求和就能产生一个净力。压力是垂直于物体表面单位面积上的力。静止的流体可以产生压力，运动的流体也能产生压力。如果不考虑船在水中行驶的速度，船会浮在水面上。只要飞行器是运动的，它们的机翼就会产生升力。

这些力都是法向应力，或者说是压力。当流体沿与固体表面相切的方向运动时也会产生应力。这种应力是由于流体与物体相对运动，流体内部发生剪切运动所产生的。流体会反抗这种剪切力，结果这种切向应力在平行流体运动方向上起作用，这就是物体表面摩擦阻力的来源。这种阻力跟流体的黏性有关。如果流体的黏性小到可以忽略的话，那么就说流动是无黏性的。尽管实际上这种情况不会发生，但是进行计算时，这个假设是很有用的近似。本书所考虑的大多数流动都认为是有黏性的。

流体其他的主要参数还有密度—单位体积流体的质量。当给车胎打气时，车胎内的空气被压缩，这是因为迫使空气占据一定的体积，这个体积总是不变的，但它里面已经有一些空气了。这样的话，现在这同一个体积里有更多质量的空气，即空气的密度增加。对于许多流动，常常可以假定流体的密度不发生变化，对于没有热效应的低速流动来说也确实如此。密度保持不变时，就说这时的流动是不可压缩的。但如果流体内的流速增加到接近音速值时，可压缩性的影响会变得很明显并且不可以忽略。对于这种情况，如果适当地修改不可压缩流基本过程就可以进行模拟。

现在来回顾一下用到的流体速度以及其他的重要参数。这些参数可以用来描述对流体流动的模拟。这些参数是：

- 法向应力或压力
- 黏性——能够产生切应力（黏性剪应力）
- 密度

如果要计算这些参数的话，必须确定控制它们之间相互作用的数学关系。这可以通过考虑某些基本的物理机理来实现，下面将进行简单叙述。对于流体运动方程的理论叙述，将放在第三编中进行。

## 2.2　描述流体运动的方程

CFD 软件要预测的是给定情况下流体运动的一般情况。为了做到这点，软件给出计算流体运动控制方程的数值解。所以对于 CFD 工作者来说，了解不同工程问题中会产生的基本流场特征，建立模型和流体运动的控制方程是十分重要的。这些方程可以根据流体质量守恒和动量守恒的知识得到。但这些方程并不是一下子得到的，下面将说明和推导它们会用到的一些基本原理。一旦这些方程已知了，就能直接进行各种流场的数值预测。但也并不总是这样简单，在将数学方程转换成可以数值求解的形式时，还会出现各种各样的问题。问题之一就是关于流场的物理特性以及如何模拟湍流。因为在湍流流动中，流场内每一点都表现出运动的任意性，这就使问题变得复杂了。所以这部分将尽量说明湍流是如何影响流场的，以及怎样模拟湍流。

### 2.2.1　控制方程

无论流体怎么运动，总是发生在三维空间中。为了减少问题的复杂性，经常假定流动是二维的。这种假设是很有用的，因为这样可以减少所要考虑的变量数。所以在这一节里，只考虑二维问题。分析二维流动时包含了所需说明的数学公式推导过程的全部性质。考虑三维方程时，只要把这里所讲的过程直接扩展就可以了。

为了得到流场的控制方程，只需考虑有代表性的流体的一小部分微元体积。如图 2－4(a)所示，这里矩形 *ABCD* 代表二维流体微元，其速度分布为：$x$ 方向速度分量为 $u$，$y$ 方向速度分量为 $v$。由图 2－4(b)，可以看到作用在流体微元体水平方向上由法向应力 $\sigma$ 和剪切应力 $\tau$ 产生的力。可以假定通过流体微元体的速度、法向应力和剪切应力是线性变化的，并且在微元体所给定的边或者面上，这些变量的值是不变的。

首先，对不可压缩流来说，因为假定流体的密度是常量，流体是不可能堆积在微元体内的。

也就是说,流体不可能被压缩。流体不可压缩造成的结果是:流入微元体的流体质量与流出微元体的流体质量相等。流过微元体每个面的流体质量是流体密度、该表面的面积以及垂直于该面的速度这三者的乘积。因为密度是常量,所以对所有的微元体表面来说,密度都是一样的。这样的话,在考虑质量流量关系时,可不把它算进去。净质量流量是流过每个表面 $AB$, $BC$, $CD$ 和 $DA$ 的质量流量之和。因为流入、流出微元体的质量流量相等,所以微元体的净质量流量为0。假定流体流出微元体的质量为正,有

$$-v\delta x+\left(u+\frac{\partial u}{\partial x}\delta x\right)\delta y + \left(v+\frac{\partial v}{\partial y}\delta y\right)\delta x-u\delta y=0 \tag{2-1}$$

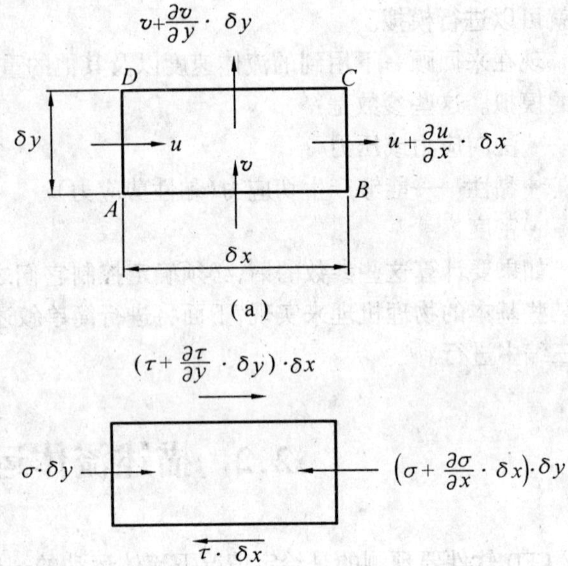


**图 2-4 流体进出微元体示意图**

(a)流入与流出微元的速度;(b) $x$ 方向上的力

整理上式,得

$$\left(\frac{\partial u}{\partial x}+\frac{\partial v}{\partial y}\right)\delta x\delta y=0$$

或者得

$$\frac{\partial u}{\partial x}+\frac{\partial v}{\partial y}=0 \tag{2-2}$$

这就是连续性方程。对不可压缩流动来说,它只是速度分量的函数。如果流动是可压缩的,密度会变化,这时连续性方程就要稍微修改一下,这一点会在下面的章节中讲到。

使用牛顿第二运动定律,可以找到作用于流体微元体上的力与流体加速度之间的关系,从而得到第二个控制方程。首先必须确定流体加速度的表达式,这时要考虑到流体的速度分量在时间和空间上的变化,以及速度分量 $u$ 和 $v$ 总的变化是如何随 $u$, $v$ 在每个空间方向 $x$, $y$ 以及每个时间 $t$ 上的变化而改变的。

只考虑 $u$ 的变化,可通过偏导数连续求导数就能得到,即

$$\delta u=\frac{\partial u}{\partial x}\delta x+\frac{\partial u}{\partial y}\delta y+\frac{\partial u}{\partial t}\delta t \tag{2-3}$$

两边同除以 $\delta t$,则有

$$\frac{\delta u}{\delta t}=\frac{\partial u}{\partial x}\frac{\delta x}{\delta t}+\frac{\partial u}{\partial y}\frac{\delta y}{\delta t}+\frac{\partial u}{\partial t}$$

其中，$\frac{\delta x}{\delta t}=u$，$\frac{\delta y}{\delta t}=v$，因此有

$$\frac{\delta u}{\delta t}=u\frac{\partial u}{\partial x}+v\frac{\partial u}{\partial y}+\frac{\partial u}{\partial t} \tag{2-4}$$

方程(2-4)表示的是 $x$ 方向流体的总加速度，也称之为速度分量 $u$ 的随体导数。随体导数由两部分组成，第一部分由前两项组成，这两项表示由于流体质点的流动即对流运动而引起的速度分量 $u$ 的变化；第二部分就是第三项，表示速度分量随时间的变化。这个总加速度乘以微元体内流体的质量就等于作用在流体微元体沿 $x$ 方向的合力。也就是牛顿第二定律。

作用在流体微元体上沿 $x$ 方向的力是作用在微元体四个面上法向应力与切向剪应力的和。这时有

$$\rho\left(u\frac{\partial u}{\partial x}+v\frac{\partial u}{\partial y}+\frac{\partial u}{\partial t}\right)\delta x\delta y=\frac{\partial \sigma}{\partial x}\delta x\delta y+\frac{\partial \tau}{\partial y}\delta x\delta y \tag{2-5}$$

其中，$\rho$ 是流体密度。

法向应力 $\sigma$ 与压力和速度梯度之间的关系以及剪切力 $\tau$ 与黏性系数和速度梯度之间的关系为

$$\sigma=-p+2\mu\frac{\partial u}{\partial x} \tag{2-6}$$

式中 $p$——流体的压力；

$\mu$——流体的黏性系数。

$$\tau=\mu\left(\frac{\partial v}{\partial x}+\frac{\partial u}{\partial y}\right) \tag{2-7}$$

把方程(2-6)、(2-7)代入方程(2-5)得 $x$ 方向上方程

$$\rho\frac{\partial u}{\partial t}+\rho u\frac{\partial u}{\partial x}+\rho v\frac{\partial u}{\partial y}=-\frac{\partial p}{\partial x}+\frac{\partial}{\partial x}\left(\mu\frac{\partial u}{\partial x}\right)+\frac{\partial}{\partial y}\left(\mu\frac{\partial u}{\partial y}\right) \tag{2-8}$$

同理，在 $y$ 方向上有

$$\rho\frac{\partial v}{\partial t}+\rho u\frac{\partial v}{\partial x}+\rho v\frac{\partial v}{\partial y}=-\frac{\partial p}{\partial x}+\frac{\partial}{\partial x}\left(\mu\frac{\partial v}{\partial x}\right)+\frac{\partial}{\partial y}\left(\mu\frac{\partial v}{\partial y}\right) \tag{2-9}$$

这里忽略了外力(如重力)的影响，但为了使方程准确，可以把它们作为方程(2-5)、(2-8)或方程(2-9)的附加项。考虑热流体向上浮力的影响时，就会用到这一点。还要注意到上面所用的黏性系数 $\mu$ 是动力黏性系数，另外还有一种常用的黏性系数——运动黏性系数 $\nu$，$\nu=\frac{\mu}{\rho}$。

方程(2-8)和(2-9)是由牛顿第二定律得到的，描述的是流场中动量守恒的基本规律，经常把它们叫做动量方程或纳维-斯托克斯方程。它们彼此十分相似，方程左边的第一项是加速度项，左边第二项和第三项是对流项，右边是压力梯度项及黏性项。描述流体内能量守恒的方程形式与动量方程相似。能量方程是用来说明流体内的热量流动的，这一点将在后面的章节中讲到。

对于低速无热传递的流动,用质量守恒控制方程和动量守恒控制方程就能准确描述流场了。它们可以描述所有不可压缩流场。然而它们不能准确描述湍流,因为湍流流动时,速度分量在空间和时间上变化很快。但上述方程还是可以用于层流流场,也可以用于湍流流场,不过在描述湍流时,它们只能用于几何形状非常简单如矩形通道这样的流动。描述湍流流场时,为了捕获变量在时间和空间上的变化,计算量是非常大的,而且用来存储数据的计算机存储量也是相当大的。从下一章这些方程的数值求解过程,就能知道为什么需要这么大的计算量和存储量了。大多数人们感兴趣的形状是很复杂的。因此为了减少计算量,需要对湍流模型进行一定程度的简化,才有可能对实际问题给出解决的方法。

### 2.2.2 湍流的概念

在前面提到的水龙头的实验中,可以注意到当水以湍流的形式从水龙头里喷射出来时,在其空间内任一点处,流体的流动方向随时间呈现出任意的变化,但总的流体的运动是单方向的。因而可以把湍流看作是在均匀流动再加上脉动后的流动。这种把湍流分成均匀流动和某种脉动的方法可以为进行湍流模拟提供一定的指导。大多数工程湍流模型都假定空间内某一点在某一时刻的速度就是平均速度(随时间变化很慢)加上一个变化很快的脉动分量。这样瞬时速度分量 $u$ 可以写为

$$u=\overline{U}+u' \tag{2-10}$$

其中 $\overline{U}$——平均速度;

$u'$——脉动分量。

速度分量 $v$ 也有同样的表达式。把 $u,v$ 的表达式代入连续性方程(2-2)中,对时间积分有

$$\frac{\partial \overline{U}}{\partial x}+\frac{\partial \overline{V}}{\partial y}=0 \tag{2-11}$$

这就是时均形式的连续性方程(2-2)。

这样可以简化问题,因为脉动分量是任意的,并不显示出一定的方向性,因此这些脉动分量对时间积分一定为0。

把 $u,v$ 的表达式代入动量方程(2-8)和(2-9)不会得到这么简单的结果。对流项是非线性的;它包含速度分量和速度分量导数的乘积。当把形如方程(2-10)的表达式代入动量方程后,对流项会产生一些脉动分量乘积的项,这些乘积对时间的积分不为零。以 $x$ 方向的动量方程为例,此时,方程(2-8)变为

$$\rho\frac{\partial \overline{U}}{\partial t}+\rho\overline{U}\frac{\partial \overline{U}}{\partial x}+\rho\overline{V}\frac{\partial \overline{U}}{\partial y}=-\frac{\partial p}{\partial y}+\frac{\partial}{\partial x}\left(\mu\frac{\partial \overline{U}}{\partial x}\right)+\frac{\partial}{\partial y}\left(\mu\frac{\partial \overline{U}}{\partial y}\right)-\rho\frac{\overline{\partial u'^2}}{\partial x}-\rho\frac{\overline{\partial(u'v')}}{\partial y} \tag{2-12}$$

式中可以看到附加项。方程(2-12)右边最后两项就是附加项,在 $y$ 方向的时均动量方程里,也可以看到相应的附加项,这些附加项就是雷诺应力项。如果不计这些雷诺应力项 ,时均

动量方程如方程(2－12)与原始动量方程(2－8)和(2－9)一样。时均方程只是把原来方程里的平均流动量用瞬时量来代替而已。要解决湍流问题就要对这些附加项建立模型来说明湍流的影响。方程的详细导出将在后面讲述。

### 2.2.3 工程应用湍流模型简况

观察湍流流动,可以很清楚地知道这些流动的复杂性,如方程(2－12)中出现附加项—雷诺应力项。当模拟这些项时,应该尽力找出简单的关系,使数值方法求解方程的最终形式是所有方程的简化形式。这也意味着简化降低了描述流场的数学模型的精度,并有多种求解工程流动问题的近似方法。

方程简化的一种方法是把流动中由湍流引起的黏性应力项作为附加项。为此假定在动量方程中,雷诺应力的形式与黏性应力的形式相似。如果考虑方程(2－12),雷诺应力项可以写为

$$\text{雷诺应力} = \frac{\partial}{\partial x}\left(\mu_T \frac{\partial \overline{U}}{\partial x}\right) + \frac{\partial}{\partial y}\left(\mu_T \frac{\partial \overline{U}}{\partial y}\right) \tag{2-13}$$

其中,$\mu_T$ 是湍流附加黏性系数。

把式(2－13)代入方程(2－12),动量方程变为

$$\rho \frac{\partial \overline{U}}{\partial t} + \rho \overline{U}\frac{\partial \overline{U}}{\partial x} + \rho \overline{V}\frac{\partial \overline{U}}{\partial y} = -\frac{\partial p}{\partial x} + \frac{\partial}{\partial x}\left((\mu + \mu_T)\frac{\partial \overline{U}}{\partial x}\right) + \frac{\partial}{\partial y}\left((\mu + \mu_T)\frac{\partial \overline{U}}{\partial y}\right) \tag{2-14}$$

除了用平均速度分量代替瞬时速度分量,以及黏性系数中多了一个湍流附加黏性系数 $\mu_T$,这个方程与原来的动量方程(2－8)相似。如果用这种方法,只要湍流黏性系数 $\mu_T$ 可以从其他流动变量中得到,就能完成模拟。有很多方法可以确定 $\mu_T$,例如:

• 混合长度理论。变量的量纲(或因次)分析表明有效湍流黏性系数 $\mu_T$ 除以密度 $\rho$ 后的量纲与长度和速度相乘后所得的量纲相同,因而可以用动量理论来说明 $\mu_T$ 是流体密度、流场的特征长度和当地平均流速的函数。看一下方程(2－7),可以用剪应力 $\tau$ 的表达形式来得到湍流黏性系数的表达形式,这个关系式为

$$\mu_T = \rho C_\mu l^2 \left(\frac{\partial \overline{U}}{\partial y} + \frac{\partial \overline{V}}{\partial x}\right) \tag{2-15}$$

其中,$C_\mu$ 是需和特征长度 $l$ 一起确定的常数。$C_\mu$ 的值以及特征长度 $l$ 的变化可以通过进行各种简单湍流流动,如平行平板之间的流动,管内流动等实验来得到。这些实验包括测量流场内的速度分量、压力、层流黏性系数和密度。然后用像方程(2－14)那样的动量方程来找出有效湍流黏性系数与流体位置之间的函数关系。接着考虑流场内的多个位置,用方程(2－15)得到 $C_\mu$ 和 $l$ 的值。

• 简单偏微分方程模型。可以得到形如动量方程的描述湍流动能 $k$ 的方程,对于二维流场来说,有

$$k = \frac{1}{2}(u'^2 + v'^2) \tag{2-16}$$

同样可以得到它的耗散率,通常用 $\varepsilon$ 来表示。这些方程给出了由于扩散和对流,流场内变量的变化情况,把它们叫做输运方程。一般都是复杂的偏微分方程,但是方程中有些项可以根据实验获得的结果用常数来代替。这样的话,这些方程就可以得到简化。如果湍流动能 $k$ 可以通过求解简化的输运方程而得到,那么附加湍流黏性系数可以写为

$$\mu_T = \rho C_\mu k^{1/2} l \tag{2-17}$$

这里假定混合长度 $l$ 是已知的。如果已知 $l$ 的话,这个值有可能是从试验中得来的,然后只需求解 $k$ 方程,这种方法称为一方程湍流模型。如果所考虑流场的 $l$ 值未知,那么可以求解耗散率 $\varepsilon$ 的近似方程,这时附加湍流黏性系数可以写为

$$\mu_T = \rho C_\mu \frac{k^2}{\varepsilon} \tag{2-18}$$

对湍流参数 $k$,$\varepsilon$ 的偏微分方程进行求解,这种模型就叫做二方程湍流模型,通常也叫 $k-\varepsilon$ 模型。尽管 $k-\varepsilon$ 模型不能求解某些特殊类型的流动,但大多数 CFD 工程计算通常都要用到 $k-\varepsilon$模型。在这个模型里要用到 5 个经验常数,第三编中会详述。另外一种建模方法是试图找出雷诺应力本身的值,还必须导出并求解对于这些应力的复杂的输运方程。这种方法胜过前一种方法之处在于:前一种方法给出单一的附加黏性系数,而直接模拟应力项就允许湍流的影响在三个坐标方向上变化。在实验中测量这些应力时,可以发现湍流的三维变化。一方程和二方程湍流模型所给出的是各向同性湍流。这种湍流在各个方向上不变,然而在实际情况中的湍流是各向异性的。

下面也是两种最常用的直接模拟应力的模型:

- 代数应力模型。该模型用输运方程的简化代数形式来描述雷诺应力。
- 雷诺应力模型。该模型使用完全的输运方程来描述雷诺应力。

这里还要提一下近年来建立湍流模型的其他建模方法。这些方法目前只用于简单几何体内的流动,主要包括:

- 直接模拟。直接模拟包括求解最简单形式的连续性方程和动量方程,即方程(2-2)、(2-8)和(2-9),可以直接得到变量的变化,无需建立湍流模型。
- 大涡模拟。这种模拟与直接模拟很相似,但是对于这个数值模型中由于网格空间分辨率不够而不能模拟的非常小的涡则用一个简单的湍流模型来考虑。

## 2.3 进一步理解流体的流动

本章给出了一些流体运动的基本特性,又讲了从数学上来描述流动的方法。对一些初学CFD软件本科生程度的工程师来说,这些就已经够用了。有些读者希望能继续研究下去,会有更丰富的内容要去学习,第三编和第四编给出了更多的对于研究生程度工程师的基础要求。

对流体运动理解的最好的方法之一是仔细观察流体流动时到底会发生什么情况。另外一种收集信息的方法是研究一些涵盖流体力学这门学科领域的书。这些书一般是学术性的,它们用数学方法描述流体的流动并将流体力学学科划分成多种应用领域。阅读较简单的材料时,要了解流体运动和发生的现象背后的概念。还有很多可读的更为详尽的有关黏性和湍流流体物理概念的书。

# 第 3 章　偏微分方程数值解法概述

在第 2 章中,已经知道了控制流体运动的方程是偏微分方程。这些方程是由流体流动变量,如速度分量,流体压力以及这些变量的导数组成的。由于计算机只能识别和处理二进制的数 0 和 1,不能用计算机直接求解这些偏微分方程。但这些二进制的数可以编入程序来储存数字,还可进行简单的算术操作,如加、减、乘、除,也能对所储存的数据重复这些算术操作。因此,偏微分方程必须转换成只包含数字的方程,这些数之间的联系可由简单操作描述出来。

把偏微分方程转换为数值近似方程的过程就是数值离散。在这个离散过程中,偏微分方程中的每一项都必须转换成计算机可编程计算的数值近似量。有很多方法可用来进行数值离散,虽然每种方法都基于不同的原理,但在这些方法中还是有很多共性的。

本章将讨论三种主要数值离散方法:有限差分法,有限元法和有限容积法。每种方法都会把一个简单的偏微分方程转换成相应的数值近似方程。用简单的例子可以说明三种方法之间的共性和差别。

对偏微分方程进行数值近似后,所得到的数值方程必须经过计算机处理后才能求得解。这个解描述的是整个流场内流动变量的大小和相互之间的关系。当求解由控制流体流动的偏微分方程而得到的数值方程时会产生一些特殊问题,解决这些问题后,便可讨论获得一般数值方程解的方法。

已经有很多数值离散方法和数值求解方法的书了,而且不可能在一章里就讲完数值离散方法和数值求解方法的各个方面,所以应把本章看作是对数值离散主要方法主要问题的概括。本章的目的只是使读者了解使用计算机进行流场预测的一些基础知识。

## 3.1　数值离散方法

### 3.1.1　有限差分法

要研究的第一种方法是有限差分法。这种方法基于用泰勒级数来建立方程的数据库,把变量的导数变为空间和时间上不同点变量值之间的差分。

处理流动问题时,第 2 章中讨论的偏微分方程表明,速度分量或流体的压力是因变量,空间坐标和时间是自变量。假设已知某个因变量的值以及它对某个自变量的各阶导数。把这个自变量的某一给定值作为参考值。泰勒级数展开式可用来确定当自变量离开参考值一个小距离时相应的因变量的值。举例来说，如图 3-1，因变量随自变量距离 $x$ 的变化而变化。现在可以考虑与中点相距 $h$ 的两点，$h$ 是个很小的数。这两点在轴上的位置是 $(x+h)$ 和 $(x-h)$，变量 $U$ 在这两点的泰勒级数展开为

$$U(x+h)=U(x)+h\frac{\mathrm{d}U}{\mathrm{d}x}+\frac{1}{2}h^2\frac{\mathrm{d}^2U}{\mathrm{d}x^2}+\frac{1}{6}h^3\frac{\mathrm{d}^3U}{\mathrm{d}x^3}+\cdots \tag{3-1}$$

$$U(x-h)=U(x)-h\frac{\mathrm{d}U}{\mathrm{d}x}+\frac{1}{2}h^2\frac{\mathrm{d}^2U}{\mathrm{d}x^2}-\frac{1}{6}h^3\frac{\mathrm{d}^3U}{\mathrm{d}x^3}+\cdots \tag{3-2}$$

其中，$h$ 是沿 $x$ 方向上的微小位移，取变量 $U$ 在 $x$ 点处的导数。

将这两个方程相加或相减，可分别得到在中心位置 $x$ 处的一阶导数和二阶导数。这些导数为

$$\frac{\mathrm{d}^2U}{\mathrm{d}x^2}=\frac{1}{h^2}(U(x+h)-2U(x)+U(x-h))+o(h^2) \tag{3-3}$$

$$\frac{\mathrm{d}U}{\mathrm{d}x}=\frac{1}{2h}(U(x+h)-U(x-h))+o(h^2) \tag{3-4}$$

其中，$o(h^n)$ 表示 $n$ 阶导数项或更高阶导数项存在。事实上，由于位移 $h$ 很小，这些项也很小，因此这些项可以忽略不计。当然，忽略这些项截断导数方程，会引起数值计算的误差。

分别考虑方程(3-1)和(3-2)也能得到导数的表达式。看一下方程(3-1)，一阶导数可写为

$$\frac{\mathrm{d}U}{\mathrm{d}x}=\frac{1}{h}(U(x+h)-U(x))+o(h) \tag{3-5}$$

同样的，从方程(3-2)可得到一阶导数的另外一种形式

$$\frac{\mathrm{d}U}{\mathrm{d}x}=\frac{1}{h}(U(x)-U(x-h))+o(h) \tag{3-6}$$

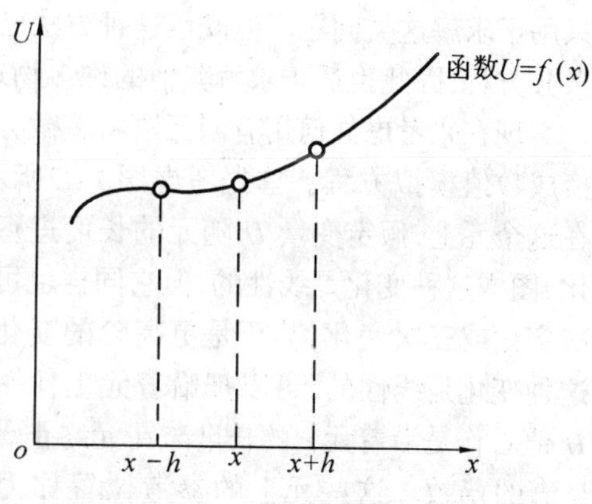

**图 3-1 泰勒级数点的位置**

以上四个表达式说明变量 $U$ 在 $x$ 点的导数可以用在 $x$ 点的变量值，在 $x$ 点之后的变量值以及在 $x$ 点之前的变量值来表示，如图 3-1 所示。这些表达式就是差分公式，因为它们涉及到了用变量在多点上的值之间的差分来计算导数。有两种方法可以对差分公式进行分类，一种是根据点的几何关系来分类，一种是根据表达式的精度来分类。根据这些分类方法，方程(3-3)和(3-4)是中心差分公式，且是二阶精度(即忽略项的阶数是 $h^2$ 阶或是更高阶)。同样的，方程(3-5)是向前差分公式，方程(3-6)是向后差分公式。这两个方程都是一阶精度的，忽略项是与 $h$ 同阶或更高阶的。

把这些差分公式放在一起,使对偏微分方程里的各项进行数值模拟成为可能(只要把点放入所考虑的计算域即可)。如果方程仅由所给点及其相邻点上的变量值组成,那么控制域内每个点上的导数可用适当的差分公式来代替。如果在所有点上重复这个过程,就可以形成各点变量的方程组。求解这些方程就可以得到数值解。

运用泰勒展开有下面两个特点:一是计算域可以是时间上的,也可以是空间上的;二是在整个计算域内(即,在无限多个点上)有效的偏微分方程可转换成给出计算域内有限个点上变量间关系的有限个方程。

### 3.1.2 有限元法

第二种要讨论的方法是有限元法。在这种方法里,偏微分方程所使用的计算域被分割成有限个子域元。假定在每个元上因变量按一种简单规律变化,而且用这种分片拼接的图像来描述和建立变量在整个域上变化的情况。直观地说,这种离散过程要比有限差分法的离散过程复杂,但可以用简单的例子来说明这一过程的主要性质。

有限元法来源于用来预测固体结构内应力和应变的计算方法。在结构工程的这个领域内,有限元法现在是几乎被所有商用软件所使用的标准计算方法。因此很多人认为这种方法只用于求解这类问题。但既然这种方法已发展成更通用的计算方法,它就能用来求解多种偏微分方程,因此也适于求解其他的许多物理问题。

现在来考虑如何用有限元法将偏微分方程转换成数值模拟方程。首先考虑图3-2所示的元。在这个元上,假定变量 $U$ 随元的长度进行简单变化,图中这种变化是线性的,但它同样也可以是二次变化或三次变化,甚至是更高阶的变化。如果这种变化是线性的,可以把沿着元上任一点处的 $U$ 值看作是沿着元 $x$ 的长度与在元终止点上已知 $U$ 值的函数。这些元上的参考位置称为元的节点。如果假定变量的变化是二次的,就需要知道三个节点的 $U$ 值,这三个节点可以是元的终止点和元的中点。

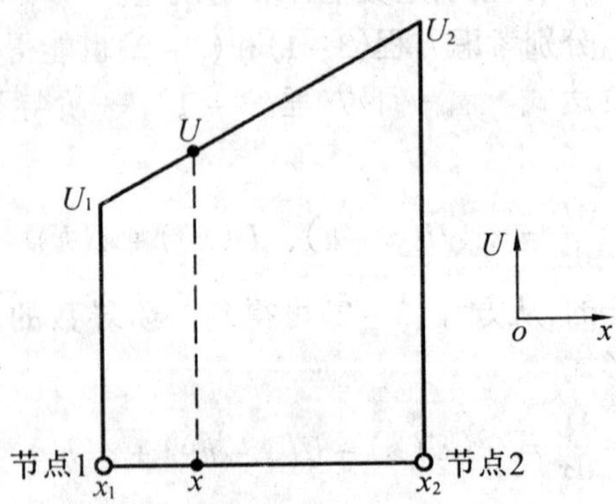

图 3-2 两节点的线性单元

由图 3-2 所示的线性变化可知,$U$ 对 $x$ 的一阶导数只是一个常数,二阶导数无法定义。这是一个要解决的问题,因为许多偏微分方程含有二阶导数项。为了克服这样的问题,可用下面方法把高阶导数转换成较低阶的导数。首先,用一个未知函数乘以偏微分方程,然后对整个方程在其所用的计算域内积分。最后,分部积分那些导数需降阶的项。这种方法就是变分法。

举例来说,考虑二维的拉普拉斯方程,其中变量 $\Phi$ 是空间坐标 $x$ 和 $y$ 的函数。方程可写

为

$$\frac{\partial^2 \Phi}{\partial x^2}+\frac{\partial^2 \Phi}{\partial y^2}=0 \tag{3-7}$$

为了开始构造变分公式,用某个变量 $\nu$ 乘以方程(3-7),并对其在所感兴趣的计算域 $\Omega$ 上积分。

$$\int \nu\left(\frac{\partial^2 \Phi}{\partial x^2}+\frac{\partial^2 \Phi}{\partial y^2}\right)\mathrm{d}\Omega = 0 \tag{3-8}$$

看一下方程(3-8),方程中每项都有变量 $\Phi$ 的二阶导数,因此对每一项都进行分部积分,有

$$\int\left(-\frac{\partial \nu}{\partial x}\frac{\partial \Phi}{\partial x}-\frac{\partial \nu}{\partial y}\frac{\partial \Phi}{\partial y}\right)\mathrm{d}\Omega+\int\left(\nu\frac{\partial \Phi}{\partial x}n_x+\frac{\partial \Phi}{\partial y}n_y\right)\mathrm{d}\Gamma = 0 \tag{3-9}$$

式中 $\Gamma$——计算域 $\Omega$ 边界;

$n_x, n_y$——边界 $\Gamma$ 外法线单位向量的分量。

注意到,含有 $\Phi$ 的二阶导数的项现在已转换成 $\Phi$ 和 $\nu$ 一阶导数乘积的形式。这种导数阶数的减少正是想要实现的,这样的话就可以在元上使用变量较低阶的变分,但这样做的弊端是方程(3-9)中出现了计算域边界上的项,这些项也要在计算时加以考虑。

方程(3-9)就是偏微分方程(3-7)的变分形式。可以用这种形式在计算域的每个元上得到偏微分方程的离散形式。可以看出,这种离散形式是通过考虑变量在元上的变化得到的,它是元的位置和节点值的函数。假定变量可写为

$$\Phi = \sum_{i=1}^{nn} N_i \Phi_i \tag{3-10}$$

其中,$nn$ 是元上的节点数;$N_i$ 是形状函数,并且是元位置的函数;$\Phi_i$ 是 $\Phi$ 的节点值。以图3-2所示的两节点线性元为例,图中 $U$ 为形状函数,则有

$$U(x)=u_1+\frac{(x-x_1)}{(x_2-x_1)}(u_2-u_1) \tag{3-11}$$

改写成方程(3-11)的形式,有

$$U(x)=u_1\left(\frac{x_2-x}{x_2-x_1}\right)+u_2\left(\frac{x-x_1}{x_2-x_1}\right) \tag{3-12}$$

比较方程(3-10)和(3-12),可得形状函数

$$N_1=\frac{x_2-x}{x_2-x_1} \tag{3-13}$$

和

$$N_2=\frac{x-x_1}{x_2-x_1} \tag{3-14}$$

由这两个表达式可以看到,如果 $x$ 的值等于 $x_1$,那么 $N_1$ 等丁 1,$N_2$ 等于 0。类似地,如果 $x$ 的值等于 $x_2$,那么 $N_1$ 等于 0,$N_2$ 等于 1。这种性质是方程(3-10)很明显的结果,可用来检验形

状函数的代数表达式而不论这个元是一维的,二维的还是三维的。

已知变量在元上的变化,就能找到变量在某一点的导数。举例来说,近似求变量 $\Phi$ 的一阶导数,对方程(3-10)微分,有

$$\frac{\mathrm{d}\Phi}{\mathrm{d}x} = \sum_{i=1}^{nn} \frac{\mathrm{d}N_i}{\mathrm{d}x}\Phi_i \tag{3-15}$$

这里要指出的是 $\Phi_i$ 不必微分,因为它是 $\Phi$ 在节点上的值,是常数。

在这个阶段,需要知道如何描述函数 $\nu$。如果元上有两个节点,则需要知道 $\nu$ 的两个函数。这样就可以使每个元上生成的方程数与未知量个数相等。事实上,有很多种适合 $\nu$ 的形式,确定 $\nu$ 的标准方法是让它与每个节点的形状函数相同。用这种方法确定 $\nu$,称为伽辽金方法。当然还可以用别的方法来确定 $\nu$。

最后,用方程(3-10)代替变量,方程(3-15)代替导数,方程(3-13)和(3-14)代替 $\nu$ 代入到变分形式方程中,然后积分给出一系列的关于元上各节点变量值的方程,这样就完成了离散。对于问题中的每个子域或元来说,可以生成几个方程,再把这些方程集合起来求出相应的解。

### 3.1.3 有限容积法

第三种是当前最流行的在各种 CFD 软件中使用的数值离散方法——有限容积法。这种方法在某些方面与有限差分法相似,但它也体现出了从有限元法中吸取的一些特性。有限容积法是专门用来求解传热方程和流体运动方程的,Patankar(1980)[1] 对这种方法进行了详细的描述。也是本书介绍的重点和数值方法的基础。

从本质上说,偏微分控制方程可以在物理基础上转换为数值形式的方程。例如,动量方程(2-8)和(2-9)可看作是流入流体容积的一系列流通量加上一个压力梯度的源项。

## 3.2 简单方程的数值离散

考虑对随时间变化的扩散方程的离散过程,以便了解三种离散方法的使用。

$$\frac{\partial U}{\partial t} = \frac{\partial^2 U}{\partial x^2} \tag{3-16}$$

这个方程由时间 $t$ 的一阶导数和空间 $x$ 的二阶导数组成,是一个抛物型的偏微分方程,可用来建立介质内某一参量的扩散随时间变化的模型。附带说一下,偏微分方程一般可分为三类(Smith,1985)[2]:椭圆型,抛物型和双曲型。这三种类型中,每一类方程都会表现出物理和数值上的性质不同,特别是这三种类型中,任何变化的传播方向不同。在各种流动中,流体运动的控制方程可体现出所有这三种类型。举例来说,当随时间变化时,不可压缩纳维-斯托克斯

方程，以及方程(2-8)和(2-9)是抛物型的，因为此时改变流动的信号传播遍及空间任何地方，但在时间上是单向变化的；当流动速度很慢且流动是定常的，不可压纳维-斯托克斯方程，方程(2-8)和(2-9)是椭圆型的，因为此时流场变化可传播到空间所有地方；但如果流体的流速超过音速时，方程是双曲型的，此时流场的变化信息在空间沿特定的方向传播。第三编中将有更深入的讲述。

### 3.2.1 使用有限差分法

为了用有限差分法求解上述方程，首先必须确定问题的计算域。举例来说，方程(3-16)可以描述某种物质进入一给定长度的半导体时所产生的扩散，这个长度就是 $x$ 方向上的计算域。然而，时间通常都是正的，即在 $t=0$ 时开始计时，因为计算可能无限地进行下去，使计算域在正时间方向上的范围是未知的。这样的计算域称为半无限大的计算域。一旦计算域确定了，计算域内的点也可以确定了，在这些点上可以对方程(3-16)进行离散。这种把点放入计算域的最简单的方法如图3-3所示，在图中可以看到 $x-t$ 平面内部分点的网格。注意在方向上每个点之间的距离 $\delta x$ 和方向上的间隔 $\delta t$ 都是常数。每个点用 $i,j$ 表示，$i$ 和 $j$ 代表点在 $x$ 方向和 $t$ 方向上的位置。

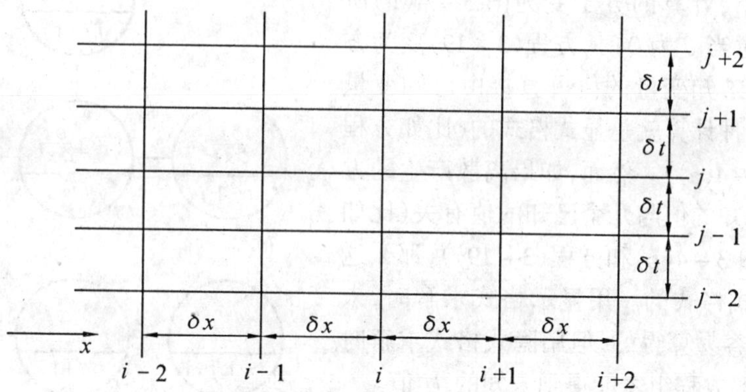


图3-3 $x-t$ 网格

网格生成后，现在可以选择想要用的差分公式来离散方程(3-16)。有很多相关公式可用于方程(3-16)，最简单的数值模拟形式，可由对方程左边的时间导数使用向前差分公式(方程(3-5))，对方程右边的空间导数使用中心差分公式(方程(3-3))得到。得到的空间导数是第 $j$ 个时间层上的，且以 $x$ 方向上的第 $i$ 点为中心。得到的时间导数是第 $i$ 个位置处的，从第 $j$ 个时间层前进到第 $j+1$ 个时间层。离散方程可写为

$$\frac{u_{i,j+1}-u_{i,j}}{\delta t}=\frac{u_{i-1,j}-2u_{i,j}+u_{i+1,j}}{\delta x^2} \tag{3-17}$$

整理后得

$$u_{i,j+1}=\frac{\delta t}{\delta x^2}u_{i-1,j}+\left(1-2\frac{\delta t}{\delta x^2}\right)u_{i,j}+\frac{\delta t}{\delta x^2}u_{i+1,j} \tag{3-18}$$

方程(3－18)可看作是一个分子，四个点就像相邻的原子，它们之间的联系如图 3－4(a)所示。从图中可以很清楚地看到在 $i,j+1$ 处的值只取决于时间层 $j$ 上面三个点的值。因此，如果知道时间层 $j$ 时的 $U$ 值，时间层 $j+1$ 时的 $U$ 值很容易就能算得。所以，计算开始时，必须知道 $t=0$ 时各点的 $U$ 值。这些值就是初始条件。

对时间导数用同样的表达式，对空间导数在两个时间层 $j$ 和 $j+1$ 上进行加权平均可以得到方程(3－16)的另一种离散公式为

$$\frac{u_{i,j+1}-u_{i,j}}{\delta t}=\theta\left(\frac{u_{i-1,j+1}-2u_{i,j+1}+u_{i+1,j+1}}{\delta x^2}\right)+(1-\theta)\left(\frac{u_{i-1,j}-2u_{i,j}+u_{i+1,j}}{\delta x^2}\right) \tag{3-19}$$

其中，$\theta$ 和 $(1-\theta)$ 是用来加权导数的，且 $\theta$ 的范围是 $0\leqslant\theta\leqslant1.0$。

方程(3－19)说明在时间层 $j+1$ 上的三个 $U$ 值与在时间层 $j$ 上的三个 $U$ 值之间有某种关系。因此这种情况下，计算的分子变为图 3－4(b)所示的那样。注意当 $\theta$ 为 0 时，方程(3－19)变为方程(3－17)。当未知变量的值可直接由已知变量的值得到时，这种计算就是显式格式的(比如方程(3－18)和图 3－4(a))。然而，如果离散产生的方程中，有几个未知的值与几个已知的值有关(比如 $\theta$ 不为 0 时的图 3－4(b)和方程(3－19))，那么这种计算就是隐式格式的。用显示格式求解时，未知的 $U$ 值是很容易算得的，但用隐式格式求解时必须要同时求解方程组才能得到未知的 $U$ 值。

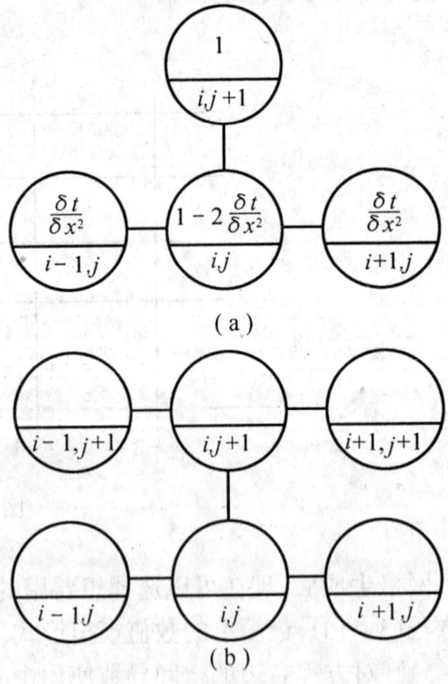


**图 3－4 有限差分微元**

(a)显式；(b)隐式

乍看之下，好像隐式格式进行求解时要有更多的计算，两种格式解的稳定性不同。稳定的解应该是能以符合实际的方式随时间层的发展而发展。对这个问题的稳定性分析(Smith，1985)[2] 表明如果把方程(3－18)作为偏微分方程(3－16)的数值模拟方程，那么为了使计算格式稳定，参数 $\delta t/\delta x^2$ 必须小于或等于 1/2。这就意味着 $\delta x$ 很小时，时间步长 $\delta t$ 比 $\delta x$ 还要小很多。因此显式格式对时间步长的大小有限制。这可能就意味

着即使变量从一个时间步长到另一个时间步长的变化不是很大时,时间步长仍必须是很小的。隐式格式用一些 $\theta$ 值克服了这种限制,常用的隐式格式中,$\theta$ 值一般为 1/2。这种隐式格式叫做克兰克 - 尼克尔森格式,它对所有的时间步长都是稳定的。用这样的隐式格式可以允许比显式格式更大的时间步长,因此隐式格式的计算量实际上要比显式格式的少。

如果现在就考虑计算微元和网格,会发现仍然不能求解整个问题,因为到目前为止,还没有给出足够的信息。如图 3 - 5,可以看到计算域的 $x - t$ 方向的网格。$x$ 方向有 6 个点,标出了 2 个时间层。现在假定将用显式格式,因此从已知的初始条件,可以用计算微元数来计算下一时间层上变量在一些点处的值。假定信息的流动是逐层的,点(2,2) ~ 点(5,2)的值可以计算得到,但不能用计算微元数来得到边界点(1,2)和点(6,2)的值。为了得到这些值,必须知道问题的边界条件。

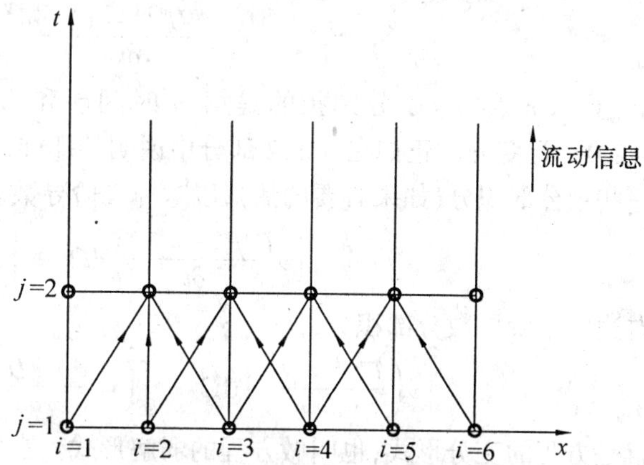


**图 3 - 5　显式格式的流动信息**

很多物理问题通常都给出以下两种形式的边界条件中的一种。

• Dirichlet 边界条件。这种边界条件下,已知边界上变量的值是常数。这就允许进行简单代替来给定边界值。举例来说,如果 $U$ 表示的是某种物质的浓度,想要假定在图 3 - 5 所示计算域的最左边,$U$ 是常数,且假设其值为 10.0。用这个边界条件可以把点(1,2)的 $U$ 值定为 10.0。

• Neumann 边界条件。这种边界条件下,速度在边界上的导数值是已知的,这就给出了一个附加的方程,可用这个方程来得到边界上的值。举例来说,可以假设在最右边 $U$ 的导数是 0,然后如果对导数使用一阶差分,为了满足边界条件,那么 $U$ 在点(6,2)的值将等于 $U$ 在点(5,2)的值。

一旦知道了初始条件和边界条件,就能进行计算了。用显式格式的话,已知第一排点的值就能得到下一排内部未知点的值,然后用边界条件来得到边界点的值。这样就可以得到整个第二排点上物理变量所有的值。这些值可用作新的值,重复上述过程得到下一排的变量值,再不断重复下去。

用隐式格式的话,定值边界条件和导数边界条件的处理可以在已有的偏微分方程中再附加额外的方程。有了这些关于边界条件的附加方程,方程数与未知数的个数就能匹配起来了,这样整个网格方程组可以求解了。

### 3.2.2 使用有限元法

有限元法开始时是用来处理定常问题的,但它们也能处理瞬态问题。下面将有限元法用于瞬态问题。在方程(3-16)中,左边的项就是关于时间的函数。首先用向前差分公式(方程(3-5))处理这一项,可得到如下方程:

$$\frac{U^{n+1}-U^{n}}{\delta t}=\frac{\partial^{2} U}{\partial x^{2}} \tag{3-20}$$

这里,上标 $n$ 和 $n+1$ 分别指的是第 $n$ 时间层和第 $n+1$ 时间层上的 $U$ 值。现在对方程(3-20)进行变分。正如在 3.1.2 部分中说明的那样,通过乘以函数 $\nu$,在计算域上积分,然后对一些项分部积分(如果必要的话),以除掉二阶导数。这个过程如下:

$$\int \nu\left(\frac{U^{n+1}-U^{n}}{\delta t}\right) \mathrm{d}\Omega=\int \nu\left(\frac{\partial^{2} U}{\partial x^{2}}\right) \mathrm{d}\Omega \tag{3-21}$$

对右边的二阶导数分部积分,得

$$\int \nu\left(\frac{U^{n+1}-U^{n}}{\delta t}\right) \mathrm{d}\Omega=\int\left(-\frac{\partial \nu}{\partial x} \frac{\partial U}{\partial x}\right) \mathrm{d}\Omega+\int\left(\nu \frac{\partial U}{\partial x} n_{x}\right) \mathrm{d}\Gamma \tag{3-22}$$

这就是方程的变分形式,也叫做方程的弱解形式。在原来的方程(3-20)中,变量 $U$ 必须能被差分两次,因为方程中有 $U$ 的二阶导数。现在只要求 $U$ 的一阶导数,因此说 $U$ 的连续性要求从二阶减为一阶了,所以 $U$ 的连续性被减弱了。现在必须把这种变分形式转换成数值模拟的形式,这可以在计算域的典型元上实现。在本次情况中,计算域取在各时间层上从 $x=0$ 到 $x=L$ 的一系列线段间。因此每个元实际上是一维线元,与在 3.1.2 变分中看到的类似。

现在方程(3-22)用伽辽金法可以转换成数值形式,其中乘数 $\nu$ 与元的形状函数相同。在每个元上,$U$ 的变化可写为

$$U=\sum_{i=1}^{nn} N_{i} u_{i} \tag{3-23}$$

式中 $nn$——元上的节点数;

$N_1$——形状函数。

把表达式(3-23)代入乘数 $\nu$,代入两时间层上的 $U$ 值,代入 $U$ 在第 $n$ 个时间层上的空间导数里可得到方程(3-22)的显式格式。有

$$\int N_{i}\left(\frac{N_{j} u_{j}^{n+1}-N_{j} u_{j}^{n}}{\delta t}\right) \mathrm{d}\Omega=\int\left(-\frac{\partial N_{i}}{\partial x} \frac{\partial N_{j} u_{j}^{n}}{\partial x}\right) \mathrm{d}\Omega+\int\left(\nu \frac{\partial U}{\partial x} n_{x}\right) \mathrm{d}\Gamma \tag{3-24}$$

这里,下标 $i,j$ 指的是方程(3-23)中相应项的和,而非像在有限差分法的例子中那样,指的是点在网格内的位置。注意边界项没有被离散,因为把所谓的流率看作是以后需要添加的已知值。在大多数元的表面上,流率项可以忽略,因为假定流过计算域内的表面的流率是相互抵消的,这是一种平衡条件。只需要在计算域的边界上加流率项。如果不加流率的话,就假定流率是零,这时就是自然边界条件。如果指定边界上的 $U$ 值,那么不需求流率项,正如有限差分

法，这就是本质边界条件。

对于简单的元，形状函数是坐标，比如说 $x$ 的简单函数，因此方程(3-24)可以在每个元上准确积分；但对于更复杂的元，只能对方程进行数值积分。如果用简单的一维元，在每个元上有两个节点，正如在3.1.2部分中用的那样，然后积分上述方程，如果时间层 $n$ 上的 $U$ 值已知，根据 $U$ 在 $n+1$ 时间层上的值就可以得到两个在每个元上独立的方程。这个方程可表示为如图3-6(a)所示的矩阵方程，其中 $a_{11}$ 是方程(3-24)左边第一项积分得到的位置函数，项 $f_1$ 来自方程中其他的项。事实上，这个矩阵方程是关于所有未知 $U$ 值的更大矩阵方程的一部分。一旦每个元的所有方程，即所谓的元方程已知，求解整个问题的方程组就可以得到了，如图3-6(b)所示。图中示出了两个元以及元方程的扩展。这些扩展方程是由把元上的局部节点和它的总体节点数联系起来得到的。举例来说，元2上局部节点数1也是总体节点数2。把这两个扩展方程结合起来就得到总的矩阵方程，这种结合过程就是方程组的连接——即把所有的元方程相加。

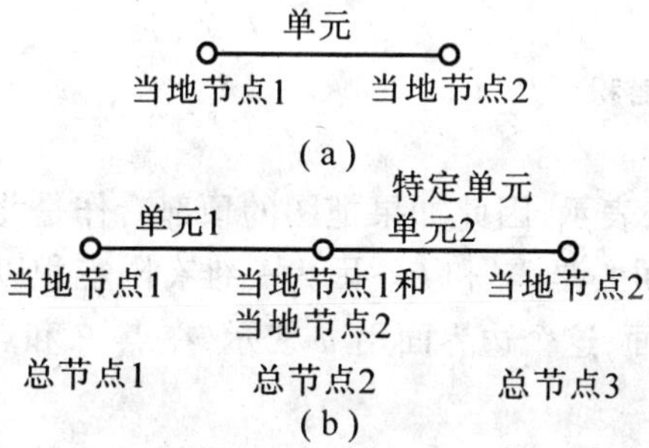


$$\begin{pmatrix} a_{11} & a_{12} \\ a_{21} & a_{22} \end{pmatrix}\begin{pmatrix} U_1^{n+1} \\ U_2^{n+1} \end{pmatrix}=\begin{pmatrix} f_1 \\ f_2 \end{pmatrix}$$

$$\begin{pmatrix} a_{11} & a_{12} & 0 \\ a_{21} & a_{22} & 0 \\ 0 & 0 & 0 \end{pmatrix}\begin{pmatrix} U_1^{n+1} \\ U_2^{n+1} \\ U_3^{n+1} \end{pmatrix}=\begin{pmatrix} f_1 \\ f_2 \\ 0 \end{pmatrix}$$

$$\begin{pmatrix} 0 & 0 & 0 \\ 0 & b_{11} & b_{12} \\ 0 & b_{21} & b_{22} \end{pmatrix}\begin{pmatrix} U_1^{n+1} \\ U_2^{n+1} \\ U_3^{n+1} \end{pmatrix}=\begin{pmatrix} 0 \\ g_1 \\ g_2 \end{pmatrix}$$

给出

$$\begin{pmatrix} a_{11} & a_{12} & 0 \\ a_{21} & a_{22}+b_{11} & b_{12} \\ 0 & b_{21} & b_{22} \end{pmatrix}\begin{pmatrix} U_1^{n+1} \\ U_2^{n+1} \\ U_3^{n+1} \end{pmatrix}=\begin{pmatrix} f_1 \\ f_2+g_1 \\ g_2 \end{pmatrix}$$

**图3-6 元方程组的连接**

一旦总矩阵建立后，可以在矩阵上附加定值边界条件，就可求解方程。原来偏微分方程(3-16)的求解已变为联立方程的求解。这看来可能有点奇怪，因为解的格式是显式的，不应该需要这样的解。在这种情况里，可以用集中质量法(Zienkiewicz 和 Taylor, 1989)[3]把总方程的左边对角化，这样的话，不用求解联立方程就能得到解了。

### 3.2.3 使用有限容积法

了解了有限差分法和有限元法的用法以后，接下来就可以集中注意力于有限容积法上了。事实上有限容积法可看作是有限差分法和有限元法的结合。转换过程的第一步就像在有限元法中所做的那样，对方程(3-16)左边的时间项进行向前差分，然后建立 $x$ 方向的有限容积。为了简化起见，可以只看 $n$ 时间层的值。图 3-7 示出了典型的有限容积或网格。图中，容积的质心点 $P$ 是参考点，在这一点上希望可以找到偏微分方程的数值模拟形式。

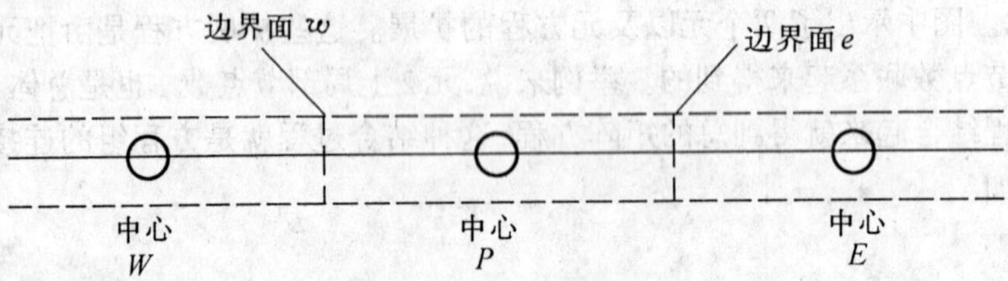


图 3-7 一维有限容积

计算域内与参考点有关的方向可用其周围的点来表示，因此如果把图的顶部看作是北边的话，可以说对 $P$ 点西边和东边的相邻容积，它们的质心是 $W$ 和 $E$。因为一维有限容积以 $P$ 为中心，这样的话，点 $W$ 和点 $P$ 中间可以有一个边界面，这个边界面用 $w$ 表示，在点 $P$ 和点 $E$ 中间有另一个边界面 $e$。

处理空间导数时，要把变量在点 $P$ 的二阶导数看作在容积面上计算的变量的一阶导数的差分。这样的话，就有

$$\left(\frac{\partial^2 U}{\partial x^2}\right)_p = \frac{\left(\frac{\partial U}{\partial x_e} - \frac{\partial U}{\partial x_w}\right)}{x_e - x_w} \tag{3-25}$$

这里，下标指的是计算量或已知量的位置。类似的，容积面上的一阶导数可看作是相邻容积质心上变量值的差分，则有

$$\left(\frac{\partial U}{\partial x}\right)_e = \frac{u_E - u_p}{x_E - x_p} \tag{3-26}$$

和

$$\left(\frac{\partial U}{\partial x}\right)_w = \frac{u_p - u_w}{x_p - x_w} \tag{3-27}$$

有了导数的表达式，就可以用它们对方程(3-16)进行在点 $P$ 的数值模拟。在有限差分转换中用到的任何一种合适的加权平均法，不管是显式的还是隐式的，都可以用来进行这种模

拟。接着知道初始条件和边界条件后就可以用同样的方法进行计算。有限容积法与别的方法的不同之处在于离散过程所用的基本原理不同。

## 3.3 离散方法的比较

从对三种数值离散法在同一个简单偏微分方程中使用的研究中,可以看到这些方法间有一些共性。这些共性是:

• 在所考虑的计算域内有限数量的点上产生关于变量值的方程。

• 对于瞬态问题要有用来开始计算的初始条件。

• 要求知道问题的边界条件,以便得出边界上的变量值。

• 能得到显式或隐式的形式,如果得到的是隐式形式,那么必须求解联立方程组。

这三种方法之间也有几个不同之处。

• 有限差分法和有限容积法都基于相邻点上的值得到给定点的数值方程,但有限元法要得到的是独立于其他元的每个元的方程。只有把有限元方程放在一起组合成总矩阵,才考虑元与元之间的相互作用。

• 有限元法在形成元方程时,考虑的是导数边界条件,然后在总矩阵中必须用变量的确定值。它与另两种方法相比起来,另两种方法更易于使用确定值边界条件,因为只要把值插入到解中即可。但是如果要考虑任何一种导数边界条件,就必须修改方程。

从一维瞬态问题的简单例子,可以看到空间上的计算域是极其简单的。下面要考虑的一个问题是如何使每种离散方法推广到二维和三维空间计算域的数值方程中去。

有限差分法的基础是用差分方程来代替偏微分方程中的偏导数。这些差分方程把一组点上的变量值与导数联系起来了,因此所用的点的网格是遍及整个空间计算域的。前面已经说明网格是在各时间层上均匀分布在计算域内的点所连成的线。差分公式能很容易地延展出去以满足计算域内非均匀空间计算的需要。偏微分方程可以转换成非直角坐标系的其他坐标系的形式。但有限差分法要求点的网格是遵循拓扑规则的。这就意味着从拓扑学意义上说,点的网格须看上去是立方形的。这一点在第5章讨论网格生成时将更详细地说明。

如果使用的点是遵循拓扑规则分布的,那么计算机程序执行的计算过程将是极为有效的,因此计算起来也是很快的。这是因为编程序时可以利用这样一个事实:网格的拓扑总是一样的。网格标识极为简单,三维用 $i,j,k$ 表示,且以经过网格的一组轴为基础。因此当要求得到某个参考点上的方程时程序只要从 $i,j,k$ 的最大值就能确定相邻点数据的位置。举例来说,如果网格是二维的,$x$ 方向上有5个点,$y$ 方向上有10个点,如图3-8所示。图中,网格用 $i$ 和 $j$ 来标出,用一维数组表示变量的存储位置。举例来说,变量在 $i=2,j=4$ 处的值存储在位置数为14的数组元素中。这样做是假定计算机数组首先是按竖直方向存储点的。于是可以看到,在 $y$ 方向上,参考点的相邻点,是从参考位置向前或向后的一个排列位置,在 $x$ 方向它们是向前或向后的十个点。例如,和排列位置 14 在 $x$ 方向上相邻点的值储存在 24 位置。从中看出需要用拓扑学网格的简单数学知识来得到必要数值的位置。

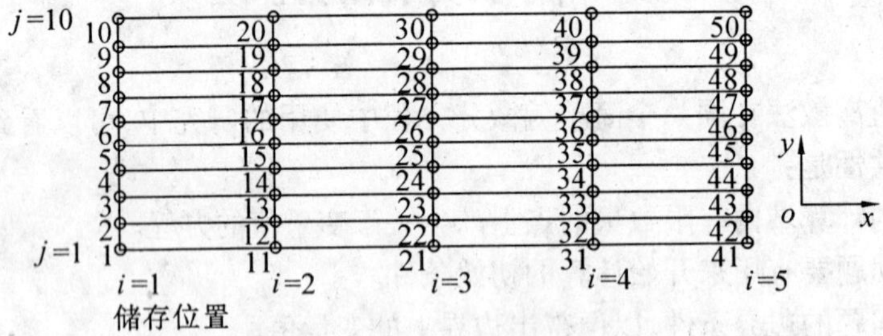


图 3-8 矩形网格的数据储存

有限容积法使用的规则网格提高了计算效率。近年来为了计算复杂的几何形状,发展了使用不规则网格的有限容积法。对于复杂几何形状,有限容积程序和不规则网格的有限容积程序计算量都很大,也需要从计算机磁盘中得到大量数据。

有限元法的最后一个优点是其程序先对每个元生成矩阵,然后在整个问题求解之前将他们集合形成整体的方程组。另一方面,有限容积和有限差分程序编制则联合进行方程的建立和求解。在有限元程序中,这两方面解,使程序的结构非常清晰,想增加新的元类型没有多大问题。但是对于有限容积程序,增加新的单元类型可能是一项艰巨的任务,包括改写程序。于是某些有限容积程序当具有多种单元类型时,就可能出现问题。

## 3.4 离散方程组的解

用前面讨论过的三种离散方法,可以把一个偏微分方程写成离散数值方程组。下一步再解这些离散方程组,得到区域上点的变量值。我们使用的求解方法得到的解应该是真实、精确的,我们要谈到方法的收敛和稳定问题。用隐式法就要解联立方程组,本节只涉及到一些易懂的技巧和基本方法,以便在程序和软件中得到正确使用。在接下来的章节中,将要讨论与解的过程相关的一些问题。

### 3.4.1 收敛和稳定性

收敛和稳定性是两个经常被混淆的概念。从严格的数学意义讲,收敛是指一组数值方程描述一个问题的解析解的能力。如果当节点间距或元的尺度降至零,数值解趋于解析解,就称该方程组收敛。同样,如果方程组在趋向于收敛解的数值计算过程中离散解的任何误差都不会增大到将计算结果淹没掉,那么这个过程就是稳定的。

然而在实践中,这些术语的应用是较不严格的。例如随着求解的进行,如果区域上各点变量的值趋于一个固定值,那么常常就说这个过程收敛。因为在大多数我们希望用 CFD 方法求解的物理问题中并不存在可供与数值结果相比较的解析解,所以就出现了对术语“收敛”的这种用法。如果一个数值过程进行中其中间结果是合理的,常常就称这个过程是稳定的。

就像 3.2.1 节中提到的,当用有限差分法得到一个偏微分方程的相似差分方程时,如果时间间距足够小,显式方法是成立的。如果时间间距太大,变量值剧烈摆动,并且变得非常大,这是一个不稳定过程,而且不收敛。

### 3.4.2　解联立方程组

大部分从微分方程组得到的离散化方程组是用隐式给出的。因为显式方法数值计算的稳定性较差,随着解的进行,显式法可能得到与物理真实值相背离的解。当用隐式法求解时,会形成多个方程组成的方程组,需要用某种方法来解这些方程组。有许多方法可以用来求解,而每一个软件包有它自己的求解方式。因为解方程组用掉了大量计算,所以用快速法处理联立方程组是很有好处的。求任意联立方程组的解的过程,被看作寻找满足矩阵方程

$$\boldsymbol{Ax}=\boldsymbol{b} \tag{3-28}$$

的向量 $\boldsymbol{x}$ 的过程。$\boldsymbol{A}$ 是对变量向量 $\boldsymbol{x}$ 的算子,$\boldsymbol{b}$ 是已知向量,两侧同 $\boldsymbol{A}$ 乘的逆阵得到

$$\boldsymbol{x}=\boldsymbol{A}^{-1}\boldsymbol{b} \tag{3-29}$$

如果在联立方程组中仅有少量方程,就可以容易而且准确的得到 $\boldsymbol{A}^{-1}$。这种方法通常叫做直接法,而且采用 Zienkiewicz 和 Taylor(1989)[3] 描述的 $\boldsymbol{LU}$ 分解法。矩阵 $\boldsymbol{A}$ 由两个矩阵乘积表示:

$$\boldsymbol{A}=\boldsymbol{LU} \tag{3-30}$$

这里 $\boldsymbol{L}$ 是下三角矩阵,$\boldsymbol{U}$ 是上三角矩阵,一旦矩阵 $\boldsymbol{A}$ 被分解成 $\boldsymbol{L}$ 和 $\boldsymbol{U}$ 的形式,解是很容易得到的。如果矩阵阶数很大,这种直接法就需要很大的计算量来求解。这是由于有限元程序采用的是传统方法。对大的联立方程组求解减少计算量的一种方法是采用迭代法,先对解向量 $\boldsymbol{x}$ 取某个估计值,再根据向量 $\boldsymbol{x}$ 和矩阵 $\boldsymbol{A}$ 的系数以及向量 $\boldsymbol{b}$ 得出解向量的更精确的估计值。

用一个简单情况为例来考虑联立方程组的求解是很有帮助的,例如如果方程(3-28)是一个三个方程构成的方程组,它能被写成

$$\left.\begin{aligned}a_{11}x_1+a_{12}x_2+a_{13}x_3&=b_1\\a_{21}x_1+a_{22}x_2+a_{23}x_3&=b_2\\a_{31}x_1+a_{32}x_2+a_{33}x_3&=b_3\end{aligned}\right\} \tag{3-31}$$

常见的迭代法主要有:

- 雅可比法和高斯-赛德尔法,在这两种方法中方程组改写成

$$
\left.\begin{aligned}
x_1 &= \frac{1}{a_{11}}(b_1 - a_{12}x_2 - a_{13}x_3) \\
x_2 &= \frac{1}{a_{22}}(b_2 - a_{21}x_1 - a_{23}x_3) \\
x_3 &= \frac{1}{a_{33}}(b_3 - a_{31}x_1 - a_{32}x_2)
\end{aligned}\right\} \tag{3-32}
$$

可以看出如果用这种方法计算,矩阵 $\boldsymbol{A}$ 的对角项,即 $a_{ii}$ 不能为零。雅可比法对方程右侧取 $n$ 次迭代的已知值,左侧是 $n+1$ 次迭代的新值,得到

$$
\left.\begin{aligned}
x_1^{n+1} &= \frac{1}{a_{11}}(b_1 - a_{12}x_2^n - a_{13}x_3^n) \\
x_2^{n+1} &= \frac{1}{a_{22}}(b_2 - a_{21}x_1^n - a_{23}x_3^n) \\
x_3^{n+1} &= \frac{1}{a_{33}}(b_3 - a_{31}x_1^n - a_{32}x_2^n)
\end{aligned}\right\} \tag{3-33}
$$

高斯-赛德尔法凡是遇到 $n+1$ 次迭代已经知道的新值,就把它代入方程右侧,得到

$$
\left.\begin{aligned}
x_1^{n+1} &= \frac{1}{a_{11}}(b_1 - a_{12}x_2^n - a_{13}x_3^n) \\
x_2^{n+1} &= \frac{1}{a_{22}}(b_2 - a_{21}x_1^{n+1} - a_{23}x_3^n) \\
x_3^{n+1} &= \frac{1}{a_{33}}(b_3 - a_{31}x_1^{n+1} - a_{32}x_2^{n+1})
\end{aligned}\right\} \tag{3-34}
$$

这两种方法都在第一次迭代时需要有解的初始估计值。

• 点松弛迭代法

在迭代程序中任何阶段都会在解向量 $\boldsymbol{x}$ 中出现有限误差。分析这个误差的方法之一是用方程(3-28)得到余项误差,其定义为

$$
\boldsymbol{r} = \boldsymbol{b} - \boldsymbol{A}\boldsymbol{x} \tag{3-35}
$$

随着迭代进行,余项误差应该越来越小,所以就把它应用到迭代程序中,把高斯-赛德尔法(3-34)右侧加 $x_i^n$ 再减 $x_i^n$ 得到

$$
\left.\begin{aligned}
x_1^{n+1} &= x_1^n + \left[\frac{1}{a_{11}}(b_1 - a_{11}x_1^n - a_{12}x_2^n - a_{13}x_3^n)\right] \\
x_2^{n+1} &= x_2^n + \left[\frac{1}{a_{22}}(b_2 - a_{21}x_1^{n+1} - a_{22}x_2^n - a_{23}x_3^n)\right] \\
x_3^{n+1} &= x_3^n + \left[\frac{1}{a_{33}}(b_3 - a_{31}x_1^{n+1} - a_{32}x_2^{n+1} - a_{33}x_3^n)\right]
\end{aligned}\right\} \tag{3-36}
$$

在这个方程组中方括号中表达式就是余项误差 $\boldsymbol{r}$,随着迭代进行,余项误差要趋于零。我们有理由用乘松弛因子 $\omega$ 来加速迭代过程,得到

$$\left.\begin{aligned}x_1^{n+1} &= x_1^n + \left[\frac{\omega}{a_{11}}(b_1 - a_{11}x_1^n - a_{12}x_2^n - a_{13}x_3^n)\right]\\x_2^{n+1} &= x_2^n + \left[\frac{\omega}{a_{22}}(b_2 - a_{21}x_1^{n+1} - a_{22}x_2^n - a_{23}x_3^n)\right]\\x_3^{n+1} &= x_3^n + \left[\frac{\omega}{a_{33}}(b_3 - a_{31}x_1^{n+1} - a_{32}x_2^{n+1} - a_{33}x_3^n)\right]\end{aligned}\right\} \tag{3-37}$$

对于绝大部分方程组来说，$\omega$ 可取为1,2之间的某个值。因此这个方程被称为逐次超松弛法，如果 $\omega$ 为1，就成为高斯－赛德尔迭代法。

• 线松弛迭代法

用以上方法一次对解向量 $\boldsymbol{x}$ 的一项得到一个新的估计值，这与前面讨论过的显式法非常相似。有时如果较小子集的项可以一次同时得出，就可能加速迭代过程。这是一种隐式的推进方法而且包括一个较小方程组的直接法求解。最通用的做法是，在一个描述空间域的规则网格整个线上的点同时求解，而且是一条线一条线地，不是一点一点地求解。同样，如果采用了三维规则网格，可以在迭代过程的一步内对整个矩形厚层的点直接计算。

• 更先进的方法

随着对联立方程组迭代解的深入研究，出现了更多的求解方法，由于对许多工程问题的计算量增大，即使是超级计算机也满足不了需求，所以对减少计算量的需求推动了新方法产生。

这些先进方法包括 Stone 强隐式过程和预处理法。可以把它们看作是矩阵操作过程和用多重网格法来计算空间粗糙网络上和精细网络上的解，并且在网格交换时将误差消除掉。

作为 CFD 软件的使用者对产生出的联立方程的求解要做的事，通常仅限于对软件中已建立的解法提供某些控制参数。这里应该注意的是，如果解法是迭代的，那么向量 $\boldsymbol{x}$ 的准确解永远得不到，但是经过一些次迭代后，$\boldsymbol{x}$ 中的误差应该非常小。我们在后面还会讨论到，流体运动方程是非线性的，可能还是时间相关的，于是我们将需要一种求解过程求出相继的流动变量的近似值，而不论我们在解联立方程本身是用直接法或迭代法。这意味着对产生出的联立方程只需要近似求解，给出变量值的某种改进。

## 3.5 解联立的流体运动方程组

讨论过一般的偏微分方程组的离散化和数值相似方程的求解的问题以后，这一节中要讲一部分控制流体运动的偏微分方程组的数值求解。用前面讨论过的三种离散法中任意一种都可以使控制流体运动的偏微分方程组离散，要解决的是和前面的偏微分方程组本身的数值相似方程的求解问题。我们现在还来讨论这个问题的原因是，控制流体运动的方程特别难于用数值方法离散和求解。

### 3.5.1　非线性和时间相关特征

对二维流动问题，要解决两个动量方程和一个连续性方程，也就是说一共有三个方程，并且要用这三个方程得到三个流动变量，流动速度 $u$、$v$ 和流体压力 $p$。两个动量方程是与时间相关的，且是非线性的。流体加速度产生的非线性，也与对流项有关。与时间相关和非线性增加了解的复杂性，求解与时间相关与求解 3.2 节中简单抛物型偏微分方程一样，必须要知道初始条件，从中得到下一时刻的解。这就说明求解的程序是由一系列时间上的迭代构成的。在每一个时间步长上，方程组都是非线性的，所以要把它们线性化，这样才能得出联立方程组的解。联立方程组的形式与讨论过的形式相似，即

$$\boldsymbol{A}\boldsymbol{x} = \boldsymbol{b} \tag{3-38}$$

但是这里矩阵 $\boldsymbol{A}$ 和向量 $\boldsymbol{b}$ 是流动变量的函数，通常通过离散对流项中的导数项以及把一个点、一个体积或元上当时的速度值作为速度因子而进行线性化。例如

$$u\frac{\partial u}{\partial x} \quad \text{可变成} \quad \bar{u}\left(\frac{u_{i+1,j} - u_{i-1,j}}{2\delta x}\right) \tag{3-39}$$

这里将中心差分方程(3-4)用于表示导数，而 $\bar{u}$ 则从 $u$ 当前的解中得到。例如，如果我们是用有限差分法，$\bar{u}$ 就是 $u_{i,j}$，一旦完成了线性化就得到联立方程组，然后求出解以更新流动变量值。重复进行线性化和求解过程，直到流动变量值收敛。只有这样，整个解才能向下一个时刻推进。

从中可以看出，在求解运算中发生了几个层次的迭代过程。图 3-9 表示了这些层次，有一个外部的时间迭代循环，使解从一个时间层向下一个时间层移动。还有一个内部循环，它通过重复形成线性联立方程组的形式来解决非线性问题。这个循环本身可能还包含了一个用迭代法求解联立方程组的更深层次的循环。当计算定常状态流体流动时，可以略去时间循环。这可能造成流体的加速度不能按物理流动实际发生的方式得到模拟而产生数值问题。也可能导致常见的数值解不稳定问题，使解偏离真实值。因为问题的非线性迫使我们采用迭代解法，所以略去时间项并没有任何实在的好处。由此，许多 CFD 程序即使对于定常状态问题也采用一种时间相关的算法，这样做提高了解法的稳定性。

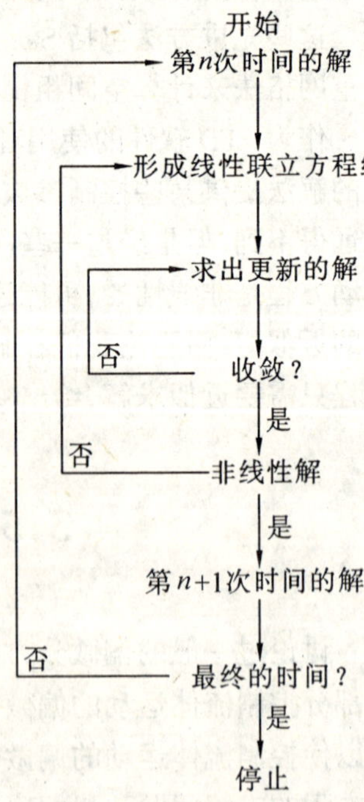


**图 3-9　迭代求解过程**

### 3.5.2　得到压力解

观察控制方程的整个求解过程时，我们现在必须更详细地考察怎样求出解。如果我们观察控制二维不可压缩流体流动

的三个方程,会看到在两个动量方程中都包含所有三个流动变量,但是在连续方程中仅包含速度分量。动量方程中多数项都是速度分量的函数,所以用这些方程来产生速度分量的解是自然的事。这样就产生了一个问题,即在连续方程中没有包括压力在内的项。

克服这一问题的途径之一是寻求将这三个方程同时求解的离散方法。这样导致一个包括所有三个变量的解向量,需要三倍以上的时间,但确实可以算出压力。有限元程序已经用这种方法发展了一段时间了,如果和每个变量轮流求解相比,这种方法生成较大的矩阵,需要更多的计算机求解工作量。

另一种方法是沿一个方向离散动量方程以求出 $u$ 速度分量,而沿另一方向离散动量方程以求出 $v$ 速度分量。然后必须导出一个形式经过修改的可以计算出压力的连续方程。要做到这一点,必须注意到,从动量方程得出的速度分量并不满足连续方程,而当解达到收敛时它们是应当满足连续方程的。如果将变量分解成两部分,即满足动量方程的值(加注星号)和保证满足连续性的修正值,可以写出

$$\left.\begin{aligned} u &= u^* + u' \\ v &= v^* + v' \\ p &= p^* + p' \end{aligned}\right\} \tag{3-40}$$

在求解过程中,必须保证满足连续性方程

$$\frac{\partial u}{\partial x}+\frac{\partial v}{\partial y}=0 \tag{3-41}$$

代入方程(3-40),有

$$\frac{\partial u'}{\partial x}+\frac{\partial v'}{\partial y}=-\frac{\partial u^*}{\partial x}-\frac{\partial v^*}{\partial y} \tag{3-42}$$

在这个方程中,修正速度分量的导数依赖于满足动量方程组的速度分量的导数。现在离散动量方程(2-8)和(2-9),用矩阵形式表示为

$$\boldsymbol{A}u_j=\boldsymbol{B}p_j \tag{3-43}$$

$$\boldsymbol{C}v_j=\boldsymbol{D}p_j \tag{3-44}$$

式中 $\boldsymbol{A},\boldsymbol{B},\boldsymbol{C}$ 和 $\boldsymbol{D}$——矩阵;

$u_j,v_j,p_j$——网格点上或节点上的变量。

如果把变量拆开方程写成

$$\boldsymbol{A}u_j^*+\boldsymbol{A}u_j'=\boldsymbol{B}p_j^*+\boldsymbol{B}p_j' \tag{3-45}$$

$$\boldsymbol{C}v_j^*+\boldsymbol{C}v_j'=\boldsymbol{D}p_j^*+\boldsymbol{D}p_j' \tag{3-46}$$

当解动量方程时,我们实际上是在求解下面两个方程。

$$\boldsymbol{A}u_j^*=\boldsymbol{B}p_j^* \tag{3-47}$$

$$\boldsymbol{C}v_j^*=\boldsymbol{D}p_j^* \tag{3-48}$$

在方程(3-45)和(3-46)中减去方程(3-47)和(3-48)得到

$$Au_j' = Bp_j' \tag{3-49}$$

$$Cv_j' = Dp_j' \tag{3-50}$$

这两个方程就是能求出速度分量修正量的表达式，它们改写后给出

$$u_j' = A^{-1}Bp_j' \tag{3-51}$$

$$v_j' = C^{-1}Dp_j' \tag{3-52}$$

用这种形式的方程可以从连续方程中得到压力，把它们代入修改了的连续方程(3-42)，得出一个关于修正压力 $p_j'$ 的方程，其右端是动量方程解出的流动不能保证连续性的不守恒项。一旦得到修正压力 $p'$，通过方程(3-51)和(3-52)可以得到 $u'$ 和 $v'$。最后用方程组(3-40)得到修正速度分量和压力，在解的这个阶段，速度分量满足连续方程，还算出了一个新的压力值。但是速度分量不满足动量方程。为了解决动量方程求解和非线性两个问题，再次用动量方程得出进一步待解的联立方程组，接着进行修正压力和修正速度的运算。这样先用动量方程然后再接着用连续方程的过程形成了图 3-9 中的内循环，而在每一次内循环中都用迭代法解所有三组联立方程。称这种方法为 SIMPLE(半隐式压力联系方程)算法。

找到了得出压力解的方法，仅余下一个问题有待解决。这与方程组的数值求解有关。观察动量方程(2-8)和(2-9)可见，压力变量仅出现于一阶空间导数中。当这些导数转换成数值形式时可能出问题，因为用中心差分对一个给定点的压力变量可能产生与相邻点压力值无关的值。反过来这又可能导致压力解出现所谓棋盘模式的振荡。有一些方法解决这个问题，许多程序将压力的网格点与速度分量的网格点交错排列。压力储存于控制体的中心点而速度分量则储存于体表面上。最近有许多程序转向于将所有变量值存储于控制体的中心，用一种变换(Rhie and Chow)来防止棋盘振荡。

### 3.5.3 对流算子

将对流算子离散化并对其中的一阶导数采用中心差分，差分方程(3-4)这时会出现得不到真实解的问题。例如，取方程

$$\bar{u}\frac{\partial u}{\partial x} = \nu\frac{\partial^2 u}{\partial x^2} \tag{3-53}$$

其中，$\bar{u}$是使方程线性化的已知速度。

对第一个导数项和第二个导数项进行中心差分得到

$$\bar{u}\left(\frac{u_{i+1,j} - u_{i-1,j}}{2\delta x}\right) = \nu\left(\frac{u_{i+1,j} - 2u_{i,j} + u_{i-1,j}}{\delta x^2}\right) \tag{3-54}$$

可以重新写成为

$$u_{i,j} = \frac{1}{2}u_{i+1,j}\left(1 - \frac{Pe}{2}\right) + \frac{1}{2}u_{i-1,j}\left(1 + \frac{Pe}{2}\right) \tag{3-55}$$

$Pe$ 是贝克列数，或局部网格雷诺数。

$$Pe = \frac{\delta x \bar{u}}{\nu} \tag{3-56}$$

从方程(3-55)可以知道贝克列数对数值方程有重要影响。当贝克列数小于2时,两项右侧是正系数,但贝克列数大于2时,第一项右侧是负的,这个负系数产生不真实解,所以要得到真实值就要限制贝克列数。

一种方式是用一阶精度差分方程模拟方程(3-53)中的一阶导数,而不是用以上二阶精度差分方程。然而精确度的降低会得到一个较差的解。典型情况是,采用低阶精度格式给出结果比我们试图模拟的流动有更大的黏性。尽管如此,这种方法仍在和更精确的方法一起使用,通常的商用CFD软件中,对流算子的离散有如下选择:

• 上风格式　用一阶精度的差分代替对流项中在参考点处的速度导数,其最近的点取在上风方向。这可能给出很不精确的解,但是它比较容易收敛,容易得到解。

• 混合格式　如果 $Pe > 2$,用上风格式;如果 $Pe \leqslant 2$,用中心差分格式。这种方法比上风格式更精确,但在一些点的网格上不收敛。

• QUICK格式　是二次上风格式,比以上两种方案更精确,得到解的过程中常因为容积形状复杂产生数值方面的问题。

• 幂律格式　是由QUICK格式导出的,但是更为精确。

### 3.5.4 流动问题的边界条件

解任何偏微分方程,是边界条件和初始条件决定了确切的解。任何偏微分方程本身和离散化的方式决定了边界条件的形式。用计算机解流体运动问题时遇到的是一些常见的边界条件。它们可以按应设置的数值来分类,也可按边界条件的物理类型来分类。

我们需要以下变量的边界条件:

• 速度分量,它将影响动量方程。这些条件通常用规定速度分量的形式给出,如果不是这样,那么速度分量对边界的法向导数通常是零。

• 压力,或者质量流量,它们将影响连续方程。如果采用SIMPLE算法就是这样。通常需要至少在流动中的一个点上规定压力。

• 湍流变量,例如湍流动能 $k$ 和它的耗散率 $\varepsilon$ 等。

这些条件必须用到各类边界上,这些边界如下:

• 固体边界。许多流动区域内的边界是固体壁面,可以是固定的或者是移动的。如果流动是层流,那么流动速度分量可取为壁面的速度。然而如果流动是湍流,情况就更复杂。这是由于湍流中靠近壁面处流动速度的变化格外剧烈。为了捕捉沿着离开壁面的方向上发生的这种快速变化,需要在壁面附近沿这个方向设置许多网格点,这就增加了求解所需的许多计算工作量。一种减少计算量的方法是采用边界层的实验数据来规定固体壁面附近的速度。实验表明,当至壁面的距离大于一个已知值后,速度与距壁面的距离按对数规律变化。这可从图

3－10中看出，其中给出了边界层中的速度与至壁面距离的关系。速度和距离二者都转换成了无因次量。由图可见有三个区域。壁面附近有一个黏性底层，在这里壁面抑制了湍流的影响。接着存在着一个对数关系区域，区域内速度是壁面距离的对数函数。最后有一个外部层，在这里边界层和外部流动合为一体。如果这样建立网格，使第一点处的速度是在对数关系区域内计算的，就没有必要模拟壁面附近的快速变化。相似的方法还可以用来确定湍流变量 $k$ 和 $\varepsilon$ 的值。

• 入口。入口为流体进入的位置，对所模拟的问题流体速度一般是已知的。在一些程序中，如果在入口处质量流量是已知的，只需解压力方程，流动中的其他参量，例如 $k$ 和 $\varepsilon$ 等，也要加以规定。

• 出口。流体离开区域的地方叫出口。通常扰动压力置为零，而速度分量和任何湍流变量待求的是它们本身的值，它们沿边界面法线方向的导数为零。如果流动以涡流（漩流）的方式通过出口，流动需要提供压力梯度，所以一个恒定压力边界条件是不合理的。为了解决这个问题，采用一个迭代过程，开始时在出口规定一个常值压力，然后试图寻求与运动流速相匹配的压力。

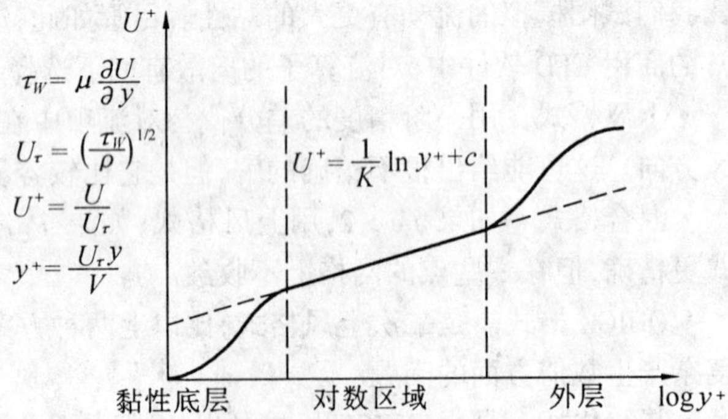


**图 3－10 壁面附近的速度变化**

• 对称边界。当流动对于某个平面对称，就没有穿过这个边界面的流动，流动变量沿边界面法向的导数为零。

• 周期性循环边界。这些边界是成对产生的，在两个边界上相同位置上变量值也相等。图3－11中给出了两个周期性边界的例子。

图 3－11 中的第一个例子中，一个网格，从拓扑关系来说是个长方体，它环绕一圈又进入它自身原来的位置。在画阴影的边界上以及与它相对的边界上相应点上的流体变量必须相等。图 3－11(b)中所示另一个例子涉及翼栅，它是垂直摆放的一系列完全相同的翼剖面。我们不去把这个区域看成包含各个翼剖面在内的区域，而是更简单地把这个区域表示成图3－11(c)的情况，矩形区域仅包含一个翼剖面，为了使在这个区域和整个区域上流动一致，可以设 $AB$ 边界和 $DC$ 边界的对应点上流动变量相等。

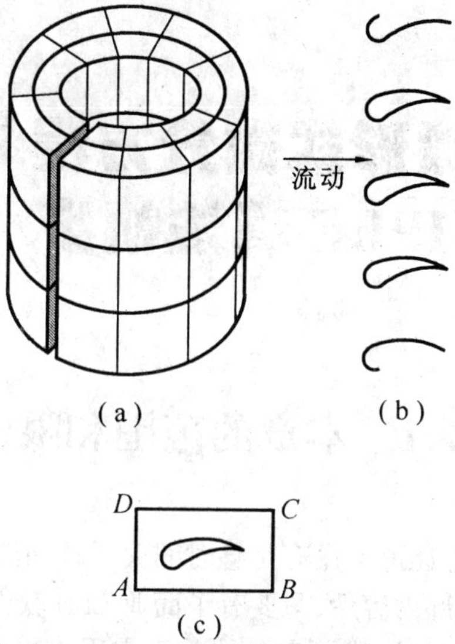


**图3-11　周期性边界条件**

(a)圆柱形网格;(b)气轮机叶栅;(c)单个叶栅的计算区域

# 参考文献


1 Patankar S V.(1980).Numerical Heat Transfer and Fluid Flow, Hemisphere (McGraw - Hill), New York.

2 Smith G D.(1985). Numerical Solution of Partial Differential Equations: Finite difference methods, 3rd edn, Oxford University Press, Oxford.

3 Zienkiewicz O C and Taylor R L.(1989). The Finite Element Method, 4th edn, Volume 1: Basic Formulation and Linear Problems, McGraw - Hill, New York.

# 第 4 章　一般形式微分方程的数值求解与 SIMPLE 算法初步

## 4.1　本章的范围和限制

本章的主要目的之一是想让那些没有足够时间去了解和消化本书第二编和第三编内容的人,在阅读了本书第一编的全部内容后,只要有了商业 CFD 软件,就可进入 CFD 的工程应用工作。本章的内容使得本书第一编形成了完备的关于实用 CFD 知识的结构。本章进一步说明了怎样求解各种不同的数值方程,诸如动量方程、能量方程和连续方程。虽然这些方程中有的在这里被提出,但未作详细的推导和讨论,因为我们集中注意力于它们的求解而不是其物理意义。这里提出的方法也适用于别的许多物理过程,但它们的控制微分方程这里也没有提供。如果需要,读者可去阅读第 13 章的内容。

对于流体运动的描述,这里只讨论不可压缩流的求解方法。这种方法已经被推广至可压缩流体的流动中,但是这里也不讨论这些细节。不过要清楚,不可压缩流体的流动并不一定意味着流体的密度是常数,流体的密度可以是温度和浓度的函数,不可压缩性这个术语是指压力对密度的影响。由于这里所描述的计算方法并没有直接考虑压力—密度耦合作用,故认为它只适用于低马赫数流动。

此方法对定常和非定常状态均适用,但重点是得到定常状态问题的解。虽然也包括非定常项,但本章大多数讨论都针对定常状态的情况。

本章所描述的数值方法采用笛卡尔坐标中的网格,同样的思想也很容易推广到柱面坐标和球面坐标中去。总之,推广到任何正交和非正交坐标系中都不成问题。对于这些网格,几何复杂性是增加了些,但不需要什么新的原理。

限于本章采用规则(或至少是正交的)坐标系,其结果是这些方法主要适用于规则形状的区域。近来已推广到非正交曲线坐标系,尽管仍基于同样的一般框架,但是这个推广不能说是非常简单的,在此也不加叙述了。

尽管有这样一些限制,本章介绍的方法已经在非常宽广多样的物理领域经过了广泛的试验和应用。这些方法以物理基本原理为基础,而且力求确保其结果总是符合物理实际的。

### 4.1.1　本章概述

在构造数值计算方法前，要确定像 4.2 节中列出的控制微分方程。可以看出所列出的相关方程都有一种共同的形式，这使我们有可能集中关注一个一般形式的微分方程，并构造出对它求解的数值方法。

在计算区域中布置网格，在网格上获得离散的数值解。这些几何方面的考虑将在 4.3 节中加以阐述。

4.4 节将介绍如何将一般形式的微分方程转化为一个代数方程。4.5 节将介绍解这一组代数方程的具体步骤。一般形式的微分方程的解法讲过之后，需要讲讲求解流动方程的特殊处理方法，这将在 4.6 节介绍。对整个算法主要运算步骤的概述将在 4.7 节中给出。在 4.8 节中，针对这种方法作了一些额外的讨论和说明。最后一节用几点一般性评论结束本章。

## 4.2　数学表达式

一些实际的物理问题包括流体流动、传热、质量传递、湍流以及所相关的现象都遵守质量、动量、能量、化学物质守恒这样一些基本原则。这些基本原则都可以用一系列具有相同形式的偏微分方程来表达。这种相同的形式可以为构建一个数学方法提供一个便利条件。至少在原则上，我们只需要表述求解具有共同形式的微分方程的数值方法。

本节中将提出一些典型的微分方程。观察一下这些典型的微分方程，自然而然地就可以得到一般形式的微分方程。需要指出的是，在这里，这些微分方程的具体内容并不十分重要，所关注的焦点是方程的数学形式。对于特定的物理环境下，动量、能量等的方程会出现一些额外附加的项。但是，所有这些都会被包含在以一般形式的微分方程为基础的框架范围内。

这里的微分方程采用笛卡尔张量标记，这种表示方法在以后的各章中也同样被使用。这样标记的好处是使方程看起来紧凑并且易于理解，三个空间坐标轴记作 $x_1, x_2, x_3$，相对应的速度分量记为 $u_1, u_2, u_3$。当下标在某一项中重复出现时，就表示对下标所表示的所有量求和。例如在三维情况下，$\frac{\partial u_i}{\partial x_i}$表示

$$\frac{\partial u_1}{\partial x_1}+\frac{\partial u_2}{\partial x_2}+\frac{\partial u_3}{\partial x_3} \tag{4-1}$$

对于二维情况，求和时 $i=1$ 和 2。对一维方程的情况，$i=1$。

### 4.2.1　一些有关的微分方程

动量守恒方程　对于牛顿流体，在 $j$ 方向上的动量守恒可表达成

$$\frac{\partial}{\partial t}(\rho u_j)+\frac{\partial}{\partial x_i}(\rho u_i u_j)=\frac{\partial}{\partial x_i}\left(\mu\frac{\partial u_j}{\partial x_i}\right)-\frac{\partial p}{\partial x_j}+B_j+V_j \tag{4-2}$$

式中 $\mu$——黏度；

$p$——压力；

$B_j$——单位容积受到的 $j$ 方向上的体积力；

$V_j$——除去方程(4－2)中等号右边第一项以外的黏性项。

能量守恒方程 能量方程以一种最普遍的形式涵盖了许多变量。为了建立能量方程的这种形式，必须充分的考虑限定条件。没有黏性消耗的理想气体的定常低速流动的能量方程是

$$\frac{\partial}{\partial x_i}(\rho u_i h)=\frac{\partial}{\partial x_i}\left(\frac{k}{c}\frac{\partial h}{\partial x_i}\right)+S_h \tag{4-3}$$

式中 $h$——焓；

$k$——传热系数；

$c$——定压比热；

$S_h$——按体积计算的(单位体积的)内热生成率。

化学物质守恒方程 设 $m_k$ 表示 $k$ 物质的质量分数，则 $m_k$ 的控制方程为

$$\frac{\partial}{\partial t}(\rho m_k)+\frac{\partial}{\partial x_i}(\rho u_i m_k)=\frac{\partial}{\partial x_i}\left(\Gamma_k\frac{\partial m_k}{\partial x_i}\right)+R_k \tag{4-4}$$

式中 $\Gamma_k$——物质的扩散系数；

$R_k$——单位容积的 $k$ 化学物质生成率。

湍流方程 对于湍流情况，实际计算中通常采用流动的时均特性。这种具有时均特性的微分方程，通常用于非定常的层流流动方程。湍流的平均化会产生一些附加量，这些量称为雷诺应力、湍流热通量、湍流扩散通量等。相应的湍流模型可以用这些应力和通量以一种时均特性来描述。许多湍流模型在处理应力和通量时是把层流中的黏性和传输性换成相应的涡流黏性和涡流传输性，结果可以使湍流流动的时均方程与层流流动的方程具有相同的形式。从计算的角度看，除了把层流黏性替换成涡流黏性外，湍流方程的计算方法与层流方程相同。

在一些湍流模型中，涡流黏性取决于流体脉动本身的一些特定的平均参数。在解附加的微分方程时会逐一得到这些参数。常用的湍流微分模式的 $k-\varepsilon$ 模式就是一个例子。$k-\varepsilon$ 模型中，湍流特性是用湍流脉动的动能 $k$ 与其耗散率 $\varepsilon$ 来描述的。遵循下面的微分方程

$$\frac{\partial}{\partial t}(\rho k)+\frac{\partial}{\partial x_i}(\rho u_i k)=\frac{\partial}{\partial x_i}\left(\frac{\mu_t}{\sigma_k}\frac{\partial k}{\partial x_i}\right)+G-\rho\varepsilon \tag{4-5}$$

$$\frac{\partial}{\partial t}(\rho\varepsilon)+\frac{\partial}{\partial x_i}(\rho u_i\varepsilon)=\frac{\partial}{\partial x_i}\left(\frac{\mu_t}{\sigma_\varepsilon}\frac{\partial\varepsilon}{\partial x_i}\right)+(c_1G-c_2\rho\varepsilon)\left(\frac{\varepsilon}{k}\right) \tag{4-6}$$

式中 $\mu_t$——湍流黏性系数；

$G$——湍流动能生成率；

$\sigma_k, \sigma_\varepsilon, c_1, c_2$——经验常数。

这里我们暂时不必要去深入理解方程及每项的含义,重要的是观察它们的数学表达形式。这两个方程显示出一种共有的形式。

### 4.2.2 一般形式的微分方程

前面所讲述的每个微分方程都可以用以下这个一般形式的微分方程来表示

$$\frac{\partial}{\partial t}(\rho\phi) + \frac{\partial}{\partial x_i}(\rho u_i \phi) = \frac{\partial}{\partial x_i}\left(\Gamma \frac{\partial \phi}{\partial x_i}\right) + S \tag{4-7}$$

式中 $\phi$——一般形式的因变量;

$\Gamma$——广义扩散系数;

$S$——源项,方程中的 $\Gamma$ 和 $S$ 对 $\phi$ 的不同含义而具有特定的内容。

一般形式的微分方程包含四项,这四项依次称为非定常项、对流项、扩散项和源项。

因变量 符号 $\phi$ 在一般形式的微分方程中代表一系列因变量,许多物理量都可以用 $\phi$ 表示。例如我们假设一般形式的微分方程是动量守恒方程,则 $\phi$ 相当于速度分量 $u_j$。与此相类似,$\phi$ 可以代表焓(或温度)、某一化学物质的质量分数以及湍流的参数像 $k$ 和 $\varepsilon$ 等等。$\phi$ 取每一种含义都伴随着相应的 $\Gamma$ 和 $S$ 的表达式和相应的边界条件。例如,在等式(4-4)中,如果 $\phi$ 表示质量分数 $m_k$,则 $\Gamma$ 就是扩散系数 $\Gamma_k$。源项 $S$ 就是 $R_k$。基于同一个一般形式的微分方程的这样一种数学结构,不仅仅有利于构造数值计算方法,而且对于发展通用计算机程序都有所帮助。求解一般性微分方程只不过是依赖于程序内的一个可执行循环语句在不同 $\phi$ 值条件下的反复运算。随着 $\phi$ 的相应取值,同一个计算机程序就可以用来解决一些物理含义上完全不同的问题。例如,孔洞内的自然对流,燃烧室内的反应流和湖内的暖流循环。

当赋予 $\phi$ 一个特定的含义,则通过将等式(4-7)与实际的守恒方程相对比来给 $\Gamma$ 和 $S$ 的表达式选择相应变量。这个过程也依赖于所考虑的特定物理现象。因此,这里没有完整地给出在 $\phi$ 取不同的因变量时 $\Gamma$ 和 $S$ 的表达式,但会给出关于这些量的有关评述。

扩散系数 在关于 $\phi$ 的一般性微分方程中,广义扩散系数 $\Gamma$ 代表输运特性,比如黏性或传导性(或传导率),并与相应的因变量的梯度相联系,导致扩散通量如黏性应力或热通量。像刚才提到的,通常湍流流动问题中用湍流(或涡流)黏性或传导性来代替 $\Gamma$。一般情况下,$\Gamma$ 可以是不均匀的,它可以依赖于位置的变化,它也可能依赖于当地速度、温度、密度等这些量。数值方法应该能适应 $\Gamma$ 的这些变化。

在方程(4-7)中,扩散通量是梯度$\frac{\partial \phi}{\partial x_i}$驱动的。虽然这种梯度驱动的扩散十分普遍,但也可能存在梯度为零的情况。例如,在一些特殊的例子中,热流动是由浓度的梯度引起的,而不是温度的梯度引起的。在这种情况下,可以令 $\Gamma$ 等于零,而将扩散通量表达成源项 $S$ 中的一部分。

源项 方程(4-7)中的源项 $S$,主要是指流体内部的一些发生过程。如流体内有热量生成,化学反应中反应物的生成和湍流动能的产生。当相关物理量的减少大于生成量,源项就变为负值。方程(4-2)所示的动量方程中的源项包括压力梯度、体积力,还有一部分是由黏性项引出的,这部分黏性项并不包含在扩散项中。

按这种方法,源项 $S$ 的构成变得很杂乱,凡是不能融入其他项中的,常常都被归并在源项 $S$ 中去处理。这是因为我们力求使一些非标准的物理过程(比如由浓度梯度引起的热交换)也能按方程(4-7)所表示的通用形式来处理。对源项的一些新理论将在后面的4.8节加以描述。

连续方程　方程(4-7)中出现的密度 $\rho$ 和速度分量 $u_j$ 并不是任意的。它们还受另外一个条件制约,我们称之为连续方程,或称为质量守恒原则,即

$$\frac{\partial \rho}{\partial t}+\frac{\partial(\rho u_i)}{\partial x_i}=0 \tag{4-8}$$

这样,速度分量 $u_j$ 不仅仅要满足动量方程,在相应的条件的方程里,$\rho$ 也不仅仅是与温度、浓度相关。$u_j$ 与 $\rho$ 还要满足方程(4-8),具体应用将在4.6中推荐的计算方法中加以论述。

边界条件　数值计算区域中常见的边界条件有以下三种类型:边界上无流动、有进入流动或流出的流动。不可穿透的壁面就属于无流动边界情况。在这样的边界上,或者已知因变量 $\phi$ 的值,或者已知一个关于在边界上的扩散通量的关系式。例如,如果 $\phi$ 表示温度,边界条件可以是知道壁面温度,壁面的热通量或外部的对流换热系数。对于流入边界的情况,必须规定来流的 $\phi$ 值(通常是知道的)。另一方面,在流出边界,既不知道 $\varphi$ 的值也不知道其通量。然而将在4.4.6节中看到,对于流出边界的情况,只要数值方法表达适当,在流出的边界上就不需要规定什么信息。

### 4.2.3 坐标的特性

把自变量分类成单向或双向坐标量会为计算提供方便。对于双向坐标,物理量的影响因素来自于两个方向,即正向和负向。但对于单向坐标,物理量的影响因素只来自于一个方向。时间就是一个单向坐标,时间只能沿正向演变,因而,在时间 $t+\Delta t$ 时刻的状态受到 $t$ 时刻状态的影响,但不受 $t+2\Delta t$ 时刻影响。这表明,要获得在 $t+\Delta t$ 时刻的流动特性并不依赖于流体各量在未来各时刻的值。这样就能够建立一个时间坐标逐步推进的运算程序,每个推进步骤中所包含的 $t+\Delta t$ 时刻的变量值,均可以从已知的时刻的变量的值中推得。

空间坐标系通常都是双向坐标。如果一个问题中的所有坐标都是双向的,通常可以把这种问题归类于椭圆型问题。在本章中的坐标系都被认为是双向的,但是如果流体明显地沿某一个空间坐标轴排成一线,在那里,这个坐标有一种单向的特性,这种现象常发生于边界层流和某些管流流动中。此时在流体中给定点的条件只受上游一侧的影响而不受下游一侧的影响。这样可以把一个逐步推进的程序应用于沿这个流动方向的坐标系中。我们在下面将会看到,一种按双向空间坐标提出的数值过程,当局部流率变得很大时,的确出现了单向的特性。

## 4.3 区域的离散化

这里阐述的数值计算方法基于控制容积表述法。在一个很小的区域内对控制微分方程积分可以得到离散方程(即相对应于微分方程的线性方程)。这个小区域称作控制容积,每个控制容积都与一个离散点相关联,而对这些离散点上的因变量如速度、压力、温度进行计算。这些点称为网格节点。本节将描述把区域划分为控制容积与相联系的网格节点的方法。

### 4.3.1 网格和控制容积

有两种常用的限定控制容积的方法。这里作一下简要介绍。为了简便起见,参照笛卡尔坐标下的二维情况,当然这种做法也可以直接推广到三维坐标和正交坐标系统中去。

如图 4-1 所示,在一个长方形计算区域中划分控制容积。虚线表示控制容积的表面,这些线都平行于 $y$ 轴或 $x$ 轴。这样既便于确定控制体表面的位置,也便于放置节点。下面将会看到,在每个控制容积内,许多流动特性参数被假定成一个常数。因此希望把控制体的表面放在那些流体性质、源项以及边界条件可能会出现不连续的地方。

控制容积面的位置确定以后,网格节点就位于控制容积面的几何中心。如图 4-1 所示的实心圆点代表网格节点,连接它们的实线称作网格线。包容点的一个典型的控制体用阴影表示出来。节点 $P$ 穿过控制体的四个表面与四个相邻节点相联系。这四点分别标记为 $E$, $W$, $S$, $N$ 表示以 $P$ 点为中心的东、西、南、北各点。

图 4-1 所示的是二维情况。对于三维情况,在 $P$ 周围又增加两个邻点,记为 $T$ 和 $B$(英文 top 和 bottom 的缩写)。这两点分别位于垂直于纸面的 $Z$ 轴的正、负半轴上。

从图中可以看出,网格线已经延伸至数值计算区域的边界上,而且在网格线末端附加了一些边界网格节点。这些点就是图中位于边界处的一些空心圆点。$B$ 表示一个典型的边界网格节点,$I$ 表示一个典型的区域内近边界网格节点。$I$ 的控制容积也画上了阴影,控制容积面的一边恰好在运算区域的边界上,而边界网格节点 $B$ 是控制容积这个边的中点(这种做法的另外一种解释是认为点 $B$ 周围有一个厚度无穷小的控制容积)。这种控制容积的面和网格节点都位于运算区域边界上的情况很易于处理不同的边界条件。包含 $I$ 的控制体可以很容易地采用边界上给定的 $\phi$ 值或给定的通过边界面的通量。

### 4.3.2 网格的划分

在划分网格时,没必要让每一个控制容积的大小都相同,也没有必要让相连网格节点的间距相同。实际上,很多时候都不希望网格是等间距的,因为这样可以用一种最令人满意的方式将给定数目的网格节点展开。一般说来,当 $\phi$ 值变化剧烈时,网格要划分得细些;$\phi$ 值变化缓

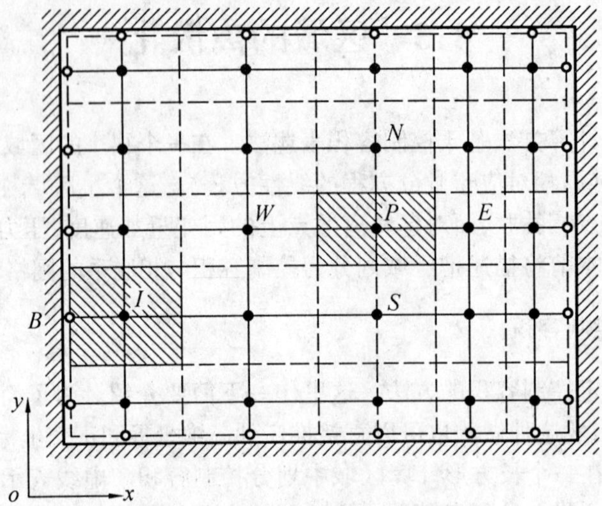


图 4-1 网格和控制容积

慢时,网格可以划分得粗些。

当然,由于变量 $\phi$ 事先无从知道,因此一下子就设计出一个合适的网格也不大可能。但实际过程中,对已解决过的问题作一些定性的分析,可以从中获得一些启示。例如,通常在近壁面及边界上一些不连续点周围的 $\phi$ 值梯度变化就比较大。可以先用粗网格试探一下 $\phi$ 是如何变化的,然后就可以设计出一个疏密分布适当的网格。

在理想的情况下,每一个解都应该用较密的网格和疏密相间的网格检验。假如结果相同,就得到了一个不依赖网格的解。这时就可以认为,此解非常接近微分方程的精确解。即使这种做法并不是对每个问题都可行,也希望此方法在每类给定的问题的典型情况中运用一下。否则,对数值解的精确性很难得出一个很好的估计。

## 4.4 一般形式的离散方程的导出

数值方法的基本思想是把等式(4-7)所示的一般形式的微分方程转化为一个线性方程,以此将网格节点 $P$ 处的各物理参量与相邻节点上相应的量相联系。要将式(4-7)在典型的控制容积上积分,得到各量的积分近似值。这样这些物理参量就可以用网格节点上的 $\phi$ 值表达出来。

### 4.4.1 对于控制容积的守恒方程

在控制容积上对方程(4-7)积分,就可以很方便地把对流和扩散量相结合。让 $J_i$ 表示 $i$ 方向上的总通量(包括对流和扩散),那么有

$$J_i = \rho u_i \phi - \Gamma \frac{\partial \phi}{\partial x_i} \tag{4-9}$$

微分方程(4-7)可以写作

$$\frac{\partial}{\partial t}(\rho \phi) + \frac{\partial J_i}{\partial x_i} = S \tag{4-10}$$

图4-2所展示的是一个典型的控制容积,小写字母 $e$、$w$、$n$ 和 $s$ 表示控制容积的四个边界(三维情况为外表面)。在三维时又增加两个方向,用 $t$ 和 $b$ 表示。在控制容积上对方程(4-10)积分得

$$\frac{\rho_P \phi_P - \rho_P^0 \phi_P^0}{\Delta t}\Delta V + J_e A_e - J_w A_w + J_n A_n - J_s A_s + J_t A_t - J_b A_b = \overline{S} \Delta V \tag{4-11}$$

这里,上标0用来表示 $t$ 时刻的已知量 $\rho$ 和 $\phi$。没有上标的量表示 $t+\Delta t$ 时刻的未知量。控制容积的大小用 $\Delta V$ 表示,$A$ 代表控制容积各个面的面积。在笛卡尔坐标系中,$A_w$ 和 $A_e$ 表示的面积是相等的。考虑到通用性,所以用脚标把它们区分开。在控制容积内的平均化源项记作 $\overline{S}$。$J$ 代表控制容积面上的总流量。

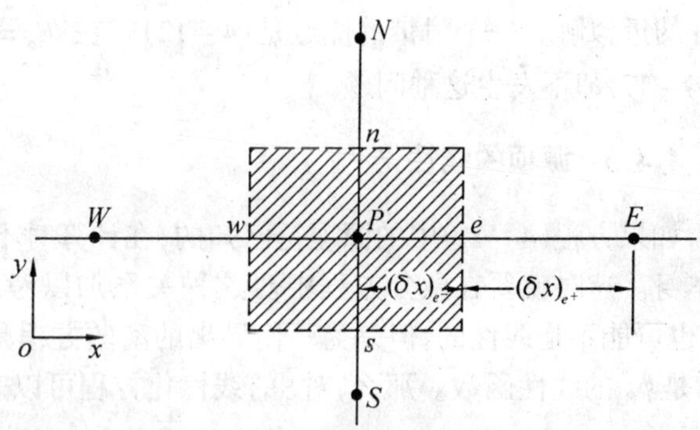


图4-2 典型的控制容积

### 4.4.2 总通量的表述

考虑在控制体东表面处的总通量。如果对一个一维的对流—扩散问题在点 $P$ 和 $E$ 之间求解,可以得到作为精确解的一个 $\phi$ 的指数剖面(指数函数变化)。根据这个剖面得到的总通量给出为

$$J_e A_e = F_e \left( \phi_P + \frac{\phi_P - \phi_E}{\exp(Pe) - 1} \right) \tag{4-12}$$

这里,无量纲数 $Pe$ 称为网格贝克列数,定义式

$$Pe = \frac{F_e}{D_e} \tag{4-13}$$

式中 $F_e$——穿过面的质量流率;

$D_e$——扩散传导率。

质量 $F_e$ 流率由下式给出

$$F_e = (\rho u)_e A_e \tag{4-14}$$

如果认为在每个控制容积上扩散系数 $\Gamma$ 不变,则 $D_e$ 的适当表达式为

$$D_e = A_e\left[\frac{(\delta x)_{e-}}{\Gamma_P} + \frac{(\delta x)_{e+}}{\Gamma_E}\right]^{-1} \tag{4-15}$$

式中$(\delta x)_{e-}$和$(\delta x)_{e+}$长度在图 4-2 中已标出。由方程(4-12)给定的通量表达式可用于数值过程,但包含的指数函数算起来有些费时。因此,可以找一个近似的通量表达式。这里推荐的近似表达式是

$$J_e A_e = F_e \phi_P + \{D_e A(|Pe_e|) + [[-F_e, 0]]\}(\phi_P - \phi_E) \tag{4-16}$$

式中

$$A(|Pe|) = [[0, (1-0.1|Pe|)^5]] \tag{4-17}$$

其中符号$[[a,b]]$表示 $a$、$b$ 中的较大值。由上面那个近似表达式推出的方案称为幂函数律方案,这是由于表达式(4-17)中含有 5 次幂项。我们可以看出,方程中函数 $A$ 的计算要比原等式的指数函数节省时间。方程(4-16)和(4-17)为方程(4-12)所给出的精确表达式提供了极好的近似解。一个附带的优点是(4-12)式在 $F_e = 0$ 时计算具有奇异性,但用方程(4-16)和(4-17)却不发生这种问题。

### 4.4.3 源项的线性化

如果方程(4-11)中的源项是已知的,在计算时不会产生困难。但多数情况下源项依赖 $\phi$ 值本身。这时就要在微分方程中对这种关系加以考虑。$S$ 对 $\phi$ 真实的依变关系可能是线性的,也可能不是线性的,但是为了使导出的离散方程是线性的(至少名义上是线性的),假定源项$\overline{S}$是 $\phi_P$ 的线性函数。那么,对$\overline{S}$的线性化方程可以表示为

$$\overline{S} = S_C + S_P \phi_P \tag{4-18}$$

式中 $S_P$——$\phi_P$ 的系数;

$S_C$——$\overline{S}$中不直接依赖于 $\phi_P$ 的部分。

$S_C$ 和 $S_P$ 最合适的表达形式有赖于实际问题中$\overline{S}$的公式。可供选择的表达形式有很多,但其中最好的表达形式就是当方程(4-18)所定义的直线是 $S-\phi$ 曲线的切线时候。第二编中对源项的线性化作出了更深入的讨论。这里要说明两个重要问题:首先,源项的线性化是解决问题很关键的一步,许多情况下的复杂计算能否成功都依赖于此。其次,希望线性化时 $S_P$ 为负,因为 $S_P$ 为正时会导致发散。

### 4.4.4 连续方程的离散化

由于满足方程(4-7)的流动区域内的流体还必须满足连续方程(4-8),因此通过控制容

积面上的流量也要满足连续方程的离散形式。在一个典型的控制容积区域内积分得

$$\frac{(\rho_P - \rho_P^0)}{\Delta t}\Delta V + F_e - F_w + F_n - F_s + F_t - F_b = 0 \tag{4-19}$$

这里，$F$ 代表的是(4-14)式中所定义的通过控制容积面的流量。这个离散化的连续方程被用来作为确定离散的 $\phi$ 方程的最终的处理，通过对质量守恒的检验，以保证对收敛的最终判定。

### 4.4.5 最终的离散方程

把方程(4-11)中的总通量和源项用4.4.2和4.4.3给出的表达式来写出，离散方程就可以写成

$$a_P\phi_P = a_E\phi_E + a_W\phi_W + a_N\phi_N + a_S\phi_S + a_T\phi_T + a_B\phi_B + b \tag{4-20}$$

这里

$$a_E = D_eA(|Pe_e|) + [[-F_e, 0]] \tag{4-21}$$

$$a_W = D_wA(|Pe_w|) + [[F_w, 0]] \tag{4-22}$$

$$a_N = D_nA(|Pe_n|) + [[-F_n, 0]] \tag{4-23}$$

$$a_S = D_sA(|Pe_s|) + [[F_s, 0]] \tag{4-24}$$

$$a_T = D_tA(|Pe_t|) + [[-F_t, 0]] \tag{4-25}$$

$$a_B = D_bA(|Pe_b|) + [[F_b, 0]] \tag{4-26}$$

$$b = S_C\Delta V + a_P^0\phi_P^0 \tag{4-27}$$

$$a_P = a_E + a_W + a_N + a_S + a_T + a_B + a_P^0 - S_P\Delta V \tag{4-28}$$

这里，系数 $a_P^0$ 产生于非定常项。其定义式为

$$a_P^0 = \rho_P^0\frac{\Delta V}{\Delta t} \tag{4-29}$$

方程(4-21)~(4-26)定义了邻近的六个点上的系数。$D$，$F$，$Pe$ 等量的定义与方程(4-15)，(4-14)和(4-13)类似。函数 $A$ 可以通过方程(4-17)确定。在方程(4-28)给出 $a_P$ 的表达式的推导过程中，已运用了离散化的连续方程(4-19)。

方程(4-20)可以简短的写成

$$a_P\phi_P = \sum a_{nb}\phi_{nb} + b \tag{4-30}$$

这里，下标 $nb$ 表示 $P$ 的相邻网格点，求和符号表示对所有的临近点相应量求和，对于三维情况，公式(4-28)中的相邻点有6个。对应的一维和二维的情况，则有两个和四个相邻点。

### 4.4.6 边界条件

参考图4-1，可以看到，由于每个内部的网格节点周围都有一个控制容积区域，这样对每

个节点区域都能够相应得到一个如方程(4－20)那样的离散方程。这个等式可以看成是一个用来确定 $\phi_P$ 的方程(当然,要依赖于临近点的 $\phi$ 值)。对于如图 4－1 中点 $I$ 周围的近边界控制容积,离散方程中包含边界参量 $\phi_B$。作为一个邻近点,如果 $\phi_B$ 已知,就无需任何附加条件。另外一方面,如果边界条件以某种形式规定了边界上的通量,那么此时要附加一个计算未知量 $\phi_B$ 的方程。用方程(4－16)那样的流率公式用 $\phi_B$ 和 $\phi_I$ 表示通量,并令它等于规定的边界通量,就可以构建出一个关于 $\phi_B$ 的附加的方程。进而,这个关于 $\phi_B$ 的方程可以与网格节点 $I$ 处的控制容积方程相联立,消去 $\phi_B$。用这个方法就可以推导出一系列只含有 $\phi$ 的方程式。

这里,要特别注意边界条件为出口时的情况。在流体离开计算域的地方,通常没有关于 $\phi$ 的值或者相应的通量这样的信息可用。进一步观察总通量的公式,可以解决这个问题。公式(4－21)～(4－26)所示的系数表达式是这样的,当贝克列数 $Pe$ 的值较大(大于等于 10),下游的邻点的系数值就变为 0。于是流出边界上的量 $\phi_B$ 相应于 $\phi_I$ 的系数为零。因此就无需知道关于 $\phi_B$ 的条件(这种理论是建立在贝克列数较大这个前提上的。通常可以假设流出边界条件下 $\Gamma$ 的值很小,所以贝克列数很大。因此,实际上在流出边界上的 $\Gamma$ 的值可以简单地归为 0。这种做法可以确保 $\phi_B$ 的系数就是 0)。

## 4.5　离散方程的解与 SIMPLE 算法初步

控制容积公式形成一组关于区域内部网格点的 $\phi$ 的联立线性(至少名义上是线性的)方程,这些 $\phi$ 是未知的。正如上面已提到过的,未知的边界量可以通过与给定的边界通量的方程联立并消去。这些方程可以用一种直接的方法得到解,如前面提到的高斯消去法。对一维情况,步骤十分简单。因为方程包含一个三对角系数矩阵,高斯消去可以提供一个特殊的有效算法,被称为托马斯算法或三对角矩阵算法(TDMA)。但是在二维和三维情况下,这种直接算法要占用大量的内存和时间。因此要用一种迭代方法求解这些代数方程。这里推荐一种把逐行法和块修正法相结合的办法。为了表达方便,这里所描述的是二维情况,但这种想法也可以扩展到三维情况。

### 4.5.1　逐行法

基本策略　逐行法的主要思想是沿着一条网格线在将相邻网格线上的值用估计值代换的同时,用 TDMA 算法求解方程。方程(4－20)在二维情况下可以写为

$$a_P\phi_P = a_E\phi_E + a_W\phi_W + a_N\phi_N + a_S\phi_S + b \tag{4-31}$$

如果把逐行法应用于 $x$ 方向上的网格线,那么就要用一些可获得的估计值替换 $y$ 方向上的邻点 $\phi_N$ 和 $\phi_S$ 的值。于是,上式变为

$$a_P\phi_P = a_E\phi_E + a_W\phi_W + (a_N\phi_N^* + a_S\phi_S^* + b) \tag{4-32}$$

星号表示估计值，括号内的项可以暂时被看作已知量。因此，(4-32)式可以写成以下形式

$$a_i\phi_i = b_i\phi_{i-1} + c_i\phi_{i-1} + d_i \tag{4-33}$$

式中　下标 $i$——$x$ 方向依次排列的网格节点；

$a_i, b_i, c_i, d_i$——已知的系数。

这个看似一维的方程组现在可以用 TDMA 方法解决。具体方法将在下面介绍。

三对角矩阵算法　假设沿选定的网格线上的网格节点依次记为，$i = 1, 2, 3, \cdots, M+1$，这里1和 $M+1$ 代表边界上的网格节点，那么 $i=2$ 到 $M$ 的范围包括了所有的内部节点。因为对边界上的未知量已作出了估计，可以把方程(4-33)应用到所有的内部节点($i=2, M$)上，且要求

$$c_2 = 0 \quad 且 \quad b_M = 0 \tag{4-34}$$

求解方程(4-33)的步骤如下：

(1)令 $P_2$ 和 $Q_2$ 为

$$P_2 = \frac{b_2}{a_2}, \quad Q_2 = \frac{d_2}{a_2} \tag{4-35}$$

(2)当 $i = 3, 4, \cdots, M$ 时利用如下的循环关系计算 $P_i$ 和 $Q_i$

$$P_i = \frac{b_i}{a_i - c_iP_{i-1}} \tag{4-36}$$

$$Q_i = \frac{d_i + c_iQ_{i-1}}{a_i - c_iP_{i-1}} \tag{4-37}$$

(3)记 $P_M = 0$，令 $\phi_M = Q_M$

(4)利用公式

$$\phi_i = P_i\phi_{i+1} + Q_i \tag{4-38}$$

代入后可计算出 $\phi_{M-1}, \phi_{M-2}, \Lambda, \phi_4, \phi_3, \phi_2$。

如果 $\phi_1$ 和 $\phi_M$ 量未知，就可以从包括边界通量的适当的关系中算出。

逐行法的概要　先沿 $x$ 方向的网格线逐条计算。对于选定的一条网格线，将相邻网格线上的 $\phi$ 用最佳可用估计值代入，就可以把代数方程转化为一个和方程(4-33)类似的准一维形式。通常这些估计值被取为从前一次或当前迭代得出的最新的值。沿选定网格线用 TDMA 算法求解，然后计算下一条网格线。当这种方法应用到所有线上时，逐行法的一次迭代就完成了。在下一次迭代中，网格线按 $y$ 方向选定。以这种方式在 $x$ 和 $y$ 方向上反复应用 TDMA 方法，直到获得收敛的解。

### 4.5.2　块修正步骤

给逐行法提供一种附加修正的方法可以进一步加快其收敛速度。现在做一下讨论，把方程(4-31)写成

$$a_{ij}\phi_{ij} = b_{ij}\phi_{i+1,j} + c_{ij}\phi_{i-1,j} + d_{ij}\phi_{i,j+1} + e_{ij}\phi_{i,j-1} + f_{ij} \tag{4-39}$$

这里，下标 $i$ 和 $\gamma$ 分别指明 $x$，$y$ 方向上的网格节点位置。那么当 $i=2,M$ 且 $j=2,N$ 时对所有的内部网格节点都可以写出这样的方程。

如果消去了未知的边界量，则有

$$b_{M,j}=0,\quad c_{2,j}=0,\quad d_{i,N}=0,\quad e_{i,2}=0 \tag{4-40}$$

块修正过程的主要思想是，把前面迭代得出的一个未收敛场 $\phi_{ij}^*$ 沿 $i$ 为常数的网格线加上一个统一的修正值 $\overline{\phi_i}$ 来加以修正，则有

$$\phi_{ij} = \phi_{ij}^* + \overline{\phi_i} \tag{4-41}$$

$\overline{\phi_i}$ 的选取一定要准确满足在每个 $i$ 为常值的网格线所定义的控制容积块上的积分守恒。

通过把方程(4-41)代入到(4-39)并把所有 $j$ 从 2，$N$ 的方程式都相加，就可以确定 $\overline{\phi_i}$，推导结果为

$$A_i\overline{\phi_i} = B_i\overline{\phi_{i+1}} + C_i\overline{\phi_{i-1}} + D_i \tag{4-42}$$

式中

$$A_i = \sum(a_{ij} - d_{ij} - e_{ij}) \tag{4-43}$$

$$B_i = \sum b_{ij} \tag{4-44}$$

$$C_i = \sum c_{ij} \tag{4-45}$$

$$D_i = \sum(b_{ij}\phi_{i+1,j}^* + c_{ij}\phi_{i-1,j}^* + d_{ij}\phi_{i,j+1}^* + e_{ij}\phi_{i,j-1}^* + f_{ij} - a_{ij}\phi_{ij}^*) \tag{4-46}$$

以上式中求和的范围是 $j=2,N$，方程(4-42)可以沿 $i=2,M$ 写出并用 TDMA 方法可以方便地求解。因为方程(4-40)表示 $B_M$，$C_2$ 为 0，因此并不需要知道边界上的修正值 $\overline{\phi_1}$ 和 $\overline{\phi_{M+1}}$。

类似的方法还可以用于沿 $j$ 为常值的网格线的块修正。求解离散方程的完整步骤包括沿方向的块修正过程和沿 $i$，$j$ 两个方向上逐行的 TDMA 运算。

### 4.5.3　非线性和内耦合

迄今为止所作的讨论都是针对于如方程(4-20)那样线性的离散方程。但是，除了一些非常简单的问题外，这些离散方程通常都是非线性的，即 $a_P$，$a_E$ 等都依赖于 $\phi$ 而变化。因为 $\phi$ 可以代表一些不同的物理量，所以对于一个特定的 $\phi$ 所取的系数要受 $\phi$ 取其他值的情况所影响，这种耦合类型称为内耦合。例如，当 $\phi$ 表示温度，它的离散系数又可能依赖于速度、湍流参数、密度等等。

非线性和内耦合问题可以用迭代法解决。在任意一个给定的阶段,离散系数可以从所有 $\phi$ 的当前的估计值中算出。这时离散方程(4-20)可以被看作是一个线性方程,可以通过上面讲述的方法求解出一个关于 $\phi$ 的新的估计值。$\phi$ 代表不同的含义时,都采用这种方法。对于下一个迭代循环,系数可以根据新的 $\phi$ 值重新计算出来。重复这样的过程直到所有 $\phi$ 值的变化满足要求。于是通过对名义上线性和解耦的代数方程的许多中间解,可以得到非线性及内耦合方程组的解。

上面的迭代并不是总能获得收敛的解。在某些情况下,$\phi$ 值围绕方程的真实解摆动或偏离方程的真实解。为了减少发散的机会,已经出现了多种组成方式的离散方程。此外,在一次一次的迭代过程中希望减缓系数的变化。这可以通过一种称作欠松弛的方法控制 $\phi$ 的变化而达到目的。

### 4.5.4　欠松弛

方程(4-30)可以写成

$$\phi_P = \phi_P^* + \left[\frac{\sum a_{nb}\phi_{nb} + b}{a_P} - \phi_P^*\right] \tag{4-47}$$

这里 $\phi_P^*$ 表示上一次迭代所得的 $\phi_P$ 的值。中括号内的部分表示本次迭代所产生的 $\phi_P$ 的变化。为了减小这个变化,引入一个欠松弛因子 $\alpha$(0 到 1 之间)上式变为

$$\phi_P = \phi_P^* + \alpha\left[\frac{\sum a_{nb}\phi_{nb} + b}{a_P} - \phi_P^*\right] \tag{4-48}$$

应当注意到的是,达到收敛时(即 $\phi_P = \phi_P^*$),$\phi$ 满足方程(4-48)也意味着满足原来的方程(4-30)。

在进行欠松弛方法时,有必要把(4-30)式改成

$$\frac{a_P}{\alpha}\phi_P = \sum a_{nb}\phi_{nb} + b + (1-\alpha)\frac{a_P}{\alpha}\phi_P^* \tag{4-49}$$

此方程可以看作是方程(4-48)的一个变形。量 $\alpha$ 控制着欠松弛的程度。如果 $\alpha$ 接近于0,则 $\phi$ 的变化很慢。当 $\alpha=1$ 时,没有欠松弛作用。当 $\alpha$ 大于1时,$\phi$ 的变化速度会远大于方程(4-30)所表示的值,这时就产生了超松弛。

## 4.6　流场的计算

一般形式的微分方程(4-7)在流场 $\rho u_i$ 理解为已知的情况下已转化成离散的形式。密度 $\rho$ 通常与其他变量有关,如浓度和温度。速度分量 $u_i$ 受动量方程控制,而动量方程是一般形

式的方程(4-7)的特殊情况。于是将一般形式的变量 $\phi$ 的含义分别置为速度分量 $u_1$，$u_2$ 和 $u_3$，对一般形式的微分方程求解，就可简单地得到速度场 $u_i$。在这种意义下，对于流场的计算过程已经描述过了。离散系数依赖于流场的这种非线性可以用迭代法处理。然而，还有一个非常重要的原因需对流场计算给予特别的注意。下面将讨论这一点。

### 4.6.1 需要一种专门的方法

仔细观察动量方程(4-2)，可以发现它所包含的压力梯度 $-\dfrac{\partial p}{\partial x_j}$ 是个很重要的源项。而且，此项并不是 $u_i$ 或其他 $\phi$ 值可以表达的。虽然一般形式的 $\phi$ 方程可以表示动量方程，但只有在压力梯度给定的条件下，方程才能获解。规定不同的压力场，动量方程会导出不同的速度场。能唯一确定压力场的制约条件是密度 $\rho$ 和速度分量 $u_i$ 所满足的连续方程(4-8)。这样，压力场就是间接通过连续方程来限定的。在解动量方程时，必须有正确的压力场，这样得出的速度场才能满足连续方程，但是这种间接的限定方法并不便于计算，因此必须找到一种直接确定压力的方法。这就是为什么在流场计算时需要引入一些附加的思考和算法的原因。

### 4.6.2 交错网格简介

在处理动量方程和连续方程时还有一些另外的相关的困难。如果在同样的网格点上计算速度分量和压力，解中可能会产生某些物理上不真实的场。第二编中对此有详尽的讨论。使用交错网格可弥以补这个缺点。

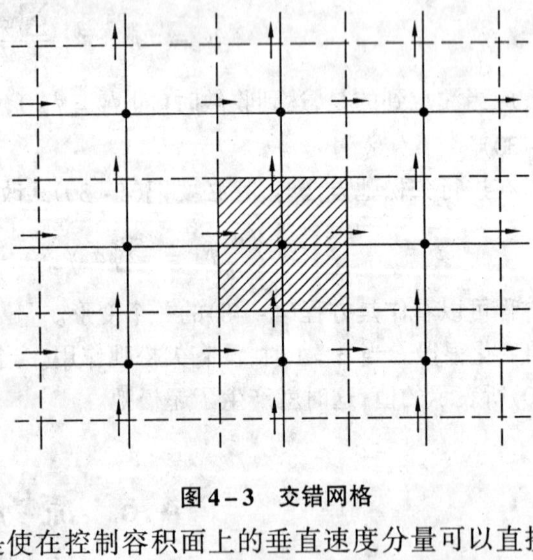

图 4-3 交错网格

图 4-3 是二维网格的一部分。在交错网格中，因变量并非全在相同的网格点上计算。速度分量在移动了的或交错的位置上给出。在图 4-3 中，两个速度分量的位置用短箭头表示，箭头方向为速度分量方向。三维情况时，第三个速度分量的交错情况与此类似，该速度分量所在的位置在控制体的与该速度分量垂直的表面上。所有其他变量，包括压力，在圆点所表示的网格点上算出。这样安排的结果是使在控制容积面上的垂直速度分量可以直接获得，以便算出质量流率。另外，两个相邻的网格点间的压差可以用来驱动两点间的速度分量。

### 4.6.3 离散化的动量方程

交错设置速度分量的位置确定了用于动量守恒的相应的控制容积。控制容积面与通过网格点的速度分量的方向相垂直。分别表示 $x,y$ 方向的速度分量 $u$ 和 $v$ 及相应的控制容积如图 4-4所示,速度分量 $u_e$ 周围的控制容积的两个面通过网格点 $P$ 和 $E$。相应的动量方程可以写成

$$a_e u_e = \sum a_{nb} u_{nb} + b + A_e(p_P - p_E) \tag{4-50}$$

这里,$b$ 项包括压力梯度以外的源项,$A_e$ 表示压力作用的面积,$a_{nb}$,$a_e$,$b$ 这些系数表达式由式(4-21)~(4-28)给出。除此之外,在确定扩散传导率 $D$ 和流率 $F$ 要充分考虑控制容积这种交错的几何特性。与式(4-50)相类似,可以写出 $y,z$ 方向上的速度。

对于一个给定的压力场,可以求解动量方程。设 $u^*$ 表示由估计的压力场 $p^*$ 给出的速度场,则有

$$a_e u_e^* = \sum a_{nb} u_{nb}^* + b + A_e(p_P^* - p_E^*) \tag{4-51}$$

一般来说,$u^*$ 所示的速度分量不满足连续方程。因此,有必要对压力 $p^*$ 进行修正。这样修正后所推导出的速度场应保证满足连续方程。下面就导出这些压力修正方程。

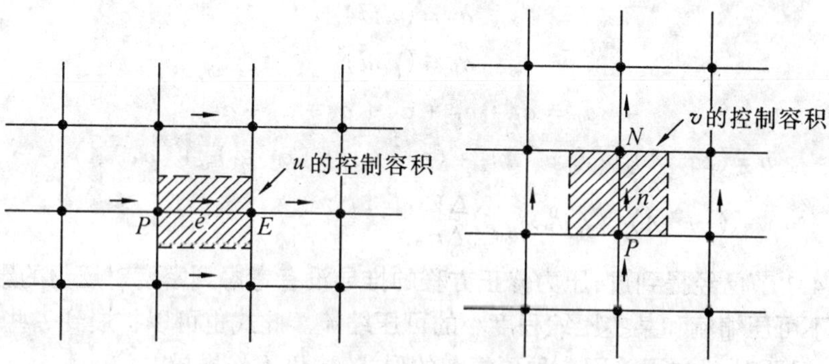


图4-4 动量控制容积

### 4.6.4 压力修正方程

设 $p'$ 表示压力修正值,相应的速度分量 $u^*$ 的修正值用 $u'$ 表示,则

$$p = p^* + p' \tag{4-52}$$

$$u = u^* + u' \tag{4-53}$$

式(4-50)和式(4-51)相减得出

$$a_e u'_e = \sum a_{nb} u'_{nb} + A_e(p'_P - p'_E) \tag{4-54}$$

如果假设 $\sum a_{nb}u'_{nb}$ 项可以忽略,则上式可以得到简化。式(4-54)可以写成

$$u_e = u_e^* + d_e(p'_P - p'_E) \tag{4-55}$$

式中

$$d_e = \frac{A_e}{a_e} \tag{4-56}$$

式(4-55)称为速度修正公式。与此类似,可以给出速度分量 $v$ 和 $w$ 相应的修正公式。

把速度修正公式代入离散形式的连续方程,便可以得到压力修正方程。连续方程的离散形式在式(4-19)式中给出。因为流率 $F$ 包含速度分量,因此它可以通过速度修正公式表示出来。推得的方程式就是压力修正方程,可以写为

$$a_P p'_P = a_E p'_E + a_W p'_W + a_N p'_N + a_S p'_S + a_T p'_T + a_B p'_B + b \tag{4-57}$$

式中

$$a_E = (\rho A d)_e \tag{4-58}$$

$$a_W = (\rho A d)_w \tag{4-59}$$

$$a_N = (\rho A d)_n \tag{4-60}$$

$$a_S = (\rho A d)_s \tag{4-61}$$

$$a_T = (\rho A d)_t \tag{4-62}$$

$$a_B = (\rho A d)_b \tag{4-63}$$

$$a_P = a_E + a_W + a_N + a_S + a_T + a_B \tag{4-64}$$

$$b = (\rho u^* A)_w - (\rho u^* A)_e + (\rho v^* A)_s - (\rho v^* A)_n + (\rho w^* A)_b - (\rho w^* A)_t + (\rho_P^0 - \rho_P)\frac{\Delta V}{\Delta t} \tag{4-65}$$

前面的4.1节已经提到过,压力修正方程的推导没有考虑到密度对压力的影响。因此,此公式适用于不可压缩流和某些压缩程度小的可压缩流。此式也可以扩展到一些压缩程度较大的可压流中,但要对 $p'$ 方程采用一种更复杂的形式,这里不作推导。

密度 $\rho$ 的值通常在主网格的点上是可以得到的,而交界面上的密度例如 $\rho_e$ 便可以用任意一种方便的插值法计算出来。

可以看出,方程(4-65)给出的 $b$ 项表示在连续方程中使用速度场 $u^*$ 时得出的残差。对压力修正的目的就是要最终去掉这个残差。

用稍微不同的方法可导出另一个方程,它与 $p'$ 方程类似但直接对压力本身导出。因为这个方程在整个计算过程中也要用到,所以在下面给出推导。

### 4.6.5 压力方程

参照式(4-50),可定义一个假想速度 $\hat{u}_e$,定义为

$$\hat{u}_e = \frac{\sum a_{nb}u_{nb} + b}{a_e} \tag{4-66}$$

于是 $\hat{u}_e$ 可以解释成在点 $e$ 无压力作用的情况下的速度。要计算 $\hat{u}_e$,不需要知道压力场,但必须知道相邻点速度 $u_{nb}$ 的值。$\hat{u}_e$ 的值只需通过在公式(4-66)右边代入 $u_{nb}$ 的值求得。另一方面,要获得速度 $u_e^*$,则必须在整个计算的区域内求解式(4-51)所代表的方程组。

的确在最终收敛的解得出之前,相邻网格点上的速度 $u_{nb}$ 的正确值都是未知的。但是,我们在后面4.7节将会说明,在每一次迭代结束时所获得的满足连续性的速度值可以作为 $u_{nb}$ 的合理的好的估计值。只有在第一次迭代时,$u_{nb}$ 的值才是得自对整个速度场的一个初始估计值。

可以把式(4-50)变形为

$$u_e = \hat{u}_e + d_e(p_P - p_E) \tag{4-67}$$

这里的 $d_e$ 与前面式(4-56)定义的相同。式(4-55)与式(4-67)的相似性值得注意,正如 $p'$ 方程是通过式(4-55)根据连续性得到的,现在可以类似地通过式(4-67)得到压力方程。推导压力方程与前面推导含 $p'$ 的方程非常相似。这里压力方程可以写为

$$a_P p_P = a_E p_E + a_W p_W + a_N p_N + a_S p_S + a_T p_T + a_B p_B + b \tag{4-68}$$

这里系数 $a_E, a_W, a_N, a_S, a_T, a_B$ 和 $a_P$ 由式(4-58)~(4-64)给出,$b$ 由下式定义

$$b = (\rho\hat{u}A)_w - (\rho\hat{u}A)_e + (\rho\hat{v}A)_s - (\rho\hat{v}A)_n + (\rho\hat{w}A)_b - (\rho\hat{w}A)_t + (\rho_P^0 - \rho_P)\frac{\Delta V}{\Delta t} \tag{4-69}$$

压力修正方程与压力方程唯一的区别是在压力修正方程中 $b$ 项通过 $u^*$ 的值计算得到,而压力方程中是通过 $\hat{u}$ 的值获得。

应该指出,$p'$方程和 $p$ 方程具有同样的通用的形式。这一点如同式(4-20)的通用的 $\phi$ 方程。因此,在4.5节所描述的一系列处理方法也适用 $p'$和 $p$ 方程。

到此,流体流动计算步骤中的一些要点都已经介绍过了。下面再描述一下整个的计算步骤。

## 4.7 完整的计算过程概要

如前面的几节所述,通用的计算过程是建立在求解通用的 $\phi$ 方程的基础上。对动量方程需要做特殊对待,这是由于交错的网格及处理压力项时所采用的特殊方法带来的。另外,压力修正方程和压力方程也必须包括在完整的计算步骤中。这里使用的这些方程的特殊处理方法就是SIMPLER算法。

本节对完整的计算过程的描述直接适用于定常状态问题。对非定常问题,这个描述适用

于时间推进法的一个时间步,唯一的区别是定常问题求解时是从对 $\phi$ 的任意的初始猜测值开始,而非定常问题求解起始于时间 $t$ 时的 $\phi$ 的已知值。在其时间步计算结束时,最新得出的计算值变成计算下一时间步的已知值。

完整的计算过程和步骤概述如下。

1.从所有相关的因变量的推测值开始,特别是速度分量。

2.由动量方程计算出系数。由此,从方程中推算出 $\hat{u}$、$\hat{v}$ 和 $\hat{w}$,如(4-66)式中把邻点的速度值代入右边求解为止。

3.通过式(4-69)推算 $b$ 值,并由此求解式(4-68)获得压力场 $p$。

4.把此压力作为 $p^*$,求解如式(4-51)所示的动量方程,由此得到 $u^*$,$v^*$ 和 $w^*$。

5.通过式(4-65)计算 $b$ 值并由此求解压力修正方程。

6.利用 $p'$ 场,通过一些方程如式(4-55)修正画星号的速度值。

7.求解其他 $\phi$ 值的离散方程,$\phi$ 可以是温度、浓度和湍流动能参数等,假定它们对流场有所影响。

8.返回第二步去校正速度场和对于其他 $\phi$ 得到的新的值。重复这个过程直到获得收敛的解为止。

## 4.8 收敛准则和欠松弛的应用

因为求解过程是个迭代的过程,所以需要一些准则来判定解何时达到收敛。一个合适的收敛准则要取决于问题的性质和计算的目标。通常考察有意义的物理量(如总剪切力、出口温度、总的热流通量、压力降),当这些量在两次连续迭代间的变化小于某一个给定的小数时,就可以令迭代在此时停止。通常在网格点上监视所有因变量值的变化来决定是否收敛。

当采用欠松弛时,观察迭代过程中网格点值的变化,有时也会使人产生误解。欠松弛迫使变化量变小,这会给人造成一种收敛的假象,其实此时解离收敛还相差甚远。还有一种控制收敛的更有意义的方法是检验当前的因变量值对离散方程的满足程度。对每个点,残差 $R$ 可由下式计算

$$R = \sum a_{nb}\phi_{nb} + b - a_P\phi_P \tag{4-70}$$

对于一个完全收敛的解,$R$ 处处为零。一个合适的收敛准则要求 $|R|$ 的最大值要小于某一个给定的数。残差的一种特殊情况已展示在压力修正方程中。$b$ 项代表连续方程的残差。这个单独的量常常被用作是一个收敛准则的判据,因为许多变量都对连续方程产生影响。

绝大多数复杂的实际问题都包括许多非线性和内耦合,这在对流项,扩散项和源项上都有所体现。通常,非线性以及内耦合问题可以作为一系列的名义上线性且解耦的方程组迭代求解。每次迭代后系数的更新把非线性和内耦合因素带了进来。如果系数在迭代时有一个大的

变化，相应的新解与原来的解相比就会有很大变化，并且会导致解的摆动和发散。应用欠松弛就是要减小这些变化，并控制在规定的范围内。

除了因变量外，也可以对一些辅助变量采用欠松弛方法。对密度 $\rho$ 采用欠松弛可根据下式

$$\rho = \alpha\rho_{new} + (1-\alpha)\rho_{old} \tag{4-71}$$

这里，$\alpha$ 为欠松弛因子，在 0～1 之间取值。通常像温度和浓度这样的变量主要是通过改变密度来影响流场。通过使用式(4－71)会使得浓度和温度变化时速度场变化很慢。扩散系数 $\Gamma$ 也可以通过欠松弛方法控制。例如，在速度场中湍流各量的影响。这点可以通过下式实现

$$\Gamma = \alpha\Gamma_{new} + (1-\alpha)\Gamma_{old} \tag{4-72}$$

其他可以采用欠松弛方法的量有源项甚至还有边界条件，例如

$$S_C = \alpha S_{C,new} + (1-\alpha)S_{C,old} \tag{4-73}$$

$$\phi_B = \alpha\phi_{B,given} + (1-\alpha)\phi_{B,old} \tag{4-74}$$

当然，在式(4－71)～(4－74)中出现的 $\alpha$ 不一定相同，也没有必要在每个网格点上都采用同一个 $\alpha$ 值。

虽然欠松弛方法加速收敛可以采用不同形式，但是在迭代过程中，要保证各种非线性和内耦合问题都收敛也是有条件的。而且对于欠松弛因子 $\alpha$ 的最佳值的选择也没有一个确定的公式。因此，对于复杂问题求得一个收敛的解仍然是一种艺术。设计出一套欠松弛方法来求得一个收敛的解需要大量的经验和远见。但是一般来说，只有在许多次发散解中总结经验才能得到令人满意的结果。

## 4.9　线性化源项的特殊用法

前面式(4－18)已给出了源项线性化的表达式，此式可以有多种用法，这里给出两种特殊的应用。

(1)在内部网格点上设置想要的变量值。通常，我们可以对边界点指定 $\phi$ 取已知值，而内点上的值则根据离散方程计算得出。有时我们希望这样安排，使在内部网格点上 $\phi$ 取一个已知值作为它的解。如果这是可能的，我们就可以在计算区域内描述障碍物和孤立的区域，并赋予它们“内部”边界条件。

这个过程非常简单。可以按下式规定内部网格点上的 $S_C$ 和 $S_P$

$$S_C = M\phi_{P,desired} \tag{4-75}$$

$$S_P = -M \tag{4-76}$$

其中，$\phi_{p,desired}$ 是想要设置的 $\phi$ 值；$M$ 是个很大的数，比如 $10^{30}$。使用这样一个大数的结果是使

离散方程中的其他项都可以忽略。于是方程退化为

$$S_C + S_P\phi_P = 0 \tag{4-77}$$

上式给出

$$\phi_P = -\frac{S_C}{S_P} = \phi_{P,\,desired} \tag{4-78}$$

(2)对于“恒正”变量源项的线性化 对于某些特定的因变量如化学物质的质量分数、湍流动能、湍流长度尺度,它们在表示各自物理含义时的值总是正的。然而在复杂问题的迭代求解过程中,可能会让这些“恒正”变量取负值,出现这种情况时,会发生许多不希望产生的作用,常常由于出现非法操作(例如对负数开方)或发散而使计算中断。因此有必要防止这些恒正定的变量变成负值。

事实上,这些变量的源项局部或整个是负的就有可能会导致出现负值。因此,处理源项时要特别注意。

对于一个恒正变量的源项线性化有一个通用的办法,就是让 $S_C$ 为正,$S_P$ 为负。有许多方法可以实现这一点,这里描述一种最简单的方法。令

$$S = S_1 - S_2, \quad S_1 > 0, \quad S_2 > 0 \tag{4-79}$$

式中 $S_1$——源项中正的部分;

$-S_2$——源项中负的部分。因为

$$S = S_1 - \left(\frac{S_2}{\phi_P}\right)\phi_P \tag{4-80}$$

可以写为

$$S_C = S_1 \tag{4-81}$$

并且

$$S_P = -\frac{S_2}{\phi_P^*} \tag{4-82}$$

这里 $\phi_P^*$ 是 $\phi_P$ 的当前值。

## 4.10 结束语

在构建计算方法时,力求简易和接近于物理实际,并注重对实际物理问题的应用。本章的计算方法已得到多方面的检验证实并被广泛应用。关于这种方法的应用在许多文献中都有所介绍,而且这种方法可以推广到可压流体以及非正交的曲线坐标系中去。此外,这种方法的基本思想还可以应用于构建三角形微元体的有限元方法。

# 参考文献


1 Jones W P and Launder B E.(1972).The Prediction of Laminarization with a Two-Equation Model of Turbulence.Int.J.Heat Mass Transfer,15,301-314.

2 Jones W P and Launder B E.(1973).The Calculation of Low-Reynolds-Number Phenomena with a Two-Equation Model of Turbulence.Int.J.Heat Mass Transfer,16,1119-1130.

3 Launder B E and Spalding D B.(1972).Mathematical Computation of Turbulence,Academic,New York.

4 Launder B E and Spalding D B.(1976).The Numerical Computation of Turbulent Flow.Compute.Methods Appl.Mech.Eng.,14,269-289.

5 Patankar S V and Spalding D B.(1972).A Calculation Procedure for Heat,Mass and Momentum Transfer in Three-Dimensional Parabolic Flows,Int.J.Heat Mass Transfer,15,1787-1806.

6 Patankar S V.(1980).Numerical Heat Transfer and Fluid Flow,Hemisphere,New York.

7 Settari A and Aziz K.(1973).A Generation of Additive Correction Methods for the Iterative Solution of Matrix Equations.SIAM J.Number.Anal,10,506-521.

# 第5章　CFD软件实用技术的准备

## 5.1　用计算机解决工程问题

上两章中知道了怎样用数学描述流体动力问题,怎样把控制方程组转化为一个相似的数值方程。为了得到数值相似方程组的解,需要计算许多相似的数值方程组,这就需要进行大量的重复运算。计算机是进行数值计算的理想工具,因为它们可以在没有任何干预的情况下,执行编译好的程序进行运算。第3章中求数值解的过程是解特定方程组的过程,而不是对真正流动问题进行模拟。因为流动问题是由边界条件和初始条件决定的。

在给定的一类流动问题中,例如黏性不可压缩流,用普通的计算机软件可计算控制方程的解,这个软件不是针对特定问题的。许多工业设计需要了解流动情况,人们就编写自己的模拟软件或向专门的软件公司购买这种软件。由于市场对这种实用软件需求不断增长,现已有多种软件可用。

不仅对一种流动类型软件可能是一般性的,其分析过程也可能是很一般的。不论怎样用软件,都有一些明确定义来补充说明分析过程。本章的第一节解释了这个过程。先看一下前两章已讨论过的内容,再确定CFD分析过程的关键阶段。这里只是分析过程的预览,在下面各节中要详细讨论,还要用简单的例子说明运算中的分析过程。

因为要用计算机程序进行分析,分析者要使用大量不同的软件和硬件工具。所以本节第二部分说明可进行CFD问题运算需要的一些硬件。后面的内容包括硬件的使用,对实用CFD软件工具的讨论实际上是一个分析过程和使用工具的循环过程。

### 5.1.1　分析过程

对流体流动进行数学分析后,就得到了一些控制流动的微分方程组。离散化这些微分方程后,就得到了数值相似方程组。对于模拟的流动问题,把确定的边界条件和初始条件代入这些方程组,通过直接求解法或迭代法求解,得到流动问题的数值模拟。许多流动模拟数值方面的问题,都是用编译好的CFD程序处理的。但是为了完成一个成功的模拟,程序使用者必须对程序提供详细说明的各阶段的信息。

用以前学到的方法是可能得到控制微分方程组的数值解的。如果要得到一个解,要满足以下条件:

• 有一组点的网格或一组体积元素，在其中存有需要计算的变量。

• 有能计算变量边界值的边界条件。

• 初始条件，它定义了过渡问题的流体初始状态或定义了定常问题对变量的第一个估计值。

• 方程中的流体特性，如密度、黏性、湍流特性等。

• 影响方程组数值解的控制参数。

这些预备的信息条款支配着分析过程的各阶段(图5-1)。分析者有了必要的硬件和软件工具后，分析过程的各阶段必须执行以产生这些信息，然后产生流动模拟的解，如下所述。

• 初始的思考。对许多分析或计算问题在下笔和动键盘之前对问题的物理方面考虑一下，是很有益处的。在这个第一阶段分析者要仔细考虑这个流动问题并尽可能多地领会它，这可能包括与工程技术人员的大量交流，探讨相关使用信息的来源是非常重要的。

• 网格生成。在这个阶段分析者必须估计计算点或流动区域，再划分和设计网格。必须计算一系列的网格中点的坐标，有时这些点还必须与规定体积单元和元素相联系。流动区域内点的个数限定了计算流动变量的数量和位置。

• 流动说明。一旦有了网格，就可得到计算区域的边界和最初阶段决定的边界条件。这些条件连同初始条件和某些流体参数，规定了被求解的实际流动问题。

• 数值解的计算。现在可以起动CFD软件来计算流动问题的数值解，但首先使用者要提供控制数值解的信息。

• 结果分析。对得到的结果一定要进行分析，首先检验结果是否满意，然后确定需要从模拟中获取的真实流动数据。

按上面给出的次序对各阶段进行分析是可能的，这样就能得到需要的结果。这仅仅是在理想状态下才能发生，因为流动模拟问题可能是非常困难的。控制方程组是复杂的，因为它们是非线性且相互紧密耦合的，还可能是与时间相关的。这意味着在求解的步骤中存在一些误差的可能性很大，致使计算不收敛或结果不理想。这些问题可以依靠使用者的经验和在分析中的实践来解决。“好的实践”意味着在进行分析时要非常仔细，使得分析者能确信在进行下一步之前的每一步工作都是完全有效的。

这样意味着每一步工作后分析者都要进行一系列检查，在接下来的几节中将要描述一些必要的检查。但是如果检查反映出模拟效果不理想，重复进行一个阶段或多个阶段是有必要的。这样做可能要修改计算模型以求改善模拟的质量，由于使用了计算机，改进计算模型并不太难，因为通常存储在计算机中的信息是很容易得到和改变的。在给定的硬件和软件的约束条件下，分析过程的各阶段之间的相互作用应该有可能得出可靠的结果。流程图5-1中显示了一些这样的相互作用，从中可以看出仔细分析的重要性。通过查看计算结果可以判断模拟的好坏，如果模拟得不好，那么可能是流动说明不正确或可能是网格对模拟的流动不合适，或是在分析过程开始时就把概念弄错了。

### 5.1.2 CFD计算机硬件

5.1.2.1 计算机

众所周知,要用计算机重复计算才能得到数值方程组的解。计算机技术以惊人的速度发展,一代超级计算机将来会成为桌面上摆放的计算器。因此有必要谨慎地回顾在计算机技术方面的发展情况。即使如此,仍然提出了对硬件进行分类的方法。

在工程计算领域里通常用计算速度来对计算机分类,速度是由一个处理器每秒中执行指令数或一个系统每秒进行浮点运算数决定的。常见单位是每秒几百万个指令和每秒几百万个浮点运算。这些测量法能说明计算机是一个运算机器,但是这些测量法却不能说明系统运行一个特殊数值软件包的方式。考虑CFD分析过程是非常重要的,因为进行运算只是获得最后结果过程的一部分,其他因素,像结果数据的逼近速度对整个运算速度来说也是很重要的。

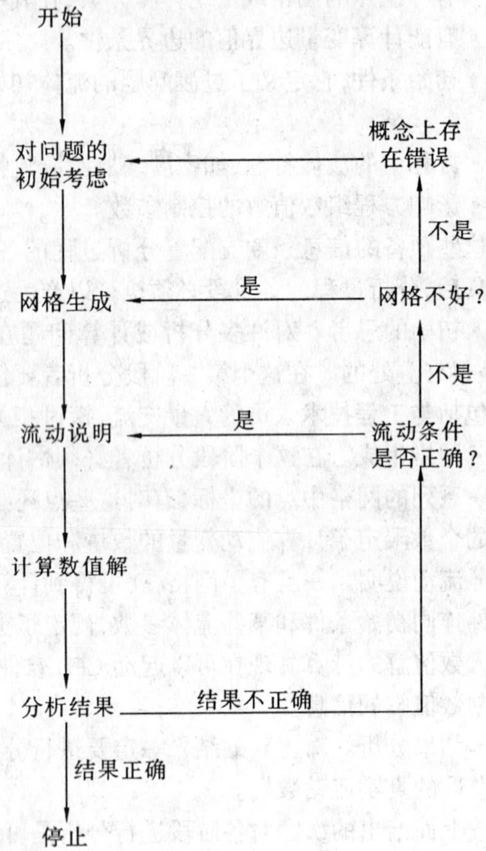


图5-1 分析过程

如果考虑用于CFD计算机的运行特点,能把计算机分成五种类型。

• 个人电脑。个人电脑是一个孤立系统,包括一个中央处理器,一些随机存储器和磁盘存储器。通常它们都有一个孤立的操作系统。

• 工作站。许多机器用一个中央处理器。当地随机存储,多人使用操作系统,且同时具有高分辨率的图形显示功能。工作站也是中央数据存储系统机器网络的一部分,例如为网络上的其他机器提供数据文件的文件服务器上的磁盘 。这种网络对高速计算机和不同外部设备是很方便的,一些工作站也有自己的当地磁盘存储系统。

• 微型计算机。由一个中央处理器、大量随机存储器和一个中心数据存储系统构成。对于微型计算机的操作系统,人们可以通过终端进入系统使用计算机。

• 微型超级计算机。有很好的图表功能和接近超级计算机的数值性能,有很强的工作能力,通常它们是网络的一部分。

• 超级计算机。专门设计以最快方式处理数值数据的计算机,用来进行数值模拟的机器有多个处理器。为了减少进行运算时机器与速度低的存储装置之间的交流，就由大量随机存储器组成了很大的高技术装置。超级计算机经常与工作站连接在一起，并且具有图形显示功能。

图5-2中列出各类计算机的外形，但没有列出其他类型的实用计算机，尤其是那些有大量处理器的计算机，例如有很大潜力进行极高速数值运算的计算机。

随着计算机能力的提高和技术的进步，各类计算机之间区别越来越小，在某些方面差别已不存在了。例如在1991年个人电脑和低性能工作站的区别就已变得很小了。就像微型超级计算机和超级计算机区别在减少一样，同样，高性能工作站的能力正在接近微型超级计算机甚至超级计算机的能力。

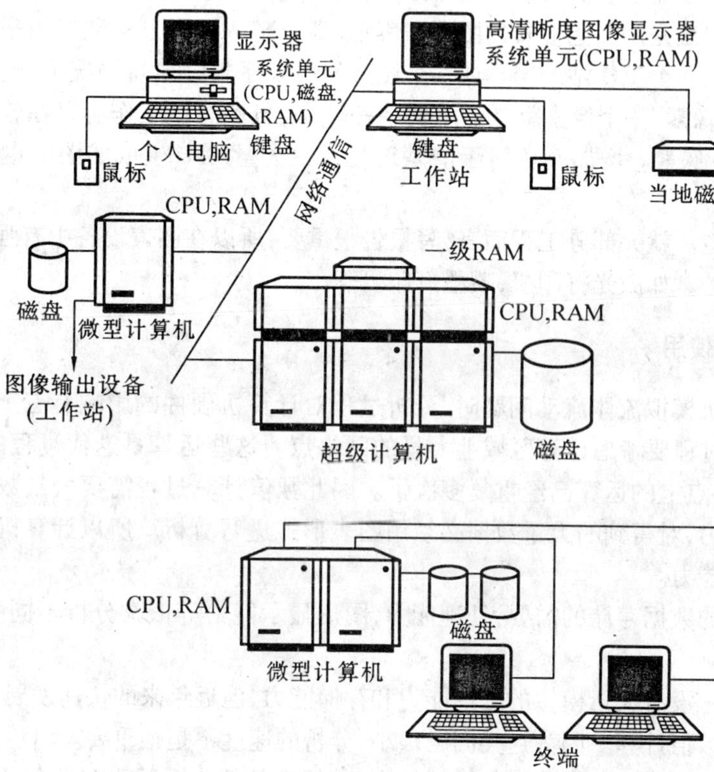


图5-2　计算机的类型

5.1.2.2　外部设备

当运行和说明计算机硬件时不仅仅是指计算机本身。在进行CFD分析时，各种各样的外部设备对分析是非常重要的，并且有很大帮助的。外部设备使分析过程很容易进行。外部设备包括：

• 辅助数据存储设备。当运行程序时，处理器从数据主存储装置随机存储器中读取数据，我们将会看到，CFD 程序会产生大量的数据。CFD 程序在求数值方程组解的过程中，无论在求解的前后，每当要在程序运行读取数据时，数据只能存储在随机存储器中，所以需要像硬盘一样的辅助存储器。当程序运行时，随机存储器容量不足以存储所有数据时，也要使用辅助存储器。但是辅助存储器读取数据比随机存储器慢得多，这可能会降低运算速度。

• 备份设备。为了能在像磁盘驱动失败或发生意外事故时能保护数据，减少损失，把数据拷贝到备份数据库中是很必要的。例如，以硬盘、磁带方式等，能移动到安全地方的其他装置。通常这是自动进行的或是由计算机系统管理员完成的。

• 高分辨率图形显示器。可以分析 CFD 产生的大量数据。这样，便于在整个区域上分析这些数据的唯一方法是用某些形式的图形来表示，高分辨率图形显示装置用来显示必要的图形。这些设备包括一个工作站的屏幕或一个图形终端显示器。典型情况下，这些装置的分辨率是1 000×1 000像素，一个像素就是显示器上一个点，虽然有些工作可以在较低分辨率中进行，例如 600×400 像素。增加颜色对于清楚地显示由大量 CFD 生成的图像也是有很大帮助的。

• 硬拷贝设备。就大部分工程而言，写报告很重要，所以在图表设备中有强大的图片打印设备是非常重要的。如激光打印机，喷墨打印机等。

### 5.1.3 硬件使用

当使用计算机模拟流体流动问题时，分析过程对计算机硬件的影响有三个方面。第 3 章和第 4 章中解的过程要考虑计算区域上大量的网格点。这些运算是迭代过程的一部分，在迭代得到解之前，各点上的运算已经重复多次了。因此数值计算过程需要大量数据存储能力和大量计算处理能力，对得到的大量数据必须用图表形式进行分析。所以计算机也需要有支持图表数据结果的能力。

用上面提到的数据存储的需要，处理能力，图形显示能力等依次分析不同的计算机状况，可以看出：

• 个人电脑。没有大量模拟的处理能力和存储能力，但近年来的快速发展，也可以满足工程中小型问题的数值计算。因为这类问题很小，分析的速度不是很重要。

• 工作站。对一些问题有必要的计算能力，数据存储能力和图形显示能力。然而最大问题是需要像微型超级计算机和超级计算机提供的超级计算能力。

• 小型计算机。与工作站类似，有时图解能力较差。

• 小型超级计算机。如果运算时间不太重要，许多问题可在小型超级计算机上进行，包括较大的模拟问题。

• 超级计算能力对于要求迅速得到结果的大型问题特别有用。它和工作站、微型计算机联结起来，把分析的图像任务放在小机器上完成，而把数值运算能力和大量的数据存储能力留给超级计算机。

在表5-1中概括了这种情况，有必要强调的是只用有限的硬件就可完成有用的CFD分析，所以没有必要一开始进行CFD运算就用超级计算机。然而如果模拟受到时间和尺寸的限制，用超级计算机就是必要的。

表5-1 硬件类型的适用性

| 硬件类型 | 图像 | 小型工作 | 中型工作 | 大型工作 |
|---|---|---|---|---|
| 个人电脑 | 可以 | 可以 | 不行 | 不行 |
| 工作站 | 好的 | 好的 | 好的 | 不行 |
| 微型计算机 | 可以 | 好的 | 好的 | 不行 |
| 微型超级计算机 | 好的 | 好的 | 好的 | 可以 |
| 超级计算机 | 不行 | 可以(代价昂贵!) | 好的 | 好的 |

### 5.1.4 用于CFD的商业软件

每个面向CFD市场的软件包都必须帮助使用者完成分析的任务。典型的商业软件应有三个主要部分：

• 前处理器
• 求解器
• 后处理器

还连同给出了种种应用程序，下面要对所有这些程序的使用进行说明。

5.1.4.1 前处理程序

数值求解过程开始之前所有的任务叫“前处理”。包括已经讨论过的分析过程的前三个阶段，即初始思考，网格生成，流动说明。还有第四个阶段是定义数值控制的参数。尽管第一阶段需要大量的思考和工程判断，来分析一个物理流动问题是否被转换为一个可被CFD求解的问题，但这个阶段不包括任何计算。只有在这个阶段完成时，计算才能开始。

为了协助进行前处理阶段的计算部分，大多数软件包中有执行下列操作的前处理程序。

• 确定计算点网格或一组体积式元素
• 定义边界层几何形状
• 应用边界条件
• 说明初始条件

• 设定流体参数
• 设定数值控制参数

在执行这些任务的过程中,使用者要和计算机通过某种方式相互交流,所以前处理程序通常有一个书写的界面,这样就能设定参数和迅速的看到结果的变化。生成网格时这是特别重要的。还可以读取数据文件,其中也包含命令一览表,对相似但不完全相同的问题,没有必要经常输入那些重复的指令。

在预处理阶段中最困难的任务常常是网格生成。常用专门用于网格生成的软件来简化这种工作。例如可以用编译好的软件产生与使用有限元法分析结构问题相适应的网格。这样的软件是广泛适用的,是能和计算机辅助设计系统相互交流的。它允许分析者接近客体的计算机模型,其表面数据可形成几何形状的基础,在它周围建立起适于 CFD 模拟的网格。

5.1.4.2 解方程组

每个 CFD 软件应包含一个解数值方程组的程序,由前处理器定义的相关数据要传输给这个程序。为了在两个文件中传递数据,前处理器编译了求解程序能读的数据文件,如果有必要的话,还可在两个计算机之间能传输这些数据文件。这是特别有用的,因为它意味着求解程序可以在一台专门为高速数字计算设计的计算机,比如超级计算机上运行,而交流对话的任务则在一台较小的计算机上完成。这样把计算机的任务划分开使计算机硬件能以最有效的方式得到应用。

一旦得到了数据文件,求解运算程序就开始执行。在这个阶段末尾,将得到一个进一步的数据文件,它可能必须传回到机器中运行前处理和后处理程序的地方。

虽然求解程序是所有 CFD 软件系统的核心,但是使用者看不到它是怎样运行的。

5.1.4.3 后处理程序

如果要得到合理的模拟就要在流动区域上产生大量的点,因为在这些点中存储了各种变量,计算机图像通常是表现求解程序得出的这些数据的唯一方法。后处理程序是用来显示这些结果的。就像前处理一样,这个程序是相互作用的和对话式的,所以应与前处理在同一台计算机上运行。

后处理得出的典型图形可能包括一个网格截面和速度场的向量表示,以及压力的等值线图等。这些图形可以看出数据整体的趋势。

5.1.4.4 应用程序

有时候软件还提供种种应用程序。这些程序能用来把一个系统编写的数据文件转化为其他机器能读的格式。对于包含网格和结果数据的文件通常都是这样执行的。

用这些应用程序使数据可以在工程软件系统之间进行转换,这一点可能特别有用。例如可以利用已有的有限元结构分析的商业软件中提供的网格生成软件,来建立 CFD 分析系统所需的网格。被转换的文件通常称为中性文件,因为许多系统的标准文本编辑软件或当地编写的小软件都能读这些中性文件。

## 5.2　描述工程中的流动问题

完成一个流动问题的计算机模拟需要我们给求解程序提供大量数据,数据在适应性和精确性两方面的质量可能将决定模拟结果的质量。因为这个原因,CFD 软件使用者一定要对他们想模拟的流动问题非常熟悉。在开始用计算机前对所给问题仔细思考一下是有益的,在考虑充分前一定不要急于上机计算,否则会欲速则不达。

如果正在考虑用 CFD 作一个分析,要注意以下情况:有时,分析者使用的是从多种来源收集到的可靠的信息。这类信息是无可争议的和众所周知的。然而在其他的时候,分析者在决定怎样对流动进行模拟时,很大程度上依赖于他对相似流体流动模拟的经验。这是因为 CFD 工作者需要的信息有时实际上得不到,或者所用的软件不能对需要的情况准确地模拟。在这种情况下使用者的素质对模拟成功具有决定意义。

对流动问题进行说明是得到可靠分析的关键,它清晰地表达了进行模拟的原因和物理流动的情况。一旦说明被作出,它就可转换成模拟软件包所需的一组数据。

### 5.2.1　对流动做出说明

对一个流动问题的说明必须详尽,使分析者能从中得到 CFD 求解程序确定流动问题所必需的信息。这些信息是计算者和要得到模拟结果的使用者交流的结果,必须对流动问题有充分理解,尤其要知道以下三件事:

- 需要模拟什么
- 问题的几何形状和边界状况
- 流动特征可能是什么

#### 5.2.1.1　了解对流动分析的需求

进行流体流动问题的计算分析是很费时费力的事。如果有人想委托进行一个工程流动问题的计算分析,一定要有计算机和必要的软件,在时间,经费,劳动上的消耗也是很大的。计算分析者首先要研究了解计算和分析工作的目的和可能性,要与需要模拟结果的人交流,例如设计工程师,在这个阶段计算分析者应该能判断 CFD 模拟是否能得到满意的解。

进行计算分析的原因是很多的,但是通常包括要确定物体所受的力和力矩,这样才能预测或分析物体的运动,还要预测整个流动的压力和流体流过整个系统的方式。有时分析者必须根据一个工程问题的模糊描述来作出模拟的结果。例如,当用泵迫使流体以给定的流量通过一个工程装置的一系列通道时,需做的功过大而且不知道其原因。用这个问题的计算模型可以表明当流体通过通道时会发生什么现象,并给出该装置中各处预测的流体压力。根据这些信息可以确认何处流体压力损失多大,这通常发生在流动分离的地方。根据这些信息可以修改计算模型,对修改了的几何形状的绕流作出模拟,看看分离区域是否减小。预测的结果应该能表明几何形状的修改是否减少了物理流动中的压力损失。

一旦计算分析者知道流动问题的背景原因,就比较容易预计计算模型应产生哪些必要的信息。在计算分析者和他们顾客之间进行的这种讨论,有助于双方更深的了解对方和他们各自的问题。这样的理解有助于在分析过程得到一个满意的结论。尤其是如果事情不能完全按计划进行的时候。

在说明阶段的这个初始部分的末尾,计算分析者应该有计算模型必须产生的一个数据表。它应该包括整个系统压力变化、局部压力场、局部流动速度、在定点一个变量的时间变化或其他的信息。一旦这个表汇编完成就应该对 CFD 给出合理结果的适用性作出评估。我们需要知道,在现阶段 CFD 不可能对所有的物理流体流动问题都得出合理的结果,在第 10 章中我们在查看过某些模拟结果之后将讨论其原因。如果分析者得出结论,认为 CFD 不是能得出所需结果适用的工具,不论其原因如何,分析者必须对要求得到结果的人强调这些问题并且建议不采用 CFD 来完成分析。如果模拟的结果很可能是质量很差的,那么进行这种模拟是毫无意义的。这不仅会使需要得到信息的人灰心丧气,同时也会影响 CFD 的声誉。应该明白在有些情况下进行物理实验要比计算实验更容易,更便宜,有时还更精确。

5.2.1.2 规定问题的几何形状

当研究任何流动问题时,描绘包围流体的物理边界都是很重要的。这对工程流动问题尤其如此。

当使用计算机解流体流动控制方程时,需要一个能存储流动变量的点的网格。这些点必须在流动边界层表面和其内部生成,所以有需要描述流动界面的几何形状和尺寸。

有了几何数据,计算分析者就可以描述出边界表面。数据可能来自:

- 由点、线、面构成二维形状进行分析
- 工程图纸
- 计算机辅助设计(CAD)系统给出的数据
- 从现有的实物中得到的测量结果

通过这些方法能精确确定流动区域边界表面。当在流动区域内部建立点的网格时,就会用到这些信息。但是在说明阶段,只要粗糙地知道表面在什么地方彼此相连,又是怎样互相适应的就足够了。用一个简单草图就可以说明这个问题。需要记住的是,当我们建立计算模型时需要边界表面的完整描述,而且其中有些表面可能不是实体表面。例如可能是入口、出口或一个在无限远处有效的外部流动问题的边界(远场边界)。

5.2.1.3 规定流动

一旦知道问题的几何参数,计算分析者就要考虑流动的本身并试图了解在流动边界表面内流体的情况。研究流动的第一步是要知道要研究哪种流体,可能是空气、水或是其他流体。要知道流体密度和黏性,知道了密度和黏性就知道了雷诺数。

$$Re = \frac{\rho V_{ref} D}{\mu} \tag{5-1}$$

$V_{ref}$是参考速度，例如是入口速度。$D$ 是特征长度，例如是物体的长度或管道的直径。

雷诺数用来判定是层流还是湍流。雷诺数是一个无量纲参数，在流体力学中用雷诺数来说明流动的特点。

CFD 运算一定要注意适合流动的边界条件和初始条件。要研究这些条件，可以先建立一个可能出现的流动结构图。通过边界位置的草图，可以确定哪些是流体进出的地方，哪些是固体表面。流动结构包括流动方向、涡的位置、分离流的区域、边界层或尾流。

在流动变量如速度有很大梯度的地方，例如在边界层或尾流中，要增加网格的密度，其内部的网格点要足够多。了解流动结构有助于确定用于边界每个部分的边界条件的类型和流动变量的初始状态。正是这些边界条件和初始条件决定了特定的方程组的数值解。至此得出的关于边界的信息需要转化成计算机分析所需的形式。这可以对边界的各部分依次进行。

在边界面上通常要做出以下规定：

- 确定速度(在入口或层流流动的壁面处)
- 使用对数律给出速度剖面(在壁面附近为湍流时)
- 确定湍流动能函数和耗散率函数(在湍流流动壁面处)
- 确定湍流动能和耗散率(在湍流入口边界)
- 确定压力(出口处)
- 在对称平面，垂直于平面的速度梯度通常为零
- 在一对周期性边界面上，对应点上的流动变量相同。

如果我们要解定常问题，从理论上来说，边界条件完全规定了特定的流动。但是如果我们要求解的流动随时间而变化，不管是流动真实的随时间变化还是在求解过程中假设它随时间变化，那么还必须规定初始条件。在计算开始时，所有流动变量的值都需要在流动区域的每一个点上确定出来。通常计算开始时知道的数值不可能准确，所以必须假设取一些合理的值。即使所要解决的问题是定常状态的，有时也需要确定一些初始条件，这样可以给出一个较好的估计值，有助于更快的得出最终的计算结果。

### 5.2.2 流动说明举例

针对前面叙述的过程，下面给出一个空气流过置于风洞中汽车的二维截面的例子。

首先，考虑一下为什么要进行模拟。设想我们在为一个汽车制造厂工作，于是问自己这样一个问题："公司想从对车子周围流场的数值模拟中发现什么？"在风洞中对汽车进行测试有各种不同的原因，其中包括关于车子受力和力矩的一些情况。这些情况可以用来估计车子的节油性能、最大速度和加速度以及对从侧面吹来的阵风的反应。从风洞的实验中提取的数据包括：

- 当车子以不同的方向面向来流时所受的阻力
- 同样角度时车子受到的升力
- 同样角度时汽车侧面受到的力
- 汽车冷却系统从发动机吸收热量的速率
- 制动器的使用效率。

如果对车子周围的流动作三维模拟的话,就能得到作用在它各部分的力和力矩的大小。但是采用二维计算则不能得到以上信息,计算的二维性可能使结果失去实际意义;然而二维计算过程与三维计算过程是相同的,所以这个例子可以被认为是所寻求的一个合理的例子。完成了二维计算之后,以后再讨论 CFD 在计算汽车表面三维流场上的应用。

如果希望通过模拟来研究车子周围的流动图画,这能为三维流动提供一些启示。还希望在模拟结束时画出车子周围流体的速度矢量图。然后转到说明过程的第二步,找出几何体的数据来源和边界面的安排情况。对于汽车,其形状可以用一组工程图或存储在 CAD 系统中的一组表面来定义,但是,还需确定风洞的形状。大多数风洞是由置于收缩段和扩张段之间并与它们相连的工作段组成。为了简化这个问题,风洞的结构可以进行如下简化:一块平直的底面、相对于汽车而言高度合适的顶层、来流上游垂直于底面的入口和来流下游某位置上垂直于底面的出口。之所以可以做出这样的简化是因为风洞对汽车的主要影响是限制了绕车的流动,而这主要是直接包围车的工作段的作用。将工作段从汽车一直延伸到远处,这对汽车周围的流动应该没有多大影响,但它确实简化了计算。特别是,为了降低在出口处规定的近似压力边界条件对汽车周围流动的影响,出口需要取在远离车子的下游。所有这些信息用一个几何草图总结成如图 5-3。汽车的形状由空间一组二维的曲线组成,这些曲线是从第 10 章中讨论的三维情况下的数据中得到的。

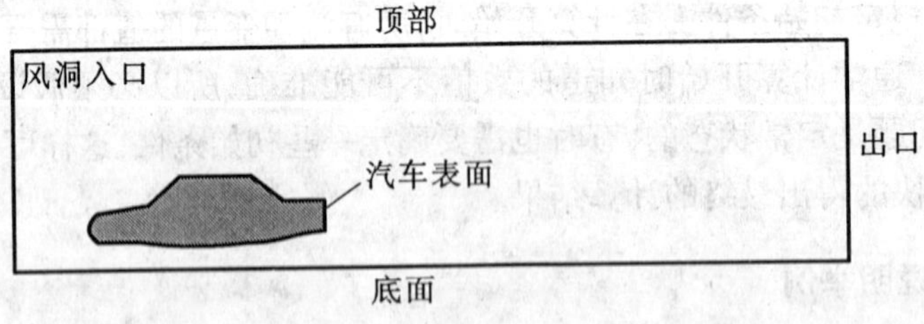


**图 5-3 风洞中的汽车**

定义了几何形状以后就可以定义流体了。在这个问题中,流体是空气,它有如下属性(温度 288 K,压力101 325 Pa):

密度 1.225 kg/m$^3$

黏性系数 $1.79\times10^{-5}$ kg/(m·s)

运动黏性系数 $1.46\times10^{-5}\ m^2/s$

入口处的速度 $V_{ref}$ 取为 28 m/s,特征长度是汽车的长度为 4.165 m,那么就可以计算出雷诺数

$$Re=\frac{(11.225)(28.0)(4.165)}{(1.79\times10^{-5})}=7.98\times10^6$$

从计算的结果我们看到雷诺数很高,所以可以认为流动是湍流。

现在,可以分析问题的边界了。从图 5-3 可以看出,边界如下:

- 汽车表面
- 风洞底面
- 风洞顶部
- 风洞入口
- 风洞出口

每一个边界都必须依次考虑。

汽车表面对流动的影响容易理解。在这个边界上,流动是湍流,表面将使流动滞止,并产生边界层。对于边界条件,这里必须对速度施加一个对数律定律的条件同时对湍流模型变量给出适当的条件。类似地,风洞底面以相同的方式处理,需要给定类似的边界条件。必须在所有这些壁面上建立网格,以便在垂直壁面方向上,在壁面附近设置一些节点。

风洞的顶部是一个值得注意的边界,因为它的工作方式与风洞底面一样,并在其表面有一个边界层。然而,由于它离汽车顶部有一定的距离,边界层不可能对车表面的流动产生多大的影响,所以顶部可以看成是一个对称边界,流体不能穿过它的表面。这对模拟是有益的,因为在对称边界面附近,网格不需要特别的密。对顶部做出这样的近似后,区域中网格点的数目就可以减少。

在风洞入口,水平方向流体以 28 m/s 的速度进入区域,速度的大小和方向都是已知的,所以入口处的速度可以确定下来。随流动进入的是自然界的湍度,在入口处也必须对它作出规定。然而,由于在风洞底面上存在边界层,汽车后面存在其表面的边界层产生的尾流,所以风洞出口处所有位置上流动速度都是未知的。可以这样来处理这个边界:假定出口处水平方向的速度不变,故水平方向其导数为零;进一步,在出口处给定一个固定不变的压力,因为出口离汽车足够远,这个边界条件不影响我们想要得到的结果。有时我们将出口处的压力定为零。

在流动结构方面,通过对边界的分析,我们知道将会发生什么样的流动图景。流体从入口进入,在风洞地面和汽车表面被滞止,并产生边界层。从流体流动的知识中知道,在汽车后面的某一部位流体会发生分离,从而在汽车后面会产生这样一个区域,那里流动速度降低,这就是汽车的尾流。在风洞的顶部,流体受到限制,只能水平的流动,并在出口处离开区域。所有这些信息都加在了如图 5-4 所示的轮廓图中。

最后一步必须决定初始值。对这个例子来说,给定初始值的一个明智方法是将速度的水

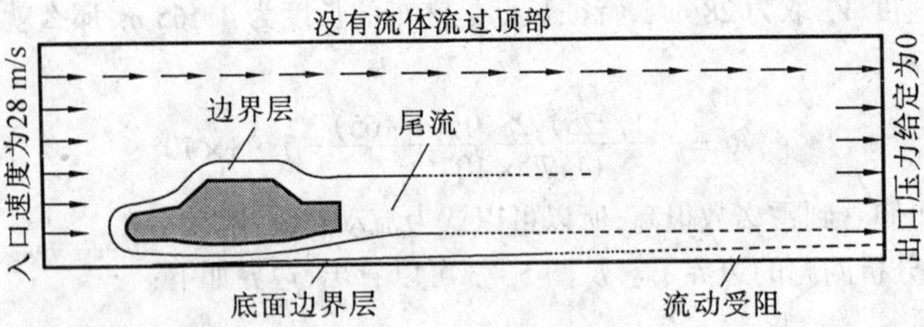


**图 5-4 风洞中的流动特征**

平分量赋给入口处的速度,将速度的垂直分量和出口压力置为零,湍流值被设置成入口处的值。于是全部准备工作完成了,可以转向建立真实的计算模型了。

## 5.3 建立网格

一旦知道了流动问题的详细描述之后,便可以把注意力转向建立一个计算模型了。这个过程的第一部分是建立整个流场中的节点网格,生成解决问题所需要的有限容积或元素。模拟一个简单问题时,这个过程花的时间很少,但对于复杂问题,甚至要好几个月的人力才能完成。通常,分析过程的这一阶段所需的时间决定了模拟全过程所需的总时间,因为其他所有阶段,包括结果的真正计算阶段,都可以很快的完成。与此相似,建立网格所需劳动力的花费在分析所需的总花费中占了绝大部分。近年来,由于网格生成软件的发展,这项工作已经变得更为方便。

这一节将讨论建立网格的原因、对能产生满意结果的网格的要求和可以建立的网格类型,然后将讨论怎样用各种软件工具生成网格。最后,为了得到更好的结果,还要看一看根据模拟的结果来修改网格的方法。

### 5.3.1 网格的必要性

在第 3 章和第 4 章中讨论了流体流动控制偏微分方程的各种离散方法,导出了相应的数学方程。不管使用三种离散化方法中的哪一种(有限差分法、有限元法或有限容积法),流体所占的区域都必须要有节点网格,这可以被认为是对流动空间的离散化。如果用有限差分法,那么要用变量在网格节点上的值来建立变量的方程,这包括了节点网格。如果用有限容积法,那么我们要对节点进行布置并分组,以形成一组有限容积,建立通过容积面的各种流量项的方程,从而求解偏微分方程。同样,如果用有限元法,也要对节点进行分组,以定义元素,在这些元素内部建立与偏微分方程对应的数学方程。在后两种方法中,网格结构不依赖于离散化方法。

因此,从这里可以看出,不管采用三种离散化方法中的哪一种,都需要用网格来求解 CFD 问题,但网格本身却要受离散化方法的影响。这也不是唯一的影响,因为流动的预期变化也能影响网格的建立。

### 5.3.2 对给定的流动生成网格

对每一个流动问题,流动特征在流动区域内部会发生很大的变化。比如漩涡的产生、边界层的存在、流速和压力发生快速变化的区域及分离区的出现。所有这些都可以用 CFD 方法进行模拟。如果我们需要有一个能够模拟这些特征的网格,我们必须明白,流动变量的空间梯度很大的地方,就是这些特征可能发生的地方。这表明作出一个草图作为过程说明的一部分是重要的,因为可以用它强调流动中重要区域的位置。

在流场的重要区域,网格需要有大量的节点。可以看出所有的数值方法都假定在节点之间、一个元素或容积内部,流动变量都以一种简单的方式变化。通常这种变化是线性的,对于有限元法,有时采用二阶或更高阶的变化关系。因此,如果流动在空间的变化很快,就像在流场的重要区域中那样,为了准确地描述这种变化,就需要有细密的网格。

从图 5-5 中可以清楚地看到这一点。假定变量 $U$ 的变化是一维的,仅发生在 $x$ 方向,还假定某种数值方法给出了 $U$ 在 $x$ 方向若干点的一组准确值。实际上决不会发生这种情况,它只是一种数值方法所能做得的最好情形。如果假定这些点之间 $U$ 值的变化是线性的,会看到引起误差的原因。首先,如果仅得到几个点的值,则称之为粗网格,那么,结果不能准确地反应 $U$ 的变化。可以看到在 $x=1$ 处,点 $U$ 的数值解太小,在 $x=0$ 点处,导数 $\frac{dU}{dx}$ 的数值近似也太小。如果知道 $U$ 在更多点上的值,即在一个较密的网格上的值,那么 $U$ 变化的数值描述就会准确得多。

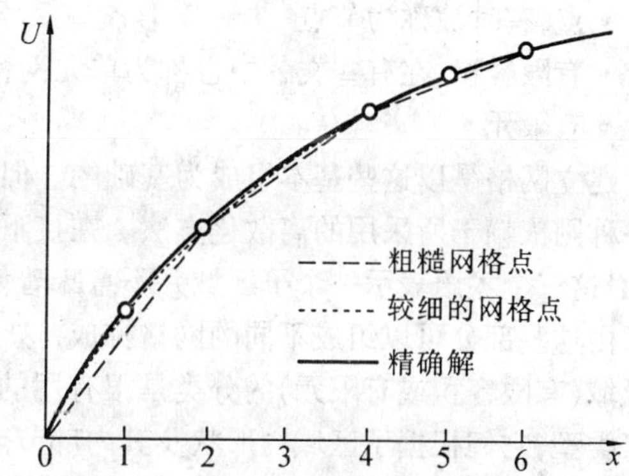

图 5-5 网格密度的影响

要想准确的模拟控制方程,获得变量及其导数的准确值是极其重要的。变量 $U$ 或其导数 $\frac{dU}{dx}$ 的任何误差都能导致方程的数值解发生误差。一个典型的例子就是:如果物体表面附近的网格太粗糙,就可能难以预测其表面的流动分离。在第 10 章中给出了一个这样的例子。

只知道在重要区域要有密的网格还是不够的,还应该知道这些区域发生在哪里以及网格应该有多密。沿固体表面存在边界层,所以表面附近垂直于表面方向必须布置得密集一些。

这样就可以用数值解来模拟边界层上速度的快速变化。这是一个区域的几何形状影响网格生成方式的例子。另一个例子是,一个表面由于有大量的弯曲而导致在流动方向上压力发生快速变化。然而,大的流动梯度也存在于远离固壁的区域,比如物体的尾流区,或者当模拟可压缩流时激波附近的区域。在这些区域建立合适的网格更加困难,因为很难确定重要区域的确切位置。处理这类问题的方法是假设重要区域的位置,以此生成网格。然后,一旦运行完模拟过程,所得的结果就可以帮助我们确定大流动梯度区域的真实位置。可以看出,运用所得的结果信息来修改网格,这种技术就是所熟知的适应网格,将在5.5节中作进一步讨论。

### 5.3.3 网格结构

#### 5.3.3.1 网格的基本组成部分

知道网格必须适合离散化方法和具体的流动问题后,现在我们来看一看所能生成的不同的网格类型。这里第一步是决定网格的基本组成部分是什么。从第3章的讨论中已经知道,一个有限差分网格由一组点组成,一个有限容积网格由形成一组容积的点组成,一个有限元网格由被称为元素的子区域组成,变量在子区域固定的点上,这些点就是所熟知的节点。以下是网格的基本组成部分:

- 点,有时被称为节点
- 有限容积,在有些文献中也称为单元网格
- 有限元

建立网格是以这些基本组成为基础的。但是,对一个具体的网格而言,需要这些部分中的哪一种则依赖于所采用的离散化方法。在接下来的讨论中,我们用'容积'、'单元网格'和'有限元'这三个术语表示一个子区域并不意味着使用了某一特定的离散化方法。

由这些部分可以组成不同的网格构成,这个问题将在下节讨论,但在这里要注意一下所用子区域(有限容积或有限元)的分类是很有用的。在结构有限元方法中,可以使用范围广泛的元素类型,它们根据子区域的形状及其内部节点的位置进行分类。目前,CFD软件有一套更受限制的有限容积或有限元是适用的。其中最一般的、用于三维网格的有限容积或有限元是有八个顶点的六面体,每个角上一个顶点,这是所熟知的'砖块状元素'或'容积'。对二维问题,一般用有四个顶点的四边形网格。现在,一些应用有限容积法的软件已经问世,它们能在三维问题中使用四面体网格而在二维情况下使用三角形网格。大多数应用有限元法的CFD软件都允许和小范围内的、别的类型的元素一起使用这些元素。图5-6给出了一些常用的子区域。

#### 5.3.3.2 网格结构的类型

已经知道了网格的基本组成部分,就可以思考怎样在整个区域中安排它们的问题了,这就是所谓的网格结构或网格拓扑。当使用有限差分法时,网格点是在空间中计算变量的位置,其安排看起来像单元网格。反之,当用有限元法时,点是划分流体体积的一组元的节点,而且元素可以按任意方式安排,只要元的表面保持正确排列。之所以能这样做是因为对任意一个元

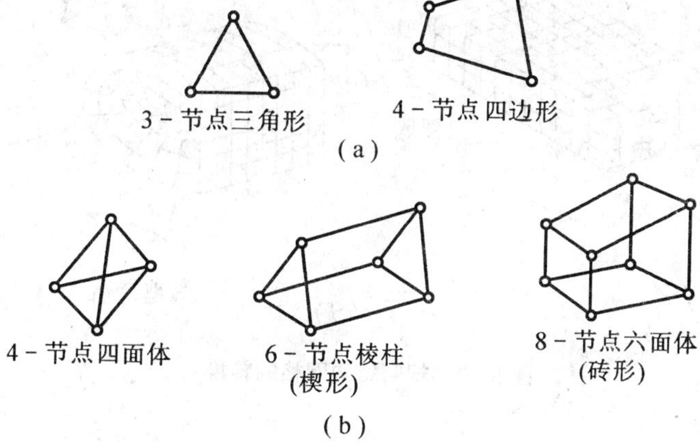


**图5-6 一些常用的子区域**

(a)二维;(b)三维

的计算只需要该元自身的信息。当元方程加起来形成整体方程组时多元之间就发生相互作用。在有限容积法中,容积的布置方案取决于实际采用的数值求解方法,有些程序要求容积的布置就像有限差分法中的单元布置那样,而另外一些则要求类似于有限元的布置。

从这里可以看出有两种安排网格结构的方法如下:

• 规则结构或拓扑。在这里,网格点可以被想象成以规则方式置于整个立方体中的节点网格,然后拉伸这些点网以适合一个给定的几何形体,这种方法如图5-7所示。注意在拉伸网格的时候,点与点之间的连接关系不变,网格就好像是由橡皮组成的,它的所谓拓扑或形式仍保持不变。从而,如果考虑网格中的任何一点,那么,在拉伸网格过程的前后,它都与其同样的、相邻的点相连。有时,这种网格被称为结构化网格,因为它们有一种明确定义的结构,或者也可以称为映射网格,因为它们可以被看成是由一个立方体网格映射成某种别的几何形体。考虑这些网格的时候,想到在网格内部建立当地坐标系是有益的,这使得单元网格之间的相对朝向关系得以确定,而在该网格被变换之前,当地坐标系的轴线就是该立方体的边。一旦将网格变换到实际应用的坐标系,即全局坐标系中,那么,局部坐标系的轴线就依赖于在网格内部的位置,如图5-7所示。

• 不规则结构或拓扑。在这里,点布满了所考虑的空间,但不与一个规则的拓扑相连系。图5-8给出了用三角形元素构造的这种网格的一个二维例子。注意网格面不重叠。从网格的放大图中可以看出,元素1的角上有三个节点,分别为 $a$,$c$ 和 $d$,元素2的角上也有三个节点,分别为 $a$,$b$ 和 $c$。从网格的形式上不能断定任何一个特定的点到底属于哪个元素,所以必须有一个数值表,它列出了每个元素所包含的节点,从而描述了网格的布置情况。这与规则结构

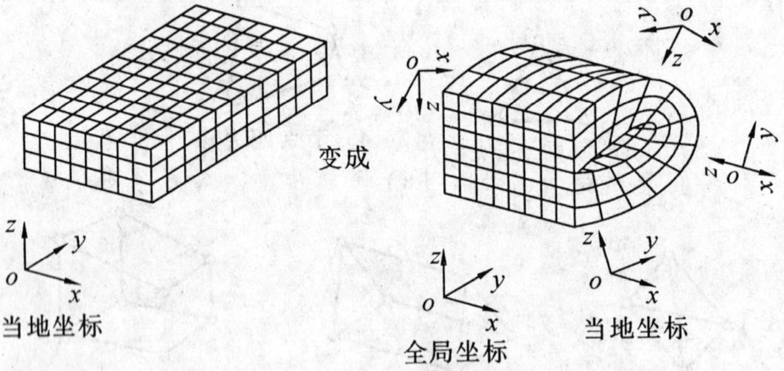


图 5-7 规则结构网格的转换

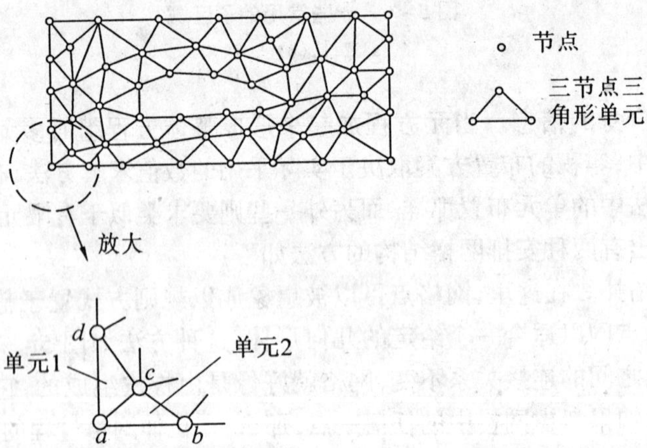


图 5-8 非结构化网格

的网格形成了对比，在规则结构网格中，知道了单元位置就可以知道其角点的标号。不规则结构的网格常常被称为非结构化网格或自由网格。

网格结构和数值方法有联系，有限差分法要求网格具有规则的结构，有限元法可以使用非结构网格。理论上，有限容积法可以使用非结构化网格，在目前的一些商业软件中已得到很多应用，但在实践中有许多问题人们仍然更愿意用规则网格。

就像在第 3 章中提到的那样，使用规则网格的一个好处是其求解程序比使用不规则网格的求解程序运行得快。这是因为在规则网格中，存在单元网格或节点的序号和与它们相邻的网格或节点序号的隐含关系，这样，查找数据就很容易；而在不规则网格中不存在这种关系，所以在查找相邻容积流动变量的值时,就必须进行计算,这通常是通过查表的形式来实现的,这个表将单元网格与其边界面或将节点与元素联系了起来。

工程技术人员所关心的许多实际流动问题都发生在复杂几何区域内部,几何体区域边界是人为制造的。有的计算分析者靠自己的独创性将规则网格应用于某些复杂几何区域是可能的。但对于大多数几何区域而言,这是不可能的。此时只能应用不规则网格,它可以描述任何复杂的几何区域而不受网格结构的限制。这样,网格生成就更容易,在一些情况下这是进行模拟的先决条件。使用不规则网格的另一个好处是它们可以用自动网格生成算法生成。在5.3.4.5节对一些这样的算法进行讨论。这些算法使用诸如四面体这样一些元素生成非结构化网格。

应用CFD程序,可以将几个规则结构的网格结合起来。这样的程序力图应用这种网格获得规则网格的快速性这一优点,同时保持模拟复杂几何区域的灵活性,这种网格叫做多块网格,因为它可以被看成是将一系列的块建立在一起形成的。当然,建立这种网格的时候有一个限制条件,就是要保证在块边界上,单元网格面不能重叠。

关于网格结构最后有一点需要提及的是在处理规则网格时经常遇到的两个术语。在第3章中我们看过一些采用每一种离散方法的例子。在这些例子中区域的几何形状是简单的,偏微分方程直接按笛卡尔坐标离散。当对更复杂的几何形状建立网格时,有时将偏微分方程变换到一个基于单元的一般的坐标系中。当处置有限差分法以及需要结构网格的有限元法时确实如此,因为这样可以采用当地坐标。通过方程的这一变换可以采用一个规则的网格,尽管它不是直角形的。有些方程的变换中需要点网格是正交的,即子域的表面必须互成直角。采用这种网格时变换偏微分方程生成的项数较少,需要的计算机求解工作量也较少。如果网格是非正交的,程序中包含一些额外的项,需要更多的计算量。有时应该用正交网格的程序也可以采用非正交网格运行,但是得出的结果较不精确。

### 5.3.4　生成网格

#### 5.3.4.1　定义几何区域

前面的讨论中可以看到,需要确定几何区域的数据资料,画出流动区域边界表面位置的轮廓。现在必须使用这些几何信息资料,它们可以是轮廓图、工程图或计算机图形。并且还要保证能根据坐标 x,y 或者还有 z 的值找到边界表面的位置。

对于二维问题,可以用点定义一系列直线或曲线来生成边界表面。这些曲线可以是圆弧、简单的二次曲线或样条曲线。它们都可以用方程来描述,这些方程定义了组成曲线的点的坐标之间的关系。例如,一条直线可以通过下列的关系来描述

$$y = mx + c \tag{5-2}$$

式中　$m$——直线的斜率;

$c$——$x=0$ 时 $y$ 的值。

用直线上的两个已知点的坐标来代替它的斜率,则方程(5-2)变成

$$y = \frac{y_2 - y_1}{x_2 - x_1}x + c \tag{5-3}$$

这里,下标代表两个已知的点。这些方程描述了无限长的直线,如果仅用有限长的直线来描述流动区域的几何形状,这就要求必须知道直线的终点。

同样,一个圆可以用下列关系来描述

$$(x-a)^2 + (y-b)^2 = r^2 \tag{5-4}$$

这里,圆心在 $x = a, y = b$ 的点上,半径是 $r$。这个圆的一部分是圆弧,用三个点可以确定它。通常,这三个点中有两个是圆弧的端点,另一个点位于两端点之间的某个位置上。这样既可以定义圆弧的范围,又可计算方程(5-4)中的未知常数 $a, b, r$ 的值。

样条曲线更加复杂,但也可以用空间的点来定义。通常使用四个或更多的点,它们没有必要在曲线上。注意到,这里根据定义一条曲线所需点的数目形成一个层次关系:两个点定义一条直线,三个点定义一条弧,四个或更多的点定义一条样条曲线。

在三维问题中,几何区域可以用相似的、所谓线框模型形式的三维结构来定义。在这些模型中,对每一个表面的边界都作了定义,有时还要知道不同表面的形式。通常,这些表面具有简单的形式,比如平面、球面或柱面的一部分,但它们也可以是更为复杂的形式。几何区域的另一种类型是实体模型,在这种模型中,计算机不仅存储几何信息,还要存储诸如物体质量的信息。使用实体模型时,区域几何形状的定义方法与用三维线框模型定义区域的方法一样。

描述更为复杂表面的典型方法有:

• 许多简单拼接面。这里,一个表面被分成一系列的面元,它们在形式上通常是三角形或四边形的。这是一种通过线性元素或单元网格的边界面来描述表面的方法。

• 圆滑面元。这种面元表面上点的坐标仅仅由边界曲线决定。结果,一旦确定了表面的边界,则表面本身也随即被确定了。空间上三条或四条闭合的曲线经常被用来定义边界。注意到对一组给定的边界,有无数个表面符合要求,但圆滑面元方法仅仅定义一个表面。于是作出这样的假设:面元要足够的小以至是给定表面的很好的近似。如果一个表面弯曲得很厉害而又仅用少数几个圆滑面元来模拟它,那么就会出问题。这时,面元太大,其表面的曲率达不到所要求的曲率。

• 贝齐尔表面。这种表面通过一组贝齐尔多项式曲线来描述。每条曲线由四个点来定义,两个端点和两个内点,其中内点不必在曲线上。通过移动两个内点,曲线的形状可以在很大范围内变化。与用圆滑面元定义表面相比,贝塞尔表面方法对表面的描述有所改进,因为定义表面时用到了边界内部的信息。这帮助锁定了表面在空间的位置,于是符合描述要求的表面数目就减少了。这种表面是为法国雷诺汽车制造厂发展出来的,因为他们在式样设计室中模拟新车型时需要尝试各种计算表面。

• NURBS(非均匀有理 B 样条表面 non - uniform rational B - spline surface)。这种表面与贝齐尔表面相似,但用来定义表面的曲线所基于的点与贝齐尔曲线不同。曲线的端点仅仅是近似的,但是用来定义多项式曲线的点必须保证端点处的空间一阶和二阶导数连续。

这些曲线和表面如此复杂以致必须使用计算机来处理数据。由于我们的目的是为 CFD 分析生成网格,所以没有必要弄清其背后的数学背景,但是分析者应该具备所存在的各种不同类型表面的一些知识。对于那些感兴趣的读者,有多种描述在计算机辅助设计(CAD)系统中定义几何区域的方法的书籍。

当知道了几何数据已经存在以后,能找到区域边界表面上任何点的坐标,就可以开始生成或建立网格了。

5.3.4.2 决定网格结构

确定几何区域的描述完成以后,下一步是决定将使用哪一种网格结构。有时这可能由所使用的 CFD 软件来决定,因为有些程序仅支持某一种结构。网格结构也可能由区域的几何形状来决定。由于规则网格创建起来要更简单,也使 CFD 求解器在计算上更为有效,所以可能会试图将其应用于几何区域中。如果这样方法失败了的话,那么必须使用带有不规则结构的网格。即使这样会导致一些额外的工作,但可以通过这样的办法来减少工作量,即大部分区域使用规则网格而在那些绝对必要的部分使用不规则网格。

决定了网格结构之后,就可以确定网格布局和估计所需单元网格的数目了,这需要相当多的经验,因为它们都依赖于假定发生在区域内的流动。

一旦这些初步工作完成之后,就可以真正的考虑建立网格了。首先必须决定生成网格的方法,这取决于所能得到的软件工具。对于简单的几何区域,写一段简短的计算机程序就能生成网格,但是通常的情况都是需要求解复杂区域内的流动问题。一些 CFD 软件在它的前处理器程序中植入了网格生成器,足以适合一些问题的要求。当然也有其他的商业软件可以利用。商业化的软件中一般具有有限元前处理器和非有限元前处理器。每一个软件包都有不同的工具可以利用,计算分析者应该知道这些工具的功能。

5.3.4.3 生成简单的规则结构网格

许多问题用具有一种简单的规则结构的网格就可以求解。在许多 CFD 软件包中,采用一种规则结构网格,而且可以指定某些单元为无流动单元(死单元),这样处理就比较方便。这个性质格外有用,使我们能用规则单元组成的多种多样的块来模拟复杂的几何形状。例如,前面所描述的汽车问题可以被认为是由九个二维的组块按图 5-9 所示的情形布置而成的。流动区域由块 1,2,3,4,5,6,7,8 和 9 组成。块 5 显然在车表面内部,因此,它里边的单元网格可以被指定为无流动单元。应当指出,即使单元网格被定义为无流动单元,它们也应当有合适的序号,因为正是它们的存在才保持了分析程序登记的正确性,这样登记的实质是对数据阵列存储的管理,并导致高效的求解。

在每个块上生成规则网格的一个普通的方法是应用图 5-10 所示的实体层次。图中,我们考虑了四个结点的二维单元网格或八个结点的三维单元网格的层次。可以看到,它的底层是最基本的几何实体,即点、几个点可连成直线(两点相连而成),弧(三点相连而成)和样条曲

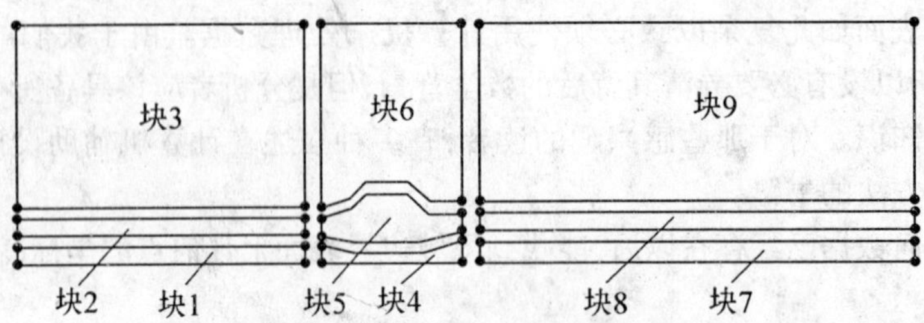


图 5-9　二维汽车的网格块

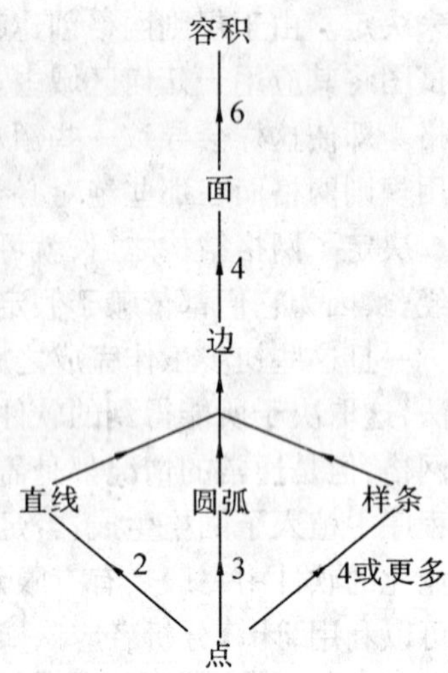


图 5-10　实体的层次结构

线(四个或更多的点相连而成)。把相邻的直线、弧和样条曲线结合起来就生成了第三级实体,边。如果四条边形成一个环,那么就可以把它们看成是表面的边界,六个表面可以形成一个容积。这组关系由所考虑的元素决定,一旦定义了二维问题的表面或三维问题的容积后,单元网格就可形成。这可以通过将表面映射成方形元素或将容积映射成立方体元素来完成。这些方形和立方体被用来定义一个局部坐标系,在其中生成单元网格再映射回到定义真实区域的全局坐标系。虽然商业化的软件都是使用这种层次结构来生成网格的,但是,即使用别的方式如一个简单的计算机程序来生成网格,以这种层次结构方式来思考也是有益的。

回到图 5-9 中汽车的例子,每个块可以被看作有四个边的面。可以很直接的将网格映射成这个面。网格在空间可以不均匀地分布,以便在流动的重要区域设置更多的单元网格。通过一个几何级数使建立的点的位置发生偏离就能做到这一点。这样的级数通过简单的比例关系控制相邻点之间的距离来生成点。例如,每个单元网格的长度是前一个网格的 0.8 倍。流体流动参数变化率越大的位置,通常应设置密度更大的网格。

最后,在生成网格之前,必须计算每个块内节点和单元网格的序号数。可以在局部坐标方向上为每个块内单元网格分配编号,但要记住在二维或三维的当地坐标方向上,单元网格的编号必须同规则网格相一致。对于汽车的例子,图 5-11 表示出每块中的单元布置,很明显在每一块内靠近汽车表面处单元比较密集。在垂直固壁表面方向设置了更密的网格,以便更准确的预测边界层区域参数的变化。

5.3.4.4　使用商业化的网格生成软件

现在,商业化的网格生成软件被广泛使用已经有很长一段时间了,它们面向的是有限元结构分析市场。但是这些软件所生成的网格常常也可用于CFD计算。由于结构有限元法包含许

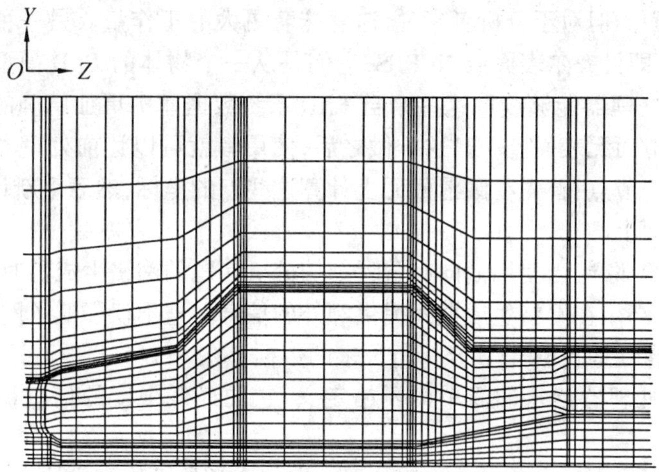


图5-11 汽车周围的网格

多不同的元素类型，使用了许多物质，所以这些软件所生成的网格具有一般性。这种一般性是一个很大的优点，但它也使在CFD应用中，软件使用起来比较慢，因为软件中的数据库一般都非常大，它们存放在系统的二级存储介质中，通常是磁盘上，这样数据读取就变慢。另外，这种程序需要处理与CFD问题不相关的信息，也会产生效率不高的问题，通常这包括对网格中每一个块的物质属性的定义。在结构计算中，随着要计算物质的不同，块与块之间的属性也可以发生改变，但在流动问题中，通常只有一种流体。

商业化的网格生成软件通常有以下组成部分：

• 几何体生成程序。以点、直线、弧、样条曲线，有时是以表面的形式来生成二维或三维的几何数据。另外，通过一个接口从CAD系统中提取相似的数据也是它的一个共同特征。

• 区域定义程序。它允许在二维问题中生成表面或在三维问题中生成容积。

• 映射网格(或转绘网格)生成程序。它使得在区域内部生成规则结构的网格，这些区域在拓扑结构上必须与所用的元素类型一致。例如，如果用四个结点的四边形对一个二维区域网格划分，那么必须使用有四条边的区域。

• 自由网格生成程序。在区域内生成不规则结构的网格。在这种情况下，对区域的形式没有限制，所以区域可以是由任何数目的边围成的面(对二维问题)，或者是一组面围成的容积(对三维问题)。

当使用商业化的网格生成软件时，也可用图5-10所示的层次结构。通常，这样不会产生问题，但是有一种情况可能使几何模拟出现误差。用层次结构定义一个表面的几何形状时，如果用边来定义面，那么显然可以选择圆滑面元来定义这个面的几何数据。正如我们在5.3.4.1

中讨论过的,如果面元过大,用它来代表表面的曲率可能是不合适的。解决这个问题的一种方法是定义更小的表面。但对于分析者来说,这意味着更大的工作量。另一种方法是使用更为精确的表面来描述,即贝齐尔表面或 NURBS,它们是从一个物体的 CAD 模型中得到的。许多商业化的有限元前处理器能够读取这些来自 CAD 系统数据库中更加精确的表面,然后,可以用一组边来定义圆滑面元表面。一旦这样做之后,使用者就可以让前处理器通过下面的方法来计算表面上的网格节点:首先在圆滑面元上计算这些点的坐标,然后重新计算这些坐标使它们位于更精确的表面上。

像已经阐述过的那样,当使用面向有限元结构分析问题的网格生成器时,为了定义所生成的单元的结构属性,必须在网格生成期间提供额外的信息。这不仅降低了网格的生成速率,也意味着必须带有选择性地提取 CFD 分析所要求的数据。在 CFD 分析过程这一阶段,需要的只是一个能被 CFD 前处理器读入的简单的网格定义,它的最低限度的信息被限制为如下的两项:

• 列表表示的网格中所有节点的空间位置。它们通常是矩阵形式的 $x,y,z$ 的坐标值。

• 列表表示的元素的编号、类型以及属于它们的节点的序号。这个表称为连通性表。大多数的网格生成软件都能将这些数据写入一个文件,然后被 CFD 前处理器读取。一些前处理器可以从一小部分最一般的商业化网格生成器中读取网格信息文件。如果前处理器不能这么做的话,那么就要将数据转换成合适的格式。可由一个小的计算程序来完成。值得指出的是,每个前处理器都以不同的方式读入网格数据,这依赖于软件的需要。例如,在规则网格结构中,假定节点坐标按预先定义好的顺序给出,那么对于仅使用规则网格的程序,只读取节点坐标。相反,使用非结构化网格的程序不仅要读取节点数据,而且还要按这些数据预先定义的格式读取数据表。

#### 5.3.4.5 有关自动生成网格的算法

对于简单的几何区域,很容易看出怎样建立网格,但当几何区域较复杂时,网格的生成过程就困难多了。目前已经发展了几种技术,它们可以接受复杂的二维和三维几何区域,然后自动生成网格来模拟它。典型情况是网格具有不规则的结构。就像在这一节开头所说的,因为对复杂的几何区域建立网格需要投入大量的人力,所以网格生成是 CFD 分析中花费最多的部分。对花在建立网格中的时间的任何节省都能使 CFD 模拟成为一些工程设计问题的更有吸引力的方法,所以这些自动生成网格的技术正在被改进当中。

将要讨论的第一种方法是 Delaunary 三角化(Cavendich 等,1985;Holmes and Lanson,1986;Watson,1981)。图 5-12 示出了这种算法对二维问题生成三角形网络的工作情况。这种算法可以很容易地扩展到三维中去,在那里生成的是四面体网格。

从图 5-12(a)中可以看到基本的方法始于在区域的边界上及其内部生成节点。在这个例子中,方形的边界上有十二个节点,区域内部有一个节点。为了保证最终生成的三角形网格里边没有间隔,需要建立额外三个节点来定义一个大的三角形。从图 5-12(b)可以看出这些额外的点必须组成一个包围所有初始节点的大三角形。这个大三角形可以被认为是第一个元素，然后，其中的一个初始节点将这个元素分裂成三个新的元素（图5-12(c)）。用同样的过程可以生成下一个元素。将剩余的节点一个一个地考虑进去，网格则一步步地被修改。为了完成这一过程，可以为每个元素建立一个经过其三个节点的圆弧，从图5-12(d)可以看到这一点。下面以节点2为例进行讨论。这个节点位于其中两个圆弧之外而另一个圆弧之内。三角形算法规定：如果一个节点位于圆弧以内，那么这个圆弧所属的元素就要被删除。一旦所有需要删除的元素都被删除后，就可以生成包含所考虑的节点的新元素。图5-12(e)中示出了这种情况，在那里，删除了图5-12(c)中较低层次的元素，生成了三个在节点2处相连接的新元素。然后考虑下一个节点，将过程继续下去，最终生成的网格如图5-12(f)所示。这个网格需要修改以便只模拟初始区域，这个例子中是方形区域。最后检查剩余元素的形状，在需要的地方修改元素以使它们尽可能接近等边三角形。这可以产生没有太大变形的网格，因为求解器运行时，元素的变形太大会导致数值问题。

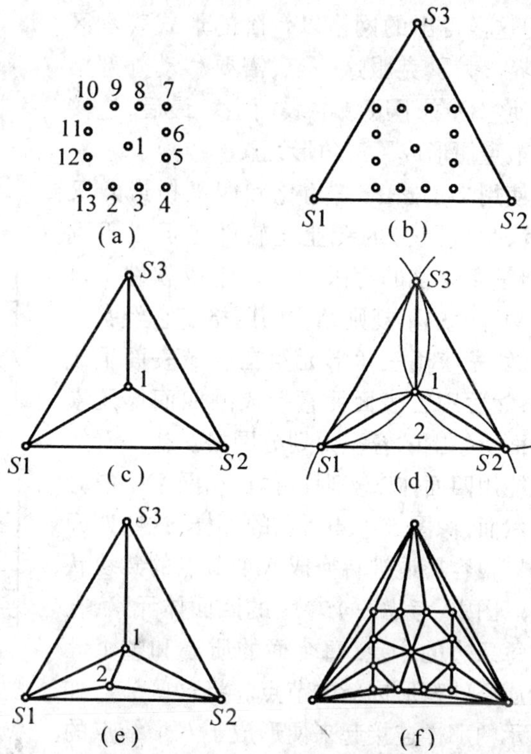


**图5-12　delaunary三角化**

(a)边界和内部节点；(b)添加超级三角形；(c)用节点1形成头三个单元；(d)形成外接圆；(e)去掉旧的单元并生成新的单元；(f)最终的网络

第二种方法基于四叉树和八叉树方法的应用（Yerry and Shephard, 1984; Cheng et al, 1988）[2]。这些方法是先接受一个区域，将其置于四个方形中（二维问题）或八个方体中（三维问题），然后将它们再细分直到得到所要求的网格。图5-13(a)中给出了一个将要划分网格的二维区域的例子。如图5-13(b)所示，在区域上放置了四个方形，区域内方形相交的地方创建一个节点。然后，每一个方形又能被细分为四个方形，这样就可以建立更多的内部结点。进一步的细分示于图5-13(c)和图5-13(d)中。一旦大多数网格的元素尺寸已足够小，那么只需要再细分包含区域边界的元素。这种选择性的细分情形示于图5-13(e)中，图中阴影的圆圈代表区域外部的节点，但这些节点属于包含区域边界的元素，其余的圆圈代表内部结点。

这种选择性的细分过程可以根据需要继续下去，但这样得出的网格以台阶的形式表示区域边界。为了克服这一点，需要移动外部结点以使它们位于区域的表面上。最后，连接所有节点便形成了三角形元素。

使用 Delaunary 三角化和四叉树或八叉树方法生成网格的专业化软件是可以得到的，但是商业化的有限元网格生成软件也可以自动地生成不规则结构的网格。它经常这样来做：先使用三角形元素在区域表面生成网格，然后用由表面元素形成的四面体元素在表面所包围的容积内划分网格。初一看好像只能用四面体来实现这种自动网格生成方法。然而，像图 5-14 所示的那样，这些四面体可以很容易地被转换成八个节点的砖块状元素。图中，考虑一个单一的四面体元素，在它的每条边的中点、每个面的质心和整个元素的质心处都形成新的节点。将这些节点如图所示的那样连接起来便形成了八个结点的砖块状元素。

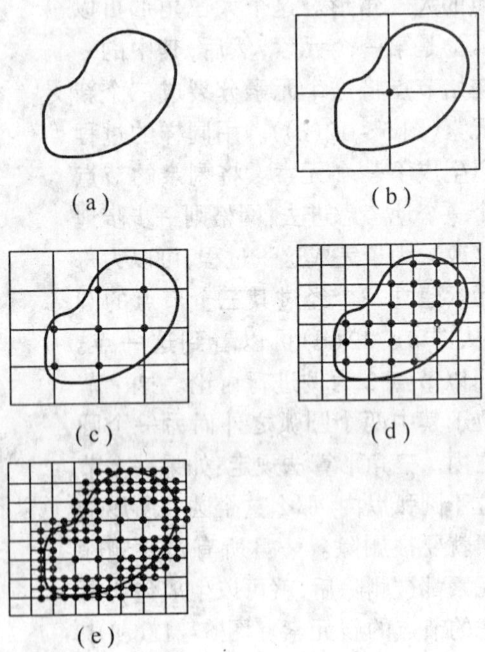


**图 5-13 四叉树方法**

(a)要生成网格的区域；(b)第一次覆盖；(c)第二次覆盖；(d)第三次覆盖；(e)选择性再分

所有这些方法应用于 CFD 问题还不够成熟。为了能快速地，以最小量的人工干预创建出适合于 CFD 问题的网格，还有许多研究工作要做。有些人甚至认为这个目标永远也达不到。

### 5.3.5 为得到更好的解而修改已存在的网格

一旦网格建立起来以后，就有可能对它进行修改，在修改后的网格上求解可以得到更好的 CFD 解。修改可以在得到流动问题的解之前或之后进行。就像在 5.3.3.2 中看到的一样，一些 CFD 前处理器可以接受规则网格并对它进行平滑处理以形成正交网格。这样可以减少求解的计算量，增加解的准确性。这些平滑程序是以一系列的偏微分方程求解为基础的，这些偏微分方程描述了网格坐标的变化(Thompson 等，1982)。在这个过程中，初始网格作为迭代求解过程的第一次设定的网格。

在初始网格上求出了 CFD 解之后，就可以应用另外一些网格修改技术了。这些技术是根据所得的结果来修改网格的，所以结果的质量依赖于使用者经验的程度下降了。这些修改过程要求初始分析是在流动区域中粗糙但符合实际的网格节点上进行的。根据初始分析的结果

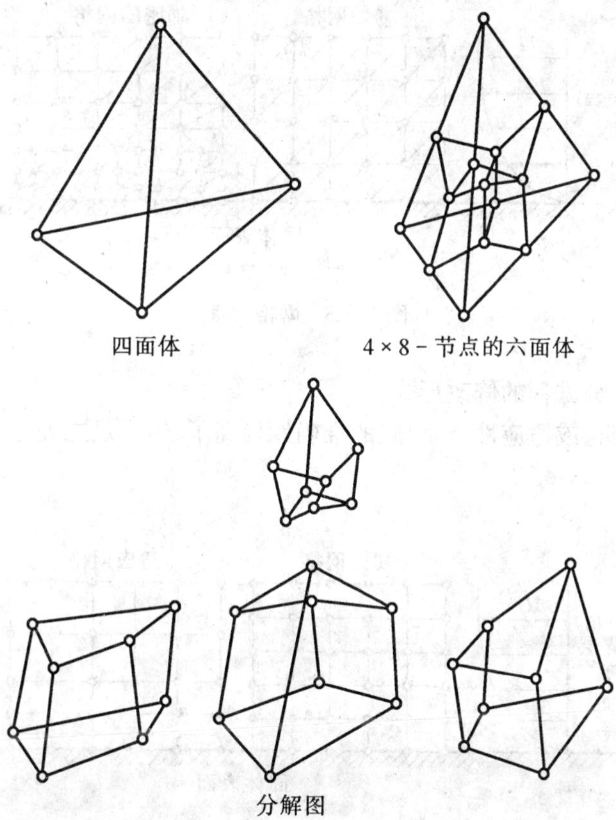


**图 5－14　转换四面体网格**

重新生成网格，以使在流动变量变化剧烈的地方或误差较大的地方网格点的密度最大(Zienkiewicz and Taylor，1989)[3]。这种网格具有适应性。以下是两种经常使用的网格修改方法。

• 网格加密。这种方法是在区域中需要的地方布置附加的网格节点如图 5－15 所示。图中，需要建立网格来模拟边界层。初始的三角形网格的大小都相等，但加密后的网格产生了附加的节点和元素，以使固壁表面附近产生更多的元素。这种技术通常适用于二维问题中由三角形网格单元或元素组成的网格和三维问题中由四面体网格单元组成的网格。这种方法允许在网格内部生成附加的节点，然后用 Delaunary 三角化法或相似的方法生成一组新的元素。

• 网格适应法。在这种方法中，网格的拓扑结构保持一致，但网格点被移动了以便在需要的地方增加网格的密度，如图 5－16 所示。这儿仍然考虑边界层的情况。注意在网格适应中，节点和元素的数目保持不变，仅仅是节点的位置发生变化。节点的移动可以使用一些网格生

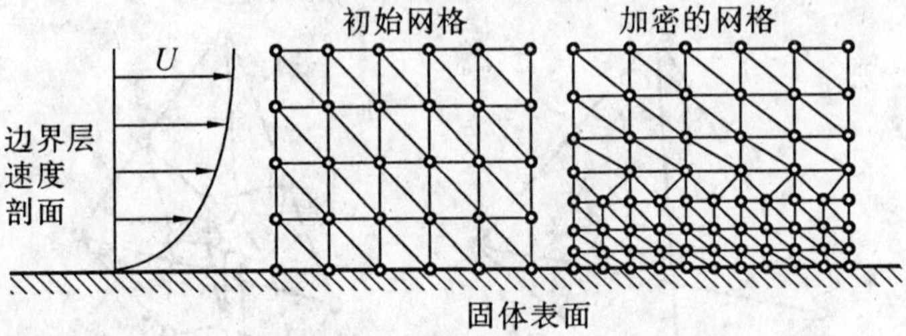


图 5-15 网格加密

成方法中用到的偏微分方程的修改形式。

通过使用这些修正或适应性技术，解的准确性提高了，但不足之处是需要额外的计算工作量。

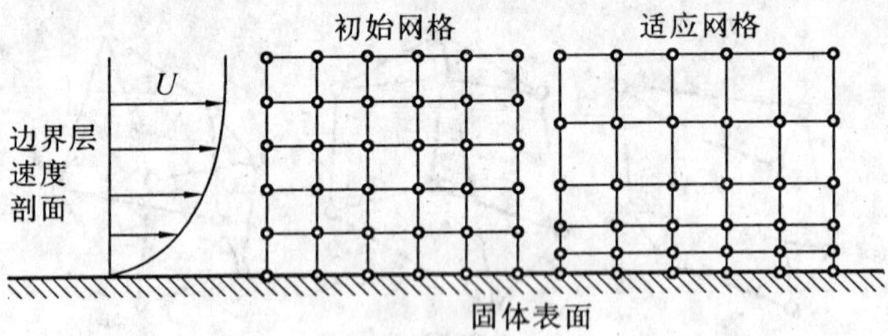


图 5-16 网格适应

## 5.4 设定流体流动的参数

在上一节中已经看到了如何来建立网格。这是 CFD 分析前处理的第一项计算任务。既然网格数据可以由 CFD 前处理器来读取，那么在分析的思考阶段所确定的流动说明，必须转换成前处理器所能理解的形式。

这种流动问题的说明指明了 CFD 软件所要解决的确切问题，它是通过执行下列任务来实现的：

- 指明流体的性质，例如密度和黏度
- 决定哪些与流动相关的变量将被计算

- 将几何边界规定为一组单元面
- 对每一组面运用恰当的边界条件
- 为模拟限定初始条件

注意,流动中的一些几何位置,例如入口或者壁面,应被限定为单元面或者是单元体。这是因为 CFD 求解程序对问题中真实的几何形状一无所知,而只知道流动区域内网格的信息。

分析过程的这个阶段是通过给 CFD 软件中的前处理程序施加命令来实现的。这些前处理程序是交互式的程序,其中的命令可以通过使用许多对于用户来说容易获得的输入装置,例如键盘和鼠标,来加以输入。这样使流动的说明分不同阶段进行。将与说明的一个特定部分相关的命令成组输入是很有用的。例如,这几组可能是说明区域边界或者数值控制参数的命令。为了帮助用户,通过让前处理器显示一部分数据,任何时候都能对所说明的情况加以核查。

对于一系列相似的流体流动问题,有时候在输入数据时,交互式的输入会变成一个令人厌烦的重复过程,因此大多数 CFD 前处理器允许用户用文本编辑器来建立一个数据文件。这个数据文件包含了对于前处理器来说必要的输入。一些程序甚至会根据已输入的数据显示这样的文件,这是特别有用的,因为命令文件应该是没有错误的。使用这样的命令文件可以节省大量的数据准备时间。

### 5.4.1 指明流体的性质

正如在第 2 章中所看到的,流体具有各种各样的性质,必须对求解程序给定计算这些值的某种形式。当用 CFD 来求解问题时,最重要的两个性质是流体的密度和层流黏性系数。

对于一些简单的问题,如果假定流体处于层流状态,不可压缩,并且无传热的影响,那么可以认为密度和黏度是常量。通过简单地输入恰当的值,这些常量在软件中即被给定。一种可能的错误是混淆了确定流体黏性系数的两种方式。标准黏性系数,也就是所熟知的动力黏性系数,是把流体的物理剪切与剪应力相联系起来的一个常量,而运动黏性系数 $\nu$ 则是标准黏性系数与密度 $\rho$ 的比值,即

$$\nu = \frac{\mu}{\rho} \tag{5-5}$$

对于空气,其密度约为 1 kg/m$^3$,从结果中不会发现任何错误,但是对于像水这样的液体来说,其密度为1 000 kg/m$^3$,错误的给定会在计算结果中铸成大错。作为一种检查方法,黏性系数的单位应为 kg/(m·s),而运动黏性系数的单位应为 m$^2$/s。对于常见的流体,密度和黏度值表已被画成图表。

如果已知流动有较大的温度变化,这种变化可能是由热传导引起的,那么黏性系数将作为温度的函数而变化。前处理器能允许用户规定黏性系数关系式,或者至少是允许用户转换成黏性系数的某种标准变化。一种被使用的常见变化是指数形式(Schlichting,1979)[1]

$$\frac{\mu}{\mu_\infty}=\left(\frac{T}{T_\infty}\right)^n \tag{5-6}$$

这个式子可以看成是一个无因次关系式。其下标指的是黏度和温度的参考值，$n$ 是个常量，对于空气来说，值为 0.76。同样还有 Sutherland 公式可用

$$\frac{\mu}{\mu_\infty}=\left(\frac{T}{T_\infty}\right)^{3/2}\frac{T_\infty+S}{T+S} \tag{5-7}$$

其中 $S$ 为常量，对于空气来说，其值为 110 K。

对于密度同样如此，运用各种气体定律可以找到密度与压力和温度的关系式

$$\frac{p}{\rho^\gamma}=\text{const} \tag{5-8}$$

这是可逆绝热过程的等熵关系式（$\gamma$ 为比热容比）。或者

$$\frac{p}{\rho}=RT \tag{5-9}$$

这是理想气体关系式，其中 $T$ 为气体的温度，$R$ 是气体常数。

当黏度和密度变化时，流动问题比简单不可压缩黏性流动更复杂。

最后，还必须确定流体的其他性质，至于到底是哪些性质，这将取决于要研究的问题。这些其他性质的例子有：模拟传热问题时所需要的流体导热性，或者最简单的湍流模型所需要的有效湍流黏性系数等。

### 5.4.2 确定需要计算的变量

一旦确定了流体的性质，就需要决定计算哪些变量。这取决于控制方程的离散方式和为求解它们所建立的算法。运用标准的类似 SIMPLE 算法的方法时，将压力必须和一些速度分量一起加以计算。一维情况下仅有一个速度分量 $u$，而在二维或三维情况下会发现分别有 $u$，$v$ 或 $u,v,w$。在第 2 章中讨论到控制方程时，我们看到，用这些变量完全规定了一个层流不可压缩流动，假如我们的计算机有足够的能力来解所有这些方程，那么用这些变量也可能描述不可压缩湍流。

由于通常的计算机能力仍不足以解决湍流的影响，因此这些影响必须模型化。这意味着必须计算作为湍流模型的组成部分的一组变量。具体是哪些变量，取决于所使用的湍流模型，一些模型在前面已作了简要的介绍，在第 3 编有更详细的介绍。最简单的湍流模型规定了由湍流引起的附加湍流黏性系数 $\mu_T$ 的值。实际上可以认为它是流体的一种性质，有关的叙述前面已经提到过。计算由湍流引起的附加湍流黏性系数的其他常见方法如下。

• 从对边界层或尾流来说必须规定的混合长度中寻找。当使用这种湍流模型时，除了用来规定求解程序计算混合长度时的方法和把它转换成附加湍流黏性系数表达式的前处理程序外，不需要再求解其他的偏微分方程。这种模型通常仅用于非常简单的几何情况，因为这样才

使它易于用几何形式确定混合长度。

• 从一系列辅助偏微分方程中寻找。这么做需要一个、两个甚至更多的方程。工业上的最普适的标准方法是二方程模型，它使用湍流脉动动能 $k$ 和耗散率 $\varepsilon$。尽管在一些情况下，这种湍流模型会产生较差的流动预测，但对于许多流动情况，它依然给出了很有用的结果。正如在第2和第3章中所看到的，还可以使用其他关系式，包括代数应力模型和雷诺应力模型。

对于涉及到传热的问题，必须要计算流体的温度或是流体的焓。所用的方程与动量传递方程相似。例如，在方程(2－8)中描述了标量变量—速度分量的变化，其他的变量可以作为附加标量变量来处理。也可以着眼于传热影响的模型化，例如可压缩流动。有些情况下，密度在整个流场都可以变化，因而流体密度可能会成为附加变量而需要计算。同样的，当流动形式变得更复杂时，其他的变量也需要加以计算。

### 5.4.3 找出边界

要计算求解的变量，必须求解偏微分方程，从而必须确定每个方程的边界条件。当产生流动时，边界是按流动域的几何形式规定的，而现在我们必须在被使用的网格上找到这些边界面。这包括将这些边界面定义为单元或元素面的一个集合。

#### 5.4.3.1 规则结构网格的边界

如果网格具有一个规则的结构，那么运用当地坐标系(见5.3.3.2)就可以确定一组标记 $i, j, k$。这些指数指明网格结构中单元体的位置，在每个当地坐标方向上，单元体的指数范围为从1到最大值。当地坐标系也能用来确定网格中单元体的面。观察图5－17，可以看到以当地坐标系表示的具有规则结构的网格。每个网格单元有六个面，图中表示了一个典型的单元，在其上标注了每个面的方位朝向。因此，这些面被命名为北($N$)，南($S$)，西($W$)，东($E$)，顶

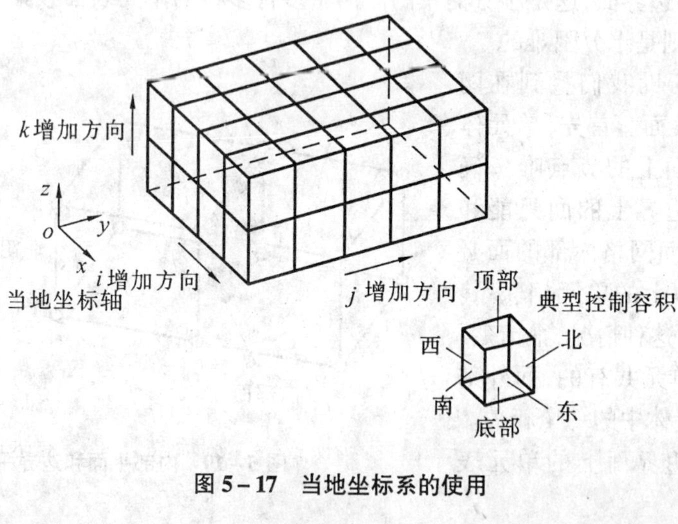


图5－17 当地坐标系的使用

($T$)和底($B$)。前四个名称是相当规范的,也被许多CFD程序使用,但是后两个在一些程序中也被称为高($H$)和低($L$)。例如,在当地$x$方向正向,即$i$指数不断增加的方向上,最远处的单元体的面称为东面,当地方向负向最远处的面称为西面。

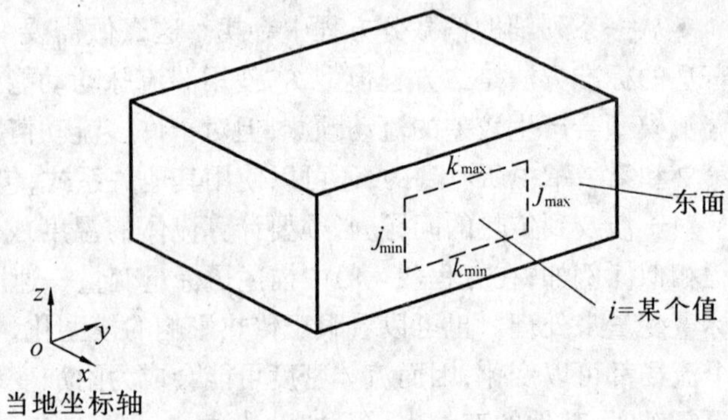


图5-18 确定单元表面的拼接面

通过观察图5-18,同样可以看到,体积元的任何一个平面将在$i,j,k$中有一个为常数,平面的范围可以通过知道其他两个指数的界限来确定。图5-18中表示的单元的拼接面上$i$坐标为常数,其范围由$j_{min}$,$j_{max}$,$k_{min}$和$k_{max}$决定。同样,图示的区域中体积元的面在当地$x$方向的正方向,因此它们都是东面。通过使用这种标志法,可以在网格边界处确定一组拼接面。在整个边界面上,凡是边界条件不是由求解程序自动规定的地方,都必须确定这样的拼接面。

值得记住的是,在一处边界上定义单元体表面的拼接面时,合理的做法是使每一块拼接面上对每个偏微分方程只施加一种类型的边界条件。这意味着整个拼接面可能是一个入口或一个出口,但不能又是入口又是出口。这样做对于规定边界条件就很简单,一个拼接面上只用一个命令。

5.4.3.2 不规则结构网格的边界

当网格具有不规则结构时,确定边界的问题变得困难得多。实际上,我们将会看到,确定单元的面是网格的边界面,这是十分简单的。而将多种多样的单元表面收集成组,使适应施加相同的边界条件,则是十分困难的。

有两条信息帮助我们找到在网格边界面的单元表面。首先,单元体的每个面都是由面上的节点唯一确定的;其次,网格边界上的面只能和一个单元相联系,而网格内部的面必定和两个或两个以上的单元相联系。图5-19表示出了这种情况,很清楚,内部平面是两个单元共有的,而外部平面仅与两个单元体中的一个相关。

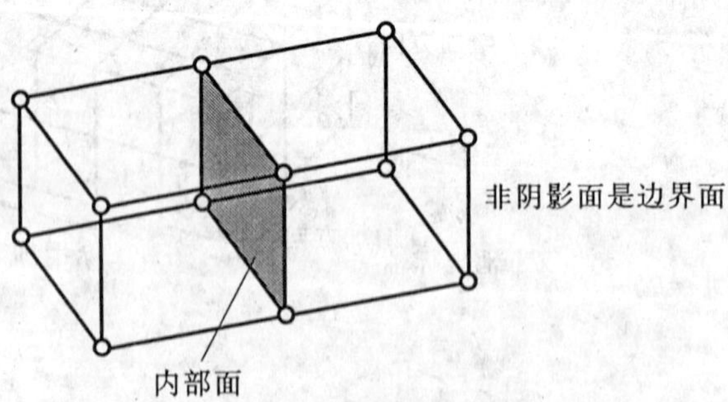


图5-19 内部平面和边界平面

寻找在网格边界面上的单元表

面的过程称为自由面核对法。所用的算法如图5-20所示,从中可以看到,每个单元都被依次考虑。一个单元中的每一个面根据附属于它的节点的编号找出。再根据这些节点编号对单元的每个面找出一个唯一的标记。然后将每一个这样的面标记与存储于数据库中的一个面标记表相比对。这个数据库在查找过程进行中生成并记录下给定表面所附属的单元的标号。如果一个表面的标记在数据库中不存在,那么就在数据库中做一个记录新的面标记的条目并将该面发生的次数置为1。如果该面在此前已被列入,那么就增加记数值使它可以反映与该特定表面相关的元素的数目。

一旦处理完一个单元的所有表面,就再选择一个新的单元,等到所有的单元处理完,数据库也就完成了。通过核对数据库,可以把所有仅附属于一个单元的面列成一个表。这些面必定是网格边界上的面,这个表称为自由面表。

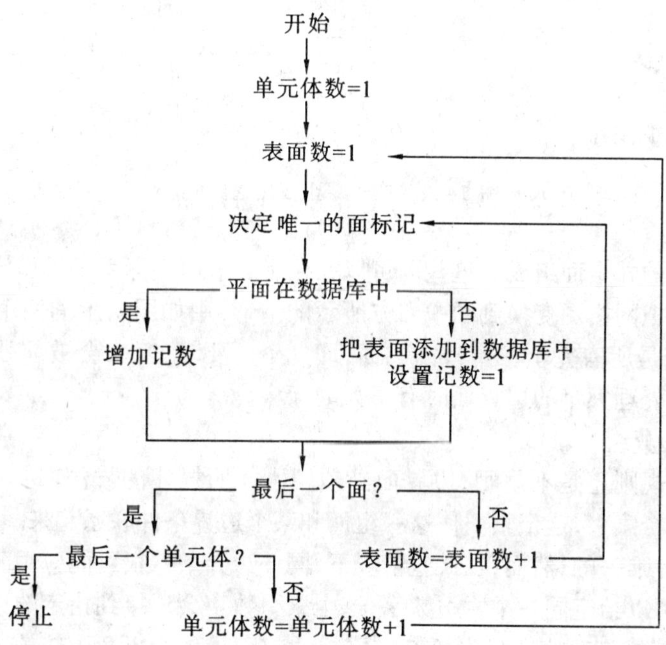


**图5-20　决定自由面的算法**

一旦确认了自由面,可将其组合为不同类型边界条件需要的面的集合。这通常是通过在绘图屏幕上用各种方式显示出自由面表中的面来完成的。包括下列方法:

• 隐线显示法。用户看到的这样显示的表面,就像真实存在的物体所能看到的那样;也就是说,在其他一些表面之后的面,观察者是看不见的。

• 给定容积内面的显示法。

一旦网格的边界面显示完成,可以使用终端或工作站的标点装置来挑选出这些平面。这可以一个面一个面地做,也可以通过在屏幕上设置一个窗口,将窗口中标出的整个一组面挑选出来。图 5-21 表示出了这种方法,这里看到的是一个具有规则结构的简单网格。流动的入

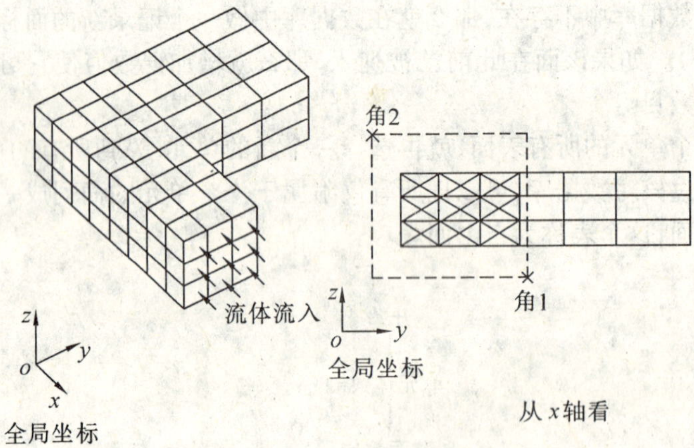


**图 5-21 在屏幕上找出边界面**

口由左边图中标明的九个面组成。这些面可以在显示屏上用光标手工操作辨别出来,但是,通过改变网格的视角把网格图变换到图中右方所示的情形,用如图所示的两个角点就可以确定一个矩形窗口。于是所有完全在窗口内的面,即九个所要求的面,会被前处理器标明为边界面。这种窗口法在处理大量的边界面时有很大的优势。

5.4.3.3 面的分组

不管网格结构规则还是不规则,边界面必须用刚才所描述的方法归并成一些面的组合。每组面会被给定一个索引,这个索引使这一组面和某个边界条件联系起来。有时候,对于一组面来说,边界条件是唯一的;然而,在某些情况下,同一边界条件很可能应用于几组面。在后一种情况下,每组面可以给定同一个索引数字,这个索引数字会连接到指定的边界条件。

最后,有些 CFD 求解程序会找出所有在网格边界面上的单元面,知道这一点很有用。这些表面列成的表可以与用户规定了的边界表相比较。通常任何未被用户规定的边界表面都被设定为固体表面。如果网格是用于复杂的内部流动的这类问题,这么做可以为用户节省大量的精力。这些网格可能有多连通的通道,其边界面可能很难观察。通过把所有未规定的面考虑成固体壁面,用户不必去规定这些面,这样可以节省大量的精力。

### 5.4.4 确定边界条件

既然我们已经知道了用单元面表示的网格边界面的位置,而且又对它们适当地归并成组,

那么我们就必须考虑应该用哪些边界条件。对于每个需要求解的偏微分方程,所使用的数值方法决定了能规定哪一类边界条件。在有些情况下,必须确定一个特定的边界条件,例如规定速度或压力。在其他情况下,如果边界上什么都没规定,那么会在边界上产生一定的边界条件。通常如果未作其他规定,软件将预测一种流动,其速度沿边界面法线方向的导数算为零。当然,如果分析者有要求,边界上的这种条件可以通过规定恰当的值来加以改变。

在大多数 CFD 问题中,经常应用几种不同类型的边界条件。在 3.5.4 中已经讨论了边界条件,但是为了完整起见,这里对可能的类型做一个概括。当使用类似 SIMPLE 算法时,通常应用的边界条件分述如下:

• 动量方程,可在其边界上规定速度分量。如果不这么做,那么速度分量沿边界面法向的导数会自动设置为 0。由于这正是对称平面所要求的条件,也通常是出口处所要求的条件,这种自动的规定是极为有用的。

• 压力修正方程。这需要指定流过边界的质量流量,否则将它定为零;同时也需要指定流动区域中某点的压力。后一个要求来自于压力修正方程的性质,方程只能和压力导数而不是压力绝对值相联系。因此,如果没有在某一点指定压力值,那么压力解是奇异的,并且无法找到。更加复杂的情况是,在指定压力值的地方连续方程并不满足。发生这种情况是因为在一点设定压力并未强迫满足连续方程,因为指定压力对于该点的连续方程提供了多余的信息。如果流动的连续性未严格满足,那么在压力被规定的点处就可能有流体流进系统或从系统流出。

虽然这些是来自偏微分方程的主要的边界条件,但是常常并不这样描述流动问题。在问题说明的初始阶段,我们可能已经决定了边界应该表现出以下的特征:

• 有湍流流动的固体壁面。为了准确地模拟这种情况,需要有许多点穿过边界层。因为湍流流动中壁面处的剪切应力要比层流流动中的大得多。通过假定流动速度在穿过边界层的方向上以对数方式变化,就像实验中发现的那样,这么做可以减少需要的计算工作量。这在第 3 和第 4 章中已经讨论过了。于是对于刚离开壁面的点的速度,可以使用经验近似值。类似的,对于像湍流动能及其耗散率这样的附加的湍流参数的边界条件,可以用一种自动的方式设置成某种由经验导出的值。

• 自由表面。这里,流体压力是不变的,但是流体的速度和边界的形状是未知的。比较典型的例如,在计算船周围的流动时,当我们模拟水与空气接触的表面时,就会遇到自由表面。专门的 CFD 程序可以处理这些边界,但是如果不需要模拟波浪的影响,那么我们可以用一个对称平面作为这些边界的近似模拟。

• 运动壁面,例如内燃机中的活塞,其固体表面在流动中是运动的。

• 有湍流流进的入口。这里湍流参数被对流传输到流体流动区域中,并且必须规定带入变量的湍流强度。

第四编的各种特例中,将会给出一些边界条件应用的例子。我们将会看到,软件预先编制的程序通常可选择各类普通的边界条件。

对于所有的边界,一个特定的边界条件可能仅仅在一段固定的时间内适用。如果问题与时间有关,例如当模拟阀门的开和关时,那么可能就是这种情况。在这些情况中,对于每个单元体拼接面或每个边界索引数字,CFD 前处理器可以用来指定适当的边界条件及其应用的持续时间。

### 5.4.5 规定初始条件

许多求解算法要求为求解程序确定某种形式的初始流场。这可能是由实际问题中与时间有关的流动引起的,在该情况下需要变量的初始状态来开始计算过程,或者可能是由运用了部分时间变化求解算法来计算定常状态解的 CFD 求解算法而引起的。同样的,非线性问题将需要一些对变量的初步猜测值。

在所有情况下,任何初始流场必须在流动区域中每一个单元体上加以确定。通常,初始条件的确定是相当简单的,因为可以给定某种简单的流场,例如,处处为零压的静止流动,某种均质流体的运动可以按势流解计算的解来规定。这种解是一种理想流动的解,它只有在流体无黏性不可压缩时才会发生。有时候初始条件是对于成组的单元体来确定的,每组中有一变量被设置为常数值。

如果使用了湍流变量,例如 $k$ 和 $\varepsilon$,那么一般将它们定为小的正值,或者定为某个实际的值。这么做可以防止计算过程中产生错误,因为在该过程中当使用到这些变量时,程序可能会用零作除数。第四编中将讨论当进行某些模拟时,计算这些变量初始值大小的方法。

### 5.4.6 运用用户生成的子程序来影响操作

对于许多流动问题,每个前处理器会允许用户确定流体性质、边界和初始条件。这对于大多数工程问题的计算和模拟来说,通常已足够用了。然而,经常会有例外情况,并且有时候用户会想规定某些不规范的信息。为了能允许这么做,一些 CFD 软件系统允许用户编写他们自己的能影响求解程序运行的计算机程序。

一种常见的这么做的方法是,对于用户来说,可以编写一些连接到求解程序的 FORTRAN 子程序,或者编写几行 FORTRAN 代码,这些代码可以写成 CFD 软件供应商提供的某种通用接入子程序。于是编译子程序,目标代码与主求解程序库相连接,从而提供一种新的、修改了的求解程序。

这听起来很简单,但是实际上非常困难,因为用户不得不花费时间找出许多有关求解程序编写方式的信息。用户应该在着手编写他们自己的软件并将之插入求解程序前对 CFD 模拟极为熟悉,这对于 CFD 使用方面的专家来说也是一种技巧。

# 5.5 如何获得结果

由于现在已建立了网格来描述流动区域的几何情况(见5.3节),也已确定了问题中流体的性质、边界和初始条件(见5.4节),因此真实的流动问题就完全被确定了。这意味着CFD软件应该拥有所有它需要的关于流动的信息,我们现在已差不多准备好了运行求解程序,并获得结果。

本节着眼于数据的最后准备和求解的运行。下面将专门讨论下列问题:

• 如何为求解建立数据。由于模拟是通过控制方程的数值转换来完成的,因此必须规定控制数值求解算法所需要的信息。进一步的,管理信息,例如求解程序的输出形式,也必须加以确定。

• 运行求解,然后分析输出,并鉴别任何已出现的问题。在再次运行求解程序前,这些问题可以得到纠正,从而获得更好的结果。

整个分析过程通常不会按任务目录一个接一个地执行而进行。有时必须运行求解程序,核对其结果,然后重新建立计算机模型,从而改善模拟。通常,一个好的模拟的产生将是一次次试解,逐次减小误差的连续过程。

## 5.5.1 最后的数据准备

### 5.5.1.1 迭代过程的问题

当使用CFD软件包时,数值求解过程的细节对于用户来说是隐藏在背后的。然而对于所有的商用软件,这些过程的有些特征是共同的,用到的控制通常是相似的。即使控制参数的取值可能是与特定算法有关的或与特定问题有关的,或是同时与二者都有关的。正如在第3和第4章中所看到的,不论问题是否与时间有关,非线性方程迫使求解过程成为迭代来进行。这意味着在开始求解过程时,需要一个初始值,通常是一个猜测的解,然后用数值方程来产生更精确的近似结果,精确的数值解中所有的变量都满足控制方程。这个新的近似结果,即最新的解,被用作新的开始时的解,重复该过程,直到解的误差足够小。求解过程每重复一次称为一次迭代。

有时候,在迭代过程中,一次迭代结束时的最新解可能会与这次迭代开始时的解大为不同。考虑图5-22,可以看到一条速度时间曲线。设想有一张数字图表,它可以预测当前时间以前$\Delta t$时间的某个时刻的速度$V_{new}$,这是通过使用当前加速度$a$和当前速度$V_{old}$的值,以下面的方法得到的

$$\frac{V_{new}-V_{old}}{\Delta t}=a \tag{5-10}$$

或者

$$V_{new} = V_{old} + a\Delta t \qquad (5-11)$$

这是关于时间的一阶方法。如果同时知道了当前的加速度和速度,那么就可以预测新的速度,如果给了新的加速度和速度,就可以沿时间向前推进来找出速度—时间关系。观察曲线图,可以看到实际的速度—时间关系和以上面的方程为基础的两个近似值。两种情况下初始加速度都用来预测速度。很清楚,如果时间间隔即 $\Delta t_1$ 小,那么预测速度和实际速度间的误差 $\varepsilon_1$ 也小,但是如果时间间隔大 $\Delta t_2$,那么误差 $\varepsilon_2$ 也大。当进行一次 CFD 模拟时,类似的误差可能产生,如果求解中误差变得越来越大,将得到一个非常不准确的流动结果,结果的收敛性将不可能实现(见 3.4.1)。为了能看到是否正发生这种情况,需要有解的误差的上限。

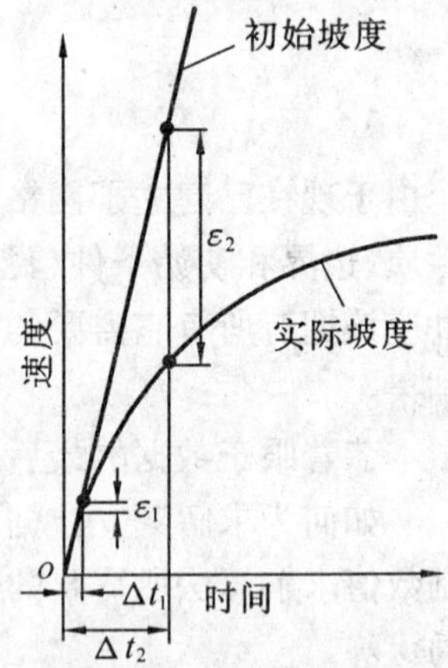


图 5-22 预测的误差

幸运的是,希望求解的数值方程也可以用来找出这种误差的上限。这些误差的上限可以用来观察一个求解过程是否是收敛的,它们就是所熟知的残差或余数。每次迭代结束时,最新的解可以用来产生各个偏微分方程中的所有的项。例如,如果将动量方程即方程(2-8)中所有的项放在方程的左侧,并且方程的各个项是由速度和压力的解构成的,那么这些项可以相加并且总和应为零。由于这个结果仅是所要求的变量值的一个近似值,因此其和可能不为零。这个和就是残差。由于求解过程是从一次迭代到另一次迭代来进行的,因此从每个方程求出的残差应该是不断减小的。如果他们它们迭代结束时会将余数输入到数据文件中,或者甚至输入到终端屏幕。这使得能对求解进程作一次快速的检查。

如果求解方案是时间相关的或是准时间相关的,那么每个时间步长结束时的解在转移到下一时间步前必须是收敛的。这可能意味着要控制若干个迭代步骤。正如 3.5.1 中看到的,一个迭代步骤可以求解由将偏微分方程线性化而产生的联立方程;第二个迭代步骤将在一个时间步长内找出解,并且考虑问题的非线性;最后一个迭代步骤,如果需要的话,将把结果移入不同的时间层次。所有这些迭代过程都需要加以控制。

5.5.1.2 控制迭代过程

为了防止整个求解过程发散,当剩余误差从一次迭代到另一次迭代变得越来越大而不是越来越小时,必须以某种方式控制所有的迭代过程。在 3.4.2 中,已经讨论了用迭代求解的算法来为一组联立方程提供解,如果 CFD 求解程序用到了这些方程,那么通常在程序中要建立控制,但是偶尔有必要提供将在求解联立方程中用到的迭代次数的值以及松弛因子的值。在 CFD 计算中,确保在动量方程中用到的速度场满足连续性方程通常是很重要的。这意味着当使用类似 SIMPLE 的算法时,用来求解压力修正联立方程所用的迭代要比用来求解从动量方程产生的联立方程的迭代次数多。

至于其他迭代步骤的控制，通常使用两种方法。对于定常状态问题，方程中包括时间变化的项通常不被考虑，因此这类算法产生的解不得不用松弛参数来控制。这些参数在当前迭代过程中计算出解并且加以调整，以使下一次迭代中用到的解不至于和当前迭代开始时的解差得太多。这是通过使用松弛因子 $\omega$ 来实现的，变量 $\phi$ 的调整可由下式算出

$$\phi_{new} = \omega\phi_{calc} + (1-\omega)\phi_{old} \tag{5-12}$$

式中 $\phi_{old}$——当前迭代开始时某一变量的值；

$\phi_{calc}$——迭代结束时所计算的同一变量的值。

方程(5-12)中给出的松弛过程用这两个 $\phi$ 值来产生一个介于 $\phi_{old}$ 和 $\phi_{calc}$ 间的新的 $\phi$ 值，即 $\phi_{new}$。然后，对于下一次迭代，$\phi_{new}$ 的值变成 $\phi_{old}$。这种调整用到了介于0和1之间的 $\omega$ 的值，也就是所熟知的欠松弛。注意，如果 $\omega$ 为1，那么就没有松弛，如果 $\omega$ 为0，那么结果不变。介于其中的 $\omega$ 值提供了两种极限间的调整，使用户能防止求解过程的发散。再次观察图5-22，如果时间步很大，那么由迭代和松弛过程得到的不断减小的速度值会更准确。注意，调整是对指定变量的每个值，也就是在每个节点或单元体来进行的。

在松弛因子被用来控制所有迭代过程的 CFD 模拟中，该因子通常被应用于所有变量，对于压力场，$\omega$ 一般规定在0.1~0.3的范围内，对于速度场，则在0.5~0.9的范围内。如果使用 $k-\varepsilon$ 湍流模型，那么这两个方程的 $\omega$ 值规定和速度场中用到的一样，或者更小。如果网格比较复杂，并且单元体的形状不是接近长方体的，那么应用于湍流变量的松弛因子可能要比应用于速度变量的松弛因子小得多，可能要小十倍。

控制所有迭代过程的第二个方法是使用时间相关的求解方案，即使对于已知是定常状态的流动情况。这种方案模拟了作为随时间变化的流动将经历的物理变化，因为对时间变化的模拟为解从一次迭代到下一次迭代铺平了道路。使用时间相关的方案时，主要的控制因素是时间步长的值。规定要给定一个尽可能小的时间步长，而维持一个平缓收敛的解。对于定常问题，经过一段很长的有效时间后，只有达到收敛的解才是实际需要的，因而时间步长可能很大；但是对于瞬态问题，当关心随时间的变化时，时间步必须足够小，从而可以精确模拟流动变量的短暂变化。

很难给出能得到收敛解的时间步长的具体规律，因为纳维—斯托克斯方程的稳定性准则不能由分析来找到。通常会用到单元体内流体粒子的残余时间 $t_{res}$ 形式的时间步长。这是流体粒子穿过单元体所花的时间。例如，如果流体粒子在 $x$ 方向上移动，残余时间由下式给出

$$t_{res} = \frac{\Delta x}{U} \tag{5-13}$$

式中 $\Delta x$——方向上单元体的长度；

$U$——$x$ 方向上的流体速度。

这些值对于流场中某个典型的单元体来说是可以找到的。这对于计算速度分量的动量方程来说很有作用，但是对于其他的输运方程，比如当使用标准的二方程湍流模型时，那些有关

湍流动能 $k$ 和耗散率 $\varepsilon$ 的方程，时间步长可能不得不用一个因子，比如 100 来除一下。

5.5.1.3 其他解的控制信息

决定了如何来控制发生的迭代过程后，现在可以用前处理器来建立求解程序所需要的其余信息。与包括松弛参数和时间步长参数的迭代控制信息一样，必须为求解程序规定下列一些或全部内容：

- 运行的时间步长的数目。如果求解程序是用来产生定常问题计算的，那么一步即可。
- 当求解问题的非线性时，每个时间步长内进行迭代的次数。
- 求解联立方程时需要的迭代次数(如果用迭代法来做的话)。
- 残差的限幅值。在试着计算解时，用这些限幅值来防止浪费计算工作而去达到某种不必要的数值解精度。一旦所有的残差低于限幅值，就应停止计算。
- 动量方程中对流算子的离散形式。3.5.3 中讨论了各种方法。对于涉及复杂几何外形的 CFD 计算，最好采用预期可能会产生收敛解的离散方法来开始计算，这通常可能意味着由于离散的扩散特性，解将会不正确，正如 3.5.3 中所解释的那样。
- 求解程序应该存储到文件中或将数据输出到屏幕上。这些数据应该包括所有要计算的变量的值，以使它们能用后处理程序来分析，并且如果计算不得不继续的话，也应该可以被求解程序再次读取。如果解与时间有关，那么在不同的时间可能需要好几组解。同样，要想检查一下所有变量的余数，可将这些解写入一个文件。作为对解的收敛性的进一步检查，大多数程序允许用户确定网格中的一个位置，也就是一个单元体或节点，在这个位置，程序将输出每次迭代或每个时间步长变量的值。
- 即将产生数据的存放位置。一些数据会被输入数据文件，一些数据会显示到屏幕上。软件需要知道文件的位置，它可能是计算机盘上的一个目录。

一旦作出了选择，具体过程由使用前处理器输入的数值来完成。在一些情况下，所提供的 CFD 软件本身不会输出，甚至不会计算一些需要的数据。在这些情况下，用户不得不编写能够连接到求解程序的计算机子程序。这些子程序用来从求解程序里存储的信息中产生需要的数据，5.4 节中提出了一些这么做的方法。这已经属于 CFD 专家的要求范围。

当所有的数据准备好了后，前处理器可以指示输入数据文件或者求解程序将进入的文件，求解程序开始运行。

### 5.5.2 运行求解程序会遇到的困难

求解程序运行的方式会因使用的软件不同而异。然而，对于一组要编写的能使过程自动化的计算机操作系统命令来说，是很常见的。这可以由用户或者由软件供应商来做。这些命令确保能进入正确的数据文件，如果求解程序和前、后处理器是在不同的机器上运行的，那么如果可能的话，将它们拷贝到另一台机器上。它们也运行求解程序，如果需要的话，它们可将结果文件返回到用户指定的位置。

在分析开始时，用户应该指示求解程序只执行少量的迭代。这使用户能够通过观察屏幕上或数据文件中的残差数值并且看出它们是在减少还是增加的方法来对求解过程进行收敛性检查。运行大约10次迭代后，残差的初始变化趋势就开始更清楚了。如果它们是不断减小的，那么求解程序很明显是收敛的，这是所期望的情况，然而如果他们是不断增加的，就需要进一步的考虑解决收敛性的问题。图5-23给出了对于其中一个流动方程，根据迭代次数而绘制的残差的一些典型曲线。

通常，在前两次或前三次迭代中，残差有一个较大的增长，但是如果之后残差又降下去的话，那么对此不必担心，正如图5-23(a)所示。然而，如果在十次迭代之后残差依然不断增加的话，那么需要检查一下从一次迭代到另一次迭代的残差的差值。如果从一次迭代到下一次迭代这个差值是不断增加的，那么过程是发散的(图5-23(b))。但是如果这个差值是不断减小的，那么过程可能是收敛的(图5-23(c))，并且如果求解程序再运行更多次迭代的话，残差在数值上可能会开始减小。

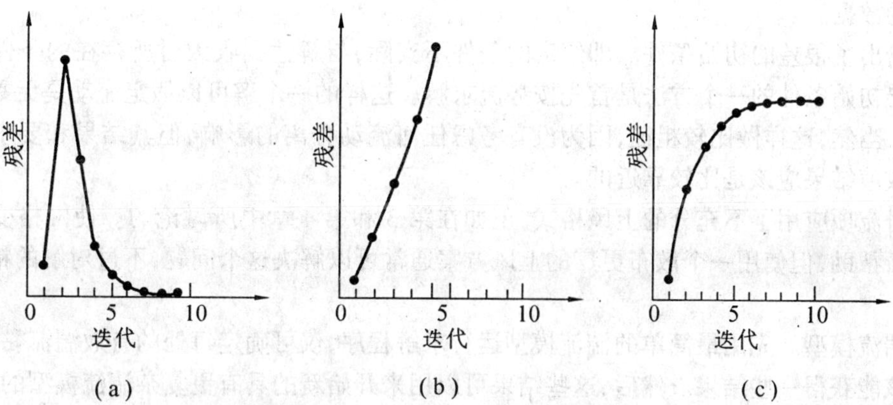


**图5-23 残差变化的初始趋势**

(a)收敛；(b)发散；(c)可能收敛

当过程看来是收敛的，可以通过前处理器再增加少量的迭代次数，例如100次，模拟可以继续后再停止迭代。在该时间点，求解程序必须被告知能将所计算的最新的值作为下一时间点的新的初始值。一般希望求解程序第一次运行结束时，解被存入一个数据文件。这样就防止了浪费计算机的时间，不必去使用求解程序运行前所设定的初始值。当使用解的最新值作为初始值时，便可以重新启动下一次计算。

如果发生发散现象，那么第一种补救方式是检查计算机模型看是否有明显的错误。这可以通过读取任何由求解程序显示的输入数据来进行，也可以通过细心的检查前处理器所存储的数据来进行。计算机模型应该能反映分析开始时所希望的结果。如果对结果不满意,也没发现什么明显的错误,那么下一步要改变松弛因子或时间步长。当使用松弛因子时,如果对于压力的松弛因子值已经用到大约为 0.1,那么必须再减小速度和湍流模拟量的松弛因子值。通常,湍流变量必须比速度更加松弛,因此所用的松弛因子应更小。改变松弛和时间步长值非常类似于一个不断试验逐渐减小误差的过程,它可能包括运行好几次初始迭代,每次具有不同的松弛因子值。如果还不能得到收敛解,那么就可能在计算机模型中存在某种错误。造成模拟结果很差的常见的原因以及可能的解决办法如下:

• 具有大大异于矩形形状的单元体的粗糙网格。如果用到的是有限容积法,可能这是一个典型问题,它可能使一些数学公式的项遗漏掉或者计算不够准确。例如,这些项可以描述网格的非正交性,正如 5.3.2 详细介绍的那样。正是这些遗漏的项本应能使非正交网格的计算变得正确。用能产生正交或近似正交网格的程序来使非正交网格变得平滑,这种做法可能有助于克服这一点。

• 对边界条件规定不充分。例如没有在任何地点规定压力。对此必须仔细检查用前处理器规定的数据。

• 给出了很差的初始条件。即给定的条件不实际,与解达到收敛时所存在的条件相差太远。改善初始条件的一个方法是首先按势流求解。这样的一个解可以假定流动是无黏性不可压缩的。当然,这样做比较粗糙,因为没有考虑任何流动分离的影响,但其结果和要求的考虑黏性的数值结果应该是比较靠近的。

• 对流项应用了不充分的上风格式,正如在第 3 和第 4 章中所讨论的。使网格变得平滑可能有所帮助,但使用一个散布更广的上风方案通常可以解决这个问题,不过对解的精度有些损失。

• 湍流模型。先用最简单的湍流模型运行求解程序,仅可确定每处的有效湍流黏性系数,这样应该能获得一些结果。然后,这些结果可以用来开始新的具有更复杂湍流模型的计算。

如果发现模拟错误,必须加以纠正,可以通过改变网格,也可以通过使用前处理器来修改输入数据。然后可以再次运行求解程序,再次检查全部求解过程。

这样进行下去,有时可能得到收敛的解。解的残差比求解过程中记录的最大值要低好几个数量级。一旦找到了一个收敛的数值解,我们所能肯定的只是这个解能在所用的网格上以某种精度满足了被求解的数值方程。但是,我们需要的是收敛解将至少能提供与希望得到的物理流动之间的某种确定的关系,通常情况的确如此。但是我们必须根据所期望的流动结构检查一下收敛解是否合理,正如 5.1 节中讨论的,也正如第 4 编中例题中举例说明的。有时出现的物理流动和数值解之间的差别可能是由下列原因之一引起的。

• 在流动变量变化率高的区域,例如边界层内,使用了不适当的网格密度。

• 对流动不适当的物理模拟,尤其是使用了过于简化的湍流模型;某些流动,所有的湍流模型都不能满足要求。

• 边界条件规定不妥，对流动给出了过多或过少的边界条件。典型的如压力在流动系统的出口常常被定为常值，这可能就对流动施加了不恰当的限制，如果流体是旋转地流出出口(旋流)，这时计算出的压力应该在横穿出口的方向上是变化的，从而提供必要的向心力。

在后处理阶段有时候可能见到这些错误，当进行一些流动模拟时，应该研究与物理问题相关的各种特例。要找出这些错误，实在是和对流动物理现象的理解与计算经验有关。

## 5.6 对计算结果进行分析

在前一节中，侧重于如何用求解程序来获得正确的结果。这些结果对于控制方程应该是一个收敛的数值解，它是使用了物理问题几何外形网格的恰当边界条件和初始条件而产生的。这个解是数值问题的解而不是物理问题的严格解，两者之间的差别可能是由一个不适当的网格或一个不适当的湍流模型而引起的。

当得到了数值解时，有必要确定它是否给出了描述物理真实性的某种关系。如果看起来是这样的话，那么就可以从这个结果中提取需要的技术信息。本节侧重于说明模拟的结果是什么，如何用计算机绘图来获得结果的图形显示，如何检查解是否可靠，最后讨论如何进一步提炼模型，以便从计算结果中获得需要的数据。

### 5.6.1 求解中获得的结果

当求解程序运行时，产生大量需要分析的数据。这种分析可能用来尝试确定求解过程中发散的某个原因，检查解的质量，或者得到的是收敛解的话，可以选取有用的有关结果的专门信息。首先，当要想分析结果时，我们必须知道到底能获得什么信息。

这些信息可以由求解程序以两种主要形式产生。这些形式在如何用计算机存储数据方面有所不同。其中一种形式是用国际上一致的格式来存储数据，这种格式规定了数据的个体记号，例如字母表中的字母或0~9的数。这种数据形式即是所熟知的ASCII码，它是由数据标准委员会制定的，可以被显示到终端屏幕或被存储进一个被称为ASCII文件的文件。每个记号要用一个字节即8个二进制数来规定，这是计算机的记忆方式，因此可以规定256个不同的记号。数据的ASCII文件可以通过文本处理器和其他软件来编辑，它们从效果上是独立于机器的，这意味着即使机器来自于不同的制造商，数据仍可以从一台计算机转移到另一台计算机而不会发生任何重新编译的过程。尽管大多数计算机制造商使用ASCII标准，仍然有少数制造商使用其他标准，如EBCDIC。

数据资料也可以用第二种数据存储格式来存储，即所熟知的二进制数据格式。对于这种数据存储方法有一个标准，但是至少直到1991年，对于各个计算机操作系统或计算机制造商，这种存储方法通常是各自专有的。这些存储方法中的每一种都能使实数以单精度四字节或双精度八字节的形式存储。二进制数据存储在被称为二进制的文件中。这些文件不独立于机器,因此不能从一台计算机转移到另一台计算机而不发生某种形式的编译过程。例如,有时候当一个工作站连接到一台微型超级计算机上时,工作站供应商会提供一个翻译程序来协助传递过程。通过使用二进制文件来存储实数,可以节省需要的存储量,这可以从存储每个数所需要的字节数看出。

求解程序产生的信息类型通常可以由用户来控制,但是它通常由下列内容组成:

• 所要求解的各个偏微分方程的残差值。这些是作为迭代次数和时间步长的函数而列出来的。正如 5.5 节中所解释的,这些值给出了判断解是否正在推进到了一个收敛解的某种方法。这通常以 ASCII 数据的形式存储,以便能方便地被读取。

• 对于每次迭代或每个时间步,一定数量的位置处即所熟知的监控点处的一些变量的值。这些数据也给出了通向收敛解的求解进程的暗示。对于随时间变化的解,它也给出了流动随时间发展的一段有限时间内的情况。同样,这些通常也是 ASCII 数据。

• 有一个适应于求解程序运行方式的关于控制区所有节点或所有单元体上的流动变量的完整数据一览表。这些数据表,也被称为数据堆存场,是在求解过程最后产生的。但是求解程序也可以在过程的中间阶段被指示去产生这样的一个数据表。如果需要几个离散时间点上的结果来描述随时间变化的流动,那么这可能是必要的。二进制数据通常可以减少所需的存储空间,如果数据量很小或允许在计算机间传递的话,ASCII 形式也可以用来使数据的读取变得更简单。

• 网格数据。有时是由前处理器产生的,但是也可能是由求解程序产生的。它包括网格点的坐标,如果必要的话,还包括关于连通性的表格。有的 CFD 软件包中,像单元体体积和表面面积那样的信息可能也要存储。这些信息通常采用二进制的形式来减少需要的存储量。但是,基于同样的理由,ASCII 数据也可以用作流动变量信息的给定数据。

• 能报告求解进展的某种形式的 ASCII 文件。这个文件可能包括前处理器输入数据的回应,以便可以检查求解程序实际所使用的输入,也可能包括每次迭代或每个时间步的残差和监控信息的循环,以及任何用户编程的结果。例如两点间的压降,或者用来规定物体上压力引起的阻力或升力上限的压力积分值,还有一些说明信息,例如求解程序运行花费的时间长度和要用到的磁盘空间。

在 5.5 节中讨论了如何来分析残差和产生一个收敛解。我们关心的是如何来分析网格中所有节点或单元体的流动数据。通过 CFD 求解程序产生大量的这类数据,尤其当网格比较复杂,并且有大量的节点或单元体的话,很多工业流动问题就是这种情况。只有当运行较小的测试程序时,才可能读取包含解的 ASCII 文件。对于众多的真实物理问题,不得不借助于使用计算机绘图技术来更形象地分析结果。

### 5.6.2 使用计算机绘图法

5.6.2.1 使用绘图硬件

在考虑用计算机绘图法能做什么之前,先考虑用来驱动生成图像和用来显示图像的硬件本身的情况。一个典型的硬件设备会由下列装置组成:

• 可以产生不同颜色网格点的屏幕或直观显示部件。这些点被称为像素,正如在4.2.2中说的。屏幕的分辨能力取决于能够显示的像素数,大多数绘图屏幕可以显示大约水平方向上1 000个像素、垂直方向上1 000个像素的网格。如果显示器是黑白的,那么每个像素只能以黑或白显示,然而如果显示器是彩色的,那么每个像素可以用几种颜色之一来显示。典型地,一般使用16色或256色。屏幕可以是连接到计算机的终端的一部分,或者它可以是一个工作站的一部分。

• 键盘,它允许用户通过输入命令和对软件中的问题作出答复来与软件互相产生作用。

• 定点装置能使光标在屏幕中移动。这个定点装置可以是鼠标,它是一个机械地或光学地感觉到移动的小装置,或者可以是简单的一组四方向键。

• 按钮箱。这在更加昂贵的装置中用来调节图像。箱上有几个按钮用来使已经存在的图像沿三个坐标轴中的任一个旋转,或者用来放大或缩小图像,或摄取图像全景。

当用户运行绘图软件时,程序会以一种方式激活屏幕、键盘、定点装置和按钮箱,通过这种方式,用户可以对结果的视觉效果进行调整。

5.6.2.2 使用绘图软件

绘图软件本身通常作为CFD软件包的一部分来提供,被称为后处理器。但是,有时候该软件与前处理器相结合,从而形成一个单独的用来建立计算机模型和后处理的相互依存程序。同样,从其他来源,例如从有限元结构程序中产生的后处理器也是可以获得的,并且可以被使用。

这些程序通常用彩色的形式使用户能看到所研究的流动问题网格图形以及利用已有信息产生模拟结果的几何图像。以形象化的方法来显示数据可以将CFD求解程序可能产生的大量信息压缩成一种方便的格式。由于计算机能力的快速发展,绘图软件通常在彩色显示的工作站中拥有足够的显示分辨能力,它们本身也拥有足够的计算机能力来在合理的时间内生成图像,而对网上的其他用户不产生影响。

通过输入命令,计算分析者可以使用CFD后处理软件。这些命令指导软件在绘图屏幕上建立所需要的信息图像,可能需要好几个命令来创建图像。为了避免用户再次输入一长组命令,对于软件来说,通常可以从一个ASCII文件中读取命令。这个文件可以由用户用文本编辑器来建立,或者在一些情况下,它可以由软件自身来输入。

生成图像时,不管被分析的信息类型是什么,接下来的阶段是相似的。首先,显示过程包括在屏幕上显示几何体或网格的某个部分。这可能是组成几何体系的一群基本实体,或者网格的边界,或者网格本身的一部分。然后在显示解的结果之前,调节图像以显示需要的视图。最后的显示可能是一些速度信息,一组矢量,或者标量变量,例如流体压力或湍流模拟变量的等值线。可以方便的显示几何体,修改视角和显示结果,可以以任一种顺序来执行,但通常最后显示的都是实际结果。由于分析过程的后处理部分是相互有关系的,用户通常能以一种看起来是随意的方式在这三个阶段中变化。对于大多数简单的情况,如果沿着上面给定的顺序将非常有用。

5.6.2.3 绘制几何体

当后处理软件启动时,它需要读取结果文件和网格数据,然后用户要找到需要的视角。一种这么做的方法是将几何体的某个部分,通常是在求解过程中用到的网格的一部分,绘制到绘图屏幕上。如果有办法得到数据或网格边界以及网格自身的话,可以通过要求程序显示建立网格的基本实体来做到。确切使用哪一个取决于 CFD 软件自身的能力或用户的喜好。网格边界的简单平面图在这个阶段通常已经足够用了。

一旦已经显示出了几何体的某一部分,用户可以开始调节平面图形的视角,以使最感兴趣的几何体的特定部分显示在屏幕上。例如,要进行有关汽车流动问题的模拟。一个感兴趣的区域是汽车的后视镜和行李箱,在这里,流动从汽车表面分离出去。为了绘制这个区域的模拟结果,将展示出汽车的轮廓,然后改变视角,以便使需要的区域看得见。实现这种视角调节的方法将在下一节中加以讨论。

绘制几何体或网格的另一个用处是检查几何形状是否符合物理状况,也可以检查网格的完整性。"完整性"意味着网格应该既能描述需要的流动区域,又能用正确的方式来结构化。网格的显示将为用户展示在计算过程中用到的基本单元体或单元,由此,可以发现网格中任何重大错误或者无效的模拟运行。

网格显示的方式取决于所使用的网格结构。如果网格有规则的结构,那么可以用当地坐标系和点或单元体指针来确定网格区域,正如在 5.4.3.1 中所给出的,各单元面可以以这种方式规定然后显示。另一方面,如果使用了非结构化的有限元或有限容积的网格,那么单元体可以以某种方式归类,每一类都是投影到空间中的某个切平面上。另一种显示网格的方法是只绘制网格的自由面。

5.6.2.4 获得需要的视角

一旦绘制出几何形状,几何体的视角可能不得不加以调节。有无数种方式来观察图像,因此必须要有一些用来规定需要的确切视角的方法。在屏幕上绘制图像时,好像一只眼睛正看着所画的物体。这种情况导致绘图软件要求用户确定一些基本信息。这些信息可能包括如下内容:

- 目标点,这是眼睛所观察的空间点。
- 眼睛的位置,这是观察的眼睛所处的空间点。
- 向上方向,这确定了图像的顶部在哪里。

• 观察区域,这使得能够详细说明在视图中物体的表观尺寸。

观察图 5 – 24,目标点被认为是位于一组笛卡尔坐标系的原点。目标表示成正在被一个可以放在两个不同位置的眼睛观察。对于目标点和眼睛的位置,CFD 软件通常都规定了默认值。这可能分别类似于原点和轴上的一个点,比如眼睛位置 1。当绘制有关工程制品的数据时,眼睛通常会距离目标无限远,因此透视效果是看不见的。这意味着即使眼睛位置被规定为

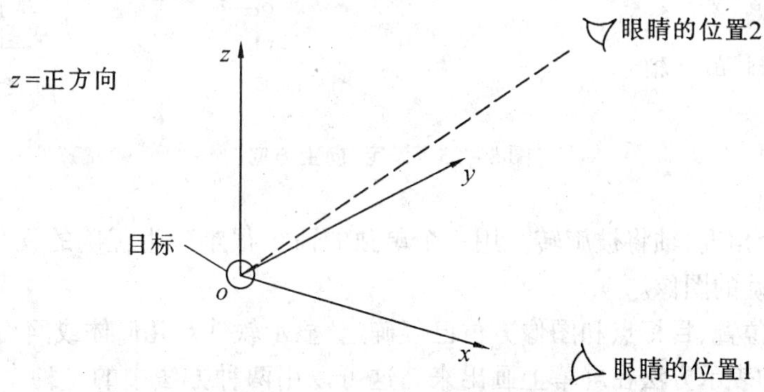


图 5 – 24　目标和眼睛的位置

空间中的一个点,软件也会将眼睛放在连接眼睛位置和目标位置的同一方向矢量上的无限远处,因此可以看出,正是眼睛位置和目标点的结合确定了眼睛观察时视线的矢量方向。然而,对于某些情况,例如建筑制图或艺术设计,软件可以产生透视效果图,于是眼睛位置将是眼睛实际所处的空间点。

规定这两个空间位置依然不足以确定物体的视角。人类拥有复杂的平衡系统,这给出了一些信息,首先要知道哪里是垂直方向,从而知道哪里是上,哪里是下。计算机没有如此复杂,因此它们需要被告知垂直方向在哪里。这个方向被称为向上方向。在图 5 – 24 中,向上方向在正的 $z$ 方向上。如何使用向上方向的一个简单例子可以通过再次考虑有关汽车的流动的例子来看到。车顶应该是离地面最远的,因此向上方向将是从地面到车顶。在计算机模型中,这个方向的矢量定义取决于网格的方位和网格的建立方式。例如,它可能是全域 $x$ 方向的正向或负向,或者全域 $y$ 方向的正向和负向,或者是全域 $z$ 方向的正向或负向,或者是一组其他方向中的任一个。因此,如果它所产生的图像是将汽车放在实际的方位上的话,那么必须确定后处理器哪个方向是向上方向。图 5 – 25 中给出了通常能确定这个方向的一个命令,以及一些有关这个命令效果的例子。

如果对后处理器不能确定向上方向,正如有时候就是这种情况,那么图像不得不通过沿三个坐标轴的一系列旋转来调整。这通常是通过确定相对于各个全域坐标轴 $x, y, z$ 的角度来

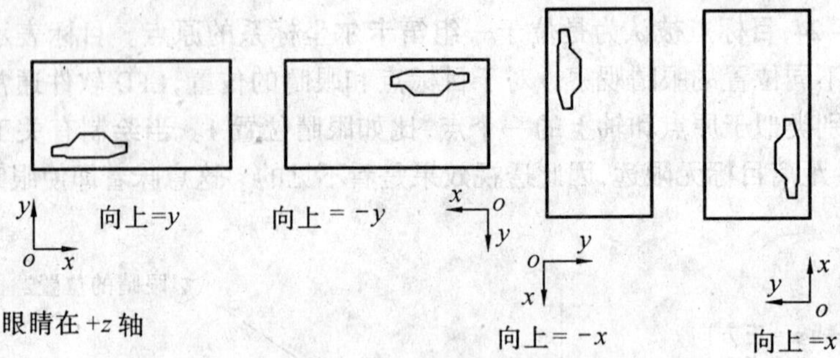


图 5-25 设定“向上方向”

实现的,通过这个角度,轴将被旋转。用一个单独的命令很难产生正确的视角,可能需要好几次尝试来得到正确的图像。

一旦眼睛的位置、目标点和图像方位已经确定,显示软件对几何体或网格可以采用三维数据,并且以二维的表示方法在屏幕上画出来。这可以用两种方法中的一种来做。这么做的最初方法是用后处理软件将三维数据变换成二维数据。这些二维数据于是可以绘制成平面图。许多系统依然使用这种方法,但是一种处理这些数据的更新的方法是,对于后处理软件来说,将三维数据和当前眼睛位置,目标点和垂直方向一起送到显示硬件。数据在硬件自身内从三维向量组到二维图像的变换是通过硬件和软件的结合件,即固件来进行的。由于固件的应用使得这种变换是极快的。一旦三维数据被固件存储起来,就可以非常容易和快速地调整为进一步的图像,这里可以非常有效的使用 5.6.2.1 提到的按钮箱来修改目标点、眼睛位置或方向,用信号通知固件来产生新的图像,这个过程如此之快,以至于物体的图像可以实时移动。

通常希望将注意力集中在模型的一个特定区域,例如,为了看到沿物体的一个角落的详细流动。这可以通过改变目标位置和观察区域来做到。用后处理器来这么做的方法可以不同,但是几乎总是有一个放大命令和一个居中命令。图 5-26 表示了一个使用放大命令的例子。这允许通过用光标来规定窗口的一条对角线的两个终点来安放一个矩形窗口。然后软件修改目标位置和观察区域,从而在窗口范围内显示图像。这是在保证维持了平面图形的长宽比的情况下来做的。居中命令以相似的方式工作,但是用户得规定需要的新视图的中心和要求的放大率,如图 5-27 中所示。通过正确的结合使用这些命令,网格的视角或结果可以有无限多种变化。

当处理非常复杂的网格和有关的结果时,所显示的信息的绝对量可能非常大。

可以通过使用下列方法来限制信息内容:

• 体积截断,它使用户能给出全域坐标 $x, y, z$ 的极限,物体在其内部时将显示,但是在其外部时将被忽略。

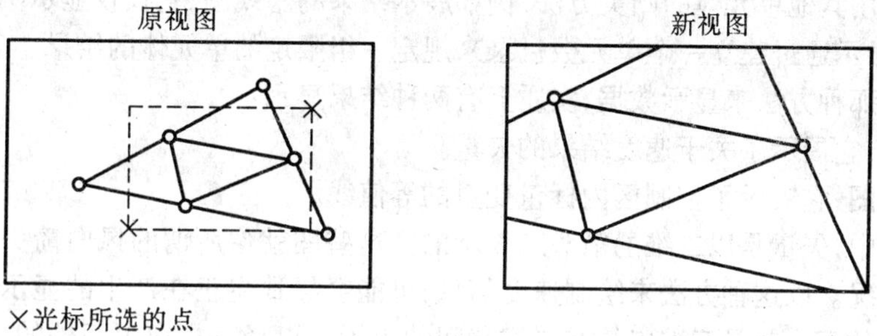


图5-26 放大示意图

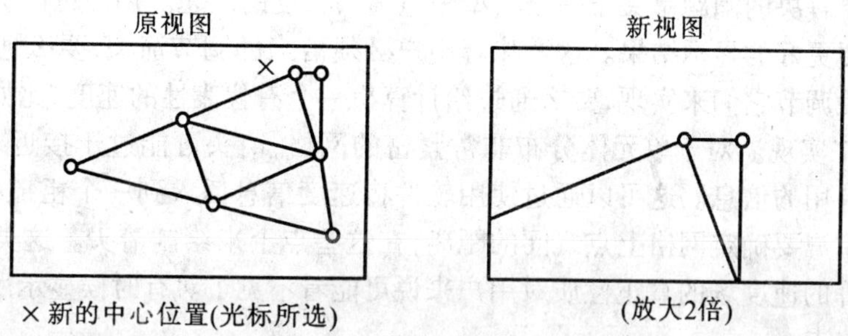


图5-27 居中和放大一个视图

• 隐线的处置，计算决定要画的东西按选定的视角是否被任何别的物体，比如说一个单元面，挡住而看不见。如果物体看不见，那么它就不用画出来。用这种方法产生的显示通常被称为"隐线"显示。

5.6.2.5 显示结果

现在，已经看到了如何显示模型的几何形状和网格，并且知道了如何调整视角来给出所期望的图像。一旦做完这些，就可以将一些结果添加到图像上。可以从图上看到的结果必须是从流动速度数据中得到的，或从对于例如像流体压力和湍流变量那样的标量数据中得到的。在一系列空间点上，可能是网格节点或单元体的重心上，这些数据是已知的。

对于一群单元体或节点来说，只要具有规则结构的网格，其结果数据就能用绘制网格的同一方法来绘制出来。值得注意的是，在全域坐标空间内，这个面可能不是平面，因为即使是一个具有规则结构的网格，在空间内也可以是弯曲的，以便于它能紧贴物体。当网格有一个不规则的结构时，结果的显示就不这么简单了。由于没有涉及一组单元体的简单方法，因此许多后处理器允许用户规定一个穿过网格的几何平面，将结果插到该平面上。这个平面被称为剪切面。也可以使用其他单元体的归类方法，例如展示结果的隐线图，它仅仅显示网格边界上的那些结果，或者显示通过建立一个单元数目录来规定一组限定的单元体的结果。

不管使用那种方法来显示数据，实质上有两种结果显示：

- 矢量图，它展示了关于速度结果的矢量。
- 等值线图，它展示了控制区内标量变量的等值线。

在矢量图中，矢量是以二维的箭头来表示的。这些图就像所谓的风向箭头显示在天气预报图上时的情况。以这种方法来绘制速度信息，可能会导致将正在产生的显示信息混淆成信息丢失。所画的箭头就是三维矢量在二维空间的投影。以径直指向页面外的一个矢量为例，它被显示为一个点。为了能恢复一些丢失了的信息，这些箭头通常被标为彩色的来表示当地流动速度矢量的绝对值。通常，红色表示较高的速度，蓝色表示较低的速度，中间的阴影部分表示介于两者之间的速度。

另一个需要解决的问题是关于一个典型矢量箭头长度的问题。用户可能会希望将箭头的长度给出来以便更好的显示结果。这意味着用户必须恰当的调节箭头，要么通过让计算机绘制一些箭头然后调节它们来实现，要么通过给计算机一个有代表性的速度，比如说它表示了屏幕宽度的10%来实现。对于单元体分布非常紧密的网格，箭头可能过于接近，以至于显示了太多而抹掉了有用的信息。这可以通过使用软件将速度信息插入到一个粗糙的、规则的点网格上来解决。用户要确定网格上点之间的距离，在这些点上来绘制箭头。这类显示方法的一个问题是所计算的速度场的真正性质对用户来说可能看不见了。有时候显示所计算的位置处的信息会更好一点。

再看等值线图，它们是一些在控制区域中所绘制的某个变量的标量值相等的线。它们类似于在天气预报图上看到的等压线。除了可能要确定所画的等值线的数目外，产生这些图只需要很少的相互作用。典型的，比如有大约10条等值线需要计算，同样，它们在图上将被标成彩色的，从而来显示出等值线上变量的值。这种情况下也使用类似于对矢量值所采用的一种表示方案。有时候，用户可以选择等值线代表的值使它给出需要的值。在需要生成几张单独的等值线图来给出所需要显示的情况下就是这样做的，它提供了一种一致的显示。

除了等值线绘制之外还有曲面图绘制。这是通过显示一个三维曲面来产生的，该曲面在一个平面上方的高度表示对某个变量的一种度量。这个变量应该是描述这个曲面的两个物理量的一个函数。这种显示法可以有效地显示出一系列高山和峡谷。

5.6.2.6　专门的显示

以上所有方法都可用于生成在一给定的时间点上数据的二维图像。有时候这样的显示方法对用户来说可能还没有传递足够的信息。一种这样的情况就是当数据描述的是随时间变化的情况，例如空气进入一台四冲程内燃机的燃烧室时的流动。为了提供一种对结果更好的感受，动画可能是一种很有用的显示技术。如果求解程序可以存储好几组对于标量变量例如压力的结果,那么专门的软件能伴随物理几何形状随时间变化读取这些数据,并且在不同的时间点上生成与时间相应的正确的几何形体上的一系列图像。这些图像可以看成是电影中的一幅幅图像,显示软件可以用来连续地显示这些图像,从而产生动画显示。这需要有足够的计算机资源来确保有足够快的显示速度,以使效果足够好。

为了克服图像二维性的不足,有三维显示可用。将两幅二维影像交织在一起,这两幅影像中眼睛的位置已稍加移置,以体现两只人眼的间距,这样就显示出一幅立体的影像。影像的交织分辨率可以用一个可开关的偏振滤镜和专用眼镜来实现。在一些系统中,专用眼镜起到滤镜的作用,在其他系统中,眼镜是被动式的,滤镜被连接到显示装置。

专门的结果显示的最后一个特性是粒子轨迹的生成。这显示了在流动区域内,流体粒子在哪里运动。它们是通过在对一点上的速度数据积分来产生的,从而表示出了粒子将移动到哪里。这种显示方法在展现流动的定性特征方面,如漩涡状况等,是极为有用的。

### 5.6.3 检查解的结果

当分析模拟的结果时,需要某些信息。例如,对于某个物理系统,可能需要知道对流动区域内两点间压力差的预测;那时可能要对网格进行细微的几何上的修改,再次 CFD 求解运行以找到对于修改过的几何体相应的压力差。另一个要求可能是对计算区域中一系列位置上的流场结构的研究。尽管用户可以运行求解程序,得到收敛的数值解,然后找出需要的信息,但这并不是一个非常令人满意的过程。添加一个中间步骤会更好一些。这个步骤就是对 CFD 过程所产生的解是否合理的判断,即判断它是否是高质量的和是否有可能与物理流动相似。然后,如果模拟是合理的,那么用户可以找出所需要的正确信息。

下列一些结果的特征可以用作对结果质量的检验:

• 流动应该定性的看起来是正确的。例如,流体应该沿可以预期的方向流动。

• 在边界层存在的地方,结果应该显示类似于边界层中的速度变化。在静止壁面附近,速度矢量应该显示出与离开壁面的距离有关的速度变化。速度应该被看到从离开壁面的一点处的某个值即自由流动值下降到壁面处的零。这将发生在好几个单元体上,可能是五个或更多。如果在所计算的边界层中没有这么多的单元体,那么网格就太粗糙了,应该在壁面附近加密。

• 进入区域的流体质量应该等于离开区域的质量。这通常由程序本身来计算,并且用一个 ASCII 文件汇报给用户。

• 在规定了压力的那些点上,速度场应该是光滑的。在这些点上,连续性方程是不满足的,因此流动可能以不切实际的方式离开或进入区域。如果看到这种情况正在发生,那么很清楚,在所有项中的流体质量是不守恒的。

如果这些简单的检查显示出结果的质量可能有问题,那么必要的话,在重新运行求解程序以前,用户应该考虑检查一下输入数据或者改变物理或数学模型。

### 5.6.4 细化计算模型

如果需要决定是否对所采用的计算模型作进一步的细化,那么就应该将进一步细化可能得到的好处与必须多付出的代价联系起来考虑。常见的是,未经细化的模型对用户已经可以给出大量新的和有用的信息。对于一些用户的意图来说,这可能已经足够了,但是对于一些其他用户,可能还不能感到满意。它完全取决于所考虑问题的实际情况和应用情况。

细化一个模型的过程可能包括下列任何一项内容:

• 增加指定区域内网格点的密度,以便可以更准确地捕获该区域中流动变量的变化,例如在边界层中。

• 改善模型的物理现象,例如,如果使用一个更恰当的湍流模型将发生的情况。

从所作出的努力的角度来看,第一项内容包括大量的工作,因为它涉及到重新建立区域的网格,或者是通过重复前面描述过的其中一种网格生成过程,或者是通过使用一种适应性网格生成过程。一旦网格建立了,前处理器中流体的速度和边界的设定,以及初始条件不得不再次重新执行,它把作为初始说明过程的一部分而产生的信息转换到新网格上,最后,在运行求解程序前,不得不重复数值控制程序。

## 参考文献

1 Schlichting H.(1979).Boundary-layer theory,7th ed,McGraw-Hill,New York.

2 Yerry M A and Shephard M S.(1984).Automatic three-dimensional mesh generation by the modified-Octree method.Int.J.for Numerical Methods in Engineering,20,1965-90.

3 Zienkiewicz O C and Taylor R L.(1989).The Finite Element Method,4th ed,Volume 1:Basic Formulation and Linear Problems.McGraw-Hill,New York.

# 第二编　有限容积方法和 SIMPLE 改进算法

## 第 6 章　扩散问题的理解示例

### 6.1　概　　述

在第 2 章中已经讨论了控制流体流动和热传导输运方程的性质，以及通常的控制容积积分。我们再介绍一下最简单的传输过程，包括定常状态下的纯扩散问题，给出以积分方程为基础的有限容积法（或控制容积法）。稳定扩散的控制方程可以从忽略非定常项和对流项关于参数 $\phi$ 的通常使用的输运方程中得出，从而有

$$\mathrm{div}(\Gamma \mathbf{grad}\phi) + S_\phi = 0 \tag{6-1}$$

这个控制容积的积分，是区别于其他 CFD 方法的关键步骤，可以给出下列形式

$$\int_{CV} \mathrm{div}(\Gamma \mathbf{grad}\phi)\mathrm{d}V + \int_{CV} S_\phi \mathrm{d}V = \int_A \boldsymbol{n} \cdot (\Gamma \mathbf{grad}\phi)\mathrm{d}A + \int_{CV} S_\phi \mathrm{d}V = 0 \tag{6-2}$$

考虑一维定常扩散方程，得到离散方程的近似方法。这种方法还可以应用于二维、三维扩散问题。本章通过分析一系列实例，阐述了一维定常扩散问题简化方法的应用，通过和带有分析解的数值结果进行对比，使这一方法的正确性得到了验证。

### 6.2　一维定常扩散的有限容积法

如图 6-1 所示，考虑参数的一维定常扩散问题。这一过程的数学描述为

$$\frac{\mathrm{d}}{\mathrm{d}x}\left(\Gamma \frac{\mathrm{d}\phi}{\mathrm{d}x}\right) + S = 0 \tag{6-3}$$

式中　$\Gamma$——扩散系数；

　　$S$——源项。

$A$ 点、$B$ 点的边界条件已给定。在 6.3 节中详细给出了这一典型过程的算例——杆内的一维热传导问题。

第一步：网格生成

有限容积法的第一步是把计算区域分成离散的控制容积。在 $A$ 和 $B$ 之间的区域内设置

一些节点,控制容积的边界设置在相邻节点中间,因此,每一个节点都被控制容积或网格所包围。通常的方法是把物理边界和控制容积的边界统一起来,在区域的边界建立控制边界。

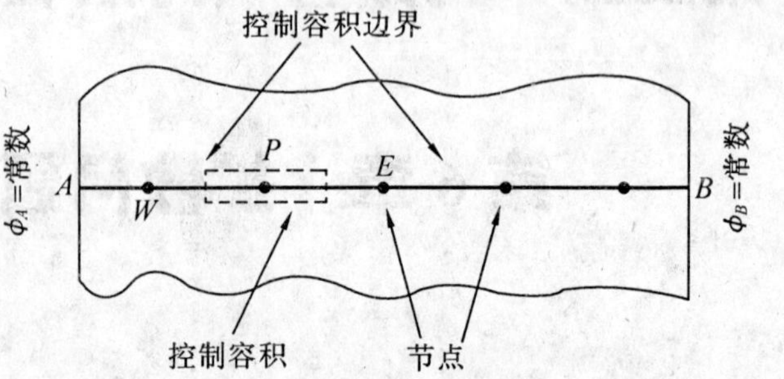


图 6-1　控制容积和边界

在 CFD 中常用的符号及其含义如图 6-2 所示。

在一维问题中,用 $P$ 来表示一个节点,和它相邻的东西两侧的节点分别用 $E$ 和 $W$ 来表示。控制容积的西侧边界用'$w$'表示,东侧边界用'$e$'表示。节点 $W$ 和 $P$、$P$ 和 $E$ 之间的距离分别为 $\delta x_{WP}$、$\delta x_{PE}$。类似地,边界 $w$ 和节点 $P$、节点 $P$ 和边界 $e$ 之间的距离分别为 $\delta x_{wP}$ 和 $\delta x_{Pe}$。图 6-2 所表示的控制容积的宽度为 $\Delta x = \delta x_{we}$。

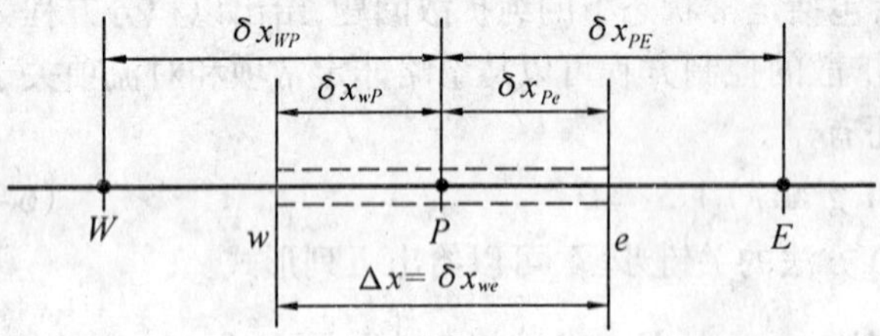


图 6-2　控制容积宽度

第二步:离散

有限容积法的另外一项工作是对控制容积上的控制方程(或方程组)进行积分,给出在节点的离散方程。对于上面所提到的控制容积,有下述方程

$$\int_{\Delta V}\frac{\mathrm{d}}{\mathrm{d}x}\left(\Gamma\frac{\mathrm{d}\phi}{\mathrm{d}x}\right)\mathrm{d}V+\int_{\Delta V}S\mathrm{d}V=\left(\Gamma A\frac{\mathrm{d}\phi}{\mathrm{d}x}\right)_e-\left(\Gamma A\frac{\mathrm{d}\phi}{\mathrm{d}x}\right)_w+\overline{S}\Delta V=0 \tag{6-4}$$

式中　$A$——控制容积面的横截面积;

$\Delta V$——体积;

$\overline{S}$——源项 $S$ 在控制容积上的平均值。

离散方程有清楚的物理含义是有限容积法的一大特点。方程(6-4)描述了流出东侧边界 $\Phi$ 的扩散量减去流入西侧边界 $\Phi$ 的扩散量等于控制容积中 $\Phi$ 的生成率,关于整个控制容积 $\Phi$ 是守恒的。

为了得到适用的离散方程,需要知道在东侧('$e$')和西侧('$w$')分界面的扩散系数 $\Gamma$ 和梯度$\frac{\mathrm{d}\phi}{\mathrm{d}x}$。按照已有的经验,在节点处定义并计算参数 $\Phi$ 和扩散系数的值。为了计算在控制容积面上的梯度和通量,可以采用节点间参数的一种近似的分布。线性近似是计算界面值和梯度的最简单的方法,也称为中心差分。在均匀网格中,$\Gamma_e$ 和 $\Gamma_w$ 的线性插值可给出为

$$\Gamma_w = \frac{\Gamma_W + \Gamma_P}{2} \tag{6-5a}$$

$$\Gamma_e = \frac{\Gamma_P + \Gamma_E}{2} \tag{6-5b}$$

扩散通量项可给出为

$$\left(\Gamma A \frac{\mathrm{d}\phi}{\mathrm{d}x}\right)_e = \Gamma_e A_e \left(\frac{\phi_E - \phi_P}{\delta x_{PE}}\right) \tag{6-6}$$

$$\left(\Gamma A \frac{\mathrm{d}\phi}{\mathrm{d}x}\right)_w = \Gamma_w A_w \left(\frac{\phi_P - \phi_W}{\delta x_{WP}}\right) \tag{6-7}$$

在实际情况中,源项 $S$ 可以是因变量的函数。在这种情况下,有限容积法可用一个线性形式来近似表达源项

$$\overline{S}\Delta V = S_u + S_P\phi_P \tag{6-8}$$

将方程(6-6),(6-7)和(6-8)代入方程(6-4)中得到

$$\Gamma_e A_e \left(\frac{\phi_E - \phi_P}{\delta x_{PE}}\right) - \Gamma_w A_w \left(\frac{\phi_P - \phi_W}{\delta x_{WP}}\right) + (S_u + S_P\phi_P) = 0 \tag{6-9}$$

整理后为

$$\left(\frac{\Gamma_e}{\delta x_{PE}}A_e + \frac{\Gamma_w}{\delta x_{WP}}A_w - S_P\right)\phi_P = \left(\frac{\Gamma_w}{\delta x_{WP}}A_w\right)\phi_W + \left(\frac{\Gamma_e}{\delta x_{PE}}A_e\right)\phi_E + S_u \tag{6-10}$$

在方程(6-10)中,令 $\phi_W$,$\phi_E$ 的系数分别为 $a_W$ 和 $a_E$,$\phi_P$ 的系数为 $a_P$,上式可写为

$$a_P\phi_P = a_W\phi_W + a_E\phi_E + S_u \tag{6-11}$$

式中

$$a_W = \frac{\Gamma_w}{\delta x_{WP}}A_w, \quad a_E = \frac{\Gamma_e}{\delta x_{PE}}A_e, \quad a_P = a_W + a_E - S_P$$

$S_u$ 和 $S_P$ 的值可从式(6-8)中得出。方程(6-11)和(6-8)是方程(6-1)的离散格式。这种离散方程的形式是以后数值计算的依据。

第三步:解方程

为了解一个问题必须在每个节点上建立形如(6-11)的离散方程。在和区域边界相邻的控制容积上将形如(6-11)的一般的离散方程加以修改,使它与边界条件相结合。之后,求解线性代数方程可得到参数 $\phi$ 在节点处的分布,可以使用任意一种合适的矩阵求解方法。在第 9 章中会讲到 CFD 过程特定的求解方法。在第 11 章中会讲到处理不同类型边界条件的方法。

## 6.3 一维定常状态扩散的实际算例

先看一下有限容积法在解决包含对流传热的简单扩散问题时的应用。由于计算热传导所

依据的傅立叶定律和流体分子扩散所依据的斐克定律在形式上是相同的，两者的物理特征也是一样的。讨论热传导问题和讨论分子扩散问题并无原则上的区别。一维定常状态传热的控制方程为

$$\frac{\mathrm{d}}{\mathrm{d}x}\left(k\frac{\mathrm{d}T}{\mathrm{d}x}\right)+S=0 \tag{6-12}$$

式中，热传导系数 $k$ 代替了方程(6-3)中的 $\Gamma$，因变量为温度 $T$。举例来说，源项可以是由于有电流留过杆而产生的热源。与边界条件的结合以及源项的处理可以通过以下两个实例来说明。

**例 6-1** 讨论在绝缘杆中的无内热源的导热问题，杆两端的温度分别保持在 100 ℃和 500 ℃。图 6-3 中描述的一维问题的控制方程为

$$\frac{\mathrm{d}}{\mathrm{d}x}\left(k\frac{\mathrm{d}T}{\mathrm{d}x}\right)=0 \tag{6-13}$$

计算杆内的定常状态温度分布。热传导系数 $k$ 为 1 000 W/(m·K)，横截面面积 $A$ 为 $10\times10^{-3}$ m²。

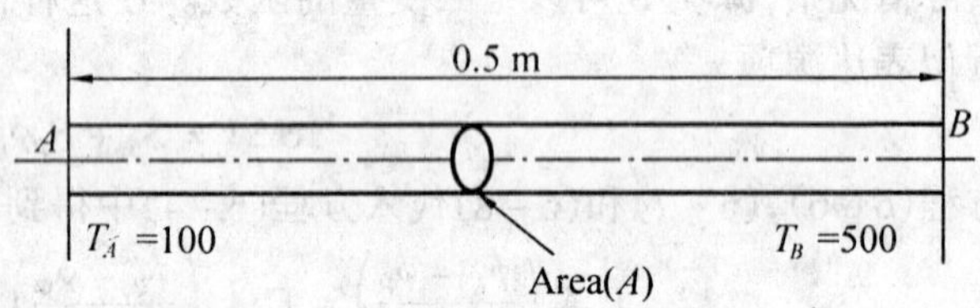


图 6-3 无内热源杆

**解** 我们把杆在长度方向上分为 5 个相同的控制容积，如图 6-4 所示。给出 $\delta_x=0.1$ m。

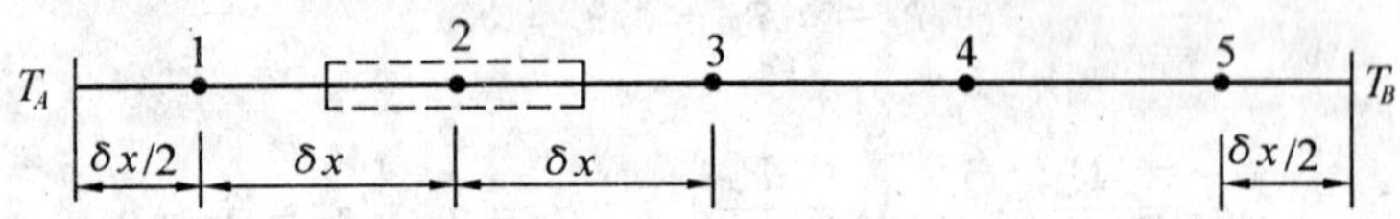


图 6-4 使用的网格

网格包含 5 个节点。由于节点 2,3 和 4 东西两边的温度值都是已知的，因此，很容易就能写出包围在这些节点周围的控制容积上的形如(6-10)的离散方程

$$\left(\frac{k_e}{\delta x_{PE}}A_e+\frac{k_w}{\delta x_{WP}}A_w\right)T_P=\left(\frac{k_w}{\delta x_{WP}}A_w\right)T_W+\left(\frac{k_e}{\delta x_{PE}}A_e\right)T_E \tag{6-14}$$

热传导系数($k_e=k_w=k$)，节点间距($\delta x$)和横截面面积($A_e=A_w=A$)都是常数。因此，节点 2，3 和 4 的离散方程为

$$a_PT_P=a_WT_W+a_ET_E \tag{6-15}$$

式中

$$a_W=\frac{k}{\delta x}A,\quad a_E=\frac{k}{\delta x}A,\quad a_P=a_W+a_E$$

在这种情况下,由于在控制方程(6-13)中没有源项,所以 $S_u$ 和 $S_P$ 为零。

节点1和5是边界节点,因此需要特殊处理。在节点1周围的控制容积上对方程(6-13)进行积分得

$$kA\left(\frac{T_E - T_P}{\delta x}\right) - kA\left(\frac{T_P - T_A}{\delta x/2}\right) = 0 \tag{6-16}$$

这个表达式说明运用边界点 $A$ 和节点 $P$ 间的温度线性关系近似计算通过控制容积边界 $A$ 的通量。整理后为

$$\left(\frac{k}{\delta x}A + \frac{2k}{\delta x}A\right)T_P = 0\cdot T_W + \left(\frac{k}{\delta x}A\right)T_E + \left(\frac{2k}{\delta x}A\right)T_A \tag{6-17}$$

比较方程(6-17)和(6-10)能够很容易看出,设固定温度的边界条件作为源项($S_u + S_P T_P$)进入计算,其中 $S_u = \left(\frac{2k}{\delta x}A\right)T_A$,$S_P = -\frac{2k}{\delta x}A$,并且通过设系数 $a_w$ 为0,不再受到西侧边界的影响。

方程(6-17)可用与方程(6-11)相同的形式给出边界节点1的离散方程为

$$a_P\phi_P = a_W\phi_W + a_E\phi_E + S_u \tag{6-18}$$

式中

$$a_W = 0,\quad a_E = \frac{kA}{\delta x},\quad a_P = a_W + a_E - S_P$$

$$S_P = -\frac{2k}{\delta x}A,\quad S_u = \frac{2kA}{\delta x}T_A$$

节点5周围的控制容积可用相似的方法来处理。离散方程为

$$kA\left(\frac{T_B - T_P}{\delta x/2}\right) - kA\left(\frac{T_P - T_W}{\delta x}\right) = 0 \tag{6-19}$$

同前面一样,用节点 $P$ 和边界点 $B$ 间的线性温度分布近似计算通过控制体边界的热通量。整理方程得

$$\left(\frac{k}{\delta x}A + \frac{2k}{\delta x}A\right)T_P = \left(\frac{k}{\delta x}A\right)T_W + 0\cdot T_E + \left(\frac{2k}{\delta x}A\right)T_B \tag{6-20}$$

于是边界节点5的离散方程为

$$a_P\phi_P = a_W\phi_W + a_E\phi_E + S_u \tag{6-21}$$

式中

$$a_W = \frac{kA}{\delta x},\quad a_E = 0,\ a_P = a_W + a_E - S_P$$

$$S_P = -\frac{2k}{\delta x}A,\quad S_u = \frac{2kA}{\delta x}T_B$$

离散过程给出了节点1~5每一个节点的方程。代入 $\frac{kA}{\delta x} = 100$,很容易算出离散方程的系数。表6-1列出了它们的值。

表 6-1

| 节点 | $a_W$ | $a_E$ | $S_u$ | $S_P$ | $a_P = a_W + a_E - S_P$ |
|---|---|---|---|---|---|
| 1 | 0 | 100 | $200T_A$ | -200 | 300 |
| 2 | 100 | 100 | 0 | 0 | 200 |
| 3 | 100 | 100 | 0 | 0 | 200 |
| 4 | 100 | 100 | 0 | 0 | 200 |
| 5 | 100 | 0 | $200T_B$ | -200 | 300 |

这个例子的代数方程为

$$\begin{aligned}300T_1 &= 100T_2 + 200T_A\\ 200T_2 &= 100T_1 + 100T_3\\ 200T_3 &= 100T_2 + 100T_4\\ 200T_4 &= 100T_3 + 100T_5\\ 300T_5 &= 100T_4 + 200T_B\end{aligned} \tag{6-22}$$

整理上述方程组得

$$\begin{bmatrix} 300 & -100 & 0 & 0 & 0 \\ -100 & 200 & -100 & 0 & 0 \\ 0 & -100 & 200 & -100 & 0 \\ 0 & 0 & -100 & 200 & -100 \\ 0 & 0 & 0 & -100 & 300 \end{bmatrix}\begin{bmatrix} T_1 \\ T_2 \\ T_3 \\ T_4 \\ T_5 \end{bmatrix} = \begin{bmatrix} 200T_A \\ 0 \\ 0 \\ 0 \\ 200T_B \end{bmatrix} \tag{6-23}$$

这个方程组给出了特定边界条件下的定常状态温度分布。对于包含小数目节点的简单问题，可以用 MATLAB 这样的软件包求解矩阵方程。举例来说，当 $T_A = 100$ 和 $T_B = 500$ 时，方程(6-23)的解可用高斯消元法求得

$$\begin{bmatrix} T_1 \\ T_2 \\ T_3 \\ T_4 \\ T_5 \end{bmatrix} = \begin{bmatrix} 140 \\ 220 \\ 300 \\ 380 \\ 460 \end{bmatrix} \tag{6-24}$$

精确解是在固定温度间的线性分布：$T = 800x + 100$。图 6-5 表明了精确解和数值解是吻合的。

**例 6-2** 现在我们来讨论除了由边界条件还包含源项引起的典型问题。

如图 6-6，有一个厚 $L = 2$ cm的大平板，其热传导系数为 $k = 0.5$ W/(m·K)，均匀放热率

(或热生成率)$q=1\ 000\ \mathrm{kW/m^2}$。面 $A$ 和 $B$ 的温度分别为 100 ℃和 200 ℃。假定 $x,y$ 方向无限大,因此只需考虑 $x$ 方向的温度梯度,计算定常状态温度分布,比较数值解和分析解。控制方程为

$$\frac{\mathrm{d}}{\mathrm{d}x}\left(k\frac{\mathrm{d}T}{\mathrm{d}x}\right)+q=0 \quad (6-25)$$

**解** 如前所述,求解方法用一个简单的网格来说明。把区域分成 5 个控制容积(见图 6-7),给出 $\delta x=0.004$ m,在 $y-z$ 平面内为单位面积。

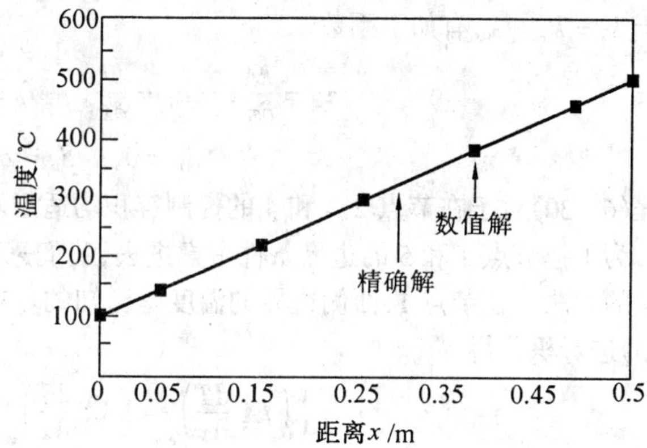


图 6-5 数值解与分析解比较

在一个控制体上对控制方程进行积分得

$$\int_{\Delta V}\frac{\mathrm{d}}{\mathrm{d}x}\left(k\frac{\mathrm{d}T}{\mathrm{d}x}\right)\mathrm{d}V+\int_{\Delta V}q\mathrm{d}V=0 \quad (6-26)$$

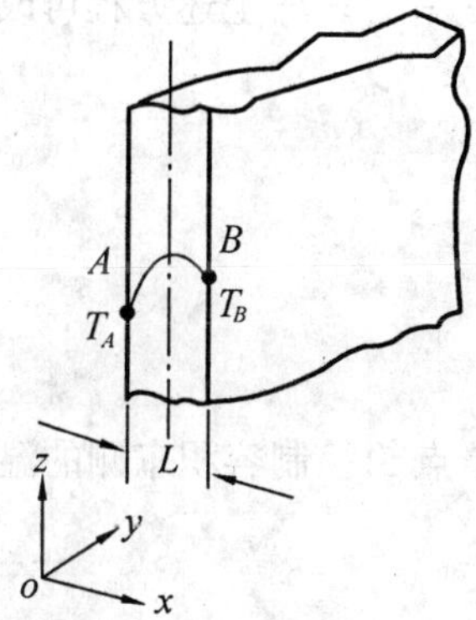


图 6-6 含热源的传热问题

我们把上式中的第一项按例 6-1 那样处理。第二个积分即方程的源项,通过在一个控制容积内计算平均增加值的方法来估算,方程(6-26)可写为

$$\left[\left(kA\frac{\mathrm{d}T}{\mathrm{d}x}\right)_e-\left(kA\frac{\mathrm{d}T}{\mathrm{d}x}\right)_w\right]+q\Delta V=0 \quad (6-27)$$

$$\left[k_eA\left(\frac{T_E-T_P}{\delta x}\right)-k_wA\left(\frac{T_P-T_W}{\delta x}\right)\right]+qA\delta x=0 \quad (6-28)$$

上述方程可改写为

$$\left(\frac{k_eA}{\delta x}+\frac{k_wA}{\delta x}\right)T_P=\left(\frac{k_eA}{\delta x}\right)T_W+\left(\frac{k_wA}{\delta x}\right)T_E+qA\delta x \quad (6-29)$$

将方程写为形如方程(6-11)的一般形式

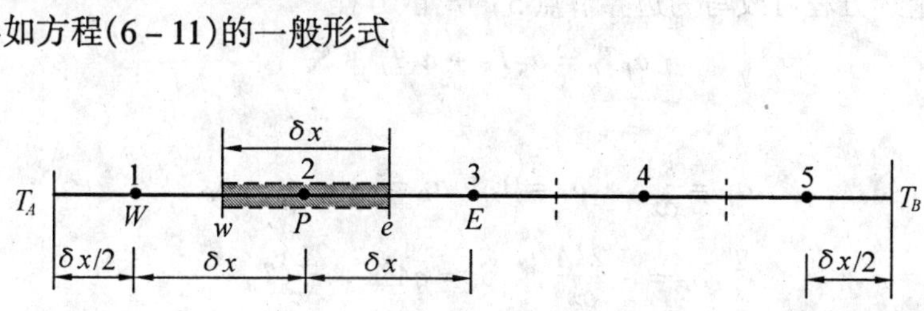


图 6-7 使用的网格

$$a_P T_P = a_W T_W + a_E T_E + S_u \tag{6-30}$$

由于 $k_e = k_w = k$，有如下系数

$$a_W = \frac{kA}{\delta x}, \quad a_E = \frac{kA}{\delta x}, \quad a_P = a_W + a_E - S_P$$

$$S_P = 0, \quad S_u = qA\delta x$$

方程(6-30)对于在节点 2,3 和 4 的控制容积均适用。

为了把节点 1 和 5 的边界条件考虑进去，我们采用把边界点和相邻节点间的温度作线性近似的方法。在节点 1，西侧边界的温度是已知的。在节点 1 的周围的控制容积上，对方程(6-25)进行积分得

$$\left[\left(kA\frac{\mathrm{d}T}{\mathrm{d}x}\right)_e - \left(kA\frac{\mathrm{d}T}{\mathrm{d}x}\right)_w\right] + q\Delta V = 0 \tag{6-31}$$

引入在 $A$，$P$ 点间温度的线性近似，可以给出

$$\left[k_e A\left(\frac{T_E - T_P}{\delta x}\right) - k_A A\left(\frac{T_P - T_A}{\delta x/2}\right)\right] + qA\delta x = 0 \tag{6-32}$$

令 $k_e = k_A = k$，上述方程可改写为边界节点 1 的离散方程

$$a_P T_P = a_W T_W + a_E T_E + S_u \tag{6-33}$$

式中

$$a_W = 0, \quad a_E = \frac{kA}{\delta x}, a_P = a_W + a_E - S_p$$

$$S_P = -\frac{2kA}{\delta x}, \quad S_u = qA\delta x + \frac{2kA}{\delta x}T_A$$

在节点 5，控制容积东侧的温度是已知的。用处理节点 1 相同的方法处理节点 5，则有

$$\left[\left(kA\frac{\mathrm{d}T}{\mathrm{d}x}\right)_e - \left(kA\frac{\mathrm{d}T}{\mathrm{d}x}\right)_w\right] + q\Delta V = 0 \tag{6-34}$$

$$\left[k_B A\left(\frac{T_B - T_P}{\delta x/2}\right) - k_w A\left(\frac{T_P - T_W}{\delta x}\right)\right] + qA\delta x = 0 \tag{6-35}$$

令 $k_B = k_w = k$，上述方程可改写为边界节点 5 的离散方程

$$a_P T_P = a_W T_W + a_E T_E + S_u \tag{6-36}$$

式中

$$a_W = \frac{kA}{\delta x}, \quad a_E = 0, \quad a_P = a_W + a_E - S_P$$

$$S_P = -\frac{2kA}{\delta x}, \quad S_u = qA\delta x + \frac{2kA}{\delta x}T_B$$

如 $A = 1$，$k = 0.5$ W/(m·K)，$q = 1\ 000$ kW/m$^2$，$\delta x = 0.004$ m，在表 6-2 中给出了离散方程各节点的系数。

表 6-2

| 节点 | $a_W$ | $a_E$ | $S_u$ | $S_P$ | $a_P = a_W + a_E - S_P$ |
|---|---|---|---|---|---|
| 1 | 0 | 125 | $4\,000 + 250T_A$ | -250 | 375 |
| 2 | 125 | 125 | 4 000 | 0 | 250 |
| 3 | 125 | 125 | 4 000 | 0 | 250 |
| 4 | 125 | 125 | 4 000 | 0 | 250 |
| 5 | 125 | 0 | $4\,000 + 250T_B$ | -250 | 375 |

方程用矩阵形式可表示为

$$\begin{bmatrix} 375 & -125 & 0 & 0 & 0 \\ -125 & 250 & -125 & 0 & 0 \\ 0 & -125 & 250 & -125 & 0 \\ 0 & 0 & -125 & 250 & -125 \\ 0 & 0 & 0 & -125 & 375 \end{bmatrix} \begin{bmatrix} T_1 \\ T_2 \\ T_3 \\ T_4 \\ T_5 \end{bmatrix} = \begin{bmatrix} 29\,000 \\ 4\,000 \\ 4\,000 \\ 4\,000 \\ 54\,000 \end{bmatrix} \tag{6-37}$$

上述方程组的解为

$$\begin{bmatrix} T_1 \\ T_2 \\ T_3 \\ T_4 \\ T_5 \end{bmatrix} = \begin{bmatrix} 150 \\ 218 \\ 254 \\ 258 \\ 230 \end{bmatrix} \tag{6-38}$$

这个问题的分析解可以通过对方程(6-25)对 $x$ 积分两次，然后再应用边界条件求得。这里给出

$$T = \left[ \frac{T_B - T_A}{L} + \frac{q}{2k}(L - x) \right] x + T_A \tag{6-39}$$

有限容积解和精确解的对比在图 6-8、表 6-3中表示出来，从中可以看出，对于 5 个节点的低级网格，它们的一致性是非常好的。

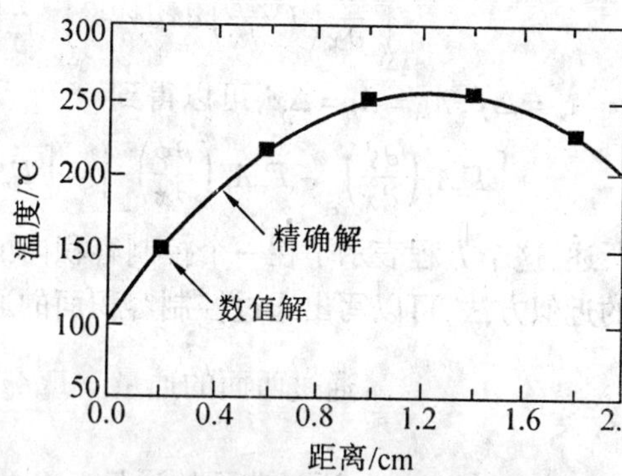


图 6-8　数值解与分析解比较

表 6－3

| 节点数 | 1 | 2 | 3 | 4 | 5 |
|---|---|---|---|---|---|
| $x$/m | 0.002 | 0.006 | 0.01 | 0.014 | 0.018 |
| 有限容积解 | 150 | 218 | 254 | 258 | 230 |
| 精确解 | 146 | 214 | 250 | 254 | 226 |
| 误差 | 2.73 | 1.86 | 1.60 | 1.57 | 1.76 |

## 6.4 二维扩散问题的有限容积法

在一维问题中用到的得到离散方程的方法很容易推广到二维问题中。对于二维定常状态扩散方程

$$\frac{\partial}{\partial x}\left(\Gamma\frac{\partial\phi}{\partial x}\right)+\frac{\partial}{\partial y}\left(\Gamma\frac{\partial\phi}{\partial y}\right)+S=0 \tag{6-40}$$

在图 6－9 中表示了用于离散的二维网格的一部分。

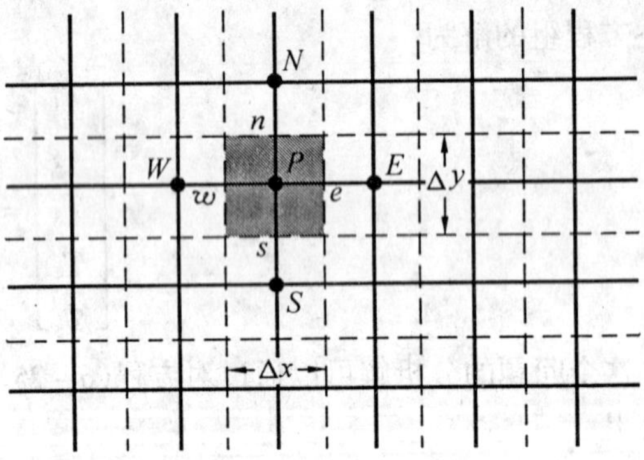

图 6－9 部分两维网格

节点 $P$ 的全部网格除了有东西边界外，还有南北边界。在一维分析中所用的标记法也用于平面和网格。把上述方程对控制容积进行积分得

$$\int_{\Delta V}\frac{\partial}{\partial x}\left(\Gamma\frac{\partial\phi}{\partial x}\right)\mathrm{d}x\mathrm{d}y+\int_{\Delta V}\frac{\partial}{\partial y}\left(\Gamma\frac{\partial\phi}{\partial y}\right)\mathrm{d}x\mathrm{d}y+\int_{\Delta V}S\mathrm{d}V=0 \tag{6-41}$$

令 $A_e=A_w=\Delta y, A_n=A_s=\Delta x$，可以得到

$$\left[\Gamma_e A_e\left(\frac{\partial\phi}{\partial x}\right)_e-\Gamma_w A_w\left(\frac{\partial\phi}{\partial x}\right)_w\right]+\left[\Gamma_n A_n\left(\frac{\partial\phi}{\partial x}\right)_n-\Gamma_s A_s\left(\frac{\partial\phi}{\partial x}\right)_s\right]+\bar{S}\Delta V=0 \tag{6-42}$$

如前所述，这个方程表示了在一个控制容积内的 $\phi$ 值和通过隔栅面的流量的平衡。用上节所介绍的近似方法，可以写出通过控制容积面的通量的表达式

$$通过西面的通量=\Gamma_w A_w\left.\frac{\partial\phi}{\partial x}\right|_w=\Gamma_w A_w\frac{(\phi_P-\phi_W)}{\delta x_{WP}} \tag{6-43a}$$

$$通过东面的通量=\Gamma_e A_e\left.\frac{\partial\phi}{\partial x}\right|_e=\Gamma_e A_e\frac{(\phi_E-\phi_P)}{\delta x_{PE}} \tag{6-43b}$$

$$通过南面的通量 = \Gamma_s A_s \left.\frac{\partial \phi}{\partial y}\right|_s = \Gamma_s A_s \frac{(\phi_P - \phi_S)}{\delta y_{SP}} \tag{6-43c}$$

$$通过北面的通量 = \Gamma_n A_n \left.\frac{\partial \phi}{\partial y}\right|_n = \Gamma_n A_n \frac{(\phi_N - \phi_P)}{\delta y_{PN}} \tag{6-43d}$$

将上述表达式代入方程(6-42)得到

$$\Gamma_e A_e \frac{(\phi_E - \phi_P)}{\delta x_{PE}} - \Gamma_w A_w \frac{(\phi_P - \phi_W)}{\delta x_{WP}} + \Gamma_n A_n \frac{(\phi_N - \phi_P)}{\delta y_{PN}} - \Gamma_s A_s \frac{(\phi_P - \phi_S)}{\delta y_{SP}} + \overline{S}\Delta V = 0 \tag{6-44}$$

当源项用线性化形式$\overline{S}\Delta V = S_u + S_P\phi_P$ 表示时，这个方程可改写为

$$\left(\frac{\Gamma_w A_w}{\delta x_{WP}} + \frac{\Gamma_e A_e}{\delta x_{PE}} + \frac{\Gamma_s A_s}{\delta y_{SP}} + \frac{\Gamma_n A_n}{\delta y_{PN}} - S_P\right)\phi_P = \left(\frac{\Gamma_w A_w}{\delta x_{WP}}\right)\phi_W + \left(\frac{\Gamma_e A_e}{\delta x_{PE}}\right)\phi_E + \left(\frac{\Gamma_s A_s}{\delta y_{SP}}\right)\phi_S + \left(\frac{\Gamma_n A_n}{\delta y_{PN}}\right)\phi_N + S_n \tag{6-45}$$

对于内部节点，方程(6-45)可写成一般的离散形式

$$a_P\phi_P = a_W\phi_W + a_E\phi_E + a_S\phi_S + a_N\phi_N + S_u \tag{6-46}$$

式中

$$a_W = \frac{\Gamma_w A_w}{\delta x_{WP}},\quad a_E = \frac{\Gamma_e A_e}{\delta x_{PE}},\quad a_S = \frac{\Gamma_s A_s}{\delta y_{SP}},\quad a_N = \frac{\Gamma_n A_n}{\delta y_{PN}}$$

$$a_P = a_W + a_E + a_S + a_N - S_P$$

二维情况下的表面积为 $A_w = A_e = \Delta y, A_n = A_s = \Delta x$。

在给定的二维问题中，通过写出细分区域的每个网格节点的形如(6-46)的离散方程，可以得到参数 $\phi$ 的分布。在温度或通量已知的边界上，用例 6-1 和 6-2 所阐述的方法，对离散方程进行改写以满足边界条件。将边界侧面的系数设为 0，并且通过边界的流量作为一个源项引入到存在的 $S_u$ 和 $S_P$ 中。然后，解方程组得到参数 $\phi$ 的二维分布。

## 6.5　关于三维问题的有限容积法

在三维情况下，稳态扩散的控制方程为

$$\frac{\partial}{\partial x}\left(\Gamma\frac{\partial\phi}{\partial x}\right) + \frac{\partial}{\partial y}\left(\Gamma\frac{\partial\phi}{\partial y}\right) + \frac{\partial}{\partial z}\left(\Gamma\frac{\partial\phi}{\partial z}\right) + S = 0 \tag{6-47}$$

现在，用一个三维网格细分这个区域。一个典型的控制容积在图 6-10 中表示出来。

包含节点 $P$ 的一个网格现在有 6 个相邻节点，分别定义为西、东、南、北、下和上节点。如前所述，用 $w, e, s, n, b, t$ 的标记法分别表示西、东、南、北、下和上网格面。

在控制容积上对方程(6-47)进行积分得

$$\left[\Gamma_e A_e\left(\frac{\partial\phi}{\partial x}\right)_e - \Gamma_w A_w\left(\frac{\partial\phi}{\partial x}\right)_w\right] +$$
$$\left[\Gamma_n A_n\left(\frac{\partial\phi}{\partial y}\right)_n - \Gamma_s A_s\left(\frac{\partial\phi}{\partial y}\right)_s\right] +$$
$$\left[\Gamma_t A_t\left(\frac{\partial\phi}{\partial z}\right)_t - \Gamma_b A_b\left(\frac{\partial\phi}{\partial z}\right)_b\right] +$$
$$\overline{S}\Delta V = 0 \tag{6-48}$$

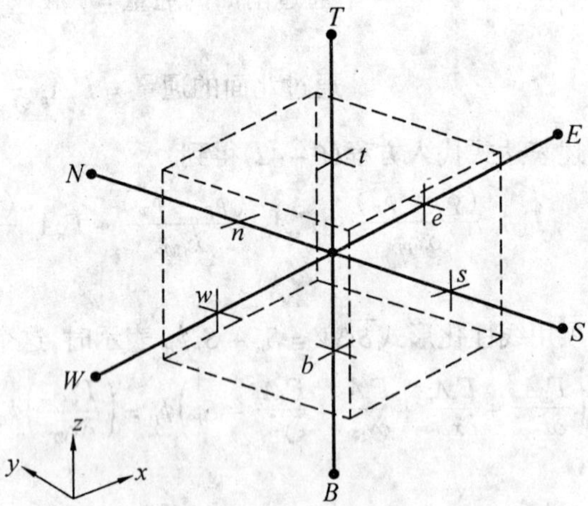

图 6-10　三维有限容积和临界节点

同一维、二维问题的处理过程一样，方程(6-48)的离散形式为

$$\left[\Gamma_e \frac{(\phi_E-\phi_P)A_e}{\delta x_{PE}} - \Gamma_w \frac{(\phi_P-\phi_W)A_w}{\delta x_{WP}}\right] +$$
$$\left[\Gamma_n \frac{(\phi_N-\phi_P)A_n}{\delta y_{PN}} - \Gamma_s \frac{(\phi_P-\phi_S)A_s}{\delta y_{SP}}\right] +$$
$$\left[\Gamma_t \frac{(\phi_T-\phi_P)A_t}{\delta z_{PT}} - \Gamma_b \frac{(\phi_P-\phi_B)A_b}{\delta z_{BP}}\right] +$$
$$(S_u + S_P\phi_P) = 0 \tag{6-49}$$

如前所述，对于内部节点，离散方程可写为

$$a_P\phi_P = a_W\phi_W + a_E\phi_E + a_S\phi_S + a_N\phi_N + a_B\phi_B + a_T\phi_T + S_u \tag{6-50}$$

式中

$$a_W = \frac{\Gamma_w A_w}{\delta x_{WP}},\quad a_E = \frac{\Gamma_e A_e}{\delta x_{PE}},\quad a_S = \frac{\Gamma_s A_s}{\delta y_{SP}},\quad a_N = \frac{\Gamma_n A_n}{\delta y_{PN}}$$

$$a_B = \frac{\Gamma_b A_b}{\delta z_{BP}},\quad a_T = \frac{\Gamma_t A_t}{\delta z_{PT}},\quad a_P = a_W + a_E + a_S + a_N + {}_B + a_T - S_P$$

通过切断与适当的面的联系，且像 6.3 节所描述的那样改变源项，可引入边界条件。

## 6.6　对扩散问题的离散方程的总结

• 对于一维、二维和三维扩散问题的离散方程，可用下面的通用形式表示

$$a_P\phi_P = \sum a_{nb}\phi_{nb} + S_u \tag{6-51}$$

其中，$\sum$ 表示所有相邻节点($nb$)的总和，$a_{nb}$ 是相邻节点的系数，在一维问题中为 $a_W$, $a_E$，在二维问题中为 $a_W$, $a_E$, $a_S$, $a_N$，在三维问题中为 $a_W$, $a_E$, $a_S$, $a_N$, $a_B$, $a_T$，$\phi_{nb}$ 为在相邻节点处的参数 $\phi$ 的值，$(S_u + S_P\phi_P)$ 为线性化源项。

• 在所有情况下，节点 $P$ 的系数满足下式

$$a_P = \sum a_{nb} - S_P \tag{6-52}$$

• 在表6-4中总结了一维、二维和三维扩散问题的相邻节点的系数。

表6-4

| | $a_W$ | $a_E$ | $a_S$ | $a_N$ | $a_B$ | $a_T$ |
|---|---|---|---|---|---|---|
| 一维 | $\frac{\Gamma_w A_w}{\delta x_{WP}}$ | $\frac{\Gamma_e A_e}{\delta x_{PE}}$ | — | — | — | — |
| 二维 | $\frac{\Gamma_w A_w}{\delta x_{WP}}$ | $\frac{\Gamma_e A_e}{\delta x_{PE}}$ | $\frac{\Gamma_s A_s}{\delta y_{SP}}$ | $\frac{\Gamma_n A_n}{\delta y_{PN}}$ | — | — |
| 三维 | $\frac{\Gamma_w A_w}{\delta x_{WP}}$ | $\frac{\Gamma_e A_e}{\delta x_{PE}}$ | $\frac{\Gamma_s A_s}{\delta y_{SP}}$ | $\frac{\Gamma_n A_n}{\delta y_{PN}}$ | $\frac{\Gamma_b A_b}{\delta z_{BP}}$ | $\frac{\Gamma_t A_t}{\delta z_{PT}}$ |

• 源项可以通过采用线性化形式$\overline{S}\Delta V = S_u + S_P\phi_P$，并规定$S_u$，$S_P$的值的方法来定义。

• 切断与边界侧面的联系，并引入精确的或线性近似的侧通量添加到源项$S_u$和$S_P$中，均可引入边界条件。对于一个带有边界$B$、宽度为$\Delta\zeta$的一维控制容积情况如下。

联系的切断：设系数

$$a_B = 0 \tag{6-53}$$

源项的作用：固定的$\phi_B$值

$$S_u = \frac{2k_B A_B}{\Delta\zeta}\phi_B$$

$$S_P = -\frac{2k_B A_B}{\Delta\zeta} \tag{6-54}$$

固定的通量$q_B$

$$S_u + S_P\phi_P = q_B \tag{6-55}$$

## 参考文献

1 Patankar S V. (1980). Numerical Heat Transfer and Fluid Flow, Hemisphere Publishing Corporation, Taylor & Francis Group, New York.

2 Spalding D B. (1972). A Novel Finite - difference Formulation for Diferential Expressions Involving Both First and Second Derivatives, Int. J. Numer. Methods Eng., Vol. 4, p. 551.

# 第 7 章　对流—扩散问题的理解示例

## 7.1　概　　述

在流体流动起重要作用的问题中，必须考虑对流的影响。在自然界的流动中，扩散总是与对流同时发生的，所以我们在这里考察同时预测对流和扩散的方法。定常对流—扩散方程是将通用变量 $\phi$ 表示的输运方程去掉瞬态项而得到的。

$$\mathrm{div}(\rho u\phi) = \mathrm{div}(\Gamma\,\mathbf{grad}\phi) + S_\phi \tag{7-1}$$

在控制体上的积分形式为

$$\int_A \boldsymbol{n}\cdot(\rho\phi\boldsymbol{U})\mathrm{d}A = \int_A \boldsymbol{n}\cdot(\Gamma\,\mathbf{grad}\phi)\mathrm{d}A + \int_{CV} S_\phi \mathrm{d}V \tag{7-2}$$

这个方程代表了在整个控制体中的通量平衡。方程左边给出了表面 $A$ 上的净对流通量，方程右边给出了表面 $A$ 上的净扩散通量和在整个控制容积内 $\phi$ 的生成或消失。

对流项离散的主要问题是计算控制体表面上输运量 $\phi$ 的值和它穿越这些表面的对流通量。在第 6 章中，已经介绍了离散方程的中心差分格式，这些方程式可以用来离散方程(7-2)右边的扩散项和源项。这个方法对扩散问题很适用，所以看起来很明显可以把它用于对流项。然而，扩散过程沿着输运量的梯度在所有的方向上对输运量的分布有影响，而对流速度影响仅限于流动方向。这个重大的差别会在数值特性中显现出来。为了使采用中心差分能稳定的计算对流—扩散问题，网格尺度存在一个严格的上限，它依赖于对流和扩散的相对强度。

自然有很多的离散方式可以处理对流项的影响，可以在较小的限制条件下实现稳定的计算。现在讲的分析方法中没有涉及到控制面上速度的计算。本章先假设控制面上速度是可以用某种方法知道的(计算速度的方法将在第 8 章中讨论)。

## 7.2　定常一维对流和扩散

在没有源项的情况下，在给定的一维流场 $u$ 中，通用变量 $\phi$ 的定常对流和扩散由下列方程控制

$$\frac{\mathrm{d}}{\mathrm{d}x}(\rho u\phi) = \frac{\mathrm{d}}{\mathrm{d}x}\left(\Gamma\frac{\mathrm{d}\phi}{\mathrm{d}x}\right) \tag{7-3}$$

流动必须满足连续方程

$$\frac{\mathrm{d}(\rho u)}{\mathrm{d}x}=0 \tag{7-4}$$

在图7-1中的一维控制体中使用在第6章中的符号。对于考虑的通用节点 $P$，它的相邻节点是 $W$ 点和 $E$ 点。容积的控制面是 $w$ 和 $e$。

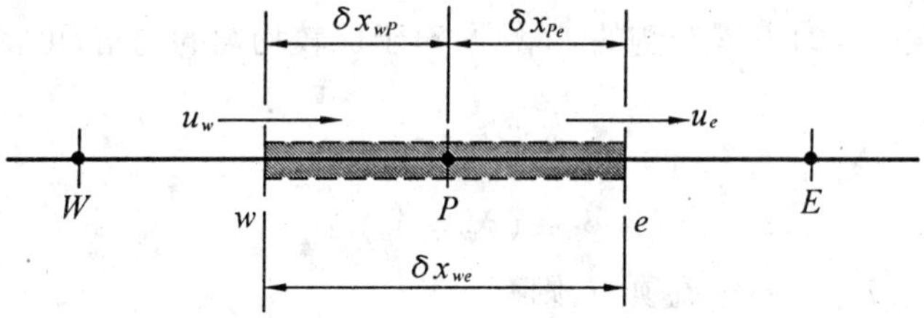


**图7-1　节点 $P$ 周围的控制体**

在图7-1的控制体上，对输运方程(7-3)进行积分，给出下式

$$(\rho uA\phi)_e-(\rho uA\phi)_w=\left(\Gamma A\frac{\partial\phi}{\partial x}\right)_e-\left(\Gamma A\frac{\partial\phi}{\partial x}\right)_w \tag{7-5}$$

将连续方程(7-4)积分可得

$$(\rho uA)_e-(\rho uA)_w=0 \tag{7-6}$$

为了得到对流—扩散问题的离散方程，对方程(7-5)中的各项进行近似。定义两个变量 $F$ 和 $D$ 来代表每单位面积上的对流质量通量和在网格面的扩散传导率。

$$F=\rho u \quad 和 \quad D=\frac{\Gamma}{\delta x} \tag{7-7}$$

变量 $F$ 和 $D$ 在网格面的值可被写成

$$F_w=(\rho u)_w,\quad F_e=(\rho u)_e \tag{7-8a}$$

和

$$D_w=\frac{\Gamma_w}{\delta x_{WP}},\quad D_e=\frac{\Gamma_e}{\delta x_{PE}} \tag{7-8b}$$

假定 $A_w=A_e=A$ 并使中心差分格式表示方程右边的扩散项。积分对流—扩散方程(7-5)可以得

$$F_e\phi_e-F_w\phi_w=D_e(\phi_E-\phi_P)-D_w(\phi_P-\phi_W) \tag{7-9}$$

积分连续方程(7-6)可以得到

$$F_e-F_w=0 \tag{7-10}$$

假定速度场是已知的，它与 $F_e$ 和 $F_w$ 有关。为了求解方程(7-9)需要计算输运变量 $\phi$ 在

$e$ 和 $w$ 面上的值,下面的内容主要就是为了实现这一目标。

## 7.3 中心差分格式

可以应用线性内插法来求解该方程左边的对流项在网格面上的值。由于中心差分近似法已被用来代表出现在(7-9)方程右侧的扩散项,对于比较均匀的网格,可将通用变量 $\phi$ 在网格面上的值写为

$$\phi_e=(\phi_P+\phi_E)/2 \tag{7-11a}$$

$$\phi_w=(\phi_W+\phi_P)/2 \tag{7-11b}$$

将上式代入方程(7-9)的对流项中,则有

$$\frac{F_e}{2}(\phi_P+\phi_E)-\frac{F_w}{2}(\phi_W+\phi_P)=D_e(\phi_E-\phi_P)-D_w(\phi_P-\phi_W) \tag{7-12}$$

可被重写成为

$$\left[\left(D_w-\frac{F_w}{2}\right)+\left(D_e+\frac{F_e}{2}\right)\right]\phi_P=\left(D_w+\frac{F_w}{2}\right)\phi_W+\left(D_e-\frac{F_e}{2}\right)\phi_E$$

$$\left[\left(D_w+\frac{F_w}{2}\right)+\left(D_e-\frac{F_e}{2}\right)+(F_e-F_w)\right]\phi_P=\left(D_w+\frac{F_w}{2}\right)\phi_W+\left(D_e-\frac{F_e}{2}\right)\phi_E \tag{7-13}$$

认定 $\phi_W$ 和 $\phi_E$ 的系数是 $a_W$ 和 $a_E$,离散的对流—扩散方程的中心差分表达式可写为

$$a_P\phi_P=a_W\phi_W+a_E\phi_E \tag{7-14}$$

式中

$$a_W=D_w+\frac{F_w}{2},\quad a_E=D_e-\frac{F_e}{2},\quad a_P=a_W+a_E+(F_e-F_w)$$

可以看出,对于定常对流—扩散问题,方程(7-14)与纯扩散问题的方程(6.11)有相同的通用形式。其差异在于前者的系数包含了由于考虑对流的附加项。为了解决一维对流—扩散问题,可以对所有的网格节点写出(7-14)形式的离散方程。这样就产生了一系列的代数方程,这些方程用于求解输运变量 $\phi$ 的分布。这一过程可以通过一个算例来演示。

**例 7-1** 通用变量 $\phi$ 在图 7-2 所示的一维区域中以对流和扩散的方式传输。控制方程(7-3)的边界条件是在 $x=0$ 处 $\phi_0=1$,在 $x=L$ 处 $\phi_L=0$。在 5 个等间距的网格上使用中心差分格式求解作为 $x$ 函数的变量 $\phi$ 的分布。

(1)情况 1 $u=0.1$ m/s

(2)情况 2 $u=2.5$ m/s,并且将计算结果与以下分析解进行比较:

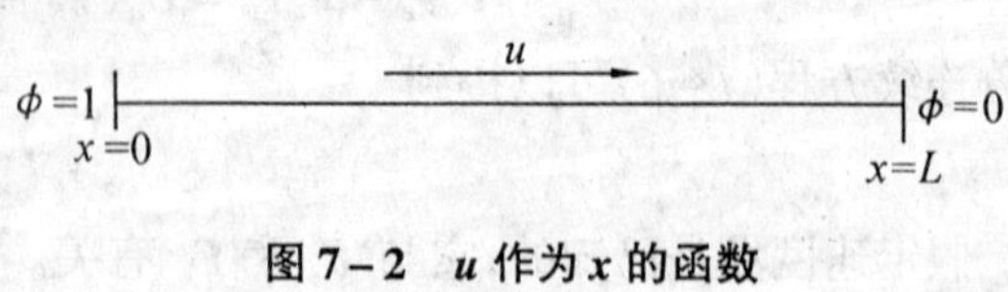


**图 7-2 $u$ 作为 $x$ 的函数**

$$\frac{\phi-\phi_0}{\phi_L-\phi_0}=\frac{\exp(\rho ux/\Gamma)-1}{\exp(\rho uL/\Gamma)-1} \tag{7-15}$$

(3)情况3 $u=2.5$ m/s,20个节点,重新计算并将计算结果与分析解进行比较。给定下列数据:$L=1.0$ m,$\rho=1.0$ kg/m$^3$,$\Gamma=0.1$ kg/(m·s)。

**解** 图7-3中的简单网格示范了求解方法。计算区域可划分成5个有限控制容积,并给出 $\delta_x=0.2$ m。注意到这里 $F=\rho u$,$D=\Gamma/\delta x$,$F_e=F_w=F$,并在每处都有 $D_e=D_w=D$,边界用 $A$ 和 $B$ 来表示。

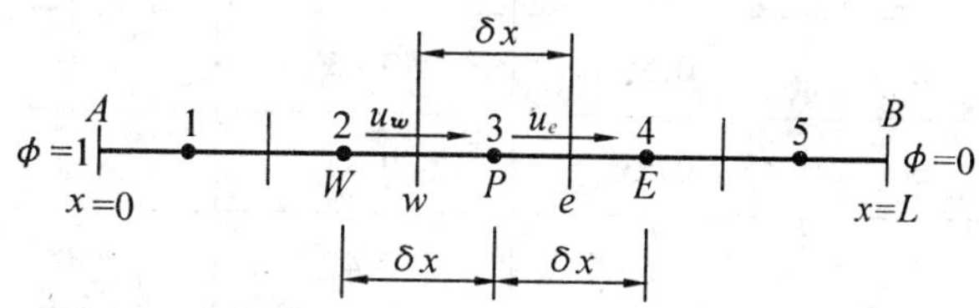

图7-3 用于离散的网格

离散方程(7-14)和它的系数适用于内部节点2,3,4,但是控制容积1和5需要特殊的处理,因为它们靠近边界区域。积分控制方程(7-3)并对扩散项和通过单元1东面的对流通量使用中心差分格式。通用变量 $\phi$ 在这个单元西面的值已被给出($\phi_W=\phi_A=1$),所以不再需要在这个边界上给出对流通量任何的估计值。对于节点1,遵循下列方程

$$\frac{F_e}{2}(\phi_P+\phi_E)-F_A\phi_A=D_e(\phi_E-\phi_P)-D_A(\phi_P-\phi_A) \tag{7-16}$$

对于控制容积5,通用变量 $\phi$ 在网格东面上的值是知道的($\phi_e=\phi_B=0$)。则有

$$F_B\phi_B-\frac{F_w}{2}(\phi_P+\phi_W)=D_B(\phi_B-\phi_P)-D_w(\phi_P-\phi_W) \tag{7-17}$$

将方程(7-16)和(7-17)重组,并注意到 $D_A=D_B=2\Gamma/\delta_x=2D$,$F_A=F_B=F$。给出如下形式的边界节点的离散方程:

$$a_P\phi_P=a_W\phi_W+a_E\phi_E+S_u \tag{7-18}$$

中心系数为

$$a_P=a_W+a_E+(F_e-F_w)-S_P$$

列出各节点的表格为

| 节点 | $a_W$ | $a_E$ | $S_p$ | $S_u$ |
|---|---|---|---|---|
| 1 | 0 | $D-F/2$ | $-(2D+F)$ | $(2D+F)\phi_A$ |
| 2,3,4 | $D+F/2$ | $D-F/2$ | 0 | 0 |
| 5 | $D+F/2$ | 0 | $-(2D+F)$ | $(2D+F)\phi_B$ |

为了引入边界条件,可以通过源项引进边界通量并隐匿与边界侧面的联系。

(1)情况 1

$u = 0.1$ m/s, $F = \rho u = 0.1$, $D = \Gamma/\delta x = 0.1/0.2 = 0.5$,给出的系数参见表 7 - 1:

表 7 - 1

| 节点 | $a_W$ | $a_E$ | $S_u$ | $S_p$ | $a_P = a_W + a_E - S_p$ |
|---|---|---|---|---|---|
| 1 | 0 | 0.45 | $1.1\phi_A$ | −1.1 | 1.55 |
| 2 | 0.55 | 0.45 | 0 | 0 | 1.0 |
| 3 | 0.55 | 0.45 | 0 | 0 | 1.0 |
| 4 | 0.55 | 0.45 | 0 | 0 | 1.0 |
| 5 | 0.55 | 0 | $0.9\phi_B$ | −0.9 | 1.45 |

当 $\phi_A = 1, \phi_B = 0$ 时,方程组的矩阵形式是

$$\begin{bmatrix} 1.55 & -0.45 & 0 & 0 & 0 \\ -0.55 & 1.0 & -0.45 & 0 & 0 \\ 0 & -0.55 & 1.0 & -0.45 & 0 \\ 0 & 0 & -0.55 & 1.0 & -0.45 \\ 0 & 0 & 0 & -0.55 & 1.45 \end{bmatrix} \begin{bmatrix} \phi_1 \\ \phi_2 \\ \phi_3 \\ \phi_4 \\ \phi_5 \end{bmatrix} = \begin{bmatrix} 1.1 \\ 0 \\ 0 \\ 0 \\ 0 \end{bmatrix} \tag{7-19}$$

结果为

$$\begin{bmatrix} \phi_1 \\ \phi_2 \\ \phi_3 \\ \phi_4 \\ \phi_5 \end{bmatrix} = \begin{bmatrix} 0.942\,1 \\ 0.800\,6 \\ 0.627\,6 \\ 0.416\,3 \\ 0.157\,9 \end{bmatrix} \tag{7-20}$$

在方程(7 - 15)中代入数据,可得到这个问题的精确解。

$$\phi(x) = \frac{2.718\,3 - \exp(x)}{1.718\,3}$$

在表 7 - 2 和图 7 - 4 中比较了数值解和分析解的结果。

表 7-2

| 节点 | 间距 | 有限容积解 | 分析解 | 误差 | 误差百分比 |
|---|---|---|---|---|---|
| 1 | 0.1 | 0.942 1 | 0.938 7 | -0.003 | -0.36 |
| 2 | 0.3 | 0.800 6 | 0.796 3 | -0.004 | -0.53 |
| 3 | 0.5 | 0.627 6 | 0.622 4 | -0.005 | -0.83 |
| 4 | 0.7 | 0.416 3 | 0.410 0 | -0.006 | -1.53 |
| 5 | 0.9 | 0.157 9 | 0.150 5 | -0.007 | -4.91 |

(2)情况 2

$u=0.2$ m/s, $F=\rho u=2.5$, $D=\Gamma/\delta x=0.1/0.2=0.5$ 给出的系数参见表7-3。

比较数值和分析解。矩阵方程由表7-3中的系数构成并与情况 1 有相同的求解方法。这里需要的分析解是

$$\phi(x)=1+\frac{1-\exp(25x)}{7.20*10^{10}}$$

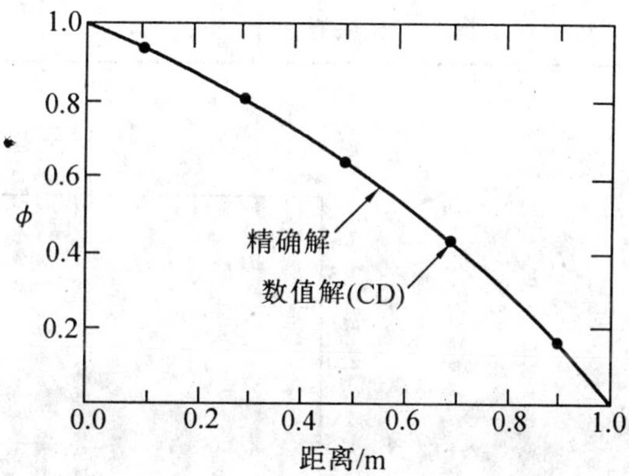


图 7-4 情况 1 数值解和分析解的比较

表 7-3

| 节点 | $a_W$ | $a_E$ | $S_u$ | $S_p$ | $a_p=a_W+a_E-S_p$ |
|---|---|---|---|---|---|
| 1 | 0 | -0.75 | $3.5\phi_A$ | -3.5 | 2.75 |
| 2 | 1.75 | -0.75 | 0 | 0 | 1.0 |
| 3 | 1.75 | -0.75 | 0 | 0 | 1.0 |
| 4 | 1.75 | -0.75 | 0 | 0 | 1.0 |
| 5 | 1.75 | 0 | $-1.5\phi_B$ | 1.5 | 0.25 |

表 7-4 和图 7-5 中数值解和分析解的比较说明,中心差分格式使得求解结果在精确解周围发生振荡,这些振荡在有些文献上称为“摆动”,很明显与分析解符合并不很好。

表 7-4

| 节点 | 间距 | 有限容积解 | 分析解 | 误差 | 误差百分比 |
|---|---|---|---|---|---|
| 1 | 0.1 | 1.035 6 | 1.000 0 | -0.035 | -3.56 |
| 2 | 0.3 | 0.869 4 | 0.999 9 | -0.131 | -13.05 |
| 3 | 0.5 | 1.257 3 | 0.999 9 | -0.257 | -25.74 |
| 4 | 0.7 | 0.352 1 | 0.999 4 | -0.647 | -64.70 |
| 5 | 0.9 | 2.464 4 | 0.917 9 | -1.546 | -168.48 |

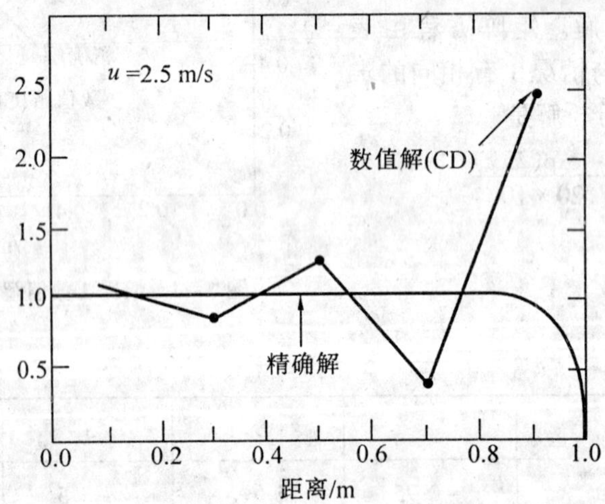


图 7-5　情况 2 数值解和分析解的比较

(3)情况 3

$u = 2.5$ m/s,20 个节点,并有 $\delta x = 0.05$, $F = \rho u = 2.5$, $D = \Gamma/\delta x = 0.1/0.05 = 2.0$。系数在表 7-5 中被列了出来并且在图 7-6 中将结果与分析解进行了比较。

表 7-5

| 节点 | $a_W$ | $a_E$ | $S_u$ | $S_p$ | $a_P = a_W + a_E - S_p$ |
|---|---|---|---|---|---|
| 1 | 0 | 0.75 | $6.5\phi_A$ | -6.5 | 7.25 |
| 2-19 | 3.25 | 0.75 | 0 | 0 | 4.00 |
| 20 | 3.25 | 0 | $5\phi_B$ | -1.5 | 4.75 |

可见数值解和分析解吻合良好。将这一算例的数据与只有5个节点的算例2相比较，表明加密网格使得 $F/D$ 的比从5减小到1.25。中心差分格式在 $F/D$ 比值较低的时候可以产生精确解。当 $F/D$ 比值非常高的时候，$F/D$ 比值的影响和在中心差分格式求解过程中出现“摆动”的原因将在后面进行讨论。

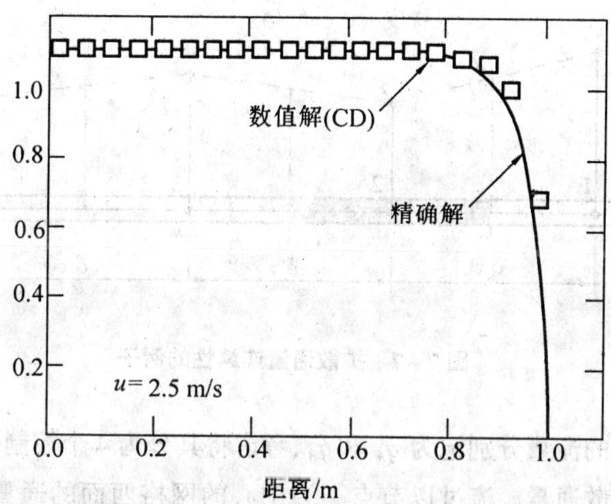


图 7-6 情况3数值解和分析解的比较

# 7.4 离散格式的特性

从上面结合对流和扩散的算例中可以看出，使用中心差分格式时在算例中要特别给以注意，这些算例迫使我们更加深入的探讨离散格式的主要特性。从理论上说，无论采用什么差分方法，当计算网格数无限增多时就可以得到与输运方程的精确解难以区别的数值解。然而，在实际的计算中，只能使用有限的有时甚至是很少的网格。仅当离散格式具有一定的基本特性时，得出的数值结果才是切合物理实际的。其中，最重要的特性是：

- 守恒性
- 有界性
- 输运性

### 7.4.1 守恒性

在有限数量的控制容积上进行对流—扩散方程的积分，将产生一系列离散的守恒方程。这些方程包括输运变量 $\phi$ 通过控制容积表面的通量。为了确保在整个求解区域上 $\phi$ 的守恒性，$\phi$ 通过一个确定的面离开控制体的通量必须等于 $\phi$ 通过相同的面进入邻近控制体的通量。为了做到这一点，在邻近控制容积内，计算穿过一个共同表面的通量必须用一个同样的表达式。

例如，考虑在图 7－7 中列出的一维定常状态无源项的扩散问题。

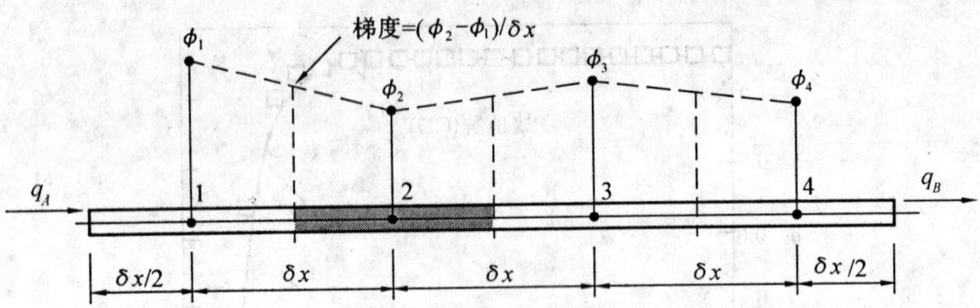


**图 7－7 扩散通量连续性的例子**

穿过控制域边界的流量分别记为 $q_A$ 和 $q_B$，考虑将其分为 4 个控制体并且应用中心差分来计算通过网格面的扩散通量。流过以节点 2 为中心的网格西面的通量的表达式为 $\Gamma_{w2}(\phi_2-\phi_1)/\delta x$，而穿过网格东面的通量是 $\Gamma_{e2}(\phi_3-\phi_2)/\delta x$。总的通量平衡可以这样得到：将穿过每一个控制体的净通量求和并考虑到节点 1 和节点 4 周围控制体的边界通量。

$$\left[\Gamma_{e1}\frac{(\phi_2-\phi_1)}{\delta x}-q_A\right]+\left[\Gamma_{e2}\frac{(\phi_3-\phi_2)}{\delta x}-\Gamma_{w2}\frac{(\phi_2-\phi_1)}{\delta x}\right]+$$
$$\left[\Gamma_{e3}\frac{(\phi_4-\phi_3)}{\delta x}-\Gamma_{w3}\frac{(\phi_3-\phi_2)}{\delta x}\right]+\left[q_B-\Gamma_{w4}\frac{(\phi_4-\phi_3)}{\delta x}\right]=q_B-q_A \tag{7-21}$$

因为 $\Gamma_{e1}=\Gamma_{w2}$，$\Gamma_{e2}=\Gamma_{w3}$，$\Gamma_{e3}=\Gamma_{w4}$，穿过控制体表面的通量是以一种一致的方式表示的，而且在整个区域求和时能够成对消去，仅仅两个边界的通量 $q_A$ 和 $q_B$ 在总的平衡中被保存下来，所以方程(7－21)表达了变量 $\phi$ 总体的守恒性。对于扩散通量的中心差分表达式，通量的一致性确保了在整个区域上的 $\phi$ 的守恒性。

不一致的通量内插公式给出了不满足整体守恒的不适宜的计算公式。例如，考虑以下情况，对于控制体2，二次方的内插公式以节点1,2,3的值为基础，对于控制体3，二次抛物线以节点2,3,4的值为基础。在图7－8中可以看出二次抛物线的结果是很不同的。如果在单元面处，两曲线的梯度是不相等的，则在控制体2东面和控制体3西面通量的计算值就可能是不相等的。当求和时两侧通量不能抵消，则总的守恒方程就不能满足。这个例子不是想说二次内插法完全不好，以后将会遇到一种流行的二次离散法，就是所谓的QUICK格式，它有很好的一致性。

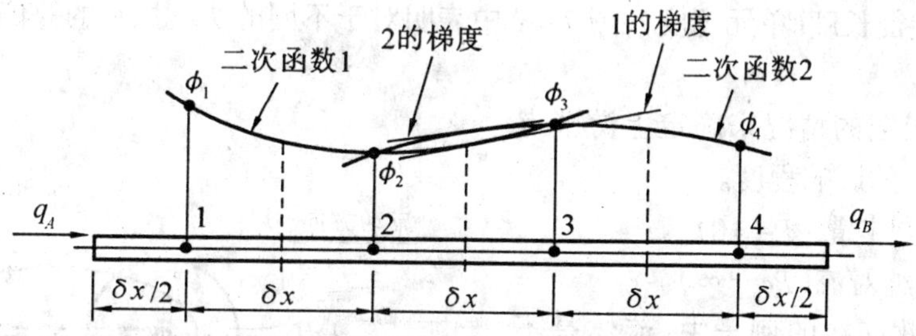


**图7－8　扩散通量非连续性的例子**

### 7.4.2　有界性

每一节点的离散方程表示了需要求解的一组代数方程。通常使用迭代法求解大的方程组。这种方法是事先假定变量$\phi$的分布，然后不断校正直到得到收敛解。1958年Scarborough已经指明收敛迭代格式的充分条件，可根据离散方程系数的值表示成下面的形式

$$\frac{\sum |a_{nb}|}{|a'_P|}\begin{cases}\leqslant 1 & \text{在所有节点}\\ < 1 & \text{在至少一个节点}\end{cases} \tag{7-22}$$

这里，$a'_P$是中心节点$P$的净系数（等于$a_p - S_P$），上式分子中的求和包含了所有相邻节点。如果差分格式所产生的系数能满足上述的准则，则系数矩阵必然是主对角占优。为了实现主对角占优，需要大数值的净系数（$a_p - S_P$）。这样源项的线性化应确保$S_P$总是负的。如果做到了这一点，$-S_P$则总是正的并且要加到$a_p$上。

主对角占优是为了满足有界性准则所需要的一种特性。这表明在无源项的情况下，通用变量$\phi$的内部节点值将以边界值作为其取值的界限。因此在无源项的定常状态传热问题中，如果边界温度为500 ℃和200 ℃，则$T$的所有内部值应小于500 ℃而大于200 ℃。有界性的另一个重要必要要求是离散方程的所有系数都应有相同的符号（通常都是正的）。物理上这表明变量$\phi$在一个节点上的增量将导致在相邻节点$\phi$也有一个增量。如果离散格式并不满足有界性的要求，求解可能完全不收敛，或者即使收敛，它也会包含着“摆动”。例7－1中算例2的

结果有力地证明了这一点。在所有的例子中，离散方程都有正的系数 $a_p$ 和 $a_{nb}$。但在算例 2 中却大多数东侧的系数是负的(见表 7－3)造成计算结果中出现了较大的上下摆动。

### 7.4.3 输运性

流体流动的输运特性(Roache，1976)可以通过在节点 $P$ 考虑 $\phi$ 的恒定源来说明，如图 7－9 所示。我们定义无因次的单元贝克列数来衡量对流和扩散相对强度的大小。

$$Pe=\frac{F}{D}=\frac{\rho u}{\Gamma/\delta x} \tag{7-23}$$

这里，$\delta x$ 代表特征长度(单元宽度)，图 7－9 中表明对于不同的 $Pe$ 数，$\phi$ 的等值线(比如 $\phi=1$)的一般形状。

考虑两种极端的情况来确定上游节点 $P$ 对下游节点 $E$ 的影响程度。

- 无对流，纯扩散($Pe=0$)
- 无扩散，纯对流($Pe\to\infty$)

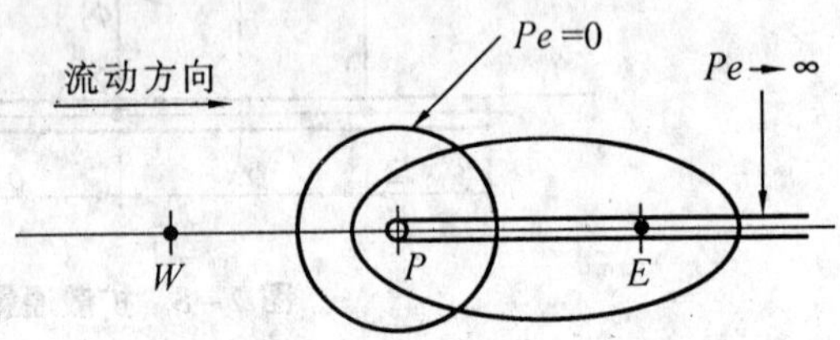


图 7－9 不同贝克列数源项周围 $\phi$ 的分布

在仅有扩散存在的例子中，流体是不流动的($Pe=0$)，因为扩散过程倾向于使 $\phi$ 在所有方向上散布相同。所以 $\phi$ 的等值线是以 $P$ 点为中心的同心圆，东侧节点 $E$ 既受上游影响而且也受下游影响。当 $Pe$ 数增加，图线将从圆形变成椭圆形并且向流动的方向上转变。如图 7－9 所示。$Pe$ 数很大的情况下，在朝着上游的方向这种影响变得越来越有偏向性以至于节点 $E$ 受到 $P$ 的强烈影响，但 $P$ 点却受到 $E$ 点很弱的影响甚至没有影响。在纯对流的例子中($Pe\to\infty$)，椭圆的轮廓线在流动的方向上全部伸展开来。在 $P$ 点，从源发出的变量 $P$ 的全部信息会立即输运到下游 $E$。因此 $E$ 点仅受上游的影响并且没有扩散 $\phi_E=\phi_P$。由离散格式产生的贝克列数的大小与影响的方向性之间的关系是非常重要的。这个影响的方向性被称为输运性。

## 7.5 用中心差分格式求解对流—扩散问题的评价

### 7.5.1 守恒性

中心差分格式使用一致的表达式来计算在控制体表面的对流和扩散通量的值，在 7.4.1 中的讨论表明这种格式是守恒的。

### 7.5.2 有界性

Ⅰ.离散的标量输运方程(7-14)的内部系数为

$$a_w = D_W + \frac{F_w}{2}, a_E = D_W + \frac{F_e}{2}, a_p = a_W + a_E + (F_e - F_w)$$

定常一维流场也是受离散的连续方程(7-10)控制的,这一方程表明当流场满足连续性的时候,$F_e - F_w$ 的值为零。因此 $a_p = a_W + a_E$ 中心差分格式的系数满足 Scarborough 准则式(7-22)。

Ⅱ.由于 $a_E = D_e - F_e/2$ 时对流项的影响,东侧的系数是负的;如果对流占优势,$a_E$ 为负是可能的。给出 $F_e > 0$ 和 $F_w > 0$(也就是说明流动是单向性的),因为 $a_E$ 为正,$D_e$ 和 $F_e$ 必须满足下列条件:

$$F_e / D_e = Pe < 2 \tag{7-24}$$

Ⅲ.如果 $Pe$ 比2大,则东侧的系数将是负的。这违反了有界性的这一条要求,会导致物理上不可能存在的解。

在7.3节的例子中,我们令算例2中的 $Pe = 5$,所以并不满足式(7-24)的条件。在出现大的上下振荡的计算结果中,结论是很明显的。当使在算例1和算例3中的 $Pe < 2$,在给出的边界条件下,数值解接近于分析解。

### 7.5.3 输运性

中心差分格式在计算对流和扩散通量时引入了在节点 $P$ 所有相邻方向的影响。因此这一格式不能确认流动的方向,或者对流相对于扩散的强度。中心差分格式下并不具有在高的 $Pe$ 数时的输运特性。

### 7.5.4 准确性

由于泰勒级数的舍入误差,中心差分格式具有二阶精度。由公式(7-24)给出的中心差分格式中对于正系数的要求,表明该格式仅仅在 $Pe = F/D < 2$ 的时候是稳定和准确的。贝克列数的重要性在于其表现了流体特性($\rho$ 和 $\Gamma$),流动特性($u$),以及计算网格特性($\delta x$)的结合。因此在速度很小的情况下,如果给定 $\rho$ 和 $\Gamma$,则可能满足式(7-24)的条件。在以扩散为主的低雷诺数流中或者网格间距很小的情况下,能够满足使用的要求。由于这种限制,中心差分格式对于常用的流体计算是一种不太合适的离散措施。这就需要有更多更有利于计算的离散格式。下面讨论常使用的上风,混合,幂函数和 QUICK 格式。

## 7.6 上风差分格式

中心差分格式的一项主要缺点是它不能确定流动方向。在西侧单元面上通用变量 $\phi$ 的值在中心差分格式中,总是受到 $\phi_p$ 和 $\phi_w$ 的影响。在从西到东的强对流流动中,上述措施是不合适的。因为单元的西侧表面受节点 $W$ 的影响比受节点 $P$ 的影响强得多。上风差分格式或"贡献单元"差分格式在决定单元面上的值时则考虑了流动的方向:在单元面上 $\phi$ 的对流值被认为与上游节点值是相等的。图 7-10 中列出了当流动是沿着正方向(从西到东)时,所有用于计算单元面值的节点的值。图 7-11 是对应于流动沿着负方向的情况。

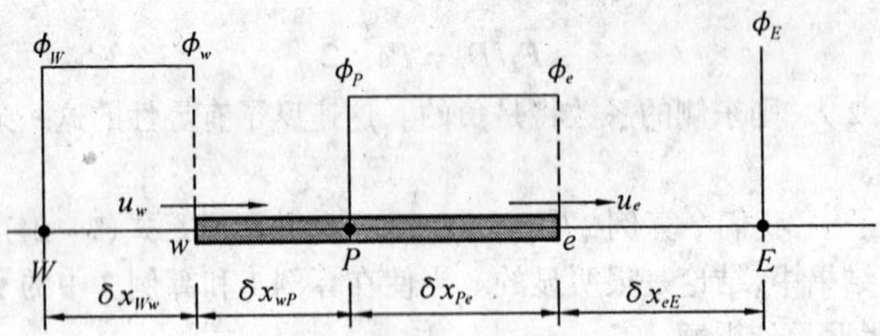


图 7-10 流动沿着 $w$ 侧通向 $e$ 侧

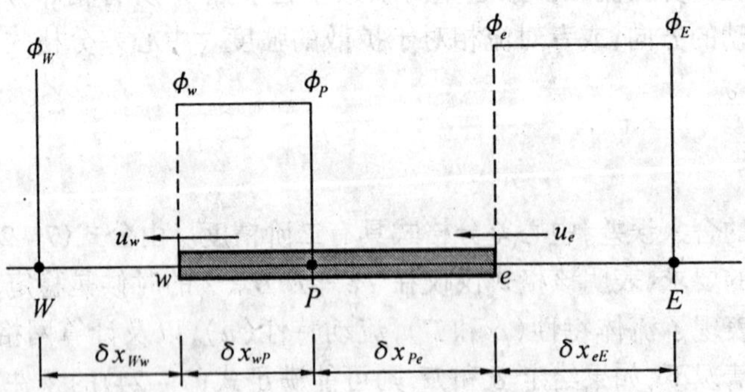


图 7-11 流动沿着 $e$ 侧通向 $w$ 侧

当流动沿着正方向时,$u_w>0$, $u_e>0$($F_e>0$, $F_w>0$),上风格式为

$$\phi_w=\phi_W \text{ 和 } \phi_e=\phi_p \tag{7-25}$$

离散方程(7-9)成为

$$F_e\phi_P - F_w\phi_W = D_e(\phi_E - \phi_P) - D_w(\phi_P - \phi_w) \tag{7-26}$$

并可以写为

$$(D_w + D_e + F_e)\phi_P = (D_w + F_w)\phi_W + D_e\phi_E$$

则有

$$[(D_w + F_w) + D_e + (F_e - F_w)]\phi_P = (D_w + F_w)\phi_W + D_e\phi_E \tag{7-27}$$

当流动沿着负方向时，$u_w < 0, u_e < 0(F_e < 0, F_w < 0)$，上风格式为

$$\phi_w = \phi_p \text{ 和 } \phi_e = \phi_E \tag{7-28}$$

离散格式成为

$$F_e\phi_E - F_w\phi_P = D_e(\phi_E - \phi_P) - D_w(\phi_P - \phi_w) \tag{7-29}$$

或者

$$[D_w + (D_e - F_e) + (F_e - F_w)]\phi_P = D_w\phi_W + (D_e - F_e)\phi_E \tag{7-30}$$

将 $\phi_w$ 和 $\phi_E$ 的系数定义成 $a_W$ 和 $a_E$，则方程(7-27)和方程(7-30)可以写成通用形式

$$a_P\phi_P = a_W\phi_W + a_E\phi_E \tag{7-31}$$

中心系数为
$$a_P = a_W + a_E + (F_e - F_w)$$
相邻系数为

| | $a_W$ | $a_E$ |
|---|---|---|
| $F_e < 0, F_w > 0$ | $D_w + F_w$ | $D_e$ |
| $F_e > 0, F_w < 0$ | $D_w$ | $D_e - F_e$ |

上风差分格式相邻系数的取值(包括两种流动方向)可写为

$$a_W = D_w + \max(F_w, 0) \qquad a_E = D_e + \max(0, -F_e)$$

**例 7-2**

应用上风格式求解在例子 7-1 中的问题。(1) $u = 0.1$ m/s，(2) $u = 2.5$ m/s 并只取 5 个网格。

**解**

为了进行离散和比较，再次使用图 7-3 中的网格。在内部节点 2,3,4 处的离散方程和相关的相邻节点系数由方程(7-31)给出，并附有表格。在这个例子中，每个网格节点都存在 $F = F_e = F_w = \rho u, D = D_e = D_w = \Gamma/\delta x$,。

在节点 1 边界，使用上风差分格式的对流项为

$$F_e\phi_P - F_A\phi_A = D_e(\phi_E - \phi_P) - D_A(\phi_P - \phi_A) \tag{7-32}$$

在节点 5 为

$$F_B\phi_P - F_w\phi_W = D_B(\phi_B - \phi_P) - D_w(\phi_P - \phi_W) \tag{7-33}$$

在边界节点，将 $D_A = D_B = 2\Gamma/\delta x = 2D$，$F_A = F_B = F$，而通常的边界条件作为源的贡献进入离散方程

$$a_P\phi_P = a_W\phi_W + a_E\phi_E + S_u \tag{7-34}$$

式中

$$a_P = a_W + a_E + (F_e - F_w) - S_p$$

其他节点的情况如下表所示

| 节点 | $a_W$ | $a_E$ | $S_p$ | $S_u$ |
|---|---|---|---|---|
| 1 | 0 | $D$ | $-(2D+F)$ | $(2D+F)\phi_A$ |
| 2,3,4 | $D+F$ | $D$ | 0 | 0 |
| 5 | $D+F$ | 0 | $-2D$ | $2D\phi_B$ |

读者目前对计算系数的构成和求解方程的过程已经熟悉了。由于过程非常简短，我们将这一项留为练习并对结果进行评估。由方程(7-15)给出的分析解与上风差分格式所求的数值解相比较，如表 7-6 和图 7-12 所示。

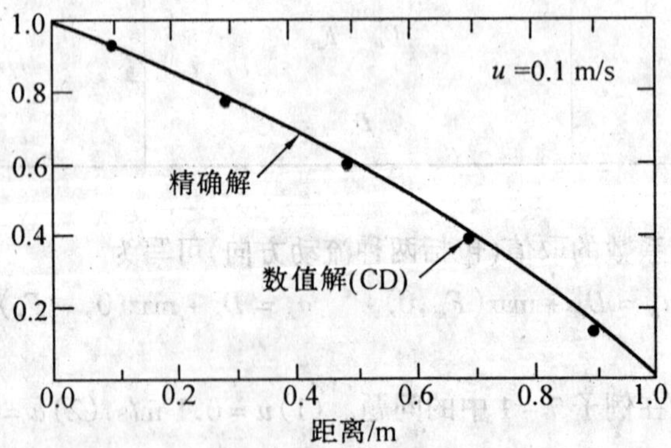


**图 7-12 情况 1 中上风差分格式数值解与分析解的比较**

**情况 1**

$u = 0.1$ m/s，$F = \rho u = 0.1$，$D = \Gamma/\delta x = 0.1/0.2 = 0.5$，$Pe = F/D = 0.2$。表 7-6 和图 7-12 表明上风差分格式在这样的贝克列数条件下会有很好的结果。

表 7－6

| 节点 | 间距 | 有限容积解 | 分析解 | 误差 | 误差百分比 |
|---|---|---|---|---|---|
| 1 | 0.1 | 0.933 7 | 0.938 7 | 0.005 | 0.53 |
| 2 | 0.3 | 0.787 9 | 0.796 3 | 0.008 | 1.05 |
| 3 | 0.5 | 0.613 0 | 0.622 4 | 0.009 | 1.51 |
| 4 | 0.7 | 0.403 1 | 0.410 0 | 0.007 | 1.68 |
| 5 | 0.9 | 0.151 2 | 0.150 5 | －0.001 | －0.02 |

**情况 2**

$u=0.2$ m/s，$F=\rho u=2.5$，$D=\Gamma/\delta x=0.1/0.2=0.5$，$Pe=F/D=5$。表 7－7 和图 7－13 给出了数值结果与分析解的比较。

表 7－7

| 节点 | 间距 | 有限容积解 | 分析解 | 误差 | 误差百分比 |
|---|---|---|---|---|---|
| 1 | 0.1 | 0.999 8 | 0.999 9 | 0.0001 | 0.00 |
| 2 | 0.3 | 0.998 7 | 0.999 9 | 0.001 | 0.01 |
| 3 | 0.5 | 0.992 1 | 0.999 9 | 0.007 | 0.70 |
| 4 | 0.7 | 0.952 4 | 0.999 4 | 0.047 | 4.70 |
| 5 | 0.9 | 0.714 3 | 0.894 6 | －0.180 | 20.15 |

前面已看到中心差分格式不能通过相同的网格划分产生合理的结果。而上风格式则产生了更切合实际的结果，但其结果在边界附近并不是十分接近精确解。

### 7.6.1　对上风差分格式的评价

#### 7.6.1.1　守恒性

上风差分格式使用了一致的表达式来计算通过单元面的通量，因此它能容易地表达公式的守恒性。

#### 7.6.1.2　有界性

离散方程的系数总是正的并满足有界性的要求，当流动满足连续性，$a_P$ 中的 $F_e-F_w$ 项是 0（见方程（7－31）），并有 $a_P=a_W+a_E$ 这对于稳定的迭代计算是令人满意的，所有的系数均为正并且系数矩阵满足主对角占优，因而在计算中不会有“摆动”产生。

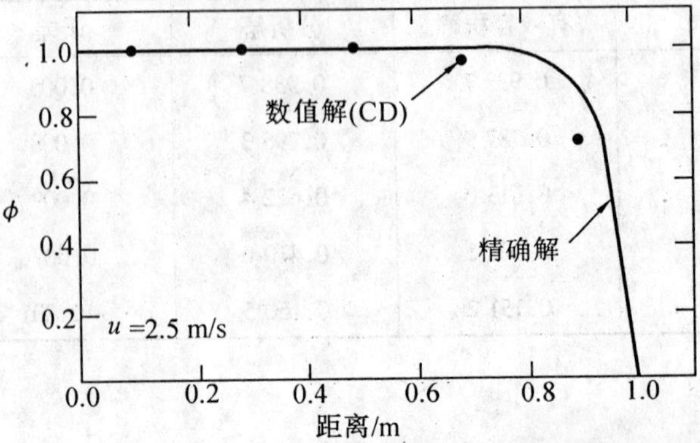


图 7-13　情况 2 上风差分格式数值解与分析解的比较

#### 7.6.1.3　输运性

上风格式考虑了流动的方向,因此,输运性便体现在公式中。

#### 7.6.1.4　准确性

上风格式是以向后差分公式为基础的,基于泰勒级数的舍入误差,该格式的精度仅仅是一阶的。

由于简单,上风差分格式已被广泛地应用到早期 CFD 的计算中去。它能容易地被延伸到多维的问题中去,且只需重复应用上风方法。在每一个坐标方向上,方程(7-31)的系数都体现了上风特点。该格式的一个主要缺点是当流动并不沿着网格线的时候会产生错误结果。上风差分格式使得这类问题中输运量的分布变得模糊。结果呈现了像扩散一样的现象,称为伪扩散。其影响可以通过一个在流动方向与直角坐标成一定角度的区域内使用上风差分格式计算标量的输运来说明。

在图 7-14 中,有一区域每处都有 $u = v = 2$ m/s,所以速度场是相同的并平行于穿过网格的对角线(实线)。标量的边界条件是沿着南部和东部边界时 $\phi = 0$,在西部和北部边界,$\phi = 100$。连接第一个和最后一个网格点的对角线与边界网格节点的交叉点被赋予 $\phi = 50$。

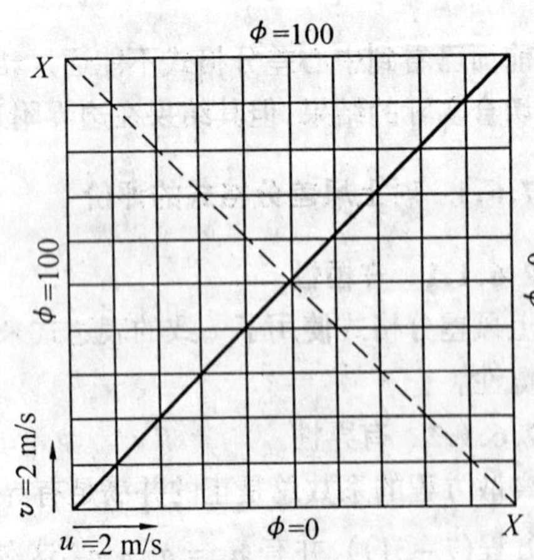


图 7-14　说明伪扩散的流动区域

为了确认由于上风格式而导致的伪扩散,考虑一个没有物理扩散的纯对流过程,没有 $\phi$ 的源项,而且考虑定常状态解。在这个算例中,我们已经知道正确的解。当流动平行于实对角线时,在对角线以上所有节点的值为 $\phi = 100$,在对角线以下所有节点的值为 $\phi = 0$。伪扩散的程度可以通过计算 $\phi$ 的分布以及沿着对角线($X - X$)绘制的结果显示出来。因为没有物理扩散,当对角线($X - X$)穿过实对角线时,精确解将显示出 $\phi$ 从100到0的阶跃变化,不同网格的计算结果在图7-15连同精确解一起被表示出来。而数值解得到的是变化抹平了的图线。

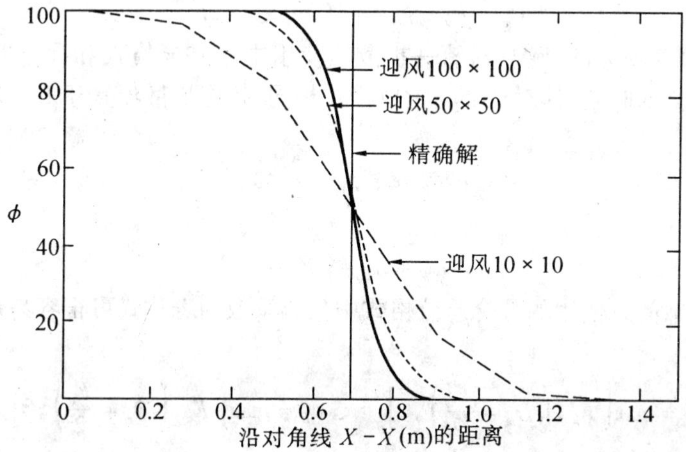


**图7-15 数值解与精确解的比较**

网格越粗误差越大,该图显示出网格的改进,在原则上能够克服伪扩散的问题。网格50×50和100×100的计算结果所表示的曲线更接近精确解。在实际的流场计算中,为了消除伪扩散而要求采用的网格精细程度其代价可能是无法承受的。试验表明,在高雷诺数流动中,伪扩散可能很严重以致会导致物理上不正确的结果。因此,上风格式对于准确的流场计算不是完全适合的,大量的研究在寻求改进的离散格式。

## 7.7 混合差分格式

Spalding(1972)提出的混合差分格式是以结合中心和上风差分格式为基础的。中心差分格式拥有二阶精度,适用于贝克列数 $Pe > 2$。上风格式有一阶精度但是由于考虑了输运性,可用于贝克列数 $Pe \geqslant 2$。前面,我们讨论了没有源项的一维对流—扩散问题的离散方法。这一方程可被解释为通量平衡方程。混合差分格式采用以当地贝克列数为基础的分段公式计算穿过每个控制体表面的净通量。在每个控制体表面上的贝克列数可用下式计算,例如,在西侧表面为

$$Pe_w = \frac{F_w}{D_w} = \frac{(\rho u)_w}{\Gamma_w / \delta x_{wp}} \tag{7-35}$$

穿过 $w$ 面的单位面积净通量的混合差分法公式如下：

$$q_w = F_w\left[\frac{1}{2}\left(1+\frac{2}{Pe_w}\right)\phi_W + \frac{1}{2}\left(1-\frac{2}{Pe_w}\right)\phi_P\right] \qquad (-2 < Pe_w < 2)$$

$$q_w = F_w A_w \phi_W \qquad (Pe_w \geqslant 2)$$

$$q_w = F_w A_w \phi_P \qquad (Pe_w \leqslant -2) \tag{7-36}$$

可以看出，对于低贝克列数的情况，对流—扩散项使用中心差分格式和混合差分格式是相同的。但是当 $|Pe|>2$ 的时候，其对流项与上风格式相同，并将扩散项置于 0。离散方程的一般形式是

$$a_P\phi_P = a_W\phi_W + a_E\phi_E \tag{7-37}$$

中心系数为

$$a_P = a_W + a_E + (F_e - F_w)$$

定常一维对流—扩散问题使用的混合差分格式中相邻系数的表达式可很容易地得出如下

$$a_W = \max\left[F_w, \left(D_w + \frac{F_w}{2}\right), 0\right] \qquad a_E = \max\left[F_e, \left(D_e + \frac{F_e}{2}\right), 0\right]$$

**例 7-3**

$u = 2.5$ m/s，使用混合格式来解决在例 7-1 中算例 2 曾计算过的问题。将 5 个节点与 25 个节点进行比较。

**解**

如果使用例 7-1 中算例 2 中 5 个节点的数据，当 $u = 2.5$ m/s 时，则有

$$F = F_e = F_w = \rho u = 2.5, D = D_e = D_w = \Gamma / \delta x = 0.5$$

因此贝克列数 $Pe_w = Pe_e = \rho u \delta x / \Gamma = 5$。因为贝克列数大于 2，混合格式会使对流项使用上风格式并使扩散项为 0。

内节点 2,3,4 的离散方程以及它的系数可通过式(7-37)来定义，节点 1 和 5 的边界条件需要特别的处理。在边界节点 1，我们可写出如下形式

$$F_e\phi_P - F_A\phi_A = 0 - D_A(\phi_P - \phi_A) \tag{7-38}$$

在节点 5 有

$$F_B\phi_P - F_w\phi_W = D_B(\phi_B - \phi_P) - 0 \tag{7-39}$$

在边界上，扩散通量从右侧进入且对流通量能够通过上风方法给出，于是便有 $F_A = F_B = F$，$D_B = 2\Gamma/\delta x = 2D$。所以离散方程可以写成下式

$$a_P\phi_P = a_W\phi_W + a_E\phi_E + S_u \tag{7-40}$$

和

$$a_P = a_W + a_E + (F_e - F_w) - S_P$$

| 节点 | $a_W$ | $a_E$ | $S_p$ | $S_u$ |
|---|---|---|---|---|
| 1 | 0 | 0 | $-(2D+F)$ | $(2D+F)\phi_A$ |
| 2,3,4 | $F$ | 0 | 0 | 0 |
| 5 | $F$ | 0 | $-2D$ | $2D\phi_B$ |

代入数据，给出表 7-8 中列出的系数值。

**表 7-8 节点周围系数值情况**

| 节点 | $a_W$ | $a_E$ | $S_u$ | $S_p$ | $a_P = a_W + a_E - S_p$ |
|---|---|---|---|---|---|
| 1 | 0 | 0 | $3.5\phi_A$ | -3.5 | 3.5 |
| 2 | 2.5 | 0 | 0 | 0 | 2.5 |
| 3 | 2.5 | 0 | 0 | 0 | 2.5 |
| 4 | 2.5 | 0 | 0 | 0 | 2.5 |
| 5 | 2.5 | 0 | $1.0\phi_B$ | -1.0 | 3.5 |

方程组的矩阵形式是

$$\begin{bmatrix} 3.5 & 0 & 0 & 0 & 0 \\ -2.5 & 2.5 & 0 & 0 & 0 \\ 0 & -2.5 & 2.5 & 0 & 0 \\ 0 & 0 & -2.5 & 2.5 & 0 \\ 0 & 0 & 0 & -2.5 & 3.5 \end{bmatrix} \begin{bmatrix} \phi_1 \\ \phi_2 \\ \phi_3 \\ \phi_4 \\ \phi_5 \end{bmatrix} = \begin{bmatrix} 3.5 \\ 0 \\ 0 \\ 0 \\ 0 \end{bmatrix} \tag{7-41}$$

解的结果是

$$\begin{bmatrix} \phi_1 \\ \phi_2 \\ \phi_3 \\ \phi_4 \\ \phi_5 \end{bmatrix} = \begin{bmatrix} 1.0 \\ 1.0 \\ 1.0 \\ 1.0 \\ 0.7143 \end{bmatrix} \tag{7-42}$$

表 7-9 是数值解与分析解的对比。因为在单元贝克列数很大的情况下，它们与纯上风差分是一样的。当网格精细到一定程度，从 $Pe<2$，格式回复到中心差分并产生了精确解。这一

点通过使用 25 个节点 $\delta_x = 0.04$ m, $F = D = 2.5$ 而得到了证明。粗网格同精细网格的计算结果在图 7-16 的分析解中已被显示出来。在 $Pe = 1$ 的情况下,混合格式回复到中心差分,可以看出用精细网格得到的结果是非常好的。

表 7-9 数值解与解析解的比较

| 节点 | 间距 | 有限容积解 | 分析解 | 误差 | 误差百分比 |
|---|---|---|---|---|---|
| 1 | 0.1 | 1.0 | 0.999 9 | -0.000 1 | -0.01 |
| 2 | 0.3 | 1.0 | 0.999 9 | -0.000 1 | -0.01 |
| 3 | 0.5 | 1.0 | 0.999 9 | -0.000 1 | -0.01 |
| 4 | 0.7 | 1.0 | 0.999 4 | -0.000 6 | -0.06 |
| 5 | 0.9 | 1.0 | 0.894 6 | 0.184 3 | 20.15 |

### 7.7.1 混合差分格式的评价

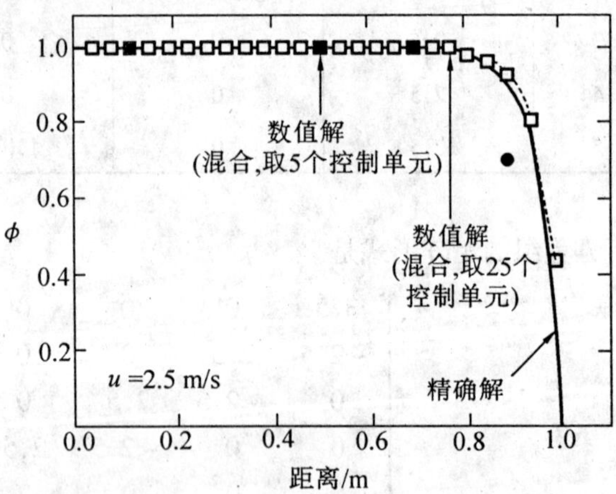


图 7-16 数值解与解析解的比较

混合差分格式充分利用了上风和中心差分格式的有利特性。当中心差分格式在高贝克列数下不能产生准确结果的时候,它采用了上风格式。这个格式是完全守恒的,而且因为系数总是正的,所以解是无条件有界的。当贝克列数很高时,使用上风差分公式可以满足输运性的要求。混合格式产生了切合物理实际的解,而且与本章下面要讨论的更高阶格式相比具有良好的稳定性。混合格式已被广泛应用在不同的计算流体动力学程序中,并证明对于预测实际流动是非常有用的,不足之处是,按泰勒级数的截断误差来说,其精度仍然是一阶的。

### 7.7.2 多维对流—扩散问题的混合差分格式

混合差分格式很容易延伸到二维和三维问题中去,只需在每一个坐标方向上重复使用该方法。包括各种情况的离散方程如下式

$$a_P\phi_P = a_W\phi_W + a_E\phi_E + a_S\phi_S + a_N\phi_N + a_B\phi_B + a_T\phi_T \tag{7-43}$$

中心系数

$$a_P = a_W + a_E + a_S + a_N + a_B + a_T + \Delta F$$

对于混合差分格式,该方程的系数为

| | 一维流动 | 二维流动 | 三维流动 |
|---|---|---|---|
| $a_W$ | $\max\left[F_w,\left(D_w+\frac{F_w}{2}\right),0\right]$ | $\max\left[F_w,\left(D_w+\frac{F_w}{2}\right),0\right]$ | $\max\left[F_w,\left(D_w+\frac{F_w}{2}\right),0\right]$ |
| $a_E$ | $\max\left[-F_e,\left(D_e-\frac{F_e}{2}\right),0\right]$ | $\max\left[-F_e,\left(D_e-\frac{F_e}{2}\right),0\right]$ | $\max\left[-F_e,\left(D_e-\frac{F_e}{2}\right),0\right]$ |
| $a_S$ | | $\max\left[F_s,\left(D_s+\frac{F_s}{2}\right),0\right]$ | $\max\left[F_s,\left(D_s+\frac{F_s}{2}\right),0\right]$ |
| $a_N$ | | $\max\left[-F_n,\left(D_n-\frac{F_n}{2}\right),0\right]$ | $\max\left[-F_n,\left(D_n-\frac{F_n}{2}\right),0\right]$ |
| $a_B$ | | | $\max\left[F_b,\left(D_b+\frac{F_b}{2}\right),0\right]$ |
| $a_T$ | | | $\max\left[-F_t,\left(D_t-\frac{F_t}{2}\right),0\right]$ |
| $\Delta F$ | $F_e - F_w$ | $F_e - F_w + F_n - F_s$ | $F_e - F_w + F_n - F_s + F_t - F_b$ |

$F$ 和 $D$ 的值可通过以下公式计算

| 表面 | $w$ | $e$ | $s$ | $n$ | $b$ | $t$ |
|---|---|---|---|---|---|---|
| $F$ | $(\rho u)_w A_w$ | $(\rho u)_e A_e$ | $(\rho u)_s A_s$ | $(\rho u)_n A_n$ | $(\rho u)_b A_b$ | $(\rho u)_t A_t$ |
| $D$ | $\frac{\Gamma_w}{\delta x_{WP}} A_w$ | $\frac{\Gamma_e}{\delta x_{PE}} A_e$ | $\frac{\Gamma_s}{\delta x_{SP}} A_s$ | $\frac{\Gamma_n}{\delta x_{PN}} A_n$ | $\frac{\Gamma_b}{\delta x_{BP}} A_b$ | $\frac{\Gamma_t}{\delta x_{PT}} A_t$ |

为了满足二维和三维问题的边界条件,可按(7-40)式来修改这些系数。

## 7.8 幂函数格式

Patanker(1980)提出的幂函数律差分格式更准确地接近于一维的精确解,产生了比混合格式更好的计算结果。在这一格式中,当 $Pe$ 超过 10 时,扩散被置为 0。如果 $0<Pe<10$,通量通过多项式来表达。例如,在控制体西侧面的每单位面积上的净通量可通过下式来计算

$$q_w = F_W\left[\phi_W - \beta_w(\phi_P - \phi_W)\right] \quad (0<Pe<10) \tag{7-44a}$$

式中 $\beta=(1-0.1Pe_w)^5/Pe_w$

$$q_w = F_w\phi_W \qquad (Pe>10) \tag{7-44b}$$

对于定常一维对流—扩散问题,使用幂函律数格式得到的一维离散方程的系数可通过下式给出中心系数

$$a_P = a_W + a_E + (F_e - F_w)$$

以及

$$a_W = D_w\max[0,(1-0.1|Pe_w|)^5]+\max[F_w,0]$$
$$a_E = D_e\max[0,(1-0.1|Pe_e|)^5]+\max[-F_e,0]$$

幂函数律差分格式的特性与混合格式的特性相似。幂函数差分格式对于一维问题更加准确,因为它更接近于精确解。已证明该格式在实际的流体计算中很有用,可用作对混合格式的一种替代选择。

## 7.9 对流—扩散问题中更高阶的差分格式

由于泰勒级数的舍入误差,混合格式和上风格式的精度是一阶的。使用上风格式确保格式有很好的稳定性并遵守输运性的要求。但是一阶精度使它们更易产生数值扩散误差。可以通过使用更高精度的离散方法把这种误差减小到最低。更高阶的格式包括更多的相邻点,通过更广泛的影响而减小离散误差。带有二阶精度的中心差分格式已被证明是不稳定的且不具有输运特性。没有考虑流动方向的公式是不稳定的,因此需要更高精度的格式,使其保持上风格式的稳定性和对流动方向有足够的敏感性。一些广泛使用的措施将在下面讨论。

### 7.9.1 二次上风差分格式:QUICK 格式

Leanard(1979)提出的对于对流运动的二次上游内插(QUIKE)格式,计算单元面的值时采用一种三点上游加权二次内插格式。$\phi$ 的表面值按一个通过三个节点的二次函数得出,这三个节点中有两个包围该表面的节点(在该表面两侧)和一个上游侧节点(图 7-17)。

例如,当 $u_w>0$ 和 $u_e>0$ 时,一个通过 $WW$,$W$ 和 $P$ 的二次拟合被用于计算 $\phi_w$,而又一个通过 $W$,$P$ 和 $E$ 的二次拟合被用于计算 $\phi_e$。对于 $u_w<0$ 和 $u_e<0$,在 $W$,$P$ 和 $E$ 的 $\phi$ 值被用于计算 $\phi_w$,而在 $P$,$E$ 和 $EE$ 的 $\phi$ 值则用于计算 $\phi_e$。可以证明,对于均匀的网格,单元表面的 $\phi$ 值可以按两个包围节点 $i$ 和 $i-1$ 以及上游节点 $i-2$ 来计算

$$\phi_{face} = \frac{6}{8}\phi_{i-1} + \frac{3}{8}\phi_i - \frac{1}{8}\phi_{i-2} \tag{7-45}$$

当 $u_w>0$,对于西面 $w$ 的包围节点是 $W$ 和 $P$,上游节点是 $WW$(图 7-17),并且

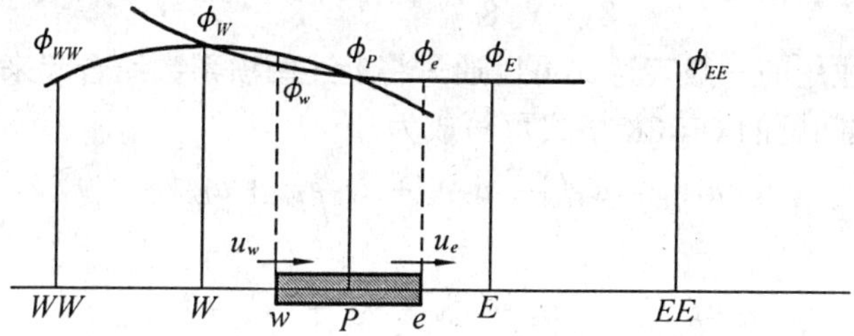


图 7-17 在 QUICK 格式中应用的二次曲线

$$\phi_w = \frac{6}{8}\phi_W + \frac{3}{8}\phi_p - \frac{1}{8}\phi_{WW} \tag{7-46}$$

当 $u_e > 0$ 时,对于东面 $e$ 的包围节点是 $P$ 和 $E$,上游节点是 $W$,所以

$$\phi_e = \frac{6}{8}\phi_p + \frac{3}{8}\phi_E - \frac{1}{8}\phi_W \tag{7-47}$$

扩散项可以使用适当抛物线的梯度来计算。在均匀网格中,这种方式对于扩散项给出了与中心差分格式相同的表达式。如果 $F_e > 0$ 和 $F_w > 0$,对对流项使用方程(7-46)~(7-47)以及对扩散项使用中心差分格式,则一维对流—扩散输运方程的离散形式可以写成

$$\left[F_e\left(\frac{6}{8}\phi_P + \frac{3}{8}\phi_E - \frac{1}{8}\phi_W\right) - F_w\left(\frac{6}{8}\phi_W + \frac{3}{8}\phi_P - \frac{1}{8}\phi_{WW}\right)\right] = D_e(\phi_E - \phi_P) - D_w(\phi_P - \phi_W)$$

也可以改写为

$$\left[D_w - \frac{3}{8}F_w + D_e + \frac{6}{8}F_e\right]\phi_P = \left[D_w + \frac{6}{8}F_W + \frac{1}{8}F_e\right]\phi_W + \left[D_e - \frac{3}{8}F_e\right]\phi_E - \frac{1}{8}F_w\phi_{WW} \tag{7-48}$$

写成离散方程的标准形式

$$a_P\phi_P = a_W\phi_W + a_E\phi_E + a_{WW}\phi_{WW} \tag{7-49}$$

式中 $a_W = D_w - \frac{6}{8}F_w + \frac{1}{8}F_e$, $a_E = D_e - \frac{3}{8}F_e$, $a_{WW} = -\frac{1}{8}F_w$

$$a_p = a_W + a_E + a_{WW} + (F_e - F_w)$$

对于 $F_e < 0$ 和 $F_w < 0$,穿过西东边界的 $\phi$ 值可以表示为

$$\phi_w = \frac{6}{8}\phi_p + \frac{3}{8}\phi_W - \frac{1}{8}\phi_E$$

$$\phi_e = \frac{6}{8}\phi_E + \frac{3}{8}\phi_p - \frac{1}{8}\phi_{EE} \tag{7-50}$$

将这两个公式代入离散对流—扩散方程(7-9)中的对流项,用中心差分代扩散项,按以上方程重新安排,得出以下系数

$$a_W = D_w + \frac{3}{8}F_w,\ a_E = D_w - \frac{6}{8}F_e + \frac{1}{8}F_w,\ a_{EE} = \frac{1}{8}F_e,\ a_p = a_W + a_{EE} + (F_e - F_w)$$

对于正、负向流动都适用的一般表达式可以通过将上述两项系数结合起来的方法而得到。

一维对流—扩散问题的 QUICK 格式可写成为

$$a_P\phi_P = a_W\phi_W + a_E\phi_E + a_{WW}\phi_{WW} + a_{EE}\phi_{EE} \tag{7-51}$$

中心系数为

$$a_P = a_W + a_E + a_{WW} + a_{EE} + (F_e - F_w)$$

相邻系数为

| $a_W$ | $a_E$ | $a_{WW}$ | $a_P$ |
|---|---|---|---|
| $D_w + \frac{3}{8}\alpha_w F_w + \frac{1}{8}\alpha_e F_e + \frac{3}{8}(1-\alpha_w)F_w$ | $-\frac{1}{8}\alpha_w F_w$ | $D_e - \frac{3}{8}\alpha_e F_e - \frac{6}{8}(1-\alpha_e)F_e - \frac{3}{8}(1-\alpha_w)F_w$ | $\frac{1}{8}(1-\alpha_e)F_e$ |

式中 $F_w > 0$ 时，$\alpha_w = 1$；$F_e > 0$ 时，$\alpha_e = 1$

$F_w < 0$ 时，$\alpha_w = 0$；$F_e < 0$ 时，$\alpha_e = 0$

**例 7－4**

使用 QUICK 格式来求解有 5 个节点，$u = 2.0$ m/s 在例 7－1 中求解过的问题，并把 QUICK 格式的计算结果与精确解和中心差分格式的结果相比较。

**解：**

在例 7－1 中曾经介绍过在 5 个网格节点上进行离散。由该例子的已有数据，$u = 0.2$ m/s，$F = F_e = F_w = 0.2$，$D = D_e = D_w = 0.5$，所以贝克列数是 $Pe_w = Pe_e = \rho u\delta x/\Gamma = 0.4$。使用 QUICK 格式在内节点 3 和 4 得到的离散方程，连同它的系数由式(7－51)给出。

在 QUICK 格式中，在网格边界的 $\phi$ 值用方程(7－46)～(7－47)来计算。这些公式使用了 3 个节点值。节点 1，2 和 5 都受到了区域近似值的影响并需要分别对待。在边界节点 1 的 $\phi$ 值由网格西面的值给出($\phi_w = \phi_A$)，但不能使用西面的节点，可以通过式(7－47)来计算东面的值 $\phi_e$。为了解决这个问题 Leonard(1979)建议使用一种线性外推法在距离物理边界西面 $\delta x/2$ 处建立一

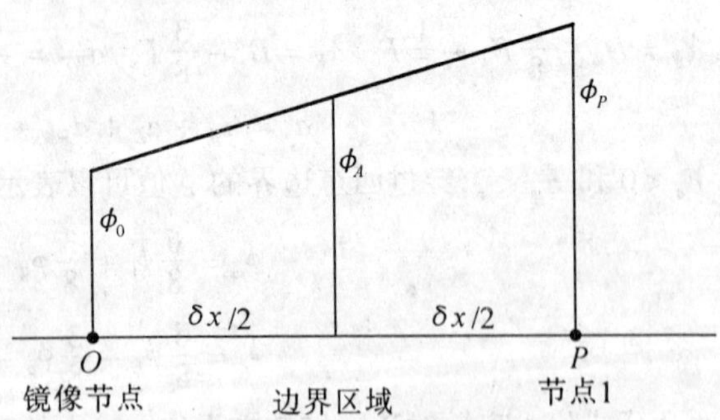


图 7－18　在边界上放置能反映真实情况的节点

个镜像节点，如图7-18所示。很容易看出在该镜像节点上的线性外推值可以通过下式给出

$$\phi_0 = 2\phi_A - \phi_P \tag{7-52}$$

外推到该镜像节点使我们有了使用公式(7-47)所需要的 $W$ 节点。这些公式可用来计算控制容积1东侧 $\phi_e$ 的值

$$\phi_e = \frac{6}{8}\phi_P + \frac{3}{8}\phi_E - \frac{1}{8}(2\phi_A - \phi_P) = \frac{7}{8}\phi_P + \frac{3}{8}\phi_E - \frac{2}{8}\phi_A \tag{7-53}$$

在边界节点处，梯度必须通过使用与公式(7-53)一致的表达式来进行计算。通过西侧边界的扩散通量可以通过下式给出

$$\Gamma \frac{\partial \phi}{\partial x}\bigg|_A = \frac{D_A}{3}(9\phi_P - 8\phi_A - \phi_E) \tag{7-54}$$

在节点1的离散方程为

$$F_e\left[\frac{7}{8}\phi_P + \frac{3}{8}\phi_E - \frac{2}{8}\phi_A\right] - F_A\phi_A = D_e(\phi_E - \phi_P) - \frac{D_A}{3}(9\phi_P - 8\phi_A - \phi_E) \tag{7-55}$$

控制容积5东面上的 $\phi$ 值是已知的($\phi_e = \phi_B$)，通过东侧边界的扩散通量可由下式给出

$$\Gamma \frac{\partial \phi}{\partial x}\bigg|_B = \frac{D_B}{3}(8\phi_B - 9\phi_P - \phi_W) \tag{7-56}$$

在节点5，离散方程成为

$$F_B\phi_B - F_w\left[\frac{6}{8}\phi_W + \frac{3}{8}\phi_P - \frac{1}{8}\phi_{WW}\right] = \frac{D_B}{3}(8\phi_B - 9\phi_P + \phi_W) - D_w(\phi_P - \phi_W) \tag{7-57}$$

由于使用了一个特定的表达式计算在控制容积1东侧的值，所以必须使用同样的表达式来计算通过控制容积2西侧的对流通量，以确保通量的一致性。所以在节点2，有

$$F_e\left[\frac{6}{8}\phi_P + \frac{3}{8}\phi_E - \frac{1}{8}\phi_W\right] - F_w\left[\frac{7}{8}\phi_W + \frac{3}{8}\phi_P - \frac{2}{8}\phi_A\right] = D_e(\phi_E - \phi_P) - D_w(\phi_P - \phi_W) \tag{7-58}$$

对于节点1,2和5的离散方程可以写成标准形式

$$a_P\phi_P = a_{WW}\phi_{WW} + a_W\phi_W + a_E\phi_E + S_u \tag{7-59}$$

和

$$a_P = a_{WW} + a_W + a_E + (F_e - F_w) - S_P$$

以及

| 节点 | $a_{WW}$ | $a_W$ | $a_E$ | $S_P$ | $S_u$ |
|---|---|---|---|---|---|
| 1 | 0 | 0 | $D_e+\frac{1}{3}D_A-\frac{3}{8}F_e$ | $-\left(\frac{8}{3}D_A+\frac{2}{8}F_e+F_A\right)$ | $\left(\frac{8}{3}D_A+\frac{2}{8}F_e+F_A\right)\phi_A$ |
| 2 | 0 | $D_w+\frac{7}{8}F_w+\frac{1}{8}Fe$ | $D_e-\frac{3}{8}F_e$ | $\frac{1}{4}F_w$ | $-\frac{1}{4}F_w\phi_A$ |
| 3 | $-\frac{1}{8}F_w$ | $D_w+\frac{1}{3}D_B+\frac{6}{8}F_w$ | 0 | $-\left(\frac{8}{3}D_B-F_B\right)$ | $\left(\frac{8}{3}D_B-F_B\right)\phi_B$ |

代入数值后得到表 7 – 10 中给出的系数值

表 7 – 10

| 节点 | $a_W$ | $a_E$ | $a_{WW}$ | $S_u$ | $S_P$ | $a_P$ |
|---|---|---|---|---|---|---|
| 1 | 0 | 0.592 | 0 | $1.583\phi_A$ | –1.583 | 2.175 |
| 2 | 0.7 | 0.425 | 0 | 0.05 | 0.05 | 1.075 |
| 3 | 0.675 | 0.425 | –0.025 | 0 | 0 | 1.075 |
| 4 | 0.675 | 0.425 | –0.025 | 0 | 0 | 1.075 |
| 5 | 0.817 | 0 | –0.025 | $1.133\phi_B$ | –1.133 | 1.925 |

方程组的矩阵形式是

$$\begin{bmatrix} 2.175 & -0.592 & 0 & 0 & 0 \\ -0.7 & 1.075 & -0.425 & 0 & 0 \\ 0.025 & -0.675 & 1.075 & -0.425 & 0 \\ 0 & 0.025 & -0.675 & 1.075 & -0.425 \\ 0 & 0 & 0.025 & -0.817 & 1.925 \end{bmatrix} \begin{bmatrix} \phi_1 \\ \phi_2 \\ \phi_3 \\ \phi_4 \\ \phi_5 \end{bmatrix} = \begin{bmatrix} 1.583 \\ -0.05 \\ 0 \\ 0 \\ 0 \end{bmatrix} \tag{7-60}$$

解的结果是

$$\begin{bmatrix} \phi_1 \\ \phi_2 \\ \phi_3 \\ \phi_4 \\ \phi_5 \end{bmatrix} = \begin{bmatrix} 0.9648 \\ 0.8707 \\ 0.7309 \\ 0.5226 \\ 0.2123 \end{bmatrix} \tag{7-61}$$

图 7 – 19 表明使用 QUICK 解法非常接近精确解。表 7 – 11 证实即使在粗网格的情况下，误差也是很小的。用以上给出的数据按照例 7 – 1 给出的步骤还给出了中心差分方法的计算

结果(CD解)。在表7-11中对绝对误差求和,表明QUICK格式比中心差分格式更精确。

表7-11

| 节点 | 间距 | 分析解 | QUICK解 | 误差 | CD解 | 误差 |
|---|---|---|---|---|---|---|
| 1 | 0.1 | 0.965 3 | 0.964 8 | 0.000 5 | 0.969 6 | 0.004 3 |
| 2 | 0.3 | 0.871 3 | 0.870 7 | 0.000 6 | 0.878 6 | 0.007 3 |
| 3 | 0.5 | 0.731 0 | 0.730 9 | 0.000 1 | 0.742 1 | 0.011 1 |
| 4 | 0.7 | 0.521 0 | 0.522 6 | -0.000 8 | 0.537 4 | 0.015 6 |
| 5 | 0.9 | 0.209 6 | 0.212 3 | -0.002 7 | 0.230 3 | 0.020 7 |
| 绝对误差总和 | | | | 0.004 7 | | 0.059 |

### 7.9.2　对QUICK格式的评价

在计算单元容积面处的通量时，这个格式总是在两个包围节点和一个上游节点间进行二次内插,给出的是二次曲线,因此这个格式是守恒的。由于这个格式是以二次函数为基础的,在均匀网格上,其误差用泰勒级数的截断误差来看是三阶的。因为二次函数是以两个上游和一个下游的节点值为基础的,因而该格式也包含了输运性。如果流场满足连续性,系数 $a_P$ 等于所有相邻系数之和,而这正是有界性所需要的。

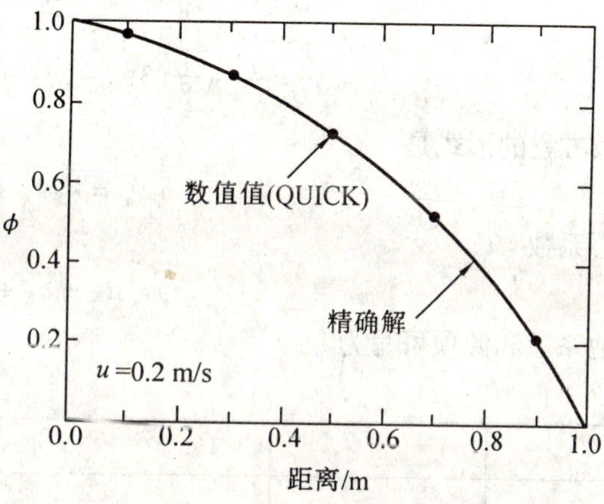


图7-19　QUICK求解和分析解的比较

不利因素是,主要系数($E$和$W$)并不能保证为正,并且 $a_{WW}$ 和 $a_{EE}$ 的系数是负的。例如,如果 $u_w>0, u_e>0$,东侧系数在贝克列数相对适中的情况下变为负的($Pe_e=F_e/D_e>8/3$),这就在一定的流动条件下产生了稳定性问题以及无界解的问题。同样当流动沿负方向时西侧系数也可能变为负的。因此QUICK格式是有条件稳定的。

另一个显著特点是离散方程包括的不仅仅是直接相邻的节点还包含更远的节点。三对角矩阵求解方法不能直接应用。

### 7.9.3 QUICK 格式的稳定性问题和补救措施

上面所提到的那种形式的 QUICK 格式由于出现了负值的主要系数而可能是不稳定的,为了减轻稳定性的问题,已经有了不同的方法改进其计算公式。这些公式都在源项中置有负系数以便使主系数为正。比较实用的方法是进行适当加权以便有更好的稳定性并尽可能保证出现正系数。一些更好的实践措施,在 Han 等人(1981), Pollard 和 Siu(1982), Hayase 等人(1992)的著作中有所描述。可以概括并重组 QUICK 格式的措施和寻求到一种稳定而快速收敛的格式,Hayase 等人(1990)已完成。

实用的 QUICK 格式可用下列方式来描述

$$\left.\begin{aligned}
\phi_w &= \phi_W + \frac{1}{8}(3\phi_P - 2\phi_W - \phi_{WW}) \qquad (F_w > 0)\\
\phi_e &= \phi_P + \frac{1}{8}(3\phi_E - 2\phi_P - \phi_W) \qquad (F_e > 0)\\
\phi_w &= \phi_P + \frac{1}{8}(3\phi_W - 2\phi_P - \phi_E) \qquad (F_w < 0)\\
\phi_e &= \phi_E + \frac{1}{8}(3\phi_P - 2\phi_E - \phi_{EE}) \qquad (F_e < 0)
\end{aligned}\right\} \tag{7-62}$$

离散方程的形式是

$$a_P\phi_P = a_W\phi_W + a_E\phi_E + \bar{S} \tag{7-63}$$

中心系数

$$a_P = a_W + a_E + (F_e - F_w)$$

其他系数和源项可写为

| $a_W$ | $a_E$ | $\bar{S}$ |
|---|---|---|
| $D_w + \alpha_w F_w$ | $D_e - (1-\alpha_e)F_e$ | $\frac{1}{8}(3\phi_P - 2\phi_W - \phi_{WW})\alpha_w F_w + \frac{1}{8}(\phi_W + 2\phi_P - 3\phi_E)\alpha_e F_e + \frac{1}{8}(3\phi_W - 2\phi_P - \phi_E)(1-\alpha_w)F_w + \frac{1}{8}(2\phi_E + \phi_{EE} - 3\phi_P)(1-\alpha_e)F_e$ |

式中 $F_w > 0$ 时,$\alpha_w = 1$;$F_e > 0$ 时,$\alpha_e = 1$;

$F_w < 0$ 时,$\alpha_w = 0$;$F_e < 0$ 时,$\alpha_e = 0$。

这样的格式可保证系数总是正的并满足守恒性,有界性,输运性的要求。应注意的是所有 QUICK 格式的变形,包括由 Hayase 等人改进的这种形式,收敛时都能得到相同的解。

### 7.9.4 对于 QUICK 差分格式的一般性评价

QUICK 差分格式比中心差分和混合格式具有更高的精确性。它保留了上风的加权特性，产生的伪扩散很小。在粗网格上求解经常比上风和混合格式更加精确。图 7-20 给出了将上风格式和 QUICK 格式用于 7.6.1 中考虑过的二维算例的结果比较。可以看出，用 50×50 的网格计算出的 QUICK 格式的解与准确解的匹配程度比上风格式要精确得多。

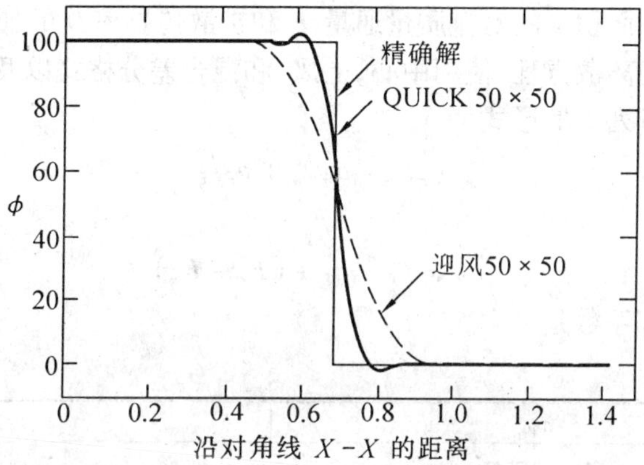


图 7-20 比较 QUICK 和上风格式求解的二维算例

从图 7-20 可以看出，QUICK 格式可能给出数值过低和数值过高的问题。在复杂流动的计算中，采用 QUICK 格式可能会因这种越界的数值结果而导致微妙的问题：例如，在 $k-\varepsilon$ 模型计算中可能产生负的湍流动能。数值过低或过高的可能性在对解法说明时是需要考虑的问题。

## 7.10 其他的高阶格式

应用离散对流项的三阶和三阶以上的格式已取得了不同程度的成功。应用这种较高阶的格式来实现边界条件也是存在问题的。计算花费的时间是另一项在使用较高阶格式时需要考虑的因素。QUICK 格式可能给出“过高”或“过低”的数值结果的事实已经引导人们致力于发展能防止这些问题的二阶格式。有一类称为“总偏差缩减(TVD)”的格式专门用于实现无振荡求解，并已证明在 CFD 计算中是很有用的。对于这种格式的讨论已超过了本书的范围，更详细的资料读者可以参考下面作者的有关文献，他们是 Hirsch(1990)，Van Leer(1973，1974，1979)，Boris 和 Book(1973，1976)，Osher(1984)，Osher 和 Chakravarthy(1984)，Zhu(1991)和 Alvarez 等人(1993)。

## 7.11 小　　结

上面对对流—扩散方程的离散问题,在假定流场已知的情况下进行了讨论。关键的问题是在方程中考虑对流时,用合适的表达式来确定在单元表面的输运量 $\phi$ 值。

• 在本章中提到的所有有限容积格式,通过离散方程描述了同时存在对流和扩散的影响。离散方程的系数是单位面积上的对流质量通量 $F$ 和扩散传导率 $D$ 的加权组合。

• 对于内部节点的离散方程,使用中心,上风,和混合差分格式以及幂函数格式时,对一维对流—扩散问题采用下列离散形式

$$a_P\phi_P = a_W\phi_W + a_E\phi_E \tag{7-64}$$

式中

$$a_P = a_W + a_E + (F_e - F_w)$$

• 这些格式的相邻系数是

| 格式 | $a_W$ | $a_E$ |
|---|---|---|
| 中心差分 | $D_w + F_w/2$ | $D_e - F_e/2$ |
| 上风差分 | $D_w + \max(F_w, 0)$ | $D_e + \max(0, -F_e)$ |
| 混合差分 | $\max\left[F_w, \left(D_w + \frac{F_w}{2}\right), 0\right]$ | $\max\left[-F_e, \left(D_e - \frac{F_e}{2}\right), 0\right]$ |
| 幂函数 | $D_w\max[0, (1-0.1\|Pe_w\|^5)] + \max(F_w, 0)$ | $D_e\max[0, (1-0.1\|Pe_e\|^5)] + \max(-F_e, 0)$ |

• 边界条件通过源项反映到了离散方程中,对于每一个离散格式有它特定的处理方式。

• 具有守恒性,有界性,输运性的离散格式,给出了切合物理实际的结果和稳定的迭代求解方法。

——中心差分方法对于一般目的的对流—扩散方程是不适合的。因为它缺少输运性,单元容积内在贝克列数很大的情况下给出了不切实际的解。

——上风,混合和幂函数律差分格式都具有守恒性、有界性和输运性,因而是高度稳定的。但在多维流动中,如果速度矢量不平行于某一个坐标方向,会出现伪扩散现象。

• Leonard(1979)提出的标准 QUICK 格式的离散方程,对一般的内部节点有下列的形式

$$a_P\phi_P = a_W\phi_W + a_E\phi_E + a_{WW}\phi_{WW} + a_{EE}\phi_{EE} \tag{7-65}$$

式中

$$a_P = a_W + a_E + a_{WW} + a_{EE} + (F_e - F_w)$$

标准 QUICK 格式的相邻系数是

| | 标准 QUICK 格式 |
|---|---|
| $a_W$ | $D_w + \frac{6}{8}\alpha_w F_w + \frac{1}{8}\alpha_e F_e + \frac{3}{8}(1-\alpha_w)F_w$ |
| $a_{WW}$ | $-\frac{1}{8}\alpha_w F_w$ |
| $a_E$ | $D_e - \frac{3}{8}\alpha_e F_e - \frac{6}{8}(1-\alpha_e)F_e - \frac{1}{8}(1-\alpha_w)F_w$ |
| $a_{EE}$ | $\frac{1}{8}(1-\alpha_e)F_e$ |

当 $F_w > 0$ 时，$\alpha_w = 1$；$F_e > 0$ 时，$\alpha_e = 1$；

当 $F_w < 0$ 时，$\alpha_w = 0$；$F_e < 0$ 时，$\alpha_e = 0$。

对于高阶格式，例如 QUICK 格式能够将伪扩散带来的错误降低到最小。但计算稳定性差，它本身在求解一些变量 $\phi$ 有很大梯度的问题时会出现数值小幅过高或过低（数值越界）的问题，这导致出现了不符合物理事实的情况。例如，在一些极端的例子中，会出现负的湍流特征参数 $k$ 和 $\varepsilon$。不过，如果小心使用 QUICK 格式并注意判断，应能得到对流—扩散问题的非常准确的解。

# 参考文献


1 Alvarez J, Jones W P and Seoud R. (1993). Prediction of Momentum and Scalar Fields in a Jet Cross-Flow using First and Second Order Turbulence Closures, AGARD Symposium on Computational and Experimental Assessment of Jets in Cross-Flow, Winchester, England, April 1993.

2 Borris J P and Brook D L. (1973). Flux Corrected Transport I: SHASTA, A Fluid Transport Algorithm that Works, J. Comput. Phs., Vol. 11, pp. 38 ~ 69.

3 Borris J P. and Brook D L. (1976). Solution of the Continuity Equation by Method of Flux Corrected Transport, J. Comput. Phs., Vol. 16, pp. 85 ~ 129.

4 Han T, Humphrey J A C and Launder B E. (1981). A Comparison of Hybrid and Quadratic-Upstream Differencing in High Reynolds Number Elliptic Flows, Comput. Methods Appl. Mech. Eng., Vol. 48, pp. 1 ~ 24.

5 Hayase T, Humphrey J A C. and Grief R. (1992). A Consistently Formulated QUICK Scheme for Fast and Stable Convergence Using Finite-volume Iterative Calculation Procedures, J. Comput. Phs., Vol.

98, pp. 108 ~ 118.

6 Hirsch C. (1990). Numerical Computation of Internal and External Flows, Vol. 2, p. 493. John Wiley & Sons, Chichester, Enaland.

7 Leonard B P. (1979). A Stable and Accurate Convective Modelling Procedure Based on Quadratic Upstream Interpolation, Comput. Methods Appl. Mech. Eng., Vol. 19, pp. 59 ~ 98.

8 Osher S. (1984). Riemann Solvers, the Entropy Condition and Difference Approximations, SIAM J. Numer. Anals., Vol. 21, pp. 217 ~ 235.

9 Osher S and Chakravarthy S. (1984). High Resolution Schemes and the Entropy Condition, SIAM J. Numer. Anals., Vol. 21, pp. 955 ~ 984.

10 Patankar S V. (1980). Numerical Heat Transfer and Fluid Flow, Hemisphere Publishing Corporation, Taylor & Francis Group, New York.

11 Pollard A and Siu A L W. (1982). The Calculation of Some Laminar Flows Using Various Discretization Schemes, Comput. Methods Appl. Mech. Eng., Vol. 35, pp. 293 ~ 313.

12 Roache P J. (1976). Computional Fluid Dynamics, Hermosa, Albuquerque, NM

13 Scaborough, J. B. (1958). Numerical Mathematical Analysis, 4 th ed, Johns Hopkins University Press, Baltimore, MD.

14 Spalding D B. (1972). A Novel Finite-difference Formulation for Diferential Expressions Involving Both First and Second Derivatives, Int. J. Numer. Methods Eng., Vol. 4, p. 551.

15 Van Leer B. (1973). Towards the Ultimate Conservative Difference Scheme I. The Quest of Monotonicity, Lecture Notes in Physics, Vol. 18, pp. 163 ~ 168. Springer-Verlag, Berlin.

16 Van Leer B. (1974). Towards the Ultimate Conservative Difference Scheme II. Monotonicity and Conservation Combined in a Second-order Scheme J. Comput. Phs., Vol. 14, pp. 361 ~ 370.

17 Van Leer B. (1979). Towards the Ultimate Conservative Difference Scheme V. A Second Order Sequel to Gadunov's Method, J. Comput. Phs., Vol. 32, pp. 101 ~ 136.

18 Zhu J. (1991). A Low-diffusive and Oscillation-free Convective Scheme, Commun. Appl. Numer. Methods, Vol. 7, p. 225.

# 第 8 章　SIMPLE 及其改进算法的详尽解释

## 8.1 概　　述

数值参数 $\phi$ 的对流依赖于当地速度场的大小和方向。我们前面提到的方法，先假定速度场是已知的。当然，一般来说速度场是未知的，并且和其他流动参数一起作为整个求解过程目标的一部分。在这一章中，我们来讨论一下计算整个流场最通用的方法。

分别用 $u$、$v$ 和 $w$ 代替输运方程中的变量 $\phi$，从而得到每个分速度的输运方程即动量方程。当然速度场也必须满足连续方程。让我们来讨论控制二维层流定常流动的方程：

$x$ 方向的动量方程

$$\frac{\partial}{\partial x}(\rho uu)+\frac{\partial}{\partial y}(\rho vu)=\frac{\partial}{\partial x}\left(\mu\frac{\partial u}{\partial x}\right)+\frac{\partial}{\partial y}\left(\mu\frac{\partial u}{\partial y}\right)-\frac{\partial p}{\partial x}+S_u \tag{8-1}$$

$y$ 方向的动量方程

$$\frac{\partial}{\partial x}(\rho uv)+\frac{\partial}{\partial y}(\rho vv)=\frac{\partial}{\partial x}\left(\mu\frac{\partial v}{\partial x}\right)+\frac{\partial}{\partial y}\left(\mu\frac{\partial v}{\partial y}\right)-\frac{\partial p}{\partial y}+S_v \tag{8-2}$$

连续性方程

$$\frac{\partial}{\partial x}(\rho u)+\frac{\partial}{\partial y}(\rho v)=0 \tag{8-3}$$

在很多工程上的实际流动中，压力梯度项是主要的源项，这里将它单独列出是为了便于下面的讨论。

方程组(8-1)~(8-3)的解，给我们提出了两个新的问题：

• 动量方程中的对流项为非线性项，例如方程(8-1)中的第一项是 $\rho u^2$ 对 $x$ 的偏导数。

• 由于在每个动量方程中都有各方向的分速度，所以这三个方程都要进行复杂的耦合求解。压力所起的作用是求解过程中最复杂的问题。在两个动量方程中都出现了压力项，但却没有对于压力的输运方程或其他方程。

如果压力梯度是已知的，那么，建立动量方程中速度离散方程的过程和建立其他标量离散方程的过程是一样的，可以利用在第 7 章中所讨论的方法。在通常的流场计算中，我们也希望把计算压力场作为求解的一部分。但一般情况下，压力梯度项是未知的。如果流体是可压缩的，除方程(8-1)~(8-3)以外，连续方程可以作为密度的输运方程，能量方程可以作为温度的输运方程。然后，压力可根据密度和温度由状态方程 $p=p(\rho,T)$ 求得。如果流体是不可压缩的，则密度是常数，与压力无关。在这种情况下，求解流场时，压力和速度的耦合需要引入一个约束：如果在动量方程中所用的压力场是正确的，那么，求得的速度场应满足连续性。

这两个问题都与方程组中存在非线性项有关。采用一种迭代求解方法，例如 Patankar 和 Spalding(1972)提出的 SIMPLE 算法，可以很好地解决压力—速度耦合的问题。在这种算法中，用预先估计的分速度去估算通过网格面的对流通量，再用一个估计的压力场求解动量方程，并且求解从连续方程中得出的压力修正方程，可得到一个修正的压力场。反过来，又用它来求解新的速度场和压力场。迭代过程开始，我们要置入速度场和压力场的初始猜测值。随着这个计算的运行，逐渐改善这个估计场。让这一过程不断迭代进行，直到使速度场和压力场收敛。在这章中，我们将要讨论 SIMPLE 算法的主要特点和近年来出现的几种改进方法。

## 8.2 交错网格

我们将采用在第 7 章中讨论过的对于一般变量 $\phi$ 的输运量的求解步骤来求解动量方程。然而，由于要特殊处理与动量方程压力源项相关的问题，所以情况并不简单。

一般来说，有限容积法总是从流动区域和相关的输运方程(8-1)~(8-3)的离散化开始。首先，需要确定在哪里存储速度变量。合乎逻辑的是在像压力、温度等量的同一位置处来规定速度。然而，如果速度和压力二者同在一个通常的控制容积的节点上规定，那么一个高度不均匀的压力场在离散的动量方程中的作用可能会像一个均匀场的作用。图 8-1 中所示的简单二维情况可以说明这个问题。为简单起见，图 8-1 用了一个均匀网格。让我们来假定有一个非常不规则的棋盘式的压力场，它的值如图 8-1 所示。

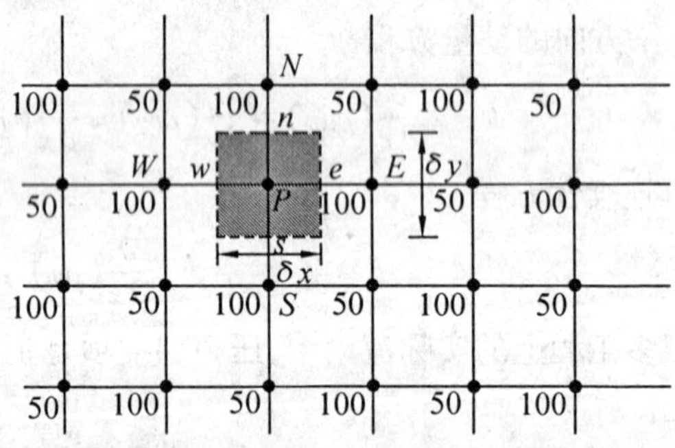

图 8-1 交错网格的压力场

如果用线性内插法得到在‘$e$’和‘$w$’处的压力，则速度 $u$ 的动量方程中的压力梯度项$\frac{\partial p}{\partial x}$可用下式来表示

$$\frac{\partial p}{\partial x}=\frac{p_e-p_w}{\delta x}=\frac{\left(\frac{p_E+p_P}{2}\right)-\left(\frac{p_P+p_W}{2}\right)}{\delta x}=\frac{p_E-p_W}{2\delta x} \tag{8-4}$$

类似地，在速度 $v$ 的动量方程中的压力梯度项$\frac{\partial p}{\partial y}$可用下式表示

$$\frac{\partial p}{\partial y} = \frac{p_N - p_S}{2\delta y} \tag{8-5}$$

在式(8-4)和(8-5)中没有出现中心节点 $P$ 的压力。将图8-1中棋盘式压力场的近似值代入式(8-4)和(8-5),我们会发现尽管压力场在两个方向上都表现为空间振荡,但所有节点离散的压力梯度场均为0。于是,在离散方程中,压力场会给出与一个均匀压力场相同的动量源项(即为0),这显然是不符合物理实际的。

很清楚,如果在规定标量的网格节点上规定速度,那么在离散的动量方程中不能将压力的影响恰当地表示出来。对于这个问题的一个解决办法是对分速度使用交错网格(Harlow 和 Welch(1965))。主要想法是在普通的节点上计算变量,如压力、密度、温度等,而在位于单元表面中心的交错网格上计算速度分量。图8-2给出了一个二维流场计算的布置图。

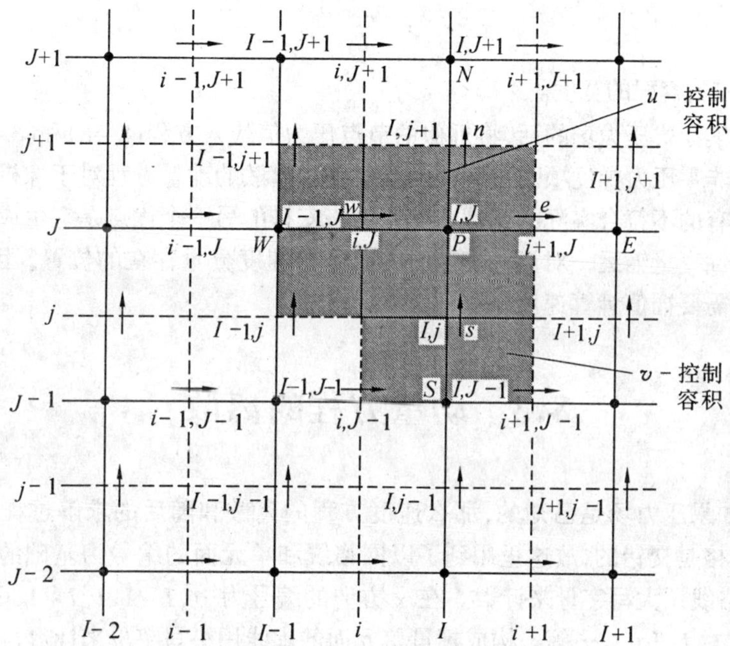


图8-2 $u$ 和 $v$ 控制容积的错位

变量,包括压力,被储存在用(·)号标明的节点上,速度分量被规定在单元表面上的节点中间的位置上,用箭头表明。水平箭头(→)指示速度分量 $u$ 存在的位置,垂直箭头(↑)指示速度分量 $v$ 的存在位置。除了 $E$、$W$、$N$、$S$ 的标记法外,图8-2还引入了以网格线和单元面的编号为基础的新标注法。这一标注法在这一章的后面将解释并被采用。

我们现在继续用原来的 $E$、$W$、$N$、$S$ 的标注法:在网格面'$e$'和'$w$'处储存速度 $u$,在'$n$'和

‘$s$’处储存速度 $v$。在三维流动中,在网格面‘$t$’和‘$b$’处储存速度 $w$。我们观察到 $u$ 和 $v$ 的控制容积不同于标量的控制容积,且它们彼此也互不相同。数性变量的控制容积有时被称为压力控制容积,因为我们在后面将会看到,离散的连续方程将会被转换成在标量控制体上计算的一个压力修正方程。

在交错网格的布置中,压力节点和控制容积的单元面是一致的。压力梯度项$\frac{\partial p}{\partial x}$用下式给出

$$\frac{\partial p}{\partial x}=\frac{p_P-p_W}{\delta x_u} \tag{8-6}$$

其中 $\delta x_u$ 是 $u$ 的控制容积的宽度。类似地,$v$ 的控制容积的压力梯度项$\frac{\partial p}{\partial y}$用下式给出

$$\frac{\partial p}{\partial y}=\frac{p_P-p_S}{\delta y_v} \tag{8-7}$$

其中 $\delta y_v$ 是 $v$ 的控制容积的宽度。

如果再考虑棋盘式压力场的话,将近似的节点压力值代入方程(8-6)和(8-7)中,我们将得到非常明显的非零压力梯度项。速度的交错避免了离散的动量方程对于像棋盘那样的空间振荡压力场所具有的不符合实际的属性。交错网格安排的另一个优点是它生成速度分量的位置正好是计算数性变量输运—对流—扩散时需要这些速度分量存在的位置。因此,在数性变量单元表面上不需要插值计算速度。

## 8.3 动量方程的离散

如前所述,如果压力场是已知的,那么速度方程的离散和随后的求解过程与标量方程相似。由于速度网格是交错的,故这里用到了以网格线和单元面的编号为基础的新标注法。在图 8-2 中实网格线用大写字母来计数。在 $x$ 方向的编号为…,$I-1,I,I+1$,…等,在 $y$ 方向的编号为…,$J-1,J,J+1$,…等。构成标量单元面的虚线用小写字母来计数,且在 $x$ 方向和 $y$ 方向分别为…,$i-1,i,i+1$…和…,$j-1,j,j+1$…。

以这个编号为基础的标注系统可以精确规定网格节点和单元面的位置。位于两条网格线交点的数性节点用两个大写字母确定。如在图 8-2 中的节点 $P$ 用$(I,J)$表示,在一个数性变量控制容积的 $e$ 和 $w$ 单元面上的速度为 $u$。单元边界面和网格线的交点用小写字母和大写字母的组合来表示。例如包含点 $P$ 的单元的 $w$ 面用$(i,J)$来表示。同样地,速度的储存位置用大写字母和小写字母的组合表示。如 $s$ 面用$(I,j)$表示。

我们可以使用向前交错的速度网格或向后交错的速度网格。由于速度 $u$ 的 $u_{i,J}$ 中 $i$ 的位

置在偏离数性变量节点$(I,J)$为$-1/2\delta x_u$的位置上，所以图8-2所示的均匀网格为向后交错网格。同样地，速度$v$的$v_{I,j}$的中$j$位置在偏离数性变量节点$(I,J)$的$-1/2\delta y_v$的位置上。在新的坐标系中，$(i,J)$点离散速度$u$的动量方程为

$$a_{i,J}u_{i,J} = \sum a_{nb}u_{nb} - \frac{p_{I,J} - p_{I-1,J}}{\delta x_u}\Delta V_u + \bar{S}\Delta V_u$$

或

$$a_{i,J}u_{i,J} = \sum a_{nb}u_{nb} + (p_{I-1,J} - p_{I,J})A_{i,J} + b_{i,J} \tag{8-8}$$

式中 $\Delta V_u$——$u$单元的体积；

$b_{i,J} = \bar{S}\Delta V_u$——动量源项；

$A_{i,J}$——速度$u$的控制容积的(东侧或西侧)单元表面积。

在式(8-8)中的压力梯度源项已用线性插值法进行离散，这个线性插值是在位于速度的控制容积边界的压力节点间进行的。

在新的标注系统中，求和公式$\sum a_{nb}u_{nb}$所包含的东、西、南、北节点是$(i-1,J)$，$(i+1,J)$，$(i,J-1)$和$(i,J+1)$。节点的位置和主速度在图8-3中已详细地表示出来。系数$a_{i,J}$和$a_{nb}$的值可以用适用于对流扩散问题的差分方法(上风、混合、QUICK)中的任一种方法计算。这些系数取决于在$u$控制单元上每单位质量的对流通量$F$和扩散传导率$D$的组合。用新的标注系统，可以给出控制容积的$e,w,n,s$面上的$F$和$D$的值。

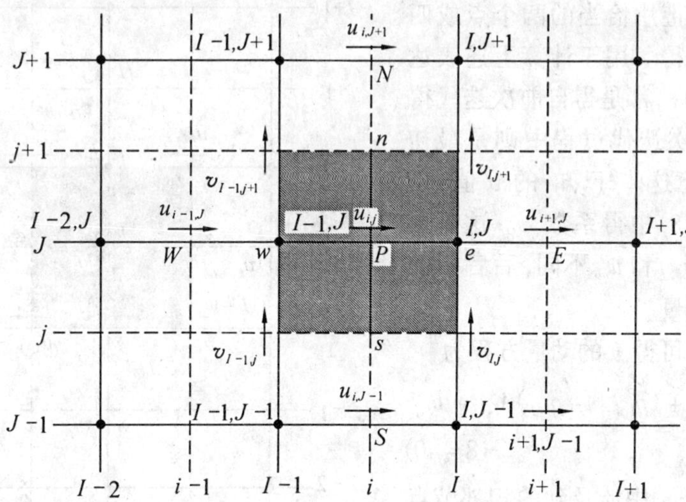


图8-3 速度$u$的控制容积和它相邻的速度分量

$$F_w=(\rho u)_w=\frac{F_{i,J}+F_{i-1,J}}{2}=\frac{1}{2}\left[\left(\frac{\rho_{I,J}+\rho_{I-1,J}}{2}\right)u_{i,J}+\left(\frac{\rho_{I-1,J}+\rho_{I-2,J}}{2}\right)u_{i-1,J}\right] \tag{8-9a}$$

$$F_e=(\rho u)_e=\frac{F_{i+1,J}+F_{i,J}}{2}=\frac{1}{2}\left[\left(\frac{\rho_{I+1,J}+\rho_{I,J}}{2}\right)u_{i+1,J}+\left(\frac{\rho_{I,J}+\rho_{I-1,J}}{2}\right)u_{i,J}\right] \tag{8-9b}$$

$$F_s=(\rho v)_s=\frac{F_{I,j}+F_{I-1,j}}{2}=\frac{1}{2}\left[\left(\frac{\rho_{I,J}+\rho_{I,J-1}}{2}\right)v_{I,j}+\left(\frac{\rho_{I-1,J}+\rho_{I-1,J-1}}{2}\right)v_{I-1,j}\right] \tag{8-9c}$$

$$F_n=(\rho v)_n=\frac{F_{I,j+1}+F_{I-1,j+1}}{2}=\frac{1}{2}\left[\left(\frac{\rho_{I,J+1}+\rho_{I,J}}{2}\right)v_{I,j+1}+\left(\frac{\rho_{I-1,J+1}+\rho_{I-1,J}}{2}\right)v_{I-1,j+1}\right] \tag{8-9d}$$

$$D_w=\frac{\Gamma_{I-1,J}}{x_i-x_{i-1}} \tag{8-9e}$$

$$D_e=\frac{\Gamma_{I,J}}{x_{i+1}-x_i} \tag{8-9f}$$

$$D_s=\frac{\Gamma_{I-1,J}+\Gamma_{I,J}+\Gamma_{I-1,J-1}+\Gamma_{I,J-1}}{4(y_J-y_{J-1})} \tag{8-9g}$$

$$D_n=\frac{\Gamma_{I-1,J+1}+\Gamma_{I,J+1}+\Gamma_{I-1,J}+\Gamma_{I,J}}{4(y_{J+1}-y_J)} \tag{8-9h}$$

公式(8-9)表明在速度 $u$ 的控制容积的单元面上不能得到的数性变量或速度分量，可以在邻近的节点上用恰当的两个点或四个点的平均值来求得。用于计算上述表达式的速度分量 $u$ 和 $v$，都是得自前次迭代得出的结果(在第一次迭代过程中则是最初猜测值)。应该注意这些“已知”的 $u$ 值和 $v$ 值提供给方程(8-8)中得系数 $a$。这些是与这个方程中的 $u_{i,J}$ 和 $u_{nb}$ 不同，后者指的是“未知”的数性变量。

用类推的方法可得 $v$ 的动量方程为

$$a_{I,j}v_{I,j}=\sum a_{nb}v_{nb}+(p_{I,J-1}-p_{I,J})A_{I,j}+b_{I,j} \tag{8-10}$$

在求和公式 $\sum a_{nb}v_{nb}$ 中涉及到的相邻节点和主速度在图 8-4 中已表示出来。

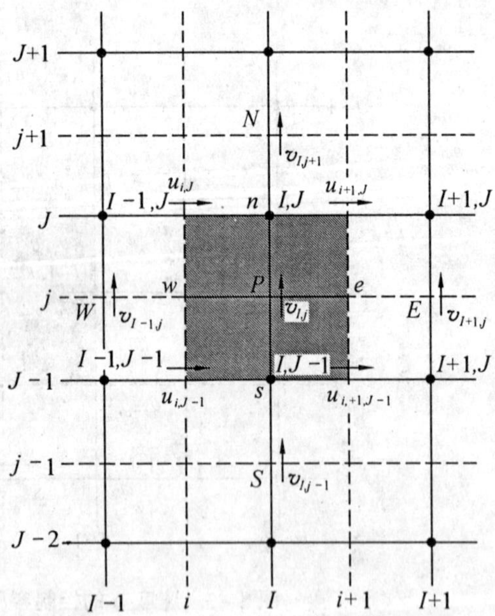


图 8-4 速度 $v$ 的控制容积和它相邻的速度

系数 $a_{I,j}$ 和 $a_{nb}$ 与仍然是取决于 $v$ 控制容积单元面上的每单位质量的对流通量 $F$

和扩散通量$D$的组合。它们的值可以像对$u$控制容积采用的平均方法计算如下。

$$F_w=(\rho u)_w=\frac{F_{i,J}+F_{i,J-1}}{2}=\frac{1}{2}\left[\left(\frac{\rho_{I,J}+\rho_{I-1,J}}{2}\right)u_{i,J}+\left(\frac{\rho_{I-1,J-1}+\rho_{I,J-1}}{2}\right)u_{i,J-1}\right] \tag{8-11a}$$

$$F_e=(\rho u)_e=\frac{F_{i+1,J}+F_{i+1,J-1}}{2}=\frac{1}{2}\left[\left(\frac{\rho_{I+1,J}+\rho_{I,J}}{2}\right)u_{i+1,J}+\left(\frac{\rho_{I,J-1}+\rho_{I+1,J-1}}{2}\right)u_{i+1,J-1}\right] \tag{8-11b}$$

$$F_s=(\rho v)_s=\frac{F_{I,j-1}+F_{I,j}}{2}=\frac{1}{2}\left[\left(\frac{\rho_{I,J-1}+\rho_{I,J-2}}{2}\right)v_{I,j-1}+\left(\frac{\rho_{I,J}+\rho_{I,J-1}}{2}\right)v_{I,J}\right] \tag{8-11c}$$

$$F_n=(\rho v)_n=\frac{F_{I,j}+F_{I,j+1}}{2}=\frac{1}{2}\left[\left(\frac{\rho_{I,J}+\rho_{I,J-1}}{2}\right)v_{I,j}+\left(\frac{\rho_{I,J+1}+\rho_{I,J}}{2}\right)v_{I,j+1}\right] \tag{8-11d}$$

$$D_w=\frac{\Gamma_{I-1,J-1}+\Gamma_{I,J-1}+\Gamma_{I-1,J}+\Gamma_{I,J}}{4(x_I-x_{I-1})} \tag{8-11e}$$

$$D_e=\frac{\Gamma_{I,J-1}+\Gamma_{I+1,J-1}+\Gamma_{I,J}+\Gamma_{I+1,J}}{4(x_{I+1}-x_I)} \tag{8-11f}$$

$$D_s=\frac{\Gamma_{I,J-1}}{y_j-y_{j-1}} \tag{8-11g}$$

$$D_n=\frac{\Gamma_{I,J}}{y_{j+1}-y_j} \tag{8-11h}$$

每次新迭代的$F$值都用上次迭代求得的分速度$u$和$v$来计算。

给定一个压力场$p$,对于每个速度$u$和$v$的控制容积可以写出形如方程(8-8)和(8-10)的离散动量方程,然后求解得到速度场。如果压力场是正确的,则求得的速度场会满足连续性方程。但由于压力场是未知的,我们需要一种计算压力的方法。

## 8.4 SIMPLE算法

SIMPLE是半隐式压力相关方程算法(Semi-Implicit Method for Pressure-Linked Equations)首字母的缩写。算法是Patankar和Spalding(1972)首先提出的,实质上它是以上介绍的交错网格对压力进行的一种预测-校正过程,也是逐渐从预估到准确的过程。这种算法可以在笛卡尔坐标中通过考虑二维定常层流方程来阐述。

为了开始实施SIMPLE算法的计算过程,先估计一个压力场$p^*$,用估计的压力场去解离散的动量方程(8-8)和(8-10),得到的分速度$u^*$和$v^*$如下:

$$a_{i,J}u^*_{i,J}=\sum a_{nb}u^*_{nb}+(p^*_{I-1,J}-p^*_{I,J})A_{i,J}+b_{i,J} \tag{8-12}$$

$$a_{I,j}v^*_{I,j}=\sum a_{nb}v^*_{nb}+(p^*_{I,J-1}-p^*_{I,J})A_{I,j}+b_{I,j} \tag{8-13}$$

现在我们定义修正量 $p'$ 为精确的压力场 $p$ 和估计的压力场 $p^*$ 的差,因此

$$p = p^* + p' \tag{8-14}$$

类似地,我们定义速度修正量 $u'$ 和 $v'$,把精确的速度 $u$ 和 $v$ 与估计的速度 $u^*$ 和 $v^*$ 联系起来

$$u = u^* + u' \tag{8-15}$$

$$v = v^* + v' \tag{8-16}$$

将压力 $p$ 代入动量方程得到速度场$(u,v)$,离散方程(8-8)和(8-10)便把精确的速度场和精确的压力场联系起来。

用方程(8-8)和(8-10)分别减去方程(8-12)和(8-13)得

$$a_{i,J}(u_{i,J} - u_{i,J}^*) = \sum a_{nb}(u_{nb} - u_{nb}^*) + [(p_{I-1,J} - p_{I-1,J}^*) - (p_{I,J} - p_{I,J}^*)]A_{i,J} \tag{8-17}$$

$$a_{I,j}(v_{I,j} - v_{I,j}^*) = \sum a_{nb}(v_{nb} - v_{nb}^*) + [(p_{I,J-1} - p_{I,J-1}^*) - (p_{I,J} - p_{I,J}^*)]A_{I,j} \tag{8-18}$$

利用修正公式(8-14)~(8-16),方程(8-17)和(8-18)可改写为

$$a_{i,J}u'_{i,J} = \sum a_{nb}u'_{nb} + (p'_{I-1,J} - p'_{I,J})A_{i,J} \tag{8-19}$$

$$a_{I,j}v'_{I,j} = \sum a_{nb}v'_{nb} + (p'_{I,J-1} - p'_{I,J})A_{I,j} \tag{8-20}$$

在这里引入一个近似:略去 $\sum a_{nb}u'_{nb}$ 和 $\sum a_{nb}v'_{nb}$,使速度修正量的方程(8-19)和(8-20)得以简化。省略这些项是 SIMPLE 算法的主要近似。于是有

$$u'_{i,J} = d_{i,J}(p'_{I-1,J} - p'_{I,J}) \tag{8-21}$$

$$v'_{I,j} = d_{I,j}(p'_{I,J-1} - p'_{I,J}) \tag{8-22}$$

其中

$$d_{i,J} = \frac{A_{i,J}}{a_{i,J}}, d_{I,j} = \frac{A_{I,j}}{a_{I,j}} \tag{8-23}$$

方程(8-21)和(8-22)给出了修正量,将修正量代入速度公式(8-15)和(8-16)得

$$u_{i,J} = u_{i,J}^* + d_{i,J}(p'_{I-1,J} - p'_{I,J}) \tag{8-24}$$

$$v_{I,j} = v_{I,j}^* + d_{I,j}(p'_{I,J-1} - p'_{I,J}) \tag{8-25}$$

对于 $u_{i+1,J}$ 和 $v_{I,j+1}$ 有相似的表达式

$$u_{i+1,J} = u_{i+1,J}^* + d_{i+1,J}(p'_{I,J} - p'_{I+1,J}) \tag{8-26}$$

$$v_{I,j+1} = v_{I,j+1}^* + d_{I,j+1}(p'_{I,J} - p'_{I,J+1}) \tag{8-27}$$

其中

$$d_{i+1,J} = \frac{A_{i+1,J}}{a_{i+1,J}}, d_{I,j+1} = \frac{A_{I,j+1}}{a_{I,j+1}} \tag{8-28}$$

到此为止,我们仅考虑了动量方程,虽然速度场也受到另一个约束,但它应该满足连续方程(8-3)。连续方程是在如图 8-5 中所示的离散形式的数性变量控制容积上满足的。

$$[(\rho uA)_{i+1,J}-(\rho uA)_{i,J}]+[(\rho uA)_{I,j+1}-(\rho uA)_{I,j}]=0 \qquad (8-29)$$

将方程(8－24)～(8－27)中修正的速度量代入离散的连续方程(8－29)中得

$$[\rho_{i+1,J}A_{i+1,J}(u^*_{i+1,J}+d_{i+1,J}(p'_{I,J}-p'_{I+1,J}))-\rho_{i,J}A_{i,J}(u^*_{i,J}+d_{i,J}(p'_{I-1,J}-p'_{I,J}))]+$$
$$[\rho_{I,j+1}A_{I,j+1}(v^*_{I,j+1}d_{I,j+1}(p'_{I,J}-p'_{I,J+1}))-\rho_{I,j}A_{I,j}(v^*_{i,J}+d_{I,j}(p'_{I,J-1}-p'_{I,J}))]=0 \qquad (8-30)$$

整理得

$$[(\rho dA)_{i+1,J}+(\rho dA)_{i,J}+(\rho dA)_{I,j+1}+(\rho dA)_{I,j}]p'_{I,J}=(\rho dA)_{i+1,J}p'_{I+1,J}+$$
$$(\rho dA)_{i,J}p'_{I-1,J}+(\rho dA)_{I,j+1}p'_{I,J+1}+(\rho dA)_{I,j}p'_{I,J-1}+$$
$$[(\rho u^*A)_{i,J}-(\rho u^*A)_{i+1,J}+(\rho v^*A)_{I,j}-(\rho v^*A)_{I,j+1}] \qquad (8-31)$$

确认 $p'$ 的系数，方程可写为

$$a_{I,J}p'_{I,J}=a_{I+1,J}p'_{I+1,J}+a_{I-1,J}p'_{I-1,J}+a_{I,J+1}p'_{I,J+1}+a_{I,J-1}p'_{I,J-1}+b'_{I,J} \qquad (8-32)$$

式中 $a_{I,J}=a_{I+1,J}+a_{I-1,J}+a_{I,J+1}+a_{I,J-1}$，且有

$$a_{I+1,J}=(\rho dA)_{i+1,J},\ a_{I-1,J}=(\rho dA)_{i,J},\ a_{I,J+1}=(\rho dA)_{I,j+1},\ a_{I,J-1}=(\rho dA)_{I,j}$$
$$b'_{I,J}=(\rho u^*A)_{i,J}-(\rho u^*A)_{i+1,J}+(\rho v^*A)_{I,j}-(\rho v^*A)_{I,j+1}$$

方程(8－32)将离散的连续方程表示为压力修正量 $p'$ 的方程。方程中的源项 $b'$ 是由不精确的速度场 $u'$ 和 $v'$ 所引起的连续性不守恒项。通过求解方程(8－32)可以求得所有节点上的压力修正场 $p'$。一旦压力修正量是已知的，那么就可用公式(8－14)和由式(8－24)～(8－27)求得的分速度再去求精确的压力场。在离散过程中省略的 $\sum u_{nb}u'_{nb}$ 项并不影响最后的结果，因为在给出 $p^*=p$，$u^*=u$，$v^*=v$ 的收敛解中，压力和速度的修正量均为0。

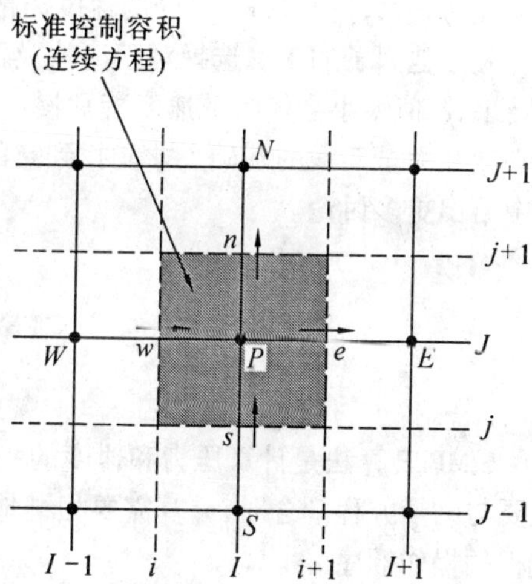


图8－5 用于离散连续方程的标准控制容积

如果在迭代过程中不用欠松弛的话，那么压力修正方程容易发散，经改善的新的压力 $p^{new}$ 由下式给出

$$p^{new}=p^*+\alpha_p p' \qquad (8-33)$$

其中，$\alpha_p$ 是松弛因子。如果我们令 $\alpha_p$ 等于1，就是用 $p'$ 来修正估计场 $p^*$。然而，这个修正量 $p'$ 对于维持稳定的计算过程来说通常是太大了，尤其是当估计压力场 $p^*$ 和最后结果相差很大时。$\alpha_p$ 为0时则根本没有进行压力修正，这也是不满足要求的。$\alpha_p$ 在0和1之间选值，使我们将压力修正量 $p'$ 的一部分加到估计值 $p^*$ 上，这里的压力修正量 $p'$ 的一部分要足够大，以至于可推动迭代过程进行下去，然而，$p'$ 又要足够小以确保能够进行稳定计算。

速度也是欠松弛的。经过改善的迭代分速度 $u^{new}$ 和 $v^{new}$ 由下式给出：

$$u^{new} = \alpha_u u + (1 - \alpha_u) u^{(n-1)} \tag{8-34}$$

$$v^{new} = \alpha_v v + (1 - \alpha_v) v^{(n-1)} \tag{8-35}$$

其中，$\alpha_u$ 和 $\alpha_v$ 是速度 $u$ 和 $v$ 的松弛因子，其值均介于 0 和 1 之间，$u$ 和 $v$ 是没有经过松弛的修正过的分速度，$u^{n-1}$ 和 $v^{n-1}$ 为在前一次迭代中得到的 $u$ 和 $v$ 的值。经过一些代数运算，在欠松弛下的速度 $u$ 的离散动量方程变为下式

$$\frac{a_{i,J}}{\alpha_u} u_{i,J} = \sum a_{nb} u_{nb} + (p_{I-1,J} - p_{I,J}) A_{i,J} + b_{i,J} + \left[ (1 - \alpha_u) \frac{a_{i,J}}{\alpha_u} \right] u_{i,J}^{(n-1)} \tag{8-36}$$

且速度 $v$ 的离散方程为

$$\frac{a_{I,j}}{\alpha_u} v_{I,j} = \sum a_{nb} v_{nb} + (p_{I,J-1} - p_{I,J}) A_{I,j} + b_{I,j} + \left[ (1 - \alpha_v) \frac{a_{I,j}}{\alpha_v} \right] v_{I,j}^{(n-1)} \tag{8-37}$$

压力修正方程也受到速度欠松弛的影响，压力修正方程的 $d$ 项变为

$$d_{i,J} = \frac{A_{i,J}\alpha_u}{a_{i,J}}, d_{i+1,J} = \frac{A_{i+1,J}\alpha_u}{a_{i+1,J}}, d_{I,j} = \frac{A_{I,j}\alpha_v}{a_{I,j}}, d_{I,j+1} = \frac{A_{I,j+1}\alpha_v}{a_{I,j+1}}$$

注意在这些公式中的 $a_{i,J}$，$a_{i+1,J}$，$a_{I,j}$ 和 $a_{I,j+1}$ 是在一个以节点 $P$ 为中心的控制单元 $(i,J)$，$(i+1,J)$，$(I,j)$ 和 $(I,j+1)$ 处的速度离散方程的中心系数。

欠松弛因子的正确选择对于高效模拟是很重要的。$\alpha$ 值过大会导致振荡甚至是发散的迭代结果，$\alpha$ 值太小会使收敛速度特别慢。令人遗憾的是，欠松弛因子的最佳值与流动有关，并且必须在大量实践的基础上才能找到它的最佳值。有关欠松弛因子的详细讨论将在后面的章节中给出更多讨论。

## 8.5　SIMPLE 算法的流程

SIMPLE 算法是计算压力和速度的一种方法，也是一种逐渐迭代的方法。当其他数性变量也要与动量方程耦合时，计算需要相继地进行下去。图 8－6 中给出了采用 SIMPLE 算法 CFD 过程的操作顺序。

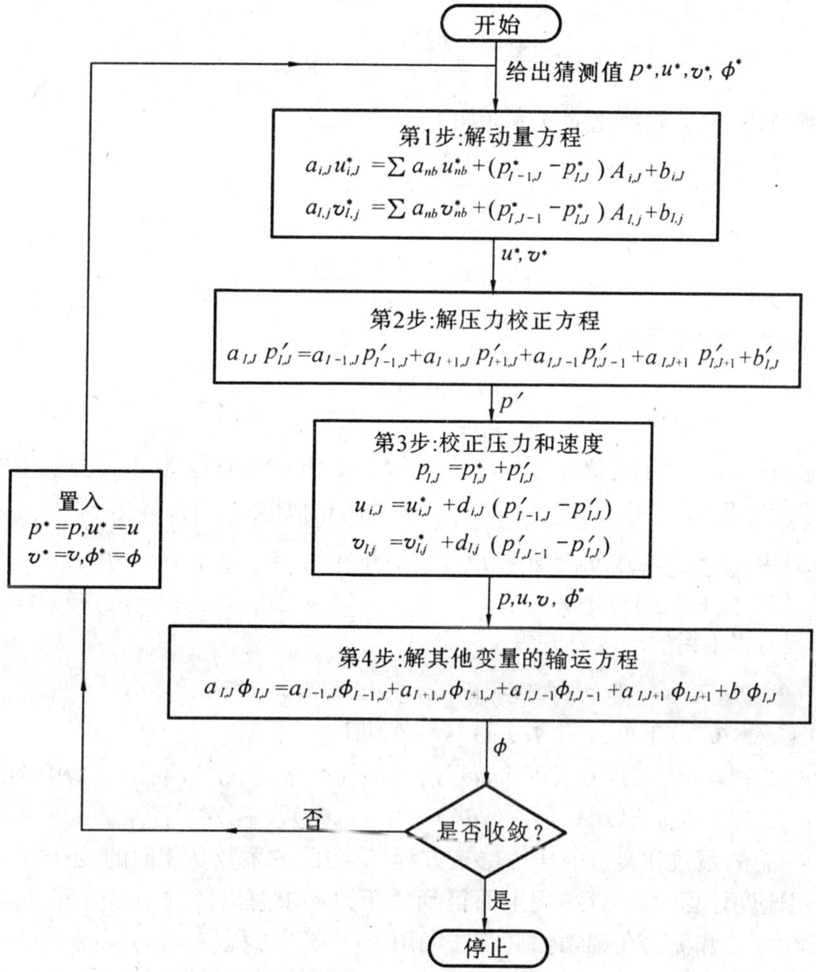


**图8-6 SIMPLE算法过程示意图**

## 8.6 SIMPLER算法

Patankar(1980)提出的SIMPLER算法是SIMPLE算法的一种改进。在这种算法中用离散的连续方程(8-29)导出离散的压力方程。这样可以不用修正压力而直接得到中间压力场,但速度仍需从SIMPLE算法中的速度修正方程(8-24)~(8-27)求得。离散的动量方程(8-12)和(8-13)可改写为

$$u_{i,J}=\frac{\sum a_{nb}u_{nb}+b_{i,J}}{a_{i,J}}+\frac{A_{i,J}}{a_{i,J}}(p_{I-1,J}-p_{I,J}) \tag{8-38}$$

$$v_{I,j}=\frac{\sum a_{nb}v_{nb}+b_{I,j}}{a_{I,j}}+\frac{A_{I,j}}{a_{I,j}}(p_{I,J-1}-p_{I,J}) \tag{8-39}$$

在 SIMPLER 算法中,定义假想速度 $\hat{u}$ 和 $\hat{v}$ 如下:

$$\hat{u}=\frac{\sum a_{nb}u_{nb}+b_{i,J}}{a_{i,J}} \tag{8-40}$$

$$\hat{v}=\frac{\sum a_{nb}v_{nb}+b_{I,j}}{a_{I,j}} \tag{8-41}$$

方程(8-38)和(8-39)可写为

$$u_{i,J}=\hat{u}_{i,J}+d_{i,J}(p_{I-1,J}-p_{I,J}) \tag{8-42}$$

$$v_{I,j}=\hat{v}_{I,j}+d_{I,j}(p_{I,J-1}-p_{I,J}) \tag{8-43}$$

在 8.4 节讨论中引入的 $d$ 的定义也适用于方程(8-42)和(8-43)。将上述方程中的 $u_{i,J}$ 和 $v_{I,j}$ 代入离散的连续方程(8-29),且 $u_{i+1,J}$ 和 $v_{I,j+1}$ 也采用相似形式,可以导出

$$\begin{aligned}&[\rho_{i+1,J}A_{i+1,J}(\hat{u}_{i+1,J}+d_{i+1,J}(p_{I,J}-p_{I+1,J}))-\rho_{i,J}A_{i,J}(\hat{u}_{i,J}+d_{i,J}(p_{I-1,J}-p_{I,J}))]+\\&[\rho_{I,j+1}A_{I,j+1}(\hat{v}_{I,j+1}+d_{I,j+1}(p_{I,J}-p_{I,J+1}))-\rho_{I,j}A_{I,j}(\hat{v}_{I,j}+d_{I,j}(p_{I,J-1}-p_{I,J}))]=0\end{aligned} \tag{8-44}$$

整理方程(8-44)得出离散的压力方程

$$a_{I,J}p_{I,J}=a_{I+1,J}p_{I+1,J}+a_{I-1,J}p_{I-1,J}+a_{I,J+1}p_{I,J+1}+a_{I,J-1}p_{I,J-1}+b_{I,J} \tag{8-45}$$

式中 $a_{I,J}=a_{I+1,J}+a_{I-1,J}+a_{I,J+1}+a_{I,J-1}$,其系数如下

$$a_{I+1,J}=(\rho dA)_{i+1,J},\ a_{I-1,J}=(\rho dA)_{i,J},\ a_{I,J+1}=(\rho dA)_{I,j+1},\ a_{I,J-1}=(\rho dA)_{I,j}$$

$$b_{I,J}=(\rho\hat{u}A)_{i,J}-(\rho\hat{u}A)_{i+1,J}+(\rho\hat{v}A)_{I,j}-(\rho\hat{v}A)_{I,j+1}$$

方程(8-45)的系数和离散的压力修正方程(8-32)的系数是相同的,不同点是这里的源项 $b$ 是用假想速度计算的。然后,用上面得到的压力场求解离散的动量方程(8-12)和(8-13),给出分速度 $u^*$ 和 $v^*$,在 SIMPLER 算法中用速度修正方程(8-24)~(8-27)求解修正后的速度场。同时也必须求解(8-32)的 $p'$ 方程,以便得到进行速度修正所需的压力修正量。图 8-7 给出了整个计算流程。

## 8.7 SIMPLEC 算法

Van Dormal 和 Raithby(1984)提出了 SIMPLEC 算法,这一算法与 SIMPLE 算法的步骤是相同的,其不同之处在于使用了动量方程,结果 SIMPLEC 速度修正方程忽略的一些项,比在 SIMPLE 算法中忽略的项对计算产生的影响要小。

SIMPLEC 算法中,速度 $u$ 的修正方程为

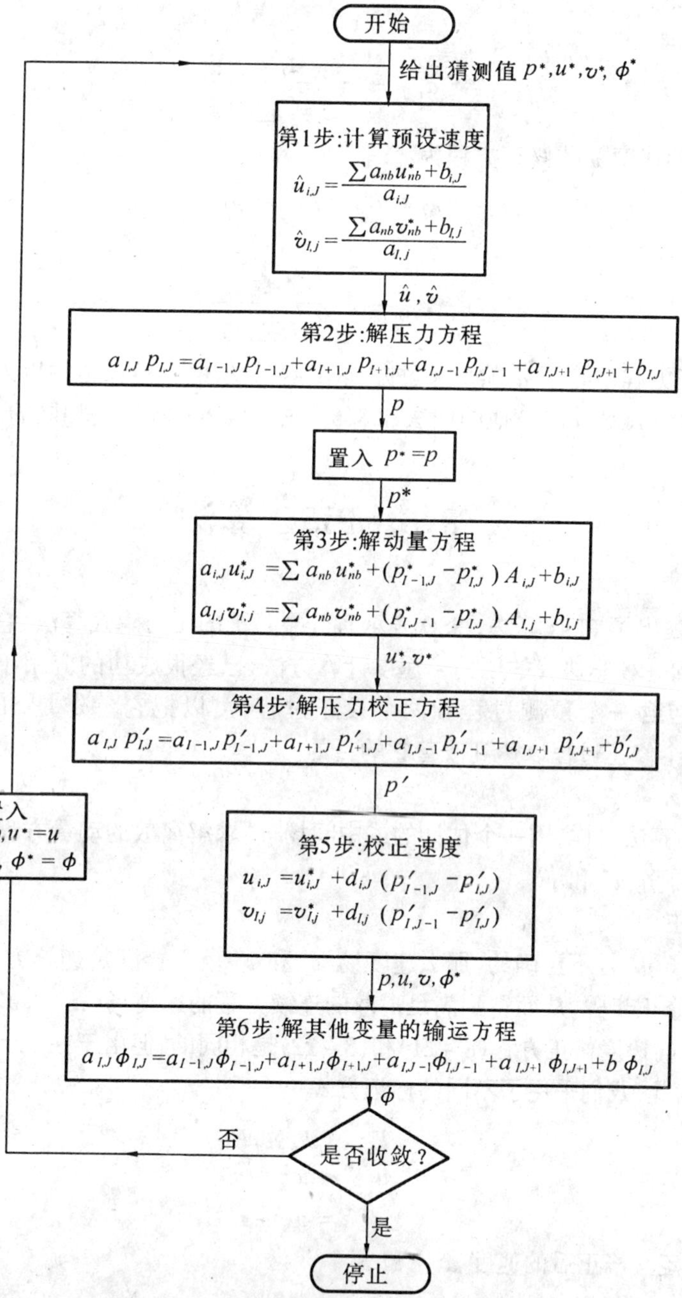


图 8-7 SIMPLER 算法过程示意图

$$u'_{i,J} = d_{i,J}(p'_{I-1,J} - p'_{I,J}) \tag{8-46}$$

式中

$$d_{i,J} = \frac{A_{i,J}}{a_{i,J} - \sum a_{nb}} \tag{8-47}$$

类似地，修改后的速度 $v$ 的修正方程为

$$v'_{I,j} = d_{I,j}(p'_{I,J-1} - p'_{I,J}) \tag{8-48}$$

式中

$$d_{I,j} = \frac{A_{I,j}}{a_{I,j} - \sum a_{nb}} \tag{8-49}$$

离散的压力修正方程中除了 $d$ 项是通过方程(8－47)和(8－48)算出的以外，其他都和 SIMPLE 算法中相同。SIMPLEC 算法其他的做法和 8.5 节中 SIMPLE 算法是相同的。

## 8.8　PISO 算法

Issa(1986)提出了 PISO 算法，PISO 表示有分裂算子的压力隐式算法，它最初作为对非定常可压缩流提出的一种非迭代的压力－速度计算方法，已经很成功的应用于求解定常状态的迭代问题。PISO 包含一个预测过程和两个校正过程，可以把它看作是 SIMPLE 的扩展，即对 SIMPLE 再多一个修正过程以达到改善它的目的。

**预测过程**

和 SIMPLE 算法一样，用一个估计的或中间场 $p^*$ 求解离散的动量方程(8－12)和(8－13)，从而得到速度分量 $u^*$ 和 $v^*$。

**第一次修正**

如果压力场 $p^*$ 是不正确的，那么速度场 $u^*$ 和 $v^*$ 就不会满足连续方程。引入 SIMPLE 算法中的第一次修正步骤，从而得到满足离散的连续方程的速度场($u^{**}$，$v^{**}$)。得到的方程和 SIMPLE 算法中的速度修正方程(8－21)和(8－22)是相同的，但由于在 PISO 算法中还要进行进一步的修正，因此，我们采用了不同的标记方式

$$p^{**} = p^* + p'$$
$$u^{**} = u^* + u'$$
$$v^{**} = v^* + v'$$

用下述公式来定义修正后的速度 $u^{**}$ 和 $v^{**}$

$$u^{**}_{i,J} = u^*_{i,J} + d_{i,J}(p'_{I-1,J} - p'_{I,J}) \tag{8-50}$$

$$v^{**}_{I,j} = v^*_{I,j} + d_{I,j}(p'_{I,J-1} - p'_{I,J}) \tag{8-51}$$

与SIMPLE算法相同,将方程(8-50)和(8-51)代入离散的连续方程(8-29)中,得到带有系数项和源项的压力修正方程(8-32)。方程(8-32)称为第一个压力修正方程。求解第一个压力修正方程可以得到第一个压力修正场 $p'$。压力修正场已知后。速度分量 $u^{**}$ 和 $v^{**}$ 就可以用方程(8-50)和(8-51)求得。

**第二次修正**

为了改善SIMPLE算法,PISO提出了进行第二次修正。对于 $u^{**}$ 和 $v^{**}$ 的离散动量方程为

$$a_{i,J}u_{i,J}^{**} = \sum a_{nb}u_{nb}^{*} + (p_{I-1,J}^{**} - p_{I,J}^{**})A_{i,J} + b_{i,J} \quad (8-12)$$

$$a_{I,j}v_{I,j}^{**} = \sum a_{nb}v_{nb}^{*} + (p_{I,J-1}^{**} - p_{I,J}^{**})A_{I,j} + b_{I,j} \quad (8-13)$$

再一次求解动量方程可得到二次修正速度场($u^{***}$,$v^{***}$)

$$a_{i,J}u_{i,J}^{***} = \sum a_{nb}u_{nb}^{**} + (p_{I-1,J}^{***} - p_{I,J}^{***})A_{i,J} + b_{i,J} \quad (8-52)$$

$$a_{I,j}v_{I,j}^{***} = \sum a_{nb}v_{nb}^{**} + (p_{I,J-1}^{***} - p_{I,J}^{***})A_{I,j} + b_{I,j} \quad (8-53)$$

求和项是用在先前的修正过程中得到的速度 $u^{**}$ 和 $v^{**}$ 计算得到的。

用方程(8-52)减去(8-12),(8-53)减去(8-13)得

$$u_{i,J}^{***} = u_{i,J}^{**} + \frac{\sum a_{nb}(u_{nb}^{**} - u_{nb}^{*})}{a_{i,J}} + d_{i,J}(p_{I-1,J}'' - p_{I,J}'') \quad (8-54)$$

$$v_{I,j}^{***} = v_{I,j}^{**} + \frac{\sum a_{nb}(v_{nb}^{**} - v_{nb}^{*})}{a_{I,j}} + d_{I,j}(p_{I,J-1}'' - p_{I,J}'') \quad (8-55)$$

式中 $p''$ 是第二次压力修正量,于是 $p^{***}$ 可表示为

$$p^{***} = p^{**} + p'' \quad (8-56)$$

将 $u^{***}$ 和 $v^{***}$ 代入离散的连续方程(8-29)得到二次压力修正方程

$$a_{I,J}p_{I,J}'' = a_{I+1,J}p_{I+1,J}'' + a_{I-1,J}p_{I-1,J}'' + a_{I,J+1}p_{I,J+1}'' + a_{I,J-1}p_{I,J-1}'' + b_{I,J}'' \quad (8-57)$$

式中 $a_{I,J} = a_{I+1,J} + a_{I-1,J} + a_{I,J+1} + a_{I,J-1}$,其他系数如下

$$a_{I+1,J} = (\rho dA)_{i+1,J},\ a_{I-1,J} = (\rho dA)_{i,J},\ a_{I,J+1} = (\rho dA)_{I,j+1},\ a_{I,J-1} = (\rho dA)_{I,j}$$

$$b_{I,J}'' = \left(\frac{\rho A}{a}\right)_{i,J}\sum a_{nb}(u_{nb}^{**} - u_{nb}^{*}) - \left(\frac{\rho A}{a}\right)_{i+1,J}\sum a_{nb}(u_{nb}^{**} - u_{nb}^{*}) + \left(\frac{\rho A}{a}\right)_{I,j}\sum a_{nb}(v_{nb}^{**} - v_{nb}^{*}) - \left(\frac{\rho A}{a}\right)_{I,j+1}\sum a_{nb}(v_{nb}^{**} - v_{nb}^{*})$$

在方程(8-57)的推导中,由于分速度 $u^{**}$ 和 $v^{**}$ 满足连续方程,所以源项$[(\rho Au^{**})_{i,J} - (\rho Au^{**})_{i+1,J} + (\rho Av^{**})_{I,j} - (\rho Av^{**})_{I,j+1}]$为0。

求解方程(8-57)得到第二个压力修正场 $p''$,二次压力修正场为

$$p^{***} = p^{**} + p'' = p^{*} + p' + p'' \quad (8-58)$$

再从方程(8-54)和(8-55)中求得二次修正速度场。

在非定常流的非迭代计算中,认为压力场 $p^{***}$ 和速度场 $u^{***}$, $v^{***}$ 就是 $p, u, v$ 的准确值。图 8-8 给出了 PISO 算法对于迭代计算定常问题的运算顺序。

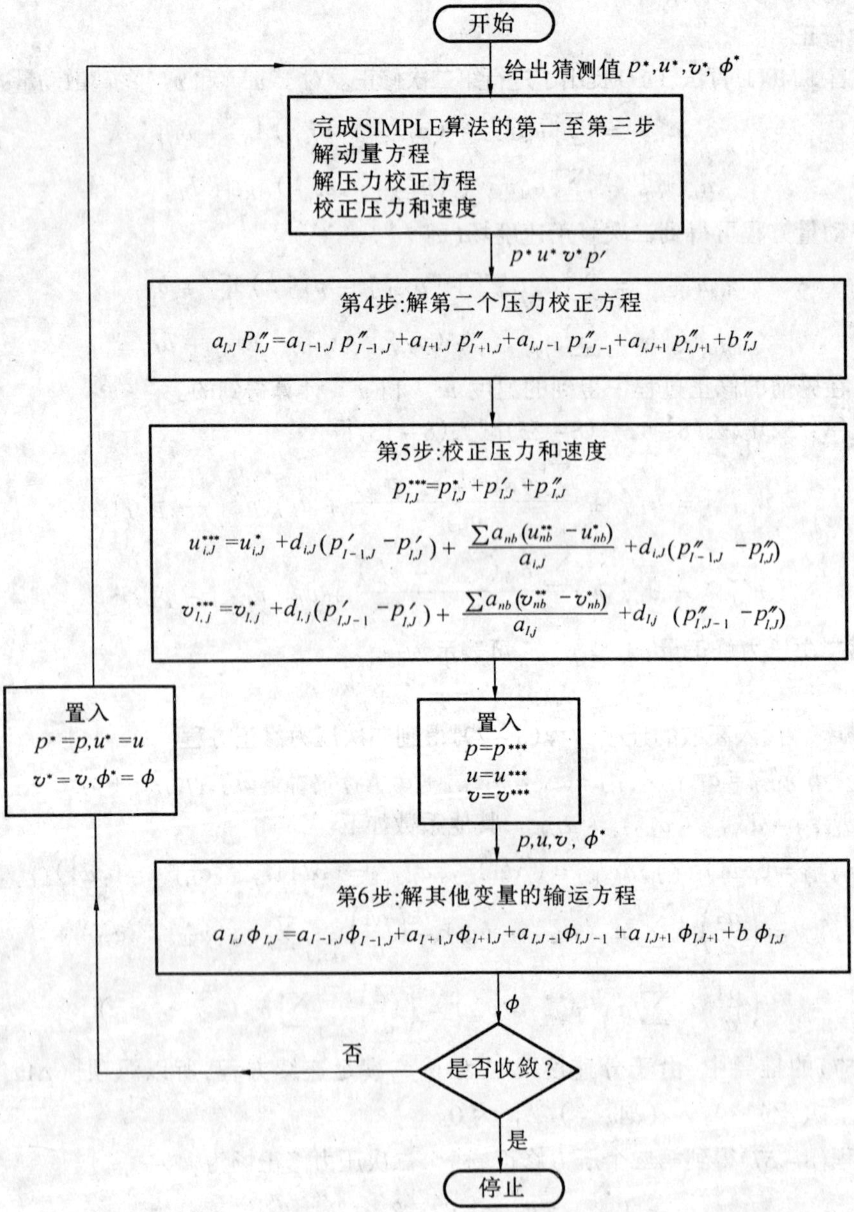


图 8-8 PISO 算法过程示意图

PISO算法对压力修正方程进行两次求解,为了计算压力修正方程的源项,需增加存储量。上述方程仍需采用欠松弛的方法,使计算过程稳定。虽然这些过程使计算量增大了很多,但它是非常有效的,而且收敛速度很快。Issa(1986年)指出,作为一个基准,对于物体绕流层流问题计算,和标准的SIMPLE算法相比,PISO算法仅用了CPU的计算时间的一半。

上面提出的PISO算法,原来适用于定常状态,修改后发展成为非迭代时间相关的算法。瞬态算法当然也能够应用于定常状态的计算。具体作法是从一个估计的初始条件开始,作为一个瞬态问题求解,经过一个很长的时间直至达到定常状态。在第10章中将进一步讨论这个问题。

## 8.9　SIMPLE,SIMPLER,SIMPLEC和PISO算法的一般性评论

SIMPLE算法相对来说简单易懂,已经很成功的应用于很多CFD程序中。其他改变了的SIMPLE算法由于加快了收敛速度而使计算工作量有所减少。在SIMPLE算法中,压力修正量$p'$对速度的修正是令人满意的,但对压力的修正却不太好。经过改善后的SIMPLER算法仅用压力修正量去求得速度修正量,而用一个分开的、更有效的压力方程求解得出正确的压力场。在SIMPLER算法中,由于在导出压力的离散方程时没有省略任何一项,所以得到的压力场和速度场是相对应的。因此,在SIMPLER算法中,运用修正了的速度场去求修正的压力场,而这是SIMPLE算法没有做到的。结果,SIMPLER算法在正确计算压力场方面更加有效。在求解动量方程时,这种方法有很大的优点。尽管SIMPLER算法的计算量比SIMPLE算法的计算量多30%,但它收敛所需的计算机时间却比SIMPLE算法少30%~50%。因此,SIMPLER在当前各种商业CFD软件中常常作为默认算法而被采用。

在某些类型的流动中,可以证明SIMPLEC和PISO算法与SIMPLER同样有效,但还不能判断它们是否比SIMPLER算法更好。每一种算法的性能都依赖于流动条件以及动量方程和其他数性变量方程的耦合程度,例如,在燃烧流动中,当地的密度依赖于浓度和温度。同时这一算法的性能还依赖于采用的欠松弛的程度,甚至有时还依赖于求解代数方程时所采用的方法的细节。Jang等人(1986)把PISO,SIMPLER和SIMPLEC算法对于定常状态流动进行了广泛的比较,得出:对于那些动量方程不与数性变量相耦合的问题,采用PISO算法要比采用SIMPLER和SIMPLEC算法更易收敛,且相对来说计算量也减少了。还可以看出:数性变量和速度有紧密的联系,PISO算法和其他算法相比没有显著的优势。用于SIMPLER和SIMPLEC算法的迭代法在耦合问题中有很强的收敛特性,但还不能认定SIMPLER和SIMPLEC哪一个更好。

## 8.10 小 结

前面讨论了有限容积法中用于速度、压力计算的最通用的算法。它们有下述几个共同的特性：

- 通过采用迭代方法解决了与动量方程的非线性化以及与输运方程相耦合有关的问题。
- 在交错网格上定义分速度，避免了压力场出现空间上的振荡问题。
- SIMPLE 算法在计算压力场和速度场时是一个迭代过程。首先估计压力场 $p^*$ 的初值，然后用到如下步骤：

——求解离散的动量方程，得到中间速度场($u^*$，$v^*$)；

——求解以压力修正量 $p'$ 表示的连续方程；

——用下列形式修正压力和速度

$$p_{I,J} = P^*_{I,J} + p'_{I,J}$$

$$u_{i,J} = u^*_{i,J} + d_{i,J}(p'_{I-1,J} - p'_{I,J})$$

$$v_{I,j} = v^*_{I,j} + d_{I,j}(p'_{I,J-1} - p'_{I,J})$$

——求解其他的对于数性变量的 $\phi$ 离散输运方程；

——重复这一过程，直到 $p$、$u$、$v$ 和 $\phi$ 均收敛为止。

- 经过改善后的 SIMPLE 算法已经产生了更经济更稳定的迭代方法。
- 定常状态 PISO 算法在 SIMPLE 算法的基础上增加了一个修正步骤，改善了每一次迭代的性能。
- SIMPLER 算法现在在很多商业 CFD 软件中作为默认算法而被采用。
- 在所有的算法中都使用了欠松弛，从而保证了迭代过程的稳定性。

## 参考文献


1 Anderson D A, Tannehill J C and Pletcher R H. (1984). Computational Fluid Mechanics and Heat Transfer, Hemisphere Publishing Corpotation, Tayler & Francis Group, New York.

2 Harlow F H and Welch J E. (1965). Numerical Calculation of Time-dependent Viscous Incompressible Flow of Fluid with Free Surface, Phys. Fluids, Vol.8, pp.2182 ~ 2198.

3 Issa R I. (1986). Solution of the Implicitly Discretised Fluid Flow Equations by Operator-Splitting, J. Comput. Phys., Vol.62, pp.40 ~ 65.

4 Issa R I, Gosman, A D and Watkins A P. (1986). The Computation of Compressible and

Incompressible Recirculating Flows, J. Comput. Phys., Vol.62, pp.66 ~ 82.

5 Jang D S, Jetli R and Acharya S. (1986). Comparison of the PISO, SIMPLER, and SIMPLEC Algorithms for the Treatment of the Pressure-Velocity Coupling in Steady Flow Problems, Numer. Heat Transfer, Vol.19, pp.209 ~ 228.

6 Patankar S V. (1980). Numerical Heat Transfer and Fluid Flow, Hemisphere Publishing Corpotation, Tayler & Francis Group, New York.

7 Patankar S V and Spalding D B. (1972). A Calculation Procedure for Heat, Mass and Momentum Transfer in Three-dimensional Parabolic Flows, Int. J. Heat Mass Transfer, Vol.15, p.1787.

8 Van Doormaal J P and Raithby G D. (1984). Enhancements of the SIMPLE Method for Predicting Incompressible Fluid Flows, Numer. Heat Transfer, Vol.7, pp.147 ~ 163.

# 第9章 离散方程解法示例

## 9.1 概 述

前面几章已经讨论了流体流动和热传导控制方程的离散方法。这种处理方法会产生需要求解的线性代数方程组。方程组的复杂性和它包含的方程数取决于问题的维数、网格节点数和离散情况。尽管任何有效的方法都可用于求解方程,但是用计算机求解还是有一些严格的限制。线性代数方程的求解方法可分为两大类:直接求解法和迭代求解法。克莱姆矩阵求逆法和高斯消元法就是直接求解法的简单例子。用直接求解法求解 $N$ 个未知数的 $N$ 个方程的解时,所要求解的次数可以预先确定,约为 $N^3$,并要把方程组 $N^2$ 的全部系数同时存到存储器中。

迭代法就是不断重复使用相对简单的运算规则,经过可能是很长时间的重复后,导致最后的收敛。众所周知的例子是雅各比法和高斯-塞德尔逐点迭代法。所要求解的总次数不能提前预测,典型的是每迭代一次运算次数的量级是 $N$,而且不可能保证方程组肯定收敛,除非它满足非常严格的准则。迭代求解法的主要优点是只有方程中的非零系数才需要在存储器中储存。

例如第6章6.3.1中一维传热的例子,导出一个三对角矩阵——每个方程只有三个非零系数。当用 QUICK 差分法求解对流——扩散问题时,产生一个五对角矩阵(每个方程有五个非零系数),这样处理起来就更复杂些了。然而,有限容积法通常适用于每个方程中有很多0的方程组。由于这些系统通常很大——能有10万或100万个方程,我们发现用迭代法比用直接法求解要节省得多。

雅各比法和高斯——塞德尔逐点迭代法在简单的计算机程序中很容易实现,但如果方程组很大的话,这两种方法收敛就很慢,因而通常认为它们不适用于一般的 CFD 计算程序。托马斯(1949)发展了一种快速求解三对角矩阵的方法,我们现在称之为托马斯运算法则或三对角矩阵运算法则,即 TDMA。TDMA 实际上是一种用于一维情况的直接求解法,但它也能用于逐行迭代求解多维问题,并被广泛用于 CFD 中。它计算简便,所需的存储量最小。本章中将详细解释 TDMA 法并将简单讨论一下其替代方法。

## 9.2　三对角矩阵运算法则

考虑有三对角形式的方程组

$$\phi_1 = C_1 \tag{9-1a}$$

$$-\beta_2\phi_1 + D_2\phi_2 - \alpha_2\phi_3 = C_2 \tag{9-1b}$$

$$-\beta_3\phi_2 + D_3\phi_3 - \alpha_3\phi_4 = C_3 \tag{9-1c}$$

$$-\beta_4\phi_3 + D_4\phi_4 - \alpha_4\phi_5 = C_4$$

$$\vdots \qquad\qquad \vdots$$

$$-\beta_n\phi_{n-1} + D_n\phi_n - \alpha_n\phi_{n+1} = C_n \tag{9-1n}$$

$$\phi_{n+1} = C_{n+1} \tag{9-1(n+1)}$$

在上述的方程组里 $\phi_1$ 和 $\phi_{n+1}$是已知的边界值。各方程的通式为

$$-\beta_j\phi_{j-1} + D_j\phi_j - \alpha_j\phi_{j+1} = C_j \tag{9-2}$$

上述方程组里的方程(9-1b)～(9-1n)可以重写为

$$\phi_2 = \frac{\alpha_2}{D_2}\phi_3 + \frac{\beta_2}{D_2}\phi_1 + \frac{C_2}{D_2} \tag{9-3a}$$

$$\phi_3 = \frac{\alpha_3}{D_3}\phi_4 + \frac{\beta_3}{D_3}\phi_2 + \frac{C_3}{D_3} \tag{9-3b}$$

$$\phi_4 = \frac{\alpha_4}{D_4}\phi_5 + \frac{\beta_4}{D_4}\phi_3 + \frac{C_4}{D_4} \tag{9-3c}$$

$$\vdots \qquad\qquad \vdots$$

$$\phi_n = \frac{\alpha_n}{D_n}\phi_{n+1} + \frac{\beta_n}{D_n}\phi_{n-1} + \frac{C_n}{D_n}$$

这些方程可用向前消去和向后代入法求解。用向前消去法，开始时，我们把 $\phi_2$ 用方程(9-3b)来代入(9-3a)，得到

$$\phi_3 = \left(\frac{\alpha_3}{D_3 - \beta_3\dfrac{\alpha_2}{D_2}}\right)\phi_4 + \left[\frac{\beta_3\left(\dfrac{\beta_2}{D_2}\phi_1 + \dfrac{C_2}{D_2}\right) + C_3}{D_3 - \beta_3\dfrac{\alpha_2}{D_2}}\right] \tag{9-4a}$$

定义如下符号表达式

$$A_2 = \frac{\alpha_2}{D_2};\ C_2' = \frac{\beta_2}{D_2}\phi_1 + \frac{C_2}{D_2} \tag{9-4b}$$

方程(9-4a)可以写为

$$\phi_3 = \left(\frac{\alpha_3}{D_3 - \beta_3 A_2}\right)\phi_4 + \left(\frac{\beta_3 C'_2 + C_3}{D_3 - \beta_3 A_2}\right) \tag{9-4c}$$

如果令

$$A_3 = \frac{\alpha_3}{D_3 - \beta_3 A_2}; C'_3 = \frac{\beta_3 C'_2 + C_3}{D_3 - \beta_3 A_2}$$

则方程(9-4c)可写为

$$\phi_3 = A_3\phi_4 + C'_3 \tag{9-5}$$

公式(9-5)现可用来从式(9-3c)中消去 $\phi_3$,如此不断重复直到方程组里的最后一个方程,这就构成了向前消去过程。

对于向后代入法,采用递归关系的通用式(9-5)

$$\phi_j = A_j\phi_{j+1} + C'_j \tag{9-6a}$$

式中

$$A_j = \frac{\alpha_j}{D_j - \beta_j A_{j-1}} \tag{9-6b}$$

$$C'_j = \frac{\beta_j C'_{j-1} + C_j}{D_j - \beta_j A_{j-1}} \tag{9-6c}$$

设定如下的 $A$ 和 $C'$ 的值,就得到用于边界点 $j=1$ 和 $j=n+1$ 的公式

$$A_1 = 0 \text{ 和 } C'_1 = \phi_1$$

$$A_{n+1} = 0 \text{ 和 } C'_{n+1} = \phi_{n+1}$$

为了求解方程组,首先要写成式(9-2)的形式,确定 $\alpha_j, \beta_j, D_j$ 和 $C'_j$。$A_j$ 和 $C'_j$ 的值可用式(9-6b)、(9-6c),从 $j=2$ 直到 $j=n$ 一步一步依次计算。由于 $\phi$ 值是边界位置($n+1$)处的值,$\phi_j$ 的值可利用递推公式(9-6$a$)反序($\phi_n, \phi_{n-1}, \phi_{n-2}, \cdots, \phi_2$)得到。这种方法很简单,且易用 CFD 程序来实现。

在 TDMA 法的上述推导中,假定边界值 $\phi_1$ 和 $\phi_{n+1}$ 是给定的。为了实现固定梯度或通量的边界条件,$j=1$ 时,方程(9-1b)中的系数 $\beta_2$ 被设为 0,通过边界的通量并入源项 $C_2$。边界上变量的真实值不直接在公式中使用。使用 TDMA 法时,缺少初值和终值不会带来问题,这一点将在下面的例子中阐明。

## 9.3 TDMA 在二维问题中的应用

TDMA 法可以迭代地用于求解二维问题的方程组。考虑如图 9-1 的网格,以及一个通用二维离散输运方程,形式为

$$a_P\phi_P = a_W\phi_W + a_E\phi_E + a_S\phi_S + a_N\phi_N + b \tag{9-7}$$

为了求解方程组，沿着所选的线，比如南北向的，运用 TDMA 法，则离散方程可改写为如下形式

$$-a_S\phi_S + a_P\phi_P - a_N\phi_N = a_W\phi_W + a_E\phi_E + b \tag{9-8}$$

其右边暂时被认为是已知的。方程(9-8)可以写成形如(9-2)的形式。其中，$\alpha_j = a_N$；$\beta_j = a_S$；$D_j = a_P$；$C_j = a_W\phi_W + a_E\phi_E + b$。现在可以对所选的线 $j = 2,3,4,\cdots,n$ 沿着 $n-s$ 方向求解，如图9-1所示。

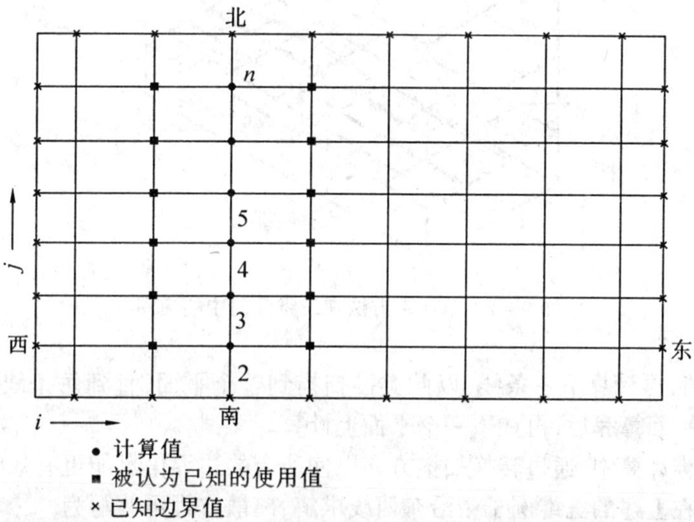


**图9-1　TDMA 方法的逐行运用**

接下来计算下一条从北向南的线。所选择线的顺序是后掠过的。如果从西向东计算，且西边 $P$ 点的 $\phi_W$ 值从前面计算过的线上可以知道，而东边 $\phi_E$ 的值未知，这时就必须迭代求解。每次迭代中，$\phi_E$ 的值在上一次迭代结束时已知，或在第一次迭代时假定一个初始值(比如说0)。重复逐行执行计算程序，直到获得一个收敛的解。

## 9.4　TDMA 在三维问题中的应用

对于三维问题，TDMA 法可以在一个所选的平面上逐行使用，然后在下一个平面上用同样的方法进行计算，在所选区域内一个平面一个平面的叠加起来。例如，在图9-2中，要沿 $x-y$ 平面的一条 $n-s$ 线求解，离散的输运方程形式为

$$-a_S\phi_S + a_P\phi_P - a_N\phi_N = a_W\phi_W + a_E\phi_E + a_B\phi_B + a_T\phi_T + b \tag{9-9}$$

方程(9-9)右边的 $W$、$E$、$B$、$T$ 的值我们认为暂时是已知的。TDMA 程序沿所迭代的 $n-$

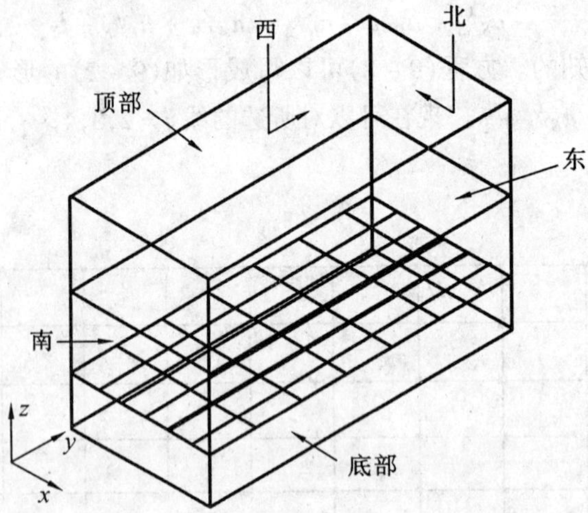


图 9-2 TDMA 方法在三维几何中的应用

$s$ 方向先计算 $\phi$ 值,再计算下一条线,以此类推扫描到整个平面,直到每条线上所有的未知值都算出来。一个平面算完后,再在下一个平面上计算。

在二维和三维计算中,通过转换扫描方向以使所有的边界信息能更有效的用于计算,可以加速收敛。为了在上述的三维例子中沿东西线求解,离散方程可改写为

$$-a_W\phi_W + a_P\phi_P - a_E\phi_E = a_S\phi_S + a_N\phi_N + a_B\phi_B + a_T\phi_T + b \tag{9-10}$$

## 9.5 例 子

**例 9-1** TDMA 在二维逐行计算中的应用

图 9-3 所示的是一块厚为 1 cm 的二维板。板的导热系数为 $k = 1\ 000\ \mathrm{W/(m \cdot K)}$。西边界有一个 500 $\mathrm{kW/m^2}$ 的稳定的热流量流入。南边和东边的边界绝热。如果北面边界的温度保持为 100°,用均匀网格 $\Delta x = \Delta y = 0.1$ m 来计算节点 1,2,3,4,…的定常状态温度分布。

**解** 平板中的二维定常状态导热方程为

$$\frac{\partial}{\partial x}\left(k\frac{\partial T}{\partial x}\right) + \frac{\partial}{\partial y}\left(k\frac{\partial T}{\partial y}\right) = 0 \tag{9-11}$$

方程可以离散为

$$a_PT_P = a_WT_W + a_ET_E + a_ST_S + a_NT_N \tag{9-12a}$$

其中 $a_W = \frac{k}{\Delta x}A_w$;$a_E = \frac{k}{\Delta x}A_e$

$$a_S = \frac{k}{\Delta y}A_s\,;\, a_N = \frac{k}{\Delta y}A_n \qquad (9-12b)$$

$$a_P = a_W + a_E + a_S + a_N \qquad (9-12c)$$

在本例中,所有相邻系数的值都相等。

$$a_W = a_E = a_N = a_S$$

$$= \frac{1\,000}{0.1} \times (0.1 \times 0.01) = 10$$

在点 6,7 有

$$a_P = a_W + a_E + a_S + a_N = 40$$

因此在节点 6 处的离散方程为

$$40T_6 = 10T_2 + 10T_{10} + 10T_5 + 10T_7$$

除节点 6 和 7 外,所有的节点都与边界相邻。

在边界节点上,离散方程可写为

$$a_P T_P = a_W T_W + a_E T_E + a_S T_S + a_N T_N + S_u$$

$$a_P = a_W + a_E + a_S + a_N - S_p$$

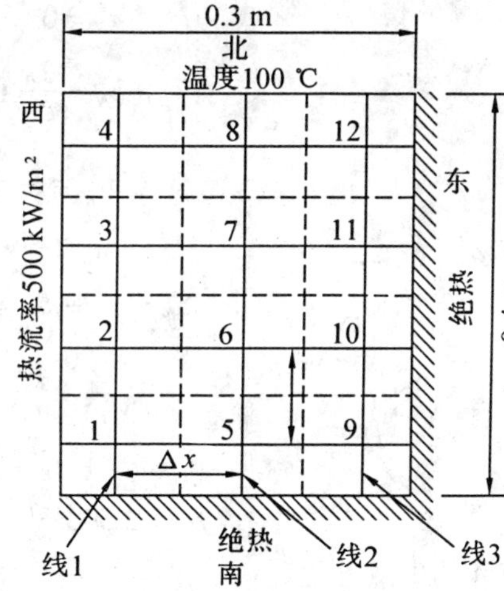


**图 9－3　例 9－1 中二维传热问题的边界条件**

边界条件通过设定相关的系数为 0 和考虑源项 $S_u$ 和 $S_p$ 代入离散方程。下面我们说明如何得到边界节点 1 和 4 的离散方程。

节点 1:

西侧是一个常值通量的边界;令 $b_W$ 表示由西面的热流量产生的源项。

$$a_W = 0$$

$$b_W = q_w \times A_w = 500 \times 10^3 \times (0.1 \times 0.01) = 500$$

南侧是绝热边界,无流量进入控制体

$$a_S = 0$$

$$b_S = 0$$

总源项

$$S_u = b_W + b_S = 500$$

$$S_p = 0$$

节点 1 的离散方程为

$$20T_1 = 10T_2 + 10T_5 + 500$$

节点 4:

西侧是有常值通量的边界

$$a_W = 0$$

$$b_W = q_W \times A_W = 500 \times 10^3 \times 10.1 \times 0.011 = 500$$

北侧是恒温边界

$$a_N = 0$$

$$b_N = \frac{2k}{\Delta y} A_n \times 100 = 2\ 000$$

$$S_{P_N} = -\frac{2k}{\Delta y} A_n = -20$$

总源项

$$S_u = b_W + b_N = 500 + 2\ 000 = 2\ 500$$

$$S_p = -20$$

现在有

$$a_p = a_S + a_E - S_p = 10 + 10 + 20 = 40$$

$$S_u = 2\ 500$$

节点 4 的离散方程为

$$40T_4 = 10T_5 + 10T_8 + 2\ 500$$

所有节点的离散方程的系数和源项值如表 9－1 所示。

**表 9－1**

| 点 | $a_N$ | $a_S$ | $a_W$ | $a_E$ | $a_P$ | $S_u$ |
|---|---|---|---|---|---|---|
| 1 | 10 | 0 | 0 | 10 | 20 | 500 |
| 2 | 10 | 10 | 0 | 10 | 30 | 500 |
| 3 | 10 | 10 | 0 | 10 | 30 | 500 |
| 4 | 0 | 10 | 0 | 10 | 40 | 2 500 |
| 5 | 10 | 0 | 10 | 10 | 30 | 0 |
| 6 | 10 | 10 | 10 | 10 | 40 | 0 |
| 7 | 10 | 10 | 10 | 10 | 40 | 0 |
| 8 | 0 | 10 | 10 | 10 | 50 | 2 000 |
| 9 | 10 | 0 | 10 | 0 | 20 | 0 |
| 10 | 10 | 10 | 10 | 0 | 30 | 0 |
| 11 | 10 | 10 | 10 | 0 | 30 | 0 |
| 12 | 0 | 10 | 10 | 0 | 40 | 2 000 |

让我们沿 $n-s$ 方程线使用 TDMA，从西向东扫描。离散方程为

$$-a_sT_s + a_PT_P - a_NT_N = a_WT_W + a_ET_E + b \tag{9-13}$$

为了方便起见,我们认为图9-3中包含1到4的点的直线是直线1,包含5到8点的直线是直线2,包含9到12点的直线是直线3。

表9-2

| 点 | $\beta_j$ | $D_j$ | $\alpha_j$ | $C_j$ | $A_j$ | $C'_j$ |
|---|---|---|---|---|---|---|
| 1 | 0 | 20 | 10 | 500 | 0.5 | 25 |
| 2 | 10 | 30 | 10 | 500 | 0.4 | 30 |
| 3 | 10 | 30 | 10 | 500 | 0.385 | 30.769 |
| 4 | 10 | 40 | 0 | 2500 | 0 | 77.667 |

在点1,2,3,4西面的所有系数为0,因而直线1西面的值不用计算。东面的值(点5,6,7,8)用来计算$C$。此时它们未知,我们可以首先把它们假设为0。$\alpha,\beta,D$和$C$的值可用方程(9-2)和(9-13)来计算。现在我们有$\alpha_j = -a_N, \beta_j = -a_S, D_j = a_p$和$C_j = a_WT_W + a_ET_E + S_u$。直线1上的$\alpha,\beta,D$和$C$的值及其$A_j, C'_j$在表9-2中已给出,在表9-3中给出如何计算$A_j, C'_j$。

表9-3

| $A_j = \alpha_j/(D_j - \beta_jA_{j-1})$ | $C'_j = (\beta_jC'_{j-1} + C_j)/(D_j - \beta_jA_{j-1})$ |
|---|---|
| $A_1 = 10/(20-0) = 0.5$ | $C'_1 = (0+500)/(20-0) = 25$ |
| $A_2 = 10/(30-10\times0.5) = 0.4$ | $C'_2 = (10\times25+500)/(30-10\times0.5) = 30$ |
| $A_3 = 10/(30-10\times0.4) = 0.385$ | $C'_3 = (10\times30+500)/(30-10\times0.4) = 30.769$ |
| $A_4 = 0$ | $C'_4 = (10\times30.769+2\,500)/(40-10\times0.385) = 77.667$ |

向后代入法求得的解为

$$T_4 = 0 + 77.667 = 77.667$$

$$T_3 = 0.385\times77.667 + 30.769 = 60.67$$

$$T_2 = 0.4\times60.67 + 30 = 54.26$$

$$T_1 = 0.5\times54.268 + 25 = 52.13$$

直线2的TDMA计算过程与直线1类似。此处西面的值可从上面的计算中得到,而东面的值假定为0。详细的计算我们留给读者作为练习。表9-4汇总了点5,6,7,8的$\alpha,\beta,D$和$C$的值。

表 9 - 4

| 点 | $\beta_j$ | $D_j$ | $\alpha_j$ | $C_j$ |
|---|---|---|---|---|
| 5 | 0 | 30 | 10 | 521.3 |
| 6 | 10 | 40 | 10 | 524.6 |
| 7 | 10 | 40 | 10 | 606.5 |
| 8 | 10 | 50 | 0 | 2 777.6 |

直线 2 用 TDMA 求解得 $T_5 = 27.38, T_6 = 30.03, T_7 = 38.47, T_8 = 62.23$。现在我们可以继续计算含点 9,10,11,12 的直线 3。点 9,10,11,12 的 $\alpha,\beta,D$ 和 $C$ 的值汇总于表 9 - 5。

表 9 - 5

| 点 | $\beta_j$ | $D_j$ | $\alpha_j$ | $C_j$ |
|---|---|---|---|---|
| 9 | 0 | 20 | 10 | 273.8 |
| 10 | 10 | 30 | 10 | 303.3 |
| 11 | 10 | 30 | 10 | 384.7 |
| 12 | 10 | 40 | 0 | 2 632.3 |

在第 1 次迭代结束时,我们可以得到如表 9 - 6 所示的整个流场的值。

表 9 - 6　第 1 次迭代结束时值

| 点 | 1 | 2 | 3 | 4 | 5 | 6 |
|---|---|---|---|---|---|---|
| $T$ | 52.13 | 54.26 | 60.65 | 77.66 | 27.38 | 30.03 |
| 点 | 7 | 8 | 9 | 10 | 11 | 12 |
| $T$ | 38.47 | 63.23 | 32.79 | 38.21 | 51.82 | 78.76 |

不断重复整个过程直到得到收敛解。本例中,经过 37 次迭代后得到了收敛解,如表 9 - 7 所示(总误差小于 1.0)。

表 9-7　第 37 次迭代结束时值

| 点 | 1 | 2 | 3 | 4 | 5 | 6 |
|---|---|---|---|---|---|---|
| *T* | 260.0 | 242.2 | 205.6 | 146.3 | 222.7 | 211.1 |
| 点 | 7 | 8 | 9 | 10 | 11 | 12 |
| *T* | 178.1 | 129.7 | 212.1 | 196.5 | 166.2 | 124.0 |

## 9.6　在 CFD 中使用的其他求解技巧

对于二维和三维问题，TDMA 法只能被用于逐行方式，所以边界信息往计算域内传开的速度比较慢。在 CFD 计算中收敛速度视流动方向而定，从上游往下游扫描得到的收敛速度，比从下游往上游扫描或平行流动方向要快得多。虽然通过改变扫描方向可以使收敛问题得到缓解，但在三维回流问题中，占优势的流动方向事先是未知的，所以收敛可能会很慢。当总体稳定性考虑需要与整个计算域上的值相关时，TDMA 对于离散方程的求解是不能令人十分满意的。

离散过程的高阶格式不仅与相邻的节点相联系，而且还与更多的节点建立联系。而这里，TDMA 方法只能将大量的相邻点的影响并入源项。从稳定性来看，这可能是不利的，会削弱高阶格式的有效性，削弱格式的隐式性质。

当待求解的方程组是五对角阵的形式时，比如在 QUICK 格式的例子和其他的高阶离散格式中都会碰到这样的情况，这时通用的 TDMA 即五对角阵的算法是可以采用的。基本说来，是将最初的矩阵一步一步化为一个上三角阵的形式，然后用向后代入法获得方程的解。当然这种方法远不如 TDMA 来得经济。

在采用贴体坐标系的高级 CFD 程序中，离散方程通常包含大量周围节点的作用，因此 TDMA 方法是难于处理的。这种情况下，由 STONE(1968)提出的强隐式程序(SIP)，尤其是由 Schneider 和 Zedan(1981)改进后的强隐式程序是适用的。另一种在 CFD 计算中使用的程序是由 Hestenes 和 Stlefell(1952)提出的共轭梯度法。这种算法以矩阵因式分解法为基础。由 Reid(1971)，Concus(1976)和 Kershaw(1978)加以改进，确保在 CFD 计算中加快收敛。然而，共轭梯度法(CGM)要比前面描述的其他迭代计算法的存储量大。

## 9.7　小　　结

我们已经讨论了用 TDMA 法求解方程组。这种方法对于三对角矩阵来说是非常经济的。

它由向前消去和向后代入两个阶段构成。

• 向前消去

——把方程组写成形如(9-2)的形式：

$$-\beta_j\phi_{j-1}+D_j\phi_j-\alpha_j\phi_{j+1}=C_j$$

——计算系数 $\alpha_j,\beta_j,D_j,C_j$

——使用式(9-6b)、(9-6c)：$A_j=\dfrac{\alpha_j}{D_j-\beta_jA_{j-1}}$ 和 $C_j'=\dfrac{\beta_jC_{j-1}'+C_j}{D_j-\beta_jA_{j-1}}$，从 $j=2$ 开始计算 $A_j$ 和 $C_j'$

——从 $j=3$ 重复算到 $j=n$

• 向后代入

——从 $j=n$ 开始通过式(9-6a)：$\phi_j=A_j\phi_{j+1}+C_j'$ 得到 $\phi_n$

——从 $j=n-1$ 重复算到 $j=2$，求得逆序的 $\phi_{n-1},\phi_{n-2},\cdots,\phi_2$

TDMA 法的迭代形式可以用于二维和三维计算，也是在直角坐标系中求解流动方程的典型方法。如果离散格式包含紧邻节点以外节点的影响或者选用了贴体坐标系时，用 TDMA 就会有问题。这时就有必要用别的方法，诸如五对角阵算法或 STONE 的强隐式程序和共轭梯度法。

# 参考文献


1 Anderson D A, Tannehill J C and Pletcher R H. (1984). Computational Fluid Mechanics and Heat Transfer, Hemisphere Publishing Corpotation, Tayler & Francis Group, New York.

2 Concus P, Golub G H and O'Leary D P. (1976). A Generalised Conjugate Gradient Method for the Numerical Solution of Elliptic Partial Equations, in J. R. Bunch and D. J. Rose (eds) Sparse Matrix Computations, Academic Press, New York.

3 Fletcher C A J. (1991). Computational Techniques for Fluid Dynamics, Volumes I and II, Springer-Verlag, Berlin.

4 Hestenes M R and Stiefel E L. (1952). NBS J. Res., Vol. 49, pp. 409 ~ 436.

5 Kershaw D S. (1978). The Incomplete Cholesky Conjugate Gradient Method for the Iterative Solution of Linear Equations, J. Comput. Phys., Vol. 26, pp. 43 ~ 65

6 Press, W H, Flannery B P, Teukolsky S A and Velterling W T. (1992). Numerical Recipes – The Art of Scientific Computing (FORTRAN Version), Cambridge University Press, Cambridge.

7 Reid J K. (1971). On the Method of Conjugate Gradients for the Solution of Large Sparse Systems of Linear Equations, in J. K. Reid(ed.) Large Sparse Sets of Linear Equations, Academic Press, New

York.

8 Schneider G E and Zedan M. (1981). A Modified Strongly Implicit Procedure for the Numerical Solution of Field Problems, Numer. Heat Transfer, Vol.4, pp.1 ~ 9.

9 Stone H L. (1968). Iterative Solution of Implicit Approximations of Multidimensional Partial Differential Equations, SLAM, J. Numer. Anal., Vol.5, No.3, pp.530 ~ 558.

10 Thomas L H. (1949). Elliptic Problems in Linear Difference Equations over a Network, Watson Sci. Comput. Lab. Report, Columbia University, New York.

# 第 10 章 非定常流动的有限容积法示例

## 10.1 概 述

讲述了定常流动的有限容积法后，现在可以考虑更复杂的与时间有关的问题。非定常流动数性变量输运的守恒方程通式为

$$\frac{\partial}{\partial t}(\rho\phi) + \mathrm{div}(\rho \boldsymbol{U}\phi) = \mathrm{div}(\Gamma \mathbf{grad}\phi) + S_\phi \tag{10-1}$$

方程的第一项代表瞬变项，对于定常流为 0。为了预测瞬态问题，可在前面讨论过的离散过程中增加瞬态项。在控制容积上对方程(10-1)积分时还要对有限时间步长 $\Delta t$ 也进行积分。和以前一样用表面积分代替对流项和扩散项的体积积分，改变瞬态项的积分次序，可以得到

$$\int_{CV}\left(\int_t^{t+\Delta t}\frac{\partial}{\partial t}(\rho\phi)\mathrm{d}t\right)\mathrm{d}V + \int_t^{t+\Delta t}\left(\int_A \boldsymbol{n}\cdot(\rho\boldsymbol{U}\phi)\mathrm{d}A\right)\mathrm{d}t = \int_t^{t+\Delta t}\left(\int_A \boldsymbol{n}\cdot(\Gamma\mathbf{grad}\phi)\mathrm{d}A\right)\mathrm{d}t + \int_t^{t+\Delta T}\int_{cv} S_\phi \mathrm{d}V\mathrm{d}t \tag{10-2}$$

至此我们还没有作任何的近似，只是在作积分运算。控制容积的积分同定常流中的积分相同。可以使用第 6 章和第 7 章里解释过的一些方法来处理对流项、扩散项和源项。这里主要考虑对时间积分必要的方法。下面将用一维非定常扩散方程阐述这一过程，再扩展到多维非定常扩散和对流—扩散问题。

## 10.2 一维非定常热传导

一维非定常热传导的控制方程为

$$\rho c\frac{\partial T}{\partial t} = \frac{\partial}{\partial x}\left(k\frac{\partial T}{\partial x}\right) + S \tag{10-3}$$

除了通常的那些变量外，$c$ 为物质的比热容，(J/(kg·K))。

考虑图 10-1 的一维控制容积，对方程(10-3)在控制容积和从 $t$ 到 $t+\Delta t$ 的时间间隔上积分，得

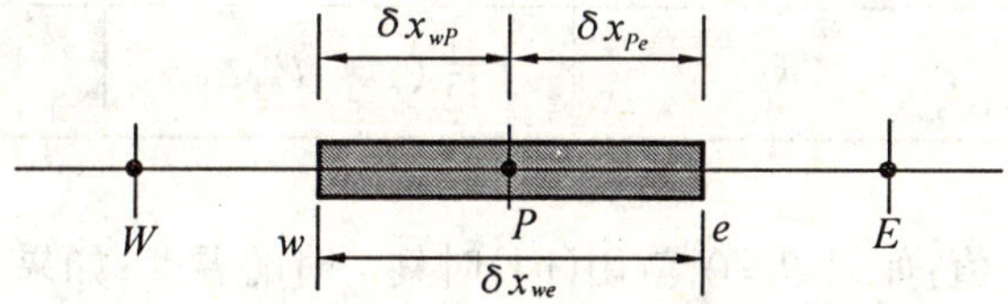


图 10-1 一维控制容积

$$\int_t^{t+\Delta t}\int_{CV}\rho c\frac{\partial T}{\partial t}\mathrm{d}V\mathrm{d}t = \int_t^{t+\Delta t}\int_{CV}\frac{\partial}{\partial x}\left(k\frac{\partial T}{\partial x}\right)\mathrm{d}V\mathrm{d}t + \int_t^{t+\Delta t}\int_{CV}S\mathrm{d}V\mathrm{d}t \tag{10-4}$$

可写为

$$\int_w^e\left[\int_t^{t+\Delta t}\rho c\frac{\partial T}{\partial t}\mathrm{d}t\right]\mathrm{d}V = \int_t^{t+\Delta t}\left[\left(kA\frac{\partial T}{\partial x}\right)_e - \left(kA\frac{\partial T}{\partial x}\right)_w\right]\mathrm{d}t + \int_t^{t+\Delta t}\bar{S}\Delta V\mathrm{d}t \tag{10-5}$$

在方程(10-5)中，$A$ 是控制体的表面积，$\Delta V$ 是其体积，等于 $A\Delta x$，其中 $\Delta x$ 是控制体的宽度，$\bar{S}$ 是源项的平均值。如果假定节点温度就是整个控制体积的温度的话，方程(10-5)左边可写为

$$\int_{CV}\left[\int_t^{t+\Delta t}\rho c\frac{\partial T}{\partial t}\mathrm{d}t\right]\mathrm{d}V = \rho c(T_P - T_P^0)\Delta V \tag{10-6}$$

在方程(10-6)中，上标“0”指的是时间 $t$ 时的温度，没有上标的是 $t+\Delta t$ 时的温度。用 $\frac{T_P - T_P^0}{\Delta t}$ 代替 $\frac{\partial T}{\partial t}$，即用一阶向后差分格式离散 $\frac{\partial T}{\partial t}$，可得到和方程(10-6)同样的结果。用于离散 $\frac{\partial T}{\partial t}$ 的高阶格式将在本章后面简单讨论。如果我们对扩散项用中心差分的话，方程(10-5)的右边可写为

$$\rho c(T_P - T_P^0)\Delta V = \int_t^{t+\Delta t}\left[\left(k_eA\frac{T_E - T_P}{\delta x_{PE}}\right) - \left(k_wA\frac{T_P - T_W}{\delta x_{WP}}\right)\right]\mathrm{d}t + \int_t^{t+\Delta t}\bar{S}\Delta V\mathrm{d}t \tag{10-7}$$

为了计算方程右边的项，需要假设 $T_P$，$T_E$，$T_W$ 随时间的变化。可以用时间 $t$ 或时间 $t+\Delta t$ 时的温度计算时间积分或者把 $t$ 和 $t+\Delta t$ 时的温度联合起来计算。引入加权参数 $\theta$($\theta$ 在 0 和 1 之间)，用 $I_T$ 表示 $T_P$ 随时间的积分为

$$I_T = \int_t^{t+\Delta t}T_P\mathrm{d}t = [\theta T_P + (1-\theta)T_P^0]\Delta t \tag{10-8}$$

这里

| $\theta$ | 0 | 1/2 | 1 |
|---|---|---|---|
| $I_T$ | $T_P^0\Delta t$ | $\frac{1}{2}(T_P+T_P^0)\Delta t$ | $T_P\Delta t$ |

我们强调 $I_T$ 的以下值:如果 $\theta=0$,就用(旧)时刻 $t$ 时的温度;如果 $\theta=1$,就用新时刻 $t+\Delta t$ 的温度。最后如果 $\theta=1/2$,$t$ 和 $t+\Delta t$ 时刻的温度的加权系数相同都为 1/2。

在方程(10－7)中对 $TE$ 和 $T_W$ 使用公式(10－8),两边同时除以 $A\Delta t$ 得

$$\rho c\,\frac{(T_P-T_P^0)}{\Delta t}\Delta x=\theta\left[\frac{k_e(T_E-T_P)}{\delta x_{PE}}-\frac{k_w(T_P-T_W)}{\delta x_{WP}}\right]+(1-\theta)\left[\frac{k_e(T_E^0-T_P^0)}{\delta x_{PE}}-\frac{k_w(T_P^0-T_W^0)}{\delta x_{WP}}\right]+\bar{S}\Delta x \tag{10-9}$$

整理得

$$\left[\rho c\,\frac{\Delta x}{\Delta t}+\theta\left(\frac{k_e}{\delta x_{PE}}+\frac{k_w}{\delta x_{WP}}\right)\right]T_P=\frac{k_e}{\delta x_{PE}}[\theta T_E+(1-\theta)T_E^0]+\frac{k_w}{\delta x_{WP}}[\theta T_W+(1-\theta)T_W^0]+\left[\rho c\,\frac{\Delta x}{\Delta t}-(1-\theta)\frac{k_e}{\delta x_{PE}}-(1-\theta)\frac{k_w}{\delta x_{WP}}\right]T_P^0+\bar{S}\Delta x \tag{10-10}$$

把 $T_W$ 和 $T_E$ 的系数定为 $a_W$ 和 $a_E$,方程(10－10)可以写成我们熟悉的标准形式

$$a_PT_P=a_W[\theta T_W+(1-\theta)T_W^0]+a_E[\theta T_E+(1-\theta)T_E^0]+[a_P^0-(1-\theta)a_W-(1-\theta)a_E]T_P^0+b \tag{10-11}$$

式中

$$a_P=\theta(a_W+a_E)+a_P^0$$

$$a_P^0=\rho C\,\frac{\Delta x}{\Delta t}$$

$$a_W=\frac{k_w}{\delta x_{WP}}$$

$$a_E=\frac{k_e}{\delta x_{PE}}$$

$$b=\bar{S}\Delta x$$

最终的离散方程的准确格式取决于 $\theta$ 值。当 $\theta=0$ 时,只用方程(10－11)右边(旧)时刻 $t$ 时的温度 $T_P^0$,$T_W^0$ 和 $T_E^0$ 来计算新时刻的 $T_P$,其结果的格式为显式的。当 $0<\theta\leqslant1$ 时,方程两边都用到新时刻的 $T_P$,其结果的格式是隐式的。$\theta=1$ 的极限情况被定为全隐式,相应的 $\theta=1/2$ 时的格式是科拉克－尼克逊格式(Crank and Nicdson,1947)。

### 10.2.1 显式格式

在显式格式中,源项可线性化为 $b=S_u+S_PT_P^0$。现在把 $\theta=0$ 代入式(10－11)得到非定常

导热方程的显式离散形式

$$a_P T_P = a_W T_W^0 + a_E T_E^0 + [a_p^0 - (a_W + a_E - S_p)] T_p^0 + S_u \tag{10-12}$$

式中

$$a_P = a_P^0, a_P^0 = \rho c \frac{\Delta x}{\Delta t}, a_W = \frac{k_w}{\delta x_{WP}}, a_E = \frac{k_e}{\delta x_{PE}}$$

方程(10-12)右侧只含有过去时刻的值,因此左侧可以沿时间向前推进计算。这种格式以向后差分为基础,与时间相关的泰勒级数截断误差精度是一阶的。如第 7 章已解释过的那样,离散方程中所有的系数必须为正的。$T_P^0$ 的系数可以看作是与新时刻相关的过去时刻对应值的相邻系数,这个系数必须为正,必须令 $a_P^0 - a_W - a_E > 0$。对于常值和均匀网格间距的情形来说,$\delta x_{PE} = \delta x_{WP} = \Delta x$,这个条件可以写为

$$\rho c \frac{\Delta x}{\Delta t} > \frac{2k}{\Delta x} \tag{10-13a}$$

或者

$$\Delta t < \rho c \frac{(\Delta x)^2}{2k} \tag{10-13b}$$

这个不等式对时间步长的最大值设立了严格的限制,也是使用显式格式的限制。改善空间精度要增加很多工作量,因为最大可能的时间步长随 $\Delta x$ 平方的减少而减少,所以这种方法对于一般的瞬态问题很少采用。我们还可以设计比上述方法有更大精确性的显式格式,如理查得逊法和杜弗特-弗兰克尔法。它们使用在两个以上时间步长的温度。这些算法同一般的显式格式相比稳定性约束较少。

### 10.2.2 科拉克—尼克逊格式

科拉克-尼克逊方法是令方程(10-11)中 $\theta = 1/2$ 得到的。现在,非定常热传导的离散方程为

$$a_P T_P = a_E \left[\frac{T_E + T_E^0}{2}\right] + a_W \left[\frac{T_W + T_W^0}{2}\right] + \left[a_P^0 - \frac{a_E}{2} - \frac{a_W}{2}\right] T_P^0 + b \tag{10-14}$$

其中

$$a_P = \frac{1}{2}(a_E + a_W) + a_p^0 - \frac{1}{2} S_P$$

$$a_P^0 = \rho c \frac{\Delta x}{\Delta t}, a_W = \frac{k_w}{\delta x_{WP}}, a_E = \frac{k_e}{\delta x_{PE}}$$

$$b = S_u + \frac{1}{2} S_p T_P$$

由于方程(10-14)中出现的在新时刻的未知温度 $T$ 的值多于 1,所以这种算法是隐式的,在每个时间步上对于所有的节点需要解联立方程。尽管格式中,$1/2 \leqslant \theta \leqslant 1$,包括科拉克-尼克逊格式,对于时间步长的所有的值是无条件稳定的,要得到物理上真实和有界的结果,确保所有系数为正更为重要,若 $T_p^0$ 的系数满足以下条件

$$a_P^0 > \left[\frac{a_E + a_W}{2}\right]$$

则有
$$\Delta t < \rho c \frac{\Delta x^2}{k} \tag{10-15}$$

这种时间步长的限制与显式方法(10-13)比起来稍微减少了些。科拉克-尼克逊算法是以中心差分为基础的,因而它对时间是二阶精度的。足够小的时间步长也能得到比显式更高的精度。计算的总精度还取决于空间差分方法。因此,科拉克-尼克逊格式通常与空间中心差分结合使用。

### 10.2.3 全隐式格式

当 $\theta = 1$ 时我们得到了全隐式格式,离散方程为
$$a_P T_P = a_W T_W + a_E T_E + a_P^0 T_P^0 + S_u \tag{10-16}$$

其中
$$a_P = a_P^0 + a_W + a_E - S_P,\ a_P^0 = \rho c \frac{\Delta x}{\Delta t}$$
$$a_W = \frac{k_w}{\delta x_{WP}},\ a_E = \frac{k_e}{\delta x_{PE}}$$

方程两边都有新时间步长上的温度,每个时间步长都必须解一个代数方程组。时间向前推进过程从给定的初始温度场 $T^0$ 开始。选好时间步长 $\Delta t$ 后求解方程(10-16),然后将解 $T$ 指定作为 $T^0$。重复以上过程将解推进一个时间步长。

可以看到所有的系数都是正的,这使隐式格式对于任意大小的时间步长来说都是无条件稳定的。由于这种格式对时间只是一阶精度的,因此需要用小时间步长确保结果的精度,隐式格式具有无条件的稳定性,通常都使用它进行瞬态计算。

## 10.3 瞬态问题的典型例子

我们现在用一维非定常导热例子的数值解与其相应的分析解进行比较来评价所用方法的精度,由此说明显式和隐式格式的特点。

**例 10-1** 一块开始时温度均匀为 200 ℃的薄平板,在某一时刻 $t = 0$,板东面的温度突然减少到 0 ℃。另外一个表面是绝热的。用显式有限容积法结合适宜的时间步大小来计算板的瞬态温度分布,并对其在(1) $t = 40$ s,(2) $t = 80$ s,和(3) $t = 120$ s 时的解析解加以比较。用方程(10-13)给出的时间步长的极限值重算 $t = 40$ s 时的数值解,和解析解进行比较。数据为:板厚 $L = 2$ cm,导热率 $k = 10$ W/(m·K),$\rho c = 10 \times 10^6$ J/(m$^3$·K)。

**解** 一维瞬态导热方程为
$$\rho c \frac{\partial T}{\partial t} = \frac{\partial}{\partial x}\left( k \frac{\partial T}{\partial x} \right) \tag{10-17}$$

其中初始条件为 $t = 0$ 时,$T = 200$

边界条件为 $x=0, t>0$ 时，$\dfrac{\partial T}{\partial x}=0$

$x=L, t>0$ 时，$T=0$

Ozisik(1985)给出分析解为

$$\frac{T(x,t)}{200}=\frac{4}{\pi}\sum_{n=1}^{\infty}\frac{(-1)^{n+1}}{2n-1}\exp(-\alpha\lambda_n^2 t)\cos(\lambda_n x) \tag{10-18}$$

其中 $\lambda_n=\dfrac{(2n-1)\pi}{2L}, \alpha=\dfrac{k}{\rho c}$

显式法的数值解可以靠把控制域宽度 $L$ 等分成 5 个控制容积，$\Delta x=0.004\ \text{m}$ 产生。最终的一维网格如图 10－2 所示。

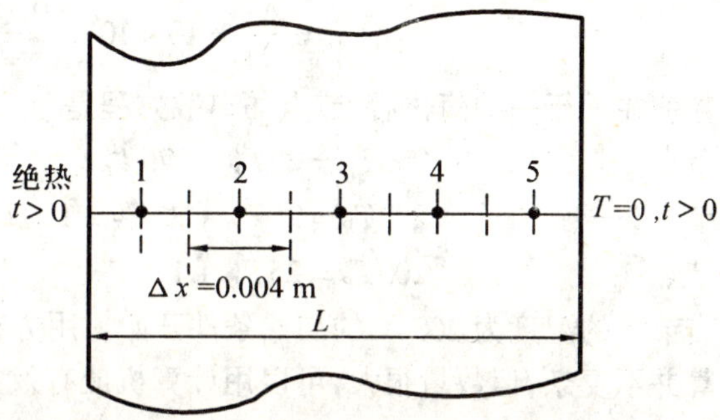


图 10－2　例 10－1 的几何参数

方程(10－12)给出了用显式法表示的内部控制容积控制方程(10－17)的离散形式。控制容积 1 和 5 与边界相邻，所以可以切断与边界方向的联系，而把边界通量引进源项中。在控制容积 1 处，西面的边界是绝热的，因此通过该边界的通量为 0。我们修改物理特性很容易辨别的方程(10－9)。节点 1 处的离散方程为

$$\rho c\frac{(T_P-T_P^0)}{\Delta t}\Delta x=\left[\frac{k}{\Delta x}(T_E^0-T_P^0)\right]-0 \tag{10-19}$$

$t>0$ 时，控制容积 5 东侧的边界温度是个常量(假设为 $T_B$)，节点 5 的离散方程变为

$$\rho c\frac{(T_P-T_P^0)}{\Delta t}\Delta x=\left[\frac{k}{\Delta x/2}(T_B-T_P^0)\right]-\left[\frac{k}{\Delta x}(T_P^0-T_W^0)\right] \tag{10-20}$$

所有的离散方程现在可以写成标准形式

$$a_P T_P=a_W T_W^0+a_E T_E^0+[a_P^0-(a_W+a_E)]T_P^0+S_u \tag{10-21}$$

其中 $a_P=a_P^0=\rho c\dfrac{\Delta x}{\Delta t}$

| 节点 | $a_W$ | $a_E$ | $S_u$ |
|---|---|---|---|
| 1 | 0 | $k/\Delta x$ | 0 |
| 2,3,4 | $k/\Delta x$ | $k/\Delta x$ | 0 |
| 5 | $k/\Delta x$ | 0 | $\dfrac{2k}{\Delta x}(T_B-T_P^0)$ |

显式法的时间步的限制条件为

$$\Delta t < \frac{\rho c(\Delta x)^2}{2k}$$

$$\Delta t < \frac{10 \times 10^6 \times (0.004)^2}{2 \times 10}$$

$$\Delta t < 8\ \mathrm{s}$$

让我们选择 $\Delta t = 2$ s,代入数值有

$$\frac{k}{\Delta x} = 10/0.004 = 2\ 500$$

$$\rho c \frac{\Delta x}{\Delta t} = 10 \times 10^6 \times \frac{0.004}{2} = 20\ 000$$

代入数值并进行一些简化后,节点的离散方程是

节点 1: $200\,T_P = 25\,T_E^0 + 175\,T_P^0$

节点 2—4: $200\,T_P = 25\,T_W^0 + 25\,T_E^0 + 150\,T_P^0$ (10 - 22)

节点 5: $200\,T_P = 25\,T_W^0 + 125\,T_P^0$

从所有节点的温度为 200 ℃的初始条件开始。用方程(10 - 22)可得到每一时间步长的解。虽然计算并不复杂,但数量很大,可以用计算机最有效的执行。表 10 - 1 给出了计算头两个时间步的结果。

**表 10 - 1**

| 时间 | 节点 1 | 节点 2 | 节点 3 | 节点 4 | 节点 5 |
|---|---|---|---|---|---|
| $t = 0$ s | $T_1^0 = 200$ | $T_2^0 = 200$ | $T_3^0 = 200$ | $T_4^0 = 200$ | $T_5^0 = 200$ |
| 1 | $200\,T_1^1 = 25 \times 200$ $+ 175 \times 200$ | $200\,T_2^1 = 25 \times 200$ $+ 25 \times 200$ | $200\,T_3^1 = 25 \times 200$ $+ 25 \times 200$ | $200\,T_4^1 = 25 \times 200$ $+ 25 \times 200$ | $200\,T_5^1 = 25 \times 200$ $125 \times 200$ |
| $t = 2$ s | $T_1^1 = 200$ $+ 150 \times 200$ | $T_2^1 = 200$ $+ 150 \times 200$ | $T_3^1 = 200$ $+ 150 \times 200$ | $T_4^1 = 200$ | $T_5^1 = 150$ |
| 2 | $200\,T_1^2 = 25 \times 200$ $+ 175 \times 200$ | $200\,T_2^2 = 25 \times 200$ $+ 25 \times 200$ $+ 150 \times 200$ | $200\,T_3^2 = 25 \times 200$ $+ 25 \times 200$ $+ 150 \times 200$ | $200\,T_4^2 = 25 \times 200$ $+ 25 \times 200$ $+ 150 \times 200$ | $200\,T_5^2 = 25 \times 200$ $+ 125 \times 200$ |
| $t = 4$ s | $T_1^2 = 200$ | $T_2^2 = 200$ | $T_3^2 = 200$ | $T_4^2 = 193.75$ | $T_5^2 = 118.75$ |

注意:下标指的是节点数,上标指的是时间步。

表 10－2 给出了连续 10 个小时步长的结果。表 10－3 给出了时间为 40 s，80 s 和 120 s 时的数值解和分析解。

**表 10－2　例 10－1 的结果(显式法)**

| 时间步长 | 时间(s) | 节点数 | | | | | | |
|---|---|---|---|---|---|---|---|---|
| | | | 1 | 2 | 3 | 4 | 5 | |
| | | $x=0.0$ | $x=0.002$ | $x=0.006$ | $x=0.01$ | $x=0.014$ | $x=0.016$ | $x=0.018$ |
| 0 | 0 | 200 | 200 | 200 | 200 | 200 | 200 | 200 |
| 1 | 2 | 200 | 200 | 200 | 200 | 200 | 150 | 0 |
| 2 | 4 | 200 | 200 | 200 | 200 | 193.75 | 118.75 | 0 |
| 3 | 6 | 200 | 200 | 200 | 199.21 | 185.16 | 98.43 | 0 |
| 4 | 8 | 200 | 200 | 199.9 | 197.55 | 176.07 | 84.66 | 0 |
| 5 | 10 | 199.98 | 199.98 | 199.62 | 195.16 | 167.33 | 74.92 | 0 |
| 6 | 12 | 199.94 | 199.94 | 199.11 | 192.24 | 159.26 | 67.74 | 0 |
| 7 | 14 | 199.83 | 199.83 | 198.35 | 188.98 | 151.94 | 62.24 | 0 |
| 8 | 16 | 199.65 | 199.65 | 197.36 | 185.52 | 145.36 | 57.89 | 0 |
| 9 | 18 | 199.37 | 199.37 | 196.17 | 181.98 | 139.45 | 54.35 | 0 |
| 10 | 20 | 198.97 | 198.97 | 194.79 | 178.44 | 134.12 | 51.40 | 0 |

**表 10－3**

| 点 | 时间＝40 s | | | 时间＝80 s | | | 时间＝120 s | | |
|---|---|---|---|---|---|---|---|---|---|
| | 数值解 | 分析解 | 误差% | 数值解 | 分析解 | 误差% | 数值解 | 分析解 | 误差% |
| 1 | 188.64 | 188.39 | －0.13 | 153.33 | 152.65 | －0.43 | 120.53 | 119.87 | －0.55 |
| 2 | 176.41 | 175.76 | －0.36 | 139.05 | 138.36 | －0.50 | 108.82 | 108.21 | －0.56 |
| 3 | 148.29 | 147.13 | －0.79 | 111.29 | 110.63 | －0.59 | 86.47 | 85.93 | －0.58 |
| 4 | 100.76 | 99.50 | －0.26 | 72.06 | 71.56 | －0.69 | 55.58 | 55.25 | －0.60 |
| 5 | 35.94 | 35.38 | －1.57 | 24.96 | 24.77 | －0.75 | 19.16 | 19.05 | －0.59 |

正如从误差分析中看到的，数值结果与分析解十分吻合。图 10－3 给出计算曲线可以进行比较。

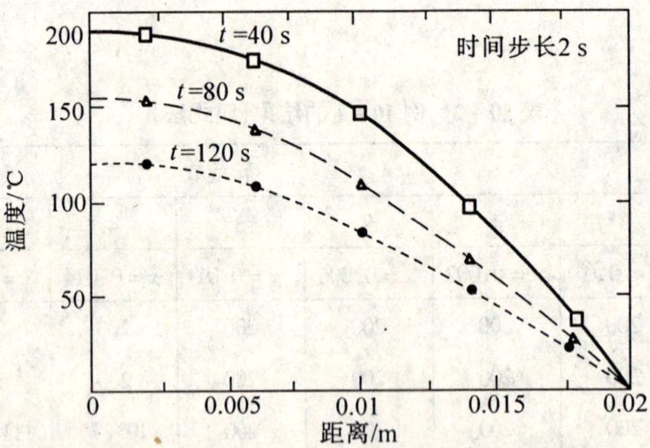


图 10-3　不同时间的数值解与分析解的比较

图 10-4 给出了 $t=40$ s 和时间步长为 8 s 时的解。以 2 s 为一个步长所得到前面的结果和分析解的精确结果也在图中显示出来以便比较。可以得出结论,时间步长为 8 s 时所得的数值解是不准确的,它在精确解周围振荡。

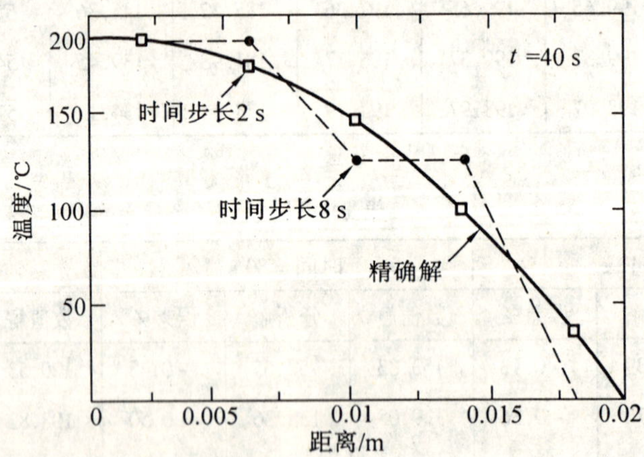


图 10-4　使用不同时间步长得到结果的比较

**例 10-2**　用全隐式法再来求解例 10-1 的问题,在时间步为 8 s 时比较显式法与隐式法的解。

**解**　我们用和图 10-2 相同的网格排列,全隐式法是用离散方程(10-16)来描述内部控制容积 2,3,4 上所发生的变化,边界控制容积 1 和 5 仍需要特殊处理。把边界条件代入方程

(10－9),对于节点 1 可以有

$$\rho c\frac{(T_P-T_P^0)}{\Delta t}\Delta x=\left[\frac{k}{\Delta x}(T_E-T_P)\right]-0 \tag{10-23}$$

对于节点 5 则有

$$\rho c\frac{(T_P-T_P^0)}{\Delta t}\Delta x=\left[\frac{k}{\Delta x/2}(T_B-T_P)\right]-\left[\frac{k}{\Delta x}(T_P-T_W)\right] \tag{10-24}$$

离散方程可写为标准形式

$$a_PT_P=a_WT_W+a_ET_E+a_P^0T_P^0+S_u \tag{10-25}$$

其中

$$a_P=a_W+a_E+a_P^0-S_P$$

$$a_P^0=\rho c\frac{\Delta x}{\Delta t}$$

| 节点 | $a_W$ | $a_E$ | $S_p$ | $S_u$ |
|---|---|---|---|---|
| 1 | 0 | $k/\Delta x$ | 0 | 0 |
| 2,3,4 | $k/\Delta x$ | $k/\Delta x$ | 0 | 0 |
| 5 | $k/\Delta x$ | 0 | $-\frac{2k}{\Delta x}$ | $\frac{2k}{\Delta x}T_B$ |

虽然隐式法允许时间步 $\Delta t$ 可以有较大值,但为了确保好的精确度,选用较合理的 2 s 的时间步长。网格间距和其他数据同前。因而可以有

$$\frac{k}{\Delta x}=10/0.004=2\ 500$$

$$\rho c\frac{\Delta x}{\Delta t}=10\times10^6\times0.004/2=20\ 000$$

代入数值并进行一些简化后,各节点的离散方程是

节点 1:　　$225T_P=25T_E+200T_P^0$

节点 2—4:　　$250T_P=25T_W+25T_E+200T_P^0$

节点 5:　　$275T_P=25T_W+200T_P^0+50T_B$

注意到 $T_B=0$ 时,每个时间步要求解的方程组为

$$\begin{bmatrix}225&-25&0&0&0\\-25&250&-25&0&0\\0&-25&250&-25&0\\0&0&-25&250&-25\\0&0&0&-25&275\end{bmatrix}\begin{bmatrix}T_1\\T_2\\T_3\\T_4\\T_5\end{bmatrix}=\begin{bmatrix}200T_1^0\\200T_2^0\\200T_3^0\\200T_4^0\\200T_5^0\end{bmatrix} \tag{10-26}$$

矩阵形式显示出对于每个方程中包含点的未知的邻点温度。显式格式通过对简单代数方程的直接向前计算找到每个新节点的温度,而全隐式方法在每一时刻都需要求解方程组(10-26)。前一时刻的温度值被用来计算方程右边的温度值。表10-4和图10-5表示的是数值结果和分析解的比较。

表10-4

| 点 | 时间=40 s | | | 时间=80 s | | | 时间=120 s | | |
|---|---|---|---|---|---|---|---|---|---|
| | 数值解 | 分析解 | 误差% | 数值解 | 分析解 | 误差% | 数值解 | 分析解 | 误差% |
| 1 | 187.38 | 188.38 | 0.51 | 153.72 | 152.65 | -0.70 | 121.52 | 119.87 | -1.42 |
| 2 | 176.28 | 175.76 | -0.29 | 139.79 | 138.36 | -1.03 | 109.78 | 108.21 | -1.24 |
| 3 | 150.04 | 147.13 | -1.97 | 112.38 | 110.63 | -4.57 | 87.33 | 85.96 | -1.59 |
| 4 | 103.69 | 99.50 | -4.20 | 73.09 | 71.56 | -2.13 | 56.20 | 55.25 | -1.71 |
| 5 | 37.51 | 35.38 | -6.02 | 25.38 | 24.77 | -2.46 | 19.39 | 19.05 | -1.78 |

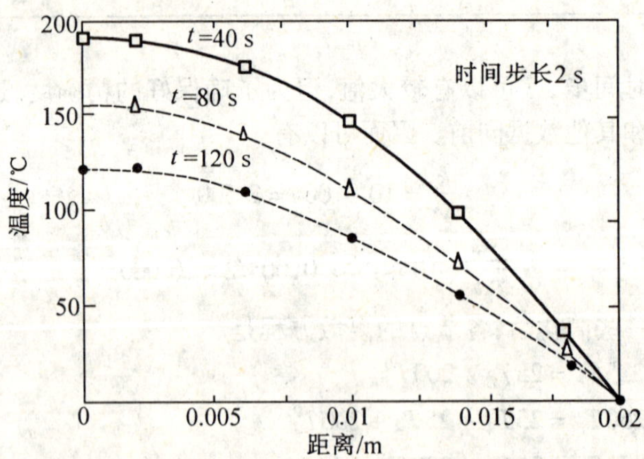


图10-5 隐式方法数值解与分析解的比较

图10-6给出了用隐式法和显式法且时间步长为8 s时在时刻 $t=40$ s时的解,一同还给出了解析解。显式法在用这个步长时得到的是不真实的振荡的解;而隐式法给出了与分析解相当接近的解。这清楚地说明了隐式法的一个主要优点:允许采用较大的时间步长。然而,我们仍强调好的解的准确性必然只能在小的时间步长时才能得到。

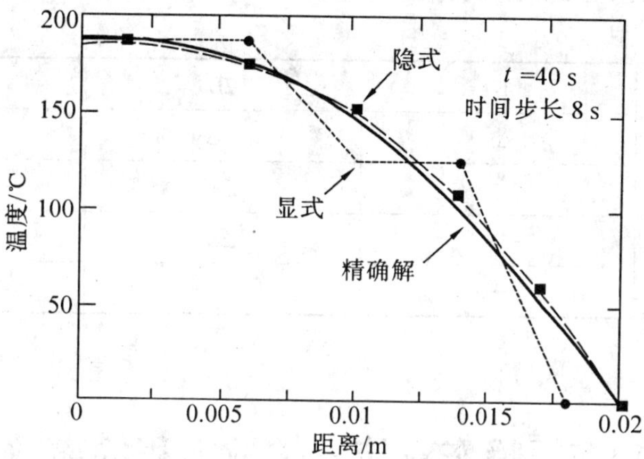


图 10-6 $\Delta t = 8$ s 时隐式与显式解的比较

# 10.4 用于二维和三维问题的隐式方法

全隐式方法具有良好的稳定性,现在常用于通用的各种 CFD 软件中。下面将其扩展到二维和三维空间中。对于三维瞬态扩散控制方程

$$\rho c \frac{\partial \phi}{\partial t} = \frac{\partial}{\partial x}\left(k \frac{\partial \phi}{\partial x}\right) + \frac{\partial}{\partial y}\left(k \frac{\partial \phi}{\partial y}\right) + \frac{\partial}{\partial z}\left(k \frac{\partial \phi}{\partial z}\right) + S \tag{10-27}$$

考虑一个三维控制体进行离散,得出方程为

$$a_P\phi_P = a_W\phi_W + a_E\phi_E + a_S\phi_S + a_N\phi_N + a_B\phi_B + a_T\phi_T + a_P^0\phi_P^0 + S_u \tag{10-28}$$

其中

$$a_P = a_W + a_E + a_S + a_N + a_B + a_T + a_P^0 - S_P$$

$$a_P^0 = \rho c \frac{\Delta V}{\Delta t}$$

在一维问题时相邻系数为 $a_W$,$a_E$ 在二维问题时为 $a_W$,$a_E$,$a_S$,$a_N$ 三维问题时则为 $a_W$,$a_E$,$a_S$,$a_N$,$a_B$,$a_T$。线性化源项为 $b = S_u + S_P\phi_P$。有关的相邻系数如下表。

| | $a_W$ | $a_E$ | $a_S$ | $a_N$ | $a_B$ | $a_T$ |
|---|---|---|---|---|---|---|
| 1D | $\frac{\Gamma_w A_w}{\delta x_{WP}}$ | $\frac{\Gamma_e A_e}{\delta x_{PE}}$ | — | — | — | — |
| 2D | $\frac{\Gamma_w A_w}{\delta x_{WP}}$ | $\frac{\Gamma_e A_e}{\delta x_{PE}}$ | $\frac{\Gamma_s A_s}{\delta y_{SP}}$ | $\frac{\Gamma_n A_n}{\delta y_{PN}}$ | — | — |
| 3D | $\frac{\Gamma_w A_w}{\delta x_{WP}}$ | $\frac{\Gamma_e A_e}{\delta x_{PE}}$ | $\frac{\Gamma_s A_s}{\delta y_{SP}}$ | $\frac{\Gamma_n A_n}{\delta y_{PN}}$ | $\frac{\Gamma_b A_b}{\delta z_{BP}}$ | $\frac{\Gamma_T A_T}{\delta z_{PT}}$ |

用于这些情况的体积值和单元表面积如下表。

| | 1D | 2D | 3D |
|---|---|---|---|
| $\Delta V$ | $\Delta x$ | $\Delta x\Delta y$ | $\Delta x\Delta y\Delta z$ |
| $A_w = A_e$ | 1 | $\Delta y$ | $\Delta y\Delta z$ |
| $A_n = A_s$ | —— | $\Delta x$ | $\Delta x\Delta z$ |
| $A_b = A_t$ | —— | —— | $\Delta x\Delta y$ |

## 10.5 瞬态对流—扩散方程的离散

上面给出的多维扩散问题的全隐式方法中,由时间离散产生的项表现为:(1)$a_P^0$ 对中心系数 $a_P$ 的贡献和(2)$a_P^0\phi_P^0$ 作为方程右边的一个附加源项的贡献。其他的系数没有变化,与定常状态问题离散方程的系数相同。因此,瞬态对流—扩散方程可以很简单的得到,变量 $\phi$ 的非定常输运方程为

$$\frac{\partial(\rho\phi)}{\partial t} + \mathrm{div}(\rho u\phi) = \mathrm{div}(\Gamma\,\mathbf{grad}\,\phi) + S_\phi \tag{10-29}$$

在第 7 章中曾因混合差分格式的稳定性而推荐将上式作为处理对流项的优先选用格式,所以在这里我们引出瞬态对流—扩散方程的隐式/混合差分形式。

通用变量 $\phi$ 在速度场 $\boldsymbol{u}$ 中的三维瞬态对流—扩散方程为

$$\frac{\partial(\rho\phi)}{\partial t} + \frac{\partial(\rho u\phi)}{\partial x} + \frac{\partial(\rho v\phi)}{\partial y} + \frac{\partial(\rho w\phi)}{\partial z} = \frac{\partial}{\partial x}\left(\Gamma\frac{\partial\phi}{\partial x}\right) + \frac{\partial}{\partial y}\left(\Gamma\frac{\partial\phi}{\partial y}\right) + \frac{\partial}{\partial z}\left(\Gamma\frac{\partial\phi}{\partial z}\right) + S \tag{10-30}$$

全隐式离散方程为

$$a_P\phi_P = a_W\phi_W + a_E\phi_E + a_S\phi_S + a_N\phi_N + a_B\phi_B + a_T\phi_T + a_P^0\phi_P^0 + S_u \tag{10-31}$$

其中

$$a_P = a_W + a_E + a_S + a_N + a_B + a_T + a_P^0 + \Delta F - S_P$$

$$a_P^0 = \frac{\rho_P^0\Delta V}{\Delta t},\ \bar{S}\Delta V = S_u + S_P\phi_P$$

对于混合差分格式,上面离散方程的系数如下表。

| | 一维流动 | 二维流动 | 三维流动 |
|---|---|---|---|
| $a_W$ | $\max\left[F_w,\left(D_w+\frac{F_w}{2}\right),0\right]$ | $\max\left[F_w,\left(D_w+\frac{F_w}{2}\right),0\right]$ | $\max\left[F_w,\left(D_w+\frac{F_w}{2}\right),0\right]$ |
| $a_E$ | $\max\left[-F_e,\left(D_e-\frac{F_e}{2}\right),0\right]$ | $\max\left[-F_e,\left(D_e-\frac{F_e}{2}\right),0\right]$ | $\max\left[-F_e,\left(D_e-\frac{F_e}{2}\right),0\right]$ |
| $a_S$ | —— | $\max\left[F_s,\left(D_s+\frac{F_s}{2}\right),0\right]$ | $\max\left[F_s,\left(D_s+\frac{F_s}{2}\right),0\right]$ |
| $a_N$ | —— | $\max\left[-F_n,\left(D_n-\frac{F_n}{2}\right),0\right]$ | $\max\left[-F_n,\left(D_n-\frac{F_n}{2}\right),0\right]$ |
| $a_B$ | —— | —— | $\max\left[F_b,\left(D_b+\frac{F_b}{2}\right),0\right]$ |
| $a_T$ | —— | —— | $\max\left[-F_t,\left(D_t-\frac{F_t}{2}\right),0\right]$ |
| $\Delta F$ | $F_e-F_w$ | $F_e-F_w+F_n-F_s$ | $F_e-F_w+F_n-F_s+F_t-F_b$ |

上面的式子中，$F$ 和 $D$ 的值可用如下公式计算。

| 表面 | $w$ | $e$ | $s$ | $n$ | $b$ | $t$ |
|---|---|---|---|---|---|---|
| $F$ | $(\rho u)_w A_w$ | $(\rho u)_e A_e$ | $(\rho v)_s A_s$ | $(\rho v)_n A_n$ | $(\rho w)_b A_b$ | $(\rho w)_t A_t$ |
| $D$ | $\frac{\Gamma_w}{\delta x_{WP}}A_w$ | $\frac{\Gamma_e}{\delta x_{PE}}A_e$ | $\frac{\Gamma_s}{\delta y_{SP}}A_s$ | $\frac{\Gamma_n}{\delta y_{PN}}A_n$ | $\frac{\Gamma_b}{\delta z_{BP}}A_b$ | $\frac{\Gamma_t}{\delta z_{PT}}A_t$ |

在 10.4 节中给出的体积和单元表面面积也对这里适用。其他一些格式例如线性上风格式或 QUICK 格式也可以通过对方程中的系数用适当的表达式代入而并入到这些方程中去，我们在以下的例子中将对此作出论证。

## 10.6 用 QUICK 差分法的瞬态对流—扩散工程实例

**例 10－3** 如图 10－7 所示，考虑一维控制域上的对流和扩散。计算瞬态温度场，假定各处的初始温度为 0，边界条件为：$x=0$ 处，$\phi=0$；$x=L$ 处，$\frac{\partial\phi}{\partial x}=0$。已知 $L=$

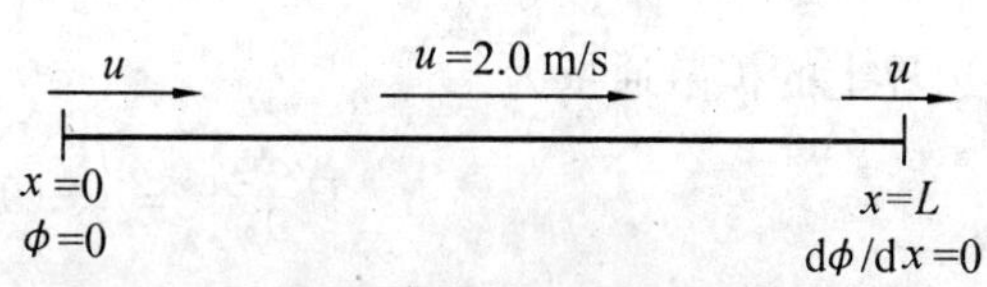


图 10－7 一维控制区域

1.5 m, $u = 2$ m/s, $\rho = 1$ kg/m$^3$, $\Gamma = 0.03$ kg/(m·s)。图 10－8 定义的源项的分布用于 $t>0$ 时，且 $a=-200$, $b=100$, $x_1=0.6$ m, $x_2=0.2$ m。用隐式方法对时间积分，对流项和扩散项用 QUICK 格式的 Hayase 公式编写一个计算程序来计算瞬态温度分布，直到温度稳定不变为止，并将结果与稳态分析解进行比较。

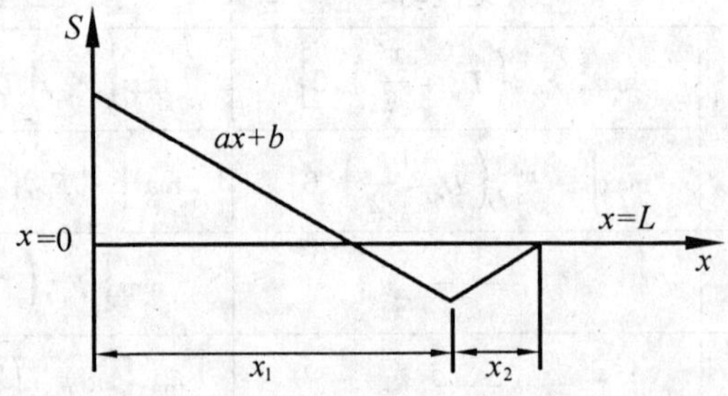


图 10－8 例 10－3 沿长度方向的源项分布

解 受源项分布影响的变量的瞬态对流—扩散控制方程为

$$\frac{\partial(\rho\phi)}{\partial t}+\frac{\partial(\rho u\phi)}{\partial x}=\frac{\partial}{\partial x}\left(\Gamma\frac{\partial\phi}{\partial x}\right)+S \tag{10-32}$$

我们把控制域分成一个 45 个点的网格，用计算程序进行计算。用 QUICK 格式的 Hayase 公式是很方便的(见 7.9.3 节)。因为它给出了一个三对角方程组，这个三对角方程组可以用 TDMA(见 9.2 节)法迭代求解。

速度 $u=2.0$ m/s，单位宽度 $\Delta x=0.033\,3$，因此各处

$$F=\rho u=2.0$$

$$D=\Gamma/\delta x=0.9$$

并用以下公式给出单元表面上的 $\phi$ 值。

$$\phi_e=\phi_P+\frac{1}{8}(3\phi_E-2\phi_P-\phi_W) \tag{10-33}$$

$$\phi_w=\phi_W+\frac{1}{8}(3\phi_P-2\phi_W-\phi_{WW}) \tag{10-34}$$

Hayase 的 QUICK 格式给出了通用节点上的隐式离散方程

$$\frac{\rho(\phi_P-\phi_P^0)\Delta x}{\Delta t}+F_e\left[\phi_P+\frac{1}{8}(3\phi_E-2\phi_P-\phi_W)\right]-F_w\left[\phi_W+\frac{1}{8}(3\phi_P-2\phi_W-\phi_{WW})\right]=D_e(\phi_E-\phi_P)-D_w(\phi_P-\phi_W) \tag{10-35}$$

第一个节点和最后一个节点需要分开处理。在控制容积 1 用 7.9.1 节介绍的镜像节点法建立一个超过边界 $x=0$ 的西侧($W$)节点。由于在此边界($A$)上 $\phi_A=0$，在镜像节点的线性外推值为

$$\phi_0=-\phi_P \tag{10-36}$$

边界上的扩散通量为

$$\Gamma\frac{\partial\phi}{\partial x}\bigg|_A=\frac{D_A}{3}(9\phi_P-8\phi_A-\phi_E) \tag{10-37}$$

节点 1 的离散方程可写为

$$\frac{\rho(\phi_P-\phi_P^0)\Delta x}{\Delta t}+F_e\left[\phi_P+\frac{1}{8}(3\phi_E-\phi_P)\right]-F_A\phi_A=D_e(\phi_E-\phi_P)-\frac{D_A}{3}(9\phi_P-8\phi_A-\phi_E) \tag{10-38}$$

在最后的控制容积中，边界条件是变量梯度为0。因此通过边界 $B$ 的扩散通量等于0，边界上的 $\phi$ 值等于上游节点值，比如，$\phi_B=\phi_P$。控制容积45的离散方程变为

$$\frac{\rho(\phi_P-\phi_P^0)\Delta x}{\Delta t}+F_B\phi_P-F_w\left[\phi_W+\frac{1}{8}(3\phi_P-2\phi_W-\phi_{WW})\right]=0-D_w(\phi_P-\phi_W) \tag{10-39}$$

现在可以把离散方程(10-35)(10-37)(10-39)写成标准形式：

$$a_P\phi_P=a_W\phi_W+a_E\phi_E+a_P^0\phi_P^0+S_u \tag{10-40}$$

式中

$$a_P=a_W+a_E+a_P^0+(F_e-F_w)-S_P$$

$$a_P^0=\frac{\rho\Delta x}{\Delta t}$$

| 节点 | $a_W$ | $a_E$ | $S_P$ | $S_u$ |
|---|---|---|---|---|
| 1 | 0 | $D_e+\frac{D_A}{3}$ | $-\left(\frac{8}{3}D_A+F_A\right)$ | $\left(\frac{8}{3}D_a+F_a\right)\phi_A+\frac{1}{8}F_e(\phi_P-3\phi_E)$ |
| 2 | $D_w+F_w$ | $D_e$ | 0 | $\frac{1}{8}F_w(3\phi_P-\phi_W)+\frac{1}{8}F_e(\phi_W+2\phi_P-3\phi_E)$ |
| 3~44 | $D_w+F_w$ | $D_e$ | 0 | $\frac{1}{8}F_w(3\phi_P-2\phi_W-\phi_{WW})+\frac{1}{8}F_e(\phi_W+2\phi_P-3\phi_E)$ |
| 45 | $D_w+F_w$ | 0 | 0 | $\frac{1}{8}F_w(3\phi_P-2\phi_W-\phi_{WW})$ |

对于控制容积2的离散方程已经进行调整，以便用专门的表达式计算通过单元表面的对流通量，使它与控制容积1有共同的值。选时间步长 $\Delta t=0.01$ s，它是在显式要求的稳定性范围内，于是我们可以期待隐式法具有合理精度的稳定的解。在任何给定的时刻，代入数值得到的系数值总结在表10-5中。

从所有节点的 $\phi_P^0=0$ 的初始场开始，迭代求解由系数和表10-5中源项组成的方程组，直到得到收敛解 $\phi_P$。再把当前时间的 $\phi_P$ 值指定为 $\phi_P^0$，继续向下一个时间求解。为了监视是否已达到定常状态，可以跟踪旧的和新的 $\phi_P$ 值之间的差别。当得到的差值小于规定的值时，即认为解已达到了定常状态。

解析解

表 10-5

| 节点 | $a_W$ | $a_E$ | $a_P^0$ | 总源项 | $S_P$ | $a_P$ |
|---|---|---|---|---|---|---|
| 1 | 0 | 1.2 | 3.33 | $4.4\phi_A+0.25(\phi_P-3\phi_E)+3.33\phi_P^0$ | -4.4 | 8.93 |
| 2 | 2.9 | 0.9 | 3.33 | $0.025(5\phi_P-3\phi_E)+3.33\phi_P^0$ | 0 | 7.13 |
| 3~44 | 2.9 | 0.9 | 3.33 | $0.25(5\phi_P-\phi_W-\phi_{WW}-3\phi_E)+3.33\phi_P^0$ | 0 | 7.13 |
| 45 | 2.9 | 0 | 3.33 | $0.25(3\phi_P-2\phi_W-\phi_{WW})+3.33\phi_P^0$ | 0 | 6.23 |

为了找到方程(10-32)准确的定常状态解，将它对时间导数置为0，得到的常微分方程对$x$积分两次。用傅立叶余弦级数表示间隔$(-L,L)$上源项分布的偶周期延拓，这样可以给出微分方程中的泊松函数。在给定的边界条件下，此问题的解如下：

$$\phi(x)=\frac{C_1+C_2\mathrm{e}^{Px}-\dfrac{a_0}{P^2}(Px+1)-\sum\limits_{n=1}^{\infty}a_n\left(\dfrac{L}{n\pi}\right)\left[P\sin\left(\dfrac{n\pi x}{L}\right)+\left(\dfrac{n\pi}{L}\right)\cos\left(\dfrac{n\pi x}{L}\right)\right]}{\left[P^2+\left(\dfrac{n\pi}{L}\right)^2\right]}\tag{10-41}$$

其中，$P=\dfrac{\rho u}{\Gamma}$；$C_2=\dfrac{a_0}{P^2\mathrm{e}^{PL}}+\sum\limits_{n=1}^{\infty}\dfrac{a_n}{\mathrm{e}^{PL}}\cos(n\pi)\Big/\left[P^2+\left(\dfrac{n\pi}{L}\right)^2\right]$

$$C_1=-C_2+\frac{a_0}{P^2}+\sum_{n=1}^{\infty}a_n\Big/\left[P^2+\left(\frac{n\pi}{L}\right)^2\right]$$

$$a_0=\frac{(x_1+x_2)(ax_1+b)+bx_1}{2L}$$

$$a_n=\frac{2L}{n^2\pi^2}\left\{\left(\frac{a(x_1+x_2)+b}{x_2}\right)\cos\left(\frac{n\pi x_1}{L}\right)-\left[a+\left(\frac{ax_1+b}{x_2}\right)\cos\left(\frac{n\pi(x_1+x_2)}{L}\right)\right]\right\}$$

图10-9比较了解析的定常状态解和数值的定常状态解。正如我们所看到的，对空间的离散用QUICK格式和较细网格可以确保近乎完美的解析解与数值解的一致。这一结论对数值解有重要的意义。

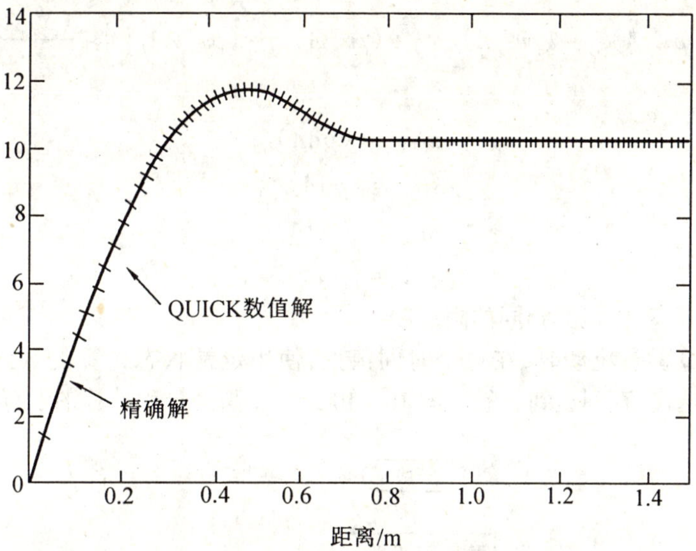


图 10－9　数值结果与分析解的比较

## 10.7　非定常流计算求解程序

### 10.7.1　瞬态 SIMPLE 算法

在第 8 章中描述的用于定常流计算的 SIMPLE 算法也可以扩展到瞬态计算。现在离散的动量方程包含用 10.5 节描述的步骤所表示的瞬态项。在压力修正方程中还需要一个附加项。二维瞬态流动的连续性方程为

$$\frac{\partial \rho}{\partial t}+\frac{\partial(\rho u)}{\partial x}+\frac{\partial(\rho v)}{\partial y}=0 \tag{10-42}$$

在二维标准数性控制容积上的积分形式为

$$\frac{(\rho_p-\rho_P^0)}{\Delta t}\Delta V+[(\rho uA)_e-(\rho uA)_w]+[(\rho uA)_n-(\rho uA)_s]=0 \tag{10-43}$$

压力修正方程是从连续性方程得到的，所以应该包含代表瞬态特性的项。二维瞬态流动的压力修正方程可以有如下的等价形式

$$a_{I,J}p'_{I,J}=a_{I+1,J}p'_{I+1,J}+a_{I-1,J}p'_{I-1,J}+a_{I,J+1}p'_{I,J+1}+a_{I,J-1}p'_{I,J-1}+b'_{I,J} \tag{10-44}$$

式中 $a_{I,J}=a_{I+1,J}+a_{I-1,J}+a_{I,J+1}+a_{I,J-1}$

$$b'_{I,J}=(\rho u^{*}A)_{i,J}-(\rho u^{*}A)_{i+1,J}+(\rho v^{*}A)_{I,j}-(pv^{*}A)_{I,j+1}+\frac{(\rho_P^0-\rho_P)\Delta V}{\Delta t}$$

相邻系数为

$$a_{I-1,J}=(\rho dA)_{i,J}$$
$$a_{I+1,J}=(\rho dA)_{i+1,J}$$
$$a_{I,J-1}=(\rho dA)_{I,j}$$
$$a_{I,J+1}=(\rho dA)_{I,j+1}$$

扩展到三维流动,源项中包括相同的附加项。

用隐式法计算瞬态流动时,在每个时间值上,使用定常状态计算的 SIMPLE,SIMPLER 或 SIMPLEC 法进行迭代,直到达到收敛。图 10－10 给出了瞬态过程计算的示意路线。

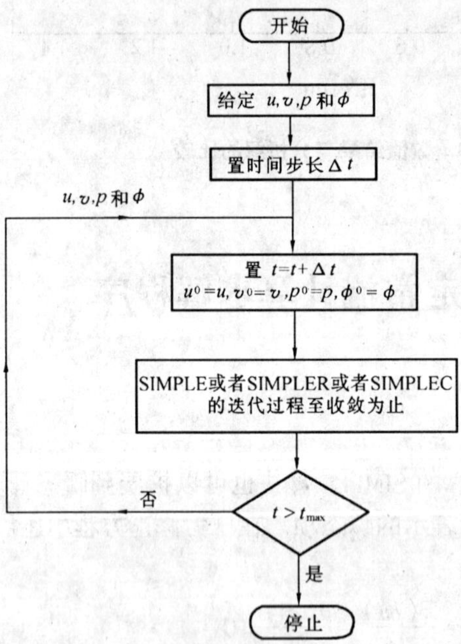


**图 10－10　瞬态流动 SIMPLE 算法**
**(或 SIMPLER,SIMPLERC)计算流程**

### 10.7.2　瞬态的 PISO 算法

PISO 算法是非迭代的瞬态计算过程。它依赖于由离散方法,特别是算子分裂方法(Issa,

1986)所得到的时间精度。在瞬态算法中,所有的时间相关项都保留在动量方程和连续性方程中。这就给出了 PISO 瞬态形式中对于动量方程和压力修正方程的以下的附加作用:

• 把 $a_P^0=\rho_P^0\dfrac{\Delta V}{\Delta t}$分别加到离散的 $u$ 和 $v$ 动量方程(8-12),(8-13),(8-52)和(8-53)的中心系数上。

• 把 $a_P^0u_P^0$ 和 $a_P^0v_P^0$ 加到离散的 $u$ 和 $v$ 动量方程的源项上。

• 把$(\rho_P^0-\rho_P)\Delta V/\Delta t$ 加到第一项和第二项离散的压力修正方程的源项上。

在其他方面,基本方程和 PISO 瞬态算法的有关步骤和 8.8 节中陈述的相同。在每一时间水平上执行这里解释的 PISO 过程来计算速度场和压力场。Issa(1986)指出了对压力和动量用预测-校正过程可分别达到三阶($\Delta t^3$)和四阶($\Delta t^4$)的时间精度。因此,当采用一个适当的小的时间步长而在 PISO 过程结束时,可以认为得出的压力场和速度场足够精确,可以立刻进行下一时间步的计算。因而算法本身是非迭代的。

由于算法依赖于由分裂技术得到的高阶时间精度,这里推荐使用小的时间步长来确保解的准确性。如果必要的话,可以把高阶时间差分格式并入算法中以提高性能,例如使用时间间隔为 $\Delta t$ 的三个时间水平 $n+1,n,n-1$ 的二阶隐式格式,我们可以用通过 $T^{n+1}$,$T^n$ 和 $T^{n-1}$ 的二次函数在时间水平 $n$ 处的梯度来计算$\dfrac{\partial T}{\partial t}$。这样得出的二阶精度的时间离散形式为

$$\frac{\partial T}{\partial t}=\frac{1}{2\Delta t}(3T^{n+1}-4T^n+T^{n-1}) \tag{10-45}$$

将此格式合并形成离散方程是相当简单的。把从前一时间步长已知的 $n$ 和 $n-1$ 时间水平上的值作为源项来处理,放到方程右边。

PISO 算法可以用足够小的时间步长产生准确的结果。(见 Isaa 等,1986;Kim 和 Benson,1992)。由于 PISO 算法不必在一个时间水平上迭代,它比隐式的 SIMPLE 算法代价要低。发动机内部燃烧的对流和导热的 CFD 模拟要求进行瞬态计算,这无疑是相当耗费计算机时间并且花费很高的,尤其是三维几何体的情况,Ahmadi-Befrui 等(1990)提出了 PISO 系列的 EPISO 算法,这种算法对于预测发动机内的流动很有用。

## 10.8　用假瞬态法进行定常状态计算

在第 8 章中已经指出,为了使迭代过程稳定以得到定常状态解,采用欠松弛是必要的。比如,二维动量方程的欠松弛形式采用如下形式

$$\frac{a_{i,J}}{\alpha_u}u_{i,J}=\sum a_{nb}u_{nb}+(p_{I-1,J}-p_{I,J})A_{i,J}+b_{i,J}+\left[(1-\alpha_u)\frac{a_{i,J}}{\alpha_u}\right]u_{i,J}^{(n-1)} \tag{10-46}$$

和瞬态(隐式)$u$ 动量方程比较:

$$\left(a_{i,J}+\frac{\rho_{i,J}^{0}\Delta V}{\Delta t}\right)u_{i,j}=\sum a_{nb}u_{nb}+(p_{I-1,J}-p_{I,J})A_{i,J}+b_{i,J}+\frac{\rho_{i,J}^{0}\Delta V}{\Delta t}u_{i,J}^{0} \quad (10-47)$$

方程(10-46)中,上标 $n-1$ 指的是前次的迭代,方程(10-47)中上标 0 代表前一时间水平。可以发现瞬态计算和定常状态欠松弛计算非常相似。因而很容易推出

$$(1-\alpha_u)\frac{a_{i,J}}{\alpha_u}=\frac{\rho_{i,J}^{0}\Delta V}{\Delta t} \quad (10-48)$$

这个公式表明,对一个给定的初始流场,用满足方程(10-48)步长大小的假瞬态计算可以获得与欠松弛迭代进行定常状态计算同样的效果。或者说,定常状态计算可以解释为时间步长在空间变化的假瞬态求解。对于那些控制方程引起稳定性问题的情形,比如有浮力的流动,高旋流和带激波的可压缩流,假瞬态法是很有用的。

## 10.9　其他瞬态格式的简述

也可以采用其他的瞬态流动计算方法,例如 MAC(Harlow 和 Welch,1965),SMAC(Amsden 和 Harlow,1970),ICE(Amsden 和 Harlow,1971)和 ICEDALE(Hirt 等,1974)。这类格式的算法,其中心特征就是用泊松方程对压力直接求解。所以,整个计算过程与这里解释的方法不同,有兴趣的读者想知道更多细节的话,可以参考所引用的参考书目。KIVA-Ⅱ,著名的发动机预测程序就使用 ICED-ALE 法作为其核心求解过程,已经证明这种算法对于预测发动机内实际的内部燃烧流动是可靠的,它正广泛地用于发动机内部燃烧的研究(见 Amsden 等,1985,1989;Zellat 等,1990;Blunsden 等,1992,1993)。为了预测非定常流动,Kim 和 Benson(1992)把 PISO 算法和 SMAC 算法进行了比较,发现 SMAC 比 PISO 更有效,迅速和准确。然而,从数学上来看,MAC/ICE 类算法非常复杂,因而没有广泛用于通用 CFD 程序中。

## 10.10　小　　结

通过考虑非定常扩散和对流—扩散方程,给出了求解瞬态流动问题的方法。我们可以将计算新时间变量 $\phi$ 的时间步进算法分成以下几种类型:

- 显式—只适用前一时间的 $\phi$ 值
- 科拉克—尼克逊格式—混合使用前一时间和新时间上的 $\phi$ 值
- 隐式—主要用新时间上周围的 $\phi$ 值

每种格式的稳定性和精度特性见表 10-6,下面作进一步的陈述。

表 10-6

| 格式 | 稳定性 | 精度 | 正系数准则 |
|---|---|---|---|
| 显式 | 有条件稳定 | 一阶 | $\Delta t < \rho(\delta x)^2/2\Gamma$ |
| 科拉克—尼克逊 | 无条件稳定 | 二阶 | $\Delta t < \rho(\Delta x)^2/\Gamma$ |
| 隐式 | 无条件稳定 | 一阶 | 总是正的 |

• 对于通用瞬态 CFD 计算，一般推荐使用隐式格式。但是，隐式格式和科拉克—尼克逊格式的无条件稳定性是以必须求解每个时间步长上的方程组为代价的。在二维和三维计算中，这就需要很多中间的迭代过程。

• 对于扩散和对流—扩散的（全隐式）瞬态离散方程实际上与定常问题的离散方程基本相同，但中心系数 $a_P$ 和源项 $b_P$ 有小的改变：

$a_P^{(t)} = a_P^{(s)} + a_P^0, b_P^{(t)} = b_P^{(s)} + a_P^0\phi_P^0$，式中 $a_P^0 = \rho_P^0\Delta V/\Delta t$

上标（$t$）指的是瞬态形式，（$s$）指的是定常形式。

• SIMPLE 算法中除了对动量方程的上述修正外，压力修正方程也需要在源项 $b_P$ 中添加一个附加项（$\rho_P^0 - \rho_P$）$\Delta V/\Delta t$。时间步进过程在 SIMPLE 主迭代循环之外产生了一个额外的循环。

• PISO 算法的第二校正步的时间精度使它成为非常引人注目的非迭代瞬态计算法。

• 着重指出了欠松弛迭代求解和假瞬态求解间的相似性。假瞬态法已被广泛用于处理复杂物理性质流动中的稳定性问题。

# 参考文献


1 Abbott M B and Basco B R.(1989).Computational Fluid Dynamics – An Introduction for Engineers, Longman Scientific & Technical, Harlow, UK.

2 Ahmadi-Befrui, Gosman A D, Issa R I and Watkins A P.(1990).EPISO – An Implicit Non-iterative Solution Procedure for the Calculation of Flows in Reciprocating Engine Chambers, Comput. Methods Appl. Mech. Eng., Vol.79, pp.249 ~ 279.

3 Amsden A A and Harlow F H.(1970).The SMAC Method: A Numerical Technique for Calculating Incompressible Fluid Flows, Las Alamos Scientific Laboratory Report LA-4370, Los Alamos, New Mexico.

4 Amsden A A, Butler T D, O'Rourke P J and Ramshaw J D.(1985).KIVA – A Comprehensive Model

of 2D and 3D Engine Simulations, SAE Paper No. 850554.

5 Amsden A A, O'Rourke P J and Butler T D. (1989). KIVA-II – A Computer Program for Chemically Reactive Flows with Sprays, Los Alamos National Laboratory Report LA-11560-MS.

6 Anderson D A, Tannehill J C and Pletcher R H. (1984). Computational Fluid Mechanics and Heat Transfer, Hemisphere Publishing Corpotation, Tayler & Francis Group, New York.

7 Blunsdon C A, Malalasekera, W M G and Dent, J C. (1992). Application of the Discrete Transfer Model of Thermal Radiation in CFD Simulation of Diesel Engine Combustion and Heat Transfer, SAE Paper No. 922305.

8 Blunsdon C A, Malalasekera W M G and Dent J C. (1993). Modelling Infrared Radiation from the Combustion Products in a SI Engine, SAE Paper No. 932699.

9 Crank J and Nicolson P. (1947). A Practical Method for Numerical Evaluation of Solutions of Partial Differential Equations of the Heat-conduction Type, Proc, Cambridge Phil. Soc., Vol. 43, pp. 50 ~ 67.

10 Fletcher C A J. (1991). Computational Techniques for Fluid Dynamics, Volumes I and II, Springer-Verlag, Berlin.

11 Harlow F H and Amsden A A. (1971). A Numerical Fluid Dynamics Calculation Method for All Flow Speeds, J. Comput. Phys., Vol. 8, pp. 197 ~ 213.

12 Harlow F H and Welch J E. (1965). Numerical Calculation of Time-dependent Viscous Incompressible Flow of Fluid with Free Surface, Phys. Fluids, Vol. 8, pp. 2182 ~ 2198.

13 Hirt C W, Amsden A A and Cook J L. (1974). An Arbitrary Lagrangian-Eulerian Computing Method for All Flow Speeds, J. Comput. Phys., Vol. 14, pp. 227 ~ 253.

14 Issa R I. (1986). Solution of the Implicitly Discretised Fluid Flow Equations by Operator-Splitting, J. Comput. Phys., Vol. 62, pp. 40 ~ 65.

15 Issa R I, Gosman A D and Watkins A P. (1986). The Computation of Compressible and Incompressible Recirculating Flows, J. Comput. Phys., Vol. 62, pp. 66 ~ 82.

16 Kim S W and Benson T J. (1992). Comparison of the SMAC, PISO and Iterative Time-advancing Schemes for Unsteady Flows, Comput. Fluids, Vol. 21, No. 3, pp. 435 ~ 454.

17 Özisik M N. (1985). Heat Transfer – A Basic Approach, McGraw-Hill, New York.

18 Zellat M, Rolland Th and Poplow F. (1990). Three Dimensional Modelling of Combustion and Soot Formation in an Indirect Injection Diesel Engine, SAE Paper No. 900254.

# 第 11 章　边界条件的详尽解释

## 11.1　概　　述

所有 CFD 问题都是用初始条件和边界条件来确定的。正确确定这些条件并理解它们在数值算法中的作用是极其重要的。在瞬态问题中,需要确定流动控制域内所求节点流动变量的初始值。由于这一点在 CFD 程序中只要给出合适的初始时刻各节点的数值就可以做到,因此我们对这个主题不需要进行进一步的讨论。本章将描述有限容积法的离散方程中如何实现下面这些最一般的边界条件:

- 入口
- 出口
- 壁面
- 规定的压力
- 对称性
- 周期性(或循环边界条件)

在建立交错网格时,我们在物理边界周围设定添加节点,如图 11-1 所示,只对内部节点(从 $I=2, J=2$ 起)进行计算。这种安排的两个显著特征为:(1)物理边界与标量控制容积边界重合;(2)就在控制域入口外边(图 11-1 中沿 $I=1$ 方向)的节点可用来存储入口边界条件。这样,只要对近边界的内节点的离散方程稍加修改,就可达到引入边界条件的目的。

在第 6 章和第 7 章里,我们已经看到了通过阻止与边界一侧的连接并修改源项可以使边界条件进入离散方程。将离散方程的适当的系数置为 0,边界一侧的通量(精确的或线性近似的)通过源项 $S_u$ 和 $S_P$ 引入方程。我们将经常利用这种方法来确定单元表面上变量的通量,不过我们还需要有一种技巧,用来处理需要设定节点变量值的情况。在有关的离散方程中引入两个非常大的源项就可以做到这一点。例如,想令节点 $P$ 的变量 $\phi$ 等于 $\phi_{fix}$,在离散方程中可将源项修改为

$$S_P = -10^{30}, S_u = 10^{30}\phi_{fix} \tag{11-1}$$

把这些源项加到离散方程中,我们得到

$$(a_p + 10^{30})\phi_p = \sum a_{nb}\phi_{nb} + 10^{30}\phi_{fix} \tag{11-2}$$

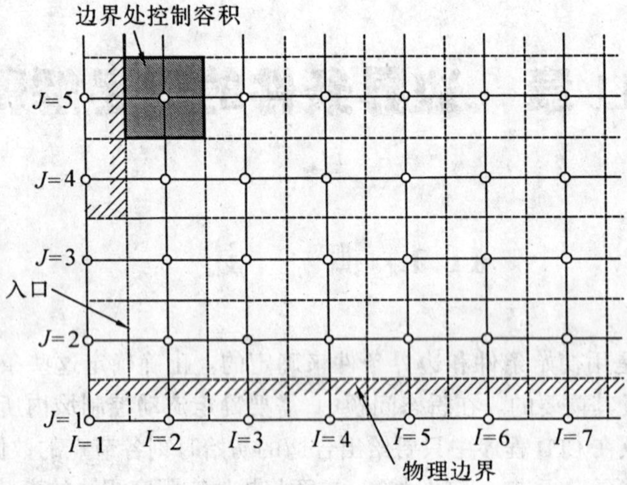


**图 11-1 边界网格安排**

$10^{30}$这个数的大小实际上是任意的,只要使它比原来离散方程中所有系数大很多就行。因此如果 $a_p$ 和 $a_{nb}$ 都可以忽略,相应的离散方程实际效果为

$$\phi_p = \phi_{fix} \tag{11-3}$$

这就确定了 $P$ 点的 $\phi$ 值。

除了在内部节点上设置变量值外,这种处理方法也可以用于处理控制域内有固体障碍物的情况。只要在固体区域内的节点上取值 $\phi_{fix}=0$(或者任何其他想要的值)。离散流动方程组可以按常规方法求解,不必分开处理障碍物。在下文中,我们将进一步详细解释实现最一般的边界条件所需的修正。我们作如下的假设:(1)流动总是亚音速的($M<1$);(2)可以用 $k-\varepsilon$ 湍流模型;(3)可以用混合差分法进行离散;(4)用 SIMPLE 算法求解。

## 11.2 入口边界条件

需要在入口边界给定所有流动变量的分布情况。以入口垂直 $x$ 方向的情况为例。图 11-2 到图 11-5 表示出了在直接邻近入口处对于 $u$ 和 $v$ 动量单元,数性单元和压力修正方程单元的网格安排。图中,认为流动方向主要是从左到右。前面已经提到过,网格延伸到物理边界外部,且用沿 $I=1$(或者对速度 $u$ 来说为 $I=2$)的直线来储存流动变量在入口处的值(用 $u_{in}$, $v_{in}$ 和 $p_{in}$ 表示)。就在这个节点相邻的下一个节点处,我们开始求解图中阴影部分所示的作为第一个内部单元的离散方程。

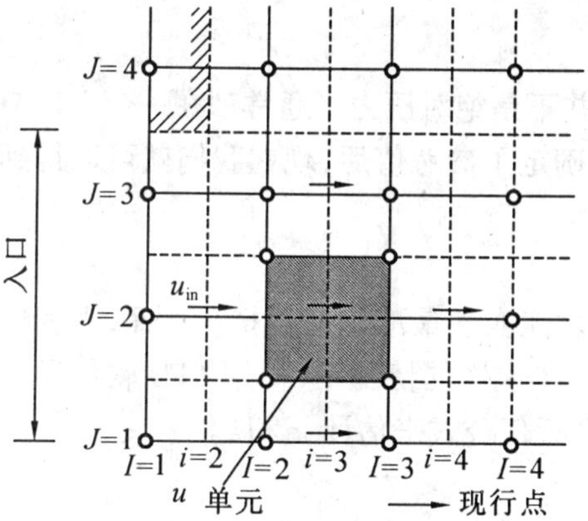


图 11-2 入口边界上速度 $u$ 的单元

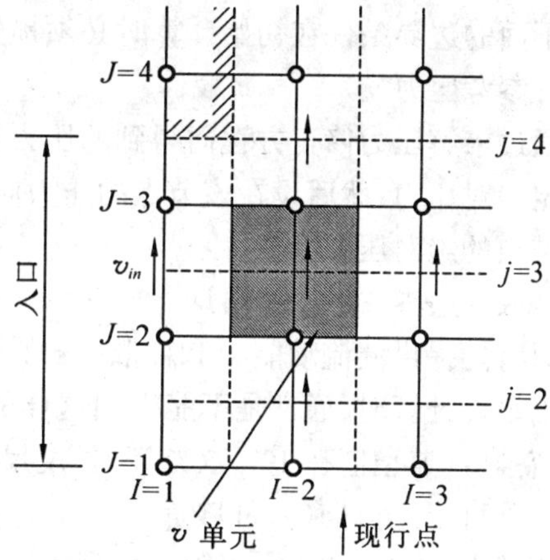


图 11-3 入口边界上速度 $v$ 的单元

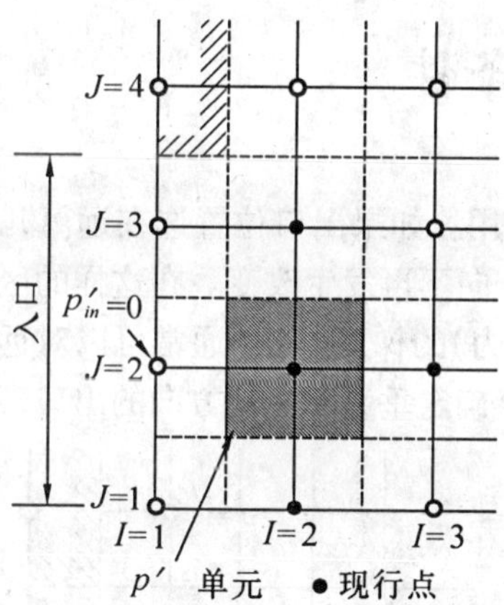


图 11-4 入口边界上压力校正单元

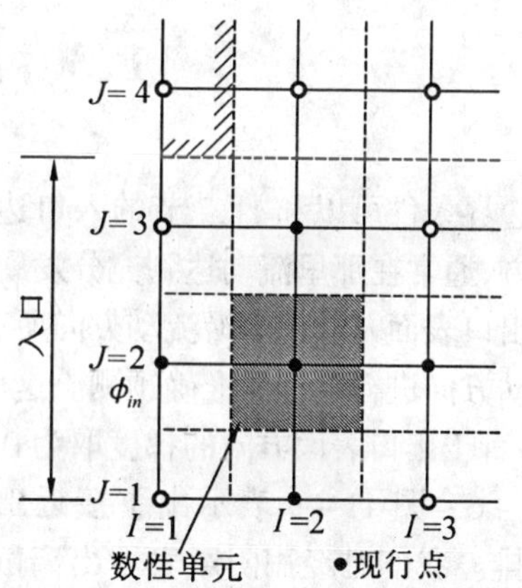


图 11-5 入口边界处数性物理量 $\phi$ 的单元

假定使用混合差分法，在图中还表示出对于阴影所示单元的离散方程中现正在使用的邻点和单元表面。例如，图中现行邻点速度用箭头给出，现行表面压力用实心点给出。这些图还表明，对于第一个 $u$，$v$ 和 $\phi$ 单元，所有与相邻节点的连接仍然有效，于是为了容纳这些变量的入口边界条件，并不需要对这些离散方程作任何修改。图 11-4 表明，通过令边界侧面（西面）系数 $a_W$ 等于 0，就可以在离散的压力修正方程中切断与边界侧面的连接。由于入口速度已知，所以此处也不必对速度进行修正，因而我们在与离散的压力修正方程（8-32）有关的源项中有

$$u_W^* = u_W \qquad (11-4)$$

下面的边界条件在初始计算时必须预先确定。

1.参考压力

通过求解压力修正方程而得到的压力场给出的并不是绝对压力。通常都在一个入口节点上确定绝对压力,然后设在该节点的压力修正为0。确定了参考值后,现在我们就可以得到在控制域内的绝对压力场。

2.入口边界 $k$ 和 $\varepsilon$ 的估计

只有能提供湍流动能 $k$ 和耗散率 $\varepsilon$ 的测量值时才能实现最准确的模拟。然而,当我们从事外形设计计算时,通常是不能得到这样的数据的。在这样的情况下,商用 CFD 软件通常根据湍流强度(典型值在 1% ~6% )和长度尺度,用一个近似公式来估计 $k$ 和 $\varepsilon$。

3.垂直于 $y$ 方向的入口边界

当然上述过程并不是仅限于垂直于 $x$ 方向的入口边界。当入口垂直于 $y$ 方向时,速度分量 $v$ 取代了速度分量 $u$ 的地位,在 $j=2$ 处可以得到入口值 $v_{in}$,而计算从 $j=3$ 开始。其他变量的入口值储存在 $J=1$ 处,求解从 $J=2$ 处开始。其他方向处理也同上。

## 11.3 出口边界条件

出口边界条件可以和 11.2 节的入口边界条件一起使用。如果出口位置选在远离几何变化较大的地方,通常在那里流动达到充分发展的状态,流动方向不再发生改变。在这样的区域我们安置一个出口表面并且规定沿流动方向所有变量(除了压力)的梯度为0。通常可以对远离障碍物处的流动方向进行合理的准确预测。这就使我们有机会确定垂直于流动方向的出口表面的位置,且将垂直于出口表面方向的梯度取为0。

图 11-6~图 11-9 表示出了接近出口边界处的网格安排。我们已经用阴影表示出离散方程求解时出口上游最后的单元,而且像以前一样突出表示出正在使用的邻点和单元面。

如果 $x$ 方向的节点总数为 $NI$,则待求方程中的单元要一直求解到 $I$(或者 $i$) $= NI-1$。下一个节点($NI$)恰好在区域外,该点的流动变量值根据出口平面上梯度为零的假定从内部外推确定。对于 $v$ 方程和数性变量方程,这样就隐含了令 $v_{NI,j} = v_{NI-1,j}$ 和 $\phi_{NI,J} = \phi_{NI-1,J}$。图 11-7 和 11-9 表明,这些变量的所有有关的连接都是有效的,因此它们的离散方程

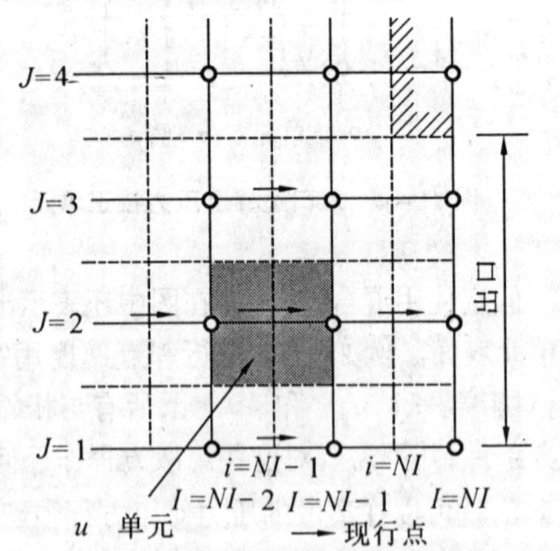


图 11-6 在出口边界上速度 $u$ 的单元

可以像正常的离散方程那样求解。需要特别注意计算 $u$ 速度的情形。在出口平面 $i = NI$ 处，$u$ 的计算可以假定 0 梯度给出

$$u_{NI,J} = u_{NI-1,J} \tag{11-5}$$

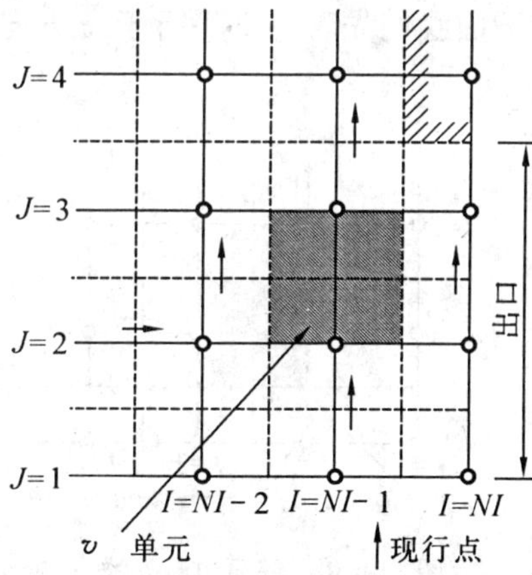


图 11-7　在出口边界上速度 $v$ 的单元

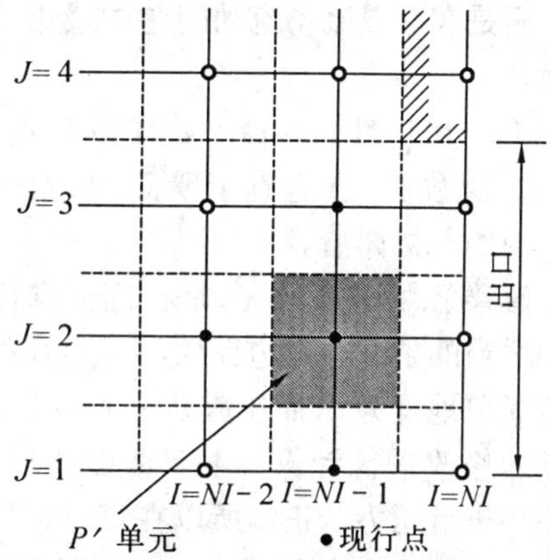


图 11-8　出口边界上的压力校正单元

在 SIMPLE 算法的迭代循环中，不保证这些速度能使计算域整体保持质量守恒。必须确保流出控制域的总流量满足整体的连续性。首先利用外推的出口速度公式(11-5)求和计算 $M_{out}$。为了使流出的质量流量等于流入计算域的流量 $M_{in}$，所有由式(11-5)确定的出口速度分量 $u_{NI,J}$ 都乘以 $\frac{M_{in}}{M_{out}}$。因此利用连续性进行修正的出口平面速度为

$$u_{NI,J} = u_{NI-1,J} \cdot \frac{M_{in}}{M_{out}} \tag{11-6}$$

随后在对于 $u_{NI-1,J}$ 的离散动量方程中，这些值被作为东侧相邻的速度来用。

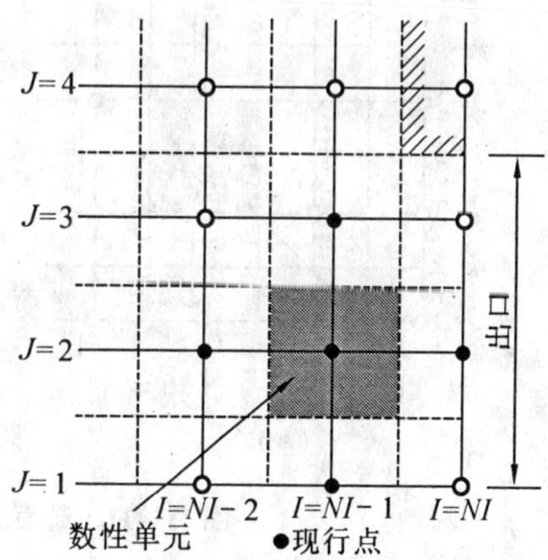


图 11-9　出口边界处数性单元

在出口边界面上的速度并不依靠压力修正来进行修正。因此在离散的 $p'$ 方程(8-32)中，令 $a_E = 0$ 可抑制与出口边界侧面(东面)的连接。可以用常规方法计算这个方程中源项的分布，$u_E^* = u_E$，不需要再作修正。

## 11.4　壁面边界条件

壁面是在有界流场流动问题中最常见到的边界。下面我们先看一下平行于 $x$ 方向的固体壁面。

图 11－10～图 11－12 给出了 $u$ 速度分量(平行于壁面)。$v$ 速度分量(垂直于壁面)和数性变量在近壁面区域内的网格详情。

无滑移条件($u=v=0$)是在固体壁面上对于速度分量的适当的条件。在边界面($j=2$)处的法向速度分量可以简单地置为 0,而在流动中下一个 $v$ 单元($j=3$)可以不加修改进行计算。由于壁面速度是已知的,因而也不用进行压力修正。所以在最靠近壁面的单元的离散 $p'$ 方程(8－32)中,令 $a_S=0$ 就可以切断与壁面

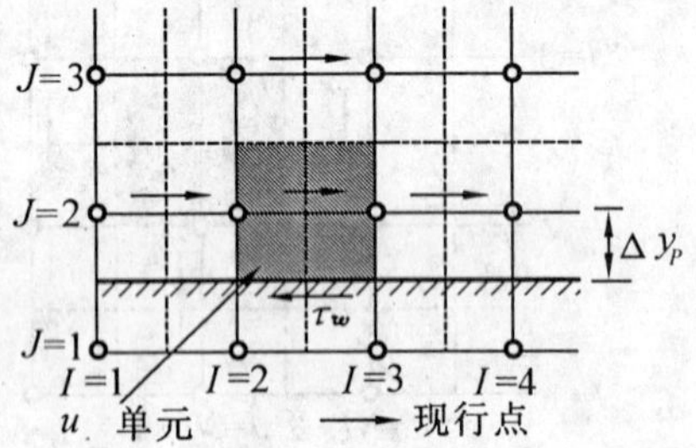


图 11－10　壁面边界处的 $u$ 单元

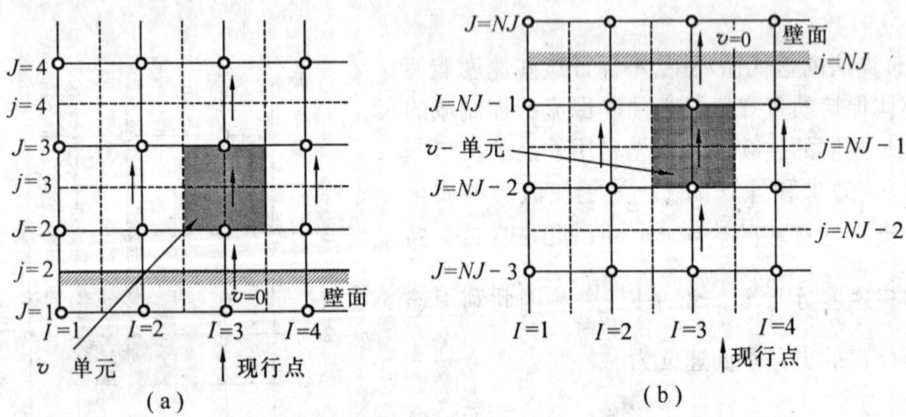


图 11－11　壁面边界处的 $v$ 单元(a) $j=3$ 和(b) $j=NJ$

(南面)的连接,并在源项中取 $v_s^*=v_s$。

对于所有其他的变量,需要建立特殊的源项。源项的正确形式取决于是层流还是湍流。在第 3 编里,我们将研究近壁面湍流边界层的多层结构。紧靠着壁面的是极薄的黏性底层,接着是过渡层和湍流核心。在湍流边界层中为了能分辨全部细节所需的网格点数多到无法承受,通常我们引用“壁面函数”来描述壁面边界的影响。

湍流流动中要执行壁面边界条件,需先估计 $y^+$ 的值

$$y^+ = \frac{\Delta y_p}{v}\sqrt{\frac{\tau_w}{\rho}} \qquad (11-7)$$

其中$\Delta y_p$是近壁面节点$p$到固体壁面的距离(如图11－10所示)。如果$y^+ \leqslant 11.63$的话,我们就认为近壁面的流动是层流,壁面剪切应力完全起源于黏性。如果$y^+ > 11.63$,流动是湍流的,这时采用壁面函数法。这个准则在湍流壁面层的线性变化区域和对数律变化区域之间的过渡层中,设置了从层流到湍流近壁流的转换。$y^+ = 11.63$的精确值,是层流线性剖面和湍流对数律的交点,可以从下式的解得到

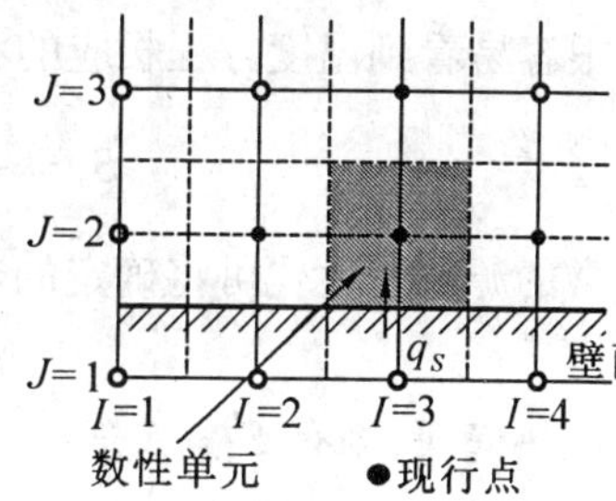


图11－12 壁面边界处的数性单元

$$u^+ = \frac{1}{\kappa}\ln(Ey^+) \qquad (11-8)$$

式中 $\kappa$——冯·卡门常数,其值为0.418 7;

$E$——与壁面粗糙度有关的积分常数(见第3编)。

对于光滑的且剪切应力为常数的壁面,$E$的值为9.793。

(1)层流流动或线性底层

这个壁面条件适用于两种情况:求解(1)层流流动方程;(2)$y^+ \leqslant 11.63$时的湍流流动。这两种情况下可把近壁面的流动认为是层流流动。壁面力作为源项进入离散的$u$动量方程中。壁面剪切应力值可以从下式得到

$$\tau_w = \mu\frac{u_p}{\Delta y_p} \qquad (11-9)$$

其中$u_p$是网格节点速度。图11－13说明这个公式假定在层流流动中速度随着壁面的距离呈线性变化。现在给出剪切力$F_s$。

$$F_s = -\tau_w A_{cell} = -\mu\frac{u_p}{\Delta y_p}A_{cell} \qquad (11-10)$$

式中$A_{cell}$是控制容积的壁面面积。在$u$方程中适当的源项定义为

$$S_p = -\frac{\mu}{\Delta y_p}A_{cell} \qquad (11-11)$$

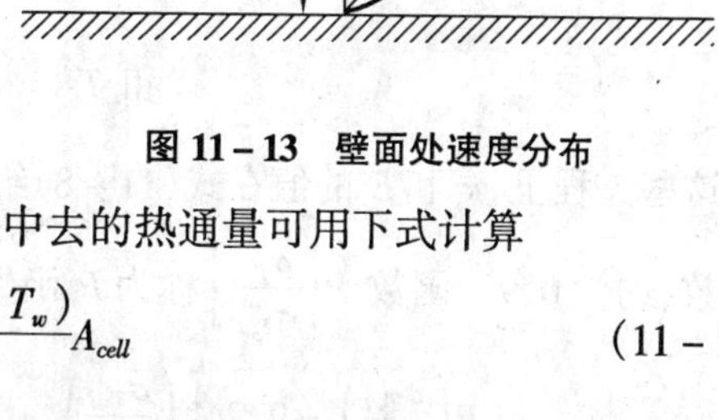


图11－13 壁面处速度分布

层流流动中,从温度为$T_w$的壁面传递到近壁面单元中去的热通量可用下式计算

$$q_s = -\frac{\mu}{\sigma}\frac{C_p(T_p - T_w)}{\Delta y_p}A_{cell} \qquad (11-12)$$

式中 $C_p$——流体的比热容;

$T_p$——在节点$P$的温度;

$\sigma$——层流普朗特数。

可以很容易看到温度方程相应的源项为

$$S_p = -\frac{\mu}{\sigma}\frac{C_p}{\Delta y_p}A_{cell} \quad 和 \quad S_u = \frac{\mu}{\sigma}\frac{C_p T_w}{\Delta y_p}A_{cell} \tag{11-13}$$

用正常的源项线性化可将确定的热通量直接进入源项

$$q_s = S_u + S_P T_P \tag{11-14}$$

对于绝热壁面，则有 $S_u = S_p = 0$。

(2)湍流流动

如果 $y^+$ 大于 11.63，就可以认为计算节点 $P$ 处于湍流边界层的对数定律区域。在这个区域里用壁面函数公式和对数律来计算剪切应力，热通量和其他变量(见第 3 编)。这些公式已经以许多不同的方式被采用，而以下的公式(11-15)~(11-19)给出了根据大量的计算试验得到的最佳近壁面关系式(适用于标准的 $k-\varepsilon$ 模型)。

- 与壁面相切的动量方程

$$壁面剪切应力\ \tau_w = \rho C_\mu^{1/4} k_p^{1/2} u_p / u^+ \tag{11-15}$$

$$壁面摩擦力\ F_s = -\tau_w A_{cell} = -(\rho C_\mu^{1/4} k_p^{1/2} u_p / u^+) A_{cell} \tag{11-16}$$

- 垂直壁面的动量方程

$$垂直速度 = 0$$

- 湍流动能方程

$$每单位容积\ k\ 的源项 = (\tau_w u_p - \rho C_\mu^{3/4} k_p^{3/2} u^+)\Delta V / \Delta y_p \tag{11-17}$$

- 耗散率方程

$$设定节点值\ \varepsilon_p = C_\mu^{3/4} k_p^{3/2} / (\kappa \Delta y_p) \tag{11-18}$$

- 温度(或能量)方程

$$壁面热通量\ q_w = -\rho C_p C_\mu^{1/4} k_p^{1/2} (T_p - T_w) / T^+ \tag{11-19}$$

这些关系式应当与湍流流动近壁面通用速度和温度分布(见第 3 编)一起使用。

$$u^+ = \frac{1}{\kappa}\ln(Ey^+) \tag{11-20}$$

$$和\ T^+ = \sigma_{T,l}\left(u^+ + P\left[\frac{\sigma_{T,l}}{\sigma_{T,t}}\right]\right) \tag{11-21}$$

在这些方程里，$\kappa$ 和 $E$ 的值在式(11-8)给出。$\sigma_{T,l}$ 是层流(或分子)普朗特数，$\sigma_{T,t}$ 是湍流普朗特数(约为 0.9)；函数 $P\left[\frac{\sigma_{T,l}}{\sigma_{T,t}}\right]$ 称为 $P$ 函数，可以用 Jayatilleke(1969)提出的公式计算

$$P\left(\frac{\sigma_{T,l}}{\sigma_{T,t}}\right) = 9.24\left[\left(\frac{\sigma_{T,l}}{\sigma_{T,t}}\right)^{0.75} - 1\right] \times \left\{1 + 0.28\exp\left[-0.007\left(\frac{\sigma_{T,l}}{\sigma_{T,t}}\right)\right]\right\} \tag{11-22}$$

依照变量在上述公式中出现的先后顺序，它们在离散方程中的处理方法如下。

平行于壁面的 $u$ 速度分量：通过令 $a_S=0$ 抑制与壁面(南侧)的连接，而由式(11-16)将壁面力 $F_s$ 作为一个源项引入离散的 $u$ 方程，于是

$$S_p = -(\rho C_\mu^{1/4} k^{1/2} / u^+) A_{cell} \tag{11-23}$$

$k$ 方程。我们令 $a_S=0$，在边界面处的连接被抑制。在式(11-17)的容积源项中，第二项包含 $k^{3/2}$，可以把它线性化为 $k_p^{*1/2}k_p$，其中 $k^*$ 是上一次迭代后的 $k$ 值，这样就产生出离散的 $k$ 方程中的源项 $S_p$ 和 $S_u$

$$S_p = -\frac{\rho C_\mu^{3/4} k_p^{*1/2} u^+}{\Delta y_p}\Delta V \quad 和 \quad S_u = \frac{\tau_w u_p}{\Delta y_p}\Delta V \tag{11-24}$$

$\varepsilon$ 方程。在离散的 $\varepsilon$ 方程中，近壁面节点由式(11-18)确定其值。此时我们设源项 $S_p$ 和 $S_u$ 为如下形式

$$S_p = -10^{30} \quad 和 \quad S_u = \frac{C_u^{3/4} k_p^{3/2}}{\kappa \Delta y_p} \times 10^{30} \tag{11-25}$$

温度方程：让边界系数 $a_S=0$，可以抑制在 $T$ 方程中与壁面的连接。壁面热通量用方程(11-19)计算，可把如下源项公式引入离散方程

$$S_p = -\frac{\rho C_\mu^{1/4} k_p^{1/2} C_p}{T^+} A_{cell} \quad 和 \quad S_u = \frac{\rho C_\mu^{1/4} k_p^{1/2} C_p T_{wall}}{T^+} A_{cell} \tag{11-26}$$

也可通过常规的源项线性化，直接把确定的热通量引入源项

$$q_s = S_u + S_p T_p \tag{11-27}$$

就和以前一样，对于绝热壁面我们有 $S_u = S_p = 0$。

(3)粗糙壁面

在上面的壁面函数法中，认为随着距离壁面高度的增加从层流转换为湍流会发生在 $y^+ = 11.63$ 时。$y^+ = 11.63$ 是方程(11-8)的解。对于光滑壁面，此时 $E=9.8$。如果壁面不是光滑的话，$E$ 就要做相应的调整，要求解 $y^+$ 的新限定值。$E$ 可以根据所测得的绝对粗糙度进行估计。Schlichtin(1979)和其他许多人都曾给出过更多细节。

(4)运动壁面

前面的讨论已经默认壁面是静止的。壁面沿 $x$ 方向的运动可以通过流场壁面剪切应力的变化作用到流体上，它的值可以用相对速度 $u_p - u_{wall}$ 代替 $u_p$ 进行调整。修正的层流壁面摩擦力公式(11-10)成为如下形式

$$F_s = -\mu \frac{(u_p - u_{wall})}{\Delta y_p} A_{cell} \tag{11-28}$$

湍流壁面摩擦力公式为

$$F_s = -\frac{\rho C_\mu^{1/4} k_p^{1/2} (u_p - u_{wall})}{u^+} A_{cell} \tag{11-29}$$

相关的源项公式(11-11)和(11-23)也需作同样的调整。

壁面运动也改变了 $k$ 方程中单元容积源项,使其成为

$$[\tau_w(u_p - u_{wall}) - \rho C_\mu^{3/4} k_p^{3/2} u^+]\Delta V/\Delta y_p \tag{11-30}$$

应该注意上面讲到的壁面函数是基于如下假设得到的:

- 速度平行于壁面,且只沿垂直于壁面的方向变化。
- 沿流动方向没有压力梯度。
- 壁面处无化学反应。
- 高雷诺数。

如果违反了这些假设中的任意一条,用壁面函数法预测的精度就可能降低,甚至严重失真。

## 11.5 定压边界条件

定压条件常应用于流动分布的准确细节未知而压力边界值已知的情况。这个边界条件适用的典型问题包括绕物体的外部流动,自由表面流动,浮力驱动的流动诸如自然通风和火灾以及多出口的内部流动。

使用固定压力边界时,节点的修正压力置为 0。流动入口和出口附近的 $p'$ 单元安排见图 11-14 和图 11-15。

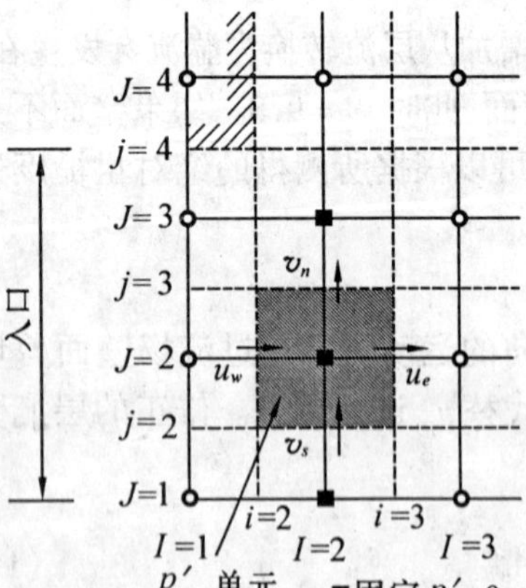


图 11-14 入口边界处的 $p'$ 单元

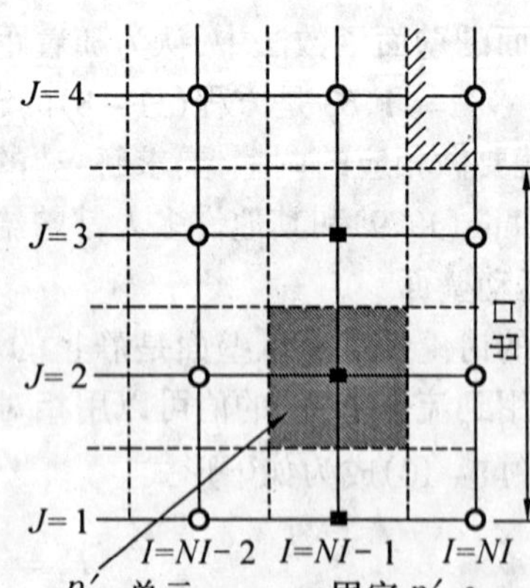


图 11-15 出口边界处的 $p'$ 单元

一种方便的处理定压边界条件的方法是在靠近物理边界的节点上设定压力,这些节点刚好

在物理边界内。如图 11-14 中实正方形所示。令 $S_u=0.0$ 和 $S_p=-10^{30}$ 使压力修正量为 0,且节点压力设定为所要求的边界压力 $p_{fix}$。$u$ 动量方程从 $i=3$ 开始求解。$v$ 动量方程和其他的方程从 $I=2$ 起求解。主要的尚未解决的问题是未知的流动方向,它又由计算域内的条件所决定。穿过控制域边界的 $u$ 速度分量,是在求解过程中为保证在每个单元上满足连续方程而产生的。例如,在图 11-14 中,$u_e$,$v_s$,$v_n$ 的值是在求解控制域内离散的 $u$ 动量方程和 $v$ 动量方程时出现的。给出这些值后,我们可以认为对于 $p'$ 单元质量守恒,从而计算 $u_w$。这就得出

$$u_w=\frac{(\rho vA)_n-(\rho vA)_s+(\rho uA)_e}{(\rho A)_w} \tag{11-31}$$

这样执行边界条件使得最接近边界处的 $p'$ 单元起一个质量源或汇的作用。对每个压力边界控制单元不断重复这个过程。其他的变量,如 $v$,$T$,$k$ 和 $\varepsilon$,在流动指向控制域内的地方,必须指定流入值。在流动是向外的地方,刚好处在控制域外的这些变量的值可以利用外推法得到(见 11.3 节)。

在实际情况中,有几种改变的方法可能是有用的。有些程序使用(1)入口条件刚好在控制域外($i=2$)设定滞止压力,而不是刚好在控制域内($i=3$)设定静压。(2)在出口处对所有变量包括 $u$ 用前面讲的外推方法。

## 11.6　对称边界条件

对称边界条件为:(1)没有穿过边界的流动。(2)没有穿过边界的数性变量通量。在其实现的过程中,对称边界上的垂直速度设定为 0,就在所求解的控制域外部,所有其他标量的值(比如说 $I$ 或者 $i=1$)等于它们在控制域($I$ 或者 $i=2$)内部最近的节点值,有

$$\phi_{1,J}=\phi_{2,J} \tag{11-32}$$

在离散的 $p'$ 方程中,令适当的系数为 0 可以切断与对称边界边的连接,不需要再进行修正。

## 11.7　周期性或循环边界条件

在一个问题中,不同的对称情况可以产生周期性或者循环边界条件。例如,考虑如图 11-16 所示的在柱体状壁炉内的旋转流动。在炉内所使用的气体燃料通过对称排列的六个孔进入腔体,旋转空气通过炉外部环面进入炉内。

这个问题可以在柱坐标($z$,$r$,$\theta$)下求解。考虑如图 11-16 所示的 60°角的扇形区域。$k$ 指的是 $\theta$ 方向的 $r-z$ 平面。流动旋转进入这个方向(的平面),且在给定的条件下,进入扇形

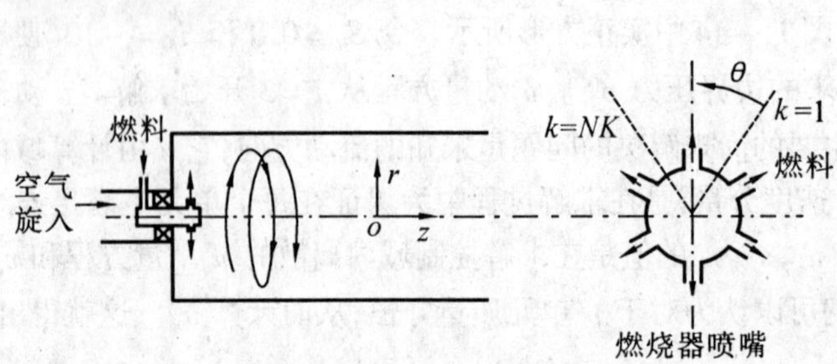


图 11-16 循环边界条件的例子

区域的第一个 $k$ 平面的流动应该与离开最后一个 $k$ 平面的流动相同。这是个循环对称的例子。边界 $k=1$ 和 $k=NK$ 就称为周期性或者循环边界。

为了应用循环边界条件,我们设定离开出口循环边界的所有流动变量的通量等于流入入口循环边界的通量,这可以通过使入口平面上游和下游节点的每个变量值等于出口平面的上游和下游节点值相等来得到。除了通过入口和出口平面的速度分量(例如说 $w$)以外的所有变量,我们有

$$\phi_{1,J}=\phi_{NK-1,J} \quad 和 \quad \phi_{NK,J}=\phi_{2,J} \tag{11-33}$$

对于通过边界的速度分量,我们有

$$w_{1,J}=w_{NK-1,J} \quad 和 \quad w_{NK+1,J}=w_{3,J} \tag{11-34}$$

## 11.8 潜在的问题和评论

CFD 求解区域内的流动是由边界条件驱动的。从某种意义上来说,求解流场流动的过程只不过是把定义在边界轮廓上或者表面上的一组数值外推到控制区域内部。所以,给出物理上切合实际的边界条件是很重要的。否则的话,就会在求解时碰到严重问题。边界条件选择不当一般是造成 CFD 模拟迅速发散的主要原因。

我们已给出了一组黏性流体流动最实用的边界条件。这组边界条件包括入口条件,出口条件和壁面条件。在 11.2 ~ 11.4 节我们讨论了怎样使它们应用到有限容积法。从 11.5 ~ 11.7 节,我们提出了三个更进一步的条件:定压条件,对称条件和周期性边界条件。它们在实际的计算中是很有用的,在物理上也是切合实际的。当然,边界条件不只是这些。商用 CFD 软件包可以包括随时间运动的边界,包括旋转和加速边界的程序和用于跨音速流动,超音速流动的特殊条件。

边界条件选择得不好的一个简单例子为:试图在一个有壁面边界和一个流动入口而没有出口边界的区域中寻求定常状态的解。显而易见在定常状态下质量不能守恒,且 CFD 计算将

迅速“膨胀”。这个小小的例子也暗示了一定类型的边界条件必须同时伴有其他特殊的边界条件。现在我们简要的陈述一下在亚音速流动中一些允许的组合：

- 只有壁面
- 壁面和入口,至少有一个出口
- 壁面和入口,至少有一个定压边界
- 壁面和定压边界

图 11－17 说明了在简单管道流动中的示意情况。

使用出口边界条件时要特别注意。出口边界条件只能用于这样的情况：如果所有流入计算区域内的流动是根据入口边界条件(即在入口设定的速度和数性变量)给出的,且推荐使用的流动区域只有一个出口。从物理上来看,出口压力控制着多个出口间的分流。因此规定在出口的这个量值要比用(零梯度)出口条件要好。不允许把一个出口条件与一个或多个定压边界一起使用,因为零梯度出口条件既不规定出口的流率也不规定出口的压力,因此使问题不确定。

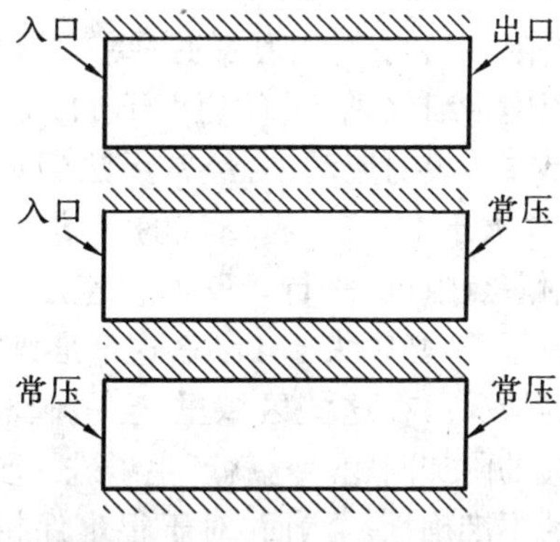


**图 11－17　简单导管流动的几种情况**

**出口边界的定位**。对于出口边界位置的确定,也要注意进行合适的选择。如果出口边界离固体障碍物很近的话,流动有可能无法达到充分发展的状态(流动方向上梯度为零)这可能会导致相当大的误差。图 11－18 表示出了障碍物下游典型的速度剖面,也说明了出口边界位置选择上可能潜在的危害。

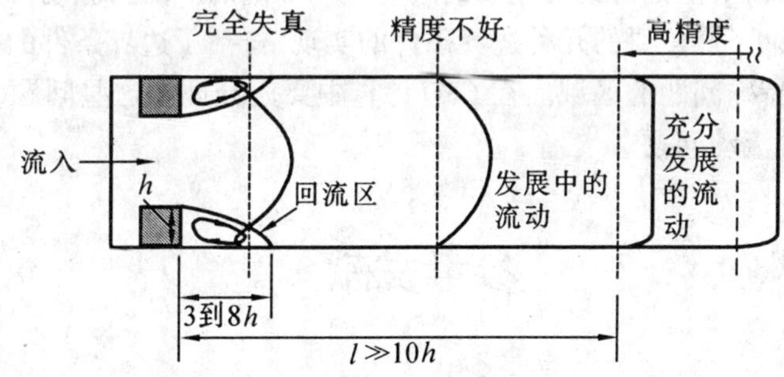


**图 11－18　障碍物下游不同位置的速度分布**

如果出口位于接近障碍物的地方,它可能会横过一个带回流的尾流区。这时不仅假定的梯度条件不满足,而且还存在一个反向流动区。虽然我们已经假设流动是向外的,在反向流动区流体会流入控制域。当然,如果发生了这样的条件,我们就不能信赖得出的解。再往下游一点,就可能不存在反向流动,但速度剖面在流动方向上仍在变化,所以零梯度条件还不满足。

根据经验经常把出口边界放在比最后一个障碍物的十倍高度还要远的下游，这样可望得到准确的解。为了获得高精度的解，有必要通过对不同下游距离影响的敏感性研究证实出口位置的选择已对内部解没有影响。

**近壁面的网格**。在近壁面网格附近的边界处理，要注意到下面问题对计算结果带来的影响。在通用 CFD 软件中，求解湍流流动最准确的方法就是使用壁面函数法提供的经验拟合。采用在(层流)线性底层内也布置节点来进行模拟的方法，为了得到同样的精度，网格必须非常细密，这是很不经济的。$y^+$ 必须大于 11.63 的准则对壁面到最近网格点的距离 $\Delta y_p$ 规定了一个下限。我们改善精度的主要方法就是细化网格。但是在湍流流动模拟过程中，我们必须确保当网格细化时，$y^+$ 的值大于 11.63 而且在 30～500 之间就更好些。

在一般的流动中，经常无法保证做到使每处的 $y^+$ 大于 11.63。有回流的流动就是一个例子。在附着点附近，平行于壁面的速度分量为零。于是由于 $y^+$ 必须大于 11.63 这个准则，模拟回到层流的情况。在这些区域里，会引起和 $k-\varepsilon$ 模型有关的附加问题。这就产生了进一步的甚至更严重的不准确性。然而，对于很难保持在其下限之上的要点已经很好的阐明了。

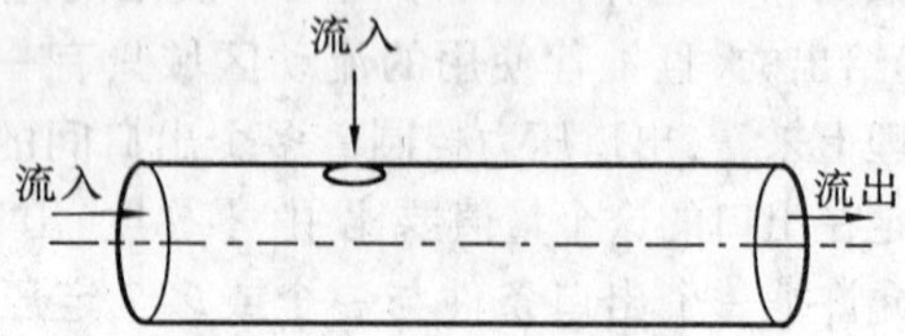


图 11－19　圆柱几何中的非对称流动情况

**对称条件的误用**。首先要认识到流动控制区域是几何对称的并不总是意味着流动也是对称的，这一点很重要。如图 11－19 所示的例子是有侧面射流的圆管流动。

尽管控制区域是轴对称的，但是横向流动的射流使流动成为非轴对称的。尽管我们试图在柱坐标中求解这个问题，但是得到的流动的解将是不准确的。因为流动可以不穿过中心线。

这一章中我们讨论了最重要的几种边界条件的实现，概括了边界条件的一些适当的组合，并着重指出了存在着特殊问题的区域。在 CFD 计算中要充分理解这些问题，才能使用有限容积法，准确地模拟各种流动问题。

# 参考文献

1　Jayatilleke C L V.(1969).The Influence of Prandtl Number and Surface Roughness on the Resistence of the Laminar Sublayer to Momentum and Heat Transfer, Prog. Heat Mass Transfer, Vol.1, p.193.

2　Patankar S V.(1980).Numerical Heat Transfer and Fluid Flow, Hemisphere Publishing Corpotation, Tayler & Francis Group, New York.

3　Schlichting H.(1979).Boundary-layer theory, 7th edn, McGraw-Hill, New York.

# 第 12 章　曲线坐标系中的 SIMPLEC 和 SIMPLEX 算法

## 12.1　概　　述

本章提供一种适于椭圆型问题的流体流动的离散方法。着重描述正交曲线坐标系中的基本方法以及适合于复杂几何形体的数值计算。

对于计算方法的使用者来说,一个比较棘手的问题,便是从众多方法中选出最适合的那一个。尽管各种不同方法的优点已经由他们的原创者和改进者们阐述得很清楚了,但是有的时候,已经花费了相当一部分时间和精力以后,却又发现有的限制条件变得很明显,不利于进一步的计算。本章所描述的方法便于被读者采纳,并已根据下列准则依次进行了选择。

1.适应性和可靠性。它是指该方法在很宽的参数变化范围内都容易得出解答,而并不要求使用者再做更多的调整(比如在很大范围的雷诺数内)。

2.经济性。假定使用者必须在计算机时、内存、等待时间很少的条件下反复使用这种方法,在运行时就应该具有经济性。

3.精确性。非常精确的方法往往意味着耗费过多的资源,并且缺乏灵活性。一般说来,只有在对灵活性,稳定性或者经济性没有十分显著的影响的时候,我们才追求精确性。

4.简易性。在对上述三种特性没有显著影响的情况下,可以适当而必要地对计算方法作出简化,但是其推导过程必须有清晰的物理意义。

本章内容就是从清晰的物理意义出发并兼顾上面三点。对其他的可行性方法也进行了简要的讨论。为了简化起见,本章中所有的公式推导都是对二维复杂边界形状的物理问题进行的,然而,推广到轴对称和三维问题中也是十分直观而清楚的。

大多数离散方法的第一步,都是在所要求解的区域上建立计算网格。图 12 - 1 画出了典型网格的一部分。如果需要求解的微分方程形式为

$$D(\phi)=0 \tag{12-1}$$

那么求解的目的便是确定有限的离散节点处的 $\phi$ 值,这个值可以是所要求解的某一时间的值,也可以是定常状态的数值。

这里规定的常规的有限差分法,其中微分方程中 $\phi$ 的导数在每个网格节点上的值,用节

点值 $\phi_p$ 和其他相邻节点值 $\phi_e$、$\phi_w$ 等来近似表示，(见图 12－1(a))。相反，有限容积法则是利用网格线来定义包围节点的离散的控制容积，如图 12－1(b)中画有交叉线的区域所示，然后，对于每个这样的控制容积，控制 $\phi$ 的迁移的精确的积分方程就可以用一个内联系 $\phi_p$ 以及其他节点 $\phi$ 值的代数方程来近似。与变分影响域或者迦辽金有限元法不同的是，这样确定得到的离散控制容积并不重叠。本章的推导采用有限容积法。

所采用的计算网格有两个基本要求：首先，网格必需是正交的；其次，它们必须与物理域的边界相符合。

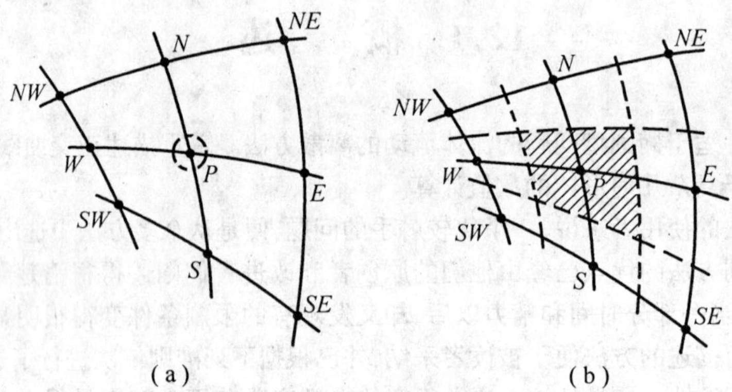


**图 12－1　典型有限差分法网格图例**

(a)网格节点；(b)$P$ 点处的控制容积

其中，第一个条件可以适当地放松。正交网格的优势在于，可以很容易并且准确的应用边界条件，而且输运方程的离散形式比较简单，从而可以避免一些离散所产生的误差；它的缺点在于网格的生成比较困难，尤其是在三维问题中，并且局部网格点的密度难于控制。图 12－2 给出了典型的与物理域边界相符的正交网格的图例。

在图 12－3 中，清楚的定义了控制容积的边界，它与图 12－1(b)中的图形一致。对于二维问题，控制容积在垂直于图形平面方向上的长度是单位值 1。本章中大写字母 $X,Y$ 用来表示全域直角坐标，而小写字母 $x,y$ 则用来表示当地曲线坐标方向上曲线的长度。局域坐标 $x,y$ 的方向是顺着当地的网格线方向的，并在保持相互正交性的情况下被曲线化，二维系统中的速度矢量定义为

$$V = u\boldsymbol{i} + v\boldsymbol{j} \tag{12-2}$$

这里 $\boldsymbol{i}$ 和 $\boldsymbol{j}$ 分别是 $x,y$ 方向上的单位矢量长度。由于 $x,y$ 坐标的曲线性质，$\boldsymbol{i}$ 和 $\boldsymbol{j}$ 只在数量上是常数，一般说来，$\boldsymbol{i}$ 和 $\boldsymbol{j}$ 的方向取决于它们在网格中的位置。$P$ 是控制容积的中点，它的东南西北四个面用 $ef,sf,wf,nf$ 来表示。通过 $P$ 的 $x$ 坐标线穿过 $ef$ 面和 $wf$ 面的点分别用 $e$ 和

$w$ 表示。类似地，可以定义 $n$ 和 $s$。控制容积面的单位法向矢量用 $\boldsymbol{n}$ 表示。用到的因变量有分速度 $u$、$v$，温度 $T$，压力 $p$ 等等。尽管每一个离散变量的代数方程都是由包围一个特定节点的容积的积分平衡方程推导出的，但是对于所有的变量，没有必要在同一个节点及其容积上建立变量方程。实际上，除 $u$，$v$ 外的所有变量的节点和容积都可以设置在图 12－3 所示的位置上，这些控制容积被称作是连续性控制容积或 $C$ 控制容积。对于 $u$ 和 $v$ 的节点值位于图 12－3(b)中用箭头标出的交错的位置上，相应地包围分速度 $u$ 和 $v$ 的容积分别称作 $u$，$v$ 控制容积。

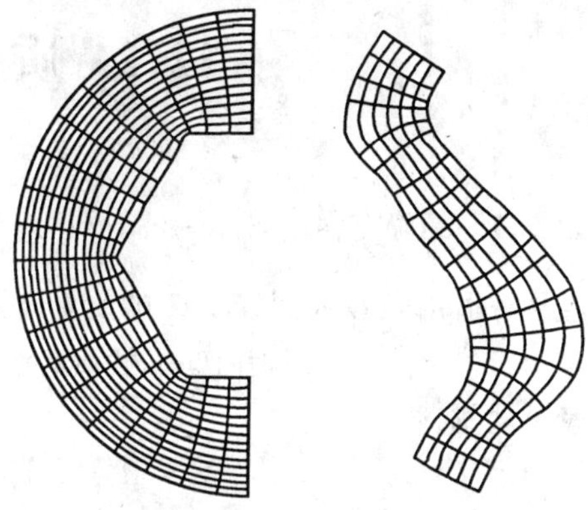

(a)　　(b)

**图 12－2　边界相符的正交网格的图例**

(a)由 Raithby 等人提出；(b)由 Hutchinson 提出

单独考虑 $u$ 方程的时候，$u$ 的中心值称作

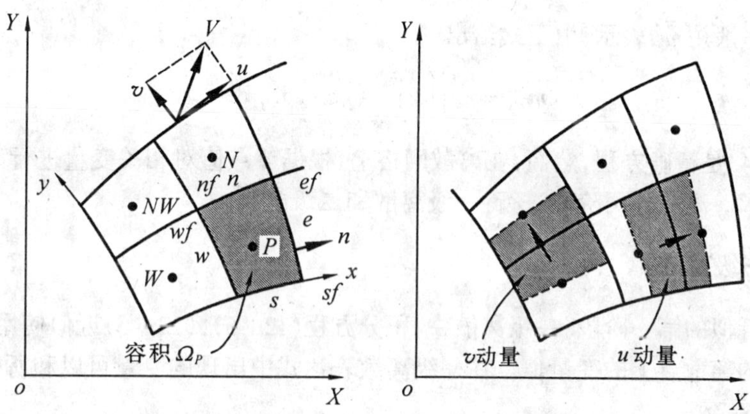


(a)　　(b)

**图 12－3　曲线网格图例**

(a)数性变量和质量守恒控制容积；(b)$u$ 和 $v$ 方向动量控制容积

$u_P$，尽管这个值位于 $C$ 控制容积的东面。于是得到 $u_e^c = u_P^u$。这里上标 $c$ 和 $u$ 分别代表所考虑的控制容积的类型，下标 $e$ 和 $P$ 分别表示各自控制容积中变量的相应位置。类似地，$v_n^c = v_P^v$ 也遵循这一法则。$C$ 控制容积中心的压力位于交错控制容积 $u$ 的西面，于是 $P_P^c = P_P^u$，在本章的以下部分，在上下文已经清楚不会引起误解的时候，上标将会略去。

## 12.2 质量守恒的离散

### 12.2.1 精确方程

在 $\Delta t$ 时间内，$C$ 控制容积 $\Omega$ 的质量守恒积分方程可以表示为

$$\Delta t \text{ 时间里 } \Omega_P \text{ 内质量的增量} = \text{通过表面流入 } \Omega_P \text{ 的质量} \tag{12-3}$$

用数学公式描述

$$M - M^0 = (\overline{\dot{m}}_{wf} + \overline{\dot{m}}_{sf} - \overline{\dot{m}}_{ef} - \overline{\dot{m}}_{nf})\Delta t \tag{12-4}$$

这里 $M$ 是 $t+\Delta t$ 时刻中 $\Omega_P$ 的质量，$M^0$ 是 $t$ 时刻 $\Omega_P$ 处的质量，下标 $wf$，$sf$ 等表明相应的面，正如在图 12-3 中给出及前面所讨论的那样。

控制容积的质量由下式给出

$$M = \int_{\Omega_P} \rho \mathrm{d}\Omega \tag{12-5}$$

平均流率一般用 $\overline{\dot{m}}_{ef}$ 表示，由下式给出

$$\overline{\dot{m}}_{ef} = \frac{1}{\Delta t}\int_{\Delta t}\int_{A_{ef}} (\rho u)_{ef} \mathrm{d}A_{ef} \mathrm{d}t \tag{12-6}$$

方程(12-4)是精确方程，然而，在离散网格上，根据节点值对相关变量进行离散就会有一定的近似处理了。离散分两阶段进行：一级离散和二级离散。

### 12.2.2 一级离散

在两阶段近似的第一阶段：一级离散中，积分方程(12-5)，(12-6)近似使用了在时间、空间上比较方便的离散点上的变量值。在一级离散表达式中出现的变量可以和所确定的节点相一致，也可以不一致。

方程(12-4)的一级近似为

$$\frac{M_P - M_P^0}{\Delta t} = \dot{m}_w + \dot{m}_s - \dot{m}_e - \dot{m}_n \tag{12-7}$$

这里

$$M_P = \rho_P \Omega_P,\ M_P^0 = \rho_P^0 \Omega_P,\ \dot{m}_e = \rho_e^0 A_{ef} u_e \tag{12-8}$$

所有的下标均表示和 $C$ 控制容积有关的点，上标 0 表示 $t$ 时刻的值，省略了上标时，代表 $t+\Delta t$ 时刻的值，质量流中的密度使用的是 $t$ 时刻的值，而输送质量的速度使用的是 $t+\Delta t$ 时刻的值。这样，通过利用上一时刻的密度，质量流量就被线性化了。含有两个解相关变量 $\rho$ 和 $u$ 的非线性项 $\rho u$ 就变成了线性项 $\rho^0 u$。

### 12.2.3 二级离散

积分离散中的积分点,可能与节点一致,也可能不一致。第二阶段即第二级近似提供了一个将积分点上的变量值与适当的相邻节点值联系起来的封闭关系。在这里所考虑的连续方程中,唯一需要提供这种联系的变量是密度 $\rho_e,\rho_p,\rho_w,\rho_s$。因为这些位置的速度实际上就是交错网格上的节点速度。

对于低马赫数流动,密度可以采用简单的线性插值得到。例如 $\rho_e$ 可以用 $\rho_p$ 和 $\rho_E$ 间的线性插值得出。它的二级近似处理,到这里就足够了。然而,对于高马赫数的流动,还必须考虑更多的因素。在 12.5 节,将会进一步讨论这一因素,同时,动量方程的离散也会作出描述。

## 12.3 能量方程及其他标量方程的离散

### 12.3.1 精确方程

对于固体传热或是低马赫数流体的传热的计算,利用温度形式写出的能量方程是十分方便的,用微分的形式给出

$$\frac{\partial}{\partial t}(\rho T)=-\nabla\cdot\left(\rho VT+\frac{\boldsymbol{q}}{c_p}\right)+S''' \tag{12-9}$$

这里 $T$ 是当地温度,$\boldsymbol{q}$ 是当地扩散热流矢量,$S'''$是体积源项。它包括所有没有被瞬态项、对流项、扩散项包含的影响因素。在湍流流动中,$T$ 表示雷诺平均温度,$\boldsymbol{q}$ 则包括了层流和湍流二者对能量扩散的作用。

将方程(12-9)对时间 $\Delta t$ 和图 12-3 中所表示容积积分就可以得到准确的积分方程,其结果可写成

$$\frac{MT-(MT)^0}{\Delta t}=(\dot{m}_{wf}\overline{T}_{wf}+F_{wf}^D)+(\dot{m}_{sf}\overline{T}_{sf}+F_{sf}^D)-(\dot{m}_{ef}\overline{T}_{ef}+F_{ef}^D)-(\dot{m}_{nf}\overline{T}_{nf}+F_{nf}^D)+S \tag{12-10}$$

这里$\overline{\dot{m}}_{ef}\overline{T}_{ef}$和 $F_{ef}^D$分别是在温度 $T$ 下,在 $\Delta t$ 时间内穿过东壁面的平均对流流量和平均扩散流量。方程(12-10)中各个组成项由下式给出

$$MT=\int_{\Omega_P}\rho T\mathrm{d}\Omega \tag{12-11}$$

$$S=\frac{1}{\Delta t}\int_{\Delta t}\int_{\Omega_P}S'''\mathrm{d}\Omega\mathrm{d}t \tag{12-12}$$

$$\dot{m}_{ef}\overline{T}_{ef}=\frac{1}{\Delta t}\int_{\Delta t}\int_{A_{ef}}(\rho uT)_{ef}\mathrm{d}A_{ef}\mathrm{d}t \tag{12-13}$$

$$F_{ef}^{D} = \frac{1}{\Delta t}\int_{\Delta t}\int_{A_{ef}}\left(\frac{q_x}{c_p}\right)_{ef}\mathrm{d}A_{ef}\mathrm{d}t \tag{12-14}$$

$q_x = \boldsymbol{q}\cdot\boldsymbol{i}$ 是 $\boldsymbol{q}$ 在 $x$ 方向的当地分量。

### 12.3.2 一级离散

第一级近似处理中，时间平均量由 $t+\Delta t$ 时刻的值近似得到，而空间平均量则由离散节点处的值近似代替。经过这样的处理后得到方程

$$\frac{M_P T_P - M_P^0 T_P^0}{\Delta t} = \left[\dot{m}_w T_w + \left(\frac{q_x}{c_p}\right)_w A_{wf}\right] + \left[\dot{m}_s T_s + \left(\frac{q_y}{c_p}\right)_s A_{sf}\right] - \left[\dot{m}_e T_e + \left(\frac{q_x}{c_p}\right)_e A_{ef}\right] - \left[\dot{m}_n T_n + \left(\frac{q_y}{c_p}\right)_n A_{nf}\right] + S_P \tag{12-15}$$

这里 $S_P$ 是对 $S$ 的一个适当近似。$T_e$ 是 $e$ 处的 $T$ 值。$(q_x)_e$ 是 $t+\Delta t$ 时刻，能量扩散流量在 $x$ 方向的分量，方程(12－15)减去方程(12－12)乘以 $T_P$ 的值，可以得到方程

$$\frac{M_P^0 T_P - M_P^0 T_P^0}{\Delta t} = \left[\dot{m}_w (T_w - T_P) + \left(\frac{q_x}{c_p}\right)_w A_{wf}\right] + \left[\dot{m}_s (T_s - T_P) + \left(\frac{q_y}{c_p}\right)_s A_{sf}\right] - \left[\dot{m}_e (T_e - T_P) + \left(\frac{q_x}{c_p}\right)_e A_{ef}\right] - \left[\dot{m}_n (T_n - T_P) + \left(\frac{q_y}{c_p}\right)_n A_{nf}\right] + S_P \tag{12-16}$$

能量方程写成这种形式可以使质量方程中的误差对温度解的影响变小。为了证明这一点，假设 $S_P=0$ 的情况。在这种情况下，一个常值温度场应该满足方程(12－16)。当 $T_P = T_P^0 = T_w = T_s = T_e = T_n = T$ 时，方程(12－16)应该无条件满足，然而方程(12－15)却并非如此，它只会在一定的条件下才会满足。它要求质量方程中的源项方程(12－12)也必须精确满足。在质量方程中，即使是很小的误差也会引起很大的温度场误差，从而导致应用方程(12－15)时的收敛困难。尤其是在提供质量的流量很大的时候。基于这个原因，第二种形式的能量方程，方程(12－16)，更加常用。

固体中的层流流动中的热扩散可由傅立叶关系式给出

$$(q_x)_e = -\left(k\frac{\partial T}{\partial x}\right)_e \tag{12-17}$$

对于湍流流动，就必须加上湍流分量。对于湍流能量流量的扩散分量由下式给出

$$(q_x)_e = -\left(k\frac{\partial T}{\partial x}\right)_e + (\rho c_p \overline{u'T'})_e \tag{12-18}$$

这里用撇表示相对于雷诺平均值的瞬时变量值。湍流的作用经常由梯度扩散关系来表示。这样，总的扩散通量就可以写成

$$\left(\frac{q_x}{c_p}\right)=-\left(\frac{(k+k')}{c_p}\frac{\partial T}{\partial x}\right)_e=-\Gamma_e\left(\frac{\partial T}{\partial x}\right)_e \tag{12-19}$$

至此,一级近似已经完成。第二级近似处理是用适当的相邻节点来描述上述离散点。讨论如下。

### 12.3.3 二级离散

在这一部分,将介绍第二级近似中的最简单形式,这将提供必要的封闭关系。并且会产生出一种常用的,用于能量输运计算分析问题中的离散模式。这里所描述的封闭模型的局限性将在12.3.5中详细讨论。更加精确的第二级近似将在12.3.6中讨论,为得到最终的代数方程而必须的细节也有描述。

**扩散项**。对于纯扩散或热传导的能量输运方程,很显然可以得到$\left(\frac{q_x}{c_p}\right)_e$的近似

$$\left(\frac{q_x}{c_p}\right)_e\approx\frac{\Gamma_e A_{ef}}{\Delta x_{PE}}(T_P-T_E)=D_e(T_P-T_E) \tag{12-20}$$

$\Delta x_{PE}$是节点$P$、$E$之间的曲线长度。如果$\Gamma$在空间上变化得比较平缓,则可采用$P$点和$E$点间的线性插值来表示$\Gamma_e$;对于变化比较剧烈的$\Gamma$而言,利用$P$和$E$之间的加权调和平均值更为恰当。

此外,如果扩散是在有流体流动的情况下发生的,由此而引入的对流将会显著地改变温度分布型线。假定上述改变是线性的,那么就会使方程(12-20)的近似不正确。在这种情况下,引入了一个修正因子来考虑对流对扩散通量的影响。这个修正因子用$\beta$来表示。现在只是简单地将它插入方程(12-20)中,得到

$$\left(\frac{q_x}{c_p}\right)_e\approx\beta_e\frac{\Gamma_e A_{ef}}{\Delta x_{PE}}(T_P-T_E)=\beta_e D_e(T_P-T_E) \tag{12-21}$$

$\beta$的下标非常重要,它表明修正因子所作用的面,而修正因子的值取决于当地流动情况。$\beta$的取值范围在0~1之间。

**对流项**。求解积分点温度$T_e$的最简单形式包括利用$P$点和$E$点的值来插值。一个在各个值之间的简单的插值将不能体现出对流项在$e$点的温度的影响,于是引入了二次修正值$\alpha$,得到下面的一般插值方程

$$T_e=\left(\frac{1+\alpha_e}{2}\right)T_P+\left(\frac{1-\alpha_e}{2}\right)T_E \tag{12-22}$$

$\alpha$的下标指明了所求解的区域。

在方程(12-22)中,如果$\alpha_e=0$,那么$T_e$就是$T_P$和$T_E$的平均线性插值(对于均匀网格空间),对于没有流体流动的情况,这种近似是恰当的。然而,如果$x$方向的速度较大,掠过东面的值就会接近$T_p$。对于这种极限状况,取$\alpha_e=1$是十分恰当的。反过来,对于一个沿$x$方向

的很大的负速度，掠过东面的 $T$ 值就会近似于 $T_E$，此时，就应该取 $\alpha_e = -1$。尽管以下还将详细讲述 $\alpha$ 和 $\beta$ 的确定，这里还是应该注意到，$\alpha$ 的符号要与积分点速度或流量的符号一致。它的取值在 0 到 1 之间。

**源项。**方程(12－16)中的源项是由具体问题来确定的。它的离散形式可用下式来表示

$$S_p = Q + RT_P \tag{12-23}$$

一般情况下，源项取决于温度的实际值。即使 $S$ 是 $T$ 的一个非线性函数，我们也必须把它线性化，得到方程(12－23)。对于非线性化的源项变量需要进行迭代。必须恰当地选择 $R$ 的值以便于得到快速收敛得到正确的源项变量。

**最终的代数方程。**将第二级近似中得到的方程(12－21)～(12－23)代入第一级近似所得到的方程(12－16)，便得到了适用于任何一个内部控制容积的代数方程。它的通用形式

$$a_P T_P = a_E T_E + a_N T_N + a_W T_W + a_S T_S + b \tag{12-24}$$

方程系数为

$$a_E = \beta_e D_e - \frac{\dot{m}_e}{2} + |\alpha_e|\left|\frac{\dot{m}_e}{2}\right|, \quad a_N = \beta_n D_n - \frac{\dot{m}_n}{2} + |\alpha_n|\left|\frac{\dot{m}_n}{2}\right|$$

$$a_W = \beta_w D_w + \frac{\dot{m}_w}{2} + |\alpha_w|\left|\frac{\dot{m}_w}{2}\right|, \quad a_S = \beta_s D_s + \frac{\dot{m}_s}{2} + |\alpha_s|\left|\frac{\dot{m}_s}{2}\right|$$

$$a_P = \frac{M_P^0}{\Delta t} + a_{P^*}, \quad b = \frac{M_P^0 T_P^0}{\Delta t} + Q \tag{12-25}$$

在上面的方程中，$\alpha_{P^*}$ 定义为

$$a_{P^*} = a_E + a_N + a_W + a_S - R \tag{12-26}$$

如果需要求解定常状态问题，只要将系数方程(12－25)中的 $\Delta t$ 设为无穷大(实际上为一个很大的数)，便可得到相应的代数方程。另外，使用 $\alpha$ 的绝对值有两方面的原因。首先，由于同一位置的 $\alpha$ 和 $\dot{m}$ 的符号一致。所以，$\alpha_e \dot{m} = |\alpha_e||\dot{m}_e|$。其次，$\alpha$ 的值更容易被近似处理。

对于方程(12－24)的系数的值将对每个控制体按图 12－3 所示进行计算，计算遍及整个计算域。补充了边界条件以后，求解联立方程就会得出在 $t+\Delta t$ 时刻所有点的近似解。

有一些虽然是定常状态求解的情况，但是因为温度方程中的非线性项(例如非线性源项，与温度有关的扩散系数)而需要迭代，或是因为内耦合(就像在自然对流情况下发生的质量与动量和能量的耦合)而需要迭代，这时候就必须使用松弛方法。通过对瞬态项的另一种处理来控制解的推进。在这些情况下，可以通过一个“畸变的瞬态”演变使解得到局部的推进。对于 $T_P$ 方程的局部伪时间步，可表示如下

$$\Delta t_P = E(\Delta t)^r \tag{12-27}$$

其中 $(\Delta t)^r$ 由下式给出

$$\frac{1}{(\Delta t)^r} = \frac{a_{P^*}}{M_P^0} \tag{12-28}$$

这样定义下的$(\Delta t)'$的值是从相邻节点传递到$P$点的$T$的对流和扩散的松弛时间。它还包括对现行源项$RT_P$的响应,将方程(12-24)中的$\Delta t$用$\Delta t_P$替换,只会影响$a_P$和$b$的计算。现在这些参数应给出如下

$$a_P = a_{P^*}\left(1+\frac{1}{E}\right),\quad b=\frac{a_{P^*}\,T_P^0}{E}+Q \tag{12-29}$$

$a$ 的值同方程(12-26)定义保持一致。控制参数$E$的典型的取值范围一般是$2\leqslant E\leqslant 10$。

**修正因子$\alpha,\beta$的选择**。节点间简单的线性型假设引出了中心差分格式(CDS)。如果积分点位于节点的中间,例如,如果$e$位处$P$和$E$的中间,那么在方程(12-25)中取$\beta=1,\alpha=0$的话,就恢复到了中心差分格式,正如前面对$\alpha_e,\beta_e$所讨论的那样。然而当定义为

$$Pe=\frac{\dot{m}}{D} \tag{12-30}$$

的网格贝克列数变得很大时,中心差分格式就会出问题。例如,当$e$处的贝克列数$(Pe)_e$为一个很大的正数的时候,系数$a_E$就变得很大且为负。这在物理上是不真实的,因为这样就意味着如果方程(12-24)中的$T_E$增大,其结果将会导致$T_P$的减少。很明显,随着$(Pe)\to\infty$,下游$T_E$对$T_P$值的影响将会逐渐消失,而不是在负向增大。

为了避免这种不真实的情况出现,Spalding(1972)[1]提出,对流和扩散通量应该建立在如图12-4(a)所示的一维定常问题分析解的基础上,局部一维问题的解如图12-4(b)所示。要得到与局部分析解一致的穿过东侧的总通量,则在上述系数计算式中的$\alpha$和$\beta$应该为

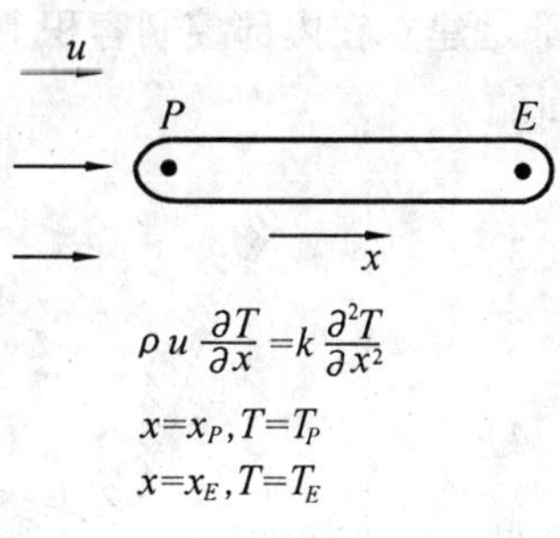


(a)

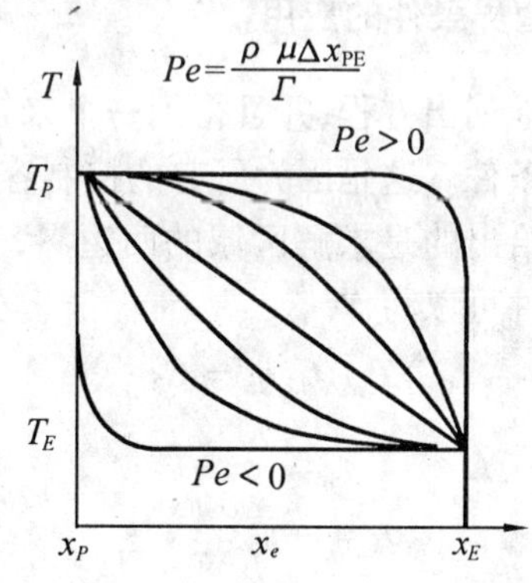


(b)

**图 12-4**

(a)一维问题;(b)依贝克列数而不同的解

$$\alpha_e = 1 - \frac{2(e^{\frac{Pe}{2}} - 1)}{e^{Pe} - 1}, \quad \beta_e = Pe\,\frac{e^{\frac{Pe}{2}}}{e^{Pe} - 1} \tag{12-31}$$

这里的 $Pe$ 指的是东侧的值。必须注意到,由这些修正因子所得到的总通量的正确解和 $e$ 在 $P$、$E$ 之间的位置没有关系。应用了 $\alpha$ 和 $\beta$ 而产生的格式被称作指数差分格式(EDS)。这种方法忽略了瞬态项和源项对面通量的影响,但是这些影响倒也是可以用复杂的形式将其写出的。考虑到多维流动其自身的不精确性,还考虑到通过这种方法已纠正了最基本的物理上的不真实性,这里就没有必要去保证源项以及瞬态项对这些面上的值的影响。

上述修正因子 $\alpha$ 和 $\beta$ 的精确计算,由于要求计算指数项因而非常费时,Raithby 给出了以下便于计算的恰当的近似

$$|\alpha| \approx \frac{Pe^2}{5 + Pe^2} \tag{12-32a}$$

$$\beta \approx \frac{1 + 0.005Pe^2}{1 + 0.05Pe^2} \tag{12-32b}$$

很明显,上述近似中像前面提到过的那样采用 $\alpha$ 的量值,$|\alpha|$ 来表示。

到这里,已经完成了对最简单的离散控制容积方程方法的描述。这种方法既便于求解(与边界条件相符合)又避免了非物理因素的影响。必须注意到求解的容易是由于中心系数 $a_P$ 是方程中最大的(它至少要等于方程中其余 $a$ 系数之和);而不顾物理上的不真实性将导致代数方程迭代解的发散,或者,如果能够得到解,这个解也是沿空间振荡的。以上公式被推荐作为对算法进一步改进的基础。接下来考虑边界条件的应用。

### 12.3.4 边界条件的应用

为了完整地列出方程,并且得到一个未知节点数与方程个数相同的适定的代数问题,就有必要应用边界条件。这是因为所有的控制容积方程都是建立在内部控制容积上的。

图 12-5 给出的是求解区域的西边界,这一表面的一般的边界条件可以写作

$$C_1 T + C_2 \boldsymbol{q}_x = C_3 \tag{12-33}$$

其中

$$\boldsymbol{q}_x = -\Gamma \frac{\partial T}{\partial x} \tag{12-34}$$

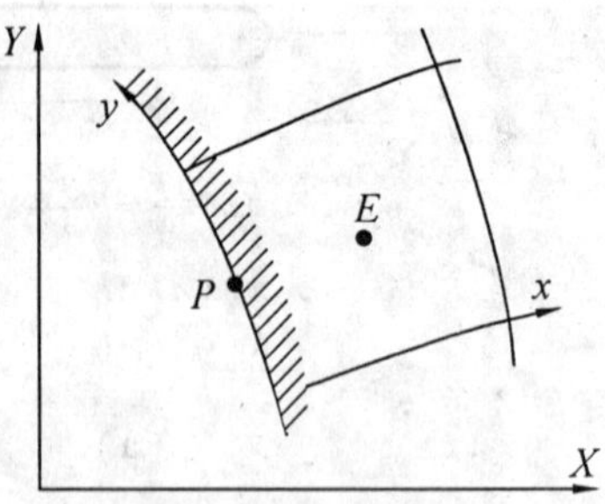

图 12-5 边界上的节点 $P$

用这种形式给出的边界条件方程适合于所有类型的边界条件。只要对 $C_1$, $C_2$, $C_3$ 定义适当的数即可。假定图 12-5 中 $P$ 和 $E$ 之间的温度型线是线性的,那么就可以对边界条件方程采取和内部控制容积方程同样的形式。

方程(12－24)给出的控制容积方程形式也因此同样适合于边界条件方程。利用温度的线性型线假设,对边界方程做近似处理,就可以得到和方程(12－24)同样的形式,西壁面节点的系数由下列式子给出

$$a_P = C_1 + \frac{C_2 \Gamma}{\frac{\Delta x}{2}} \tag{12-35a}$$

$$a_E = \frac{C_2 \Gamma}{\frac{\Delta x}{2}} \tag{12-35b}$$

$$b = C_3 \tag{12-35c}$$

$$a_N = a_W = a_S = 0 \tag{12-35d}$$

这样,对于所有的节点,包括边界节点和内部节点,其方程都有同样的形式。只不过系数的值因节点而改变,同时还取决于是边界点还是内节点。描述近似离散问题的完整的、适定的代数方程就完全建立起来了。

### 12.3.5 EDS方程组中的不精确性

上面所描述的指数差分格式(EDS)不仅易于理解,而且也易于应用。这种方法满足了本章对所描述的方法所提出准则中的前两个:稳定性以及求解的经济性。然而,引入的这些近似仍有一定的局限性,尤其是在应用这一格式时,产生了一定的不精确性。尽管随着网格的加密,这种不精确性会减小,但它们却是不容忽视的。这些不精确性会限制所能求解的问题规模,或是在由一定的精度要求时会增加计算机时。因此,要弄清楚这些不精确性的来源,以便能够提醒EDS格式的用户,考虑采用下面提出的改进方法。

EDS格式中有两个基本的不精确来源。第一个是与所采取的局部一维迎风格式有关,第二个与在求解积分点数值的时候忽略了源项和扩散项分量对垂直于一维解方向的影响有关。

第一种误差经常出现在与坐标线方向不完全一致的流动中,当流动与网格线不一致时,局部一维迎风的影响会抹掉包含在真实解中原本很鲜明的特征。这种错误有类似于扩散的特征,因此通常又被称作是假扩散。在一定问题中,这种假扩散会比流动中的实际物理扩散大得多。假扩散的影响可以用穿过网格的温度阶跃变化纯对流(也就是不存在扩散)来检验,图12－6(a)所示。用EDS格式计算流经区域中的温度阶跃,得到的圆滑连线变化的曲线,很明显地体现了扩散的特征。

因此,对于如图12－6(b)所示的一个流入$C$控制容积的给定流动,根据局部一维迎风格式,东面和北面的温度都表现为$T_P$。

但是,实际上,只有在控制容积内得到充分混合后才会出现这种情况。图12－6(a)中所表现出来的假扩散影响了求解域中一定距离内的所求的解,这是由于在流场中对每一个控制容积充分混合而累积的结果。

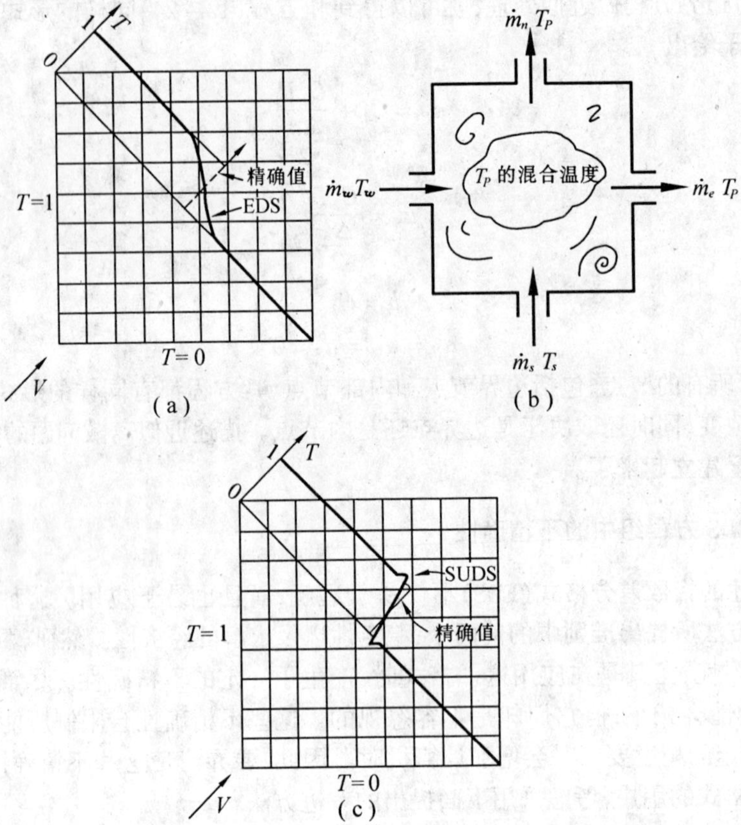


**图 12–6 阶梯型线对流**

(a)EDS;(b)EDS 中控制容积的混合;(c)SUDS

第二类误差是由于求解积分点数时忽略了扩散和源项的影响所致,即使是流动方向与网格线一致时,也会出现。但是,在标量的输运中,这种影响通常不是很重要。

### 12.3.6 更加精确的二级离散

上面所述的不精确性是由于在控制容积分界处所做的近似引起的,由此导致了二级近似的不精确性。在这一部分,首先会提出显著减少这种不精确性的方法,其余几种可参考的建议也作一些简要讨论。最理想的方法是完全消除这些不精确性。然而,目前还没有找到这样完美的方法,而且,所有可用的代替法都有其自身的局限和缺陷。尽管对一个确定的问题来说,最好的方法一般取决于问题本身的特点,但这里所讨论的代替法比基本的 EDS 格式更具精确性。

斜迎风差分格式(SUDS)。这里对 SUDS 给予简述,包括考虑源项修正。在 SUDS 格式中,在对流为主的区域,积分点的温度值 $T_e$ 是由流动方向的上游来决定的。考虑到流动的方向性,这一点就显得很重要。

例如,如图 12-7(a)所示,当 $p_e \to \infty$ 时,SUDS 就会需要 $T_e \to T_u$,$T_u$ 是 $e$ 点速度方向上的上游,它由图中上游相邻节点的值插值得到。

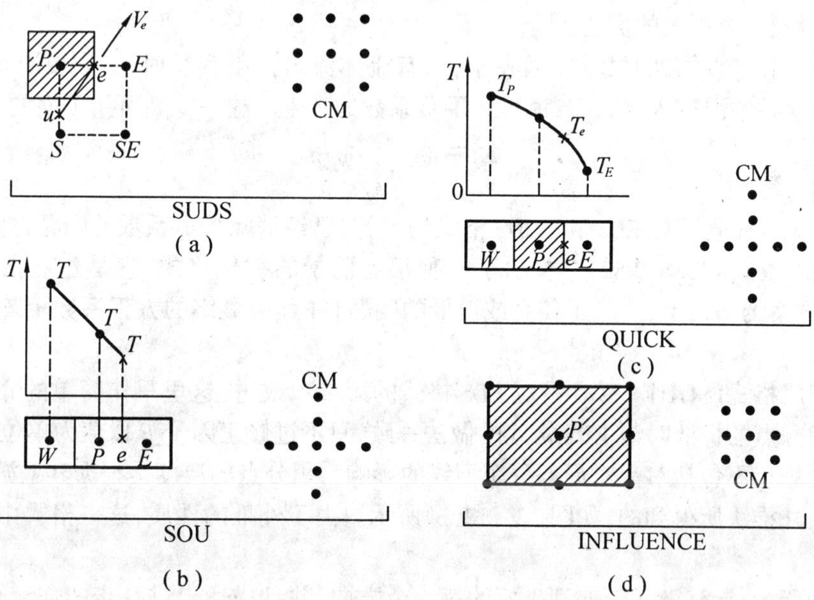


**图 12-7 EDS 格式的代替法以及由此得到的计算微元(CM)**

(a)斜交;(b)二阶迎风;(c)QUICK;(d)影响分析或有限分析

一般而言,对 $T_e$ 来说最恰当的近似表达是

$$T_e = T_u + \Delta T_{ue} \tag{12-36}$$

这里,$\Delta T_{ue}$ 表示一小团流体从 $u$ 到 $e$ 的流动中所发生的温度改变。虽然 Raithby(1976)[2] 最初是将 $\Delta T_{ue}$ 的估计值结合起来考虑扩散的影响,但比较简单而常用的格式一般是在 $(Pe)_e > 2$ 时近似取 $\Delta T_{ue} = 0$。虽然 Lillington(1981)[3] 考虑到了源项的影响,但最初引入的 SUDS 并没有把这一点包含进去。后来 Raw 和 Schneider(1986)[4] 已经作了很大的改进,得到更加简化、精度更高的 SUDS 这样的格式。

由于消除了会产生误差的假扩散,SUDS 在精度上有了很大的提高。如图 12-6(c)所示,描绘出了应用 SUDS 格式所得出的阶跃对流问题预测值。然而必须注意到这些预测值可能会偏高或偏低,这是由于在计算过程中出现的负系数所造成的。

这种负系数所引起的偏高或偏低的解在先前已经认明是非物理依赖性的，负系数来源于上风格式中对能量流入流出影响所做的近似。例如，假设 $P$ 是 $C$ 控制容积的中心。如图 12－7(a)所示，$e$ 点流体流出的温度取决于 $P$、$S$ 处的 $T$ 值。由于 $T$ 的上游值是从以 $P$ 为中心的控制容积中得出的，$T_S$ 这一项对系数的影响会是负值。通过 $s$ 面流入控制容积的 $T$ 值取决于 $T_S$ 和 $T_{SW}$，由于流体的流入，对 $T_S$ 系数的影响将会是正值。图中给出的流入角度可以很清楚的看到，受入流流体的影响，负值对 $T_S$ 系数的影响会大于正值的影响。改变流入控制容积流体的方向，会得到一个更大的负值。

实际上，出现负系数的根本原因在于，当有流体流出控制容积时，必须要有流入的流体。由于未能将这种情况融入格式中，就导致了负系数的产生。这一论断可用下面的不等式代替

$$\overline{\dot{m}}_e \overline{T}_e \neq \int_{A_{cf}} \overline{T} \mathrm{d}\dot{m} \tag{12－37}$$

Gosman 和 Lai 通过对 EDS 和 SUDS 格式的修补，已经消除了负系数的问题，然而却牺牲了精确性，Schneider 和 Raw(1982)[4] 提出了一种很有前景的替代格式，它是建立在加权质量流率、斜迎风方案的基础上，消除了偏高或偏低的问题，并且使最终的方程系数矩阵仍然保持主对角占优。

**二阶迎风格式(SOU)**。SOU 是对 EDS 格式的第二项改进，这里只作简单的介绍。这种格式在处理积分点的扩散时与 EDS 格式的做法一致，只不过修正因子 $\beta$ 取值为单位 1(即对积分点处扩散的修正不包括对流对局部分布型线的影响)，积分点的温度是根据其上游两点的温度值采用单向外推法所得到的，如图 12－12(b)所示。由于外推的性质，这一格式中也产生了负系数。

如图中所示，计算微元延伸到坐标的每一个方向，并且描述出进一步的连续性和复杂性。通过利用 EDS 格式得出方程系数的公式或对 EDS 和 SOU 方程常数有效源项在差分上进行“滞后”，都可以对这个问题进行修正。另外，流体流入的边界点不可能用上游的两点来得出方程，这就需要用到 EDS 格式，但是这样做会降低整个问题的精确性。具体降低到什么程度就需依问题本身而定了。值得肯定的一点是：相对于 EDS 而言，外推法的确增强了精确性。

**其他格式**。出于参考价值和完备性的考虑，这里列出了其余几种修正 EDS 格式不精确性的方案。例如 Leonard(1979)[6] 提出的 QUICK 格式利用抛物线内插法得出 $T_e$，它包含了三个节点，其中有两个位于 $e$ 点上游，如图 12－7(c)所示，它的对流项和扩散项都采用了相同的型线。这一格式虽然增强了精确性，但是在控制容积方程组中却出现了更多的负系数，因此又出现了偏高或偏低的解。同时在一定的情况下还会存在主对角线不占优的问题。在 SOU 中出现过的边界问题在这里也存在。

影响分析或者有限分析格式，是为了在如图 12－7(d)所示的求解域中由精确解中得到出 $T_P$ 中局部线性化偏微分方程。为了在子域上应用边界条件，就必须对子区域边界上的节点作型线假设。这几种格式的精确性有所提高，保持了方程组的主对角线占优性质，而且，只要边

界条件型线本身不出现振荡,最终的结果就不会产生振荡。然而,为了得出它们的系数,却要耗费时间和精力,而且其计算微元(CM)在二维问题中给出九个计算点,如图12-7(d)所示。另外,这些格式不满足任何控制容积的守恒方程。

样条格式中使用了样条插值方法,它是用样条将节点值连起来。当贝克列数很大时,在CDS中遇到的类似问题又出现了Varajao和Patankar提出的指数样条格式引入了上风影响,但是在求解方程组时可能会十分困难;最初的算子精简隐式格式(OCI)也存在样条格式和CDS在大的贝克列数时所产生的问题。最新的OCI格式方案在一维问题上与EDS格式非常类似,但还没有广泛应用到二维问题中来。

## 12.4　代数方程的解

前面已经建立起了对物理问题控制方程进行近似离散后所得到的代数方程组。对于标量输运的方程,运用守恒定律进行第一、二级近似处理,再加上边界条件的补充,就得到一系列的方程组。这一方程组对区域内每一个节点都建立了一个方程。无论是内部节点方程还是边界点方程,每一个方程都有如方程(12-24)的形式或者等价的九点式方程。我们这里集中讨论形如方程(12-24)的五点式,九点式则可以看作是在这种情况下的五点式中,在常数项中包含了一个描述九点式和五点式方程差别的"滞后项",用同样的方法来求解。现在需要对这一系列的方程求解。

为了描述求解方程的方法,首先要把边界条件方程合并到内节点方程中来。将要介绍的是带有超松弛的线性高斯-塞德尔解法以及细密网格离散所采用的加速解法。有关的其余解法限于篇幅不再多述。

### 12.4.1　边界条件方程

考虑边界条件方程时,以图12-8所示的西侧面离散节点作参考,将边界条件方程合并到相邻的内节点方程中以后,收敛速度和稳定性都得到提高,也减少了工作量,采用的是直接替代。对于西壁面,边界条件的方程可以写作

$$a^P_{1,j}T_{1,j} = a^E_{1,j}T_{2,j} + b_{1,j}$$
$$a^N_{1,j} = a^W_{1,j} = a^S_{1,j} = 0$$
$$(12-38)$$

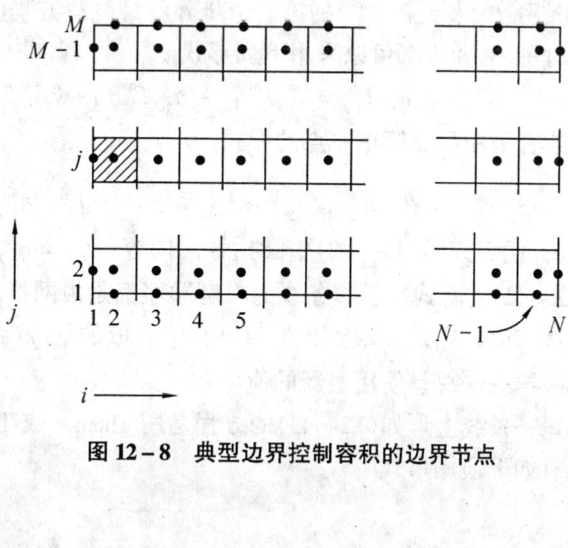


图12-8　典型边界控制容积的边界节点

由 $i=2$ 可以写出与其相邻的内节点方程

$$a_{2,j}^{P}T_{2,j}=a_{2,j}^{E}T_{3,j}+a_{2,j}^{N}T_{2,j+1}+a_{2,j}^{W}T_{1,j}+a_{2,j}^{S}T_{2,j-1}+b_{2,j} \tag{12-39}$$

将方程(12-38)代入方程(12-39)得到形如(12-39)的 $i=2$ 的修正方程,但是系数将被重新定义

$$a_{2,j}^{P}\leftarrow\left(a_{2,j}^{P}-\frac{a_{2,j}^{W}a_{1,j}^{E}}{a_{1,j}^{P}}\right) \tag{12-40a}$$

$$b_{2,j}\leftarrow\left(b_{2,j}+\frac{a_{2,j}^{W}b_{1,j}}{a_{1,j}^{P}}\right) \tag{12-40b}$$

$$a_{2,j}^{W}\leftarrow 0 \tag{12-40c}$$

右边是原来的系数,左边是替换后的系数。当四个边界上所有的边界条件都用上面的方法合并以后,将边界节点的影响传递到内部的内节点方程的系数将会是零。边界条件的影响将对方程(12-40a)、(12-40b)所示的系数方程体现出来。

### 12.4.2 线高斯-赛德尔迭代解法(LGS)

这里引出线高斯-赛德尔迭代是针对一般情况进行理论叙述,而第9章主要讲述 TDMA 的简单应用算例。如果用 $i,j$ 来表示网格位置,每一个节点的通用方程就可以改写成如下形式

$$a_{i,j}^{P}T_{i,j}=a_{i,j}^{E}T_{i+1,j}+a_{i,j}^{N}T_{i,j+1}+a_{i,j}^{W}T_{i-1,j}+a_{i,j}^{S}T_{i,j-1}+b_{i,j} \tag{12-41}$$

这个方程对应的是节点$(i,j)$。LGS 解法沿一条数值线对形如(12-41)的方程直接求解。如果需要用到不在选定直线上的 $T$ 值,则暂时选一个固定或是上一次迭代的值,为了消除不在线上的值的异步影响,就必须进行迭代。

例如,考虑一条 $j$ 为常数而 $i$ 从2变到 $N-1$ 的直线,如图12-8所示。用下标 $m-1$ 来表示初次或前一次迭代,由 LGS 求解得到的最新温度估计值用 $T^m$ 表示,它比上一个估计值 $T^{m-1}$ 要好。用 $T^m$ 来更新 $T^{m-1}$的第一个步骤就是改写方程(12-41)。

对每一条线,都可以采用下列形式

$$a_{i,j}^{P}T_{i,j}^{m}=a_{i,j}^{E}T_{i+1,j}^{m}+a_{i,j}^{W}T_{i-1,j}^{m}+(a_{i,j}^{N}T_{i,j+1}^{m}+a_{i,j}^{S}T_{i,j-1}^{m}+b_{i,j}) \tag{12-42}$$

或者采用更加简单一点的形式

$$a_{i,j}^{P^*}T_{i,j}^{m}=a_{i,j}^{E}T_{i+1,j}^{m}+a_{i,j}^{W}T_{i-1,j}^{m}+b_{i,j}^{*} \tag{12-43}$$

$b_{i,j}^{*}$代表方程(12-42)中圆括号的内容,$a_{i,j}^{p^*}=a_{i,j}^{p}$,加上星号是为了便于以后的说明。方程(12-42)的隐式在于每条线的求解顺序都是由网格底部到顶部的,如图12-8所示。这样,在表达式里,$T_{i,j}$是 $m$ 次迭代的值,而 $T_{i,j+1}$取的是 $m-1$ 次迭代的值,这样就与 G—S 点迭代的思想一样——总是使用最新的值。

每一条线上形如(12-43)的方程是用 Thomos 或 TDMA 算法求解的在这种算法里,其循环关系有如下通用形式

$$\alpha_{i,j}T_{i,j}^{m} = a_{i,j}^{E}T_{i+1,j}^{m} + \beta_{i,j} \tag{12-44a}$$

在$(i-1,j)$节点，方程的形式是

$$\alpha_{i-1,j}T_{i-1,j}^{m} = a_{i-1,j}^{E}T_{i,j}^{m} + \beta_{i-1,j} \tag{12-44b}$$

将(12-44b)代入(12-43)中，消去$T_{i-1,j}$项，就可以得到与(12-44a)相一致的方程。通过这种代入，循环系数可定义为

$$\alpha_{i,j} = a_{i,j}^{P^*} - \gamma_{i,j}a_{i,j}^{E} \tag{12-45a}$$

$$\beta_{i,j} = \gamma_{i,j}\beta_{i-1,j} + b_{i,j}^{*} \tag{12-45b}$$

$\gamma_{i,j}$定义为

$$\gamma_{i,j} = \frac{a_{i,j}^{W}}{\alpha_{i-1,j}} \tag{12-46}$$

这就说明一旦计算开始，就可以循环下去。循环是从$i=2$开始的。与$i=2$的方程(12-44a)直接进行比较（包含边界条件的方程），得到

$$\alpha_{2,j} = a_{2,j}^{p^*}, \quad \beta_{2,j} = b_{2,j}^{*} \tag{12-47}$$

有了初始值，就可以计算$i=3,4,\cdots,N-1$的循环系数了。对$T_{N-1,j}$的循环关系式，根据边界条件合并的要求，$a_{N-1,j}^{E}=0$对$i=N-1$，根据方程(12-44a)可以得出

$$T_{N-1,j}^{m} = \frac{\beta_{N-1,j}}{\alpha_{N-1,j}} \tag{12-48}$$

将方程(12-44a)改写成下列形式

$$T_{i,j}^{m} = \frac{a_{i,j}^{E}}{\alpha_{i,j}}T_{i+1,j}^{m} + \frac{\beta_{i,j}}{\alpha_{i,j}}, \quad i = N-2, N-3, \cdots, 2 \tag{12-49}$$

将$i=N-2,N-3,\cdots,2$依次代入方程，得到直线上所有的$T^m$值。这种算法与高斯消去法一致，是三对角矩阵的特例。

对求解区域的每一行从$j=2$到$j=M-1$重复上述算法，更新每一个内节点的值。由于线性更新的顺序是从$j=2$到$j=M-1$的，也就是沿着$j$的正方向，这又被称作是“$j^+$扫描”，要得到逐次改进的解，这种过程一直进行下去，直到解收敛。收敛的判据可以是前后两次迭代值之间不产生明显的变化或是方程的残差小于一个定值。

预先计算出并存储方程(12-45)、(12-46)中的$\alpha_{i,j}$、$\gamma_{i,j}$的值可以降低线性解法的成本。这些值被存储以后，只要算出$b_{i,j}^{*}$（每个节点做两次乘法），算出$\beta_{i,j}$的前代值（每个节点做一次乘法），再算出$T_{i,j}$的后代值（每个节点做一次乘法和一次除法），就可以得到一给定线上的解了。在同一条线上应用点高斯—塞德尔迭代法对每个节点也要求四次乘法和一次除法运算，但是线高斯—塞德尔算法比点迭代收敛要快得多。

作为进一步的改进，上述的$j^+$扫描可用$j^-$扫描来代替。也就是说，沿$j$负方向的扫描。这种替换方法的好处与系数的性质有关。例如，如果是扫描一个很强的向后流动，那么$j^-$扫

描会比 $j^+$ 扫描更有效,这是因为在这种情况下,向后的方向才是信息传播的方向。在一种通用求解法里,一个完整的迭代应该包括 $j^+$ , $j^-$ , $i^+$ 和 $i^-$ 四种扫描。

### 12.4.3 LGS 超松弛

尽管 LGS 解法的收敛速度已经比点迭代解法的速度提高了很多,但是在使用了超松弛以后,还可以得到更大幅度的提高。对 LGS 应用超松弛进行讨论时,仍然取 $j$ 为常数的一条线。$j$ 为常数的一条线的 LGS 解值不能通过一次扫描就得到,这是因为 $j^+$ 扫描中的 $b_{i,j}^*$ 中出现了 $T_{i,j+1}^{m-1}$,它的值比最佳估计值要滞后一个扫描层次。这里没有简单地套用这种滞后值,而是利用了一个修正后的估计值

$$T_{i,j+1} = T_{i,j+1}^{m-1} + (\omega - 1)(T_{i,j+1}^{m} - T_{i,j+1}^{m-1}) \tag{12-50}$$

这个表达式中 $\omega$ 是松弛系数。表达式利用了上一轮迭代的值 $T_{i,j+1}^{m-1}$ 再加上 $\omega - 1$ 与从 $\omega + 1$ 轮迭代的变化的乘积。也就是说,如果确切值已知的话,就可以令 $\omega = 2$,仅用依次 LGS 扫描程序就可以得到精确解。由于它是未知的,所以仍然要求进行迭代。如果 $T_{i,j+1}^{m} - T_{i,j+1}^{m+1}$ 之间的差值估计得合理的话,算法就会得到改进。估计的方向是目前正在计算的$(i,j)$点的变化来近似代替$(i,j+1)$的变化,于是得到

$$T_{i,j+1} \approx T_{i,j+1}^{m-1} + (\omega - 1)(T_{i,j}^{m} - T_{i,j}^{m-1}) \tag{12-51}$$

这个式子里的项都是已知的或是在当前线上正在计算的。利用这种修正估计值来代替 $T_{i,j+1}$,得到如前所述的方程(12-43),只是系数 $a_{i,j}^{P^*}$ 和 $b_{i,j}^*$ 应作如下修正

$$a_{i,j}^{P^*} \leftarrow a_{i,j}^{P^*} - a_{i,j}^{N}(\omega - 1) \tag{12-52a}$$

$$b_{i,j}^* \leftarrow b_{i,j}^* - a_{i,j}^{N}(\omega - 1)T_{i,j}^{m-1} \tag{12-52b}$$

当问题所描述的是低速流动时,系数就会是对称的,利用较大数值($\omega = 1.8$)会很快得到收敛解,然而,对于强对流影响,就要求小一些的 $\omega$。

**其他的改进和解法**

利用类似于 LGS 解法的思想可以得出可替代的循环迭代解法。这些方法包括由 Stone (1968)[7] 提出的强隐迭代法(SIP),它对三点微团而不是二点使用了循环。它的计算时间与刚才提到的 LGS 相当。Schneider 和 Zedan(1981)[8] 对 Stone 的算法进行了扩展,利用松弛参数极大地简化了收敛。这种经过修正的强隐迭代又称作(MSIP),它是直接对图 12-7 所示的九点方程进行求解,因而计算起来非常经济。Zedan 和 Schneidar(1984)[9] 同时将这种算法扩展到三维问题中,但是它的算法要比 SIP 或 LGS 难处理得多。LGS 思想的延伸包括基于 SOD 或 QUICK 的五点式线性微团。

### 12.4.4 细密网格上的加速收敛的解法

在三维问题中,尤其是含有强烈各向异性系数时(比如说,$\alpha_{i,j}^{E} \gg \alpha_{i,j}^{n}$),上面所描述的常规

的解法可能会发生"滞塞",也就是说,收敛变得非常缓慢以至于看起来完全是不收敛的,或者,更糟糕的是,如果判断收敛与否审查的只是解的改变而不是方程的残差,可能看似已经收敛而事实上远未收敛。例如,对于图 12-9(a)中所示的第一级网格,其缓慢的残差缩减由图 12-9(b)中标有 LGS—NAC 的直线所示,这是对扩散问题直接应用 LGS 得出的结果。这里只描述由 Hutchinson 和 Raithby(1986)[10] 所提出的附加修正多重网格方法,它可以在这种情况下加速收敛。

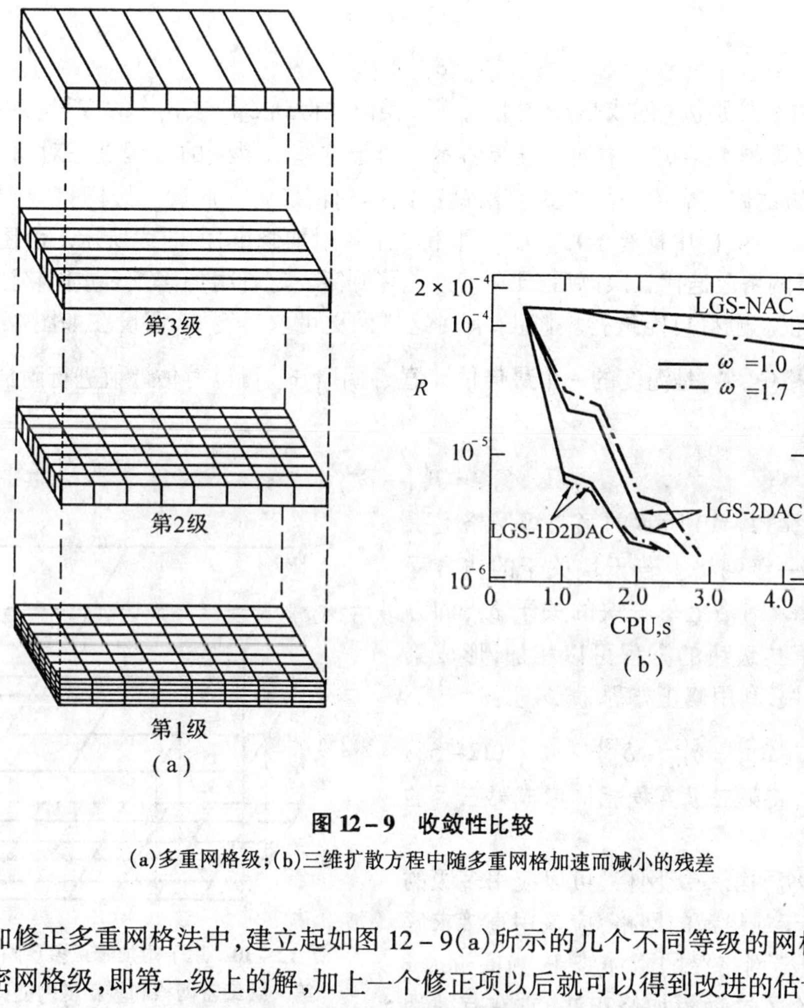


**图 12-9　收敛性比较**

(a)多重网格级;(b)三维扩散方程中随多重网格加速而减小的残差

在附加修正多重网格法中,建立起如图 12-9(a)所示的几个不同等级的网格修正。最开始估计细密网格级,即第一级上的解,加上一个修正项以后就可以得到改进的估计值

$$T^{(1)}_{i,j,k} = \widetilde{T}^{(1)}_{i,j,k} + \delta^{(2)}_{i,j} \tag{12-53}$$

$\widetilde{T}^{(1)}_{i,j,k}$ 是第一级上可得的 $T$ 的估计值,$\delta^{(2)}_{i,j}$ 是上面所述的附加修正,它是从第二级的网格中得到

的,这里它是一个二维网格。为了得到关于 $\delta_{i,j}^{(2)}$ 的方程,将关于 $T_{i,j,k}^{(1)}$ 的方程对于每一个 $i,j$ 柱中的 $k$ 层全部相加,便得出了关于这些修正量的二维问题。利用二维 LGS 解法来改进的 $\delta_{i,j}^{(2)}$ 解,得到图 12-9(b)中标有 2DAC(二维附加修正)的残差缩减曲线,在一级和二级网格中反复循环计算,就可以得到图中的结果。很显然,由于相应的收敛速度加快,计算时间也大为降低。类似地,为加速得到二维解 $\delta_{i,j}^{(2)}$,可以再定义一个第三级网格来得到一个附加修正,表达式为

$$\delta_{i,j}^{(2)} = \tilde{\delta}_{i,j}^{(2)} + \delta_{i}^{(3)} \tag{12-54a}$$

或

$$\delta_{i,j}^{(2)} = \tilde{\delta}_{i,j}^{(2)} + \delta_{j}^{(3)} \tag{12-54b}$$

将 $\delta_{i,j}^{(2)}$ 的方程分别按 $j$ 列或是 $i$ 行相加,就可类似地得到 $\delta_{i}^{(3)}$ 或 $\delta_{j}^{(3)}$ 的方程。关于 $\delta_{i}^{(3)}$ 或 $\delta_{j}^{(3)}$ 的两个网格如图 12-9(a)中的第三级所示。由于这些后得到的方程是三对角阵的,只要对每一个第三级的修正应用一次 LGS 算法就可以得到精确解。通过三级网格得到的循环解法的结果如图 12-9(b)中标有 1D2DAC(一维和二维的附加修正)的曲线所示。由图中可以看出,仅在第一级网格上迭代五次以后,便可使残差降到零。这种附加修正多重网格法对被修正量采用低维修正。也有可能进行块修正,有时这样做更可取。例如,假设在如图 12-10 所示的细密二维网格中,$\tilde{T}_{i,j}$ 是温度的一个最佳估计值,利用下式,可以对估计值进行附加修正而使其得到改进

$$T_{i,j} = \tilde{T}_{i,j}^{(1)} + \delta_{i,j}^{(2)} \tag{12-55}$$

其中 $\delta_{i,j}^{(2)}$ 是由图 12-10 所示的第二级网格上得到的修正。将一级网格上若干块关于的块方程相加形成第二级网格上每一块的关于 $\delta_{i,j}^{(2)}$ 的方程。类似地,第二级块的方程可以相加,形成第三级网格的大块,利用修正方程

$$\delta_{i,j}^{(2)} = \tilde{\delta}_{i,j}^{(2)} + \delta_{i,j}^{(3)} \tag{12-56}$$

并且如上所述,将第二级方程相加形成第三级的方程。

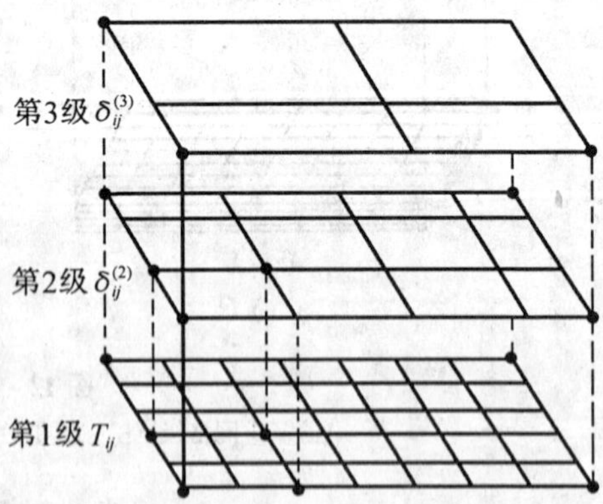


**图 12-10 用于附加修正多重网格的第一级细密网格和较粗糙网格比较**

对非常细密的第一级网格,可以应用多级的附加修正。对于最粗糙的网格,应该用直接求解法来得到最粗糙网格级的附加修正。Hutchinson 和 Raithby 讨论了这种附加修正法,它在有效地减少了计算时间。

## 12.5 动量方程

图 12-3 所示 $C$ 控制容积的连续方程和能量方程中含有表面积分点上的速度。这些速度影响穿过表面的质量流量。在流体流动问题,或是能量输运—流体流动耦合问题中,必须对这些速度值自身要加以确定。从连续方程和动量方程中可以得出速度和压力分布,而这些动量方程是建立在与连续控制容积错开的控制容积之上的,正如在 12.1.2 中所讨论的那样,图 12-3(b)也标明了这一点。现在就来推导关于 $u_p$ 和 $v_p$ 的离散动量方程。从 $u$ 控制容积或 $v$ 控制容积来看,$u_P$ 和 $v_P$ 分别等于连续网格中连续标量输运速度 $u_e^c$ 和 $v_n^c$。

### 12.5.1 精确方程

图 12-11(a)中画出了在其中心包含 $u_p$ 的控制容积,求解域中任一点的速度矢量可以写为

$$\boldsymbol{V} = u\boldsymbol{i} + v\boldsymbol{j} = \tilde{u}\boldsymbol{i}_P + \tilde{v}\boldsymbol{j}_P \tag{12-57}$$

$\boldsymbol{i}$ 和 $\boldsymbol{j}$ 分别是所研究点在 $x$ 和 $y$ 方向的当地单位矢量,$\boldsymbol{i}_P$ 和 $\boldsymbol{j}_P$ 是 $P$ 位置的相应的单位速度矢量,$\tilde{u}$ 和 $\tilde{v}$ 速度分量是相对于点 $P$ 单位矢量系统的当地直角坐标速度分量,这样

$$\tilde{u} = \boldsymbol{V}\cdot\boldsymbol{i}_P = (u\boldsymbol{i} + v\boldsymbol{j})\cdot\boldsymbol{i}_P \tag{12-58a}$$

$$\tilde{v} = \boldsymbol{V}\cdot\boldsymbol{j}_P = (u\boldsymbol{i} + v\boldsymbol{j})\cdot\boldsymbol{j}_P \tag{12-58b}$$

或者相反地,可以得到

$$u = \boldsymbol{V}\cdot\boldsymbol{i} = (\tilde{u}\boldsymbol{i}_P + \tilde{v}\boldsymbol{j}_P)\cdot\boldsymbol{i} \tag{12-59a}$$

$$v = \boldsymbol{V}\cdot\boldsymbol{j} = (\tilde{u}\boldsymbol{i}_P + \tilde{v}\boldsymbol{j}_P)\cdot\boldsymbol{j} \tag{12-59b}$$

必须注意到在 $P$ 点 $u_p = \tilde{u}_p$,将 $\tilde{u}$ 的动量方程对如图 12-11(a)所示的控制容积 $\Omega$ 积分,就得到了 $u_p$ 的动量方程。用语言表达这个方程就是

$\Omega$ 中的 $\tilde{u}$ 动量的增长率 = 通过表面流入 $\Omega$ 的 $\tilde{u}$ 动量流率
+ $\Omega$ 上的表面力沿 $\boldsymbol{i}_p$ 方向的净分量
+ $\Omega$ 中的体积力沿 $\boldsymbol{i}_p$ 方向的分量 (12-60)

用数学公式表示就可得到如下形式

$$\frac{\partial}{\partial t}(\overline{M\tilde{u}}) = [\dot{m}_{wf}\bar{\tilde{u}}_{wf} + \overline{f_{wf}^x}A_{wf}] + [\dot{m}_{sf}\bar{\tilde{u}}_{sf} + \overline{f_{sf}^x}A_{sf}] - [\dot{m}_{ef}\bar{\tilde{u}}_{ef} + \overline{f_{ef}^x}A_{ef}] - [\dot{m}_{nf}\bar{\tilde{u}}_{nf} + \overline{f_{nf}^x}A_{nf}] + S \tag{12-61}$$

方程中

$$M\bar{\tilde{u}} = \int_\Omega \rho\tilde{u}\,\mathrm{d}\Omega \tag{12-62a}$$

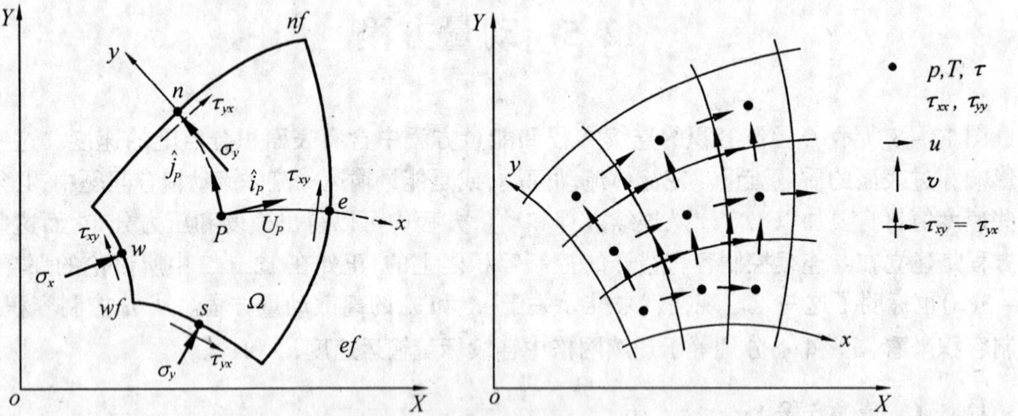


(a)　　　　(b)

**图 12-11**

(a) $u_p$ 动量方程的控制容积;(b)存储变量的点

$$\dot{m}_{wf}\bar{\bar{u}}_{wf} = \int_{A_{wf}} (\rho u\bar{u})_{wf}\,\mathrm{d}A_{wf} \tag{12-62b}$$

$$\overline{f^x_{wf}}A_{wf} = \int_{A_{wf}} f^x_{wf}\,\mathrm{d}A_{wf} \tag{12-62c}$$

$S$ 是在 $\Omega$ 上体积力的积分。$\sigma_x$ 和 $\tau_{x,y}$ 是图 12-11 中所示控制容积西壁面上的正应力和剪应力分量。$\bar{f}^x_{wf}A_{wf}$ 是这些压力产生的合力在 $\boldsymbol{i}_p$ 方向的分量。在进一步计算之前,要首先给出关于这些应力的关系式。

### 12.5.2　应力关系

**层流**　对于层流流动,方程(12-61)中的 $\tilde{u}$ 是瞬时速度,应力是由分子的动量交换引起的层流应力。对于牛顿流体,应力和速度之间的关系式如下:

$$\begin{aligned}\sigma^m_x &= p - 2\mu\left(\frac{\partial u}{\partial x} + \frac{v}{r_x}\right) + \frac{2}{3}\mu\ \nabla\cdot\boldsymbol{V} = \\ &\left(p + \frac{2}{3}\mu\ \nabla\cdot\boldsymbol{V}\right) - 2\mu e_{xx} = \\ &p^m_{\mathrm{eff}} + \tau^m_{xx}\end{aligned} \tag{12-63a}$$

$$\begin{aligned}\sigma^m_y &= p - 2\mu\left(\frac{\partial u}{\partial y} + \frac{v}{r_y}\right) + \frac{2}{3}\mu\ \nabla\cdot\boldsymbol{V} = \\ &p^m_{\mathrm{eff}} - 2\mu e_{yy} =\end{aligned}$$

$$p_{\mathrm{eff}}^m + \tau_{yy}^m \tag{12-63b}$$

$$\tau_{xy}^m = \tau_{yx}^m = -\mu\left[\frac{\partial v}{\partial x} + \frac{\partial u}{\partial y} - \left(\frac{v}{r_x} + \frac{u}{r_y}\right)\right] = -2\mu e_{xy} \tag{12-63c}$$

在这些方程中，$p$ 是定义为正应力平均值的热力学压力。$p_{\mathrm{eff}}^m$ 是“有效”压力，$e_{xx}$ 等是流体的应变率，$r_x$ 和 $r_y$ 分别是 $x$ 方向和 $y$ 坐标线的曲率半径。

**湍流** 对于湍流流动，方程(12-61)中的速度是雷诺平均速度，其平均分子应力和这些平均速度的关系与上述方程(12-63)中相同，只是用适当的速度平均值来代替了瞬时速度值而已。但是，由于湍流动量交换，产生了附加表观应力，它们是

$$\sigma_x^t = \rho\,\overline{u'u'} \approx -2\mu^t e_{xx} + \frac{2}{3}\rho k = \tau_{xx}^t + \frac{2}{3}\rho k \tag{12-64a}$$

$$\sigma_y^t = \rho\,\overline{v'v'} \approx -2\mu^t e_{yy} + \frac{2}{3}\rho k = \tau_{yy}^t + \frac{2}{3}\rho k \tag{12-64b}$$

$$\tau_{xy}^t = \tau_{yx}^t = \rho\,\overline{u'v'} = -2\mu_t e_{xy} \tag{12-64c}$$

在方程组(12-64)中，$\overline{\rho u'v'}$ 这一项是对于不可压缩流应力的基本定义式(对于可压缩流体中的 Favre 平均式)，然后用“湍流黏性系数”$\mu_t$ 来近似表示这些应力。湍流的总应力是层流和湍流分量的和，对湍流情况可以得到

$$\sigma_x = \sigma_x^m + \sigma_x^t = \left(p_{\mathrm{eff}}^m + \frac{2}{3}\rho k\right) + (\tau_{xx}^m + \tau_{xx}^t) = p_{\mathrm{eff}} + \tau_{xx} \tag{12-65a}$$

$$\sigma_y = \sigma_y^m + \sigma_y^t = \left(p_{\mathrm{eff}}^m + \frac{2}{3}\rho k\right) + (\tau_{yy}^m + \tau_{yy}^t) = p_{\mathrm{eff}} + \tau_{yy} \tag{12-65b}$$

$$\tau_{xy} = \tau_{yx} = \tau_{xy}^m + \tau_{xy}^t \tag{12-65c}$$

在以下的讨论中，$p$ 的下标将会被省略，下文中的 $p$ 实际上就是 $p_{\mathrm{eff}}$。

### 12.5.3 一级离散

如同对 $T$ 方程的处理一样，$\tilde{u}$ 方程的第一级近似处理也是将积分方程近似处理成代数方程，这一方程同时包括了积分点和节点的值。将方程(12-61)从 $t$ 到$(t+\Delta t)$对时间积分，通量或压力在 $\Delta t$ 时间内的值都用 $t+\Delta t$ 来近似，于是得到下列方程

$$\frac{M_P u_P - M_P^0 u_P^0}{\Delta t} = (\dot{m}_w \tilde{u}_w + f_w^x A_{wf}) + (\dot{m}_s \tilde{u}_s + f_s^x A_{sf}) - (\dot{m}_e \tilde{u}_e + f_e^x A_{ef}) - (\dot{m}_n \tilde{u}_n + f_n^x A_{nf}) + S_P \tag{12-66}$$

方程中，$\tilde{u}_w$ 和 $f_w^x$ 分别是在西面的 $w$ 处沿 $\boldsymbol{i}_p$ 单位法线方向的速度矢量和应力矢量的分量。方程(12-66)与方程(12-15)类似，与方程(12-15)进行类似的处理，从(12-66)中减去 $u_p$ 与关于 $u_p$ 控制容积的连续方程的乘积得到

$$\frac{M_P^0 u_P - M_P^0 u_P^0}{\Delta t} = [\dot{m}_w(\tilde{u}_w - u_P) + f_w^x A_{wf}] + [\dot{m}_s(\tilde{u}_s - u_P) + f_s^x A_{sf}] -$$

$$[\dot{m}_e(\tilde{u}_e - u_P) + f_e^x A_{ef}] - [\dot{m}_n(\tilde{u}_n - u_P) + f_n^x A_{nf}] + S_P \quad (12-67)$$

它与(12－66)的 $T$ 方程完全相似。

在一般的正交曲线坐标的动量方程中，通常会包含方程(12－67)中没有出现的应力项和加速项，得出如方程(12－67)的简化形式是由于使用了 $\tilde{u}$ 速度分量而不是当地 $u$ 速度分量，例如，它也可以表示成为

$$(\dot{m}_e\tilde{u}_e - \dot{m}_w\tilde{u}_w) = (\dot{m}_e u_e - \dot{m}_w u_w) + \text{哥氏项} \quad (12-68a)$$

$$(\dot{m}_n\tilde{u}_n - \dot{m}_s\tilde{u}_s) = (\dot{m}_n u_n - \dot{m}_s u_s) + \text{向心力项} \quad (12-68b)$$

这里介绍一个打破常规的做法，可以得到更加简单、灵活、便于计算的式子。这里不按常规的方法通过压力－速度间的关系式来消去方程(12－67)中的应力项，而是利用应力－通量关系式。

**应力－通量关系关系式** 应力通量关系式将 $f^x$ 的主要组成部分与其余部分分离开来如下式所示

$$f_w^x A_{wf} = -\left(\Gamma\frac{\partial u}{\partial x}\right)_w A_{wf} + p_w \frac{\Omega}{\Delta x_{we}} + \Delta F_w^x \quad (12-69a)$$

$$f_s^x A_{sf} = -\left(\Gamma\frac{\partial u}{\partial y}\right)_s A_{sf} + \Delta F_s^x \quad (12-69b)$$

这里

$$\Delta F_w^x = \left\{\left[f_w^x + \left(\Gamma\frac{\partial u}{\partial x}\right)_w\right]A_{wf} - p_w\frac{\Omega}{\Delta x_{we}}\right\}^0 \quad (12-70a)$$

$$\Delta F_s^x = \left\{\left[f_s^x + \left(\Gamma\frac{\partial u}{\partial y}\right)_s\right]A_{sf}\right\}^0 \quad (12-70b)$$

对于层流或湍流流动，流体应力 $\sigma_x$，$\sigma_y$，和 $\tau_{xy}$ 都在图 12－11(b)中所示的位置计算、存储，直接用于得出 $f_x$。由于包含有 $\Gamma$ 的项被加上后又减掉了，定常状态解将会与方程(12－69)、(12－70)中定义的 $\Gamma$ 值无关。为了提高稳定性和收敛性，在层流中 $\Gamma$ 应由 $\mu$ 来替换。在湍流中由$(\mu+\mu_t)$来替换。其中 $\mu_t$ 是湍流黏性系数的一个合理估计值。Raithby(1985)[11] 等人给出了应力－通量关系式的其余细节和优点。将方程(12－69)代入方程(12－67)中，就得到了 $u_p$ 方程的第一级近似方程

$$\begin{aligned}\frac{M_P^0 u_P - M_P^0 u_P^0}{\Delta t} = &\left[\dot{m}_w(\tilde{u}_w - u_P) - \left(\Gamma\frac{\partial u}{\partial x}\right)_w A_{wf}\right] + (p_w - p_e)\frac{\Omega}{\Delta x_{we}} + \\ &\left[\dot{m}_s(\tilde{u}_s - u_P) - \left(\Gamma\frac{\partial u}{\partial y}\right)_s A_{sf}\right] - \\ &\left[\dot{m}_e(\tilde{u}_e - u_P) - \left(\Gamma\frac{\partial u}{\partial x}\right)_e A_{ef}\right] - \\ &\left[\dot{m}_n(\tilde{u}_n - u_P) - \left(\Gamma\frac{\partial u}{\partial y}\right)_n A_{nf}\right] S_P + \Delta F^x\end{aligned} \quad (12-71)$$

这里

$$\Delta F^{x} = \Delta F_{w}^{x} + \Delta F_{s}^{x} - \Delta F_{e}^{x} - \Delta F_{n}^{x} \tag{12-72}$$

### 12.5.4 二级离散

在可能对 $u_p$ 求解之前，需先消去一级方程(12－71)、(12－72)中的积分点上的量。就像 $T$ 方程中一样，这一步也是通过联系积分点的值和 $u$ 的节点值间的封闭关系来完成的。$T$ 方程中应用到的简单上风加权关系式(EDS)，在这里再一次被用到，不过这里取 $\beta = 1$。另外，也可以采用以前讨论方程时提到的更精确的关系。

利用 $\beta = 1$ 的 EDS 格式，扩散项可以近似成为

$$-\left(\Gamma \frac{\partial u}{\partial x}\right)_{w} A_{wf} = -D_{w}(u_{P} - u_{W}), \quad D_{w} = \frac{\Gamma_{w} A_{wf}}{\Delta x_{WP}} \tag{12-73}$$

$\tilde{u}_w$ 的值可以使用和前面一致的插值法得出

$$\tilde{u}_{w} = \left(\frac{1+\alpha_{w}}{2}\right)\tilde{u}_{W} + \left(\frac{1-\alpha_{w}}{2}\right)u_{P} \tag{12-74}$$

$$\tilde{u}_{W} = \boldsymbol{V}_{W} \cdot \boldsymbol{i}_{P} \tag{12-75}$$

将方程

$$\boldsymbol{V}_{W} = u_{W}\boldsymbol{i}_{W} + v_{W}\boldsymbol{j}_{W} \tag{12-76}$$

代入方程(12－75)再转换成方程(12－74)的形式

$$\dot{m}_{w}\tilde{u}_{w} = \dot{m}_{w}\left[\left(\frac{1+\alpha_{w}}{2}\right)u_{W} + \left(\frac{1-\alpha_{w}}{2}\right)u_{P}\right] + \Delta C_{w}^{x} \tag{12-77}$$

其中

$$\Delta C_{w}^{x} = \dot{m}_{w}\left(\frac{1+\alpha_{w}}{2}\right)\left[u_{W}(\boldsymbol{i}_{W}\cdot\boldsymbol{i}_{P} - 1) + v_{W}(\boldsymbol{j}_{W}\cdot\boldsymbol{i}_{P})\right] \tag{12-78}$$

这样就将 $\tilde{u}_w$ 做了与 $\tau_w$ 类似的处理，并且加上了一个修正量 $\Delta C_w^x$ 来考虑曲线速度分量在当地变化的方向。源项简化成为以下形式

$$S_{P} = Q + Ru_{P} \tag{12-79}$$

将上述关系式代入方程(12－71)，得到 $u_P$ 的第二级离散方程

$$\begin{aligned} a_{P}u_{P} &= a_{E}u_{E} + a_{N}u_{N} + a_{W}u_{W} + a_{S}u_{S} + b + \frac{\Omega}{\Delta x_{we}}(p_{w} - p_{e}) \\ &= \sum a_{np}u_{np} + b + c(p_{w} - p_{e}) \end{aligned} \tag{12-80}$$

下标 $np$ 代表邻点的值。方程(12－80)的系数

$$a_{E} = D_{e} - \left(\frac{\dot{m}_{e}}{2}\right) + |a_{e}|\left|\frac{m_{e}}{2}\right| \tag{12-81a}$$

$$a_{W} = D_{w} - \left(\frac{\dot{m}_{w}}{2}\right) + |a_{w}|\left|\frac{m_{w}}{2}\right| \tag{12-81b}$$

$$a_N = D_n - \left(\frac{\dot{m}_n}{2}\right) + |a_n| \left|\frac{m_n}{2}\right| \tag{12-81c}$$

$$a_S = D_s - \left(\frac{\dot{m}_s}{2}\right) + |a_s| \left|\frac{m_s}{2}\right| \tag{12-81d}$$

$$a_P = \frac{M_P^0}{\Delta t} + \sum a_{np} - R \tag{12-81e}$$

$$b = \frac{M_P^0 u_P^0}{\Delta t} + Q + \Delta F^x + \Delta C^x \tag{12-81f}$$

这里

$$\Delta C^x = \Delta C_w^x + \Delta C_s^x - \Delta C_e^x - \Delta C_n^x \tag{12-82}$$

其中 $\Delta F^x$ 由方程(12-72)给出。

为了完备起见,$\Delta F^x$ 在 $w$ 和 $s$ 的分量,$\Delta C^x$ 在 $w$ 和 $e$ 的分量如下所示

$$\Delta F_w^x = f_w^x A_{wf} + D_w(u_P - u_W) - p_w \frac{\Omega}{\Delta x_{we}} \tag{12-83a}$$

$$\Delta F_s^x = f_s^x A_{sf} + D_s(u_P - u_S) \tag{12-83b}$$

$$f_w^x = (p+\sigma_x)_w \boldsymbol{i}_w \cdot \boldsymbol{i}_P + (\tau_{xy})_w \boldsymbol{j}_w \cdot \boldsymbol{i}_P \tag{12-83c}$$

$$f_s^x = (\tau_{yx})_s \boldsymbol{i}_s \cdot \boldsymbol{i}_P + (p+\sigma_y)_s \boldsymbol{j}_s \cdot \boldsymbol{i}_P \tag{12-83d}$$

$$\Delta C_w^x = \left[\left(\frac{\dot{m}_w}{2}\right) + |\alpha_w| \left|\frac{\dot{m}_w}{2}\right|\right]\left[u_W(\boldsymbol{i}_W \cdot \boldsymbol{i}_P - 1) + v_W(\boldsymbol{j}_W \cdot \boldsymbol{i}_p)\right] \tag{12-83e}$$

$$\Delta C_e^x = \left[\left(\frac{\dot{m}_e}{2}\right) + |\alpha_e| \left|\frac{\dot{m}_e}{2}\right|\right]\left[u_E(\boldsymbol{i}_E \cdot \boldsymbol{i}_P - 1) + v_E(\boldsymbol{j}_E \cdot \boldsymbol{i}_P)\right] \tag{12-83f}$$

其中的修正因子 $\alpha$ 与 $T$ 方程中所给出的一致,只是网格贝克列数由网格 $Re$ 数来替换。这样

$$(Pe)_e = \frac{\rho_e u_e \Delta x_{PE}}{\Gamma_e} \tag{12-84}$$

虽然 $\Delta F^x$ 和 $\Delta C^x$ 的方程初看起来似乎很复杂,仔细观察不难发现以下几点。首先,方程都完全写出来了,其中不再含有任何隐藏的复杂项。其次,速度单位矢量的点积形式描述了网格曲率并适用于任何网格生成。第三,应力是分别计算并存储的。这样既适用于以上关于 $u_P$ 的方程也适用于 $v_P$ 的方程。对于直角坐标系 $\Delta F^x$ 和 $\Delta C^x$ 为零,对于中等的网格曲率其值也很小。实际上,直角坐标系中网格方程和一般的正交曲线坐标系中的网格方程唯一的差别就是 $\Delta F^x$ 和 $\Delta C^x$ 的形式。而且计算这些项的计算量与求解的其他部分的计算量相比是很小的。

### 12.5.5 $v_P$ 的离散方程

与 $u_P$ 方程相类似的 $v_P$ 方程可由下式给出

$$a_P v_P = \sum a_{np} v_{np} + b + c(p_s - p_n) \tag{12-85a}$$

系数 $a_S, a_N, a_E, a_W$ 和 $a_P$ 与 $u_P$ 方程中的系数相同,但在这里它们是应用于 $v_P$ 控制容积的。另外的表达式

$$b = \frac{M_P^0 v_P^0}{\Delta t} + Q + \Delta F^y + \Delta C^y \tag{12-85b}$$

$$c = \frac{\Omega}{\Delta \gamma_{sn}} \tag{12-85c}$$

$$\Delta F^y = \Delta F_w^y + \Delta F_s^y - \Delta F_e^y - \Delta F_n^y \tag{12-85d}$$

$$\Delta C^y = \Delta C_w^y + \Delta C_s^y - \Delta C_e^y - \Delta C_n^y \tag{12-85e}$$

$$\Delta F_s^y = f_s^y A_{sf} + D_s(v_P - v_S) - p_s \frac{\Omega}{\Delta \gamma_{sn}} \tag{12-85f}$$

$$\Delta F_w^y = f_w^y A_{wf} + D_w(v_P - v_W) \tag{12-85g}$$

$$f_s^y = (\tau_{yx})_s \boldsymbol{i}_s \cdot \boldsymbol{j}_P + (p + \sigma_y) \boldsymbol{j}_s \cdot \boldsymbol{j}_P \tag{12-85h}$$

$$f_w^y = (p + \sigma_x)_w \boldsymbol{i}_w \cdot \boldsymbol{j}_P + (\tau_{xy})_w \boldsymbol{j}_w \cdot \boldsymbol{j}_P \tag{12-85i}$$

$$\Delta C_s^y = \left[\frac{\dot{m}_s}{2} + |\alpha_s| \left|\frac{\dot{m}_s}{2}\right|\right] [u_S \boldsymbol{i}_S \cdot \boldsymbol{j}_P + v_S(\boldsymbol{j}_S \cdot \boldsymbol{j}_P - 1)] \tag{12-85j}$$

$$\Delta C_n^y = \left[\frac{\dot{m}_n}{2} + |\alpha_n| \left|\frac{\dot{m}_n}{2}\right|\right] [u_N \boldsymbol{i}_N \cdot \boldsymbol{j}_P + v_N(\boldsymbol{j}_N \cdot \boldsymbol{j}_P - 1)] \tag{12-85k}$$

最后还要注意,所有的下标都是指出现在 $v$ 动量网格中的值。这一网格与 $C$ 控制容积网格是交错的。

### 12.5.6 动量方程中的质量流量

在前面的推导中我们曾假设动量方程中的质量流率是已知的,现在它们的值必须由邻节点的速度或质量流率内插得出。如果 $C$ 控制容积的连续方程已经得到满足,必须注意保证连续方程对于 $u$ 动量控制容积也得到满足。实现这一点有几种办法。其中最简单的办法就是假设 $u$ 动量方程中流过西侧面的质量流量 $\dot{m}_w^u$ 等于流过包含这一面的连续控制容积中东侧面和西侧面流量的算术平均值。即 $\dot{m}_w^u = \frac{\dot{m}_e^c + \dot{m}_w^c}{2}$。对 $\dot{m}_e^u, \dot{m}_n^u, \dot{m}_s^u$ 可以采用类似的平均。动量控制容积中的质量必须定义为包含在 $u$ 动量控制容积内分属两个连续控制容积的两部分的质量的平均值。

基于容积加权平均的更高精度的内插,也符合连续性,但是计算起来更加复杂。

对于 $v$ 的动量方程,也采用了类似的质量流率计算法。

## 12.6 质量和动量耦合方程的解

在前面部分我们已经介绍了关于质量和动量守恒的离散代数方程组。同时,还给出了单

一变量代数方程的求解方法。然而,当需要求解动量方程和连续方程紧密联系在一起的流场时,就要求有能够解这种质量-动量强耦合方程的方法了。

这一部分我们介绍两种求解方法,SIMPLEC 和 SIMPLEX 算法来求解这种耦合方程。两种方程都在 SIMPLE 算法上有所改进。同时,还讨论了推广到可压缩流动中所必须的关键因素并为在大浮力自然对流中可能会出现的强温度-速度-压力耦合问题提出了求解关键因素。

对于方程(12-80)和(12-85),给出一系列系数 $a_p, a_{np}, b, c$,就可以解出动量方程中的 $u$ 和 $v$ 速度分量,使之服从一定的压力分布。但是,在众多符合上述动量方程的压力分布中,只有一个压力场能够得出满足连续方程的速度场(可压缩流中还有密度),在流场分析中所寻求的自然是既满足质量方程又满足动量方程的特殊解。对于线性化的动量方程。可以得出一个精确的压力方程。它的解无疑会满足上述条件。然而,与 $u, v, T$ 的稀疏矩阵方程不同,一般情况下这是一个满矩阵方程。也就是说,在每一个节点的压力都受到整个求解区域内其他所有节点值的影响。这就要耗费较大的 CPU 存储和执行时间。可以通过使用一种称作分离求解的方法。它所采用的是一个较简单的近似压力场。这样一来就不可避免地要用到迭代,但是它的求解经济性还是很有优势。

### 12.6.1 分离求解法

依据 Patankar 的理论,解质量和动量耦合方程离散解法的基本步骤可作如下陈述,从而可方便地比较 SIMPLEC 和 SIMPLEX 方法的差别,并对 SIMPLEC 方法更为深入地理解。

1.计算动量方程和连续方程中的系数;

2.估计一个最有可行性的压力场 $p^*$,求解 $u$ 和 $v$ 动量方程,得到暂定的速度场 $u^*, v^*$;

3.引入 $u$ 和 $u^*$,以及压力修正场的近似关系式

$$u_e = u_e^* + d_e^u(p'_P - p'_E) \tag{12-86a}$$

$$v_n = v_n^* + d_n^v(p'_P - p'_N) \tag{12-86b}$$

压力修正场 $p'$ 与改进的估计压力场 $p$ 和上一步的估计压力场 $p^*$ 的关系为

$$P_p = P_p^* + P'_p \tag{12-86c}$$

方程(12-86)中的 $d^u$ 和 $d^v$ 分别表示 $u, v$ 修正方程中的压力系数。

4.将上述 $u, v$ 的估计值代入连续方程中,得到一个求解出的 $p'$ 代数方程。再按方程(12-86)便得到压力和速度的新值。

5.由于方程(12-86)的近似性,尽管经过修正的结果满足了连续方程,但是仍然满足不了动量方程。在这种情况下,就要求反复进行 2~4 步。以便得到满意的收敛解。

如果想让每一次迭代都能有效地改进质量—动量耦合方程的话,那么方程(12-86a)、(12-86b)中系数 $d_e^u, d_e^v$ 的选择十分重要。下面就来介绍能得到分离解的 SIMPLEC 算法和 SIMPLEX 算法。

**SIMPLEC 算法**

动量方程(12－80)在计算时应用了 $p = p^*$，通过求解它可以得出 $C$ 控制容积中东面的速度 $u_e^*(u_e^c = u_p^u)$。从 $u_e$ 的代数方程中减去 $u_e^*$ 的方程，得到精确的速度修正方程 $u_e'$

$$u_e' = u_e - u_e^* \tag{12-87}$$

这样推导出的 $u_e'$ 方程形式如下

$$a_P u_e' = \sum a_{np} u_{np}' + c(p_P' - p_E') \tag{12-88}$$

其中

$$p' \equiv p - p^* \tag{12-89}$$

从方程两边减去 $\sum a_{np} u_e'$，得到

$$\left(a_P - \sum a_{np}\right) u_e' = \underbrace{\sum a_{np}(u_{np}' - u_e')}_{\approx 0?} + c(p_P' - p_E') \tag{12-90}$$

SIMPLEC 算法忽略了方程右边的第一项，把它与方程(12－86a)、(12－86b)进行比较。得出 $d^u$ 和 $d^v$ 值

$$d_e^u = \frac{c^u}{\left(\alpha_P - \sum \alpha_{np}\right)^u}, \quad d_e^v = \frac{c^v}{\left(\alpha_P - \sum \alpha_{np}\right)^v} \tag{12-91}$$

其中，上标 $u$ 和 $v$ 是表示数值将从相应的动量方程中得出。只有当时间步长小于 10 倍的松弛时间时，对首项进行忽略的这种近似才有效。松弛时间是指信息从邻点传递到 $e$ 点所需的时间。在求解定常状态问题的虚瞬态方法中，与之相应的这个值是 $E \leqslant 10$。

对于初步的构造和一些小问题，推荐使用 SIMPLEC 方法。当网格加密后，这种方法以及它的代替法的效果明显下降。其主要原因是动量方程中的最佳时间步长与节点间信息传播时间有关。在以扩散为主的问题中，时间步长随网格间距的平均值而下降；在以对流为主的问题中，则是线性变化。在很多情况下要求划分很密的网格，有必要寻求时间步长与物理问题中瞬态松弛时间有关而与离散网格无关的解法，SIMPLEX 就具备了这种能力。

**SIMPLEX 算法**

SIMPLEX 算法寻求的是方程(12－86)中 $d_p^u$ 和 $d_p^v$ 的改进值。对于 $d_e^u$ 写出

$$u_e' = d_e^u \Delta p_e', \quad \Delta p_e' \equiv p_P' - p_E' \tag{12-92}$$

这里下标仍然是指 $C$ 控制容积的值，将这些方程代入 $u'$ 的精确方程(12－88)中去，得到

$$a_P d_e^u \Delta p_e' = \sum a_{np} d_{np}^u (\Delta p')_{np} + c d_e^u \Delta p_e' \tag{12-93}$$

在计算方程 $u_{np}' = d_{np}^v (\Delta p')_{np}$ 时，应用了近似

$$(\Delta p')_{np} \approx \Delta p_e' \tag{12-94}$$

将这种近似代入方程(12－93)得到 $d_e^u$ 的下列方程

$$a_P d_e^u = \sum a_{np} d_{np}^u + c \tag{12-95}$$

这样,速度边界条件已经合并到动量方程中来了,$d^e$ 场的解便不再要求更进一步的显性边界条件了。

由于已经从 $u^*$ 的动量方程中计算出了系数,所以在利用方程(12-95)计算 $d^u$ 时,几乎不用再费更多的力气,在分离解法的每一步迭代,对 $d^u$ 进行改进时,需要的迭代步骤也很少。分离过程的第四步中将会用到 $d^u$ 值以及由类似方法得到的 $d^v$ 值。

### 12.6.2 关于 $p'$ 的方程

在 SIMPLEC 和 SIMLPEX 方法中,都必须用压力修正方程来确定修正压力 $p'$。实际上,在大多数求解质量和动量耦合的分离方程中都如此。只要把速度和压力修正关系式(12-86a)和(12-86b)代入连续方程中,即可得到 $p'$ 方程。为叙述的完备性,重述一下速度—压力耦合方程

$$u_e = u_e^* + d_e^u(p'_P - p'_E) \tag{12-86a}$$

$$v_n = v_n^* + d_n^v(p'_P - p'_N) \tag{12-86b}$$

对于 $u_w$ 和 $v_s$ 有类似的表达式。同样,所有下标均表示是在 $C$ 控制容积中的值。

对不可压缩流,连续方程的离散形式可以写成

$$\rho_w^0 A_{wf} u_w + \rho_s^0 A_{sf} v_s - \rho_e^0 A_{ef} u_e - \rho_n^0 A_{nf} v_n = 0 \tag{12-96}$$

这样一来,只要把式(12-86a),(12-86b)代入式(12-96)中,就得出了压力修正方程的公式,其结果为

$$a_P p'_P = a_E p'_E + a_N p'_N + a_W p'_W + a_S p'_S + b \tag{12-97}$$

这里

$$a_E = \rho_e^0 A_{ef} d_e^u \tag{12-98a}$$

$$a_N = \rho_n^0 A_{nf} d_n^v \tag{12-98b}$$

$$a_W = \rho_w^0 A_{wf} d_w^u \tag{12-98c}$$

$$a_S = \rho_s^0 A_{sf} d_s^v \tag{12-98d}$$

$$a_P = a_E + a_N + a_W + a_S \tag{12-98e}$$

$$b = \rho_w^0 A_{wf} u_w^* + \rho_s^0 A_{sf} v_s^* - \rho_e^0 A_{ef} u_e^* - \rho_n^0 A_{nf} v_n^* \tag{12-99}$$

在 $b$ 的表达式中,带星号的量例如 $u^*$,是由最佳估计压力场 $p^*$ 得出的动量方程中的速度分量。解出压力修正方程以后,压力场就可以由下式得到更新

$$p_P \leftarrow p_P^* + p'_P \tag{12-86c}$$

在求解方程(12-97)那样的代数方程的时候,一般说来都要求边界条件。然而,在 $p'$ 方程中,通过在质量守恒方程中应用物理边界上速度分量的近似边界条件表达式,就可以避免这一点。对这些边界速度,在与边界条件相邻控制容积的 $p'$ 方程中,应用前面讨论过的边界条件关系式。例如对 $u_e$,边界条件方程有如下形式

$$\alpha_e^P u_e = \alpha_e^W u_w + b_e \tag{12-100}$$

对连续控制容积的东边界压力修正方程的系数为

$$\alpha_E \leftarrow 0, \quad \alpha_W \leftarrow \left( \rho_w^0 A_{wf} - \rho_e^\alpha \frac{A_{ef}\alpha_e^W}{\alpha_e^P} \right) \tag{12-101}$$

$\alpha_P$ 仍然为方程(12-98e)中的表达式。$b$ 的表达式

$$b = \rho_w^0 A_{wf} u_w^* + \rho_s^0 A_{sf} v_s^* - \rho_e^0 A_{ef} u_e^* - \rho_n^0 A_{nf} v_n^* \tag{12-102}$$

对其他边界也作类似的处理,这样就可以消去 $p'$ 的边界条件了。对于不可压缩流,在第一类关于速度值的边界条件下,质量和动量耦合方程的解与压力场的实际数值并没有关系。因此,$p'$ 的数值仍然未知。如果对 $p'$ 的方程系数矩阵反置的话,就会出现奇异矩阵。但是如果一个 $p'$ 的连续方程,同时代之以规定一个 $p'$ 的值,就可以避免这一情况的出现。之所以可以这么做,是因为规定的速度边界值满足全域的质量守恒方程,因此有一个控制容积连续方程($p'$ 的方程)就是多余的。但是对于迭代的方程,采用这种解法就会极大地降低 $p'$ 方程本身的收敛速度。在这种情况下就不规定 $p'$ 的值,在一定量的迭代之后,整个 $p'$ 场就会被调整到一个参考的数值。对于非第一类的速度边界条件,$p'$ 的值可能必须视所采用的迭代方法加以规定。

### 12.6.3 可压缩流动

对于不可压缩流,由于密度在整个求解域中都恒为常数,连续方程的描述就是对速度的限定。很明显,用来描述 $\dot{m}$ 的方程是线性化的

$$\dot{m}_e = \rho_e^0 A_{ef} u_e \tag{12-103a}$$

在这种情况下,就可以先假定一个压力场,然后根据动量方程来解出速度。用这种方法来处理压力和速度耦合方程如图 12-12(a)所示。这样一来就可以得出速度场在满足连续方程时的近似程度,并且可以由 $p'$ 方程得出修正压力。这个方程中的有效源项,实际上就是根据动量方程解出的速度而得到连续方程的残差。

然而,对于高度可压缩流动,速度趋向于保持恒定,而连续性主要通过密度场中的空间变化来满足。在这种极限状态下,适当的 $\dot{m}_e$ 的线性化应该是

$$\dot{m}_e = \rho_e A_{ef} u_e^0 \tag{12-103b}$$

这种情况下的压力和速度耦合问题如图 12-12(b)所示。此时,密度场可以直接用连续方程来得出,然后将密度场代入状态方程,就可以生成压力场。计算顺序可以由图 12-12(b)中的虚线来表示。或者,也可以先估计压力场,根据它从状态方程得出密度,已知密度后,再根据连续方程对估计的压力场进行修正。在超音速流中,一般采用第一种方法,直接利用连续方程来更新密度场。

为了得出一种既能计算可压缩流又能计算不可压缩流的简单方法,归纳出了一个包含有

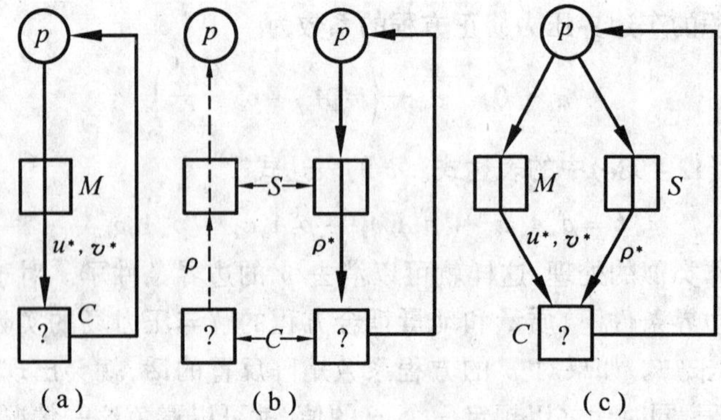


**图 12-12　压力和速度耦合的处理**

(a)不可压缩流动;(b)高度可压缩流动;(c)可压缩流动和不可压缩流动

$M$——动量方程;$S$——状态方程;$C$——连续方程

两种流动的流动质量线性表达式。对于 $\dot{m}_e$,它可以写成

$$\dot{m}_e = \rho_e A_{ef} u_e^0 + \rho_e^0 A_{ef} u_e - \rho_e^0 A_{ef} u_e^0 \tag{12-104}$$

它在分离求解过程中的步骤见图 12-12(c),由图中可以看出,估计出来的压力场不仅可以和状态方程一起来确定密度,还能通过相应的动量方程来求解 $u^*$, $v^*$ 速度分量。由此得出的密度场和速度与压力修正关系式就可以用在连续方程中,再得出改进的压力估计场。

用于计算质量流量(如 $\dot{m}$)的密度是积分点的值,因此需要一个利用节点的密度值消去 $\rho_e$ 的封闭关系式,这种封闭关系式可以采用上风加权的方法来实现。这样既保持了在大的时间步长下在连续方程中的主对角占优性,又可以避免在解中出现不符合物理现象的振荡。以上就是使算法适于计算可压缩和不可压缩两种流动所必需的基本改变步骤。

### 12.6.4　温度和速度的耦合

在自然对流问题中,由于空间温度(或浓度)的不同而引起的密度差驱使流体运动。自然对流问题的分离方法需要在 12.6.2 中所描述的求解顺序前面加一个步骤。附加的步骤包括计算温度(浓度)方程的系数,求解温度(浓度)场,加上驱使流体运动的动量源项中温度依变(浓度依变)分量。由于在线性化温度(浓度)方程中,速度是以隐式出现的,温度(浓度)的预先计算就完全表示了温度(浓度)方程与动量方程的耦合。因此,在求解线性方程时,就不会再遇到其他的麻烦。

当系数被更新以后,再来求解线性方程,这一次所得到的 $T$, $u$, $v$ 和 $p$ 可能会和上一步计算的值大不一样,这是因为修正的温度项给出了一个完全不同的浮力项所致。随着系数的不断更新,这种差别会逐渐增大,尤其在浮力很强,流体 Prandtl 数很大的情况下。出现这种问题是由于在线性方程组中 $T$(或 $C$)与 $u,v$ 耦合失败的缘故。

按类似于不可压缩流中的处理,通过应用以下线性方程便可以建立更恰当的耦合关系。这个线性关系式是

$$\dot{m}_e \overline{T}_e = \dot{m}_e^0 T_e + \dot{m}_e T_e^0 - \dot{m}_e^0 T_e^0 \tag{12-105}$$

其中

$$\dot{m}_e = \rho_e^0 A_{ef} u_{ef} \tag{12-106}$$

它保证了与速度的耦合。对 $\dot{m}_n \overline{T}_n$, $\dot{m}_w \overline{T}_w$ 和 $\dot{m}_s \overline{T}_s$ 也可以做类似的近似处理。

多次迭代后可以使分离步骤得到在 $T$ 方程中 $u$、$v$ 的数值与 $u$、$v$ 方程中 $T$ 的数值的一致。在大雷诺数的自然对流问题中,可以在同一条直线上同时求解 $T$、$u$、$v$ 和 $p$ 的值,这种耦合线解法的经济性非常好。

## 12.7 正交曲线坐标系下湍流模型的计算

### 12.7.1 方程

本章讨论的是应用非常普遍的 $k-\varepsilon$ 湍流模型,这种模型里,湍流黏性系数由下式给出

$$\mu_t = \frac{\rho C_\mu k^2}{\varepsilon} \tag{12-107}$$

利用输运方程可以得出湍流动能 $k$ 以及湍流耗散率 $\varepsilon$ 的分布,$C_\mu$ 是一个模型参量常数(见方程(12-117))。Launder 和 Spalding(1974)[12] 给出了描述 $k$ 和 $\varepsilon$ 输运的微分方程

$$\frac{\partial}{\partial t}(\rho k) = -\nabla\cdot(\rho V k + q^k) + S^k \tag{12-108}$$

$$\frac{\partial}{\partial t}(\rho \varepsilon) = -\nabla\cdot(\rho V \varepsilon + q^\varepsilon) + S^\varepsilon \tag{12-109}$$

这里 $k$ 和 $\varepsilon$ 的源项由下式给出

$$S^k = G - \rho\varepsilon \tag{12-110}$$

$$S^\varepsilon = \frac{\varepsilon}{k} C_1 G - C_2 \rho \varepsilon \tag{12-111}$$

其中,$G$ 是湍流动能生成率,$C_1$ 和 $C_2$ 是附加的湍流模型常数,$k$ 和 $\varepsilon$ 的扩散通量为

$$\boldsymbol{q}^k = -\Gamma^k \nabla k \tag{12-112}$$

$$\boldsymbol{q}^\varepsilon = -\Gamma^\varepsilon \nabla \varepsilon \tag{12-113}$$

其中 $k$ 和 $\varepsilon$ 的扩散系数为

$$\Gamma^k = \mu + \frac{\mu_t}{Pr_k} \tag{12-114}$$

$$\Gamma^{\varepsilon} = \mu + \frac{\mu_t}{Pr_{\varepsilon}} \tag{12-115}$$

$Pr_k$ 和 $Pr_{\varepsilon}$ 是关于 $k$ 和 $\varepsilon$ 的普朗特数，是两个附加的湍流模型参数，最后湍流生成率 $G$ 得到下列定义式

$$G = (\tau^t)_j^i \frac{\partial u_j}{\partial x_i} \tag{12-116}$$

上述的 $k$ 和 $\varepsilon$ 模型包含五个常数 $C_{\mu}, C_1, C_2, Pr_k, Pr_{\varepsilon}$，它们的推荐数值分别是

$$C_{\mu} = 0.09, C_1 = 1.44, C_2 = 1.92, Pr_k = 1.0, Pr_{\varepsilon} = 1.3 \tag{12-117}$$

在这种湍流模型中，存在着 $k-\varepsilon$ 模型方程和平均流动方程的双向耦合。$k-\varepsilon$ 方程中出现的速度既是对流项，又是生成率 $G$ 产生的源项。反过来，$k$ 和 $\varepsilon$ 的值通过 $\mu_t$ 来影响平均流速方程，而且，$k$ 方程和 $\varepsilon$ 方程本身也强烈耦合，因为在 $\varepsilon$ 方程中出现了 $k$，在 $k$ 方程中出现了 $\varepsilon$。许多湍流问题中所遇到的求解时间过长问题通常是 $k-\varepsilon$ 方程的缓慢收敛引起的。

方程(12-108)和(12-109)有着与温度或其他标量的输运方程完全一致的形式，这样 $k$ 和 $\varepsilon$ 方程的近似代数方程完全可以用求解温度方程的方法来得到，由此得到的代数方程与方程(12-24)完全类似，只是在计算 $D$ 时，要用 $k$ 和 $\varepsilon$ 代替 $T$，分别用 $\Gamma^k$ 和 $\Gamma^{\varepsilon}$ 替换 $\Gamma$。方程(12-23)的源项也自然会有 $Q^k, Q^{\varepsilon}, R^k, R^{\varepsilon}$ 与 $k, \varepsilon$ 的源项相对应。由于 $k-\varepsilon$ 方程间的强耦合性以及 $\varepsilon$ 方程源项的非线性本质，这些源项必须谨慎处理。

### 12.7.2 源项的线性化

正如刚才所提到的，$k$ 和 $\varepsilon$ 方程源项的处理要谨慎，使源项线性化的原则之一就是 $k$ 和 $\varepsilon$ 一定不能为负值。在线性方程中固定 $k/\varepsilon$ 的比值，会加速收敛。在 $k-\varepsilon$ 迭代中用上标“o”(old)表示上一步的迭代值，在 $C$ 控制容积上积分 $S^k$ 得到

$$S_P^k = \int_{\Omega} (G - \rho\varepsilon) \mathrm{d}\Omega = G_P \Omega - M_P \left(\frac{\varepsilon_P}{k_P}\right)^{\mathrm{o}} k_P \tag{12-118}$$

其中 $\Omega$ 和 $M_P$ 分别是 $C$ 控制容积的体积和质量，根据这个方程，方程(12-29)中的源项为

$$Q_P^k = G_P \Omega, \quad R_P^k = -M_P \left(\frac{\varepsilon_P}{k_P}\right)^{\mathrm{o}} \tag{12-119}$$

同样，$\varepsilon$ 方程中的源项的分量可以确定为

$$Q_P^k = C_1 G_P \left(\frac{\varepsilon_P}{k_P}\right)^{\mathrm{o}}, \quad R_P^{\varepsilon} = -M_P C_2 \left(\frac{\varepsilon_P}{k_P}\right)^{\mathrm{o}} \tag{12-120}$$

这种形式写出的 $k, \varepsilon$ 方程的源项分量符合对这些方程的所述要求。

### 12.7.3 边界的处理

三种常见的边界类型是流入边界、流出边界和固壁边界。在流入边界中，$k$ 和 $\varepsilon$ 必须规定

为已知的流入值，或者间接的由流入速度的函数给出。在流出边界，通常取 $k$ 和 $\varepsilon$ 的垂直梯度为零。

然而，对于贴近固壁边界的流体，必须特殊处理，以避免划分极细的网格，去进行从壁面上的层流到壁面附近湍流的细节计算。应用于图 12－13 中的边界控制单元的积分平衡关系可以看出，$k$ 既不是以对流的方式也不是以扩散的方式穿过这个边界面进入控制容积的。垂直方向的零速度保证了前者，而将边界条件处理成为

$$\left.\frac{\partial k}{\partial y}\right|_s = 0 \tag{12-121}$$

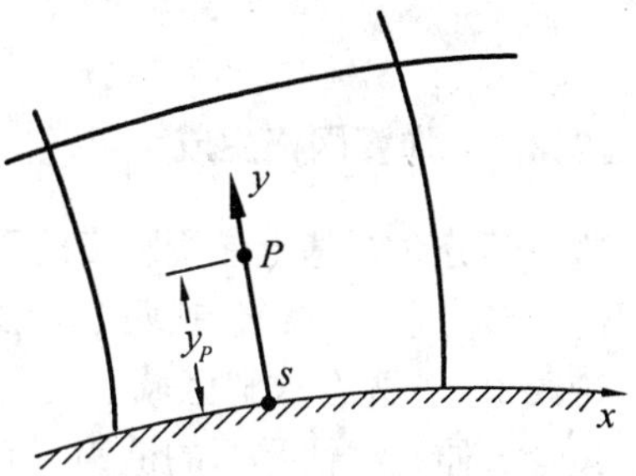


图 12－13　湍流的边界处理

保证了后者。$\varepsilon$ 方程的标准处理方法中，不使用边界控制容积的积分平衡关系，而是将这些位置的 $\varepsilon_P$ 规定为

$$\varepsilon_P = \frac{C_\mu^{3/4} k_P^{3/2}}{\kappa y_P} \tag{12-122}$$

其中 $\kappa = 0.4$ 是冯·卡门常数，$y_P$ 是图 12－13 中给出的距离。

### 12.7.4　$C_\mu$ 的值

上面所描述的湍流模型在流过粗糙表面时会产生不正确的湍流层，Stubley 把这个问题归结为 $C_\mu$ 的选取，如果考虑有一个近壁面的一维平衡层，其中应力是常数，能量生成项与耗散项相平衡，那么在壁面附近，就有如下关系式

$$\frac{k}{u^{*2}} = \frac{1}{\sqrt{C_\mu}}, \quad u^* = \left(\frac{\tau_w}{\rho}\right)^{1/2} \tag{12-123}$$

式中　$\tau_w$——壁面剪应力；

　　　$u^*$——摩擦速度。

流体流过光滑表面的实验数据为 $\frac{k}{u^*} \approx 3.3$，因此 $C_\mu \approx 0.09$；对于粗糙表面附近的流动 $\frac{k}{u^*} \approx 5.5$，于是 $C_\mu = 0.033$。

## 12.8 正交网格生成的几个问题

### 12.8.1 弹簧网格生成

这一部分介绍基于弹簧网格的正交网格两段生成法。已经证明,这种方法不仅灵活,而且适用性很广。它的过程包括两个阶段。

阶段 1 首先在求解区域上覆盖一个如图 12-14(a)所示的链锁网。对每一内节点,都有四条包含着伸直线性弹簧的链锁,与周围四个邻点做如图所示连接。在 $P$、$E$ 之间沿链锁作用在节点的力为

$$\boldsymbol{F}_{EP}^{L} = K^{L}(\boldsymbol{R}_{E} - \boldsymbol{R}_{P}) \tag{12-124}$$

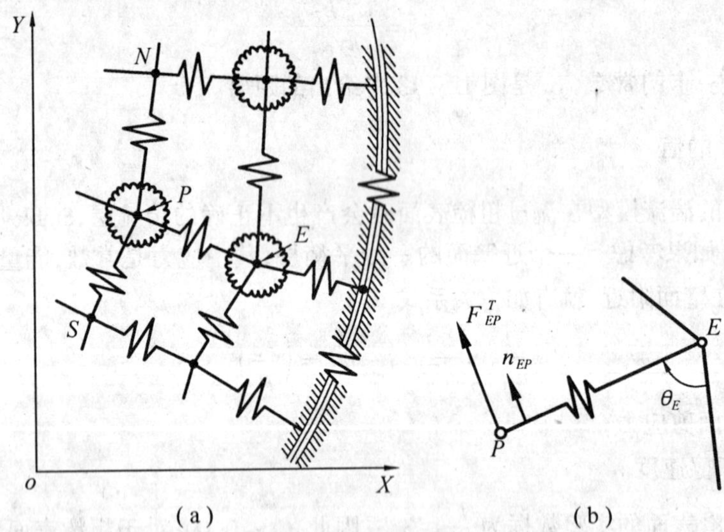


**图 12-14 弹簧网格生成器**

(a)线性和扭矩弹簧的分布;(b)扭矩弹簧力

$K^L$ 是弹簧的线性系数,$R_E$ 和 $R_P$ 分别是节点 $P$ 和 $E$ 的位置矢量,除了线性弹簧,每个节点还有四个首尾相连的扭矩弹簧(图 12-14(a))。当相邻链锁间的角度为 $\frac{\pi}{2}$ 时,每一个扭矩弹簧都是平衡的,然而,$E$ 处的一个角度 $\theta_E$ 就会在 $P$ 点产生一个力,大小为

$$F_{EP}^{L} = K_T\left(\frac{\pi}{2} - \theta_E\right)\boldsymbol{n}_{EP} \tag{12-125}$$

$K^T$ 是弹簧的扭矩常数，$n_{EP}$ 是垂直于 $EP$ 的单位矢量，如图所示，每一个线性弹簧和扭矩弹簧产生的力矢量，都用节点处的全域坐标($X$, $Y$)来表示。

将 $P$ 点的这些力矢量相加，令矢量和为零，得出节点 $P$ 的两个力平衡方程。对于每一个内节点，都可以得出这样的一对方程，区域的边界用样条函数来近似处理。定义一条轨迹：边界点被限定在其上运动，这就为限定边界点坐标提供了一个约束条件，第二个约束条件根据要求由与内节点的扭矩连接产生的切向力为零来确定。

在上面的线性和扭矩弹簧的分布中，大扭矩常数值的弹簧会生成一个离散的非常接近于正交的链锁结构。然而，大的扭矩常数会使方程很难求解，如果要求进一步的正交性，就需要第二步了。

阶段 2　图 12-5(a)中所示的是典型的一阶段网格，为了对它进行升级，用适当的方法按

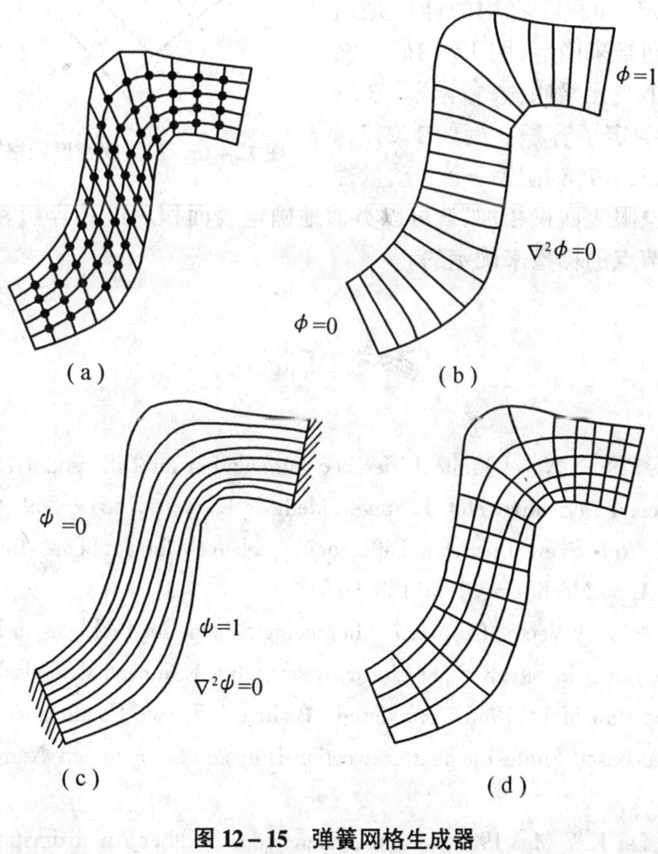


**图 12-15　弹簧网格生成器**

(a)阶段 1 的网格；(b)$\phi$ 为常数的流线；(c)$\psi$ 为常数的流线；(d)得到的典型网格

照两个彼此独立的扩散问题分别解出节点上的 $\phi$ 和 $\psi$,如图 12-15(b)和(c)所示。将这些值与弹簧网格节点位置一起储存起来,就可以生成一个合适的正交网格。

众所周知,图 12-15(b)和图 12-15(c)中所示的等值线 $\phi$ 和 $\psi$ 是相互正交的,

选定 $\phi_i$,(=1,2,…,$N$)的值和 $\phi_j$(=1,2,…$N$)的值,每一个交点($\phi_i$,$\phi_j$)则由节点坐标位置的双线性插值得到,这些点就形成了我们想要的正交网格。如果这样确定的网格不能令人满意,就可以选择一套新的($\phi_i$,$\phi_j$)值,只是再重复第二阶段的插值,图 12-15(d)给出了用这种方法确定的正交网格。

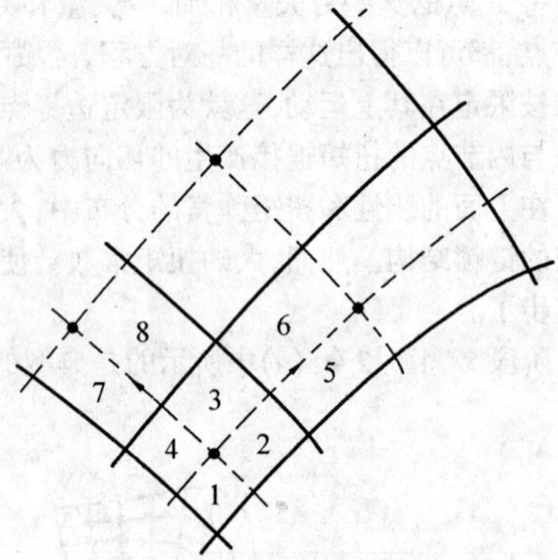

图 12-16 利用双密度网格确定的控制容积

### 12.8.2 控制容积的确定

控制容积的确定、面积和容积的计算是通过所示的“双密度”网格来确定(图 12-16)。网格中标有 1,2,3 的小块元素叫做“象限”。在二维问题中这些象限确定了容积。例如 1,2,3,4 构成一个连续容积,3,4,7,8 构成一个 $v$ 动量控制容积。将适当的象限表面积相加,就可以类似地确定表面积。这些容积和表面积的确定都是用通过双网格上节点的样条来确定的。

# 参考文献


1 Spalding D B.(1972).A Novel Finite Difference Formulation for Differential Expressions Involving Both First and Second Derivatives.Int.J.Numer.Methods Eng., 4, 551—559.

2 Raithby G D.(1976).Skew Upstream Differencing Schemes for Problems Involving Fluid Flow. Comput.Methods Appl.Mech.Eng., 9, 153—164.

3 Lillington J N.(1981).A Vector Upstream Differencing Scheme for Problems in Fluid Flow Involving Significant Source Terms in Steady State Linear Systems.Int.J.Numer.Methods Fluids, 1, 3—16.

4 Schneider G E and Raw M J.(1986).A Skewed, Positive Influence Coefficient Upwinding Procedure for Control-Volume-Based Finite-Element Convection-Diffusion Computation.Numer.Heat Transfer, 9 (1), 1—26.

5 Gosman A D and Lai K Y M.(1982).Finite Difference and Other Approximations for the Transport and Navier Stokes Equations.Report No.FS/82/18, Mech.Eng.Dept., Imperial College of Science

and Technology, London.

6 Leonard B P. (1979). A Stable and Accurate Convective Modeling Procedure Based on Quadratic Upstream Interpolation. Comput. Methods Appl. Mech. Eng., 19, 59—98. 7 Stone L H. (1968). Iterative Solution of Implicit Approximations of Partial Differential Equations. SIAM J. Numer. Anal., 5, 530—558.

8 Schneider G E and Zedan M. (1981). A Modified Strongly Implicit Procedure for Numerical Solution of Field Problems. Numer. Heat Transfer, 4, 1—19.

9 Zedan M and Schneider G E. (1984). 3 – D Modified Strongly Implicit Procedure for Finite Difference Heat Conduction Modeling. AIAA J., 21(2), 857—860.

10 Hutchinson B R and Raithby G D. (1986). A Multigrid Method Based on the Additive Correction Strategy. Numer. Heat Transfer, 9, 511—537.

11 Galpin P F, Van Doormaal J P and Raithby G D. (1985). Solution of the Incompressible Mass and Momentum Equations by Application of a Coupled Line Solver. Numer. Methods Fluids, 5, 615—625.

12 Launder B E and Splading D B. (1974). The Numerical Computation of Turbulent Flows. Comput. Methods Appl. Mech. Eng., 3, 269—289.

# 第三编 流体运动方程与湍流模式

## 第 13 章 流体运动基本方程

在这一章，我们从质量守恒、动量守恒和能量守恒的基本原理出发来理解流体动力学的基本方程。同时引入流体运动控制方程组并对必要的附加边界条件—初始值和边界条件进行初步讨论。这一章的主要内容有：笛卡儿坐标系中流动控制偏微分方程组的推导；热力学状态方程；导出 N－S 方程的牛顿黏性流体模型；控制偏微分方程组的共性及输运方程的定义；有限时间间隔及有限控制容积中输运方程的积分形式；控制偏微分方程的数学分类：椭圆型、抛物线型及双曲线型；每种类型适用的边界条件；流体流动的分类；黏性流体流动的附加边界条件；高雷诺数和高马赫数流动问题中边界条件的特殊性。

### 13.1 流体运动的控制方程

流体控制方程组是对流体流动守恒定律的数学描述，主要表达了：

1. 流体的质量守恒；

2. 动量变化率等于作用于流体质点上的外力之和（牛顿第二定律）；

3. 能量的变化率等于加到流体质点上的总传热量及对它的做功率（热力学第一定律）。

流体被看作是连续介质，在微观的长度尺度下（1 μm或更大一些）对流动进行分析可以忽略物质的分子结构和分子运动。我们从宏观方面来描述流体的行为，比如速度、压力、密度和温度及它们随时间和空间的变化，并可以看作是足够大量分子的平均值，流体微粒或流体质点就是流体内部最小的可能组成部分，其宏观特性不受个别分子的影响。

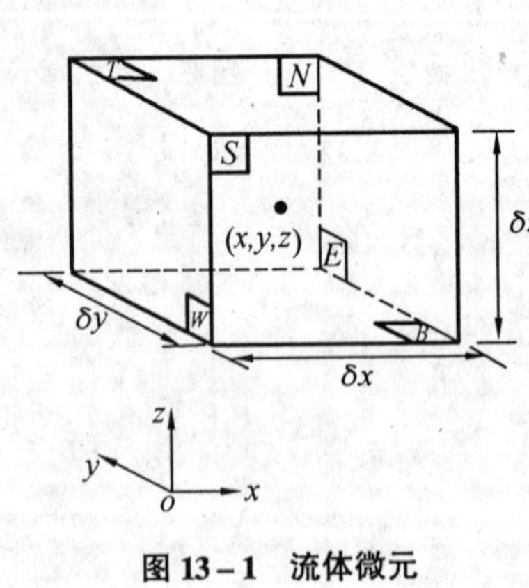


图 13－1 流体微元

我们考察边长分别为 $\delta x, \delta y, \delta z$ 微元体（图 13－1）六个面分别记作 $N, S, E, W, T, B$，分别代表北、南、东、西、上、下六个面，坐标轴正向已知。微元流体的中心坐标为$(x,y,z)$,微元体质量、动量及能量总的变化取决于穿越边界的流体的流动,而且还与微元内源项的作用有关,以此导出我们所需的流动方程。

流体所有性质都是时间和空间的函数,因此,我们应将密度、压力、温度、速度矢量严格定义为$\rho(x,y,z)$,$p(x,y,z,t)$,$T(x,y,z,t)$,$\boldsymbol{U}(x,y,z,t)$,为了避免书写过于麻烦,我们将不注明对空间坐标和时间的依赖关系。例如 $t$ 时刻微元体中心点的密度表示为密度$\rho$,而在点$(x,y,z)$和时刻的压力的方向导数表示为$\frac{\partial p}{\partial x}$。对其他物理量也是如此。

所考察的微元体足够小以至于所有面上的流体性质通过泰勒级数的前两项就可以足够精确地描述。例如距微元体中心距离为$\frac{1}{2}\delta x$ 的面,$E$ 上的压力可以表示为

$$p-\frac{\partial p}{\partial x}\frac{1}{2}\delta x \quad 和 \quad p+\frac{\partial p}{\partial x}\frac{1}{2}\delta x$$

### 13.1.1　三维流场的质量守恒

推导质量守恒方程的第一步是写出微元体的质量平衡式,即

微元体内质量的增加率 = 进入微元体的质量净流率

微元体内质量的增加率等于

$$\frac{\partial}{\partial t}(\rho\delta x\delta y\delta z)=\frac{\partial \rho}{\partial t}\delta x\delta y\delta z \tag{13-1}$$

第二步求出通过微元体每一个表面的质量流率,它等于密度、速度分量和面积的乘积。从图 13-2 可以看出通过表面进入微元体的质量流率的净变化率为

$$\begin{aligned}&\left(\rho u-\frac{\partial(\rho u)}{\partial x}\frac{1}{2}\delta x\right)\delta y\delta z-\left(\rho u+\frac{\partial(\rho u)}{\partial x}\frac{1}{2}\delta x\right)\delta y\delta z+\\&\left(\rho v-\frac{\partial(\rho v)}{\partial y}\frac{1}{2}\delta y\right)\delta x\delta z-\left(\rho v+\frac{\partial(\rho v)}{\partial y}\frac{1}{2}\delta y\right)\delta x\delta z+\\&\left(\rho w-\frac{\partial(\rho w)}{\partial z}\frac{1}{2}\delta z\right)\delta x\delta y-\left(\rho w+\frac{\partial(\rho w)}{\partial z}\frac{1}{2}\delta z\right)\delta x\delta y\end{aligned} \tag{13-2}$$

垂直于表面流进微元体的质量流使微元体内的质量增加,取为正;流出微元体的质量流取为负。

图 13-1 所示微元体中质量的增加率等于图 13-2 中通过表面进入微元体的质量的净流入率。将所有项移至等号的左侧并除以微元体的体积便得到

$$\frac{\partial \rho}{\partial t}+\frac{\partial(\rho u)}{\partial x}+\frac{\partial(\rho v)}{\partial y}+\frac{\partial(\rho w)}{\partial z}=0 \tag{13-3}$$

或用更紧凑的矢量形式

$$\frac{\partial \rho}{\partial t}+\mathrm{div}(\rho\boldsymbol{U})=0 \tag{13-4}$$

方程(13－4)是可压缩流场中三维非定常质量守恒方程或连续性方程。左边的第一项为单位容积内密度对时间的变化率。第二项是通过边界流出微元体的质量净流量,称作对流项。

对于不可压缩流体(如液体),密度是常量,因此方程(13－4)写成

$$\mathrm{div}\boldsymbol{U}=0 \tag{13-5}$$

或写成一般形式

$$\frac{\partial u}{\partial x}+\frac{\partial v}{\partial y}+\frac{\partial w}{\partial z}=0 \tag{13-6}$$

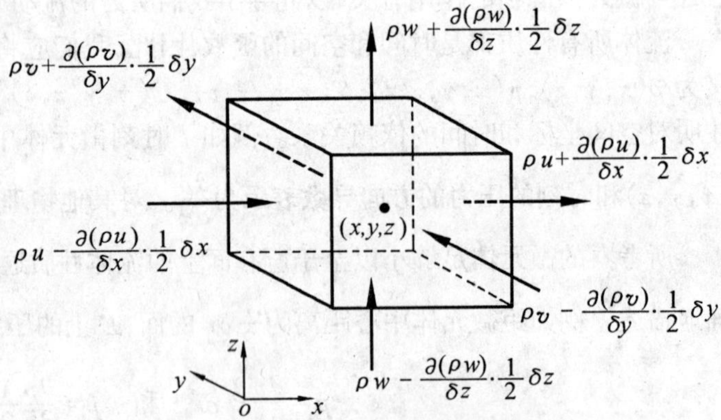


**图 13－2　流体微元的质量流**

### 13.1.2　随流体质点的变化率与微元体的变化率

动量守恒定律和能量守恒定律描述流体质点性质参数的变化。流体质点的每个物理量是质点坐标$(x,y,t)$和时间$t$的函数。假设每单位质量的相关物理量记为$\phi$,追随流体质点观察,$\phi$对时间的随体导数记为$\frac{D\phi}{Dt}$,

$$\frac{D\phi}{Dt}=\frac{\partial\phi}{\partial t}+\frac{\partial\phi}{\partial x}\frac{dx}{dt}+\frac{\partial\phi}{\partial y}\frac{dy}{dt}+\frac{\partial\phi}{\partial z}\frac{dz}{dt}$$

流体质点随流体运动,于是$\frac{dx}{dt}=u,\frac{dy}{dt}=v,\frac{dz}{dt}=w$。因此$\phi$的随体导数为

$$\frac{D\phi}{Dt}=\frac{\partial\phi}{\partial t}+u\frac{\partial\phi}{\partial t}+v\frac{\partial\phi}{\partial t}+w\frac{\partial\phi}{\partial t}=\frac{\partial\phi}{\partial t}+\boldsymbol{U}\cdot\mathbf{grad}\phi \tag{13-7}$$

$\frac{D\phi}{Dt}$定义为单位质量流体质点的物理量$\phi$的变化率。在质量守恒方程中我们感兴趣的是单位体积内有关性质的变化率。单位体积内性质$\phi$的变化率是密度$\rho$与$\frac{D\phi}{DT}$的乘积,即

$$\rho\frac{D\phi}{Dt}=\rho\left(\frac{\partial\phi}{\partial t}+\boldsymbol{U}\cdot\mathbf{grad}\phi\right) \tag{13-8}$$

在流体流动计算中最有用的守恒率形式是针对在空间位置固定不变的微元体内流体性质的变化来表达的。我们可以建立流体质点的物理量$\phi$的随体导数与微元体的$\phi$的变化率之间的关系式。

质量守恒方程以单位体积的质量(即密度$\rho$)作为守恒量,微元体内密度的变化率和对流项变化率总和为

$$\frac{\partial\rho}{\partial t}+\mathrm{div}(\rho\boldsymbol{U})$$

推广到对于任意守恒量，这两项的一般形式为

$$\frac{\partial(\rho\phi)}{\partial t}+\mathrm{div}(\rho\phi\boldsymbol{U}) \tag{13-9}$$

公式(13－9)为单位体积内 $\phi$ 的变化率和净流出微元体 $\phi$ 的变化率之和。重新整理成用关于 $\phi$ 的全导数表示的形式

$$\frac{\partial(\rho\phi)}{\partial t}+\mathrm{div}(\rho\phi\boldsymbol{U})=\rho\left[\frac{\partial\phi}{\partial t}+\boldsymbol{U}\cdot\mathbf{grad}\phi\right]+\phi\left[\frac{\partial\rho}{\partial t}+\mathrm{div}(\rho\boldsymbol{U})\right]=\rho\frac{\mathrm{D}\phi}{\mathrm{D}t} \tag{13-10}$$

根据质量守恒方程(13－4)，中间式子的第二项等于0。也就是说(13－10)式可用语言表述为

微元体内 $\phi$ 的增加率＋流出微元体的 $\phi$ 净流率＝流体微团 $\phi$ 的增加率

为了建立三个动量方程和能量方程，按公式(13－8)和(13－10)的规定，$\phi$ 所代表的相应的量以及每单位体积的变化率给出如下：

| | | | |
|---|---|---|---|
| $x$ 方向的动量 | $u$ | $\rho\frac{\mathrm{D}u}{\mathrm{D}t}$ | $\frac{\partial(\rho u)}{\partial t}+\mathrm{div}(\rho u\boldsymbol{U})$ |
| $y$ 方向的动量 | $v$ | $\rho\frac{\mathrm{D}v}{\mathrm{D}t}$ | $\frac{\partial(\rho v)}{\partial t}+\mathrm{div}(\rho v\boldsymbol{U})$ |
| $z$ 方向的动量 | $w$ | $\rho\frac{\mathrm{D}w}{\mathrm{D}t}$ | $\frac{\partial(\rho w)}{\partial t}+\mathrm{div}(\rho w\boldsymbol{U})$ |
| 能量 | $E$ | $\rho\frac{\mathrm{D}E}{\mathrm{D}t}$ | $\frac{\partial(\rho E)}{\partial t}+\mathrm{div}(\rho E\boldsymbol{U})$ |

无论变化率是守恒形式(或散度形式)还是非守恒形式，都可以用来描述物理量的守恒。在13.4节和13.5节在动量方程和能量方程的推导中采用非守恒形式以求符号的简洁并强调守恒律从根本上说是对流体质点来表达的。在第13.8节我们将回到在CFD有限容积算法中采用的守恒形式上来。

### 13.1.3　三维动量方程

牛顿第二定律说明流体质点动量的变化率等于作用在质点上的外力之和。

流体质点动量的增加率＝作用在流体质点上的合力

单位容积流体质点在 $x,y,z$ 方向动量的增加率为

$$\rho\frac{\mathrm{D}u}{\mathrm{D}t},\quad \rho\frac{\mathrm{D}v}{\mathrm{D}t},\quad \rho\frac{\mathrm{D}w}{\mathrm{D}t} \tag{13-11}$$

作用在流体质点上的力分为两种：

(1)表面力——压力和黏性力

(2)体积力——重力、离心力、科里奥利力和电磁场力

在动量守恒方程中为了突出表面力的作用，常将其单独列为一项，方程中还包括作为体积力的源项。

在图 13－3 中说明了作用于控制体的压力和 9 个黏性分力。正压力用 $p$ 表示，黏性力用 $\tau$ 表示。通常用带下标的 $\tau_{ij}$ 表示应力在各个方向的分量，其中 $i$ 和 $j$ 表示在垂直于 $i$ 方向的表面上沿 $j$ 方向作用的应力分量。

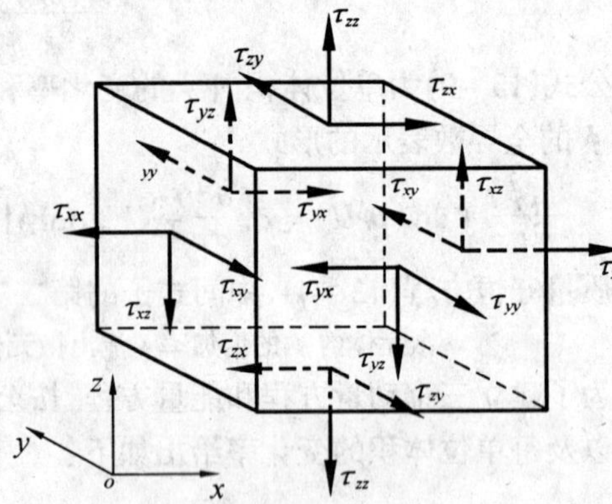


**图 13－3　流体微元的三个表面的力的分量**

首先我们考虑图 13－4 中，沿 $x$ 方向上的力有压力 $p$，应力张量 $\tau_{xx}$，$\tau_{yx}$ 和 $\tau_{zx}$。表面上力的大小等于应力乘以面积，沿着坐标轴正向的力为正，反之为负。沿 $x$ 方向的合力等于作用于微元流体上的沿这个方向力的合力。对 $E$，$W$ 这对表面，有

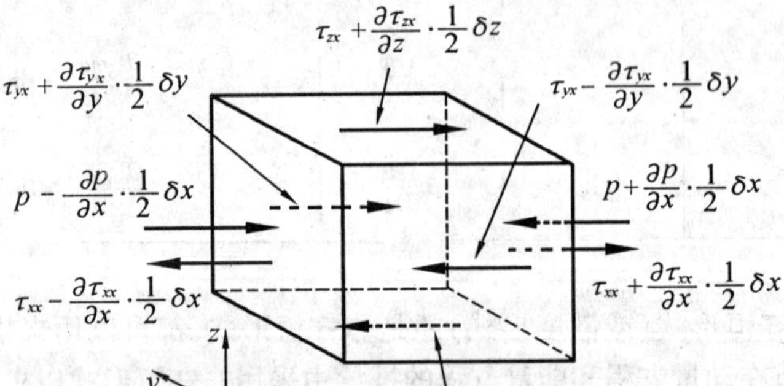


**图 13－4　方向的力的分量**

$$\left[\left(p-\frac{\partial p}{\partial x}\frac{1}{2}\delta x\right)-\left(\tau_{xx}-\frac{\partial \tau_{xx}}{\partial x}\frac{1}{2}\delta x\right)\right]\delta y\delta z+\left[-\left(p+\frac{\partial p}{\partial x}\frac{1}{2}\delta x\right)+\left(\tau_{xx}+\frac{\partial \tau_{xx}}{\partial x}\frac{1}{2}\delta x\right)\right]\delta y\delta z=\left(-\frac{\partial p}{\partial x}+\frac{\partial \tau_{xx}}{\partial x}\right)\delta x\delta y\delta z \tag{13-12a}$$

在 $N$，$S$ 这对表面上沿 $x$ 方向的合力为

$$-\left(\tau_{yx}-\frac{\partial \tau_{yx}}{\partial y}\frac{1}{2}\delta y\right)\delta x\delta z+\left(\tau_{yx}+\frac{\partial \tau_{yx}}{\partial y}\frac{1}{2}\delta y\right)\delta x\delta z=\frac{\partial \tau_{yx}}{\partial y}\delta x\delta y\delta z \tag{13-12b}$$

在 $T,W$ 这对表面上沿 $x$ 方向的合力为

$$-\left(\tau_{zx}-\frac{\partial \tau_{zx}}{\partial z}\frac{1}{2}\delta z\right)\delta x\delta y+\left(\tau_{zx}+\frac{\partial \tau_{zx}}{\partial z}\frac{1}{2}\delta z\right)\delta x\delta y=\frac{\partial \tau_{zx}}{\partial z}\delta x\delta y\delta z \tag{13-12c}$$

单位体积上作用力为在所有表面上力的合力(等于式(13-12a),(13-12b),(13-12c)之和)除以微元体的体积 $\delta x\delta y\delta z$,得

$$\frac{\partial(-p+\tau_{xx})}{\partial x}+\frac{\partial \tau_{yx}}{\partial y}+\frac{\partial \tau_{zx}}{\partial z} \tag{13-13}$$

在此我们没有考虑体积力的作用,通常它的影响可以归入 $S_{Mx}$ 中,$S_{Mx}$ 为单位时间单位体积 $x$ 方向的源项。

流体质点沿 $x$ 方向的动量方程可以令(13-11)式表示的流体质点的 $x$ 方向动量的变化率等于作用在流体质点上的所有表面应力在 $x$ 方向的合力加源项引起的 $x$ 方向动量的增加率而得到

$$\rho\frac{\mathrm{D}u}{\mathrm{D}t}=\frac{\partial(-p+\tau_{xx})}{\partial x}+\frac{\partial \tau_{yx}}{\partial y}+\frac{\partial \tau_{zx}}{\partial z}+S_{Mx} \tag{13-14a}$$

不难得出 $y,z$ 方向的动量变化

$$\rho\frac{\mathrm{D}v}{\mathrm{D}t}=\frac{\partial \tau_{xy}}{\partial x}+\frac{\partial(-p+\tau_{yy})}{\partial y}+\frac{\partial \tau_{zy}}{\partial z}+S_{My} \tag{13-14b}$$

$$\rho\frac{\mathrm{D}w}{\mathrm{D}t}=\frac{\partial \tau_{xz}}{\partial x}+\frac{\partial \tau_{yz}}{\partial y}+\frac{\partial(-p+\tau_{zz})}{\partial z}+S_{Mz} \tag{13-14c}$$

压力的方向与法向黏性应力的方向相反,这是因为按照习惯拉应力为正法向应力,因此符号为负。

对表面力作用的影响我们已经解释清楚了,源项 $S_{Mx}$,$S_{My}$,$S_{Mz}$ 仅与体积力有关。例如重力引起的体积力为 $S_{Mx}=0$, $S_{My}=0$ 和 $S_{Mz}=-\rho g$。

### 13.1.4　三维能量方程

能量守恒方程由热力学第一定律推导得来。它可表述为流体质点能量的变化率等于对流体质点的加热率加上对流体质点的做功率。

流体质点能量的增加率 = 加到流体质点上的热量 + 对流体质点的净做功率

和前面一样,我们将推导出单位体积流体质点的能量变化率,它等于

$$\rho\frac{\mathrm{D}E}{\mathrm{D}t} \tag{13-15}$$

**表面力所做的功**

作用在流体质点上的表面力所做的功率等于力乘以在力的方向上的速度的分量,例如式

(13-12a)~(13-12c)给出的 $x$ 方向上的力所做的功为

$$\left[\left(pu-\frac{\partial(pu)}{\partial x}\frac{1}{2}\delta x\right)-\left(\tau_{xx}u-\frac{\partial(\tau_{xx}u)}{\partial x}\frac{1}{2}\delta x\right)-\left(pu+\frac{\partial(pu)}{\partial x}\frac{1}{2}\delta x\right)+\left(\tau_{xx}u+\frac{\partial(\tau_{xx}u)}{\partial x}\frac{1}{2}\delta x\right)\right]\delta y\delta z+$$

$$\left[-\left(\tau_{yx}u-\frac{\partial(\tau_{yx}u)}{\partial y}\frac{1}{2}\delta y\right)+\left(\tau_{yx}u+\frac{\partial(\tau_{yx}u)}{\partial y}\frac{1}{2}\delta y\right)\right]\delta x\delta z+$$

$$\left[-\left(\tau_{zx}u-\frac{\partial(\tau_{zx}u)}{\partial z}\frac{1}{2}\delta z\right)+\left(\tau_{zx}u+\frac{\partial(\tau_{zx}u)}{\partial z}\frac{1}{2}\delta z\right)\right]\delta x\delta y$$

作用于 $x$ 方向上的表面力所做的净做功率为

$$\left[\frac{\partial[u(-p+\tau_{xx})]}{\partial x}+\frac{\partial(u\tau_{yx})}{\partial y}+\frac{\partial(u\tau_{zx})}{\partial z}\right]\delta x\delta y\delta z \tag{13-16a}$$

作用于 $y,z$ 方向上的力也对流体质点做功,重复以上步骤不难得出表面力在这两个方向单位时间所做的功

$$\left[\frac{\partial(v\tau_{xy})}{\partial x}+\frac{\partial[v(-p+\tau_{yy})]}{\partial y}+\frac{\partial(v\tau_{zy})}{\partial z}\right]\delta x\delta y\delta z \tag{13-16b}$$

$$\left[\frac{\partial(w\tau_{xz})}{\partial x}+\frac{\partial(w\tau_{yz})}{\partial y}+\frac{\partial[w(-p+\tau_{zz})]}{\partial z}\right]\delta x\delta y\delta z \tag{13-16c}$$

作用于流体微团上的所有的表面力对单位体积流体质点的总功率等于式(13-16a),(13-16b),(13-16c)之和除以体积 $\delta x\delta y\delta z$,带有压力的项可写成更紧凑的向量形式:

$$-\frac{\partial(up)}{\partial x}-\frac{\partial(vp)}{\partial y}-\frac{\partial(wp)}{\partial z}=-\operatorname{div}(p\boldsymbol{U})$$

至此我们就可得到作用在流体质点上的表面力所做的总功率:

$$[-\operatorname{div}(p\boldsymbol{U})]+\left[\frac{\partial(u\tau_{xx})}{\partial x}+\frac{\partial(u\tau_{yx})}{\partial y}+\frac{\partial(u\tau_{zx})}{\partial z}+\frac{\partial(v\tau_{xy})}{\partial x}+\frac{\partial(v\tau_{yy})}{\partial y}+\frac{\partial(v\tau_{zy})}{\partial z}+\frac{\partial(w\tau_{xz})}{\partial x}+\frac{\partial(w\tau_{yz})}{\partial y}+\frac{\partial(w\tau_{zz})}{\partial z}\right] \tag{13-17}$$

· **热传导引起的能量通量**

热通量矢量 $\boldsymbol{q}$ 有三个分量:$q_x,q_y,q_z$(见图 13-5)。

在 $x$ 方向由于导热进入流体质点的净热流率等于由表面 $W$ 进入的热流率减去由表面 $E$ 流出的热流率:

$$\left[\left(q_x-\frac{\partial q_x}{\partial x}\frac{1}{2}\delta x\right)-\left(q_x+\frac{\partial q_x}{\partial x}\frac{1}{2}\delta x\right)\right]\delta y\delta z=-\frac{\partial q_x}{\partial x}\delta x\delta y\delta z \tag{13-18a}$$

同理,$y$ 方向和 $z$ 方向的净热流率分别为

$$-\frac{\partial q_y}{\partial y}\delta x\delta y\delta z \quad 和 \quad -\frac{\partial q_z}{\partial z}\delta x\delta y\delta z \qquad (13-18b),(13-18c)$$

由于导热作用通过表面进入流体微团的总热流率等于式(13 - 18a) ~ (13 - 18c)三式之和除以体积 $\delta x\delta y\delta z$,便可得到加入每单位体积流体质点上的总热流率:

$$-\frac{\partial q_x}{\partial x}-\frac{\partial q_y}{\partial y}-\frac{\partial q_z}{\partial z}=-\mathrm{div}\boldsymbol{q} \tag{13-19}$$

傅立叶定律将热流通量与当地的温度梯度联系起来,有

$$q_x=-k\frac{\partial T}{\partial x}$$

$$q_y=-k\frac{\partial T}{\partial y}$$

$$q_z=-k\frac{\partial T}{\partial z}$$

用向量表示可写成下列形式:

$$\boldsymbol{q}=-k\,\mathbf{grad}\,T \tag{13-20}$$

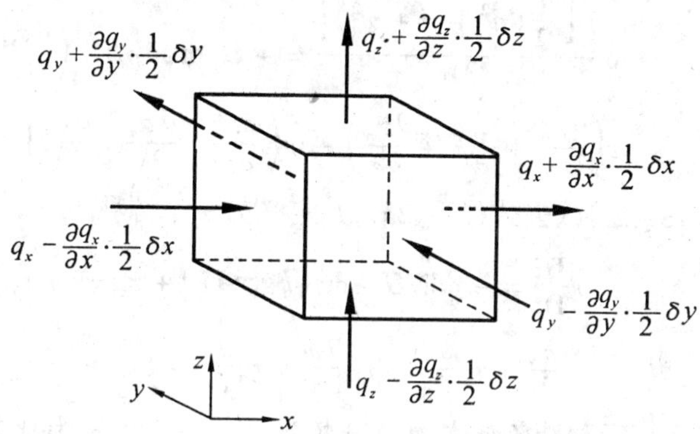


图 13-5　热通量矢量的分量

结合式(13 - 19)和式(13 - 20)可以得到由于导热作用通过表面进入流体质点的热流量增加率的最终形式:

$$-\mathrm{div}\boldsymbol{q}=\mathrm{div}(k\,\mathbf{grad}\,T) \tag{13-21}$$

**能量方程**

到现在为止,我们还未定义流体的比能量 $E$。通常流体的能量定义为内能 $i$,动能$\frac{1}{2}(u^2+v^2+w^2)$和重力势能之和。这个定义采用的观点是流体微元贮存着重力势能。也可以将重力看作是流体在重力场中流动时对流体微团做功的体积力。

这里我们采用后一种观点,把影响势能变化的项作为源项来处理。和前面一样,我们定义单位时间单位体积所具有的能量源项为 $S_E$。流体质点能量的守恒方程为流体质点能量的变化率等于作用在流体质点上的净功率、加到流体质点上的净加热率及源项引起的能量的增加率之和。能量方程为

$$\rho\frac{\mathrm{D}E}{\mathrm{D}t}=-\mathrm{div}(p\boldsymbol{U})+\left[\begin{array}{l}\frac{\partial(u\tau_{xx})}{\partial x}+\frac{\partial(u\tau_{yx})}{\partial y}+\frac{\partial(u\tau_{zx})}{\partial z}\\+\frac{\partial(v\tau_{xy})}{\partial x}+\frac{\partial(v\tau_{yy})}{\partial y}+\frac{\partial(v\tau_{zy})}{\partial z}\\+\frac{\partial(w\tau_{xz})}{\partial x}+\frac{\partial(w\tau_{yz})}{\partial y}+\frac{\partial(w\tau_{zz})}{\partial z}\end{array}\right]+\mathrm{div}(k\,\mathbf{grad}\,T)+S_E \tag{13-22}$$

方程中 $E=i+\frac{1}{2}(u^2+v^2+w^2)$。

虽然式(13 - 22)是完全适当的能量方程式,但在实际使用中我们通常把动能的变化提取

出来而得到一个关于内能或是温度 $T$ 的方程。能量方程中与动能有关的项可以通过 $x$ 方向的动量方程乘以 $u$，$y$ 方向的动量方程乘以 $v$，$z$ 方向的动量方程乘以 $w$ 相加后得到。由此我们可以得到下面的对于动能的守恒方程：

$$\rho\frac{\mathrm{D}\left[\frac{1}{2}(u^2+v^2+w^2)\right]}{\mathrm{D}t}=-\boldsymbol{U}\cdot\mathbf{grad}p+u\left(\frac{\partial\tau_{xx}}{\partial x}+\frac{\partial\tau_{yx}}{\partial y}+\frac{\partial\tau_{zx}}{\partial z}\right)+$$
$$v\left(\frac{\partial\tau_{xy}}{\partial x}+\frac{\partial\tau_{yy}}{\partial y}+\frac{\partial\tau_{zy}}{\partial z}\right)+w\left(\frac{\partial\tau_{xz}}{\partial x}+\frac{\partial\tau_{yz}}{\partial y}+\frac{\partial\tau_{zz}}{\partial z}\right)+\boldsymbol{U}\cdot S_M \tag{13-23}$$

式(13－22)减去式(13－23)，并定义另一个源项 $S_i=S_E-\boldsymbol{U}\cdot\boldsymbol{S}_M$ 便可得到内能方程：

$$\rho\frac{\mathrm{D}i}{\mathrm{D}t}=-p\mathrm{div}\boldsymbol{U}+\mathrm{div}(k\,\mathbf{grad}T)+\tau_{xx}\frac{\partial u}{\partial x}+\tau_{yx}\frac{\partial u}{\partial y}+\tau_{zx}\frac{\partial u}{\partial z}+\tau_{xy}\frac{\partial v}{\partial x}+\tau_{yy}\frac{\partial v}{\partial y}+$$
$$\tau_{zy}\frac{\partial v}{\partial z}+\tau_{xz}\frac{\partial w}{\partial x}+\tau_{yz}\frac{\partial w}{\partial y}+\tau_{zz}\frac{\partial w}{\partial z}+S_i \tag{13-24}$$

在不可压缩流体的特殊情况下，$i=cT$，$c$ 为比热，$\mathrm{div}\boldsymbol{U}=0$。这样我们就可以将方程(13－24)写成关于温度的方程：

$$\rho c\frac{\mathrm{D}T}{\mathrm{D}t}=\mathrm{div}(k\,\mathbf{grad}T)+\tau_{xx}\frac{\partial u}{\partial x}+\tau_{yx}\frac{\partial u}{\partial y}+\tau_{zx}\frac{\partial u}{\partial z}+\tau_{xy}\frac{\partial v}{\partial x}+\tau_{yy}\frac{\partial v}{\partial y}+$$
$$\tau_{zy}\frac{\partial v}{\partial z}+\tau_{xz}\frac{\partial w}{\partial x}+\tau_{yz}\frac{\partial w}{\partial y}+\tau_{zz}\frac{\partial w}{\partial z}+S_i \tag{13-25}$$

对于可压缩流体，方程(13－22)常被写成关于焓的方程，流体比焓 $h$ 和总比焓 $h_0$ 定义为

$$h=i+\frac{p}{\rho}\quad\text{和}\quad h_0=h+\frac{1}{2}(u^2+v^2+w^2)$$

由这两个定义式和比能量 $E$ 的方程，我们可以得到

$$h_0=i+\frac{p}{\rho}+\frac{1}{2}(u^2+v^2+w^2)=E+\frac{p}{\rho} \tag{13-26}$$

将式(13－26)代入式(13－22)并整理可得总焓方程：

$$\frac{\partial(\rho h_0)}{\partial t}+\mathrm{div}(\rho h_0\boldsymbol{U})=\mathrm{div}(k\,\mathbf{grad}T)+\frac{\partial p}{\partial t}+\left[\begin{array}{l}\frac{\partial(u\tau_{xx})}{\partial x}+\frac{\partial(u\tau_{yx})}{\partial y}+\frac{\partial(u\tau_{zx})}{\partial z}\\+\frac{\partial(v\tau_{xy})}{\partial x}+\frac{\partial(v\tau_{yy})}{\partial y}+\frac{\partial(v\tau_{zy})}{\partial z}\\+\frac{\partial(w\tau_{xz})}{\partial x}+\frac{\partial(w\tau_{yz})}{\partial y}+\frac{\partial(w\tau_{zz})}{\partial z}\end{array}\right]+S_h \tag{13-27}$$

需要说明的是，方程(13－24)，(13－25)和(13－27)并不是新的、外加的守恒定律，而只不过是能量方程式(13－22)的简单变换形式。

## 13.2 状态方程

流体的三维流动可以通过5个偏微分方程来描述即质量守恒方程(13-4),$x,y,z$方向的动量守恒方程(13-14a)~(13-14c)和能量方程(13-22)。在未知参数之中有四个热力学变量$p,\rho,i$和$T$。在这里我们简单指出这四个变量之间的关系。这四个变量之间的关系式可以通过热力平衡假设得到,流体的速度或许会很大,但通常从以下角度来看它还是足够小的,即使流体质点的性质参数由一个地方到另一个地方快速地变化,但流体能够迅速地将其热力学状态调整到新的条件之下,这个变化实际上可看成瞬时完成,因此可以假定流体仍然处于平衡状态。唯一的例外是有强激波的一些流动,但对于某些这种流动,平衡假设常常能给出足够好的近似。

我们可以用两个状态变量来描述处于热力平衡态的物质的状态。状态方程可以将其他变量与这两个状态变量联系起来。如果我们用$\rho$和$T$作为状态变量,则压力和比内能的状态方程为

$$p = p(\rho, T) \quad 和 \quad i = i(\rho, T) \tag{13-28}$$

对理想气体有下面的状态方程

$$p = \rho RT \quad 和 \quad i = C_v T \tag{13-29}$$

热力平衡假设只保留了两个状态变量,在可压缩流体中状态方程提供了能量方程与质量守恒方程、动量方程之间的联系。这种联系来自于可压流场中压力与温度变化而引起密度变化的可能性。

液体或低速流动的气体可被看作是不可压缩流体,密度不随压力发生变化,其能量方程和质量守恒方程、动量方程之间没有关联。流场通常可以由质量守恒方程和动量方程来求解。仅当要解决热传导问题时,才需要对能量方程求解。

## 13.3 牛顿流体的N-S方程

控制方程组还包含更深一层次的未知量的黏性应力分量$\tau_{ij}$,通过引入合适的黏性应力模型就可以得到非常有用的流体运动守恒方程组。在许多流体中,黏性应力可表示为当地流体变形率(或应变率)的函数,在三维流动中局部的变形率由线变形率和体变形率组成。

所有的气体和许多液体都是各向同性的。我们下面的讨论假设流体是各向同性的。流体微团的线变形率在三维空间中有9个分量。在各向同性流体中,其中6个是独立分量(Schlichting,1979),用符号$e_{ij}$表示,下标的意义同13.4节应力下标一样。其中有3个线伸长变

形分量为

$$e_{xx}=\frac{\partial u}{\partial x},\quad e_{yy}=\frac{\partial v}{\partial y},\quad e_{zz}=\frac{\partial w}{\partial z} \tag{13-30a}$$

还有 6 个剪切线变形分量:

$$e_{xy}=e_{yx}=\frac{1}{2}\left(\frac{\partial u}{\partial y}+\frac{\partial v}{\partial x}\right)\quad e_{xz}=e_{zx}=\frac{1}{2}\left(\frac{\partial u}{\partial z}+\frac{\partial w}{\partial x}\right)\quad e_{yz}=e_{zy}=\frac{1}{2}\left(\frac{\partial v}{\partial z}+\frac{\partial w}{\partial y}\right) \tag{13-30b}$$

体积变形率为

$$\frac{\partial u}{\partial x}+\frac{\partial v}{\partial y}+\frac{\partial w}{\partial z}=\mathrm{div}\boldsymbol{U} \tag{13-30c}$$

在牛顿流体中,黏性应力的大小和变形率成正比。在可压缩流体中,牛顿黏性剪切应力公式中包含两个比例常数:第一动力黏性系数 $\mu$,它将应力与线变形率联系起来;第二动力黏性系数 $\lambda$,它将应力与体积变形率联系起来。9 个黏性应力分量中 6 个独立的分量为

$$\tau_{xx}=2\mu\frac{\partial u}{\partial x}+\lambda\,\mathrm{div}\boldsymbol{U}\quad \tau_{yy}=2\mu\frac{\partial v}{\partial y}+\lambda\,\mathrm{div}\boldsymbol{U}\quad \tau_{zz}=2\mu\frac{\partial w}{\partial z}+\lambda\,\mathrm{div}\boldsymbol{U}$$

$$\tau_{xy}=\tau_{yx}=\mu\left(\frac{\partial u}{\partial y}+\frac{\partial v}{\partial x}\right)\quad \tau_{xz}=\tau_{zx}=\mu\left(\frac{\partial u}{\partial z}+\frac{\partial w}{\partial x}\right)\quad \tau_{yz}=\tau_{zy}=\mu\left(\frac{\partial v}{\partial z}+\frac{\partial w}{\partial y}\right) \tag{13-31}$$

对于第二黏性系数 $\lambda$ 的了解至今不多,因为在实际中它的影响是非常小的。对于气体取 $\lambda=-\frac{2}{3}\mu$,就可得到比较好的结果。对于液体,由于是不可压缩的,因此质量守恒方程为 $\mathrm{div}\boldsymbol{U}=0$,黏性应力刚好为当地线变形率与动力黏性系数之积的二倍。

将上面式(13-31)中的 6 个剪切应力代入式(13-14a)~(13-14c),可以得到 N-S 方程。它是以 19 世纪推导出这个方程的两位科学家 Navier 和 Stokes 的名字命名的。

$$\rho\frac{\mathrm{D}u}{\mathrm{D}t}=-\frac{\partial p}{\partial x}+\frac{\partial}{\partial x}\left[2\mu\frac{\partial u}{\partial x}+\lambda\,\mathrm{div}\boldsymbol{U}\right]+\frac{\partial}{\partial y}\left[\mu\left(\frac{\partial u}{\partial y}+\frac{\partial v}{\partial x}\right)\right]+\frac{\partial}{\partial z}\left[\mu\left(\frac{\partial u}{\partial z}+\frac{\partial w}{\partial x}\right)\right]+S_{Mx} \tag{13-32a}$$

$$\rho\frac{\mathrm{D}v}{\mathrm{D}t}=-\frac{\partial p}{\partial y}+\frac{\partial}{\partial x}\left[\mu\left(\frac{\partial u}{\partial y}+\frac{\partial v}{\partial x}\right)\right]+\frac{\partial}{\partial y}\left[2\mu\frac{\partial v}{\partial y}+\lambda\,\mathrm{div}\boldsymbol{U}\right]+\frac{\partial}{\partial z}\left[\mu\left(\frac{\partial v}{\partial z}+\frac{\partial w}{\partial y}\right)\right]+S_{My} \tag{13-32b}$$

$$\rho\frac{\mathrm{D}w}{\mathrm{D}t}=-\frac{\partial p}{\partial z}+\frac{\partial}{\partial x}\left[\mu\left(\frac{\partial u}{\partial z}+\frac{\partial w}{\partial x}\right)\right]+\frac{\partial}{\partial y}\left[\mu\left(\frac{\partial v}{\partial z}+\frac{\partial w}{\partial y}\right)\right]+\frac{\partial}{\partial z}\left[2\mu\frac{\partial w}{\partial z}+\lambda\,\mathrm{div}\boldsymbol{U}\right]+S_{Mz} \tag{13-32c}$$

通常黏性应力项被整理成下面的形式:

$$\frac{\partial}{\partial x}\left[2\mu\frac{\partial u}{\partial x}+\lambda\,\mathrm{div}\boldsymbol{U}\right]+\frac{\partial}{\partial y}\left[\mu\left(\frac{\partial u}{\partial y}+\frac{\partial v}{\partial x}\right)\right]+\frac{\partial}{\partial z}\left[\mu\left(\frac{\partial u}{\partial z}+\frac{\partial w}{\partial x}\right)\right]=$$

$$\frac{\partial}{\partial x}\left(\mu\frac{\partial u}{\partial x}\right)+\frac{\partial}{\partial y}\left(\mu\frac{\partial u}{\partial y}\right)+\frac{\partial}{\partial z}\left(\mu\frac{\partial u}{\partial z}\right)+$$

$$\left[\frac{\partial}{\partial x}\left(\mu\frac{\partial u}{\partial x}\right)+\frac{\partial}{\partial y}\left(\mu\frac{\partial v}{\partial x}\right)+\frac{\partial}{\partial z}\left(\mu\frac{\partial w}{\partial x}\right)\right]+\frac{\partial}{\partial x}(\lambda\,\mathrm{div}\boldsymbol{U})=$$

$$\mathrm{div}(\mu\,\mathbf{grad}\,u)+S_{Mx}$$

同理,可以得到 $y$,$z$ 方向的黏性应力方程。为了得到简化的动量方程,将两个对黏性应力贡献较小的项并入动量源项中去。定义一个新的源项,计算机程序码可以直接写为

$$S_M=S_M+s_M \tag{13-33}$$

在有限容积法中,N－S 方程可以写成非常有用的形式:

$$\rho\frac{\mathrm{D}u}{\mathrm{D}t}=-\frac{\partial p}{\partial x}+\mathrm{div}(\mu\,\mathbf{grad}\,u)+S_{Mx} \tag{13-34a}$$

$$\rho\frac{\mathrm{D}v}{\mathrm{D}t}=-\frac{\partial p}{\partial y}+\mathrm{div}(\mu\,\mathbf{grad}\,v)+S_{My} \tag{13-34b}$$

$$\rho\frac{\mathrm{D}w}{\mathrm{D}t}=-\frac{\partial p}{\partial z}+\mathrm{div}(\mu\,\mathbf{grad}\,w)+S_{Mz} \tag{13-34c}$$

在内能方程式(13－24)中,假如我们应用黏性应力牛顿模型,通过整理我们可以得到下面的方程:

$$\rho\frac{\mathrm{D}i}{\mathrm{D}t}=-p\,\mathrm{div}\boldsymbol{U}+\mathrm{div}(k\,\mathbf{grad}\,T)+\Phi+S_i \tag{13-35}$$

在内能方程式中,黏性应力的各种影响可以通过耗散函数 $\Phi$ 来描述,经过代数分析,我们可得到

$$\Phi=\mu\left\{2\left[\left(\frac{\partial u}{\partial x}\right)^2+\left(\frac{\partial v}{\partial y}\right)^2+\left(\frac{\partial w}{\partial z}\right)^2\right]+\left(\frac{\partial u}{\partial y}+\frac{\partial v}{\partial x}\right)^2+\left(\frac{\partial u}{\partial z}+\frac{\partial w}{\partial x}\right)^2+\left(\frac{\partial v}{\partial z}+\frac{\partial w}{\partial y}\right)^2\right\}+\lambda(\mathrm{div}\boldsymbol{U})^2 \tag{13-36}$$

耗散函数是非负的,因为它只包括平方项。它表明流体质点的变形功是内能的源泉。这种功来源于引起流动的机械能,最后变成内能或热。

## 13.4　流体运动控制方程的守恒形式

在表 13－1 中总结了我们推导出的三维可压缩牛顿流体时间相关有导热的守恒或非守恒形式的方程组。

表 13-1

| | | |
|---|---|---|
| 质　　量 | $\frac{\partial \rho}{\partial t}+\mathrm{div}(\rho \boldsymbol{U})=0$ | (13-4) |
| $x$ 方向的动量 | $\frac{\partial(\rho u)}{\partial t}+\mathrm{div}(\rho u \boldsymbol{U})=-\frac{\partial p}{\partial x}+\mathrm{div}(\mu\,\mathbf{grad}\,u)+S_{Mx}$ | (13-37a) |
| $y$ 方向的动量 | $\frac{\partial(\rho v)}{\partial t}+\mathrm{div}(\rho v \boldsymbol{U})=-\frac{\partial p}{\partial y}+\mathrm{div}(\mu\,\mathbf{grad}\,v)+S_{My}$ | (13-37b) |
| $z$ 方向的动量 | $\frac{\partial(\rho w)}{\partial t}+\mathrm{div}(\rho w \boldsymbol{U})=-\frac{\partial p}{\partial z}+\mathrm{div}(\mu\,\mathbf{grad}\,w)+S_{Mz}$ | (13-37c) |
| 内　　能 | $\frac{\partial(\rho i)}{\partial t}+\mathrm{div}(\rho i \boldsymbol{U})=-p\,\mathrm{div}\boldsymbol{U}+\mathrm{div}(k\,\mathbf{grad}\,T)+\Phi+S_i$ | (13-38) |
| 状态方程 | $p=p(\rho,T)$ 和 $i=i(\rho,T)$ | (13-28) |
| | 例如对理想气体　$p=\rho RT$ 和 $i=C_V T$ | (13-29) |

动量源项 $S_M$ 和耗散函数 $\Phi$ 分别由式(13-33)和(13-36)定义。

值得提出的是由 13.2 节的热力平衡假设对 5 个流动方程(偏微分方程)补充了 2 个代数方程。从速度梯度分量,黏性应力的牛顿流体可以产生有 7 个未知参数的 7 个方程。方程的数量和未知数的数量是相等的,因此方程组是封闭的,即只要给出合适的辅助条件、初始值和边界条件,方程组便可求解。

## 13.5 通用输运方程的微分形式和积分形式

从表 13-1 可以看到,各方程之间有极大的相似性,如果我们引入一个通用的变量 $\phi$,则所有的流体流动方程的守恒形式,包括对于像温度和污染物浓度等这样的数性变量的方程,都可写成以下的形式:

$$\frac{\partial(\rho\phi)}{\partial t}+\mathrm{div}(\rho\phi\boldsymbol{U})=\mathrm{div}(\Gamma\,\mathbf{grad}\,\phi)+S_\phi \tag{13-39}$$

用语言表达就是

流体微元中 $\phi$ 的增加率 + 流体微元中 $\phi$ 的净流出率 =
扩散引起的 $\phi$ 的增加率 + 源项引起的 $\phi$ 的增加率

方程(13-39)是关于 $\phi$ 的输运方程。它清楚地表明了各种不同的输运方程的共性:等号的左端是变化率项和对流项,右端是扩散项($\Gamma$ = 扩散系数)和源项。为了突出方程的一般特征,我们已将非共同具有的项合并到源项中。注意到式(13-39),通过状态方程把 $\phi$ 用 $i$ 替换,便成为内能方程。

有限容积法中将式(13－39)作为计算程序的出发点,通过将 $\phi$ 分别用 $l,u,v,w$ 和 $i$(或 $T$ 或 $h_0$)代替,并选择合适的扩散系数 $\Gamma$ 和源项我们便可得到表 13－1 中的 5 个方程。有限容积法关键的步骤是式(13－39)在三维控制容积 $CV$ 上的积分,即

$$\int_{CV}\frac{\partial(\rho\phi)}{\partial t}\mathrm{d}V+\int_{CV}\mathrm{div}(\rho\phi\boldsymbol{U})\mathrm{d}V=\int_{CV}\mathrm{div}(\Gamma\mathbf{grad}\phi)\mathrm{d}V+\int_{CV}S_{\phi}\mathrm{d}V \qquad (13-40)$$

左边第二项的积分是对流项,右边第一项是扩散项,都可以通过高斯散度定理写成在控制容积的全部表面上的积分。对矢量 $\boldsymbol{a}$,由高斯定理有

$$\int_{CV}\mathrm{div}\boldsymbol{a}\mathrm{d}V=\int_{A}\boldsymbol{n}\cdot\boldsymbol{a}\mathrm{d}A \qquad (13-41)$$

$\boldsymbol{n}\cdot\boldsymbol{a}$ 的物理意义是向量 $\boldsymbol{a}$ 在微元表面法线方向 $\boldsymbol{n}$ 上的分量,因此向量 $\boldsymbol{a}$ 在控制容积上散度的积分等于 $\boldsymbol{a}$ 沿控制容积边界面外法线方向上的分量在全部边界面 $A$ 上求和(积分)。应用高斯散度定理,式(13－40)可写成下面的形式

$$\frac{\partial}{\partial t}\left(\int_{CV}\rho\phi\mathrm{d}V\right)+\int_{A}\boldsymbol{n}\cdot(\rho\phi\boldsymbol{U})\mathrm{d}A=\int_{A}\boldsymbol{n}\cdot(\Gamma\mathbf{grad}\phi)\mathrm{d}A+\int_{CV}S_{\phi}\mathrm{d}V \qquad (13-42)$$

式(13－42)等号左边第一项积分和微分的顺序已被互换以便说明这一项表示在控制容积中流动参数总 $\phi$ 的变化率的物理意义。乘积 $\boldsymbol{n}\cdot(\rho\phi\boldsymbol{U})$ 表示由于流体沿外法线向量 $\boldsymbol{n}$ 流动引起的参数 $\phi$ 的通量分量,因此左边的第二项即为对流项,是由于对流引起的 $CV$ 中物理量 $\phi$ 的净减少率。

沿流体物理量 $\phi$ 的负梯度方向的扩散通量为正,即沿方向 $-\mathbf{grad}\phi$。例如热量沿负梯度方向传递。因此乘积 $\boldsymbol{n}\cdot(-\Gamma\mathbf{grad}\phi)$ 是沿外法线方向的扩散通量分量,即流出流体微元的通量分量。同理,乘积 $\boldsymbol{n}\cdot(\Gamma\mathbf{grad}\phi)$ 等于 $-\boldsymbol{n}\cdot(-\Gamma\mathbf{grad}\phi)$,可理解为沿内法线方向正的扩散通量,即进入流体微元的扩散通量。右边的第一项为扩散项,也与流入微元的通量有关,它代表由于扩散作用引起 $CV$ 中物理量 $\phi$ 的扩散项,也与流入微元的通量有关,它代表由于扩散作用引起 $CV$ 中物理量 $\phi$ 的增加率;右边的第二项给出 $CV$ 中由于源项的作用引起的 $\phi$ 的增加率。

对于控制容积中的流体的关系式(13－42),可用语言表述如下:

$\phi$ 的增加率＋由于对流通过边界引起的 $\phi$ 的减少率＝

由于扩散作用通过边界引起的 $\phi$ 的增加率＋$\phi$ 的净生成率

以上讨论说明,通过对偏微分方程的积分可以得到有限大小控制容积内物理量的守恒性表述。

在定常状态问题中,式(13－42)中 $\phi$ 的增加率等于 0。因此定常输运方程的积分形式为

$$\int_{A}\boldsymbol{n}\cdot(\rho\phi\boldsymbol{U})\mathrm{d}A=\int_{A}\boldsymbol{n}\cdot(\Gamma\mathbf{grad}\phi)\mathrm{d}A+\int_{CV}S_{\phi}\mathrm{d}V \qquad (13-43)$$

在非定常流动问题中,必须在一个小的时间间隔 $\Delta t$,也就是说在时刻 $t$ 到时刻 $t+\Delta t$ 上进行积分,这样便得到更一般形式的输运方程(13－44)。

$$\int_{\Delta t}\frac{\partial}{\partial t}\left(\int_{CV}(\rho\phi)\mathrm{d}V\right)\mathrm{d}t+\iint_{\Delta t A}\boldsymbol{n}\cdot(\rho\phi\boldsymbol{U})\mathrm{d}A\mathrm{d}t=\iint_{\Delta t A}\boldsymbol{n}\cdot(\Gamma_{\phi}\mathbf{grad}\phi)\mathrm{d}A\mathrm{d}t+\iint_{\Delta t CV}S_{\phi}\mathrm{d}V\mathrm{d}t \tag{13-44}$$

## 13.6 守恒方程的物理特征和分类

既然已经有了流体的守恒方程,现在我们就再讨论一下初始值和边界条件,讨论如何结合以上方程建立一个描述流体流动的适定的数学模型。首先,我们将物理行为分成两大类:

- 平衡问题
- 非稳态问题

**平衡问题**

第一类问题是定常状态情况。例如沿一固体棒的定常状态的温度分布;在给定负荷下固体中平衡应力的分布及许多定常流动,这些定常状态问题由椭圆型方程支配。标准椭圆型方程是拉普拉斯方程,它是描述不可压缩无旋流和定常状态热传导的方程。对二维流动有

$$\frac{\partial^2\phi}{\partial x^2}+\frac{\partial^2\phi}{\partial y^2}=0 \tag{13-45}$$

平衡问题的一个非常简单的例子是定常状态导热(这时在方程(13-45)中 $\phi=T$),在绝缘的金属杆端 $x=0$ 及 $x=L$ 处,温度保持定值,但温度不同,分别为 $T_0$ 和 $T_L$(见图 13-6)。

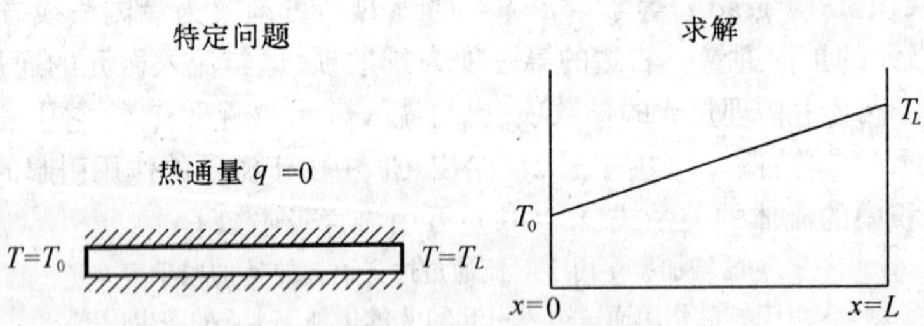


**图 13-6 在绝热板上的稳态温度分布**

这是一个一维问题,且受方程 $k\dfrac{\partial^2 T}{\partial x^2}=0$ 支配。温度沿 $x$ 方向的分布是一条直线,由边界条件确定。这个问题以及所有的椭圆型问题的唯一解,可以通过在求解域的全部边界上对因变量(这里是温度或其法向导数,即热通量)规定特定的条件来确定。需要整个边界上数据的问题称为边界值问题。

椭圆型方程的一个重要的特性是解内部的扰动,例如由于突然出现一个小的局部热源的

微小扰动会引起整个区域温度的变化。扰动信息沿各个方向穿过内部解传播。因此,对于椭圆型方程,即使边界条件是不连续的,求出的解也是光滑的。对于数值方法的设计者来说这是一个极大的优点。为了确保信息向各个方向传递,椭圆型方程的求解方法必须保证每一个点的值都受其全部相邻点值的影响。

**行进问题**

瞬态热传递,所有的非定常流动和波动现象都属于这类问题,即行进问题或传播问题,它们由抛物型方程或双曲型方程描述。然而,并不是所有的行进问题都是非定常的。我们将会看到一定的定常流动是用抛物型或双曲型方程来描述的。在这些情况下,流动方向就如同时间轴一样沿着它是可以向前推进的。

抛物型问题描述和时间 $t$ 有关的问题,它涉及大量的耗散问题,比如非定常黏性流动和非定常导热。标准的抛物型方程是扩散方程

$$\frac{\partial \Phi}{\partial t}=\alpha\frac{\partial^2 \Phi}{\partial x^2} \tag{13-46}$$

在 $x=0$ 和 $x=L$ 保持定值 $T_0$ 的绝热的金属杆中,温度的瞬态分布由扩散方程决定。在 $t=0$ 时刻,当均匀的热源被去掉后金属杆冷却时,便会出现这个问题,开始温度分布是抛物线形的,可见,最大值位于 $x=\frac{L}{2}$处,图 13-7。

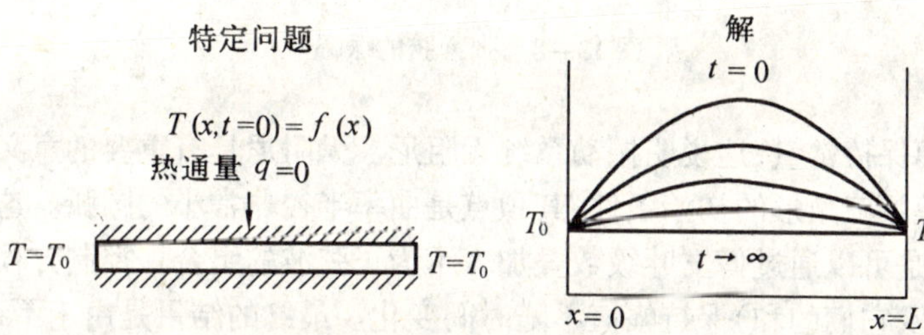


图 13-7 绝热杆上的瞬态温度分布

当整个棒的温度 $T=T_0$ 时,其状态达到定常状态。扩散方程(13-46)的解得出金属杆温度由初始的二次分布按指数衰减的过程。为了求解我们必须知道在 $t>0$ 时刻所有边界上的条件,这类问题称作初边值问题。

在求解区域内的任意一点的扰动(即 $0<x<L$ 和 $t>0$)只影响 $t>t_1$ 时刻温度的分布。其解随着时间向前推进,在空间扩散。热阻抗效应使得在杆内部 $t>0$ 时刻内部的温度分布是光滑的,即使初始条件存在不连续性也是如此。当 $t\rightarrow\infty$ 时达到定常状态,成为椭圆型的。通过令方程(13-46)中的$\frac{\partial \phi}{\partial t}=0$可以很容易得到在定常状态的温度控制方程。

双曲方程主要是用来分析振动问题的，通常应用在与时间有关，可以忽略耗散的过程，典型的双曲方程是波动方程(13－47)。

$$\frac{\partial^2 \phi}{\partial t^2} = c^2 \frac{\partial^2 \phi}{\partial x^2} \tag{13-47}$$

上面的方程是一个张紧的弦做微小的横振动及声波振动的控制方程(图 13－8)。常数 $c$ 是波速，用方程(13－47)计算长度为 $L$ 的弦振动基本模式的时间演变是比较简单的。波动方程(13－47)的解与其他的双曲方程的解可以规定关于弦位移的两个初始条件和 $t>0$ 时刻所有边界上的一个条件来求得。因此双曲问题也是初边值问题。

如果初始振幅为 $a$，问题的解是

$$y(x,t) = a\cos\left(\frac{\pi cl}{L}\right)\sin\left(\frac{\pi x}{L}\right)$$

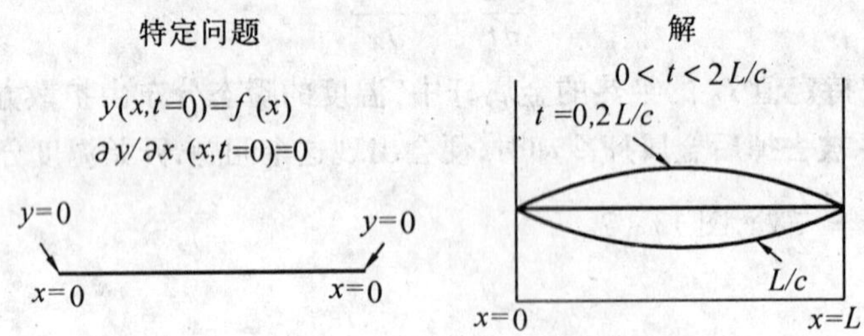


**图 13－8 张紧弦的振幅**

解表明了振幅保持常量，这说明振动系统无阻尼。无阻尼具有重要的意义，例如考虑初始形状接近于一个等腰三角形的初始条件，其顶点是曲率半径非常小的圆弧。这种初始形状，顶点是不连续的，但是可以通过傅立叶级数叠加表示为正弦波的组合。控制方程是线性的，因此每一傅立叶分量(及它们的和)保持幅值不随时间变化。最终的结果是由于不存在消除斜率折点的耗散机制，不连续性仍然不消失。

当流速接近或超过声速时，可压缩流体出现冲击波，这说明在这个速度时无黏性流动方程是双曲线型的。冲击波的不连续性是这种双曲型流动的突出表现，双曲问题的数值算法就是需要适应解内部的不连续性而形成的。

我们将看到空间一点的扰动只影响有限的区域，双曲型问题的扰动速度是有限的，它等于波速 $c$，相反，抛物型和椭圆型认为传播速度为无穷大。

## 13.7 双曲型方程的主要特点

双曲型方程有一个特殊性质，这个特性与扰动信息在域中以有限的速度(波速)传播这一事实有关。这是双曲型方程与另外两种方程的主要区别。为了说明双曲型方程的主要特点，我们不妨再重新考虑以前所说的简单的波动方程(13-47)，当变量表示为 $\xi = x - ct$ 和 $\eta = x + ct$ 时波动方程可以化为下面的标准形式

$$\frac{\partial^2 \phi}{\partial \xi \partial \eta} = 0 \tag{13-48}$$

推导过程要重复应用微分的链式法则用变换变量来表达方程(13-47)中的导数。求解方程(13-48)非常容易，其解为 $\Phi(\xi,\eta) = F_1(x-ct) + F_2(x+ct)$，这里 $F_1, F_2$ 可以是任何函数。

返回到原始变量可以得到方程(13-47)的一般解

$$\Phi(x,t) = F_1(x-ct) + F_2(x+ct) \tag{13-49}$$

解的第一部分中，如果 $x - ct$ 是常数，也就是在 $x - t$ 平面上沿着斜率为$\frac{\mathrm{d}t}{\mathrm{d}x} = \frac{1}{c}$的直线，函数 $F_1$ 是常数。对于第二部分，如果 $x + ct$ 是常数，也就是在 $x - t$ 平面上沿着斜率为$\frac{\mathrm{d}t}{\mathrm{d}x} = -\frac{1}{c}$的直线，$F_2$ 是常数。这两条曲线称为特征线。函数 $F_1, F_2$ 被称作问题的单波解，它以速度 $c$ 和 $-c$ 传播而不改变波的形状和幅值。

函数 $F_1, F_2$ 的具体形式可以通过初始条件和边界条件得到，让我们考虑一个非常长的弦($-\infty < x < \infty$)且具有以下的初始条件：

$$\phi(x,0) = f(x) \quad 和 \quad \frac{\partial \phi}{\partial t}(x,0) = g(x) \tag{13-50}$$

由式(13-49)和(13-50)可得

$$F_1(x) + F_2(x) = f(x) \quad 和 \quad -cF_1'(x) + cF_2'(x) = g(x) \tag{13-51}$$

可以看出具有初始条件(13-50)的微分方程(13-47)的特解为

$$\phi(x,t) = \frac{1}{2}[f(x-ct) + f(x+ct)] + \frac{1}{2c}\int_{x-ct}^{x+ct} g(s)\mathrm{d}s \tag{13-52}$$

仔细观察(13-52)可以看出在点$(x,t)$的 $\phi$ 仅仅依赖于区间$(x-ct, x+ct)$的初始值。

图 13-9 可以用来说明这个问题，特征线 $x - ct = \text{const}$ 和 $x + ct = \text{const}$ 交点为$(x', t')$，与 $x$ 轴的交点为$(x'-ct', 0)$和$(x'+ct', 0)$，在平面 $x - t$ 上 $x$ 轴和两个特征线所围的区域称为依赖区域。

同式(13-52)一致，$(x', t')$点的解只受依赖区的影响而与依赖区外面的条件无关。实际

上这是因为相互影响通过求解区的有限传播速度 $c$ 所造成的。点$(x',t')$的变化会影响以后时刻影响区内的结果,而影响区又是以特征线为界限的。

图 13-10 表明在 $x=0$, $x=L$ 点固定的弦的振动情况。对于非常接近 $x$ 轴的点,其依赖区由从 $x$ 轴上的点出发的直线所围成。通过 $P$ 这样的点的特征线与问题的边界相交。$P$ 的依赖区由两条特征线和曲线 $t=0$, $x=0$, $x=L$ 围成。

抛物线型方程和椭圆型方程问题中的依赖域形状与双曲型方程不同

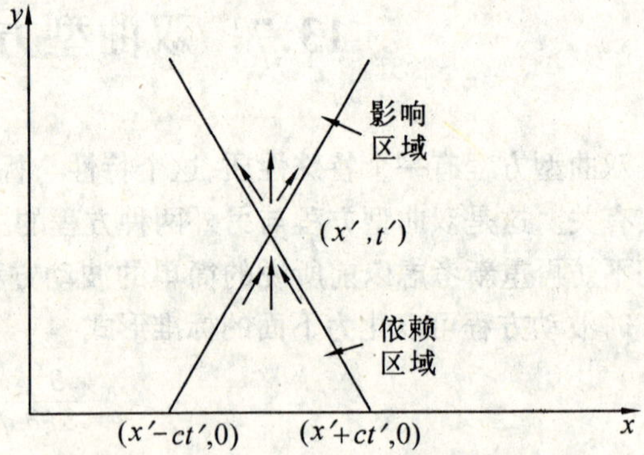


图 13-9 双曲问题中的依赖区和影响区

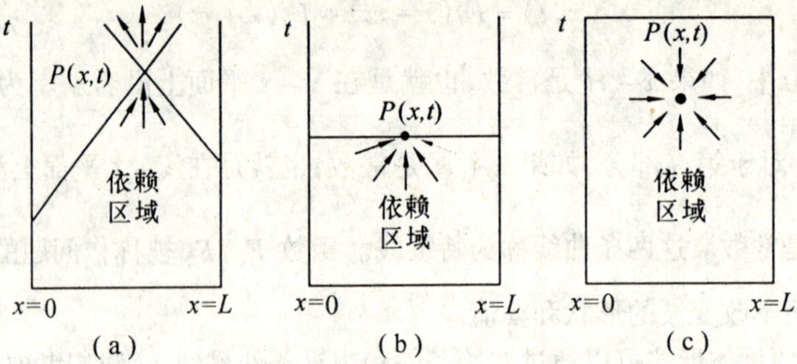


图 13-10 依赖区域示意图

(见图13-10b 和 c),这是因为信息的传递速度是无穷大。粗线将每种情况下的依赖域划了界,它给定了为在点 $P(x,t)$能求出解所需要用到的初始条件和边界条件的区域。

一点的变化影响其他点的变化的方式取决于物理问题是定常的还是瞬态的,以及信息传播速度是有限大的还是无限大的,这便导致对物理性质的分类。相应地将偏微分方程(PDEs)分成椭圆型,抛物线型和双曲线型。可以通过三个典型的二次方程加以说明。根据需要求解的问题有不同类型,我们将简单介绍各种算法的局限性。下面的表 13-2 是对迄今为止讨论过的每类方程主要特点的总结。

表 13-2

| 问题类型 | 方程类型 | 典型方程 | 条件 | 求解域 | 解的光滑性 |
|---|---|---|---|---|---|
| 平衡问题 | 椭圆型 | $\mathrm{div}(\mathbf{grad}\phi)=0$ | 边界条件 | 封闭域 | 总是光滑的 |
| 带耗散的行进问题 | 抛物型 | $\frac{\partial\phi}{\partial t}=\alpha\,\mathrm{div}(\mathbf{grad}\phi)$ | 初始条件及边界条件 | 开区域 | 总是光滑的 |
| 无耗散的行进问题 | 双曲型 | $\frac{\partial^2\phi}{\partial t^2}=c^2\,\mathrm{div}(\mathbf{grad}\phi)$ | 初始条件及边界条件 | 开区域 | 可能是不连续的 |

## 13.8　简单偏微分方程的分类方法

现在考虑在二维平面上对一般二阶偏微分方程进行实际分类的方法。

$$a\frac{\partial^2\phi}{\partial x^2}+b\frac{\partial^2\phi}{\partial x\partial y}+c\frac{\partial^2\phi}{\partial y^2}+d\frac{\partial\phi}{\partial x}+e\frac{\partial\phi}{\partial y}+f\phi+g=0 \tag{13-53}$$

首先我们假设方程是线性的，$a,b,c,d,e,f$ 和 $g$ 都是常数。

偏微分方程的类型由方程中最高阶导数项系数的性质决定。因此，我们只须考虑二阶导数。通过考察是否存在简单波动解来对偏微分方程进行分类，如果存在则为双曲方程，如果不存在则为抛物型或椭圆型方程。

如果下面的特征方程(13-54)有两个实根，则就有简单波动解。特征方程根的存在性或根的形式由判别式 $b^2-4ac$ 的值决定，表 13-3 列出六种不同的情况

$$a\left(\frac{\mathrm{d}y}{\mathrm{d}x}\right)^2-b\left(\frac{\mathrm{d}y}{\mathrm{d}x}\right)+c=0 \tag{13-54}$$

表 13-3

| $b^2-4ac$ | 方程类型 | 特征根 |
|---|---|---|
| $>0$ | 双曲型方程 | 两个实根 |
| $=0$ | 抛物线型方程 | 一个实根 |
| $<0$ | 椭圆型方程 | 没有实根 |

通过判别式的值可以对 13.6 节的三种典型的偏微分方程的特性进行讨论。

如果 $a,b,c$ 是 $x,y$ 的函数或是方程是非线性时,也可通过考察特征根对方程进行分类。在后一种情况 $a,b,c$ 可能是相关变量 $\phi$ 或它的一阶导数的函数。因此在求解域的不同区域,方程的类型有可能不同。以下面的的方程为例:

$$y\frac{\partial^2\phi}{\partial x^2}+\frac{\partial^2\phi}{\partial y^2}=0 \tag{13-55}$$

我们考虑它在 $-1<y<1$ 区间上的性质。因此 $a=a(x,y)=y,b=0$ 和 $c=1,b^2-4ac=-4y$。我们应区分以下三种情况:

如果 $y<0,b^2-4ac>0$,则方程是双曲型的;

如果 $y=0,b^2-4ac=0$,则方程是抛物线型的;

如果 $y<0,b^2-4ac<0$,则方程是椭圆型的。

方程(13-55)是混合型的,方程的形式取决于 $y$ 的值。对于非线性方程情况相同。PDEs 方程的类型依赖于当地 $a,b,c$ 的值。

对于有 $N$ 个独立变量$(x_1,x_2,x_3,\cdots,x_{N-1},x_N)$的 PDEs 来说,可以将其整理成下面的形式,其中,$A_{jk}=A_{kj}$,

$$\sum_{j=1}^{N}\sum_{k=1}^{N}A_{jk}\frac{\partial^2\phi}{\partial x_j\partial x_k}+H=0 \tag{13-56}$$

可以根据矩阵 $\boldsymbol{A}$ 的特征方程来进行分类。因此我们只须给出适合下面方程的 $\lambda$ 值

$$\det[A_{jk}-\lambda I]=0 \tag{13-57}$$

分类规则:

(1)如果所有 $\lambda=0$,则方程是抛物线型的;

(2)如果任何一个 $\lambda\neq0$ 且具有相同的正负符号,则方程是椭圆型的;

(3)如果任何一个 $\lambda\neq0$ 且具有一个与其他的正负符号不相同,则方程是双曲线型的。

观察拉普拉斯方程,扩散方程,波动方程,很容易由这种方法得到同方程(13-54)一样的结果。

## 13.9 流动方程的分类

一个有不少于 2 个独立变量的一阶 PDEs 方程的计算和矩阵计算相似,对它们进行分类涉及到求解矩阵的特征值,二阶 PDEs 方程或一阶和二阶 PDEs 混合型方程的分类也可以用这种方法。首先引入辅助变量,将二阶 PDEs 方程用一阶 PDEs 方程表示出来,但必须小心选择辅助变量以确保矩阵是非奇异的。N-S 方程及其简化形式可以用一种矩阵方法来分类,这已超出了本书介绍的范围。

实际中流动方程是非常复杂的,定常 N-S 方程和能量(或焓)方程形式上是椭圆型方程,

非定常方程是抛物线型方程。

无黏性流动方程的数学分类与N－S方程不同,这是因为没有高阶的黏性力项。因此,所得方程组的分类取决于流体的压缩性所起作用的程度,也就是取决于马赫数 $M$ 的大小。无黏性流动在马赫数低于1时的椭圆型性质源于压力的作用。如果 $M<1$,压力可以以音速传播扰动,这时音速大于流动速度。但当 $M>1$ 时流动速度大于扰动的传播速度,压力的扰动不能对上游产生影响。影响区域受到限制是双曲型现象的一个主要特点。因此,超音速无黏性流动方程是双曲型的。下面将以一个简单的例子来说明这种情况。

在薄的剪切层流内,沿流动方向$(x,z)$的速度偏导数远小于沿垂直于流动方向$(y)$的速度偏导数。边界层、射流、混合边界层和尾流以及充分发展的管内流动都属于这种类型。在这种情况下,控制方程只有一个扩散项(二阶),因此属于抛物线型。

为了说明无黏性流中可能产生的复杂性,下面我们分析定常,等熵,无黏性可压缩流以自由流马赫数 $M_\infty$ 流过一个细长体的速势方程:

$$(1-M_\infty^2)\frac{\partial^2\phi}{\partial x^2}+\frac{\partial^2\phi}{\partial y^2}=0 \tag{13-58}$$

令方程(13－56)中的 $x=x_1,y=x_2$,则矩阵元素 $A_{11}=1-M_\infty,A_{12}=A_{21}=0,A_{22}=1$,为了辨别方程的类型,我们要求解

$$\det\begin{vmatrix}(1-M_\infty^2)-\lambda & 0\\ 0 & 1-\lambda\end{vmatrix}=0$$

两个解 $\lambda_1=1$ 和 $\lambda_2=1-M_\infty^2$,若自由流动的 $M<1$(亚音速),两个特征根都大于0,则流动是椭圆型的;若 $M>1$(超音速),两个特征根是负值,则方程是双曲线型的。读者可以证明这与特征方程的判别式(13－54)得到的结果相同。

我们已经得到了一个双曲型流动的例子,即在定常流动中两个自变量是空间坐标。在双曲型无黏性流动中,流动方向具有类似时间的行为特征。在抛物线型薄层剪切层流区也有此特征。这些问题属于行进型,我们可以沿着像时间那样的 $x$ 增加的方向对流场进行步进求解。

上面的例子说明可压缩流体的流动类型依赖于 $M_\infty$,可压缩流的一般方程(Euler方程)也有此特征,但是参数 $M$ 是当地的马赫数。因此当流速接近于1或高于1时,问题的求解变得异常复杂。这种流动可能包括冲击波、超音速(双曲)流和亚音速(椭圆)流。它的确切位置预先是未知的。图13－11给出了一个流体围绕一个机翼时马赫数的

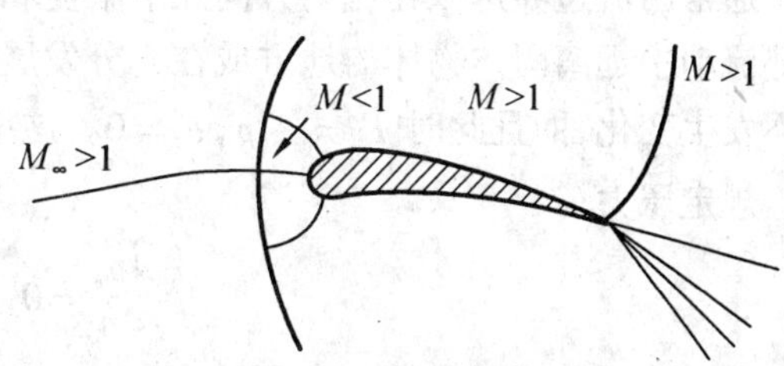


**图13－11　流体流过机翼的马赫数分布示意图**

分布。

## 13.10 黏性流体力学控制方程的补充条件

椭圆型,抛物型和双曲型特性的复杂混合对于边界条件引入一个流动问题的方式有连带关系。遗憾的是对于可压缩流可得到的关于许可的边界条件范围的理论结果很少。对于可压缩黏性流的边界条件见表13-4。

表 13-4

| |
|---|
| 非定常流动的初始条件: |
| 定常流和非定常流的边界条件必须给出在 $t=0$ 时刻整个求解域中的 $\rho, \boldsymbol{U}, T$ |
| 固体壁上 $u=u_w$(无滑移条件) |
| $T=T_w$(固定温度)或 $k\dfrac{\partial T}{\partial n}=-q_w$(固定热通量) |
| 流体边界上 进口:必须知道 $\rho, \boldsymbol{U}, T$(作为位置的函数) |
| 出口:$-p+\mu\dfrac{\partial u_n}{\partial n}=F_n$ 和 $\mu\dfrac{\partial u_t}{\partial n}=F_t$(应力连续) |

表中 $n$ 和 $t$ 分别为边界的法向量和切向量,$F$ 为表面应力。不必指定出口或固体壁处关于密度的边界条件,因为连续性方程已经描述了已知速度场的情况下,流体质点沿其轨迹经历的密度的变化。但入口的密度必须知道。在别的地方密度作为解的一部分出现,就不需要规定边界值。对不可压缩黏性流体不存在关于密度的边界条件,但上面的其他条件不用修改就可直接使用。

通常出流边界选取在流动方向几乎不变和表面应力已知的位置。对于高雷诺数流动,在外部流动中远离固体物体的地方或在充分发展了的管外流动中,在穿越边界时,任何速度分量都不发生变化,而且此时 $F_n=-p, F_t=0$。这里给出了在有限容积法中广泛使用的出流条件:

规定压力

$$\frac{\partial u_n}{\partial n}=0,\quad \frac{\partial T}{\partial n}=0$$

Gresho 对不可压缩流体的开边界条件的复杂性进行了评论,并指出关于采用$\dfrac{\partial u_n}{\partial n}=0$ 的开边界条件存在着一些理论上关心的问题,然而,由于它在 CFD 中的成功运用,与其他理论上更令人满意的选择相比，它是最简单有效的形式。

通用 CFD 软件常常包括入口和出口压力边界条件，在边界上，压力被设置为定值，质量源和汇使正确的质量流通过常压边界进入或流出求解区域。此外还有对称或周期性边界条件：

- 对称边界条件：$\dfrac{\partial \phi}{\partial n}=0$
- 周期性边界条件：$\phi_1=\phi_2$

图 13－12 给出了可以应用对称性边界条件和周期性边界条件的典型几何边界。

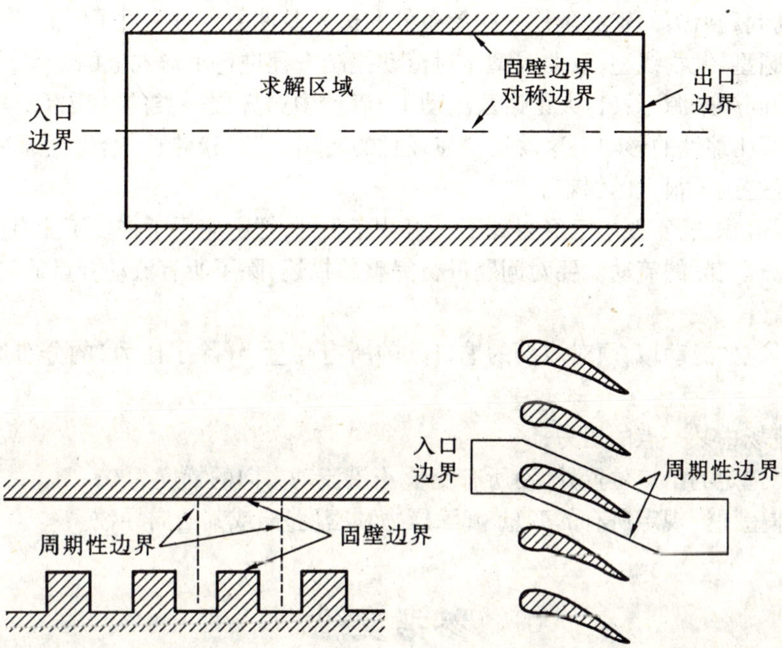


**图 13－12　对称和周期性流动边界的例子**

## 13.11　小　　结

从基本的守恒原理出发，我们已经推导出了完整的流体流动的控制方程组。引入热力平衡假设和黏性应力的牛顿模型使这个方程组封闭。因为我们未作关于黏性的特殊假设，所以方程组很容易适应于黏性依赖当地条件而变化的情况。这有利于在方程组现有框架中将黏性与温度有关的流体以及非牛顿流体包括进来。

在所有的流动方程中，我们已经应用了一种通用的微分形式，即所谓的输运方程并形成了CFD方法中非常重要的有限容积积分形式。对于定常过程

$$\int_A \boldsymbol{n} \cdot (\rho\phi\boldsymbol{U})\mathrm{d}A = \int_A \boldsymbol{n} \cdot (\Gamma\mathbf{grad}\phi)\mathrm{d}A + \int_{CV} S_\phi \mathrm{d}V \tag{13-43}$$

对于非定常过程

$$\int_{\Delta t} \frac{\partial}{\partial t}\left(\int_{CV}(\rho\phi)\mathrm{d}V\right)\mathrm{d}t + \int_{\Delta t}\int_A \boldsymbol{n} \cdot (\rho\phi\boldsymbol{U})\mathrm{d}A\mathrm{d}t = \int_{\Delta t}\int_A \boldsymbol{n} \cdot (\Gamma_\phi\mathbf{grad}\phi)\mathrm{d}A\mathrm{d}t + \int_{\Delta t}\int_{CV} S_\phi \mathrm{d}V\mathrm{d}t \tag{13-44}$$

求解流动问题所需的辅助条件—初始条件和边界条件已经讨论过了。有三种不同类型的流动行为：椭圆型、抛物线型、双曲线型。对流动控制方程进行了形式上的分类，伴随这样的形式分类产生的问题来源于：(1)大雷诺数流动下，流动中边界层一类的性质；(2)马赫数接近于或大于1时，可压缩性的影响。这就使得在任意的雷诺数和马赫数下给完全通用的CFD程序规定边界条件遇到了很大的困难。

关于有限容积法，实践中已经得到了一组补充条件，把它应用于许多工业有关的问题中可以给出符合物理实际的流动。要对问题进行完整的描述，除了所有流动变量的初始值外，还包括以下边界条件：

- 对所研究的流动域，须对流场的进口处的所有变量 $\phi$（除了压力）的分布进行完整的说明；
- 规定流场中某一点的压力；
- 在恰当选定的出口位置处，使所有变量 $\phi$ 沿流动方向的梯度为0；
- 在固体壁面处规定所有的变量 $\phi$（除压力和密度外）或其法向导数。

# 参考文献

1 Schlichting H.(1979). Boundary - layer theory, 7th ed., McGraw-Hill, New York.

# 第 14 章　湍流及其模式

工程问题中的流动，不论是简单的，例如二维空间的射流，尾流，管流和平板边界层，还是更复杂的三维空间情况，当有流体流过，在雷诺数超过一定值时流动就会是不稳定的。在小雷诺数情况下，流动是层流，在大雷诺数时流动变成湍流。在流体充满的区域中，速度和压力随着时间不断地变化，流体的运动是浑沌，随机的。层流范围内的流动可以用第 13 章中的方程完满地描述。在简单情况下，连续方程和 Navier-Stokes 方程可以解析求解。更复杂的流动可以用有限容积法这样的 CFD 方法来处理，不附加其他的近似。许多情况下，重要的工程流动都是湍流。因此湍流并不仅仅是在理论上应该关心的问题，解决工程问题需要有描述湍流作用的可行的方法。本章将简要介绍一下湍流的物理特性和它在 CFD 中的模型。我们将考察湍流的特性和从层流流动到湍流流动转变的物理特性。接着要分析与湍流有关的脉动的出现对时间平均 Navier-Stokes 方程的影响。我们还将描述一些简单的二维空间湍流流动的特征。速度脉动在流体中引起附加的应力，称为雷诺应力。这种附加应力项的建模方法和它的求解是我们更为关心的问题。

## 14.1　湍流的概念

流动的雷诺数反映了惯性力（与对流影响相关）和黏性力的相对重要性。在流体系统的实验中，我们可以发现在小于所谓的临界雷诺数 $Re_{crit}$ 时，流动是平滑的。流体的邻近层相互以一种有序的方式滑过。如果提供的边界条件不随时间变化，这种流动是定常的。此流动被称为层流流动。当雷诺数大于 $Re_{crit}$ 时，流动变得复杂，最终将导致流动特征的根本改变。最后流动表现为随机、浑沌的。这时即使施加的是恒定的边界条件，但运动变成本质上非定常的。速度和所有其他流动特性以一种随机、浑沌的方式变化。这种流动被称为湍流。图 14－1 给出了一个典型的点测量得出的速度变化。

湍流流动的随机特性不能通过所有流体微团运动的完全描述来计算。相反图 14－1 中的速度可以分解为恒定速度 $U$ 和叠加在它上面的脉动速度 $u'(t)$，即 $u(t) = U + u'(t)$。总之，表现湍流流动最有效的方法是通过流动特性（$U, V, W, p$ 等）的平均值和脉动值（$u', v', w', p'$ 等）的统计性质来表现其特性。即使流动中平均流速和压力只在一个或两个空间中变化，但湍流脉动总是具有三维空间特征。此外，对湍流流动的直接观察揭示了旋转流动结构（漩流结构),即所谓的湍流漩涡,有较大范围的长度尺度。湍流中的漩涡运动可以使原先远离的流体质点靠近到一起。这样就使得热量,质量和动量被有效地交换。例如,一层染料滴在一点上,在湍流中它将迅速通过流动分解和扩散。这样有效的混合增大了质量、动量和热量的扩散系数。

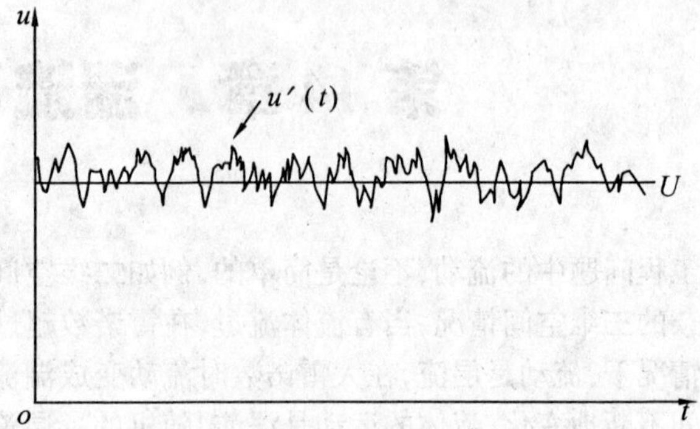

**图 14-1　湍流中典型的点速度测量**

最大的湍流漩涡通过一种称为漩涡伸展的过程,与平均流相互作用,并从平均流中汲取能量。在剪切流动中,存在的平均速度的梯度扭曲了旋转的湍流漩涡。适当排列的漩涡被拉伸,因为一端比另一端移动得快。

大漩涡的特征速度 $\theta$ 和特征长度 $l$ 与平均流动的速度 $U$ 和长度 $L$ 是同数量级的。因此,用这些大涡的尺度与运动黏性联合组成的大涡雷诺数( $=\frac{\theta l}{v}$ ),在所有的湍流流动中都是一个大数值(因为$\frac{UL}{v}$也是个大值),所以这些大涡受惯性效应支配而黏性效应可以忽略。

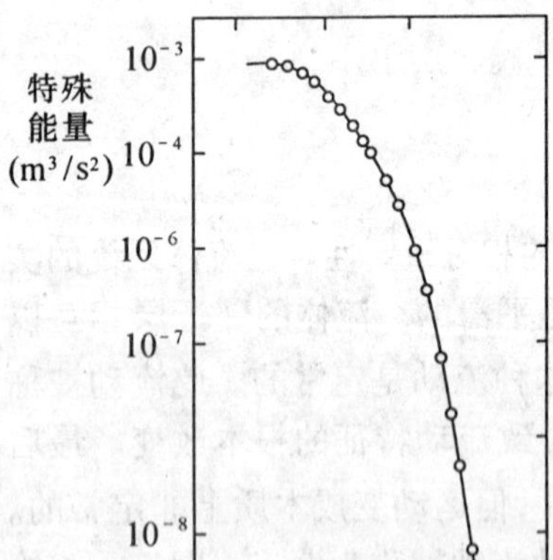

**图 14-2　某一栅格后的湍流运动能量谱**

因此,大涡实际上是无黏性的,而在漩涡伸展过程中动量矩是守恒的。涡的延伸使旋转速率增加,而使漩涡横截面的直径减小。于是这个过程产生处于较小横向长度尺度和较小时间尺度的运动。平均流对大涡所作的拉伸功提供了维持湍流的能量。小漩涡本身受某些稍大的漩涡强烈的拉伸作用,而受平均流动的作用就小很多了。在这种方式下,动能从大漩涡向越来越小的漩涡传下去,这被称为能量的逐级传递或能量阶梯式下降。一个湍流的所有脉动特性(脉动参数)都包含跨过一个很宽的频率或波长( $=\frac{2\pi f}{U}$ ,这里 $f$ 为频率)范围的能量。图 14-2 表明了这一点,图中给出了一个栅格下游的流动能量谱。

在湍流流动中可以产生的最小尺度的运动,是受黏性支配的。最小漩涡的基于其特征速度 $v$ 和特征长度 $\eta$ 的雷诺数( $=\frac{v\eta}{\nu}$ )是等于 1 的。在这样的尺度下(长度从 0.1～0.01 mm,频率大于 10 kHz 的典型工程湍流),黏性影响变得十分重要。为了克服黏性应力的作用要作功,漩涡运动的能量被消耗和转变为内部热能。这种消耗增加了湍流的能量损失。由于最大的漩涡与平均流动的强烈作用,它们的结构是各向异性(有方向性的),并且是取决于流动的。黏性的耗散作用倾向于抹去在小尺寸上的方向性。因此,在湍流流动中在高平均流雷诺数处的最小漩涡是各向同性的(无方向性的)。

## 14.2　从层流到湍流的转捩

从层流向湍流转捩的最初的起因可以通过考虑层流流动对小扰动的稳定性来解释。大量的理论工作致力于对转捩开始的分析:流体动力的不稳定性。在许多有关的实例中,向湍流的转捩与剪切流相联系。线性的流体动力稳定性理论寻求识别引起扰动扩大的条件。在工程研究中特别关心的是,预测对应于扰动扩大的雷诺数 $Re_{x,\mathrm{crit}}\left(=\frac{Ux_{\mathrm{crit}}}{\nu}\right)$(临界雷诺数)和对应于充分转捩到湍流的雷诺数 $Re_{x,tr}\left(=\frac{Ux_{tr}}{\nu}\right)$的值。我们在这里不能详细论述这方面理论的数学讨论,只作些简要的介绍。White 在 1991 年给出了这方面理论和实验研究的综述。这一方面的问题是十分复杂的,但一系列的实验论证揭示了引起从层流到湍流转捩的物理过程。我们的大部分知识来源于二维不可压缩流的研究。所有这些流动对于具有相对较长的波长的二维扰动是敏感的,速度发生改变所经历的长度为横向距离的几倍(例如一个平板边界层厚度的六倍)。

**层流流动的流体动力学稳定性**

有两个基本不同的不稳定机理在起作用,它们与基础流动的二维层流速度剖面形状有关。在图 14-3(a)中,可以看出流动速度分布图中有一个拐点,如果雷诺数足够高,对于无穷小的扰动,这种流动总是不稳定的。这种不稳定性,首先是在无黏性假设的扰动演变方程中确定的。随后理论的发展包含了黏性的影响,但其结果的改变非常小,因此这种不稳定性被称为无黏不稳定性。图 14-3(a)给出的这种类型的速度分布图,与射流,混合层和激波有关,也与在逆向压力梯度($\frac{\partial p}{\partial x}>0$)影响下平板上的边界层有关。黏性的作用是在低雷诺数情况下消除脉动以及稳定流动。

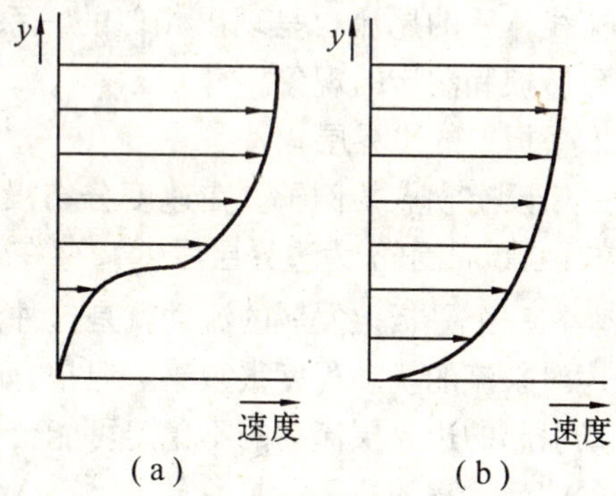


图 14-3　层流速度分布图

图 14-3(b)给出了无拐点的层流速度分布图,这种流动对黏性不稳定性是敏感的。对于这些速度分布图,近似的无黏性理论预测有无条件稳定性,而这种速度剖面总是与固体壁面附

近的流动相联系。例如管路，槽道和无逆向压力梯度($\frac{\partial p}{\partial x} \leqslant 0$)的边界层流动。黏性影响扮演了更为复杂的角色——在高或低雷诺数的情况下提供阻尼，但在中间雷诺数时动摇流动的稳定性。

**向湍流转捩**

首先出现不稳定的点总是在转捩到充分的湍流的点的上游。不稳定点(该处对应于雷诺数 $Re_{x,\text{crit}}$ 和转捩点(对应于 $Re_{x,\text{tr}}$)之间的距离取决于不稳定扰动扩大的程度。不稳定点和转捩过程的开始可以通过流体动力学不稳定性的线性理论预测。但是没有十分完全的理论来解释从最初的不稳定到充分的湍流流动的路径。下面我们来描述通过实验观察到的三种简单流动的主要特征，这三种流动为射流，平板边界层以及管道流动。

1.射流流动

有一个拐点的例子。在所有雷诺数下，有一个或更多的拐点的流动都放大了长波长的扰动，典型情况发生在雷诺数大约大于 10。这个转变过程在射流流动的略图中表示(图 14-4)。

流动从端口流出后，层流的出口流在相当靠近端口处卷起一个漩涡。随后的扩散产生了成对漩涡，从而形成了更强大的单个漩涡。再往下游一段很短的距离，三维扰动使漩涡变得十分扭曲，并且不清晰了。产生大量小的漩涡的同时，流动崩溃了，然后向充分的湍流快速转变。混合层和非流线体后的尾流也呈现出相似的一系列导致转捩和湍流的现象。

**图 14-4　射流流动的转变过程**

2.平板上的边界层

一个没有拐点的例子。在速度分布没有拐点的流动中，黏性不稳定理论预测出：雷诺数 $Re_\delta$ 在 1 000 周围($\delta$ 为边界层厚度)，存在一个有限的区域。在这个区域中，无限小的扰动被放大。在一个平板上发展的流动就是这种流动，其转捩过程被广泛研究。流动现象转变的准确顺序对来流的扰动程度很敏感。但是，如果流动系统是在十分光滑的条件下，那么相对的长波扰动引起的边界层流动的不稳定可能会很明显地被发现。图 14-5 给出了导致转捩和达到充分的湍流过程的略图。

如果来流是层流的，大量的实验证实了理论的预测，即最初的线性不稳定性发生在大约 $Re_{x,\text{rit}} = 91\ 000$。这种不稳定的二维扰动称为托尔明-许里希廷(T-S)波。这些扰动沿流动方向逐渐扩大。

接下来的发展取决于扰动波在最大(线性)放大率处的波幅。因为扰动的扩大发生在一个有限的雷诺数范围内，所以扩大了的波动再往下游时可能会减弱而且流动仍然是层流的。如果扰动波幅足够大，那么非线性的、第二种不稳定机制使 Tollmien-Schlichting 变成三维的，并且最终发展成发夹形的 $\Lambda$ – 涡。在最普通的转捩机制，即所谓的 $K$ – 形转捩中，发夹涡排成一线。

在发夹涡之上诱导出一个高剪切流区，随后它不断加强，拉伸并卷起。转捩过程再往后的阶段包含一个级联（逐级）分解过程，强剪切层转变成较小的单位，这些较小的单位具有趋近于随机的可测参数的频谱。强烈的、非常局部的变化的区域在随机的时间和固壁附近随机的位置上发生。三角形的湍流斑点从这些位置上突然出现。这些湍流斑点随流动迁移并且斜着向一边散步发展，使更多的层流流体参加到湍流运动中去。

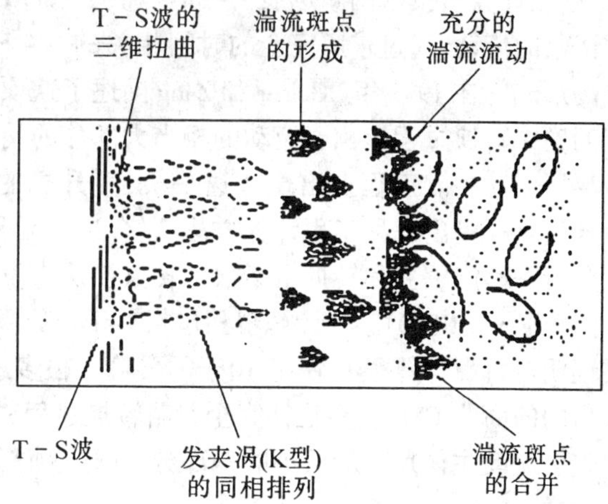


图 14 – 5　平板上边界层流动中的转捩过程

普通的平板边界层的转捩包括湍流斑点在现行地点的形成以及随后因流动对流到下游的不同的湍流斑点的合并。这一现象发生在 $Re_{x,tr} \approx 10^6$。

3. 管道流动转捩

在大部分相同的问题中，管道流动的转捩是一种特殊类型的流动，它没有拐点。流体动力稳定性的黏性理论指出，这种流动在所有雷诺数下对无穷小的漩涡无条件地稳定。实际上，湍流的转捩发生在雷诺数 $Re = \left(\frac{UD}{\nu}\right) = 2\,000 \sim 10^5$。但是许多细节仍不十分清楚，这说明了目前的稳定理论具有局限性。理论明显缺陷的原因是进口速度分布的变形和由于进口影响的有限振幅的扰动。实验表明，在管道流动中，如同在平板边界层一样，湍流斑点出现在近壁面区域的附近。这些湍流斑点长大、合并，最后充满整个管道横截面形成了漩涡条。在工业管中，雷诺数大约为 2 000 时，流动形成断断续续的漩涡条，同时引起了沿管子长度方向，湍流区和层流区的交替变化。当雷诺数大于 2 300 时，漩涡条就连接起来了，并且整个管内处于湍流状态。

**结论**

从上面对射流，平板边界层以及管道流动过渡过程的描述，我们可以很清楚地看出，在转捩过程中，它们有许多共同的特征：（ⅰ）初始小扰动的扩大；（ⅱ）集中旋转结构的面积的扩展；（ⅲ）密集的小尺度运动的形成；（ⅳ）这些小尺度运动的发展以及合并形成了充分的湍流。向湍流转捩受以下因素影响：压力梯度，扰动级别，壁面粗糙度以及热传递。上面的讨论仅仅适用于亚音速不可压缩流动。在 Mach 数大于 0.7 时，流动中的可压缩性将大大使稳定性理论复杂化。尽管我们从简单流动中学到很多东西,但是仍然没有得到完全的关于转捩的理论。近年来,超级计算机技术的新进展为我们提供了条件,有可能对于一些非常简单的几何条件下中等雷诺数的流动,通过求解完全的时间相关的 N-S 方程,来模拟导致转捩的现象,包括湍流斑点的形成。在 1991 年,Kleiser 和 Zang 阐述了这项技术,它使实验和计算得到了有效的统一。工程问题中转捩过程影响着流动的相当大部分的情况,这往往出现在中等雷诺数下的外部壁面边界层流动中。工程上出现在透平机,直升机的转子和一些低速飞机机翼的研究中。在 1989 年,Cebei 提出一种工程计算方法,联合进行无黏性远场和边界层的计算,连同进行线性稳定性分析来确定临界和转捩雷诺数。转捩被认为发生在某一点上,在这点上出现最初扰动的放大因子 $e^9$($\approx$8 000)。其计算步骤包括对于边界层的完全湍流部分的一个混合长度模型,已经被证明对机翼计算很有效,但由于需要输入很多经验值,因此降低了程序的通用性。应用于一般目的的商业 CFD 程序往往完全忽略转捩过程,把流动分类为层流和完全湍流。转变区往往只包含流动主体尺寸的很小的一部分,在这些情况下,由于忽略了它的详细结构所产生的误差是非常小的。

## 14.3 湍流的物理性质

### 14.3.1 理想的湍流模型

湍流模拟是计算流体力学(CFD)的三个关键内容之一。其他两个关键内容,即网格生成和叠代算法都可以由非常精确的数学理论推导出。而在湍流模拟中,用数学模型近似描述湍流流动的物理本质所能达到的精确程度还是远远不够的。这一点并不令人感到意外,因为湍流是一个极其复杂的物理现象。

Prandtl,Taylor 和 Von Karman 等所有其他的著名学者们,都花费了他们相当多的时间研究适用的工程近似算法并建立描述复杂物理流动的模型。一个理想的模型,应该力求简便同时又能抓住相关的物理本质。

湍流本身是三维非定常的。因而完整地描述一个湍流流动,需要大量的信息。幸运的是,通常我们并不需要知道每个流动性质在所有的空间坐标上的完整的时间历程。因此,对一个给定的湍流的应用实例,我们必须提出以下问题:给出了初始或边界条件,我们究竟如何预测流动的相关特性,涉及到何种流动特性通常受到给出的应用实例的支配。对于最简单的应用实例,可能只要求知道表面摩擦力和导热系数,而对于比较深入的实例,则可能要求详细了解能量谱以及湍流脉动的幅度和尺度。

当然,对于一个给定的应用实例,如果需要了解更多的流场细节,就需要有更复杂的数学方法。一方面,如果我们所要求的只是一个附着流动的表面摩擦力,那么一个简单的混合长度模型就足够了。对于这个很实用的模型,使用者只需具备很少的专业知识。另一方面,如果我们想得到湍流流动中各个方面信息的全部时间历程,只有靠求解 N－S 方程才能做到。这样求解需要有一种特别精确的数值解法并且可能需要用到精巧的转换技巧,且不说需要极其庞大的计算机资源。大多数工程问题则处于上述两种极端情况之间。

### 14.3.2 关于湍流的物理性质

在接触湍流的数学特征前,有必要先讨论一下这个现象的物理性质。当然并不打算对这个复杂的主题进行全面的描述,而是着重讨论几点对建造数学模型有用的特征。

如果一种黏性流体,有“足够小”的特征尺寸和“足够低”的流速,那么其雷诺数就不太大,并且运动方程有着良好的稳定的解。它的流动受涡量和动量黏性扩散的控制,这种流动叫做层流,在实验室和自然界中都能观察得到。

当雷诺数较大时,流体的惯性作用超过了黏性力的作用,层流运动变得不稳定,出现了流速和压力快速脉动的现象。运动本身变成了三维的而且是不稳定的,我们把这种情况的运动称为湍流。以充分发展的库埃特流和管流的情形为例,仅当基于最大速度和通道高度或圆管半径的雷诺数分别小于 1 500 和 2 300 时,层流才是可以保证的。

几乎所有的实际工程的流动都是湍流的。例如,流过比如火箭、飞机、轮船和自动装置等的流动都是湍流的,在河水流动,行星表层,云层的运动等这些物理现象中,湍流占据了支配地位。

湍流流动总是发生在雷诺数很大的时候。对于黏性很小的流体如水和空气,“大”雷诺数非常容易出现。因而,在分析一般问题的流体流动时,必须与湍流打交道,尽管为揭开湍流神秘的面纱,已经进行了大量的研究,但湍流仍是经典物理未解决的主要问题之一。

14.3.2.1 湍流的一般特性

(1)基本定义

1937 年,Von Karman 在题为“湍流”的一篇演讲中为湍流下了定义。他引用了 G.I.Taylor 的话:“湍流是流体(气体或液体)流过固体表面或流过相邻的流动的界面时在流体中通常呈现出的一种不规则运动。”当人们对湍流的理解进一步加深后,研究者发现“不规则运动”这种说法不太确切。简单说来,不规则运动是一种典型的非周期性运动,它不能用时间和空间坐标的直截了当的函数来描述,它也可能对初始条件有强烈依赖。Taylor-Von Karman 湍流定义的问题在于,实际上,存在着可以用不规则运动来描述的非湍流的流动。

湍流可以用概率原理来描述,从这个意义上来看,湍流的确是不规则的。尽管湍流的瞬时参数对初始条件格外敏感,但瞬时参数的统计平均值对初始条件不敏感。为使定义更加清晰,Hinze(1975)给出了修正后的定义:“湍流流体运动是一种不规则的流动状态,其中各变量随时间和空间坐标随机变化,使得其统计区分出的平均值是可以被描述的。”为完善湍流的定义,Bradshaw 补充了一句话:湍流有一个宽广的尺度范围。对湍流流动作傅立叶分析揭示出的频率和波长代表了湍流的时间尺度和长度尺度。

湍流的不规则性质是相对于层流运动而言的,在历史上流体被认为是以平顺的层状流动的。许多研究者在描述湍流时,归因于涡流运动,这是一种局部的涡量很强的漩涡运动。湍流漩涡有着宽广的尺度范围,并能产生强烈的混和作用以及很大的有效剪切应力(与层流值相比)。

(2)不稳定性和非线性

对 N-S 方程解的分析,或更典型地对边界层形式的方程解的分析表明,当层流流动不稳定(失稳)时就发展为湍流。为分析层流流动的稳定性,经典的方法是先把运动方程线性化。尽管线性理论在预测最终导致湍流的不稳定何时开始这方面取得了一些成就,但 N-S 方程是非线性的,这就阻碍了对实际转捩过程的透彻的分析和描述,更不用说对充分发展的湍流进行描述了。实际的流体(即黏性流体),以数学的观点来看,其流动的不稳定性主要是由 N-S 方程的惯性项和黏性项的相互作用引起的。这种相互作用是有旋的,三维的和非定常的,因而非常复杂。

总的来看,N-S 方程的非线性导致不同波长和不同方向的脉动间的相互作用。由后面的讨论可知,这种运动的波长通常有很广的范围,最大值可与流动区域的宽度相比,最小值可由能量的黏性扩散来确定。将这种运动散布到一个很宽的波长范围的主要的物理过程是漩涡的拉伸(伸展)。如果漩涡元素主要朝向平均速度梯度能够拉伸它们的方向,那么湍流就能获得能量。更重要的是,跟平均流动区域宽度相比不是太小的波长与平均流动相互作用起来最强烈。结果是大尺度的湍流运动携带了最多的能量,并且对扩散性的增强和伴随的应力的增强起主要作用。依次地,大漩涡随机地拉伸较小漩涡的涡元素,并将能量传递给它们。由于有黏性,能量在最短波长的条件下耗散,尽管能量的耗散率是由能量逐级传递的起始端的长波运动所设置的,但最短的波长会相应地进行调整。

(3)统计特性

湍流的非定常本质增加了处理的难度,其复杂性远超过了多增加一维时间带来的问题。湍流是以随机脉动为特征的,因此可以用统计学的方法来分析它。一方面,在一个工程师看来,这实际上不成问题。即使我们有了湍流流动的一个完整的时间历程,我们通常还会对感兴趣的流动变量沿时间积分以提取时间平均值。另一方面,如我们在第 16 章看到的那样,时间平均运算在运动方程中导出了一些不能靠演绎确定的项。

(4)湍流是连续现象

从原理上来说,我们认为非定常的,三维连续性方程以及 N-S 方程包含了湍流流动的所有物理现象。这种看法的正确性源自这一事实,即湍流是一种连续的现象。犹如 Tennekes 和 Lumley(1983)所指出的:“发生在湍流中的最小尺度通常远远大于任何分子长度尺度”。然而,湍流的最小尺度仍然特别小,它们通常比湍流的最大尺度小很多个量级,后者通常与流动流体的尺度有相同的量级,而且最小与最大尺度的比值会随 *Re* 数的增大而迅速减小。为了作出湍流流动的精确的数值模拟(即彻底的时间相关的三维解),所有相关物理尺度都必须是可分辨的。

虽然这种模拟正在取得越来越多的进展,但90年代的计算机具有的内存容量和计算速度对于求解实际感兴趣的任何湍流问题还是不充分的。为了理解这个问题有多大,Speziale于1985年指出,对雷诺数为$5\times10^5$时的湍流管流进行数值模拟,需要运算速度为Gray Y/MP的一千万倍的计算机。这是因为在这种计算中的数值运算的次数是正比例于$Re^{9/4}$,其中$Re$是特征雷诺数。

(5)漩涡伸展

湍流强烈的旋转特性与它的三维性总是连在一起。湍流流动中的漩涡状态本身是三维的,因此,湍流流动中的涡线是不平行的。产生的涡线的强烈的拉伸维持了流动中始终存在着的脉动的涡动状态。涡漩拉伸在二维流动中是不存在的。因此湍流必定是三维的。这一固有的三维性意味着对于确定湍流流动的细节而言是不存在令人满意的二维近似的。甚至当平均运动是二维的,情况仍然如此。伴随着这些扭曲的涡线,诱导速度场进一步增强了三维性。因此大多数湍流中漩涡都是小漩涡。

(6)湍流尺度和级联过程

湍流由一个连续的尺度谱构成(从最小尺度到最大尺度),这个连续谱不同于一个离散的尺度组。为形象地表示湍流流动,我们通常采用漩涡这个词。如上所述,湍流漩涡可认为是一局部的漩涡运动,它的特征长度为局部湍流尺度。换句话说,从更数学化的角度看,就是通常我们所说的波长。当我们考虑波长时,我们认为我们已对脉动的流动参数作出了傅立叶分析。

边界层上面的流动有一个稳定的速度$U$;漩涡的随机脉动速度的量级为$U$的十分之一。大漩涡(图14-6)的尺寸$l$与边界层厚度$\delta$具有可比性。边界层与边界层上面的流动之间的分界面相当明显。

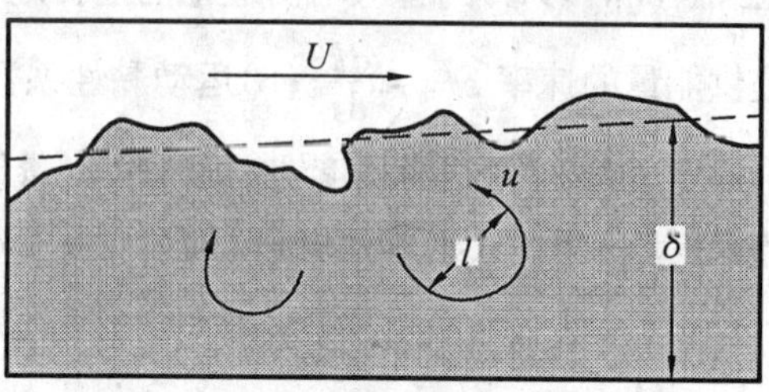

图14-6 湍流边界层中的大漩涡示意图

我们观察到漩涡在空间部分重叠,大的漩涡携带小的漩涡。湍流具有逐级传递能量,即阶梯式下降过程(Cascade Process)的特征。当湍流衰变时,它的动能从较大的漩涡传递给较小的漩涡。最后最小的漩涡通过分子黏性的作用耗散成热,正如许多黏性流动那样,湍流流动总是耗散的。

(7)大漩涡和湍流混合

大漩涡在流动中迁移时,会携带小的漩涡,这是湍流流动的一个特别显著的特点。当这些大漩涡来到湍流区和非湍流区的分界面附近时,就会把分界面扭曲成高度扰动的形状。此外,这些漩涡可能有很长的寿命,它们迁移的距离有时会30倍于流动区域的宽度之多。因此,在特定区域的湍流状态取决于上游来流的历史情况,而不能像在层流中那样,单单由局部的变形率张量就可确定。

(8)增强的扩散能力

从工程上看,湍流最重要的特征是其增强的扩散能力。湍流扩散极大地加强了质量、动量和能量的转移。其表观应力通常比层流中相应的应力大几个量级。

综上所述,在湍流中大的、携带能量的漩涡起主要作用。我们所观察到的扩散能力和应力的提高主要是由于大漩涡在起作用。由于大漩涡的迁移距离长,所以扩散能力和应力依赖于流动的历史情况,而且不能表述成局部流动参数的函数。同样,当小漩涡最终通过黏性的作用把湍流的能耗耗散掉时,它们消耗能量的速率由它们从大漩涡接受能量的速率决定。这些观察结果必须在任何合理的湍流模型的公式表述中体现出来。

14.3.2.2　湍流的最小尺度

由前面的叙述可知,我们把湍流看成是一个连续的现象,因为湍流的最小尺度比任何分子长度尺度大得多。我们可以借助于量纲分析来估计湍流最小尺度的大小,从而证实这一结论。当然,为确立相关的有量纲量,我们必须首先考虑湍流在最小长度尺度时的物理性质。

我们首先注意到所有的湍流流动过程中存在的阶梯式下降过程包括每单位质量的湍流动能 $k$,从大漩涡到小漩涡的能量传递。在最小漩涡的尺度下,湍流动能耗散成热是通过分子黏性作用完成的。由于小尺度的运动往往发生在短的时间内,于是可以合理地假设小尺度的运动不依赖于相对来说较慢的大漩涡的动力学状态和平均流动。因此,较小的漩涡应该处在这样一种状态,它从大漩涡接收能量的速率,非常接近于最小漩涡的动能耗散为热的速率,这就是 Kolmogorov(1941)的普遍均衡理论的前提之一。所以,最小尺度下的运动只取决于:(a)大漩涡提供能量的速率 $\varepsilon=-\dfrac{\mathrm{d}k}{\mathrm{d}t}$;(b)运动黏性系数 $\nu$。

确定了将 $\varepsilon$(量纲为长度$^2$/时间$^3$)和 $\nu$(量纲为长度$^2$/时间)作为适当的有量纲量后,形成以下的长度($\eta$),时间($\tau$)和速度($v$)的尺度就是很简单的事了

$$\eta\equiv\left(\frac{\nu^3}{\varepsilon}\right)^{1/4},\quad \tau\equiv\left(\frac{\nu}{\varepsilon}\right)^{1/2},\quad v\equiv(\nu\varepsilon)^{1/4} \tag{14-1}$$

这就是 Kolmogorov 长度,时间和速度尺度。

为了明确 Kolmogorov 长度尺度有多小,我们可以在基于典型湍流边界层特性的基础上举个例子来估计一下。对一个以 65 km/h 运行的汽车,驾驶员车窗附近的 Kolmogorov 长度值大约为 $\eta\approx4.572\times10^{-4}$ cm,再举个例子,某一天的温度为 20 ℃,空气的平均自由程,即一个分子在两次碰撞之间移动的平均距离是 $l_{\mathrm{mfp}}\approx6.35\times10^{-6}$ cm,因此

$$\frac{\eta}{l_{\mathrm{mfp}}}\approx72 \tag{14-2}$$

可见,Kolmogorov 长度确实比空气的平均自由程大很多,这个长度大约是分子直径的 10 倍。

14.3.2.3　谱方法和 Kolmogorov －5/3 定律

为了进一步认识湍流，再做一些定量的讨论。因为湍流有着连续的尺度谱，所以按照能量的谱分布来做分析通常是很方便的。一般，谱表示法是按波数 $\kappa$，或等价地按波长 $\lambda=\dfrac{2\pi}{\kappa}$，进行傅立叶分解。通过简化傅立叶转换式，我们可以得出一些有趣的结论，我们把 $\kappa$ 的倒数看作是漩涡的尺寸，把 $E(\kappa)\mathrm{d}\kappa$ 看作从波数 $\kappa$ 到 $\kappa+\mathrm{d}\kappa$ 的湍流动能

$$k=\int_0^\infty E(\kappa)\mathrm{d}\kappa \tag{14-3}$$

回忆一下，$k$ 是湍流脉动速度引起的单位质量的动能。相应地，能谱密度或能谱函数 $E(\kappa)$ 与 $k$ 的傅立叶变换有关。

注意到湍流强烈地受大漩涡的驱使，于是我们认为 $E(\kappa)$ 是大漩涡的特征长度 $l$ 和平均应变率 $S$ 的函数。这份动能通过平均流动和大漩涡之间的直接相互作用提供给湍流。此外，因为湍流总是耗散的，我们认为 $E(\kappa)$ 依赖于 $\nu$ 和 $\varepsilon$。根据定义，它也必须是依赖于 $\kappa$ 的，对于大雷诺数的湍流，量纲因次分析和实验测量都证实，$k$ 可以由 $\varepsilon$ 和 $l$ 表达出来

$$\varepsilon\sim\frac{k^{3/2}}{l}\approx k\sim(\varepsilon l)^{2/3} \tag{14-4}$$

尽管这个长度尺度 $l$ 的值还未确定，但它是大多数湍流模型所依据的主要的长度尺度。有一种测量长度尺度 $l$ 的标准，通称积分长度尺度量。在大多数湍流模型的分析中，我们假定大小尺度之间有很大的区别，这意味着隐含地假定 $l$ 远大于 Kolmogorov 长度尺度，即

$$l\gg\eta \tag{14-5}$$

把(14－4)式中 $\varepsilon$ 的估计值代入到 Kolmogorov 长度尺度得到

$$\frac{1}{\eta}=\frac{l}{\left(\dfrac{\nu^3}{\varepsilon}\right)^{1/4}}\sim\frac{l\left(\dfrac{k^{3/2}}{l}\right)^{1/4}}{\nu^{3/4}}\sim Re_T^{3/4} \tag{14-6}$$

式中

$$Re_T\equiv\frac{k^{1/2}l}{\nu}$$

这里 $Re_T$ 就是湍流雷诺数，它与湍流运动速度有关，并正比于 $k$ 的平方根、湍流长度 $l$。因此，条件 $l\gg\eta$ 认为存在一个很大的湍流雷诺数，即

$$Re_T\gg1 \tag{14-7}$$

各长度尺度之间存在着很大区别是 Kolmogorov 在他的普遍均衡理论中作出的一个重要假设。也就是说，他假定对于很大的雷诺数，存在着在最大和最小的涡之间的一个涡的尺寸范围，在此范围内阶梯式下降过程与包含能量的涡的统计量无关(于是 $S$ 和 $l$ 可忽略)，也与分子黏性的直接作用无关(于是 $\nu$ 可以略去)。这个想法就是，存在着一个波长的范围，在此范围内能量的转移主要靠惯性作用，因此 $E(\kappa)$ 只依赖于 $\varepsilon$ 和 $\kappa$，根据量纲分析，可以得出下式：

$$E(\kappa)=C_K\varepsilon^{2/3}\kappa^{-5/3},\quad \frac{1}{l}\ll\kappa\ll\frac{1}{\eta} \tag{14-8}$$

式中 $C_\kappa$ 是 Kolmogorov 常数，因为能量的惯性转移起支配作用，Kolmogorov 把这个波数范围确定为惯性子域。惯性子域的存在已经被许多实验和数值模拟证实，尽管是在许多年后才有权威性资料证实了它的存在。图 14－7 表示的是一个湍流流动的典型能量谱分布。

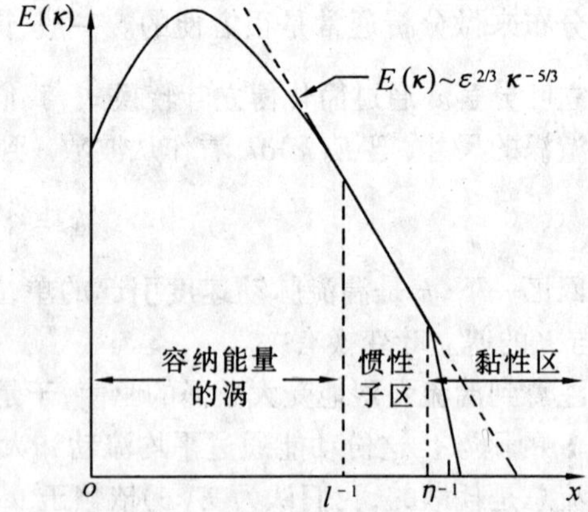


图 14－7 对数坐标系下的湍流流动能量谱

方程(14－8)与实际测量很符合，但它并不是能由量纲分析得出的唯一公式，这也是量纲分析的缺点之一，即我们得到的结果很少是唯一的。例如，一些研究者由于缺少 Kolmogorov 的物理直觉，会把 $\nu$ 也看作是 $E(\kappa)$ 所依赖的、像 $\varepsilon$ 和 $\kappa$ 那样的一个有量纲的量。于是方程(14－8)可以演化为

$$E(\kappa)=\varepsilon^{1/4}\nu^{5/4}f(\kappa\eta),\quad \eta=\left(\frac{\nu^3}{\varepsilon}\right)^{1/4} \tag{14-9}$$

$f(\kappa\eta)$是一个待定的函数，若考虑 $E(\kappa)$随着 $\kappa$ 的变化而变化，这个式子代表不了任何东西，由此可见，量纲分析虽然有用，但对于推导物理定律来说还是不充分的。

Afzal 和 Narasimha(1976)采用摄动理论中更有力的概念，解决了这点不足。并且确定了函数 $f$ 在惯性子区的渐近线及其变动情况。在他们的研究中，假定对于大波数、小尺度漩涡，其能谱函数由式(14－9)给出。用此表达式作为摄动法的内解。

Afzal 和 Narasimha 假定，对于大漩涡，黏性作用是不重要的，并且，如果能谱函数的相关尺度只是 $k$ 和 $l$，那么它就是确定的，即

$$E(\kappa)=klg(\kappa l) \tag{14-10}$$

式中 $k$——湍流动能；

$l$——上文讨论过的大漩涡的长度尺度；

$g(\kappa l)$——第二个待定函数，式中简化了一些参数间的关系，没有显式地表示 $E(\kappa)$随应变率 $S$ 的依赖关系，因为对于大雷诺数的边界层而言，它是与$\frac{k^{1/2}}{l}$成比例的。这个表达式作为摄动法中的外解。

最后，他们把内、外两个解匹配起来，也就是说，他们认为当 $\kappa\eta$ 很小而$\kappa l$ 很大时，内解和外解是等同的，即

$$\varepsilon^{1/4}\nu^{5/4}f(\kappa\eta)=klg(\kappa l)\quad 当\ \kappa\eta\ll 1\quad \kappa l\gg 1 \tag{14-11}$$

用语言来表达，这一匹配运作采取了以下假定："对于任何湍流流动，在其黏性和能量的尺度范围内存在着一个部分交叠的区域，在那里，当雷诺数趋于无穷大时，两个相应的解的极限

必须互相匹配。”

注意到,这个对于雷诺数的限制条件,指的是雷诺数必须足够大,才能允许尺寸之间有大的区别存在,也就是 $l \gg \eta$。为完成这个匹配过程,Afzal 和 Narasimha 的做法如下。按照奇异摄动理论的精神,这个匹配过程假定内解和外解的函数形式在重叠区域是相同的,这比要求两个解在同一点有相同的值的条件强得多,因此,如果两种解的函数形式相同,那么它们的一阶导数也相同。即(14-11)式两边对求导,可以有

$$\eta \varepsilon^{1/4} \nu^{5/4} f'(k\eta) = kl^2 g'(\kappa l) \quad 当\ \kappa\eta \ll 1 \quad 和 \quad \kappa l \gg 1 \tag{14-12}$$

然后,注意到 Kolmogorov 长度尺度是 $\eta = \nu^{3/4} \varepsilon^{-1/4}$,由式(14-4)知 $k = \varepsilon^{2/3} l^{2/3}$,于是方程(14-12)变成

$$\nu^3 f'(\kappa\eta) = \varepsilon^{2/3} l^{8/3} g'(\kappa l) \quad 当\ \kappa\eta \ll 1 \quad 和 \quad \kappa l \gg 1 \tag{14-13}$$

最后,把上式两边同乘 $\kappa^{8/3} \varepsilon^{-2/3}$,又由于 $\nu^2 \varepsilon^{-2/3} = \eta^{8/3}$ 可以得到下式

$$(\kappa\eta)^{8/3} f'(\kappa\eta) = (\kappa l)^{8/3} g'(\kappa l) \quad 当\ \kappa\eta \ll 1 \quad 和 \quad \kappa l \gg 1 \tag{14-14}$$

如果尺寸之间有较大的区别存在,就可以认为 $\kappa\eta$ 和 $\kappa l$ 是相互区分开的变量。因此方程(14-14)告诉我们,独立变量 $\kappa\eta$ 的一个函数与另一个独立变量 $\kappa l$ 的一个函数相同。只有当两个函数在指定的极限条件下趋于常数时,这种情况才会发生。因此,在 Afzal-Narasimha 的重叠区域,即惯性子区上

$$(\kappa\eta)^{8/3} f'(\kappa\eta) = \text{constant} \Rightarrow f'(\kappa\eta) = C_K (\kappa\eta)^{-5/3} \tag{14-15}$$

式中 $C_K$ 是个常数,结合方程(14-9)和(14-15),又可得出 Kolmogorov 惯性子区的关系,即

$$E(\kappa) = C_K \varepsilon^{2/3} \kappa^{-5/3} \tag{14-16}$$

这与方程(14-8)相同。

尽管 Kolmogorov-5/3 定律在通常的湍流模拟中用的最少,但对于直接数值模拟(DNS)和大涡模拟(LES)却是至关重要的。对于 CFD 的发展当然也有重大影响。

#### 14.3.2.4 湍流壁面定律

壁面定律揭示了固体边界层附近的湍流流动规律。它是由经验得出的最有名的规律之一。测量表明,对于内部和外部流动壁面附近的流动速度随着到表面的距离以对数规律变化。我们运用量纲分析和匹配关系来推论得出这个对数形式的函数关系。

对大雷诺数湍流边界层的观测,揭示了一个有用的,对表面附近统计值规律的近似的描述。在接近表面附近,流体惯性的影响和压力梯度的影响很小。结果,湍流边界层表面附近流动的统计值依靠两种主要的机制确定。一是动量传到表面的速率(单位面积单位时间内),它等于当地切应力 $\tau$;二是动量的分子扩散,在非常接近表面处它发挥着重要作用。观察还发现,远离表面的涡流情况对于壁面附近的流动统计值并不重要。

这个近似描述的有效性随着 $\frac{y}{\delta}$ 的减少而增加,这里 $\delta$ 是边界层厚度。因为远离表面的涡的特征尺度与靠近表面的涡的尺度的比值随着 $\frac{y}{\delta}$ 的降低而增加。换句话说,既然 $\delta$ 随着雷诺

数的增加而增加,那么在大雷诺数的时候,大小尺度间的区别很大。这个关于湍流边界层的描述与 14.3.2.1 中关于湍流的一般描述很相似。然而这个相似是数学上的而不是物理上的。

尽管 $\tau$ 在表面附近是变化的,但随着至表面的距离 $y$ 的变化相当慢。因此接下来的量纲分析推理中,我们可以用壁面切应力 $\tau_w$ 代替当地切应力。而且用 $\mu$ 表示流体的分子黏性系数。因为在气体和液体中湍流的特性都相同,合理的做法是把$\frac{\tau_w}{\rho}$和运动黏性系数$\nu = \frac{\mu}{\rho}$作为最初始的有量纲量,从而不把密度 $\rho$ 作为初始的有量纲量。

因为量$\frac{\tau_w}{\rho}$的量纲是长度$^2$/时间$^2$,而$\frac{\mu}{\rho}$的量纲则是长度$^2$/时间,显然我们可以导出一个速度尺度 $u_\tau$,定义为

$$u_\tau \equiv \sqrt{\frac{\tau_w}{\rho}} \tag{14-17}$$

以及长度尺度$\frac{\nu}{u_\tau}$。$u_\tau$ 称为摩擦速度。它是一个速度尺度,代表着靠近固体壁面的边界层的速度。如果我们现在假定平均速度梯度$\frac{\partial U}{\partial y}$,与 $u_\tau$,$\frac{\nu}{u_\tau}$和 $y$ 有函数关系,由量纲分析可得出

$$\frac{\partial U}{\partial y} = \frac{u_\tau}{y} F\left(\frac{u_\tau y}{\nu}\right) \tag{14-18}$$

式中,$F\left(\frac{u_\tau y}{\nu}\right)$假定为一个通用函数。对很宽广范围的边界层实验数据的分析表明,作为一个很好的首阶近似,可取

$$F\left(\frac{u_\tau y}{\nu}\right) \to \frac{1}{\kappa} \quad 当\frac{u_\tau y}{\nu} \to \infty \tag{14-19}$$

式中 $\kappa$ 是 Karman 常数。函数 $F\left(\frac{u_\tau y}{\nu}\right)$趋于一个常数,这与黏性力在远离表面处不起作用的观点是相一致的。即函数若是随着$\frac{u_\tau y}{\nu}$变化,那么它就取决于 $\nu$。对 $y$ 积分,我们就可得到著名的壁面定律:

$$\frac{U}{u_\tau} = \frac{1}{\kappa} \ln \frac{u_\tau y}{\nu} + C \tag{14-20}$$

式中,$C$ 是无量纲积分常数。测量表明,对于光滑表面 $C \approx 5.0$;对于光滑和粗糙的表面 $\kappa \approx 0.41$。

图 14-8 显示了一个湍流边界层的典型速度分布曲线。此图显示了按以下定义的无量纲速度 $u^+$ 和距离 $y^+$:

$$u^+ \equiv \frac{U}{u_\tau} \quad y^+ \equiv \frac{u_\tau y}{\nu} \tag{14-21}$$

当 $y^+$ 大于 30 时，速度分布曲线与壁面定律是相吻合的。随着雷诺数的增加，这个壁面定律与实际速度密切吻合的 $y^+$ 的最大值也随之增加。

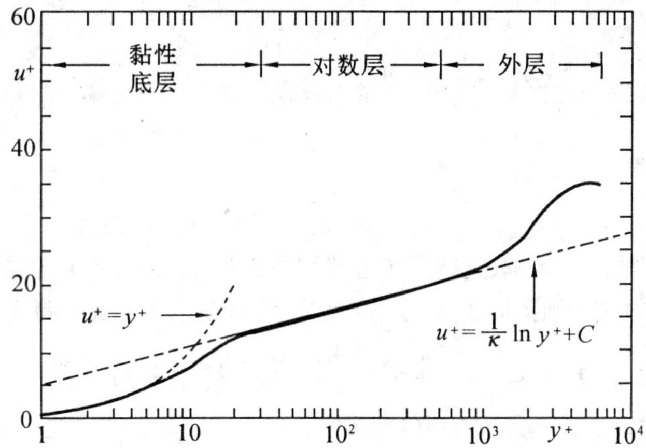


**图 14-8 一个湍流边界层的典型速度分布曲线**

可以分辨出三个不同的区域，即黏性底层，对数层和外层(缺损层)。由定义，对数层是边界层中连接黏性底层与外层的一部分，在这个区域壁面定律准确地表示了流速。它不是一个界线分明的层，更确切地说，它是边界层靠内的部分与靠外的部分中间的一个部分重叠区域。正如我们将在下面讨论的那样，这个最初由 Millikan(1938)提出的部分重叠区与前面叙述的 Afzal-Narasimha 分析过的部分重叠区相似。

假设黏性底层中的速度应该只依赖于 $u_\tau$，$\nu$ 和 $y$。我们期待有这样的关系存在

$$U = u_\tau f(y^+) \qquad (14\ \ 22)$$

式中 $f(y^+)$ 为无量纲函数。这个一般的函数形式通常被叫做壁面定律。而方程(14-20)只是一个更明确的形式而已。相比之下，在外层(缺损层)中，大量的实验发现了所谓的速度缺损律：

$$U = U_e - u_\tau g(\eta), \quad \eta = \frac{y}{\Delta} \qquad (14-23)$$

式中，$U_e$ 为边界层边缘处的速度。$g(\eta)$是另一个无量纲函数。$\Delta$ 是边界层靠外部分的厚度特征尺度。

因此，我们有了一个内部长度尺度 $\frac{\nu}{u_\tau}$ 和一个外部长度尺度 $\Delta$。Millikan 的假设是，如果尺度之间存在着很大的区别，即

$$\frac{\nu}{u_\tau} \ll \Delta \qquad (14-24)$$

于是,就存在一个重叠区域使得以下条件成立:

$$u_\tau f(y^+) = U_e - u_\tau g(\eta) \quad \text{当 } y^+ \gg 1 \quad \eta \ll 1 \tag{14-25}$$

通过将方程(14-25)对 $y$ 求导,我们无需明确地知道函数 $f$ 和 $g$ 就可以完成匹配过程。因此

$$\frac{u_\tau^2}{\nu} f'(y^+) = -\frac{u_\tau}{\Delta} g'(\eta) \quad \text{当 } y^+ \gg 1 \quad \eta \ll 1 \tag{14-26}$$

接着,两边同乘$\frac{y}{u_\tau}$得到

$$y^+ f'(y^+) = -\eta g(\eta) \quad \text{当 } y^+ \gg 1 \quad \eta \ll 1 \tag{14-27}$$

因为不同尺度之间有很大的区别,这就意味着我们可以把 $y^+$ 和 $\eta$ 看作独立变量,于是很明显只有一种方式使得 $y^+$ 的一个函数等于 $\eta$ 的一个函数,那就是两个函数都等于一个常数。因此

$$y^+ f'(y^+) = \text{常数} = \frac{1}{\kappa} \Rightarrow f(y^+) = \frac{1}{\kappa}\ln y^+ + C \tag{14-28}$$

当上式与(14-22)式联立时,就可得到(14-20)。

正如早先指出的那样,对于绝对光滑表面 $C \approx 5.0$。对于有着平均厚度为 $\kappa_s$ 的粗糙表面,尽管 $C$ 是$\kappa_s$ 的函数,壁面定律仍然成立。图 14-9 显示了当无量纲粗糙度由下式给出 $C$ 时的变化情况

$$\kappa_s^+ \equiv \frac{u_\tau \kappa_s}{\nu} \tag{14-29}$$

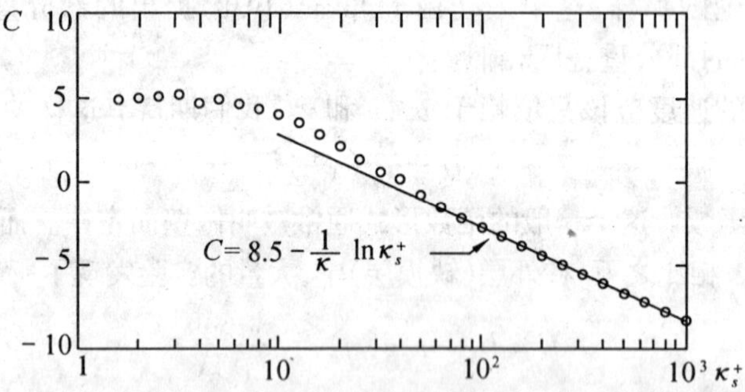


**图 14-9 壁面定律的常数 $C$,作为表面粗糙度的函数;根据 Nikuradse 测量结果**

像图中显示的那样,当 $\kappa_s$ 增大时,$C$ 的值减小。对于更大的粗糙度厚度,Nikuradse 的测量表明:

$$C \to 8.5 - \frac{1}{\kappa}\ln\kappa_s^+, \quad \kappa_s^+ \gg 1 \tag{14-30}$$

把 $C$ 值代入方程(14－20),对于粗糙壁面则有

$$\frac{U}{u_\tau}=\frac{1}{\kappa}\ln\left(\frac{y}{\kappa_s}\right)+8.5 \tag{14-31}$$

式中没有出现黏性系数,这与表面“剪切应力”是由于作用于粗糙成分上的压力阻力所引起的这一想法相一致。

缺损层(外层)在边界层的对数层和边界层的边缘之间。当 $\frac{y}{\delta}\to 0$ 时,速度渐近地符合壁面定律,而向自由流靠近时速度明显地偏离对数关系。由测量所得的相互关系得到速度函数为

$$U^+=\frac{1}{\kappa}\ln y^+ + C+\frac{2\Pi}{\kappa}\sin^2\left(\frac{\pi}{2}\frac{y}{\delta}\right) \tag{14-32}$$

式中 $\Pi$ 是 Cole 尾流强度参数。而 $\delta$ 是边界层厚度,它随着压力梯度的变化而变化,并且当压力为常值时,测量所得的相互关系表明 $\Pi\approx 0.6$,方程(14－32)通常被看作是复合的壁面律和尾流剖面律。

图 14－10 显示了对于所谓的均衡湍流边界层,尾流强度参数 $\Pi$ 随着压力梯度的变化情况。正如 Clauser 在 1956 年由实验所显示,并且由其他人用摄动理论分析证实的那样,缺损层中速度以一种自相似的方式变化,前提是假如由下式定义的均衡参数:

$$\beta_T\equiv\frac{\delta^*}{\tau_w}\frac{\mathrm{d}P}{\mathrm{d}x} \tag{14-33}$$

是常数。式中 $\delta^*$ 和 $P$ 分别是边界层位移厚度和平均压力。如 Wilcox 阐述的那样,甚至当 $\beta_T$ 不是常数时,如果它变化的不太快,$\Pi$ 的值仍接近图 14－10 所示的值。

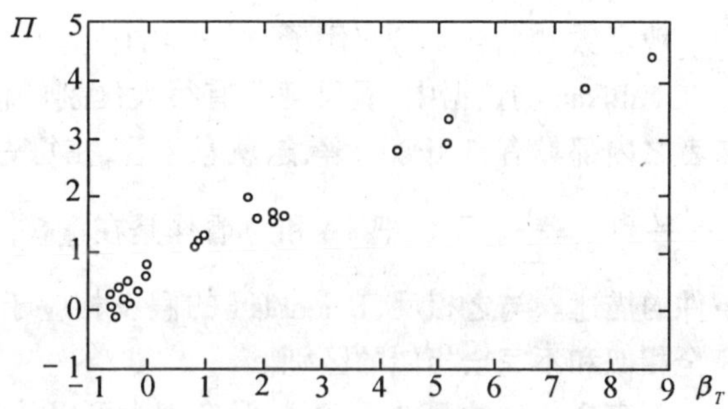

**图 14－10　Cole 的尾流强度参数,Π 为压力梯度的函数**

14.3.2.5　幂指数定律

通常作为一种近似,湍流边界层速度分布由幂指数律给出

$$\frac{U}{U_e}=\left(\frac{y}{\delta}\right)^{1/n} \tag{14-34}$$

式中 $n$ 通常是 6 和 8 之间的某个整数。Prandtl 首先提出了 $n=7$ 时的值,它是对大雷诺数平板边界层的一个很好的近似。图 14－11 比较了 $n=7$ 时确定的剖面与测量值。正如图中显示的那样,对于板长雷诺数 $Re_x=1.09\times 10^7$ 的测量值和近似剖面惊人的吻合,各处误差小于 3%。

近年来,Barenblatt 和其他一些人已经对壁面定律的有效性提出了挑战。他们的论点是,在内层中速度的幂指数律变化与管内流动测量值有更好的相关性,而且代表了湍流边界层的一种更切合实际的描述。

Barenblatt 等主要是质疑尺度之间有较大区别存在的假设，即$\dfrac{\delta}{\left(\dfrac{\nu}{u_\tau}\right)}$为大值的假设。他们坚持认为在部分重叠区域的湍流是依赖于雷诺数的。如果这种想法正确，那么壁面定律和速度缺损律方程(14－22)及(14－23)必须分别由下列式子替代

$$U = u_\tau \tilde{f}(y^+, Re) \quad 和 \quad U = U_e - u_o \tilde{g}(\eta, Re) \tag{14-35}$$

式中 $Re$ 是一个恰当的雷诺数，$\tilde{f}$ 和 $\tilde{g}$ 都是普遍的函数，$u_o$ 是速度尺度，它没必要与 $u_\tau$ 相等。根据 Barenblatt 等人的假设应用下式取代方程(14－18)

$$\frac{\partial U}{\partial y} = \frac{u_\tau}{y}\Phi(y^+, Re) \tag{14-36}$$

式中一般函数 $\Phi(y^+, Re)$取代了 $F(y^+)$的位置。

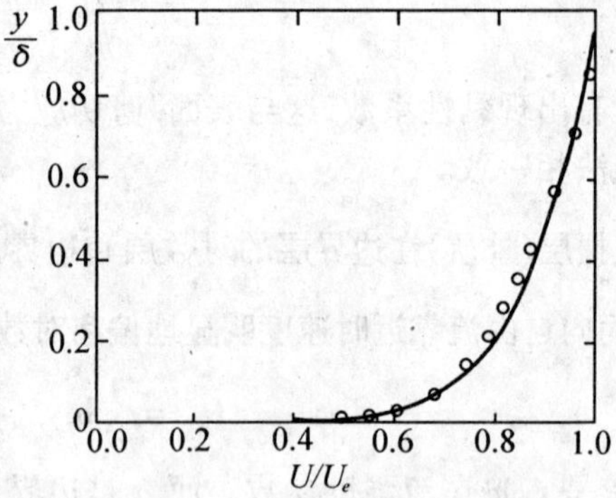


$U/U_e = (y/\delta)^{1/7}, Re_x = 1.09 \cdot 10^7$

**图 14－11　幂指数律速度分布**

在 Millikan 的论据中，涡尺度间有很大区别的假设暗示了边界层在速度缺损层和黏性底层二者之内都具有自相似的解，这就意味着，在每一个区域内都存在着一个相似性变量，例如 $y^+ = \dfrac{u_\tau y}{\nu}$和 $\eta = \dfrac{y}{\Delta}$。可以把 $y^+$ 和 $\eta$ 看作是在重叠区彼此独立变量的假设，是对一种完全相似性条件的描述。与之相反，Barenblatt 的假设相应于不完全相似性。Barenblatt(1979)详细讨论了完全相似和不完全相似的区别。

在不完全相似的假设下，事前没有理由可以认为，当 $y^+ \to \infty$ 时函数 $\Phi(y^+, Re)$接近一个常数，甚至当 $Re \to \infty$ 时也不行。Barenblatt 主张，对大数值的 $y^+$：

$$\Phi(y^+, Re) = A(y^+)^\alpha \tag{14-37}$$

式中，系数 $A$ 和指数 $\alpha$ 被假定为是雷诺数的函数。Barenblatt 等人假定“对于参数[$y^+$]具有不完全相似性，而对于 $Re$ 不具有相似性”。联立方程(14－36)和(14－37)可得

$$\frac{\partial U^+}{\partial y^+} = A(y^+)^{\alpha-1} \Rightarrow U^+ = \frac{A}{\alpha}(y^+)^\alpha \tag{14-38}$$

根据 Nikuradse 30 年代收集的管内流的实验数据可有

$$A = 0.577\ln Re + 2.50, \quad \alpha = \frac{1.5}{\ln Re} \tag{14-39}$$

式中雷诺数是根据平均速度和管子直径计算的。

为检验 Barenblatt 等人做出的替代结论，依据 Zagarola 在 1996 年做的实验，Zagarola，Perry 和 Smits 在 1997 年作了一个分析。这些数据的优势在于它考虑了更广阔范围内的雷诺数，特别是跟 Nikuradse 考虑过的相比起来更大的雷诺数。他们得出结论：相比由方程(14－38)和

(14-39)相结合得出的幂指数律结果而言,经典的壁面定律给出了一个与实际更接近的关系式。尽管他们对于 $\kappa$ 推荐了一个较大的数值0.44。

为了除去采用 Nikuradse 60 年前的老数据会提供一个不佳的 $A$ 和 $\alpha$ 的关系式的可能性,Zagarola, Perry 和 Smits 从 Zagarola 的数据中确定了他们自己的值

$$A = 0.705\,3\ln Re + 0.305\,5,\quad \alpha = \frac{1.085}{\ln Re} + \frac{6.535}{(\ln Re)^2} \tag{14-40}$$

虽然用了这些可能是更精确的值,对数壁面定律还是提供了一个比幂指数定律更加接近实测值的关系。

但是这个争论还没有结束。Barenblatt, Chorin 和 Prostokishin(1997)用一种怀疑的观点试图说明,在很大雷诺数情况下,Zagarola 的实验条件有明显的表面粗糙度。Zagarola, Perry 和 Smits 在 1997 年驳回了这个可能性,他们认为"圆管表面被证明是光滑的"。考虑到量纲分析的脆弱性以及摄动法还与实验的不确定性结合在一起,这个争论可能还会持续一段时间。

## 14.4 湍流模拟发展情况简介

我们的重点是时间平均的 N-S 方程。这一方法起源于 19 世纪末,即雷诺在 1895 年发表他的湍流研究结果时。他的先驱性的工作证明对后来所有的研究有着非常深刻的影响,以至于我们把标准时均过程当作是一种雷诺平均过程。

早期对湍流进行数学描述的尝试,重点放在寻找分子梯度扩散过程的模仿上。按照这个精神,Boussinesq 在 1877 年引入了一个所谓的漩涡黏性的概念(对比于层流黏性系数,我们常称它为湍流黏性系数)。和 Reyndds 一样,Boussinesq 的漩涡黏性近似是广为人知的,以至于几乎没有必要列出他的原始论文供参考。

雷诺和 Boussinesq 都没有尝试系统地去求解雷诺平均的 N-S 方程。在 19 世纪,黏性流动的大部分物理性质还是一个谜。直到 1904 年 Prandtl 发现了边界层才有了进一步的发展。着重于湍流的流动,Prandtl 在 1925 年引入混合长度的概念(一种对气体平均自由程的比拟)和按照混合长度来计算涡黏性的简便方法。混合长度假设与涡黏性概念密切相关,成了接下来的 20 年里几乎所有的湍流模拟的根基。早期重要的贡献是由少数研究者作出的,最有名的是 Karman。按照现代的术语,我们把基于混合长度假设的模型称作代数模型或湍流零方程模型。按照定义,一个 $n$ 方程模型是表示这样的模型,它除了需要求解对于平均流动表达的质量、动量和能量守恒的方程之外,还需要解 $n$ 个附加的微分输运方程。

为提高预测湍流流动性质的能力和发展一个关于湍流应力的更加切合实际的数学描述,Prandtl(1945)假设了一个模型。在此模型中,涡黏性取决于湍流脉动动能 $k$,他给出了一个接近精确方程的模化偏微分方程,这个改进从概念上考虑了这样的事实,即湍流应力也就是涡黏

性受流动所到过的地点或者说流动历史的影响。从而产生了所谓的湍流一方程模型的概念。

虽然有了取决于流动历史的涡黏性概念,提供了一个更切合物理实际的模型,但是还需要规定一个湍流长度尺度。也就是说,从量纲上看,黏性有着速度长度的量纲。因为这个长度尺度可看成是特征漩涡尺寸,并且,对每一个流动其值都不相同,那么没有给出长度尺度的湍流模型是不完整的。也就是说,必须预先还知道关于流动的一些情况,而不仅是初始或边界条件,才能获得其解。不完整模型也并非无用,实际上,许多工程应用证明,它有很大的价值。

阐述得再详细一点,不完整模型通常从平均流动中以一种指定的方式规定一个湍流长度尺度,例如,对附着边界层,它规定了位移厚度 $\delta^*$。然而,在这个例子中,当边界层分离时,就会需要另外一个长度尺度,因为这时 $\delta^*$ 可能是负值。对于自由剪切流又需要规定另外一个长度。本质上,不完整模型通常规定了一些比雷诺应力可能变化更简单或更缓慢的量(例如涡黏性度和混合长度)。可这样假设的量比实际的应力更容易处理。

一个特别称心的湍流模型应该是,至多只需要规定适当的边界条件和初始条件就可用于给定湍流流动。最理想的是,为了得出一个解,我们事先不再需要知晓关于湍流的任何性质。我们定义这样的模型为完整模型。注意我们定义的含义完全不涉及模型的准确性和普遍性,只是指这个模型可用以在事先不了解任何流动细节的情况下确定这个流动。

Kolmogorov 在 1942 年给出了第一个完整湍流模型。除了一个与湍流脉动动能 $k$ 相关的模型方程之外,还引入了第二个参数 $\omega$,他把它称作“单位体积和时间内的能量耗散率”。$\omega$ 的倒数是湍流的时间尺度,$\frac{k^{1/2}}{\omega}$是混合长度的相似量,$k\omega$ 是耗散速率 $\varepsilon$ 的相似量。在这个 $k-\omega$ 模型中,$\omega$ 满足一个与 $k$ 方程有点相似的微分方程。这个模型因此被命名为湍流二方程模型。尽管这个模型有很大的发展前途,却在接下来的 1/4 世纪中几乎没有什么应用,因为没有可用来求解其非线性微分方程能力的计算机。

Chou 和 Rotta 为建立避免使用 Boussinesq 近似的湍流模型打下基础。Rotta 设计出看来有理的控制湍流应力张量,即雷诺应力张量演变的微分方程。把这样的模型称作应力输运模型比较合适。许多作者把这个方法称作二阶封闭或二阶矩封闭。应力输运模型在概念上的主要优点是,它可以用自然的方式把非局部的影响和历史的影响结合起来,尽管通常还是很难达到定量的准确性,但这个模型能自动地容纳许多复杂因素的作用,如流线的曲率、刚体旋转和体积力等。这与涡黏性模型形成对照,涡黏性模型仅当加进了一些经验项才能考虑这些因素的影响。对一个三维流动,应力输运模型引入了七个方程,一个是关于湍流尺度(长度尺度或等价量)的方程,六个是有关雷诺应力张量分量的方程。如同 Kolmogorov 的 $k-\omega$ 模型那样,应力输运模型在等待着有足够计算能力的计算机的出现。

到 20 世纪 50 年代早期,已经演化出四类湍流模型:

1.代数模型(零方程模型)

2.一方程模型

3.二方程模型

4.应力输运模型

60年代后,随着计算机时代的到来,所有四类典型模型都有了深入的发展。接下来我们将分别介绍这四个类型的一些重要的近代发展情况。

**代数模型**。Van Driest对混合长度模型作了一次黏性衰减修正。它应用于当今几乎所有的代数模型中。Cebeci和Smith把涡黏性/混合长度模型加以精练,使它可被放心地应用在大多数的附着边界层中。为消除由剪切层厚度定义湍流长度尺度的困难,Baldwin和Lomax推荐了一个替代的代数模型,并被广泛应用了许多年。

**一方程模型**。在上面叙述过的四类湍流模型中,一方程模型受到的欢迎最少,取得的成功也最少。在所有使用过的模型当中,以Bradshaw - Ferriss - Atwell模型最为如实的复现了流动参数的测量特性。在涡黏性基本公式的基础上,新提出了一些一方程模型,相比二方程模型和应力输运模型,它们都有便于数值求解的特点。在这些已知的一方程模型中,Spalart和Allmaras的模型成为与实际湍流最为接近的模型。

**二方程模型**。这一类型中最早出现的是Kolmogorov的 $k-\omega$ 模型,但是当今的计算机不能满足它的需要。到目前为止,Launder和Spalding在二方程模型上作了最广泛的研究,并且由学生和同事继续其研究。Launder的 $k-\varepsilon$ 模型和混合长度模型一样著名,而且是应用最广泛的二方程模型。尽管这一模型对于具有逆压梯度的流动明显不适用,但并没影响到它的广泛传播。Saffman在事先不了解Kolmogorov的研究工作的情况下,也提出了一个 $k-\omega$ 模型,它具有超过 $k-\varepsilon$ 模型的优点,特别是在于它穿过黏性底层积分以及在预测逆压梯度的影响方面。Wilcox等人进一步发展和应用了 $k-\omega$ 模型。$k-\omega$ 模型成为二方程湍流模型中第二种应用最广泛的模型。

**应力输运模型**。到1970年代,足够的计算机资源的出现使这个模型得到了更为重要的发展。但是由于应力输运模型中方程数量多而且复杂,因此,它们也就自然而然地比代数模型和二方程模型应用得少。

对于这四种湍流模型,我们的重点在于考查湍流的物理规律,发展适于分析和检验这些模型的数学工具。这里对这些模型做出的都是一般意义上的介绍,并对那些经得起时间考验的模型作了详细的介绍。

# 参考文献


1 Afzal N and Narasimha R. (1976). Axisymmetric Turbulent Boundary Layer Along a Circular Cylinder. Journal of Fluid Mechanics, Vol.74, pp.113—128.

2 Barenblatt G I. (1979). Similarity, Self - Similarity and Intermediate Asymptotics, Consultants

Bureau, NY.

3 Barenblatt G I, Chorin A J and Prostokishin V M. (1997). Scaling Laws for Fully Developed Flow in Pipes. Applied Mechanics Reviews, Vol.50, No.7, pp.513—520.

4 Cebeci T. (1989). Essential Ingredients of a Method for Low Reynolds - number Airfoils, AIAA J., Vol.27, No.12, pp.1680—1688.

5 Hinze J O. (1975). Turbulence, Second Ed., McGraw-Hill, New York, NY.

6 Kleiser L Zang T A. (1991). Numerical Simulation of Transition in Wall - bounded Shear Flows, Annu. Rev. Fluid Mech., Vol.23, pp.495—537.

7 Kolmogorov A N. (1941). Local Structure of Turbulence in Incompressible Viscous Fluid for Very Large Reynolds Number. Doklady Akademiya Nauk SSSR, Vol.30, pp.299—303.

8 White F M. (1991). Viscous Fluid Flow, 2nd edn, McGraw-Hill, New York.

9 Wilcox D C and Alber I E. (1972). A Turbulence Model for High Speed Flows. Proc. of the 1972 Heat Trans. & Fluid Mesh. Inst., Stanford Univ. Press, Stanford, CA, pp.231—252.

10 Speziale C G. (1985). Modeling the Pressure-Gradient-Velocity Correlation of Turbulence. Physics of Fluids, Vol.28, pp.69—71.

11 Zagarola M V, Perry A E and Smits A J. (1997). Log Laws or Power Laws: The Scaling in the Overlap Region. Physics of Fluids, Vol.9, No.7, pp.2094—2100.

# 第15章　雷诺平均应力方程及其封闭

因为湍流包含了许多随机脉动的流动参数，所以可以采用统计学上的方法分析它。雷诺(1895)引入的方法很好到达到了这一目的，他把所有的参量用平均部分和脉动部分的和来表示。将连续方程和N－S方程逐项取平均。就像我们将在这一章看到的那样，N－S方程的非线性导致了起表观应力作用的动量通量在流动中到处出现。这些动量通量事先是未知的。然后我们推导关于这些应力的方程，它们又包括了一些附加的未知量。这就提出了封闭的概念，即对所有未知量建立适当的方程。这一章还包括湍流尺度的讨论并引入更先进的统计学的概念。

为阐述湍流统计的本质，观察一下速度场 $u(y)$ 的情况是有启发性的。图15－1表示测量得到的平板边界层的速度剖面。给出的一系列速度分布曲线的原点是错开了的，所有17个分布图都与平板前缘等距离，是利用氢泡技术测量了几次的结果。然而，实验方法尚有一点不够精细，例如，在几处分布出现了多值。测量显示出速度剖面从某个时刻到另一个时刻形状的改变非常引人注目。

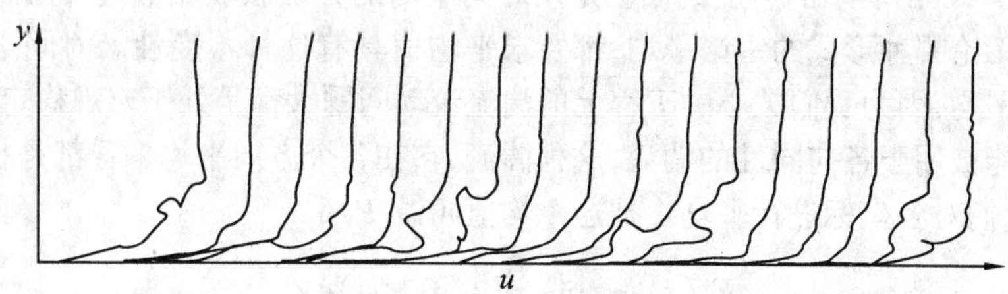


图15－1　同一位置瞬态边界层速度分布

图15－2展示了所有的速度剖面，不过在这个图中所有的速度剖面曲线的原点是同一点。很明显，在每一个与表面距离为 $y$ 的地方，其速度值都有一定程度的分散。图15－2(b)是同一边界层上同一雷诺数的标准平均速度剖面。对比两图，清楚地看到湍流速度的脉动与平均值相比来说不能看作是小量。接下来，我们将探究分析这一复杂本质行为的经典统计学方法。

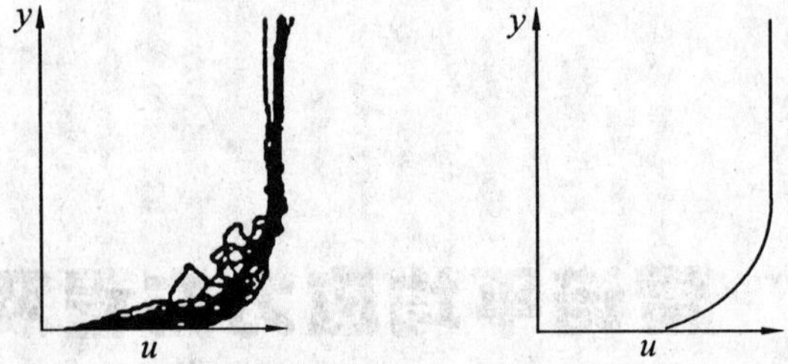


(a) (b)

**图 15-2 平板边界层上与前缘等距离处的瞬时和平均速度剖面**

(a)瞬态速度分布;(b)平均速度分布

## 15.1 雷诺平均

先介绍由雷诺在1895年提出的"平均"的概念。通常雷诺平均有多种形式,包括求和形式或积分形式。与湍流模拟密切相关的三种形式是:时间平均、空间平均和整体平均。

**时间平均**适合稳定的湍流,即平均来看,流动不随时间变化。例如,一个由恒速水泵驱动的管内流动。对这样的流动我们用 $f(x,t)$ 表示瞬时速度变化,它的时间平均 $F_T(x)$ 被定义为

$$F_T(x) = \lim_{T\to\infty}\frac{1}{T}\int_t^{t+T} f(x,t)\mathrm{d}t \tag{15-1}$$

例如,图15-2(b)展示的速度剖面就是用时间平均的方法获取相似边界层精确的测量结果后得出的。无论哪种形式的雷诺平均,都要求平均值具有这种不变性。时间平均是应用比较普遍的雷诺平均,因为我们关心的工程上的湍流流动问题大都是处于宏观稳定状态下的。

**空间平均**能被用于各向同性的湍流,这种湍流,它在各个方向平均来看都是相同的。通过对体积积分,我们对各坐标进行平均。把这个均值叫做 $F_V$

$$F_V(t) = \lim_{V\to\infty}\frac{1}{V}\iiint_V f(x,t)\mathrm{d}V \tag{15-2}$$

**整体平均**是最普遍的一种雷诺平均,它适合于(例如)随时间衰减的流动。作为一个理想化的例子,根据 $N$ 次相同实验的测量值来求平均,(这些实验的初始或边界条件因随机的微小扰动而有所不同),在第 $N$ 次实验中 $f(x,t)=f_n(x,t)$,这个平均值 $F_E$ 由下式定义

$$F_E(x,t) = \lim_{N\to\infty}\frac{1}{N}\sum_{n=1}^{N} f_n(x,t) \tag{15-3}$$

对既是稳定的又是各项同性的湍流,我们可以假定这三种平均完全相等。这个假设称为

历经假设。

从这点出发,我们将只考虑时间平均。然而这并未丧失普遍性,因为事实上我们得出的几乎所有结果对其他类的平均都是有效的。考虑一个稳定的湍流流动,于是,(15-1)式成立。对这样的流动,我们把瞬时速度用 $u_i(x,t)$表示,它是平均部分 $U_i(x)$和脉动部分 $u_i'(x,t)$的和,于是

$$u_i(x,t)=U_i(x)+u_i'(x,t) \tag{15-4}$$

按惯例,我们将瞬时变化量用小写字母表示,平均变化量用与之对应的大写字母表示,而脉动部分用小写字母加撇表示。

像式(15-1)定义的那样,参量 $U_i(x)$是一个时间平均量,或者说是平均速度。

$$U_i(x)=\lim_{T\to\infty}\frac{1}{T}\int_t^{t+T}u_i(x,t)\mathrm{d}t \tag{15-5}$$

显然

$$\overline{U_i}(x)=U_i(x) \tag{15-6}$$

这里横杠表示对时间平均,速度脉动部分的时均值为零。用方程(15-6)可得

$$\overline{u_i'}=\lim_{T\to\infty}\frac{1}{T}\int_t^{t+T}[u_i(x,t)-U_i(x)]\mathrm{d}t=U_i(x)-\overline{U_i}(x)=0 \tag{15-7}$$

虽然(15-5)式从数学上说定义得很好,但在任何物理流动中我们决不能真的把 $T$ 看成是无穷大。实际上这并不重要。为得到时间平均值,像图 15-3 表示的那样,我们只需选择一个时间 $T$,只要它相对速度脉动的最大时段 $T_1$ 来说非常长就行,并不需要精确地确定这个时间。换句话说,不需要按公式作极限 $T\to\infty$,只需在 $T\gg T_1$ 的条件下给出(15-5)式中的积分。例如,对一个 10 m/s 的管径为 5 cm 的管内流动,积分时间选 20 秒可能就够了,这时流动的距离是4 000倍管径长。

有一些流动,其平均流动随时间缓慢地变化,这部分变化本质上不是湍流。例如,可能我们在一个管内施加一个变化缓慢的周期性压力梯度。或者,我们可能想要计算直升机翼片上的流动或穿过汽车消声器的流动。很明显,方程(15-4)或方程(15-5)需要修正一下才能应用到这种实例上。最简单的方法是把方程(15-4)或方程(15-5)式用下面两个式子替代

$$u_i(x,t)=U_i(x,t)+u_i'(x,t) \tag{15-8}$$

和

$$U_i(x,t)=\frac{1}{T}\int_t^{t+T}u_i(x,t)\mathrm{d}t,\quad T_1\ll T\ll T_2 \tag{15-9}$$

式中 $T_2$ 是在流动中我们不愿把它归为湍流流动的那部分较慢变化的特征时间尺度。图15-4表明了这些概念。

关于方程(15-9)有一点需要注意。我们隐含地假定时间尺度 $T_1$ 和 $T_2$ 间存在有几个量级的差别。工程上的不稳定流动很少有满足这个条件的。不能对这类流动应用方程(15-8)

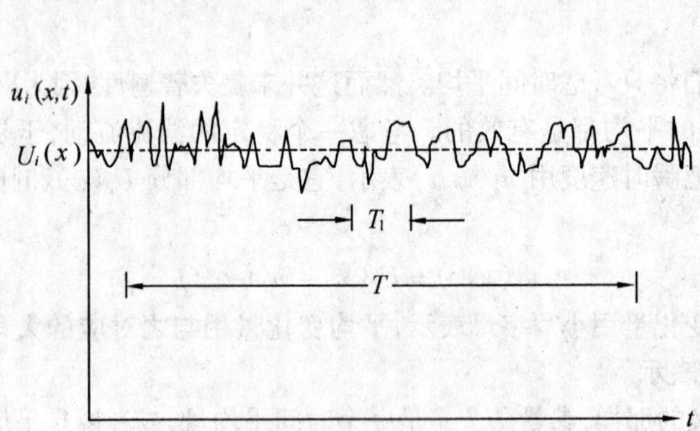


**图 15-3 稳态湍流的时间平均**

（由于图比例的限制，不能显示瞬时速度 $u_i(x,t)$ 具有多阶连续导数）

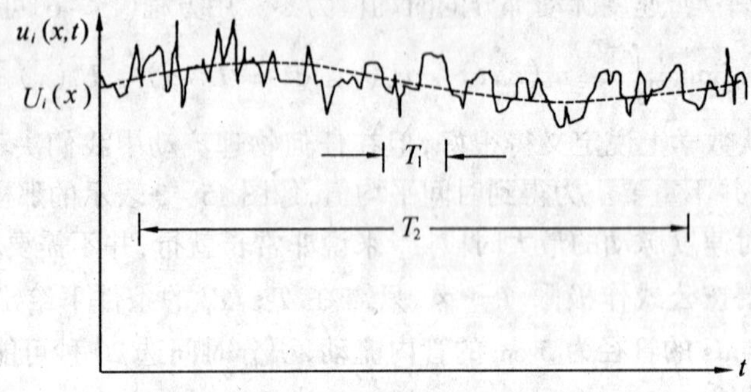


**图 15-4 不稳定湍流的时间平均**

由于图的比例限制，不能显示瞬时速度 $u_i(x,t)$ 具有多阶连续导数

和方程(15-9)，因为在我们所指的非定常性和湍流脉动之间没有明确的界限。对这样的流动，由式(15-9)定义的平均部分和脉动部分是相互关联的，即它们的合成结果的时均值不会消失。例如在气象学上，这就是所谓的谱间隙问题。如果流动是周期性的，可以用相位平均法；否则就需要用整体平均法。相位平均是整体平均的一种，它是用相位角代替了时间。若需要一个严格的方法，就需要一种替代的方法如大涡模拟方法。

很明显，这个包括对时间积分的时间平均过程，是与空间微分(过程)可交换的。因此，对任一个标量 $p$ 和矢量 $u_i$：

$$\overline{p_{,i}} = P_{,i} \quad \overline{u_{i,j}} = U_{i,j} \tag{15-10}$$

因为我们是用定积分来处理的，所以时间平均就是一个线性运算过程。因此如果 $c_1$ 是 $c_2$ 常

数,而 $a$ 和 $b$ 分别表示任何两个平均值 $A$ 和 $B$ 的流动参数,那么

$$\overline{c_1 a + c_2 b} = c_1 A + c_2 B \tag{15-11}$$

对于稳定的湍流,像$\frac{\partial u_i}{\partial t}$那样的非定常项的时间平均值显然是零。对不稳定湍流

$$\frac{1}{T}\int_t^{t+T}\frac{\partial}{\partial t}(U_i + u_i')\mathrm{d}t = \frac{U_i(x,t+T) - U_i(x,t)}{T} + \frac{u_i'(x,t+T) - u_i'(x,t)}{T} \tag{15-12}$$

假如 $|u_i'|$ 相对 $|U_i|$ 是小量,那么上式右边的第二项可忽略不计。因为我们假定 $T$ 相对平均流动的时间尺度来说非常小,即 $T \ll T_2$,第一项就是对应于极限 $T \to 0$ 时的值,即$\frac{\partial U_i}{\partial t}$,因此

$$\overline{\frac{\partial u_i}{\partial t}} \approx \frac{\partial U_i}{\partial t} \tag{15-13}$$

近似关系 $|u_i'| \ll |U_i'|$ 总是可疑的,尤其对于自由剪切流和非常接近固体边界的流动来说。这是湍流的内在复杂性之一。就是说,不能假定脉动部分相对平均值是小量。

然而以这种方式运用时间平均方法对于流动分析仍然是有用的,特别是对于求解定常流动问题实行时间推进的数值方法时有用。因为脉动常常超出平均值的 10%,使方程(15-13)所依赖的近似假设 $|u_i'| \ll |U_i'|$ 是有疑问的,所以将这种方法运用于随时间变化的流动时,必须要小心。

## 15.2 相关性

至此我们已经考虑了线性量的平均。当我们对两个量,例如 $\phi$ 和 $\psi$ 的乘积取平均时,我们有

$$\overline{\phi\psi} = \overline{(\Phi + \phi')(\Psi + \psi')} = \overline{\Phi\Psi + \Phi\psi' + \Psi\phi' + \phi'\psi} = \Phi\Psi + \overline{\phi'\psi'} \tag{15-14}$$

这里我们利用这样的事实,即一个平均量和一个脉动量的乘积的平均值为零,因为脉动量的平均值为零。没有理由认为两个脉动量的积的平均值会消失。因此,方程(15-14)告诉我们,乘积的平均值$\overline{\phi\psi}$不同于平均值的乘积 $\Phi\Psi$。如果$\overline{\phi'\psi'} \neq 0$ 则称 $\phi'$ 和 $\psi'$ 是相关的。如果$\overline{\phi'\psi'} = 0$ 则它们是不相关的。

类似地,对于三个量的积,有

$$\overline{\phi\psi\xi} = \Phi\Psi\Xi + \overline{\phi'\psi'}\Xi + \overline{\psi'\xi'}\Phi + \overline{\phi'\xi'}\Psi + \overline{\phi'\psi'\xi'} \tag{15-15}$$

对 $\phi'$, $\psi'$ 和 $\xi'$ 为线性关系的项具有零均值。对于脉动的三次项 $\phi'\psi'\xi'$,就像脉动的二次项那样,没有理由认为其均值为零。

## 15.3 雷诺平均方程

为简便起见,我们只考虑不可压缩,有不变流体特性参数的流动。质量守恒和动量守恒方程为

$$\frac{\partial u_i}{\partial x_i}=0 \tag{15-16}$$

$$\rho\frac{\partial u_i}{\partial t}+\rho u_j\frac{\partial u_i}{\partial x_j}=-\frac{\partial p}{\partial x_i}+\frac{\partial t_{ji}}{\partial x_j} \tag{15-17}$$

矢量 $u_i$ 和 $x_i$ 表示速度和位置,$t$ 是时间,$p$ 是压力,$\rho$ 是密度。黏性压力张量 $t_{ij}$ 由下式定义

$$t_{ij}=2\mu S_{ij} \tag{15-18}$$

式中 $\mu$ 是分子黏性系数,$S_{ij}$是应变率张量

$$S_{ij}=\frac{1}{2}\left(\frac{\partial u_i}{\partial x_j}+\frac{\partial u_j}{\partial x_i}\right) \tag{15-19}$$

注意,对简单黏性流体,$S_{ji}=S_{ij}$ 从而 $t_{ji}=t_{ij}$(但对各向异性的流体不成立)为简化时均过程,我们改写"守恒"形式中的对流项,即

$$u_j\frac{\partial u_i}{\partial x_j}=\frac{\partial}{\partial x_j}(u_ju_i)-u_i\frac{\partial u_i}{\partial x_j}=\frac{\partial}{\partial x_j}(u_ju_i) \tag{15-20}$$

其中我们利用质量守恒方程(15-16)去掉 $u_i\dfrac{\partial u_j}{\partial x_j}$,将方程(15-17)~(15-20)相结合,可得到守恒形式的 N-S 方程

$$\rho\frac{\partial u_i}{\partial t}+\rho\frac{\partial}{\partial x_j}(u_ju_i)=-\frac{\partial p}{\partial x_i}+\frac{\partial}{\partial x_j}(2\mu S_{ji}) \tag{15-21}$$

对方程(15-16)和方程(15-21)进行时间平均得出守恒形式的雷诺平均运动方程

$$\frac{\partial U_i}{\partial x_i}=0 \tag{15-22}$$

$$\rho\frac{\partial U_i}{\partial t}+\rho\frac{\partial}{x_j}(U_jU_i+\overline{u_j'u_i'})=-\frac{\partial P}{\partial x_i}+\frac{\partial}{\partial x_j}(2\mu S_{ji}) \tag{15-23}$$

时间平均质量守恒方程(15-22)与瞬时方程(15-16)形式相同,只是由平均速度代替了瞬时速度。两式相减表明脉动速度 $u_i'$ 的散度也为零。在时均动量方程和瞬时动量方程之间,除了瞬时变量用平均值取代之外,仅有的差别是相关项$\overline{u_i'u_j'}$的出现。这是由于湍流所造成的时间平均动量输运速率。

在这里提出了湍流的基本问题。为了对所考虑的湍流流动中所有平均流动变量作计算,

我们需要一个计算$\overline{u'_i u'_j}$的方法。

方程(15–20)可以反向应用到方程(15–23)使之改写成最常见的形式,其结果为

$$\rho\frac{\partial U_i}{\partial t}+\rho U_j\frac{\partial U_i}{\partial x_j}=-\frac{\partial P}{\partial x_i}+\frac{\partial}{\partial x_j}(2\mu S_{ji}-\rho\overline{u'_j u'_i}) \tag{15-24}$$

方程(15–24)通常被称为是雷诺平均的 N–S 方程(RANS),式中$-\rho\overline{u'_i u'_j}$被认为是雷诺应力张量,我们用$\rho\tau_{ij}$表示,因此$\tau_{ij}$即为单位雷诺应力张量(比应力张量),由下式给出

$$\tau_{ij}=-\overline{u'_i u'_j} \tag{15-25}$$

通过观察发现$\tau_{ij}=\tau_{ji}$,因此这是一对称张量,含有六个独立的分量。作为雷诺平均的结果我们产生出了六个未知量,但我们没有得到任何附加的方程。现在,对于一般的三维流动,我们有四个未知的平均流动参数,即压力和三个速度分量,再加上六个雷诺应力分量,共有 10 个未知量,现有的方程是质量守恒方程(15–22)和方程(15–24)的三个分量方程总共四个方程。这就意味着我们的系统还不是封闭的,必须再找出足够的方程以便对这些未知量求解。

## 15.4　雷诺应力方程

为寻求附加的方程,我们可以对 N–S 方程取矩,也就是,我们用一个脉动参数去乘 N–S 方程,然后对结果进行时间平均。用这个步骤,我们可得到一个关于雷诺应力张量的微分方程。为了说明这个过程,我们引入专用的符号,用$N()$表示“N–S 算子”,即

$$N()=\rho\frac{\partial}{\partial t}+\rho u_k\frac{\partial}{\partial x_k}+\frac{\partial}{\partial x_i}-\mu\frac{\partial^2}{\partial x_k\partial x_k} \tag{15-26}$$

黏性项已根据不可压流的质量守恒得以简化,即$s_{ki,k}=u_{i,kk}$。N–S 方程可用符号的形式写为

$$N(u_i)=0 \tag{15-27}$$

为得到一个关于雷诺应力张量的方程,我们构造一个如下的时间平均

$$\overline{u'_i N(u_j)+u'_j N(u_i)}=0 \tag{15-28}$$

注意与雷诺应力张量的对称性相一致的是,所得的方程也是关于$i$和$j$对称的。为清楚起见,我们逐项地进行阐述。同样,为节省空间,在整个时均过程中,用张量符号表示其中的导数。在以下的方程中,不明显的结果常常包含不同形式的连续性方程($\frac{\partial u_i}{\partial x_i}=\frac{\partial u'_i}{\partial x_i}=0$)。首先我们考虑非定常项:

$$\begin{aligned}\overline{u'_i(\rho u_j)_{,t}+u'_j(\rho u_i)_{,t}}&=\rho\overline{u'_i(U_j+u'_j)_{,t}}+\rho\overline{u'_j(U_i+u'_i)_{,t}}=\\&\rho\overline{u'_i U_{j,t}}+\rho\overline{u'_i u_{j,t}}+\rho\overline{u'_j U_{i,t}}+\rho\overline{u'_j U_{i,t}}=\\&\rho\overline{u'_i u_{j,t}}+\rho\overline{u'_j u_{i,t}}=\end{aligned}$$

$$\rho\,\overline{(u_i' u_j')_{,t}} = -\rho\,\frac{\partial \tau_{ij}}{\partial t} \tag{15-29}$$

再看对流项，我们有

$$\begin{aligned}
\overline{\rho u_i' u_k u_{j,k} + \rho u_j' u_k u_{i,k}} &= \rho\,\overline{u_i'(U_k+u_k')(U_j+u_j')_{,k}} + \rho\,\overline{u_j'(U_k+u_k')(U_j+u_i')_{,k}} = \\
&\rho\,\overline{u_i' U_k u_{j,k}'} + \rho\,\overline{u_i' u_j'(U_j+u_j')_{,k}} + \rho\,\overline{u_j' U_k u_{i,k}'} + \rho\,\overline{u_j' u_k'(U_i+u_i')_{,k}} = \\
&\rho U_k\,\overline{(u_i' u_j')_{,k}} + \rho\,\overline{u_i' u_j'}\,U_{j,k} + \rho\,\overline{u_j' u_k'}\,U_{i,k} + \rho\,\overline{u_k'(u_i' u_j')_{,k}} = \\
&-\rho U_k\frac{\partial \tau_{ij}}{\partial x_k} - \rho\tau_{ik}\frac{\partial U_j}{\partial x_k} - \rho\tau_{jk}\frac{\partial U_i}{\partial x_k} + \rho\frac{\partial}{\partial x_k}\overline{(u_i' u_j' u_k')}
\end{aligned} \tag{15-30}$$

为得到方程(15－30)的最终结果，我们利用这样的事实：$\frac{\partial u_k'}{\partial x_k}=0$。压力梯度项可简化为

$$\begin{aligned}
\overline{u_i' p_{,j} + u_j' p_{,i}} &= \overline{u_i'(P+p')_{,j}} + \overline{u_j'(P+p')_{,i}} = \\
&\overline{u_i' p_{,j}' + u_j' p_{,i}'} = \\
&\overline{u_i'\frac{\partial p'}{\partial x_j}} + \overline{u_j'\frac{\partial p'}{\partial x_i}}
\end{aligned} \tag{15-31}$$

最后，黏性项成为

$$\begin{aligned}
\mu\,\overline{(u_i' u_{j,kk} + u_j' u_{i,kk})} &= \mu\,\overline{u_i'(U_j+u_j')_{,kk}} + \mu\,\overline{u_j'(U_i+u_j')_{,kk}} = \\
&\mu\,\overline{u_i' u_{j,kk}'} + \mu\,\overline{u_j' u_{i,kk}'} = \\
&\mu\,\overline{(u_i' u_{j,kk}')} + \mu\,\overline{(u_j' u_{i,k}')_{,k}} - 2\mu\,\overline{u_{i,k}' u_{j,k}'} = \\
&\mu\,\overline{(u_i' u_j')_{,kk}} - 2\mu\,\overline{(u_{i,k}' u_{j,k}')} = \\
&-\mu\frac{\partial^2 \tau_{ij}}{\partial x_k \partial x_k} - 2\mu\,\overline{\frac{\partial u_i'}{\partial x_k}\frac{\partial u_j'}{\partial x_k}}
\end{aligned} \tag{15-32}$$

整理后，就可得到关于雷诺应力张量的方程

$$\frac{\partial \tau_{ij}}{\partial t} + U_k\frac{\partial \tau_{ij}}{\partial x_k} = -\tau_{ik}\frac{\partial U_j}{\partial x_k} - \tau_{jk}\frac{\partial U_i}{\partial x_k} + 2\nu\,\overline{\frac{\partial u_i'}{\partial x_k}\frac{\partial u_j'}{\partial x_k}} + \overline{\frac{u_i'}{\rho}\frac{\partial p'}{\partial x_j}} + \overline{\frac{u_j'}{\rho}\frac{\partial p'}{\partial x_i}} + \frac{\partial}{\partial x_k}\left[\nu\frac{\partial \tau_{ij}}{\partial x_k} + \overline{u_i' u_j' u_k'}\right] \tag{15-33}$$

我们已经得到6个新的方程，对于雷诺应力张量的每一个独立分量有一个方程。但是，由此也产生了22个新的未知量！特别当考虑到对称性则有

$$\overline{u_i' u_j' u_k'} \rightarrow 10\text{ 个未知量}$$

$$2\nu\,\overline{\frac{\partial u_i'}{\partial x_k}\frac{\partial u_j'}{\partial x_k}} \rightarrow 6\text{ 个未知量}$$

$$\overline{\frac{u_i'}{\rho}\frac{\partial p'}{\partial x_j}} + \overline{\frac{u_j'}{\rho}\frac{\partial p'}{\partial x_i}} \rightarrow 6\text{ 个未知量}$$

对各项稍加整理,雷诺应力方程就成为简洁适用的形式,即

$$\frac{\partial \tau_{ij}}{\partial t}+U_k\frac{\partial \tau_{ij}}{\partial x_k}=-\tau_{ik}\frac{\partial U_j}{\partial x_k}-\tau_{jk}\frac{\partial U_i}{\partial x_k}+\varepsilon_{ij}-\Pi_{ij}+\frac{\partial}{\partial x_k}\left[\nu\frac{\partial \tau_{ij}}{\partial x_k}+C_{ijk}\right] \tag{15-34}$$

式中

$$\Pi_{ij}=\overline{\frac{p'}{\rho}\left(\frac{\partial u_i'}{\partial x_j}+\frac{\partial u_j'}{\partial x_i}\right)} \tag{15-35}$$

$$\varepsilon_{ij}=2\nu\overline{\frac{\partial u_i'}{\partial x_k}\frac{\partial u_j'}{\partial x_k}} \tag{15-36}$$

$$\rho C_{ijk}=\rho\overline{u_i'u_j'u_k'}+\overline{p'u_i'}\delta_{jk}+\overline{p'u_j'}\delta_{ik} \tag{15-37}$$

上面阐述了湍流方程组的封闭问题。因为 N-S 方程的非线性,当我们逐阶取更高阶的矩时,每次都产生新增的未知量。而每次方程数总是不能与未知量的个数相平衡。从物理学的角度来看,这种情况并不奇怪。毕竟,这种步骤实质上只是严格的数学推演,而没有引入附加的物理原理。从本质上看,雷诺平均太过于简化,失去了包含在 N-S 方程中的许多信息。湍流模拟的作用,是设计出用已知的流动变量来表示未知量的近似关系,以得到足够量的方程。通过作出这些近似,我们可以把系统封闭起来。

# 15.5 湍流尺度

我们已经介绍了 Kolmogorov 长度、速度和时间尺度。这些都是最小漩涡的特征量。我们也讨论过整体长度尺度(积分长度尺度)$l$,它是携带能量的漩涡团的具有代表性的参量。这些是描述湍流的最有用的量,然而还有其他的一些常用的量。本节的目的是量化这些最常用的量。再简略介绍一下"两点相关"的概念。

## 15.5.1 湍流强度

由(14-1)式定义的 Kolmogorov 尺度,提出了一个对湍流最小漩涡的长度、速度、时间的估计。整体长度尺度,其定义在这一章中已改变,变成了携带能量的漩涡的特征尺寸。另一个对任何湍流都重要的衡量标准是湍流脉动的强烈程度。我们用单位法向雷诺应力分量$\overline{u'^2}$,$\overline{v'^2}$,$\overline{w'^2}$来给以定量表示。这三个法向雷诺应力也可视为每单位质量上脉动速度场沿三个坐标方向上的动能。这些雷诺应力通常按照下式相对于自由流平均流动速度 $U_e$ 进行规范化

$$\hat{u}\equiv\frac{\sqrt{\overline{u'^2}}}{U_e}\qquad \hat{v}\equiv\frac{\sqrt{\overline{v'^2}}}{U_e}\qquad \hat{w}\equiv\frac{\sqrt{\overline{w'^2}}}{U_e} \tag{15-38}$$

图 15-5 显示的是平板边界层的相对强度。如图所示,这三个强度在边界层中的大部分地方的值都不相同。这是因为湍流是各向异性的,即法向应力分量是不相等的。作为平板边

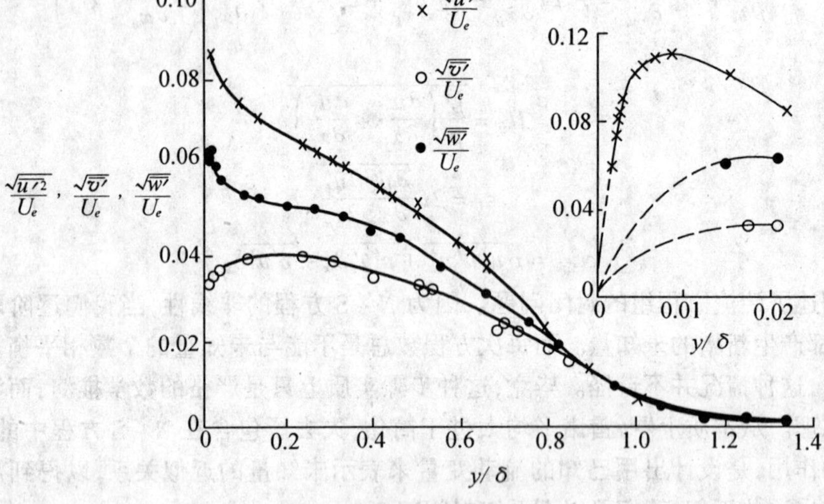


**图 15-5 厚度为 $\delta$ 的平板边界层的湍流强度**

**(小图显示了非常接近表面的值)**

界层的一个粗略的但有用的近似，人们发现

$$\overline{u'^2}:\overline{v'^2}:\overline{w'^2}=4:2:3 \tag{15-39}$$

这个比值在通过边界层时当然不是定值，也不是对边界层普遍适用，它强烈地受压力梯度和压缩性的影响。

注意流动方向上的强度，$\overline{u'^2}=\sqrt{\overline{u'^2}}/U_e$ 在非常接近表面处超过了 0.1 或 10%。这与图 15-2所示的瞬时速度剖面线相吻合，且进一步证实了这样的论断，即湍流脉动部分不能被看作是关于平均值的小扰动。

如果把这三个法向雷诺应力相加，再乘以 1/2，就可得到湍流动能，我们用 $k$ 表示它，由定义

$$k=\frac{1}{2}(\overline{u'^2}+\overline{v'^2}+\overline{w'^2})=\frac{1}{2}\overline{u_i'u_i'} \tag{15-40}$$

这就是单位质量的湍流脉动动能，与(14-3)式定义的是相同的量。

总之，当今使用的许多湍流模型都不能把这三个法向雷诺应力分开，而且，从这些湍流模型只能得出 $k$。此时，我们通常通过假定脉动或多或少是各向同性的，从而得出相对湍流强度值，即假定 $\overline{u'^2}\approx\overline{v'^2}\approx\overline{w'^2}$，然后定义

$$T'=100\sqrt{\frac{2}{3}\frac{k}{U_e^2}} \tag{15-41}$$

作为相对强度百分比。

### 15.5.2　两点相关的张量和相关尺度

至此,我们已讨论涉及了单点相关性,也就是已讨论了流场中一个点的湍流脉动相关。然而,正如14.3.2的末尾讨论的那样,湍流漩涡是大的而且是寿命长的。因此,一般说来,它不能只通过局部(当地)的流动参数来完整地描述。Townsend(1976)曾简洁的陈述如下:不像气体分子运动那样,湍流流动中的任一点上的运动都会通过压力场影响到相距一定距离处的其他点,如果只考虑与单个流体质点相联系的平均值,就不能作出适当的描述。也许应认为,湍流运动相对于分子运动来说,随机性少一些而机构关联性多一些,为描述这一流动的关联性,需要知道在两个或多个位置上的两个或多个流体质点的流动变量的函数的平均值。

在这一节,我们引入两点相关的概念,并且引入与之相关的湍流运动特征时间尺度和长度尺度。

在实验和理论的湍流研究中,一般使用两种类型的两点相关性。一个涉及到时间的间隔而另一个基于空间的间隔。两者通过Taylor(1935)假设联系起来,也就是假设时间间隔和空间间隔有下列关系:

$$\frac{\partial}{\partial t} = -U\frac{\partial}{\partial x} \tag{15-42}$$

其含义是湍流脉动沿着平均流速$U$的方向对流运动。Taylor假设有效的条件是,湍流脉动足够弱,不至于使对流流率产生显著的改变。这个关系式使我们可以由易于测量的一点时间相关信息,推导出有更多相关因素的两点空间相关的信息。

考虑第一个相关,即在一点的两个不同时间上的速度之间的相关性,我们定义一个自相关张量,即

$$R_{i,j}(\boldsymbol{x},t;t') = \overline{u_i'(\boldsymbol{x},t)u_j'(\boldsymbol{x},t+t')} \tag{15-43}$$

也就是,我们对同一空间点不同时间点的脉动量进行时间平均。为看出与单点统计量的联系,注意$t'=0$时湍流动能是$R_{ij}$的一半

$$k(\boldsymbol{x},t) = \frac{1}{2}R_{i,i}(\boldsymbol{x},t;0) \tag{15-44}$$

求$R_{ij}$对$t'$全部可能的值的积分,就可得到一个有用的关于携带能量的漩涡的时间尺度特征量。于是,我们得到积分时间尺度

$$\tau(\boldsymbol{x},t) = \int_0^\infty \frac{R_{ii}(\boldsymbol{x},t;t')}{2k(\boldsymbol{x},t)}\mathrm{d}t' \tag{15-45}$$

在定义$\tau(x,t)$时,我们已把$R_{ij}$相对于$k$规范化。对涉及到稳定湍流的实验工作,即平均值不随时间变化的湍流,我们通常只考虑流动方向上的组成部分$R_{11}(\boldsymbol{x};t') = \overline{u'(\boldsymbol{X},t)u'(\boldsymbol{X},t+t')}$。相对于$\overline{u'^2}$规范化,我们就可得到欧拉时间相关系数:

$$R_E(\boldsymbol{x};t') \equiv \frac{\overline{u'(\boldsymbol{x},t)u'(\boldsymbol{x},t+t')}}{\overline{u'^2(\boldsymbol{x})}} \tag{15-46}$$

根据定义，$t'=0$ 时 $R_E=1$。对大时间值 $t'$，我们期望脉动是不相关的，从而当 $|t'|\to\infty$ 时 $R_E\to 0$。最后，移动时间坐标原点，可看出 $R_{11}(\boldsymbol{X};t')=R_{11}(\boldsymbol{X};-t')$，所以 $R_E$ 是 $t'$ 的偶函数。图 15-6 显示的是一个典型的欧拉时间相关系数。

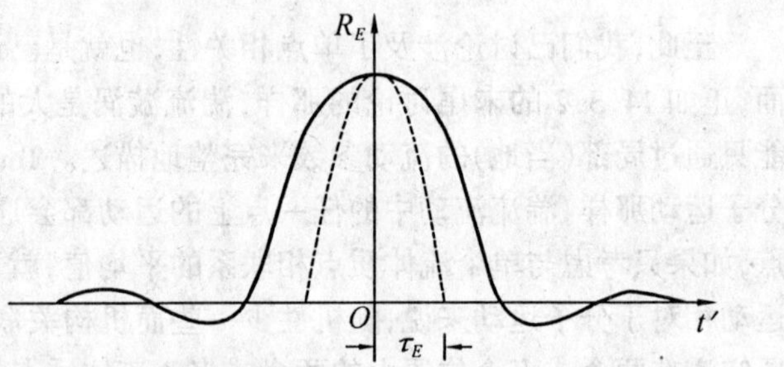


图 15-6 典型的欧拉时间相关系数(—)及其相似抛物线(---)

注意到对于微小的时间偏移 $t'$ 的欧拉时间相关系数的形状，我们可确定另一个时间尺度。当然，它主要取决于小尺度的耗能漩涡。也就是说，在 $t'=0$ 处用泰勒级数展开：

$$R_E(\boldsymbol{x};t') = 1+\frac{t'^2}{2}\left(\frac{\partial^2 R_E}{\partial t'^2}\right)_{t'=0}+\cdots \approx 1-\left(\frac{t'}{\tau_E}\right)^2 \tag{15-47}$$

式中定义了一个微小时间尺度 $\tau_E$

$$\tau_E = \sqrt{\frac{-2}{(\partial^2 R_E/\partial t'^2)_{t'=0}}} \tag{15-48}$$

图 15-6 用几何曲线表示出公式(15-47)与精确的时间相关系数间的关系。将 $t'$ 的二次以上的项截断得出一条抛物线，称作密切抛物线。它的曲率与精确曲线的曲率在 $t'=0$ 处相同。它与水平轴在 $t=\tau_E$ 处相截。

现在我们看一下两点空间相关性。我们考虑流动中的两个点，比如说，$\boldsymbol{X},\boldsymbol{X}+\boldsymbol{r}$ 然后作时间平均。两点速度相关张量由下式定义：

$$R_{i,j}(\boldsymbol{x},t;\boldsymbol{r}) = \overline{u_i'(\boldsymbol{x},t)u_j'(\boldsymbol{x}+\boldsymbol{r},t)} \tag{15-49}$$

这里，矢量 $\boldsymbol{r}$ 是流动中两点之间的位移矢量。对自相关张量，湍流动能只是位移为零时 $R_{ij}$ 的一半，即

$$k(\boldsymbol{x},t) = \frac{1}{2}R_{i,j}(\boldsymbol{x},t;0) \tag{15-50}$$

相对于 $k$ 把 $R_{ij}$ 规范化，积分长度尺度，$l$，定义为 $R_{ij}$ 在全部位移，$r=|\boldsymbol{r}|$ 上的积分，于是，

$$l(\boldsymbol{x},t) \equiv \frac{3}{16}\int_0^\infty \frac{R_{ii}(\boldsymbol{x},t;\boldsymbol{r})}{k(\boldsymbol{x},t)}\mathrm{d}r \tag{15-51}$$

式中 3/16 是尺度因子。

用完全类似于我们分析两点时间相关的方式，我们可以确定一个相应于最小漩涡的长度尺度。我们对稳定湍流应用纵向相关函数，定义为

$$f(x;r) \equiv \frac{R_{11}(x;r)}{u'^2(x)} \tag{15-52}$$

建立对于 $f(x)$ 的相似抛物线，得出下式给出的泰勒微尺度

$$\lambda \equiv \sqrt{\frac{-2}{(\partial^2 f/\partial x^2)_{x=0}}} \tag{15-53}$$

泰勒假设告诉我们，微时间尺度 $\tau_E$ 与 $\lambda$ 有以下关系

$$\lambda = U\tau_E \tag{15-54}$$

作为最后的结论，当湍流是均质的且各向同性的，Taylor(1935)的分析表明，湍流的动能按下式衰减

$$\frac{\mathrm{d}k}{\mathrm{d}t} = -\frac{10vk}{\lambda^2} \tag{15-55}$$

为得到 $\lambda$ 与 Kolmogorov 长度之间的关系，我们注意到对于均质的，各向同性的湍流，湍流动能 $k$ 的衰减率就等于湍流动能耗散率 $\varepsilon$，因此

$$\frac{\mathrm{d}k}{\mathrm{d}t} = -\varepsilon \Rightarrow \varepsilon = \frac{10vk}{\lambda^2} \tag{15-56}$$

假如雷诺数不是很小，Taylor 提出，$\varepsilon \sim k^{3/2}/l$，我们可以借助测量结果使这个估计更加精确，表明

$$\varepsilon \approx 0.09\frac{k^{3/2}}{l} \quad \Rightarrow \quad k \approx \left(\frac{\varepsilon l}{0.09}\right)^{2/3} \tag{15-57}$$

然后，应用式(14-1)Kolmogorov 长度的定义，$\eta = (v^3/\varepsilon)^{1/4}$，再结合方程(15-56)和(15-57)得到

$$\frac{\lambda}{\eta} \approx 7\left(\frac{1}{\eta}\right)^{1/3} \tag{15-58}$$

因为 $l/\eta$ 必须至少为 $10^3$ 才能得到一个确定的轮廓分明的惯性子区，所以 Taylor 微尺度至少是 Kolmogorov 长度的 70 倍。(这个尺度)它是处于惯性子区中的典型值，但是高于真正最小漩涡的范围。

使用这样一个混合参数在湍流模拟研究中尚有问题，为了简便起见，湍流模拟研究试图把大漩涡的物理性质与小漩涡的物理性质区别开。例如，可以回想一下，“尺度之间存在很大差别”的假设是如何用于推导 Kolmogorov-5/3 定律(14.3.4)和壁面定律(14.3.5)的。为了理解 Taylor 微尺度为什么是一个混合的长度尺度，我们看出，可以由式(15-56)式解出 $\lambda$，即

$$\lambda = \sqrt{\frac{10vk}{\varepsilon}} \tag{15-59}$$

因此这个长度尺度，包含携带能量的漩涡的大特征参量 $k$，以及耗散漩涡的小特征参量 $v$ 和 $\varepsilon$。一般说来，Taylor 微尺度作为大漩涡的特征量太小，而作为小漩涡的特征量又太大，所以一般在大部分的湍流模拟研究中都不考虑采用这个尺度。同样的结论也应用于微时间尺度 $\tau_e$。

# 参考文献

1 Reynolds O.(1895).On the Dynamical Theory of Incompressible Visous Fluid and the Determination of the Criterion.Philosophical Transactions of the Royal Society of London, Series A, Vol.186, p.123

2 Taylor G I.(1935).Statistical Theory of Turbulence.Proc.R.Soc., Lond., Vol.30, No.5, pp.1314 – 1320

3 Townsend A A.(1976).The Structure of Turbulent Shear Flow, Second Ed., Cambridge university Press, Cambridge, England.

# 第16章　时间平均 N－S 方程应用于工程计算

## 16.1　时间平均 N－S 方程对湍流的表达能力

可观察到的层流和湍流的重大差别是：在湍流中出现长度尺度大范围不同的漩涡运动。具有高雷诺数的湍流流动的一个 $1 \times 0.1\ \mathrm{m}^2$ 的典型流动区域内，可能包含小到 10～100 μm 尺寸的漩涡。我们需要划分 $10^9$～$10^{12}$ 个网格，才能描绘出在所有长度尺度下的过程。流动变化情况最快以 10 kHz 量级的频率发生，因此需要把时间间隔大约划分为 100 μs。1991 年 Speziale 指出，在雷诺数为500 000时模拟一个湍流管道流动需要一台比当时最新的 CRAY 超级计算机的运算速度快一千万倍的计算机。

以目前的计算能力，在转捩雷诺数下的非常简单的流动中，跟踪漩涡的动力学计算只是刚开始成为可能。在大雷诺数下，对于充分发展的湍流的随时间变化的 N－S 方程直接求解的计算要求真是非同寻常，我们必须等待计算机硬件有更大的发展。

现在，工程上需要的计算程序能提供关于湍流过程的适当的信息，但是它避免去预测流动中每一个漩涡的影响。幸运的是，大多数工程 CFD 的用户总是满足于得到工程上最重要的关于流动的时间平均特性的信息(例如平均速度，平均压力和平均应力等)。本节中我们注重考察湍流脉动对平均流动参数的影响。

1.雷诺方程

首先，我们定义流动参数 $\varphi$ 的平均值 $\Phi$ 如下：

$$\Phi = \frac{1}{\Delta t}\int_0^{\Delta t} \varphi(t)\mathrm{d}t \tag{16-1}$$

理论上我们应取时间间隔 $\Delta t$ 极限值趋于无穷大，但 $\Delta t$ 超过参数 $\varphi$ 最慢变化的时间尺度(由于最大的漩涡)便认为已经足够大，这个流动参数平均值的定义对定常平均流是恰当的。在随时间变化的流动中，在 $t$ 时刻参数的平均值是大量重复相同实验得出的瞬时值的平均，这被称为“整体平均”。

流动参数 $\varphi$ 是随时间变化的，因此可以看成是稳定平均部分 $\Phi$ 和具有零平均值的随时间变化脉动部分 $\varphi'$ 的和，因此 $\varphi(t) = \Phi + \varphi'(t)$。下面将不写出 $\varphi$ 和 $\varphi'$ 中的时间 $t$，因此写成 $\varphi = \Phi + \varphi'$。根据定义，脉动量 $\varphi'$ 的时间平均等于零

$$\overline{\varphi'} = \frac{1}{\Delta t}\int_0^{\Delta t} \varphi'(t)\mathrm{d}t \equiv 0 \tag{16-2}$$

关于流动的脉动部分的信息可以通过脉动的均方根(rms)来获得

$$\varphi_{rms}=\sqrt{\overline{(\phi')^2}}=\left[\frac{1}{\Delta t}\int_0^{\Delta t}(\varphi')^2\mathrm{d}t\right]^{1/2} \tag{16-3}$$

速度分量的 rms 值是尤其重要的,因为它们可以用灵敏的湍流脉动速度探测器(例如,一个热线风速计)和简单的电路来获得单位质量湍流的脉动动能 $k$

$$k=\frac{1}{2}(\overline{u'^2}+\overline{v'^2}+\overline{w'^2}) \tag{16-4}$$

湍流强度 $T_i$ 和脉动动能以及参考平均流动速度 $U_{ref}$ 有关,其关系式如下

$$T_i=\frac{\left(\frac{2}{3}k\right)^{1/2}}{U_{ref}} \tag{16-5}$$

在导出关于湍流的平均流动方程之前,我们重复一下 15.1 节中的法则,这些法则给出脉动参数 $\varphi=\Phi+\varphi'$ 和 $\psi=\Psi+\psi'$ 以及它们的组合,导数和积分的时间平均值:

$$\overline{\varphi'}=\overline{\psi'}=0;\quad \overline{\Phi'}=\Phi;\quad \overline{\frac{\partial\varphi}{\partial s}}=\frac{\partial\Phi}{\partial s};\quad \overline{\int\varphi\mathrm{d}s}=\int\Phi\mathrm{d}s$$

$$\overline{\varphi+\psi}=\Phi+\Psi;\quad \overline{\varphi\psi}=\Phi\Psi+\overline{\varphi'\psi'};\quad \overline{\varphi\Psi}=\Phi\Psi;\quad \overline{\varphi'\Psi}=0 \tag{16-6}$$

这些关系可以应用通用方程(16-1)和(16-2)来证明,并注意到时间平均运算本身是一个积分,因此时间平均和积分或微分的顺序可以交换。

因为散度和梯度都是微分形式,所以上面的法则可以扩展到脉动的矢量 $\boldsymbol{a}=\boldsymbol{A}+\boldsymbol{a}'$ 以及它与一个脉动的标量 $\varphi=\Phi+\varphi'$ 的联合

$$\overline{\mathrm{div}\boldsymbol{a}}=\mathrm{div}\boldsymbol{A};\ \overline{\mathrm{div}(\varphi\boldsymbol{a})}=\mathrm{div}(\overline{\varphi\boldsymbol{a}})=\mathrm{div}(\Phi\boldsymbol{A})+\mathrm{div}(\overline{\varphi'\boldsymbol{a}'});$$

$$\overline{\mathrm{div}(\mathbf{grad}\varphi)}=\mathrm{div}(\mathbf{grad}\Phi) \tag{16-7}$$

为了说明湍流脉动对平均流动的影响,我们考虑对于具有常黏性系数的不可压湍流的瞬时连续性方程和 N-S 方程,可以大大简化数学计算。通常我们采用笛卡尔坐标系,因此速度矢量 $\boldsymbol{u}$ 有 $x$ 方向分量 $u$,$y$ 方向分量 $v$ 和 $z$ 方向分量 $w$

$$\mathrm{div}\boldsymbol{u}=0 \tag{16-8}$$

$$\frac{\partial u}{\partial t}+\mathrm{div}(u\boldsymbol{u})=-\frac{1}{\rho}\frac{\partial p}{\partial x}+\nu\mathrm{div}\ \mathbf{grad}u \tag{16-9a}$$

$$\frac{\partial v}{\partial t}+\mathrm{div}(v\boldsymbol{u})=-\frac{1}{\rho}\frac{\partial p}{\partial y}+\nu\mathrm{div}\ \mathbf{grad}v \tag{16-9b}$$

$$\frac{\partial w}{\partial t}+\mathrm{div}(w\boldsymbol{u})=-\frac{1}{\rho}\frac{\partial p}{\partial z}+\nu\mathrm{div}\ \mathbf{grad}w \tag{16-9c}$$

为了研究脉动的影响,我们把方程(16-8)和方程(16-9a)~(16-9c)中的流动变量 $\boldsymbol{u}$(因此包括 $u,v,w$)和 $p$ 替换成它们的平均值和脉动分量之和。

$$\boldsymbol{u}=\boldsymbol{U}+\boldsymbol{u}';\ u=U+u';\ v=V+v';\ w=W+w';\ p=P+p'$$

然后把时间平均应用到式(16-7)中,首先考虑连续性方程(16-8), 注意到 $\overline{\mathrm{div}\boldsymbol{u}}=\mathrm{div}\boldsymbol{U}$,于是

产生了平均流动的连续性方程

$$\operatorname{div}\boldsymbol{U}=0 \tag{16-10}$$

对 $x$ 方向的动量方程(16-9a)做类似的变化. 方程中每一项的时间平均值可以写成如下:

$$\overline{\frac{\partial u}{\partial t}}=\frac{\partial U}{\partial t};\quad \overline{\operatorname{div}(u\boldsymbol{u})}=\operatorname{div}(U\boldsymbol{U})+\operatorname{div}(\overline{u'\boldsymbol{u}'})$$

$$\overline{-\frac{1}{\rho}\frac{\partial p}{\partial x}}=-\frac{1}{\rho}\frac{\partial P}{\partial x};\quad \overline{\nu\operatorname{div}(\mathbf{grad}\,u)}=\nu\operatorname{div}(\mathbf{grad}\,U)$$

代入这些结果得出时间平均的 $x$ 方向动量方程为

$$\frac{\partial U}{\partial t}+\operatorname{div}(U\boldsymbol{U})+\operatorname{div}\overline{(u'\boldsymbol{u})}=-\frac{1}{\rho}\frac{\partial P}{\partial x}+\nu\operatorname{div}\mathbf{grad}\,U \tag{16-11a}$$

(Ⅰ) (Ⅱ) (Ⅲ) (Ⅳ) (Ⅴ)

类此可得时间平均的 $y$ 和 $z$ 方向动量方程

$$\frac{\partial V}{\partial t}+\operatorname{div}(V\boldsymbol{U})+\operatorname{div}\overline{(v'\boldsymbol{u})}=-\frac{1}{\rho}\frac{\partial P}{\partial y}+\nu\operatorname{div}\mathbf{grad}\,V \tag{16-11b}$$

(Ⅰ) (Ⅱ) (Ⅲ) (Ⅳ) (Ⅴ)

$$\frac{\partial W}{\partial t}+\operatorname{div}(W\boldsymbol{U})+\operatorname{div}\overline{(w'\boldsymbol{u})}=-\frac{1}{\rho}\frac{\partial P}{\partial z}+\nu\operatorname{div}\mathbf{grad}\,W \tag{16-11c}$$

(Ⅰ) (Ⅱ) (Ⅲ) (Ⅳ) (Ⅴ)

注意到在方程(16-11a)~(16-11c)中,出现的(Ⅰ),(Ⅱ),(Ⅳ)和(Ⅴ)项也在瞬时方程(16-9a)~(16-9c)中出现,但是在时间平均过程中得到的时间平均动量方程引入了新的项(Ⅲ)。这一项包含了脉动速度的乘积且形成了由于速度脉动的对流动量输运。习惯上把这些项放在方程(16-11a~c)的等号右边来反映在平均速度分量 $U$, $V$ 和 $W$ 方向上附加的湍流应力的作用。

$$\frac{\partial U}{\partial t}+\operatorname{div}(U\boldsymbol{U})=-\frac{1}{\rho}\frac{\partial P}{\partial x}+\nu\operatorname{div}\mathbf{grad}\,U+\left[-\frac{\partial\overline{u'^2}}{\partial x}-\frac{\partial\overline{u'v'}}{\partial y}-\frac{\partial\overline{u'w'}}{\partial z}\right] \tag{16-12a}$$

$$\frac{\partial V}{\partial t}+\operatorname{div}(V\boldsymbol{U})=-\frac{1}{\rho}\frac{\partial P}{\partial y}+\nu\operatorname{div}\mathbf{grad}\,V+\left[-\frac{\partial\overline{u'v'}}{\partial x}-\frac{\partial\overline{v'^2}}{\partial y}-\frac{\partial\overline{v'w'}}{\partial z}\right] \tag{16-12b}$$

$$\frac{\partial W}{\partial t}+\operatorname{div}(W\boldsymbol{U})=-\frac{1}{\rho}\frac{\partial P}{\partial z}+\nu\operatorname{div}\mathbf{grad}\,W+\left[-\frac{\partial\overline{u'w'}}{\partial x}-\frac{\partial\overline{v'w'}}{\partial y}-\frac{\partial\overline{w'^2}}{\partial z}\right] \tag{16-12c}$$

额外的应力项用普通写法给出,这样解释清楚了它们的结构。它们产生6个附加应力—3个法向应力和3个剪切应力。

$$\tau_{xx}=-\rho\overline{u'^2},\quad \tau_{yy}=-\rho\overline{v'^2},\quad \tau_{zz}=-\rho\overline{w'^2},\quad \tau_{xz}=\tau_{zx}=-\rho\overline{u'w'},\quad \tau_{yz}=\tau_{zy}=-\rho\overline{v'w'} \tag{16-13}$$

这些额外的湍流应力取名为雷诺应力。在湍流中法向应力 $-\rho\overline{u'^2}$, $-\rho\overline{v'^2}$ 和 $-\rho\overline{w'^2}$ 总是非零的,因为它们包含速度脉动的平方。剪切应力 $-\rho\overline{u'v'}$, $-\rho\overline{u'w'}$ 和 $-\rho\overline{v'w'}$ 与不同的速度分量间的相关性相联系。例如,如果和是统计独立的脉动量,那么它们的乘积 $u'v'$ 的时间平均值就等于零。然而,湍流剪切应力通常不为零,而且相对湍流流动中的黏性应力要大得多。方程(16-12a)~(16-12c)就是直角坐标系下的雷诺方程。当我们对于一个任意的数性变量导出其输运方程时,同样产生类似的额外的湍流输运项。对标量 $\varphi$ 的时间平均输运方程为

$$\frac{\partial \Phi}{\partial t}+\operatorname{div}(\Phi U)=\operatorname{div}(\Gamma_{\Phi}\,\mathbf{grad}\,\Phi)+\left[-\frac{\partial \overline{u'\varphi'}}{\partial x}-\frac{\partial \overline{v'\varphi'}}{\partial y}-\frac{\partial \overline{w'\varphi'}}{\partial z}+S_{\Phi}\right] \tag{16-14}$$

至此我们已假定流体的密度是常数,但是在实际的流动中平均密度是变化的,瞬时密度总是呈现出湍流脉动。式中 $\Gamma_{\Phi}$ 和 $S_{\Phi}$ 是和式(10-29)表现的黏性流体力学方程中 $\Gamma$ 和 $S_{\Phi}$ 相对应的湍流时均输运方程的扩散导数和源项。设 $S_M$ 为雷诺动量方程的源项。1981 年,Bradshaw 等人指出,小的密度脉动对流动的影响不大。如果 rms 速度脉动大约是平均速度的 5% 时,那么密度脉动对于马赫数直到 3~5 的流动都是不重要的。在自由湍流流动中,从 16.4 节可以看出,速度脉动能够很容易地达到平均速度的 20%。在这种情况下,密度脉动开始影响马赫数近于 1 的湍流。综上所述,我们在表 16-1 中引用可压缩湍流的平均流动方程的密度加权平均形式(或称 Favre 平均),这里密度脉动影响被略去,但平均密度变化未被略去。这种形式被广泛地应用于商业的 CFD 软件程序中,其中 $\rho$ 代表平均密度。

**表 16-1 可压缩流的湍流流动方程**

连续性方程:

$$\frac{\partial \rho}{\partial t}+\operatorname{div}(\rho U)=0 \tag{16-15}$$

雷诺方程:

$$\frac{\partial(\rho U)}{\partial t}+\operatorname{div}(\rho V U)=-\frac{\partial P}{\partial x}+\operatorname{div}(\mu\,\mathbf{grad}\,U)+\left[-\frac{\partial(\rho\overline{u'^2})}{\partial x}-\frac{\partial(\rho\overline{u'v'})}{\partial y}-\frac{\partial(\rho\overline{u'w'})}{\partial z}\right]+S_{Mx} \tag{16-16a}$$

$$\frac{\partial(\rho V)}{\partial t}+\operatorname{div}(\rho V U)=-\frac{\partial P}{\partial y}+\operatorname{div}(\mu\,\mathbf{grad}\,V)+\left[-\frac{\partial(\rho\overline{u'v'})}{\partial x}-\frac{\partial(\rho\overline{v'^2})}{\partial y}-\frac{\partial(\rho\overline{v'w'})}{\partial z}\right]+S_{My} \tag{16-16b}$$

$$\frac{\partial(\rho W)}{\partial t}+\operatorname{div}(\rho W U)=-\frac{\partial P}{\partial z}+\operatorname{div}(\mu\,\mathbf{grad}\,W)+\left[-\frac{\partial(\rho\overline{u'w'})}{\partial x}-\frac{\partial(\rho\overline{v'w'})}{\partial y}-\frac{\partial(\rho\overline{w'^2})}{\partial z}\right]+S_{Mz} \tag{16-16c}$$

数性变量输运方程:

$$\frac{\partial(\rho\Phi)}{\partial t}+\operatorname{div}(\rho\Phi U)=\operatorname{div}(\Gamma_{\Phi}\,\mathbf{grad}\,\Phi)+\left[-\frac{\partial(\rho\overline{u'\varphi'})}{\partial x}-\frac{\partial(\rho\overline{v'\varphi'})}{\partial y}-\frac{\partial(\rho\overline{w'\varphi'})}{\partial z}\right]+S_{\Phi} \tag{16-17}$$

2. 为完成封闭对湍流模型的要求

瞬态连续性方程和 N-S 方程(16-8)和(16-9a)~(16-9c)形成了关于 $u,v,w$ 和 $p$ 四个

未知量的有四个方程的封闭方程组。这节的引言中，已经表明这些方程在目前的情况下是不可能直接求解的。工程上往往比较注意某些平均特性。但是，在对动量方程的时间平均中，我们抛掉了所有关于在瞬时脉动中包含的流动细节。结果在时间平均动量方程中得出6个附加的未知量和雷诺应力。类似地，时间平均数性变量的输运方程中出现包含了$\overline{u'\varphi'}$，$\overline{v'\varphi'}$和$\overline{w'\varphi'}$的额外的项。湍流的复杂性通常只能考虑使用简单公式来表达额外的应力和湍流数性变量输运量。湍流模拟的主要任务是发展有较高精度的算法，具有工程通用性的计算机程序来预测雷诺应力和数性变量输运项。

## 16.2　工程中典型的湍流现象

湍流的大部分理论及其建模工作，最初主要是通过对薄剪切层湍流结构仔细的审查产生的。人们发现较大的速度变化主要集中在薄层区域内。表达得更正规一点，就是，流动变量沿流动 $x$ 方向上的变化率相对沿横流 $y$ 方向的变化率可以忽略不计（$\frac{\partial}{\partial x}$远小于$\frac{\partial}{\partial y}$）。此外，相对于在流动方向上任意长度尺度 $L$，横流宽度 $\delta$ 也是非常小的（$\frac{\delta}{L}\ll 1$）。我们讲述一些简单的二维不可压湍流在常压下的总的特征。这里将考虑以下的流动：

**自由湍流流动**

- 混合层
- 射流
- 尾流

**固体壁面附近的边界层**

- 平板边界层
- 管流

工程问题关注平均量，我们可以考察平均速度分布 $U=U(y)$和相关的雷诺应力 $-\rho\overline{u'^2}$，$-\rho\overline{v'^2}$，$-\rho\overline{w'^2}$和 $-\rho\overline{u'v'}$的数据。上面这些量的当地值可以利用热线风速仪来有效的测量。近年来，许多激光多普勒风速计也已经广泛应用于平均流动和湍流的测量当中。

### 16.2.1　自由湍流

在常见工程应用中，自由湍流流动这种类型中最简单的流动是：混合层，射流和尾流。一个混合层会在两个区域的分界面处形成：一边流体流得快，而另一边流得慢。在射流中，高速流动的区域完全被静止流体包围着。尾流是在流动中物体后面形成的。图16-1给出了在流动方向上，这些自由湍流的平均速度分布发展过程的简图。

明显地,这三种流动中,横跨初始薄层的速度变化很重要。从不同的流动最初的相遇点开始,在流动方向一小段距离后就向湍流转变了,然后湍流引起相邻流体层激烈的混合而且速度改变发生的区域急剧变宽。

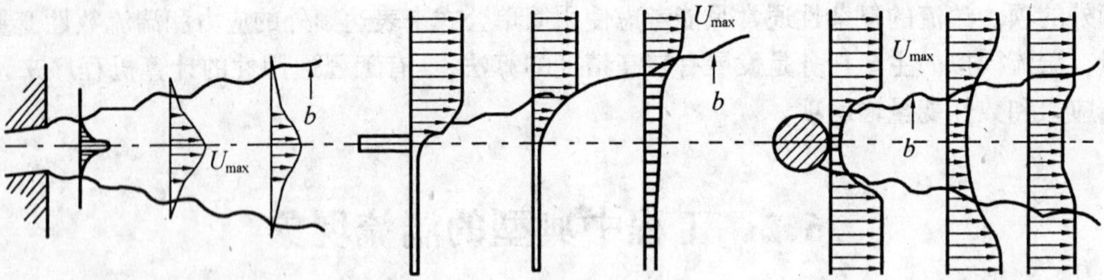


图 16-1 自由湍流流动

从一般的射流图像可以清楚地看出,在流动的湍流部分中包含了一个很宽的长度尺度的范围。尺寸可与横过流动的宽度相比的大漩涡就出现在很小的漩涡旁边。在射流区域中,流动是完全湍流的,但是在远离射流的外部区域流动是平滑的,不受湍流影响。湍流带边缘的位置是由单个大漩涡的通过(与时间有关)所决定的。靠近边缘的这些大涡偶然会穿透到周围的区域。由于湍流活动在外部区域的突然出现—称为间歇现象—周围的流体被卷吸进入湍流区。这个过程称为卷吸,也是在流动方向上湍流流动扩散的主要原因。

大量这样的湍流流动实验观察说明,过了一定的距离之后,它们的结构与流动源的性质无关。作为控制流动中的湍流的因素只有当地周围环境条件。适当的长度尺度是横流层宽度(或半宽度)$b$。我们发现,如果 $y$ 是横流方向上的距离,则有

$$\underset{\text{混合层}}{\frac{U-U_{min}}{U_{min}-U_{max}}=f\left(\frac{y}{b}\right)},\quad \underset{\text{射流}}{\frac{U}{U_{max}}=g\left(\frac{y}{b}\right)},\underset{\text{尾流}}{\frac{U_{max}-U}{U_{max}-U_{min}}=h\left(\frac{y}{b}\right)}$$

在这些公式中,如图 16-1 所示,$U_{max}$和$U_{min}$代表在源头下游 $x$ 距离的最大和最小的平均速度。如果这些当地平均速度尺度被选定而且 $x$ 足够大,则函数 $f,g$ 和 $h$ 在流动方向上与距离 $x$ 是无关的。

从流动源头往下游经过一个很大的距离之后,除了平均速度之外,湍流结构参数也可表示为

$$\frac{\overline{u'^2}}{U_{ref}^2}=f_1\left(\frac{y}{b}\right),\quad \frac{\overline{v'^2}}{U_{ref}^2}=f_2\left(\frac{y}{b}\right),\quad \frac{\overline{w'^2}}{U_{ref}^2}=f_3\left(\frac{y}{b}\right),\quad \frac{\overline{u'v'}}{U_{ref}^2}=f_4\left(\frac{y}{b}\right)$$

其中,速度尺度 $U_{ref}$对混合层和尾流来说是$U_{max}-U_{min}$,而对射流来说是$U_{max}$。函数$f,g,h$和$f_1$的精确形式随流动的不同而不同。图 16-2 给出了混合层,射流和尾流的平均速度和湍流数据。

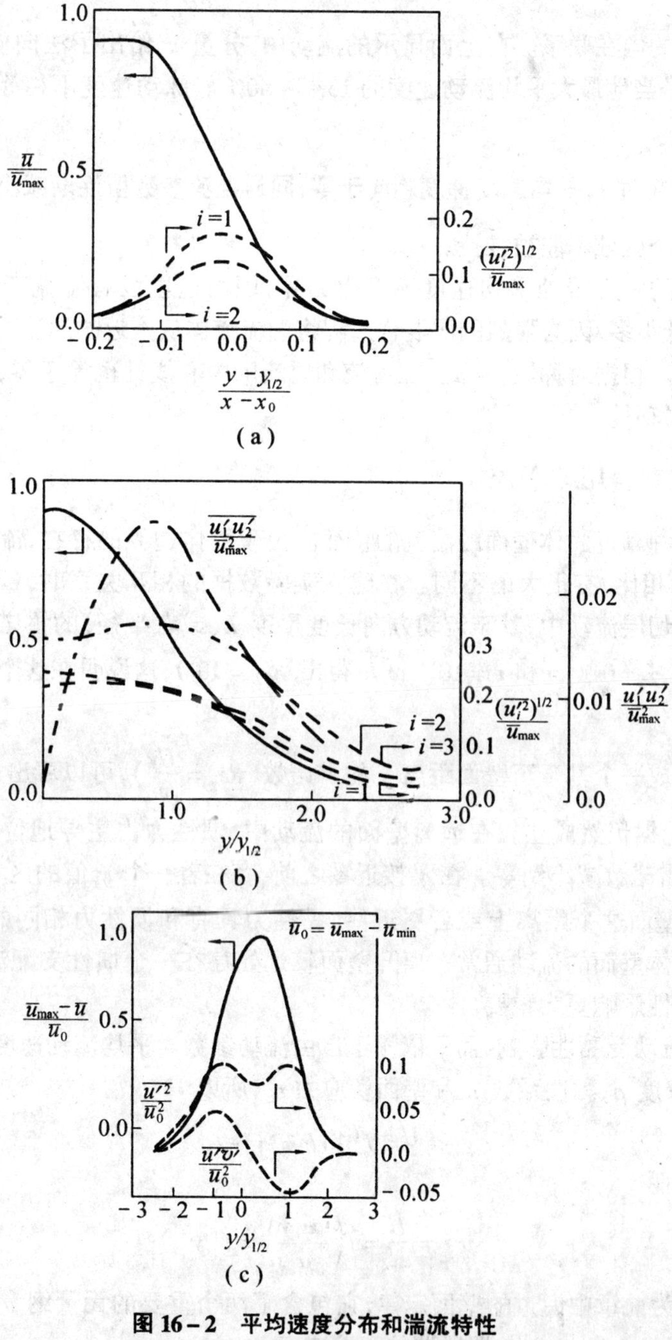


**图 16-2 平均速度分布和湍流特性**

(a)二维混合层;(b)平面喷射流;(c)固体后部的尾流

$\overline{u'^2}$，$\overline{v'^2}$，$\overline{w'^2}$和$-\overline{u'v'}$的最大值出现在平均速度梯度$\frac{\partial U}{\partial y}$最大的区域，这突出了湍流的产生和剪切平均流动的内在联系。在上面显示的流动中，分量 $u'$ 给出了法向应力的最大值，它的 rms 值的最大值是当地最大平均流动速度的 15% ~ 40%。脉动速度不相等说明了湍流的各向异性结构。

当$\left|\frac{y}{b}\right|$增大超过 1，平均速度梯度趋向于零，同样湍流参数值逐渐减小到零。不存在剪切意味着湍流在这个区域不能被维持。

射流和尾流的中心线处平均速度梯度也为零，因而这里没有湍流产生。然而，$\overline{u'^2}$，$\overline{v'^2}$，$\overline{w'^2}$值并没有降低很多，因为强烈的涡混合过程将湍流流体从附近的湍流高产区朝向中心线并跨过中心线输送。根据对称性，$-\overline{u'v'}$在射流和尾流的中心线处也等于零，因为剪切应力在中心线处必须改变符号。

### 16.2.2 平板边界层和管流

下面讨论两种靠近固体壁面的湍流的特征。由于固体边界的存在，流动形态和湍流结构与自由湍流流动相比，有很大的不同。在建立实验数据的相互关系时，量纲分析是大有帮助的。在湍流薄剪切层流动中，基于流动方向长度尺度 $L$（或者半径）的雷诺数 $Re_L$ 总是很大的（例如，$U = 1$ m/s，$L = 0.1$ m 和 $v = 10^{-6}$ m²/s 得出 $Re_L = 10^5$），这说明在这个尺度下惯性力比黏性力大得多。

如果我们形成一个基于至壁面距离 $y$ 的雷诺数（$Re_y = \frac{Uy}{v}$），可以看出：如果 $y$ 的值具有 $L$ 的量级，则上述论据仍然成立。在远离壁面的流动中，惯性力占主导地位。但是当 $y$ 减小到零时，基于 $y$ 的雷诺数减小到零。在 $y$ 接近零之前，存在着一个 $y$ 值的区域，使得其 $Re_y$ 具有 1 的量级。在离壁面这个距离上或者更近些，黏性力具有和惯性力相同的量级或者更大些。故可以认为沿固体壁面的流动通常在离开壁面较远处存在一个惯性支配流动的区域，而靠近壁面的薄层内黏性影响更为重要。

靠近壁面，流动受黏性影响，而不依赖于自由流动参数。平均流动速度仅仅取决于离壁面的距离 $y$，流体密度 $\rho$，黏性系数 $\mu$ 和壁面切应力 $\tau_w$，所以

$$U = f(y, \rho, \mu, \tau_w)$$

量纲分析表明

$$u^+ = \frac{U}{u_\tau} = f\left(\frac{\rho u_\tau y}{\mu}\right) = f(y^+) \tag{16-18}$$

公式(16 - 18)即为前章中说过的壁面定律，它包含了两个重要的无量纲 $u^+$ 和 $y^+$ 的定义。相应的速度尺度是 $u_\tau = (\tau_w/\rho)^{1/2}$，即所谓的摩擦速度。

远离壁面处，我们认为在一点的速度受到的影响是通过壁面切应力值的阻止作用，而不是通过黏性本身。对于这个区域适当的长度尺度是边界层厚度 $\delta$。在这区域内可以有

$$U=g(y,\delta,\rho,\tau_w)$$

由量纲分析得出

$$u^+=\frac{U}{u_\tau}=g\left(\frac{y}{\delta}\right)$$

如果我们把壁面切应力看成是速度缺损 $U_{max}-U$ 产生的原因(当更加靠近边界层的边缘或管子的中心线时，速度缺损值减小)，则可得出更有用的形式

$$\frac{U_{max}-U}{u_\tau}=g\left(\frac{y}{\delta}\right) \tag{16-19}$$

**线性底层—与壁面接触的流体层**

在固体表面处，流体是静止的。在十分靠近壁面处湍流的漩涡运动也必须停止。在没有湍流(雷诺)剪切应力影响时，靠近壁面最近的流体主要受黏性剪切力作用。这一层实际上极薄($y^+<5$)，我们可以假设剪切应力大约是恒值，而且在整个底层都等于壁面切应力 $\tau_w$。因此

$$\tau(y)=\mu\frac{\partial U}{\partial y}\cong\tau_w$$

对 $y$ 积分，并且应用 $y=0$ 时的边界条件 $U=0$，可以得到平均速度和离壁面距离的线性关系式

$$U=\frac{\tau_w y}{\mu}$$

经过一些简单的数学计算，并且利用 $y^+$ 和 $u^+$ 定义得

$$u^+=y^+ \tag{16-20}$$

因为速度和离壁面距离的线性关系，靠壁面的流体层常常被称为线性底层。

**对数律层—靠近光滑壁面的湍流区域**

在黏性底层以外($30<y^+<500$)，存在这样一个区域，其中黏性和湍流影响同样重要。剪切应力 $\tau$ 随着离壁面的距离不同而缓慢变化，并且在这个内部区域里，它被假定是恒定的，而且等于壁面切应力。进一步作出关于湍流长度尺度的假设(混合长度 $l_m=\kappa y$)，使我们可以导出一个量纲关系正确的 $u^+$ 和 $y^+$ 之间的函数关系式。

$$u^+=\frac{1}{\kappa}\ln y^+ + B=\frac{1}{\kappa}\ln(Ey^+) \tag{16-21}$$

其中常数的数值从实验中求出。第14章已说明 $\kappa=0.4$，对于光滑壁面 $B=5.5$(或者 $E=9.8$)，壁面粗糙会引起 $B$ 值减小。对于以高雷诺数通过光滑壁面的所有的湍流，$\kappa$ 和 $B$ 值都是不变的。因为 $u^+$ 和 $y^+$ 间的对数关系，公式(16-21)即为对数律，$y^+$ 取值为30~500之间的层称为对数律层。

**外部层—远离壁面的惯性支配区域**

实验测量表明,在 $0.02 < y/\delta < 0.2$ 的区域中,对数律是有效的。对于更大的 $y$ 值,速度缺损律(16-19)给出了合适的形式。在两个区的重叠区域中,对数律和速度缺损律二者必须变成相等的。Tennekes 和 Lumley 于 1972 年提出,通过假设以下对数形式,可以得到一个相匹配的重叠区

$$\frac{U_{\max} - U}{u_\tau} = \frac{1}{\kappa}\ln\left(\frac{y}{\delta}\right) + A \tag{16-22}$$

这里 $A$ 是一常数,这个速度缺损律常常称为尾流定律。

Schlichting1979 年作出的图 16-3 说明了,理论公式(16-20)和(16-21)在它们各自有效的区域内和实验数据密切相符。

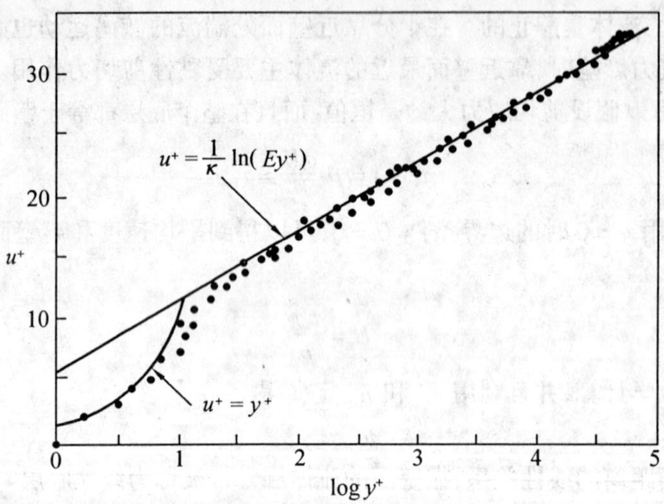


**图 16-3 固体表面附近的速度分布**

靠近固体壁面的湍流边界层由两个区域组成:

• 内部区域:占壁面层总厚度的 10% ~ 20%;切应力为常数,等于壁面切应力 $\tau_w$。在这个区域内有三个零点,按离壁面距离增加的顺序,我们有:

——线性亚层:黏性应力支配靠壁面的流动;

——缓冲层:黏性力和湍流应力大小相近;

——对数律层:湍流(雷诺)应力起主要作用。

• 外部区域或尾流定律层: 远离壁面的惯性支配的核心流动,不直接受黏性力的影响。

图 16-4 给出了受常值压力作用的平板边界层的平均速度和湍流特性分布的数据。

平均速度在远离壁面处有一个最大值，并且在 $y/\delta \leqslant 0.2$ 区域内，由于无滑移条件，其值迅速减小。在靠近壁面处发现 $\overline{u'^2}$，$\overline{v'^2}$，$\overline{w'^2}$ 和 $-\overline{u'v'}$，有很高的值，并且近壁面处很大的平均速度梯度使得湍流的产生很强。但是，漩涡运动和与之相连系的速度脉动在壁面处也受无滑移条件影响。因此在这个区域内，所有湍流应力在这个区域迅速地降到零。壁面附近，湍流是各向异性的，因为这个产生过程大部分形成分量 $\overline{u'^2}$。这就出现在图 16-4 中的均方脉动的最大值。

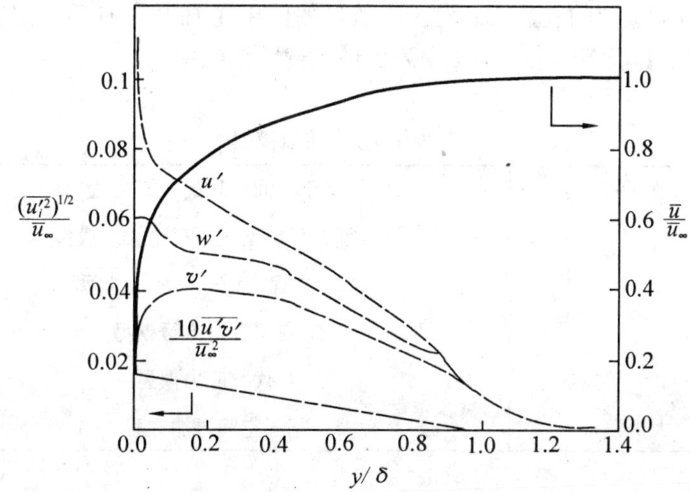


**图 16-4 平板边界层在零压力梯度下的平均速度分布和湍流特性**

在平板边界层的情况下，随着 $y/\delta$ 增大超过 0.8，湍流特性渐进地趋向零。此时，所有脉动速度的 rms 值几乎相等，这说明在远离壁面处，湍流结构变得更加各向同性了。

在管道流动中，漩涡运动将湍流从其高产区输运过中心线。因此，管子的中心线处，rms 脉动保持相对大的值。根据对称性，在穿过中心线时 $-\overline{u'v'}$，的值必须等于零，并且改变符号。

这种多层结构是固体表面附近湍流边界层的普遍特征。1971 年，Monin 和 Yaglom 将来自 Klebanoff 和 Laufer 在壁面附近的数据绘成曲线发现，如果采用适当的速度尺度 $u_\tau$ 对数据进行无量纲化，对于平板和管流，不仅普遍适用的平均速度分布，而且还有雷诺应力数据，都重叠成一条曲线。

在这节中我们介绍了一些二维湍流流动的特性。尽管发现了许多共同特征，但是很明显，即使在这些相对是简单的薄剪切层中，湍流结构的细节很大程度地取决于流动本身，尤其产生和保持湍流边界的几何形状非常重要。黏性剪切应力取决于黏性系数，它是流体的一种性质，但是湍流雷诺应力也受到流动本身影响。计算机程序必须能处理这些复杂的问题。

## 16.3 适用于工程典型问题的湍流模型

对于大多数工程问题，没有必要去求解湍流脉动的细节。通常仅仅只需考虑在平均流动上的湍流影响。尤其，我们总是需要对方程(16-16a)~(16-16c)中的雷诺应力和方程(16-17)中的湍流标量输运项的表达式。对于一般目的使用在CFD中有用的湍流模型必须能广泛的应用，精确，简单和经济。表16-2中列出最普遍的湍流模型。

表16-2 湍流模型

| 经典的模型: | 基于时间平均的雷诺方程<br>1.零方程模型——混合长度模型<br>2.二方程模型——$k-\varepsilon$ 模型<br>3.雷诺应力方程模型<br>4.代数应力模型 |
|---|---|
| 大涡模拟 | 基于空间过滤方程 |

经典模型是基于16.1节中推导的雷诺方程，它是目前可用的商业CFD软件中湍流计算的基础。大涡模拟对平均流动和最大漩涡可用由随时间变化的流动方程来确定，而较小的漩涡的影响则用模型描述。早期的争论显示，最大的漩涡与平均流动有强烈的相互作用，并且包含着大部分能量，因此这种方法产生一个能描述湍流的主要影响的良好模型。大涡模拟当今仍处于发展阶段，所需计算量非常大。

经典模型中的混合长度模型和 $k-\varepsilon$ 模型中是当今最广泛使用和得到证实的。它们基于这样的假设：黏性应力对平均流动的作用与雷诺应力的作用二者存在相似关系。这两种应力都出现在动量方程的右侧，并且在牛顿黏性定律中，黏性应力是与流体微元的变形率成比例的。对于不可压缩流体来说可以给出

$$\tau_{ij} = \mu e_{ij} = \mu\left(\frac{\partial u_i}{\partial x_j} + \frac{\partial u_j}{\partial x_i}\right) \tag{16-23}$$

为了简化符号表示，这里应用下标表示法。$i$ 或 $j=1$ 对应于 $x$ 方向，$i$ 或 $j=2$ 对应于 $y$ 方向和 $i$ 或 $j=3$ 对应于 $z$ 方向。因此，例如，

$$\tau_{12} = \tau_{xy} = \mu\left(\frac{\partial u_1}{\partial x_2} + \frac{\partial u_2}{\partial x_1}\right) = \mu\left(\frac{\partial u}{\partial y} + \frac{\partial v}{\partial x}\right) \tag{16-24}$$

实验观察得，除非在等温不可压缩流动中存在剪切运动，否则湍流会减弱。另外，随着平均变

形率的增大，湍流应力也增大。Boussinesq将雷诺应力与变形的平均速率联系起来，使用下标表示法可以得到

$$\tau_{ij} = -\rho\overline{u_i' u_j'} = \mu_t\left(\frac{\partial U_i}{\partial x_j} + \frac{\partial U_j}{\partial x_i}\right) \tag{16-25}$$

湍流的热量，质量和其他标量特性的输运现象可以用相似的方法来模拟。公式(16-23)表明湍流动量输运被假定为与平均速度梯度成比例(即单位质量的动量梯度)。以此类推，一个标量的输运被取为与输运量平均值的梯度成比例。可以写为

$$-\overline{\rho u_i' \varphi'} = \Gamma_t \frac{\partial \Phi}{\partial x_i} \tag{16-26}$$

这里，$\Gamma_t$ 是湍流扩散率。

因为动量和热量或质量的湍流输运是由于相同的机理，即涡混合。我们认为，湍流扩散率 $\Gamma_t$ 的值接近于湍流黏性系数 $\mu_t$，引入一个湍流 Prandtl/Schmidt 数，定义如下

$$\sigma_t = \frac{\mu_t}{\Gamma_t} \tag{16-27}$$

许多流动的实验表明，这个比例接近常数，大部分CFD程序也认同这个事实，并取 $\sigma_t$ 的值大约为1。

通过16.2节中的简单湍流流动的讨论，很明显，在流动中湍流等级和湍流应力各点是不同的。混合长度模型试图通过对 $\mu_t$ 的简单代数公式来描述应力作为位置的函数。$k-\varepsilon$ 模型比混合长度模型更复杂，更具有普遍性。它的湍流描述考虑到由于平均流动和扩散对湍流特性的输运产生的影响，并考虑到湍流的产生和消毁。用两个输运方程(偏微分方程或PDEs)求出两个量，一个是湍流动能 $k$，另一个是湍流动能的耗散率 $\varepsilon$。

这两个模型的根本假定是湍流黏性系数 $\mu_t$ 是各向同性的，换句话说，就是雷诺应力和平均变化率之间的比值在所有方向上相同。这个假设在许多种流动中是不成立的，这导致了流动预测的不准确。这时对雷诺应力方程本身推导和求解其输运方程是必要的。关于一种应力应该满足输运方程的想法，一开始可能显得有些奇怪。不过，只需要提醒一下，雷诺应力最初出现在动量方程的左边，从物理上讲它归因于作为一种湍流速度脉动结果的对流动量交换。流体动量—平均动量和脉动动量—可以通过流体质点来输运，因此雷诺应力也可以被输运。

有六个输运方程，对每个雷诺应力有一个方程，其中包括扩散项，压力应力项和耗散项，它们单独的影响是未知的，而且不能进行测量。在雷诺应力方程模型(在文献中也称为二阶或二阶矩封闭模型)中，关于这些未知项作出一些假设，再将得出的偏微分方程与对于湍流动能耗散率 $\varepsilon$ 的输运方程联合求解。雷诺应力方程模型的设计是一个有前景的研究领域，它还没有得到像混合长度模型和 $k-\varepsilon$ 模型那样广泛的证实。求解七个额外的偏微分方程使CFD模拟的花费大大高于用 $k-\varepsilon$ 模型，所以雷诺应力方程模型在学术界之外的应用是比较近代的事。

一组更进一步的建模假设将描述雷诺应力输运的偏微分方程(PDEs)化简为待解的与 $k-$

ε 模型中的 $k$ 方程和 ε 方程并列的代数方程。这种方法产生了代数应力模型，它是雷诺应力模型中最经济的形式，并且能将各向异性的湍流影响引入到 CFD 模拟中。

在后面的几节中，将详细讨论混合长度模型和 $k-\varepsilon$ 模型，并概括提出雷诺应力方程和代数应力模型的主要特征。此外，还将简要介绍目前研究的一些结果，它们可能即将应用到工业湍流建模中去。

### 16.3.1 混合长度模型

基于量纲分析，假设运动湍流黏性系数 $\nu_t$（它具有量纲 $m^2/s$）能被表示成湍流速度尺度 $\vartheta$（m/s）和长度尺度 $l$（m）的积。如果用一个速度尺度和长度尺度足以用来描述湍流的影响，那么量纲分析可得出

$$\nu_t = C\vartheta l \tag{16-28}$$

这里 $C$ 是无量纲常数，于是动力湍流黏性系数可表示为

$$\mu_t = C\rho\vartheta l$$

湍流动能的大部分保存在最大的漩涡中，因此湍流长度尺度 $l$ 是与平均流动相互作用的这些漩涡的特征。如果我们承认，平均流动和最大漩涡的行为之间有很强的关联，那么我们可以将漩涡的特征速度尺度和平均流动特征联系起来。已经发现这种想法在简单的二维湍流流动是很可行的。在二维湍流中仅有的有意义的雷诺应力是 $\tau_{xy}=\tau_{yx}=-\rho\overline{u'v'}$，而仅有的有意义的平均速度梯度是$\partial U/\partial y$。对于这种流动我们可以说（至少从量纲上看是正确的），如果涡的长度尺度是 $l$，则有

$$\vartheta = cl\left|\frac{\partial U}{\partial y}\right| \tag{16-29}$$

这里 $c$ 是无量纲常数，采用绝对值是为了保证，无论速度梯度的符号怎样，速度尺度总是一个正值。

合并式（16-28）和式（16-29）得

$$\nu_t = C\vartheta l = Ccl^2\left|\frac{\partial u}{\partial y}\right|,$$

记 $Ccl^2 = l_m^2$ 得

$$\nu_t = l_m^2\left|\frac{\partial U}{\partial y}\right| \tag{16-30}$$

$l_m$ 称为混合长度。这就是 Prandtl 的混合长度模型。使用公式（16-23）并注意到，$\partial U/\partial y$ 是仅有的有意义的平均速度梯度，湍流雷诺应力可以描述成

$$\tau_{xy}=\tau_{yx}=-\rho\overline{u'v'}=\rho l_m^2\left|\frac{\partial U}{\partial y}\right|\frac{\partial U}{\partial y} \tag{16-31}$$

湍流（性质）是流动的一个函数，并且如果湍流改变，那么有必要在混合长度模型中，通过改变

$l_m$ 来说明这一点。对于一大类简单湍流流动，它包括在16.2节中讨论过的自由湍流和壁面边界层，可以用简单的代数表达式给出这些结果。表16-3给出了一些例子。

混合长度模型也可以用来预测数性变量的湍流输运。在二维流动中起作用的仅有的湍流输运项，对于它可以用混合长度模型表达如下：

$$-\overline{\rho v'\varphi'} = \Gamma_t \frac{\partial \Phi}{\partial y} \tag{16-32}$$

这里 $\Gamma_t = \mu_t/\sigma_t$ 而 $v_t$ 可从(16-30)中得出。Rodi在1980年推荐，在靠近壁面的流动 $\sigma_t$ 取0.9，对于射流和混合层取0.5以及在轴对称的射流中取0.7。

**表16-3　对于二维湍流流动的混合长度**

| 流动 | 混合长度 | $L$ |
|---|---|---|
| 混合层 | $0.07L$ | 层宽度 |
| 射流 | $0.09L$ | 射流半个宽度 |
| 尾流 | $0.16L$ | 尾流半个宽度 |
| 对称轴喷射流 | $0.075L$ | 射流半个宽度 |
| 边界层($\partial p/\partial x = 0$) | | |
| 黏性底层和对数律层($y/L \leqslant 0.22$) | $\kappa y[1-\exp(-y^+/26)]$ | 边界层厚度 |
| 外层($y/L \geqslant 0.22$) | $0.09L$ | |
| 管道和通道<br>(充分发展的流动) | $L[0.14-0.08(1-y/L)^2-0.06(1-y/L)^4]$ | 管道半径或<br>半个通道宽度 |

在表格中，$y$ 代表到壁面的距离，$\kappa = 0.41$ 是 $V_{on}$ Karman常数。表格给出的结果，在简单的二维流动中，对于平均速度分布，壁面摩擦系数和其他的流动特性例如热传导系数等方面都给出很好的计算结果与实验数据的一致性。图16-5(a)和(b)是Schlichting于1979年给出的两种流动结果。

在湍流特性的发展与平均流动长度尺度成比例的流动中，$l_m$ 可以借助于一个简单的代数公式被描述成位置的一个函数。在这种流动中混合长度是非常有用的。这是它在翼剖面周围流动计算中获得普遍应用的原因。对于 $l_m$ 的公式作复杂的修改以便描述压力梯度，小尺度分离和边界层吹气或吸气的影响是可行的。由Baldwin和Lomax于1978年以及Cebeci和Smith于1974年发展的这种混合长度模型已经广泛应用于航空工业的外部空气动力计算上。对混合长度模型的总体评价见表16-4。

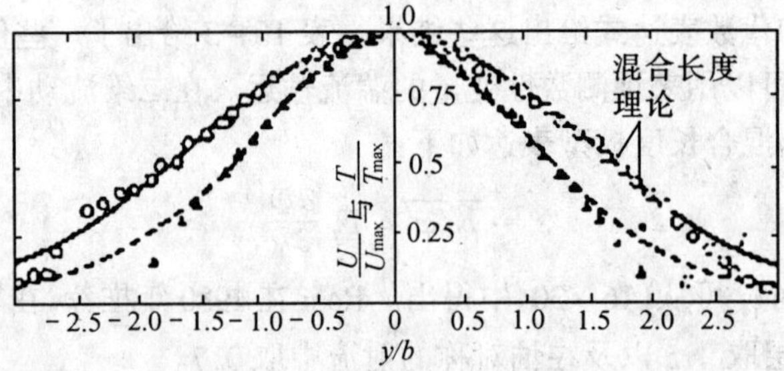


(a)

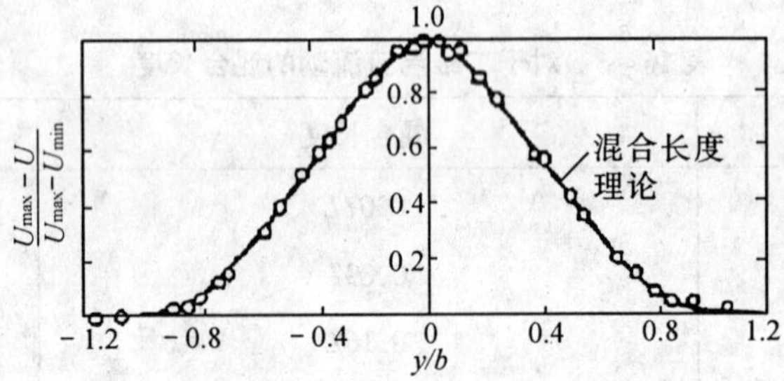


(b)

**图 16-5 用混合长度模型的计算结果**

(a)平面喷流;(b)长圆柱后的尾流

**表 16-4 对混合长度模型的总体评价**

优点:

- 操作容易且花费低;
- 对薄剪切层:射流,混合层,尾流和边界层,具有很好的预测性;
- 很好的确认。

缺点:

- 完全无能力描述有分离和回流的流动; • 只能计算平均流动特性和湍流剪切应力。

### 16.3.2 $k-\varepsilon$ 模型

在二维薄剪切层中,流动方向的变化总是非常慢的,以致湍流可以通过自身调节来适应周围的情况。如果湍流特性的对流和扩散可以被略去,就可以用混合长度依据平均流动来描述湍流的影响。如果对流和扩散不能被忽略(例如,回流流动),那么对于混合长度的简单的代数表达就不再可用了。混合长度模型缺少这种一般性。$k-\varepsilon$ 模型则考虑了影响湍流脉动能量的机理。

湍流流动的瞬时动能 $k(t)$ 是平均动能 $K=\frac{1}{2}(U^2+V^2+W^2)$ 和湍流动能 $k=\frac{1}{2}(\overline{u'^2}+\overline{v'^2}+\overline{w'^2})$ 的和

$$k(t)=K+k$$

以下的推理中,我们经常要用到变形率和湍流应力。为了便于后面的计算,我们将变形率 $e_{ij}$ 和应力 $\tau_{ij}$ 的分量写成张量(矩阵)形式:

$$\boldsymbol{e}_{ij}=\begin{pmatrix} e_{xx} & e_{xy} & e_{xz} \\ e_{yx} & e_{yy} & e_{yz} \\ e_{zx} & e_{zy} & e_{zz} \end{pmatrix} \text{和} \boldsymbol{\tau}_{ij}=\begin{pmatrix} \tau_{xx} & \tau_{xy} & \tau_{xz} \\ \tau_{yx} & \tau_{yy} & \tau_{yz} \\ \tau_{zx} & \tau_{zy} & \tau_{zz} \end{pmatrix}$$

将湍流流动中的流体微元的变形率分解成一个平均分量和一个脉动分量, $e_{ij}(t)=E_{ij}+e'_{ij}$ ,得到以下矩阵元素:

$$e_{xx}(t)=E_{xx}+e'_{xx}=\frac{\partial U}{\partial x}+\frac{\partial u'}{\partial x};\ e_{yy}(t)=E_{yy}+e'_{yy}=\frac{\partial V}{\partial y}+\frac{\partial v'}{\partial y}$$

$$e_{zz}(t)=E_{zz}+e'_{zz}=\frac{\partial W}{\partial z}+\frac{\partial w'}{\partial z}$$

$$e_{xy}(t)=E_{xy}+e'_{xy}=e_{yx}(t)=E_{yx}+e'_{yx}=\frac{1}{2}\left[\frac{\partial U}{\partial y}+\frac{\partial V}{\partial x}\right]+\frac{1}{2}\left[\frac{\partial u'}{\partial y}+\frac{\partial v'}{\partial x}\right]$$

$$e_{xz}(t)=E_{xz}+e'_{xz}=e_{zx}(t)=E_{zx}+e'_{zx}=\frac{1}{2}\left[\frac{\partial U}{\partial z}+\frac{\partial W}{\partial x}\right]+\frac{1}{2}\left[\frac{\partial u'}{\partial z}+\frac{\partial w'}{\partial x}\right]$$

$$e_{yz}(t)=E_{yz}+e'_{yz}=e_{zy}(t)=E_{zy}+e'_{zy}=\frac{1}{2}\left[\frac{\partial V}{\partial z}+\frac{\partial W}{\partial y}\right]+\frac{1}{2}\left[\frac{\partial v'}{\partial z}+\frac{\partial w'}{\partial y}\right]$$

矢量 $\boldsymbol{a}$ 与张量 $\boldsymbol{b}_{ij}$ 的积是矢量 $\boldsymbol{c}$ ,它的分量可以通过应用一般的矩阵运算方法计算出:

$$\boldsymbol{ab}_{ij}=a_ib_{ij}=(a_1\quad a_2\quad a_3)\begin{pmatrix} b_{11} & b_{12} & b_{13} \\ b_{21} & b_{22} & b_{23} \\ b_{31} & b_{32} & b_{33} \end{pmatrix}=$$

$$\begin{pmatrix} a_1b_{11}+a_2b_{21}+a_3b_{31} \\ a_1b_{12}+a_2b_{22}+a_3b_{32} \\ a_1b_{13}+a_2b_{23}+a_3b_{33} \end{pmatrix}^{\mathrm{T}}=\begin{pmatrix} c_1 \\ c_2 \\ c_3 \end{pmatrix}^{\mathrm{T}}=c_j=\boldsymbol{c}$$

两个张量 $\boldsymbol{a}_{ij}$ 和 $\boldsymbol{b}_{ij}$ 的标量积,可以表示如下:

$$\boldsymbol{a}_{ij}\cdot\boldsymbol{b}_{ij}=a_{11}b_{11}+a_{12}b_{12}+a_{13}b_{13}+a_{21}b_{21}+a_{22}b_{22}+a_{23}b_{23}+a_{31}b_{31}+a_{32}b_{32}+a_{33}b_{33}$$

我们应用了下标表示法,这里下标1代表 $x$ 方向,2代表 $y$ 方向以及3代表 $z$ 方向。可以看出,对遍及每个重复下标的全部可能值求和,可以得出标量积。

**对于平均流动动能 $K$ 的控制方程**

平均动能 $K$ 的方程可以通过将 $x$ 分量的雷诺方程(16-12a)乘以 $U$, $y$ 分量的方程(16-

12b)乘以 $V$，$z$ 分量的方程(16－12c)乘以 $W$ 而得出。将结果加在一起并经过颇多的代数运算后，控制流动的平均动能的时间平均方程表示如下：

$$\underset{(\mathrm{I})}{\frac{\partial(\rho K)}{\partial t}} + \underset{(\mathrm{II})}{\mathrm{div}\,(\rho K\boldsymbol{U})} = \mathrm{div}\,(\underset{(\mathrm{III})}{-\boldsymbol{P}\boldsymbol{U}} + \underset{(\mathrm{IV})}{2\mu\boldsymbol{U}E_{ij}} \underset{(\mathrm{V})}{-\rho\boldsymbol{U}\,\overline{u_i' u_j'}}) \underset{(\mathrm{VI})}{-2\mu E_{ij}\cdot E_{ij}} + \underset{(\mathrm{VII})}{\rho\,\overline{u_i' u_j'}\cdot E_{ij}} \tag{16-33}$$

对平均动能 $k$，我们有

$k$ 的变化率 + $k$ 因对流的输运 = $k$ 因压力的输运 + $k$ 因黏性应力的输运 +
$k$ 因雷诺应力的输运 − $k$ 的耗散率 + 湍流的生成

输运项(Ⅲ)，(Ⅳ)和(Ⅴ)全部可以表示成散度 div 的形式，并且习惯上将它们用括号括起来。黏性应力对 $K$ 的影响分解成两部分：由于黏性应力作用 $K$ 的输运项(Ⅳ)和平均动能 $K$ 的黏性耗散项(Ⅵ)。包含雷诺应力 $-\rho\,\overline{u_i' u_j'}$ 的两项说明湍流的影响；(Ⅴ)项是 $K$ 因雷诺应力的湍流输运；(Ⅶ)项是湍流生成项，或者说是由于雷诺应力生成伴随的变形作功造成 $K$ 的净减量。在大雷诺数的流动中，湍流项(Ⅴ)和(Ⅶ)总是比它们的黏性对应部分(Ⅳ)和(Ⅵ)大。

**对于湍流动能 $k$ 的控制方程**

每一个瞬时 N－S 方程(16－9a)～(16－9c)乘上合适的脉动速度分量(例如 $x$ 分量方程乘上 $u'$ 等)，再将所有结果加起来，然后对雷诺方程(16－12a)～(16－12c))也重复这个过程，将得到的两个方程相减，重新整理就可以得出湍流动能 $k$ 的方程

$$\underset{(\mathrm{I})}{\frac{\partial(\rho k)}{\partial t}} + \underset{(\mathrm{II})}{\mathrm{div}\,(\rho k\boldsymbol{U})} = \mathrm{div}\,(\underset{(\mathrm{III})}{-\overline{p'\boldsymbol{u}'}} + \underset{(\mathrm{IV})}{2\mu\,\overline{\boldsymbol{u}'e_{ij}'}} \underset{(\mathrm{V})}{-\frac{1}{2}\rho\,\overline{u_i'\cdot u_i' u_j'}}) \underset{(\mathrm{VI})}{-2\mu\,\overline{e_{ij}'\cdot e_{ij}'}} \underset{(\mathrm{VII})}{-\rho\,\overline{u_i' u_j'}\cdot E_{ij}} \tag{16-34}$$

对于湍流动能 $k$，我们有

$k$ 的变化率 + $k$ 因对流的输运 = $k$ 因压力的输运 + $k$ 因黏性应力的输运 +
$k$ 因雷诺应力的输运 − $k$ 的耗散率 + 湍流的生成

方程(16－33)和(16－34)在许多方面看起来很像，但是在 $k$ 方程右边出现带撇的项说明湍流动能的变化主要是受湍流相互作用控制的。(Ⅶ)项在两个方程中大小相等，但是符号相反。在二维薄剪切层中，我们发现，如果在这样的流动中 $E_{ij}$ 的主项，平均速度梯度 $\partial U/\partial y$ 是正的，那么唯一重要的雷诺应力 $-\rho\,\overline{u_i' u_j'}$ 通常是正的。因此(Ⅶ)项在 $k$ 方程中给出正的贡献，并且代表一个产生项。但是在 $k$ 方程中，这项是负的，因此它破坏了平均流动的动能。这在数学上说明了平均动能转变为湍流动能。

黏性耗散项(Ⅴ)

$$-2\mu\,\overline{e'_{ij}\cdot e'_{ij}}=-2\mu(\overline{e'^2_{11}}+\overline{e'^2_{22}}+\overline{e'^2_{33}}+2\,\overline{e'^2_{12}}+2\,\overline{e'^2_{13}}+2\,\overline{e'^2_{23}})$$

由于出现的是脉动变形率 $e'_{ij}$ 的平方之和,它对(16-34)提供一个负值。湍流动能的耗散是由于小漩涡克服黏性应力作功引起的。每单位质量耗散率的量纲是 $m^2/s^2$,它在湍流动力学的研究中是至关重要的,通常表示为

$$\varepsilon=2v\,\overline{e'_{ij}\cdot e'_{ij}}\tag{16-35}$$

它是湍流动能方程中的主要耗散项,与生成项大小同阶,并且是不可忽略的。相比之下,当雷诺数较大时,式(16-34)中黏性输运项(Ⅳ)相对湍流输运项(Ⅵ)来说总是很小的。

***k-ε* 模型方程**

推导出所有其他的湍流量的相似的输运方程是可能的,包括黏性耗散率 ε。但是,准确的 ε 方程包含许多未知和无法测量的项。标准的 $k-\varepsilon$ 模型(Launder 和 Spalding,1974)有两个模型方程,一个针对 $k$,另一个针对 ε,是基于对湍流脉动过程引起这些变量改变的最佳理解而完成的。

我们用 $k$ 和 ε 规定大尺度湍流的速度尺度 $\vartheta$ 和长度尺度 $l$ 的代表如下

$$\vartheta=k^{1/2}\qquad l=\frac{k^{3/2}}{\varepsilon}$$

有人可能对使用"小漩涡"变量 ε 来规定"大漩涡"量 $l$ 的可行性提出质疑。我们允许这样做,是因为在高雷诺数情况下,大漩涡从平均流动吸取能量的速率与穿过能量谱传递到小的耗散的漩涡的速率是精确地匹配的。如果这种情况不成立,那么湍流在某些尺度下的能量可能无限地增大或减小。实际上这种情况是不存在的,因而证明了在 $l$ 定义中使用 ε 的正确性。

与在混合长度模型中应用的方法相似,我们规定漩涡黏性系数如下:

$$\mu_t=C\rho\vartheta l=\rho C_\mu\frac{k^2}{\varepsilon}\tag{16-36}$$

这里 $C_\mu$ 是一个无量纲常数。

标准模型使用下面的关于 $k$ 和 ε 的输运方程

$$\frac{\partial(\rho k)}{\partial t}+\mathrm{div}(\rho k\boldsymbol{U})=\mathrm{div}\left[\frac{\mu_t}{\sigma_k}\mathbf{grad}\,k\right]+2\mu_tE_{ij}\cdot E_{ij}-\rho\varepsilon\tag{16-37}$$

$$\frac{\partial(\rho\varepsilon)}{\partial t}+\mathrm{div}(\rho\varepsilon\boldsymbol{U})=\mathrm{div}\left[\frac{\mu_t}{\sigma_\varepsilon}\mathbf{grad}\,k\right]+C_{1\varepsilon}\frac{\varepsilon}{k}2\mu_tE_{ij}\cdot E_{ij}-C_{2\varepsilon}\rho\frac{\varepsilon^2}{k}\tag{16-38}$$

用语言表示这些方程是

$k$ 或者 ε 的变化率 + $k$ 或者 ε 由于对流的输运 = $k$ 或者 ε 由于扩散的输运 +

$k$ 或者 ε 的生成率 - $k$ 或者 ε 的耗散率

方程中包含了 5 个可调整的常数和 $C_\mu,\sigma_k,\sigma_\varepsilon,C_{1\varepsilon}$ 和 $C_{2\varepsilon}$。标准 $k-\varepsilon$ 模型采用的这些常数值是对于通过很宽范围湍流的数据通过大量的数据拟合获得的:

$$C_\mu = 0.09;\ \sigma_k = 1.00;\ \sigma_\varepsilon = 1.30;\ C_{1\varepsilon} = 1.44;\ C_{2\varepsilon} = 1.92 \tag{16-39}$$

在模型 $k$ 方程中的生成项是通过将式(16-25)代入式(16-34)中精确的生成项而得来的。主要输运过程的建模形式出现在 $k$ 和 $\varepsilon$ 方程的右边。利用我们早先讲标量输运时引入的梯度扩散想法来表示湍流输运项,见方程(16-26)。Prandtl 数 $\sigma_k$ 和 $\sigma_\varepsilon$ 将 $k$ 和 $\varepsilon$ 的扩散率与漩涡黏性系数 $\mu_t$ 联系起来了。准确的 $k$ 方程的压力项(Ⅲ)不能直接测量。它的影响在方程(16-37)中的梯度扩散项中考虑。

湍流动能的产生和耗散总是紧密联系在一起的。$k$ 的生成大的地方,耗散率 $\varepsilon$ 也大。关于 $\varepsilon$ 的模型方程(16-38),假设它的生成和耗散项是与 $k$ 方程(16-37)的生成和耗散项成比例的。采用这样的形式保证了,如果 $k$ 快速增大,$\varepsilon$ 也快速增大。并且也保证了,如果 $k$ 减小,$\varepsilon$ 也减小足够快以避免湍流动能出现(物理上不可能出现的)负值。生成和耗散项中的因子 $\varepsilon/k$,使 $\varepsilon$ 方程中这些项在量纲上是正确的。

使用 $k-\varepsilon$ 模型(16-36)~(16-38)来计算雷诺应力,可以采用扩展的 Boussinesq 关系式

$$-\rho\,\overline{u_i' u_j'} = \mu_t\left(\frac{\partial U_i}{\partial x_j} + \frac{\partial U_j}{\partial x_i}\right) - \frac{2}{3}\rho k\delta_{ij} = 2\mu_t E_{ij} - \frac{2}{3}\rho k\delta_{ij} \tag{16-40}$$

与方程(16-25)相比看出,这种形式在方程的右边有一个附加项,其中引入了 $\delta_{ij}$,如果 $i=j$,$\delta_{ij}=1$;$i\neq j$,$\delta_{ij}=0$。这项的引入使公式可以应用于 $i=j$ 的法向雷诺应力。因此,可用于 $\tau_{xx} = -\rho\,\overline{u'^2}$,$\tau_{yy} = -\rho\,\overline{v'^2}$ 和 $\tau_{zz} = -\rho\,\overline{w'^2}$。考虑不可压缩流动并且单独研究(16-40)第一部分自身的特性。如果我们将它对所有的正应力求和(即,取 $i=1,2$ 和 3,同时保持 $i=j$),应用连续性,我们发现它等于零,因为

$$2\mu_t E_{ij} = 2\mu_t\left[\frac{\partial U}{\partial x} + \frac{\partial V}{\partial y} + \frac{\partial W}{\partial z}\right] = 2\mu_t \operatorname{div} U = 0$$

在任何流动中,很显然正应力项的和 $-\rho(\overline{u'^2} + \overline{v'^2} + \overline{w'^2})$ 等于每单位体积湍流动能二倍的负值,即($-2\rho k$)。将三等分之一分配给每一个法向应力分量以保证它们的和总是实际上正确的值。应该指出的是,这意味着对法向雷诺应力作了各向同性的假设,但是在 16.2 节中的数据已经表明甚至在简单的二维流动中它也是不准确的。

**边界条件**

$k$ 和 $\varepsilon$ 的模型方程由于其梯度扩散项,方程是椭圆型的。它们的特性与其它椭圆型的流动方程是相似的,这导致需要以下的边界条件:

- 入口:必须给出 $k$ 和 $\varepsilon$ 分布
- 出口或对称轴:$\dfrac{\partial k}{\partial n}=0$ 和 $\dfrac{\partial \varepsilon}{\partial n}=0$
- 自由流动:$k=0$ 和 $\varepsilon=0$
- 固体壁面:方法取决于雷诺数的大小(见下面)

在探索性设计计算中,用这个模型进行运算要求的详细边界条件有时可能是得不到的。

工程问题中的CFD使用者在他们的处理中,很少有 $k$ 和 $\varepsilon$ 的测量值。可以输入从文献中查找到的 $k$ 和 $\varepsilon$ 的值,随后研究计算结果对这些参数在入口分布的敏感性。如果根本没有信息可用,那么我们可通过湍流强度 $T_i$ 和装备的特征长度 $L$(等效的管径)的组合,得到在内流场中 $k$ 和 $\varepsilon$ 入口分布的近似值,简单的假定形式如下:

$$k = \frac{3}{2}(U_{ref}T_i)^2; \quad \varepsilon = C_\mu^{3/4}\frac{k^{3/2}}{l}; \quad l = 0.07L$$

这公式与16.3.1中的混合长度公式密切相关,下面给出固体壁面附近的一般情况。

在高雷诺数情况下,标准 $k-\varepsilon$ 模型通过利用在16.2节中讨论过的壁面附近流动的一般特性,免去了对模型方程的一直到壁面的积分。如果 $y$ 是垂至于固体壁面的坐标方向,那么在一点 $y_p$ 处且 $30 < y_p^+ < 500$ 的平均速度满足对数律(16-21),湍流动能集聚的测量表明,湍流生成率与耗散率相等。利用这些假设和漩涡黏性公式(16-36),可以得出下面壁面函数

$$u^+ = \frac{U}{u_\tau} = \frac{1}{k}\ln(Ey_p^+); \quad k = \frac{u_\tau^2}{\sqrt{C_\mu}}; \quad \varepsilon = \frac{u_\tau^3}{ky} \tag{16-41}$$

Von karman 常数 $\kappa = 0.41$,光滑壁面的壁面粗糙度参数 $E = 9.8$。

对热量传递,在大雷诺数情况下可以使用一般的壁面附近的温度分布(Launder 和 Spalding,1974):

$$T^+ \equiv \frac{(T - T_w)C_p\rho u_\tau}{q_w} = \sigma_{T,t}\left[u^+ + P\left(\frac{\sigma_{T,l}}{\sigma_{T,t}}\right)\right] \tag{16-42}$$

这里 $T_p$——在近壁面点 $y_p$ 的温度;

$\sigma_{T,t}$——湍流 Prandtl 数;

$T_w$——壁面温度;

$\sigma_{T,l}$——$\mu\dfrac{C_p}{\Gamma_T}$ = Prandtl 数;

$q_w$——壁面热通量;

$\Gamma_T$——热传导系数;

$C_p$——流体的定压比热。

式中 $P$ 是一个取决于层流对湍流 Prandtl 数之比的修正函数(Launder 和 Spalding,1974)。

在低雷诺数情况下,对数律不再适用了,因此上面提到的边界条件不能使用了。Patel (1985)等人对小雷诺数流动的 $k-\varepsilon$ 模型提出了修改方法。需要引入壁面阻尼来确保在小雷诺数情况下以及靠近固体壁面的黏性底层中,黏性应力可以取代湍流雷诺应力。

取代式(16-36)~(16-38)的低雷诺数 $k-\varepsilon$ 模型方程如下:

$$\mu_t = \rho C_\mu f_\mu \frac{k^2}{\varepsilon} \tag{16-43}$$

$$\frac{\partial(\rho k)}{\partial t}+\mathrm{div}(\rho kU)=\mathrm{div}\left[\left(\mu+\frac{\mu_t}{\sigma_k}\right)\mathbf{grad}k\right]+2\mu_t E_{ij}\cdot E_{ij}-\rho\varepsilon \tag{16-44}$$

$$\frac{\partial(\rho\varepsilon)}{\partial t}+\mathrm{div}(\rho\varepsilon U)=\mathrm{div}\left[\left(\mu+\frac{\mu_t}{\sigma_\varepsilon}\right)\mathbf{grad}\varepsilon\right]+C_{1\varepsilon}f_1\frac{\varepsilon}{k}2\mu_t E_{ij}\cdot E_{ij}-C_{2\varepsilon}f_2\rho\frac{\varepsilon^2}{k} \tag{16-45}$$

最明显的变化是公式(16－44)～(16－45)中的扩散项包含了黏性作用。在标准 $k-\varepsilon$ 模型中的常数 $C_\mu$，$C_{1\varepsilon}$ 和 $C_{2\varepsilon}$ 分别与壁面阻尼函数 $f_\mu$，$f_1$ 和 $f_2$ 相乘，这些壁面阻尼函数本身是湍流雷诺数( $=\vartheta l/v=k^2/(\varepsilon v)$ )和/或者相似的参数的函数。作为一个例子，下面给出 Lam 和 Bremhorst 提出的被广泛应用的壁面阻尼函数

$$f_\mu=[1-\exp(-0.0165Re_y)]^2\left(1+\frac{20.5}{Re_t}\right)$$
$$f_1=\left(1+\frac{0.05}{f_\mu}\right)^3;\quad f_2=1-\exp(-Re_t^2) \tag{16-45}$$

函数 $f_\mu$ 中，参数 $Re_y$ 定义为 $k^{1/2}y/v$。Lam 和 Bremhorst(1981)使用 $\frac{\partial\varepsilon}{\partial y}=0$ 作为边界条件。

$k-\varepsilon$ 模型是应用最广泛且得到证实的湍流模型。它在计算各种薄剪切层和回流流动中取得了巨大成功，且不需要针对具体实例的不同去调整模型常数。这种模型特别适用于雷诺切应力是最重要的固壁限定的流动。而这种情况包括了许多工业工程中应用的流动，说明了它的广泛流行。我们还可以得到 $k-\varepsilon$ 模型结合浮力影响的模型形式。这样的模型常被用于研究环境流动，例如空气和湖泊中的污染扩散以及火灾的 CFD 模拟。

尽管取得了大量的成功，但是 $k-\varepsilon$ 模型在无界限流动中的应用反响一般，在弱剪切层(远的尾流特征和混合层)中不太适用。在滞止环境中，对轴对称射流的散布率的预测严重偏高。在大部分的这些流动中，湍流动能的生成率远远小于耗散率。解决这个问题只有通过对模型中的常数 $C$ 作打补丁的方法进行调整。

Bradshaw 等人于 1981 年指出，在模型方程的梯度扩散表达式中，并入精确的 $k$ 方程的压力输运项相信是可以接受的，因为压力项有时非常小，以至于没有它，测量的湍流动能可以保持平衡。但是他们也解释说，这些测量中有大量的误差，并且压力扩散的影响被忽略并不一定总是正确的。

这种模型应用于旋转的流动和有大的、额外的应变的流动中也会有问题。(例如，高曲率的边界层和扩散的通道)，因为它没有包含关于流线曲率对湍流的细微影响的描述。在长的非圆管道中的次级流动，是由各向异性的法向雷诺应力驱动的，它也不能被预测，因为在 $k-\varepsilon$ 模型中缺少对法向应力的处理。此外，模型也忽略了由于基准框架的旋转产生的质量力。

表 16－5 给出关于标准 $k-\varepsilon$ 模型的性能评价的总结。

表 16-5　模型评价

| |
|---|
| 优点：<br>它是只需要给出初始条件和边界条件的最简单湍流模型；<br>对许多工业和工程相关的流动问题都具有非常好的特性；<br>是被确认的，得到最广泛证实的湍流模型。<br>缺点：<br>实现起来比混合长度模型费用更高(有两个额外的偏微分方程)；<br>在一些重要的情况中性能比较差，例如：<br>(ⅰ)某些无限界流动；<br>(ⅱ)具有较大额外的应变的流动(例如弯曲的边界层，打旋的流动)；<br>(ⅲ)旋转流动；<br>(ⅳ)非圆形管道中充分发展的流动。 |

### 16.3.3　雷诺应力方程模型

最复杂的经典湍流模型是雷诺应力方程模型(RSM)，也被称为二阶或二阶矩封闭模型。当 $k-\varepsilon$ 模型在预测具有复杂的应变场或者很大的质量力的流动时有很大的缺陷，在这样的情况下，即使湍流动能的计算具有合理的精度，但用公式(16-40)表示的单个的雷诺应力(分量)是很不精确的。另一方面，精确的雷诺应力输运方程能说明雷诺应力场的方向效应。

建模思想起源于 Launder 等人于 1975 年的论文。我们按照已确认的文献中的习惯称 $R_{ij}=-\frac{\tau_{ij}}{\rho}=\overline{u'_i u'_j}$ 为雷诺应力，尽管称它为运动雷诺应力更准确。精确的关于 $R_{ij}$ 的输运方程采用下面的形式

$$\frac{DR_{ij}}{Dt}=P_{ij}+D_{ij}-\varepsilon_{ij}+\Pi_{ij}+\Omega_{ij} \tag{16-47}$$

$R_{ij}=\overline{u'_i u'j}$的变化率＋对流引起的 $R_{ij}$ 的输运＝$R_{ij}$ 的生成率＋扩散引起的 $R_{ij}$ 的输运－$R_{ij}$ 的耗散率＋由于湍流压力张量相互作用引起的 $R_{ij}$ 的输运－由于旋转引起的 $R_{ij}$ 输运

方程(16-47)表示了 6 个偏微分方程，6 个独立的雷诺应力($\overline{u_1'^2}$，$\overline{u_2'^2}$，$\overline{u_3'^2}$，$\overline{u'_1 u'_2}$，$\overline{u'_1 u'_3}$和$\overline{u'_2 u'_3}$，因为$\overline{u'_2 u'_1}=\overline{u'_1 u'_2}$，$\overline{u'_3 u'_1}=\overline{u'_1 u'_3}$和$\overline{u'_3 u'_2}=\overline{u'_2 u'_3}$)中每一个的输运对应一个方程。如果它与关于湍流动能的精确的输运方程(16-34)相比较，可以发现，在雷诺应力方程中出现两个新的物理过程项。第一，压力应变相关项 $\Pi_{ij}$，它对动能的影响可以被证明是零，第二，旋转项 $\Omega_{ij}$。

使用雷诺应力输运方程的 CFD 计算在它的附加形式中以精确的形式保留了生成项

$$P_{ij} = -\left( R_{im} \frac{\partial U_j}{\partial x_m} + R_{jm} \frac{\partial U_i}{\partial x_m} \right) \tag{16-48}$$

为了得到式(16-47)的一种可解的形式,需要对方程右边的扩散,耗散率和压力应变相关项建立模型。Lauder 等人(1975)和 Rodi(1980)给出最一般模型的全部细节。为了简单起见,我们引入源于在一些商业 CFD 软件中使用的从这种方法导出的模型。这些模型缺少了一些细节,但它们的结构非常易于理解,并且在所有情况下,主要信息是完整无缺的。

扩散项 $D_{ij}$ 可以通过假设扩散造成的雷诺应力的输运率与雷诺应力的梯度成比例来建立模型。这种梯度扩散的想法贯穿湍流模化的全部过程。商业 CFD 软件往往采用最简单形式

$$D_{ij} = \frac{\partial}{\partial x_m}\left( \frac{\nu_t}{\sigma_k} \frac{\partial R_{ij}}{\partial x_m} \right) = \mathrm{div}\left( \frac{\nu_t}{\sigma_k} \mathbf{grad}(R_{ij}) \right) \tag{16-49}$$

这里 $\nu_t = C_\mu \frac{k^2}{\varepsilon}$;$C_\mu = 0.09$;$\sigma_k = 1.0$。

耗散率 $\varepsilon_{ij}$ 可以通过假设耗散性的小漩涡是各向同性的来模化。这样,它只影响法向雷诺应力($i=j$),并且影响的大小相等。可以利用下式实现

$$\varepsilon_{ij} = \frac{2}{3}\varepsilon\delta_{ij} \tag{16-50}$$

这里 $\varepsilon$ 是式(16-35)定义的湍流动能的耗散率。Kronecker$\delta_{ij}$ 在 $i=j$ 时,$\delta_{ij}=1$;而 $i \neq j$ 时,$\delta_{ij}=0$。

压力应变的相互作用同时构成(16-47)中最困难的项和使建模准确的最重要的项。两个不同的物理过程影响雷诺应力:由于两个漩涡相互作用产生的压力脉动和由于一个漩涡与不同平均速度流动的一个区域之间的相互作用产生的压力脉动。压力应变项的总体影响是法向雷诺应力($i=j$)中的能量再分配,使得它们更趋向于各向同性,并减少雷诺剪切应力($i \neq j$)。

对压力应变项考虑壁面附近的影响要给予修正。这些修正在性质上与 $k-\varepsilon$ 模型中的壁面阻尼函数不同,不论平均流雷诺数的值怎样,都需要使用壁面函数。测量说明,在壁面的法线方向上会阻碍脉动,壁面影响增大了法向雷诺应力的各向异性,并且减少了雷诺剪切应力的大小。Launder 等人(1975)给出了解释所有这些影响的一个综合模型。他们也给出了受到一些商业 CFD 软件欢迎的更简单形式。

$$\Pi_{ij} = -C_1 \frac{\varepsilon}{k}\left( R_{ij} - \frac{2}{3}k\delta_{ij} \right) - C_2\left( P_{ij} - \frac{2}{3}P\delta_{ij} \right) \tag{16-51}$$

这里 $C_1 = 1.8$;$C_2 = 0.6$

旋转项为

$$\Omega_{ij} = -2\boldsymbol{\omega}_k (R_{jm}e_{ikm} + R_{im}e_{jkm}) \tag{16-52}$$

这里 $\boldsymbol{\omega}_k$ 是旋转向量,$e_{ijk}$ 是交替记号,如果 $i$,$j$ 和 $k$ 不同,并且按循环次序排列,则 $e_{ijk} = +1$;如果 $i$,$j$ 和 $k$ 不同,并且按循环次序排列,则 $e_{ijk} = -1$;若有任意两个下标相同,则 $e_{ijk} = 0$。

在上面的公式中需要用到湍流动能 $k$ 的值，它可以通过把三个法向应力加起来得到

$$k=\frac{1}{2}(R_{11}+R_{22}+R_{33})=\frac{1}{2}(\overline{u_1'^2}+\overline{u_2'^2}+\overline{u_3'^2})$$

关于雷诺应力输运的 6 个方程和耗散率 $\varepsilon$ 的一个模型方程一般放在一起求解。此外，Launder 等人(1975)又发现一种更准确的形式，但是，来自标准的 $k-\varepsilon$ 模型的方程，因为简单而被应用于商业 CFD 中。

$$\frac{D\varepsilon}{Dt}=\mathrm{div}\left(\frac{v_t}{\sigma_\varepsilon}\mathbf{grad}\varepsilon\right)+C_{1\varepsilon}\frac{\varepsilon}{k}2v_tE_{ij}\cdot E_{ij}-C_{2\varepsilon}\frac{\varepsilon^2}{k} \tag{16-53}$$

这里 $C_{1\varepsilon}=1.44$；$C_{2\varepsilon}=1.92$

$\varepsilon$ 变化率 + 由于对流产生的 $\varepsilon$ 的输运 = 由于扩散产生的 $\varepsilon$ 的输运 + $\varepsilon$ 的生成率 − $\varepsilon$ 的耗散率

求解雷诺应力输运方程需要用椭圆型流动的常用的边界条件

- 入口：$R_{ij}$ 和 $\varepsilon$ 的指定的分布；
- 出口和对称面：$\frac{\partial R_{ij}}{\partial n}=0$ 和 $\frac{\partial \varepsilon}{\partial n}=0$
- 自由流：$R_{ij}=0$ 和 $\varepsilon=0$
- 固体壁面：壁面函数。

在没有合适的入口分布条件下，$R_{ij}$ 可以通过湍流强度 $T_i$ 和装置的特征长度 $L$（例如，当量管径）利用下面的假设关系来计算出

$$k=\frac{3}{2}(U_{ref}T_i)^2;\quad \varepsilon=C_\mu^{3/4}\frac{k^{3/2}}{l};\quad l=0.07L;\quad \overline{u_1'^2}=k;$$

$$\overline{u_2'^2}=\overline{u_3'^2}=\frac{1}{2}k;\quad \overline{u_i'u_j'}=0\quad(i\neq j)$$

如果没有经过对这些假设的入口边界条件的结果的敏感度进行试验，这样的表达一般不应该使用。

对大雷诺数下的计算，可以采用壁面函数类型的边界条件，这与 $k-\varepsilon$ 模型的很相似。在壁面附近的雷诺应力值可以通过公式（例如，$R_{ij}=\overline{u_i'u_j'}=c_{ij}k$）求出，这里 $c_{ij}$ 是测量得到的。对模型的低雷诺数修正可以结合进行在扩散项加入分子黏性的影响和考虑在 $R_{ij}$ 方程中的耗散率项中的各向异性。调整 $\varepsilon$ 方程常数的壁面阻尼函数和修正的耗散率变量 $\bar{\varepsilon}\left(\equiv\varepsilon-2\nu\left(\frac{\partial k^{1/2}}{\partial y}\right)^2\right)$，给出了靠近固体壁面更加现实的模化。1991 年 So 等人对近壁面处理方法给出了新近的评述。

对于数性变量输运，有相似的模型可用，它包括三个偏微分方程，对于方程(16-17)中的每一个数性变量的湍流通量 $\overline{u_i'\varphi'}$ 都有一个方程。商业的 CFD 软件中通常在层流扩散系数 $\Gamma_t=\frac{\mu_t}{\sigma_\phi}$ 中加上湍流扩散系数的简单方法，其中 Prandtl/Schmidt 数 $\sigma_\phi$ 对所有数性变量都等于

0.7。近壁面流动问题中，对数性变量输运方程的小雷诺数修正尚了解很少。

显然 RSM 是很复杂的，但是一般都认为，它是有潜力描写全部平均流动特质和雷诺应力而不必根据算例的情况进行调整的那类模型中"最简单"的。RSM 并没有像 $k-\varepsilon$ 模型那样得到证实。因为计算的工作量太大，目前它还没有在工业和工程流动计算中广泛应用。这些模型的扩展和改进是一个很活跃的研究领域。

表 16-6 雷诺应力方程模型评述

| |
|---|
| 优点：<br>• 有潜力成为所有经典湍流模型中最通用的；<br>• 只需提供初始条件和边界条件；<br>• 对于许多简单的和更复杂的流动，包括壁面射流，不对称通道，非圆形管道流动和曲线形流动，能非常精确地计算平均流动特性和全部雷诺应力。<br>缺点：<br>• 计算工作量非常大(7 个附加偏微分方程)；<br>• 没有像混合长度模型和 $k-\varepsilon$ 模型那样得到广泛的证实；<br>• 在一些流动中，如同 $k-\varepsilon$ 模型一样，性能较差，这是由于与 $\varepsilon$ 方程建模同样的问题(例如，轴对称射流和无限制回流流动)。 |

### 16.3.4 代数应力方程模型

代数应力模型(ASM)是考虑雷诺应力的各向异性的花费较少的方法，它不需要完全彻底地去求解雷诺应力输运方程。求解 RSM 的巨大计算量是由于分别出现在式(16-47)和(16-49)中的对流($\frac{D}{Dt}$)和扩散输运项 $D_{ij}$ 的雷诺应力 $R_{ij}$ 的梯度等引起的。Rodi 认为如果对流和扩散输运项被移走或模化，那么雷诺应力方程将简化成一组代数方程。

最简单的方法是将对流和扩散项一起略去。在一些情况下，这种方法看来是足够准确的。更普遍采用的方法是假设雷诺应力的对流和扩散项的和与湍流动能的对流和扩散项的和成比例，因此，

$$\frac{D\overline{u_i'u_j'}}{Dt}-D_{ij}\approx\frac{\overline{u_i'u_j'}}{k}\left(\frac{Dk}{Dt}-k\text{ 的输运项(即 div 项)}\right)$$

$$=\frac{\overline{u_i'u_j'}}{k}\left(-\overline{u_i'u_j'}\cdot E_{ij}-\varepsilon\right) \tag{16-54}$$

在方程右边括号中的项包含了来自准确 $k$ 方程(16-34)中的湍流动能的产生率和耗散率之

和。雷诺应力和湍流动能二者都是湍流的特性，并且关系紧密。所以，如果比值$\frac{\overline{u_i'u_j'}}{k}$在横跨流动中变化的确较小的话，式(16-54)可能是一个不是太差的近似值。通过将对流引起的输运以及扩散独立地与湍流动能的输运联系起来，可以得出进一步的改进。

将近似关系式(16-54)引入到雷诺应力输运方程(16-47)中连同右边的生成项(16-48)、模化的耗散率项(16-50)和压力应变相关项(16-51)，经过一些整理，可以得到以下的代数应力模型

$$R_{ij}=\overline{u_i'u_j'}=\frac{2}{3}k\delta_{ij}+\left(\frac{C_D}{C_1-1+\frac{P}{\varepsilon}}\right)\left(P_{ij}-\frac{2}{3}P\delta_{ij}\right)\frac{k}{\varepsilon} \tag{16-55}$$

雷诺应力出现在方程的两边，右边它们包含在 $P_{ij}$ 中，所以式(16-55)是一组关于6个未知雷诺应力 $R_{ij}$ 的6个联立代数方程。如果 $k$ 和 $\varepsilon$ 已知，那么可以通过矩阵反演或迭代方法来求解。因此，公式必须与标准的 $k-\varepsilon$ 模型方程(16-36)~(16-39)一起联立求解。

调整常量 $C_D$ 来补偿上述近似中物理成分的"丢失"。一种商业CFD软件推荐关于旋转流动的ASM采用下面的常量，

$$C_D=0.55 \quad 和 \quad C_1=2.2 \tag{16-56}$$

湍流标量输运也可以通过源于上节提到的完整的输运方程的代数模型来描述。Demuren和Rodi(1984)就采用这种模型的某种更复杂的版本来计算非圆形管道的二次流动问题。这种模型包括了对压力应变项的壁面修正和对可调整常数值的修改，从而使计算结果与几乎均匀的剪切流和槽道流中的测量数据得到很好的匹配。他们对方形和矩形管中的主要流动的变形和二次流动得到了符合实际的预测。这些影响是由于法向雷诺应力的各向异性引起的。因此，它们在相同情况下，在标准 $k-\varepsilon$ 模型的模拟中不能得到描述。

在将各向异性的影响引入到雷诺应力的计算中，代数应力模型是一种很经济的方法。这个模型还没有得到像 $k-\varepsilon$ 模型那样好的证实，但是它可以用于 $k-\varepsilon$ 模型实用性很差的流动，以及输运假设对计算精度造成的损失不太大的流动(见表16-7)。当前能表现各向异性湍流黏性系数的 $k-\varepsilon$ 模型的最新发展，削弱了ASM模型的受欢迎程度。

### 16.3.5 RANS的一些最新发展

湍流建模是CFD工作很活跃的研究领域。前面的章节概括了主要的经典模型的建模思想。这些模型被应用于通用商业软件中而且仍在不断发展中。现在介绍一些最新的发展。

表 16-7 代数应力模型

优点：

• 是考虑了雷诺应力各向异性的简便方法；

• 潜在地将 RSM(可以表现浮力和旋转影响的模型)方法的一般性和 $k-\varepsilon$ 模型的经济性结合起来；

• 成功地应用于等温的和有浮力的薄剪切层；

• 如果可以忽略对流和扩散项，ASM 的性能与 RSM 一样好。

缺点：

• 比 $k-\varepsilon$ 模型耗时稍多一些(两个偏微分方程和一个代数方程组)；

• 没有得到像混合长度和 $k-\varepsilon$ 模型那样广泛的证实；

• 与 RSM 的应用具有相同的缺点；

• 对于对流和扩散效应的输运假设不适用的流动，这个模型是受到严格限制的，有必要经过证实来确定可行的界限。

我们所讨论过的所有湍流模型最初都是根据直觉，伴随着半经验方法构思出的。Launder(1989)在所有目前通用的湍流模型的发展中起到重要作用，对 RSM 的地位新近作了评述，称其为最复杂的模型。这一领域在继续向前发展，但 Amano 和 Goel(1987)提出质疑，认为即使是 RSM，在等号右边的项用“粗糙”的建模不可能成为解决所有问题的通用公式。他们建议，采用完整无缺的三阶矩封闭模型—对于在精确的雷诺应力输运方程中的量$\overline{u_i' u_j' u_k'}$求解输运方程—有能力足够准确地描述循环流动。例如，流过面向后的台阶的流动。三阶矩封闭增加了求解的计算工作量。此外，它还使进行测量变得更加困难，而这些测量是支持这类输运方程中的扩散，生成和耗散项模型的发展所要求的。

在 NASA Langley 研究中心由 Speziale 领导的研究组在研究对 $k-\varepsilon$ 模型的非线性扩展的框架是令人鼓舞的。除了这项工作外，他们还得出 ASM 的一种变形形式(Gatski 和 Speziale, 1993)。据说它的计算更稳定。这里我们简要讨论一下最新的 $k-\varepsilon$ 模型。标准 $k-\varepsilon$ 模型的主要缺点是，它对所有的雷诺应力，漩涡黏性系数都是相同的。测量表明，即使在简单的湍流流动中，事实也不是如此。在二维薄剪切层中，这些差异往往没有给出所涉及的原因，因为只有一个雷诺剪切应力是重要的。最初对 ASM 感兴趣起始于它有能力提供解释雷诺应力的各向异性的简便方法。他们新近提出的非线性 $k-\varepsilon$ 模型包含对雷诺应力作出渐近展开，使这些项在速度梯度中保持是二次的。对得出的模型的数学形式引入一些强有力的限制，它首先由 Lumley(1978)汇编起来并用公式表示，随后又由 Speziale(1987, 1991)得出以下的非线性表达式

$$\tau_{ij} = -\rho\,\overline{u_i u_j} = -\frac{2}{3}\rho k\delta_{ij} + \rho C_\mu \frac{k^2}{\varepsilon} 2E_{ij}$$

$$-4C_D C_\mu^2\left(E_{im}\cdot E_{mj}-\frac{1}{3}E_{mn}\cdot E_{mn}\delta_{ij}+E_{ij}^0\right)=\frac{1}{3}E_{mn}^0\delta_{ij} \tag{16-57}$$

式中

$$E_{ij}^0=\frac{\partial E_{ij}}{\partial t}+\boldsymbol{u}\cdot\mathbf{grad}(E_{ij})-\left(\frac{\partial U_i}{\partial x_k}\cdot E_{kj}+\frac{\partial U_j}{\partial x_k}\cdot E_{ki}\right)$$

$$C_D=1.68$$

可调常数 $C_D$ 值通过用实验数据进行校准来得出。

方程(16-57)是 $k-\varepsilon$ 模型对具有中等和大的应变的流动的非线性扩展,在小变形率的情况下,在速度梯度中的二次项可以去掉,这时公式(16-40)是公式(16-57)的一种特殊形式。像 ASM 一样,这种模型可以解释在充分发展的非圆截面管道流动中的二次流。Horiuti(1990)主张,应该保证各项在速度梯度上达到三阶。

统计力学的方法已导出新的数学形式体系,结合有限数目的关于小尺度湍流统计的假设,对漩涡黏性模型的扩展提供了严格的基础。普林斯顿大学的 Yakhel 和 Orszag 提出的群模型(RNG)引起人们很大的兴趣。他们描述小尺度湍流的影响是通过在 N-S 方程中施加一个随机的强迫(力)函数的方法。RNG 方法系统地将小尺度运动从控制方程中移出去,将其影响表示在大尺度运动的项中,同时相应地修改黏性系数。数学上是很深奥的,这里仅引用基于这项研究的 RNG 的 $k-\varepsilon$ 模型方程:

$$\frac{\partial(\rho k)}{\partial t}+\mathrm{div}(\rho kU)=\mathrm{div}[\alpha_k\mu_{\mathrm{eff}}\mathbf{grad}\,k]+2\mu_t E_{ij}\cdot E_{ij}-\rho\varepsilon \tag{16-58}$$

$$\frac{\partial(\rho\varepsilon)}{\partial t}+\mathrm{div}(\rho\varepsilon U)=\mathrm{div}(\alpha_\varepsilon\mu_{\mathrm{eff}}\mathbf{grad}\,\varepsilon)+C_{1\varepsilon}^*\frac{\varepsilon}{k}2\mu_t E_{ij}\cdot E_{ij}-C_{2\varepsilon}\rho\frac{\varepsilon^2}{k} \tag{16-59}$$

这里

$$\mu_{\mathrm{eff}}=\mu+\mu_t;\quad \mu_t=\rho C_\mu\frac{k^2}{\varepsilon}$$

并且

$$C_\mu=0.0845;\quad \alpha_k=\alpha_\varepsilon=1.39;\quad C_{1\varepsilon}=1.42;\quad C_{2\varepsilon}=1.68 \tag{16-60}$$

和

$$C_{1\varepsilon}^*=C_{1\varepsilon}-\frac{\eta\left(1-\dfrac{\eta}{\eta_0}\right)}{1+\beta\eta^3};\quad \eta=(2E_{ij}\cdot E_{ij})^{1/2}\frac{\varepsilon}{k};\quad \eta_0=4.377;$$

$$\beta=0.012$$

只有常数 $\beta$ 是可调整的。上面的值是根据靠近壁面的湍流数据而计算出的。所有其它常数的计算作为 RNG 过程的一部分。

$\varepsilon$ 方程一直被怀疑,标准型式的 $k-\varepsilon$ 模型和应用于有大变形率的流动中的 RSM 是限制其准确性的主要根源之一。因此,值得注意的是,在 RNG 模型 $\varepsilon$ 方程的常数 $C_{1\varepsilon}$ 中包含了随应变而变化的修正项。这模型可以和各向同性的雷诺应力公式(16-40)或非线性形式(16-59)一起应用。Yakhot(1992)等人对阶梯形状短距离上的流动给出了很好的预测,尤其当使用非线性雷诺应力表达式时更好。

RNG 模型本质上是 $k-\varepsilon$ 模型的一个变形,而且它的计算工作量只比标准形式的稍微大一点。对复杂湍流流动的性能改善引起许多人的兴趣,许多现有的常用商业 CFD 软件中现在都把这种模型的 RNG 版本加入其中。但是应该清楚,它仅仅是一个湍流模型的新方法,仍需要广泛的验证。

## 16.4 小 结

本章简要介绍了工业和工程应用中湍流流动和湍流建模的主要情况。湍流是一个非常复杂的现象,上百年来一直是个理论难题。它的出现,使流动产生根本的变化,按照人们观点的不同,可以将它看成是有益的(有效的混合)或有害的(高度的能量损失)。湍流的脉动引起平均流动中的附加雷诺应力。

使湍流在数学上处理如此困难的主要原因是,甚至在边界条件非常简单的流动中,运动的长度尺度和时间尺度变动范围很宽。因此,两个应用最广泛的模型,混合长度模型和 $k-\varepsilon$ 模型,用定义变量的一个长度尺度和一个时间尺度成功地说明许多湍流流动的主要特征,这是非常了不起的。标准的 $k-\varepsilon$ 模型在通用 CFD 计算中仍倍受推崇。尽管许多专家认为,雷诺应力方程模型(RSM)是能发展成真正通用目的的经典湍流模型的唯一方法,但是在非线性 $k-\varepsilon$ 模型领域中取得的最新进展很可能使二方程模型研究重新复兴。

大涡模拟(LES)模型需要相当大的计算资源,还不能用于一般目的的模拟。然而,在简单流动中,LES 计算可以提供由于没有合适的实验方法而在实验室里无法测量的湍流特性。因此,LES 模型将大量用于通过比较研究来指导经典模型的发展。

尽管湍流模型形成的数学表达式可能很复杂,但是不要忘记,它们都包含了可调整的常数。这些常数需要根据包含实验不确定性的实验数据的最佳拟合来确定。对于一个经验性的模型超过其数据范围外推是不可靠的。用这种方式滥用流行的湍流模型也有同样的风险。未经任何高质量的实验证实的"新型"湍流流动的 CFD 计算是决不能轻易接受的。

## 参考文献

1 Amano R S and Goel P. (1987). Investigation of Third - order Closure Model of Turbulence for the Computation of Incompressible Flows in a Channel with a Backward - facing Step, Trans. ASME, J.

Fluids Eng., Vol. 109, pp. 424 – 428.

2 Bradshaw P, Cebeci T and Whitelaw J L. (1981). Engineering Calculation Methods for Turbulent Flow, Academic Press, London.

3 Cebeci T and Smith A M O (1974). Analysis of Turbulent Boundary Layers, Applied Mathematics and Mechanics, Vol. 15, Academic Press, New York.

4 Demuren A O and Rodi W. (1984). Calculation of Turbulence – driven Secondary Motion in Non – circular Ducts, J. Fluid Mech., Vol. 140, pp. 189 – 222.

5 Gatski T B and Speziale C G. (1993). On Explicit Algebraic Stress Models for Complex Turbulent Flows, J. Fluid Mech., Vol. 254, pp. 59 – 78.

6 Horiuti K. (1990). Higher – order Terms in the Anisotropic Representation of Reynolds Stresses. Phys. Fluids A, Vol. 2, No. 10, pp. 1708 – 1710.

7 Lam C K G and Bremhorst K A. (1981). Modified Form of the Model for Predicting Wall turbulence, Trans. ASME, J. Fluids Eng., Vol. 103, pp. 456 – 460.

8 Launder B E and Spalding D B. (1974). The Numerical Computation of Turbulent Flows, Comput. Methods Appl. Mech. Eng., Vol. 3, pp. 269 – 289.

9 Launder B E, Reece G J and Rodi W. (1975). Progress in the Development of a Reynolds – stress Turbulence Clousre, J. Fluid. Mech., Vol. 68, Pt 3, pp. 269 – 289.

10 Launder B E. (1989). Second – moment Closures: Present and Future? Inc. J. Heat Fluid Flow, Vol. 10, pp. 282 – 300.

11 Lumley J L. (1978). Computational Modelling of Turbulent Flows, Adv. Appl. Mech., Vol 18, pp. 123 – 176.

12 Monin A S and Yaglom A M. (1971). Statistical fluid mechanics: mechanics of turbulence, Vol. 1, MIT Press, Cambridge, MA.

13 Patel V C, Rodi W and Scheuerer G. (1985). Turbulence Models for Near – Wall and Low Reynolds Number Flows: A Review AIAA J., Vol. 23, No. 9, pp. 1308 – 1319.

14 Rodi W. (1980). Turbulence Models and Their Application in Hydraulics – A State of the Art Review, IAHR, Delft, The Netherlands.

15 Schlichting H. (1979). Boundary – layer theory, 7th ed., McGraw – Hill, New York.

16 So R M C, Lai Y G, Zhang H S and Hwang B C. (1991). Second – order Near – wall Turbulence Closures: A Review, AIAA J., Vol. 29, No. 11, pp. 1819 – 1835.

17 Speziale C G. (1987). On Non – linear $k-l$ and $k-\varepsilon$ Models of Turbulence, J. Fluid Mech., Vol. 178, pp. 459 – 475.

18 Speziale C G. (1991). Analytical Methods for the Development of Reynolds – stress Closures in Turbulence, Annu. Rev. Fluid Mech., Vol. 23, pp. 107 – 157.

19 Tennekes H and Lumley J L. (1972). A first course in turbulence, MIT Press, Cambridge, MA.

20 Yakhot V, Orszag S A, Thangam S, Gatski T B and Speziale C G. (1992). Development of turbulence Models for Shear Flows by a Double Expansion Technique, Phys. Fluids A, Vol. 4, No. 7, pp. 1510 – 1520.

# 第四编　CFD 商用软件和工程应用算例

## 第 17 章　典型 Phoenics 和 STAR - CD 计算程序举例

本章给出 9 个计算程序和另外两个复杂情况的计算结果，都是出自于本书编者多年的实际经验积累，各程序都有一般性并可以方便地改装成其它工程计算用的程序。

### 17.1　算例程序 1:流经方块的二维湍流场的 Q1 程序

在流体经过的通道中，设置一个方形障碍物，这是最简单的可以方便地改变雷诺数的流动几何形状。几何和黏性力分布情况如图 17 - 2 所示。很多层流的 N - S 方程和湍流的 RANS 方程都以此为经典算例。或者是通道下侧凸起或凹下一个台阶的流动也经常被用来考验计算程序的可靠性。例如，在雷诺数为 22 000 情况下，边长为 $h$ 的二维方块后部回流附着位置实验值 LR 约为 $7.0h$，而本节程序计算结果大于 $7.0h$；而在三维立方体后部回流附着位置实验值 LR 约为 $1.6\ h$，用 LES 计算可以得到很好的符合结果。在本章 17.2 节提供的三维计算程序，使用 RANS 方法得到的 LR 约为 $2.1 \sim 2.3\ h$。阅读第 18 章第一和第二节，可以明了上述实验值与计算值不同的原因。

下面给出的计算程序，并附加文字简短说明。

```
TALK = T;RUN(1, 1)

STEADY = T  *(稳态计算)

CARTES = T  *(直角坐标系)
CHAR(CTURB,TLSC)

*(以下是网格划分数目和间距尺寸，流场和平面方块尺寸是为模拟某三维立体块湍流场风洞实验结果而确定的)
NY = 38
```

NZ = 57

XULAST = 1
YVLAST = 1
ZWLAST = 1

YFRAC(1) = -2;YFRAC(2) = 0.005
YFRAC(3) = 14;YFRAC(4) = 0.02
YFRAC(5) = 3 ;YFRAC(6) = 0.008
YFRAC(7) = 3 ;YFRAC(8) = 0.008
YFRAC(9) = 14 ;YFRAC(10) = 0.02
YFRAC(11) = 2;YFRAC(12) = 0.005

*(YVLAST = 1,YFRAC(3) = 14 和 YFRAC(4) = 0.02 表示交错网格在 $y$ 方向的柱区域由速度 $v$ 占据。YFRAC 是指 $y$ 方向上的实型数列,计算有限容积在 NORTH 上侧表面进行变量的平衡计算,当 $y$ 方向速度 $v$ 除外。)

ZFRAC(1) = -10;ZFRAC(2) = 2.5 * 0.051
ZFRAC(3) = 3 ;ZFRAC(4) = 0.05
ZFRAC(5) = 3 ;ZFRAC(6) = 0.01
ZFRAC(7) = 5 ;ZFRAC(8) = 0.052
ZFRAC(9) = 4 ;ZFRAC(10) = 0.01
ZFRAC(11) = 11;ZFRAC(12) = 0.036
ZFRAC(13) = 21;ZFRAC(14) = 0.082

Variable declarations

*(边界入口条件,速度,湍流动能和湍流耗散率的给出)

REAL(WIN,TKEIN,EPSIN)
WIN = 8.0
TKEIN = 0.06
EPSIN = 0.1643 * TKEIN * * 1.5/0.009

* * * * * * * * * * * * * * * * * * * * * * * * * * *

Group 7. Variables: STOREd,SOLVEd,NAMEd

ONEPHS = T *(单相流体)

MESG( Enter the required turbulence model: *(给出五种典型湍流模型并可

```
MESG(CHEN  -  Chen - KIM k - e model                在屏幕上给出字符,并在计算
MESG(YAP  -  YAP k - e model                        中选择所要的模型)
MESG(KE  -  Standard k - e model (default)
MESG(RNG  -  RNG k - e model
MESG(KO  -  k - o model
MESG(
READVDU(CTURB,CHAR,KE)       *(在屏幕上显示字符)
CASE :CTURB: OF       *(CTURB可以是下面设定的4个,3个或2个字符)
WHEN CHEN,4
 + TEXT(CHEN KIM k - e model
 + MESG(Chen KIM k - e model
 + TURMOD(KECHEN);TLSC = EP        *(TURMOD指令是求解湍流动能KE和
WHEN YAP,3                           湍流耗散率EP,同时也求解湍流黏性
 + TEXT(YAP k - e model              系数ENUT以及其它模型的相关参
 + MESG(YAP k - e model              数,例如ETA,ALF,OMEG等)
 + TURMOD(KEMODL - YAP);TLSC = EP
WHEN KE,2                   *(如果在屏幕上不给出选择,便自动选择
 + TEXT(KE model              标准模型)
 + MESG(KE model (default)
 + TURMOD(KEMODL);TLSC = EP
WHEN RNG,3
 + TEXT(RNG k - e model
 + MESG(RNG k - e model
 + TURMOD(KERNG);TLSC = EP
 + STORE(ETA,ALF,GEN1)
 + OUTPUT(ALF,Y,N,P,Y,Y,Y);OUTPUT(ETA,Y,N,P,Y,Y,Y)
WHEN KO,2
 + TEXT( KO k - o model
 + MESG( KO k - e model
 + TURMOD(KOMODL);TLSC = OMEG
 + STORE(EP);EPSIN = EPSIN/(0.09 * TKEIN)
ENDCASE

  * Solved variables list
```

```
SOLVE(P1 ,W1 ,V1 ,KE ,EP ,TEM1 )
    * Stored variables list

STORE(ENUT)
    * Additional solver options
SOLUTN(P1 ,Y,Y,Y,N,N,N)

IVARBK = -1        *(对所有变量使用块修正方法)
ISOLBK = 1         *(块修正方法的迭代频率,等于0意味着没有使用块修正)
****************************************
Group 8. Terms & Devices
TERMS (KE ,N,Y,Y,Y,Y,N)
TERMS (EP ,N,Y,Y,Y,Y,N)
NEWRH1 = T         *(如果密度变化不大或者只是压力的函数,可置F)
NEWENL = T         *(如果湍流黏性系数变化不大或者只是压力的函数,可置F)
NEWENT = T         *(如果湍流黏性系数不随变量产生强烈变化,可置F)
ISOLX = 0          *(控制x,y,z三个方向上线性方程组的迭代频率,不特别
ISOLY = 0            写明意味着置-1,表示每次扫描不做迭代)
ISOLZ = 0
DENPCO = T         *(压力校正系数中引入上风密度)
****************************************
Group 9. Properties
RHO1 = 1.245;ENUL = 1.45E-5
*(流体介质的参数可以给定,也可由GROUND中不同的GRND1,...,GRND10在系数解中给出不同的非线性计算公式选择。例如RHO1 = GRND3是指可压缩气体,RHO1 = GRND5是指理想气体,RHO1 = GRND6是指3种不同情况组合。对于ENUL,ENUT,EL1等取GRNDx也是选择不同的非线性计算公式)

RHO1 = FILE            *(密度按PRESS0和TEMP0的设定算出,冲掉前面
PRESS0 = 1.000E+05      的给出的RHO1 = 1.245)
TEMP0 = 2.730E+02
CP1 = FILE             *(比热容按标准情况给出)
EL1 = KE15DEP          *(混合长度尺度)
ENUL = FILE            *(黏性系数也按标准情况算出,即用1.544×10^-5代替给出的1.45×
```

$10^{-5}$)

ENUT= PRKOLM　　*(湍流黏性系数计算公式的选择,即 ENUT=GRND3)

PRT(EP) = 1.314E+00　　*(普朗特数计算公式的选择)

```
****************************************
Group 11.Initialise Var/Porosity Fields
BOOLEAN(NEW);NEW=t        *(简单选择判别初场,t为读入FIINIT( )的设定
                            初场参数,F为从已有的"phi"数据库中读入
                            各参数)
IF(NEW) THEN
FIINIT(KE ) = 7.225E-03 ;FIINIT(EP ) = 1.007E-02
ELSE
RESTRT(ALL)       *(指示EARTH从一个开始起动量中读入初场数据,
ENDIF               RESTRT(ALL)保证读入所有的(Phi)中的数据)
INIADD = F     *(控制初场数值是否用FIINIT给出。如果CONPOR被无
                 条件置入,INIADD=F)
****************************************
CONPOR(FLOOR0 , 0.00,VOLUME ,1,1,1,17,17,23)   *(给出流场中物体封
                                                 闭块的区域和边界)
CONPOR(FLOOR1 , 0.00,CELL ,1,NX,1,1,1,NZ)
CONPOR(FLOOR2 , 0.00,CELL ,1,NX,ny,ny,1,NZ)
Group 13. Boundary & Special Sources

INLET(INLET0,LOW,1,NX,1,NY-1,1,1,1,1)   *(在Z=0平面上进口处边界条件,
                                          都给出入口的k值,ε值,速度w值,
                                          以及流量p1值,严格的p1值应为
                                          在确定入口几何尺寸下的密度
                                          RHO1*WIN)

VALUE(INLET0,P1,WIN)
VALUE(INLET0,W1,WIN)

VALUE(INLET0,V1,0.0)
VALUE(INLET0,KE,TKEIN);VALUE(INLET0,:TLSC:,EPSIN)
```

```
EGWF = T            *(即 EARTH - Generated Wall Function)

WALL(WFN1,SOUTH,1,NX,1,1,1,NZ,1,1)    *(给出简单常用的壁面函数,不需
VALUE(WFN1,W1,0.0)                      要指明确定的运算引进网格,如果
VALUE(WFN1,V1,0.0)                      不特殊指定,对于湍流流动意味着
                                        已经选择 WALL10 = GRND2,即有粗
WALL(WFN11,SOUTH,1,1,18,18,16,24,1,1)   糙度或平滑对数定律;否则应选择
VALUE(WFN11,TEM1,SAME)                  WALL10 等于其它特定条件。例如
VALUE(WFN11,W1,0.3 * WIN)               GRND1 是用以指明定律来近似
VALUE(WFN11,V1,0.0)                     Blasius 定律)

WALL(WFN12,HIGH,1,1,1,18,16,16,1,1)
VALUE(WFN12,TEM1,SAME)
VALUE(WFN12,W1,0.0)
VALUE(WFN12,V1,0.0)

WALL(WFN13,LOW,1,1,1,18,24,24,1,1)
VALUE(WFN13,TEM1,SAME)
VALUE(WFN13,W1,0.0)
VALUE(WFN13,V1,0.0)

WALL(WFN14,WEST,1,1,1,18,16,24,1,1)
WALL(WFN15,EAST,1,1,1,18,16,24,1,1)

WALL(WFN112,NORTH,1,NX,NY,NY,1,NZ,1,1)
VALUE(WFN112,TEM1,SAME)
VALUE(WFN112,W1,0.0)
VALUE(WFN112,V1,0.0)

*(以上为壁面特定给出条件,下面是自由边界条件)
PATCH(OT12,HIGH,1,NX,1,NY,NZ,NZ,1,1)
COVAL(OT12,P1,FIXVAL,0.0)
```

```
PATCH(OUTLET,HIGH,1,NX,1,NY,NZ,NZ,1,1) *(出口边界条件)
COVAL(OUTLET,P1,1.0,0.0)
COVAL(OUTLET,W1,ONLYMS,0.0)
COVAL(OUTLET,V1,ONLYMS,0.0)
COVAL(OUTLET,KE,ONLYMS,0.0)
COVAL(OUTLET,EP,ONLYMS,0.0)

Group 15. Terminate Sweeps
LSWEEP = 1200 ; SELREF = T; RESFAC = 1.000E-02
******************************************
Group 17. Relaxation
RELAX(P1 ,LINRLX, 1.000E+00)
RELAX(V1 ,FALSDT, 7.500E-02)
RELAX(W1 ,FALSDT, 7.500E-02)
RELAX(KE ,FALSDT, 7.500E-02)
RELAX(EP ,FALSDT, 7.500E-02)

KELIN = 1      *(壁面附近湍流动能生成近似等于耗散,在自由剪切区域中湍
                 流衰减)
******************************************
Group 19. EARTH Calls To GROUND Station
NAMGRD = FLAR     *(选择GROUND中子程序的名字)
GENK = T    *(在边界适应性正交网格情况下计算完整的相应产生项)
******************************************
Group 22. Monitor Print-Out
IXMON=1; IZMON = 12 ;IYMON = 18 *(屏幕监视点坐标位置)
TSTSWP = -1 *(屏幕计算频率,-1意味着每次计算都要进行图形显示,也
               可以置-2,-3,表示次数。如果置正数,则在屏幕上给出
               数字显示)
******************************************
Group 23.Field Print-Out & Plot Control
NXPRIN = 1; NYPRIN =1; NZPRIN =1; NPLT = 1
STOP
```

*(算例程序1计算过程选择点($x=1, y=18, z=12$)位置,各参数的变化和收敛情况如图17

-1 所示,程序的计算结果如图 17-3 所示)

KE model

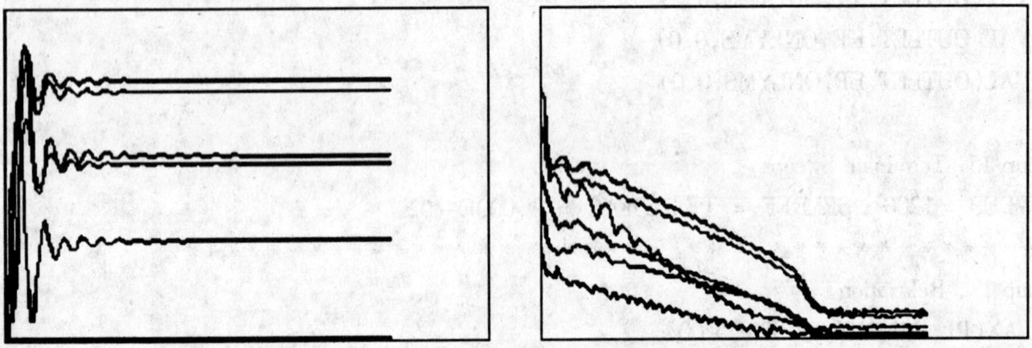

| Min | Max | Spot Value | Change | Variable | Max | Error | Change |
|---|---|---|---|---|---|---|---|
| 0.00E+00 | 4.00E+02 | 1.22E+02 | -6.39E-0.5 | P1 | 1.00E+05 | 7.66E-01 | -2.25E-02 |
| -1.00E+00 | 6.00E+00 | 5.66E+00 | 1.49E-06 | V1 | 1.00E+14 | 1.21E+00 | 3.26E-02 |
| 0.00E+00 | 7.00E+00 | 5.56E+00 | -1.43E-06 | W1 | 1.00E+09 | 5.17E-01 | -5.43E-03 |
| 0.00E+00 | 3.00E-01 | 1.62E-01 | 0.00E-00 | KE | 1.00E+07 | 3.67E+00 | 2.41E-01 |
| 0.00E+00 | 2.00E+00 | 1.13E+00 | 0.00E+00 | EP | 1.00E+08 | 3.21E+00 | -1.62E-01 |
| 0.00E+00 | 1.00E+00 | 1.00E-10 | 0.00B+00 | TEM1 | 1.00E+14 | 2.19E-00 | -1.76E-01 |

NX NY EZ ISTEP 1 TIME

1 38 57 ISWEEP OFF working

(a)算例程序 1

Spot Values at (1,5,5) Error-Cut off 1.000E+00

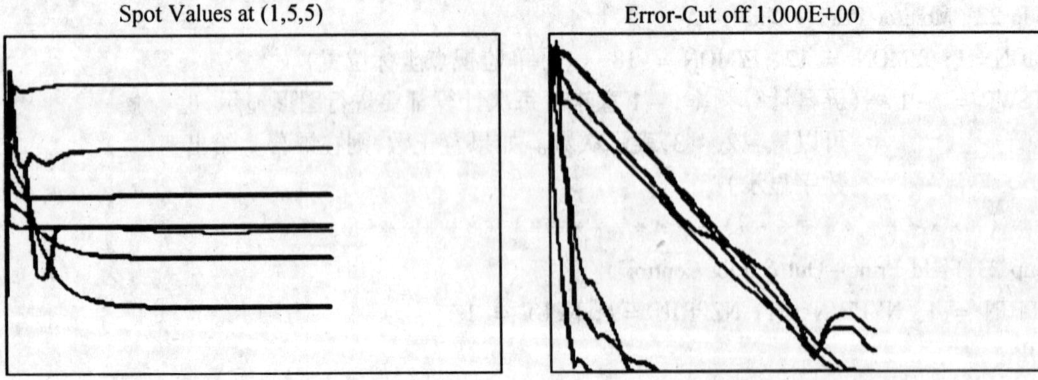

| Min | Max | Spot Value | Change | Variable | Max | Error | Change |
|---|---|---|---|---|---|---|---|
| －1.00E－04 | 2.00E－04 | 2.67E－05 | 7.05E－09 | P1 | 1.00E＋02 | 1.75E－02 | －4.47E－03 |
| －1.00E－04 | 2.00E－04 | 1.01E－04 | 6.13E－09 | V1 | 1.00E＋04 | 3.44E＋00 | －2.99E－01 |
| －6.00E－04 | 1.00E－04 | 6.02E－06 | 2.76E－10 | W1 | 1.00E＋05 | 1.93E＋00 | －1.49E－01 |
| 1.00E－04 | 3.00E－04 | 1.69E－04 | 0.00E＋00 | K1 | 1.00E＋04 | 9.54E－01 | 2.05E－03 |
| 2.00E－05 | 4.00E－05 | 2.40E－05 | 0.00E＋00 | KP | 1.00E＋04 | 9.37E－01 | 2.79E－03 |
| 7.00E－01 | 6.00E－01 | 7.53E－01 | 0.00E＋00 | C1 | 1.00E＋03 | 4.66E－01 | －9.54E－04 |
| 1.00E＋02 | 2.00E＋02 | 1.44E＋02 | 0.00E＋00 | TEM1 | 1.00E＋03 | 3.97E－03 | －6.36E－04 |

(b)算例程序 2

**图 17－1　算例程序收敛情况屏幕显示**

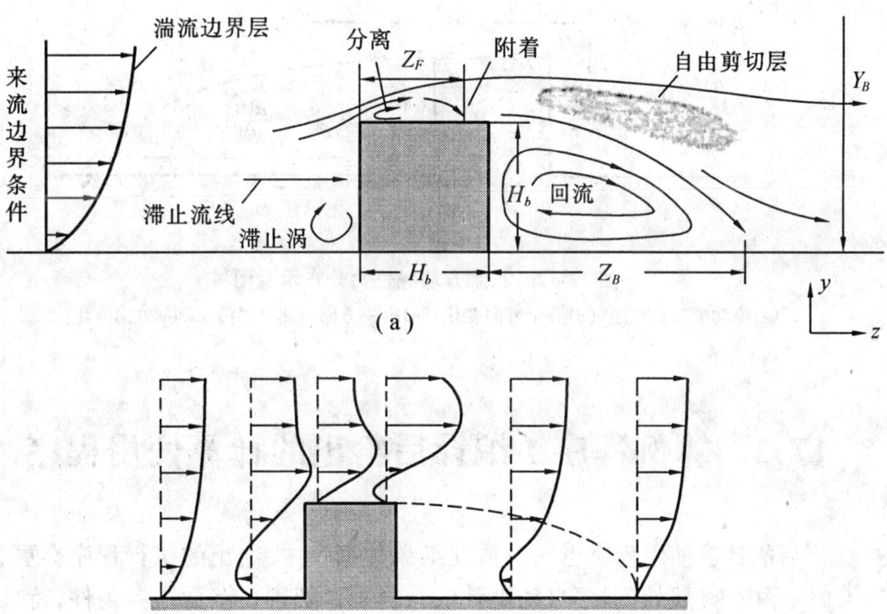


(b)

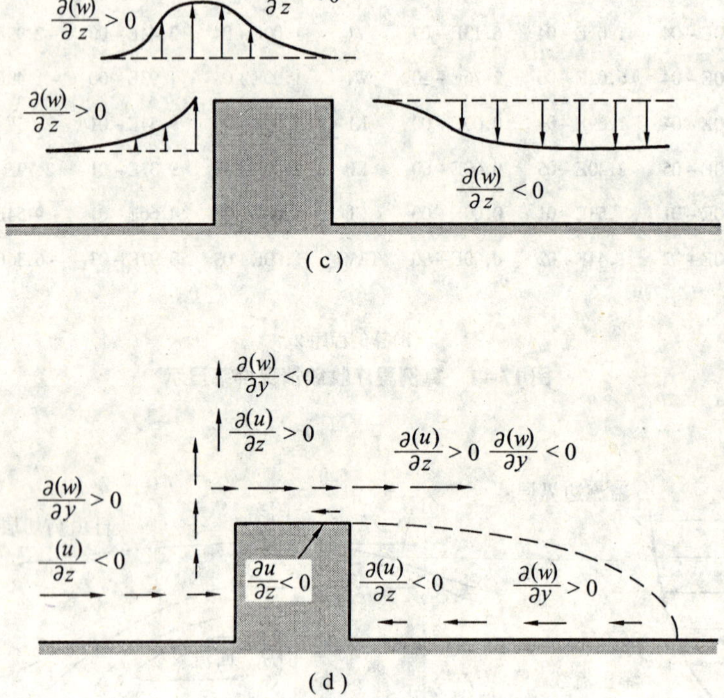


**图 17-2 二维方块黏性力分布示意图**

(a)流动情况示意图;(b)沿 $x$ 方向变化;(c)沿 $y$ 方向变化;(d)沿 $x$ 和 $y$ 方向变化

# 17.2 算例程序 1 编译后给出的计算使用程序

*(由 Q1 编译后的计算使用程序也同时放在结果数据盘中,给出的执行程序会更为详尽,包括一些在 Q1 程序中未标明但程序自动默认的选择项。特别是壁面边界条件,特征物性参数选取,输出变量,调用其它子程序等等情况。通过 Q1 程序的编译,会更清楚 Q1 程序尚有哪些问题需要重新添写和删除)

```
***************************************
Group 1. Run Title and Number
***************************************
***************************************
```

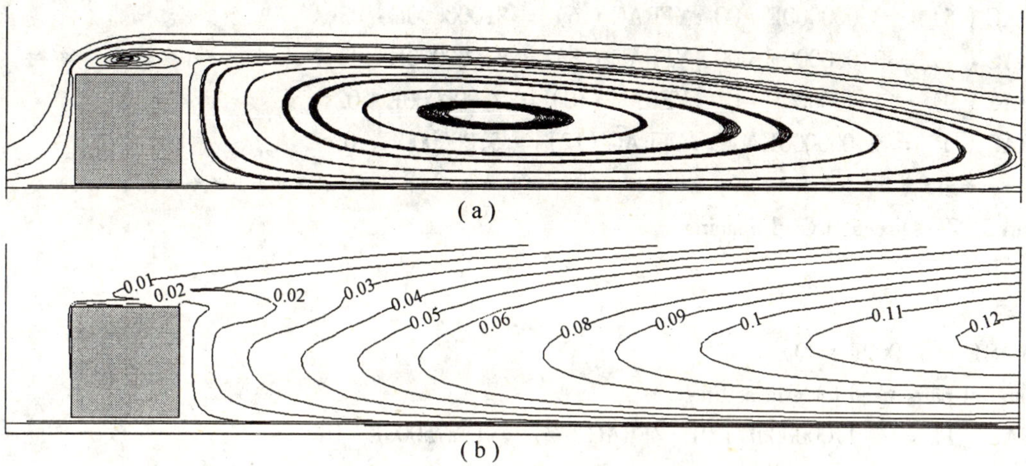


**图 17-3 算例程序 1 的流线分布和湍流黏性系数分布情况**

(a)二维流线分布;(b)湍流黏性系数分布

```
TEXT(KE model )
*******************************************
*******************************************
IRUNN = 1 ;LIBREF = 14
*******************************************
Group 2. Transience
STEADY = T
*******************************************
Group 3. X - Direction Grid Spacing
CARTES = T
NX = 1
XULAST = 1.000E + 00
*******************************************
Group 4. Y - Direction Grid Spacing
NY = 38
YVLAST = 1.000E + 00
Method of pairs used for grid setting .
YFRAC ( 1) = -2.000000E + 00 ;YFRAC ( 2) = 5.000000E - 03
YFRAC ( 3) = 1.400000E + 01 ;YFRAC ( 4) = 2.000000E - 02
```

```
YFRAC ( 5) = 3.000000E+00 ;YFRAC ( 6) = 8.000000E-03
YFRAC ( 7) = 3.000000E+00 ;YFRAC ( 8) = 8.000000E-03
YFRAC ( 9) = 1.400000E+01 ;YFRAC (10) = 2.000000E-02
YFRAC (11) = 2.000000E+00 ;YFRAC (12) = 5.000000E-03
****************************************************
Group 5. Z-Direction Grid Spacing
PARAB = F
NZ = 57
ZWLAST = 1.000E+00
Method of pairs used for grid setting .
ZFRAC ( 1) = -1.000000E+01 ;ZFRAC ( 2) = 1.275000E-01
ZFRAC ( 3) = 3.000000E+00 ;ZFRAC ( 4) = 5.000000E-02
ZFRAC ( 5) = 3.000000E+00 ;ZFRAC ( 6) = 1.000000E-02
ZFRAC ( 7) = 5.000000E+00 ;ZFRAC ( 8) = 5.200000E-02
ZFRAC ( 9) = 4.000000E+00 ;ZFRAC (10) = 1.000000E-02
ZFRAC (11) = 1.100000E+01 ;ZFRAC (12) = 3.600000E-02
ZFRAC (13) = 2.100000E+01 ;ZFRAC (14) = 8.200000E-02
****************************************************
Group 6. Body-Fitted Coordinates
****************************************************
Group 7. Variables: STOREd,SOLVEd,NAMEd
ONEPHS = T
NAME( 1) = P1 ;NAME( 5) = V1
NAME( 7) = W1 ;NAME( 12) = KE
NAME( 13) = EP ;NAME(145) = PRPS
NAME(146) = HPOR ;NAME(147) = NPOR
NAME(148) = VPOR ;NAME(149) = ENUT
NAME(150) = TEM1
    * Y in SOLUTN argument list denotes:
    * 1-stored 2-solved 3-whole-field
    * 4-point-by-point 5-explicit 6-harmonic averaging
SOLUTN(P1 ,Y,Y,Y,N,N,N)
SOLUTN(V1 ,Y,Y,N,N,N,Y)
SOLUTN(W1 ,Y,Y,N,N,N,Y)
```

```
SOLUTN(KE ,Y,Y,N,N,N,N)
SOLUTN(EP ,Y,Y,N,N,N,N)
SOLUTN(PRPS,Y,N,N,N,N,N)
SOLUTN(HPOR,Y,N,N,N,N,N)
SOLUTN(NPOR,Y,N,N,N,N,N)
SOLUTN(VPOR,Y,N,N,N,N,N)
SOLUTN(ENUT,Y,N,N,N,N,Y)
SOLUTN(TEM1,Y,Y,N,N,N,Y)
VIST = 149
EPOR    =     0;HPOR    =   146;NPOR    =   147;VPOR    =   148
IVARBK  =    -1;ISOLBK  =     0
PRPS    =   145
************************************************************
Group 8.Terms & Devices
  * Y in TERMS argument list denotes:
  * 1-built-in source 2-convection 3-diffusion 4-transient
  * 5-first phase variable 6-interphase transport
TERMS (P1  ,Y,Y,Y,N,Y,N)
TERMS (V1  ,Y,Y,Y,N,Y,N)
TERMS (W1  ,Y,Y,Y,N,Y,N)
TERMS (KE  ,N,Y,Y,N,Y,N)
TERMS (EP  ,N,Y,Y,N,Y,N)
TERMS (TEM1,N,Y,Y,N,Y,N)
DIFCUT  = 5.000E-01;ZDIFAC = 1.000E+00
GALA    =    F ;ADDDIF =    F
NEWENT  =    T
ISOLX   =      0;ISOLY   =      0;ISOLZ   =      0
DENPCO  =    T
************************************************************
Group 9.Properties
RHO1    = 1.189E+00;TMP1    = 0.000E+00;EL1     = GRND4
TSURR   = 0.000E+00;TEMP0   = 2.730E+02;PRESS0  = 1.000E+05
DVO1DT  = 0.000E+00
EL1A    = 0.000E+00;EL1B    = 0.000E+00;EL1C    = 0.000E+00
```

```
ENUL     = 1.544E-05;ENUT    = GRND3
ENUTA    = 0.000E+00;ENUTB  = 0.000E+00;ENUTC   = 0.000E+00
IENUTA   =       0
RSRF VPR = 1.000E-08
PRNDTL(V1   ) =   1.000E+00;PRNDTL(W1   ) =   1.000E+00
PRNDTL(KE   ) =   1.000E+00;PRNDTL(EP   ) =   1.000E+00
PRNDTL(TEM1) =   1.000E+00
PRT    (V1   ) =   1.000E+00;PRT    (W1   ) =   1.000E+00
PRT    (KE   ) =   1.000E+00;PRT    (EP   ) =   1.314E+00
PRT    (TEM1) =  1.000E+00
CP1            = 1.005E+03;CP2       = 4.182E+03
****************************************
Group 10.Inter-Phase Transfer Processes
****************************************
Group 11.Initialise Var/Porosity Fields
FIINIT(P1   ) =   1.000E-10;FIINIT(V1    ) =   1.000E-10
FIINIT(W1   ) =   1.000E-10;FIINIT(KE    ) =   7.225E-03
FIINIT(EP   ) =   1.007E-02;FIINIT(PRPS) =   1.000E-10
FIINIT(HPOR) =   1.000E+00;FIINIT(NPOR) =   1.000E+00
FIINIT(VPOR) =   1.000E+00;FIINIT(ENUT) =   1.000E-10
FIINIT(TEM1) =   1.000E-10

PATCH(FLOOR0   ,INIVAL,  1,  1,  1,  17,  17,  23,  1,  1)
INIT(FLOOR0   ,PRPS, 0.000E+00, 1.990E+02)

PATCH(FLOOR1   ,INIVAL,  1,  1,  1,  1,  1,  57,  1,  1)
INIT(FLOOR1   ,PRPS, 0.000E+00, 1.990E+02)

PATCH(FLOOR2   ,INIVAL,  1,  1,  38,  38,  1,  57,  1,  1)
INIT(FLOOR2   ,PRPS, 0.000E+00, 1.990E+02)

PATCH(WFN11    ,INIVAL,  1,  1,  17,  17,  16,  24,  1,  1)
INIT(WFN11    ,V1   , 0.000E+00, 0.000E+00)
INIT(WFN11    ,W1   , 0.000E+00, 2.400E+00)
```

```
INIT(WFN11    ,NPOR, 0.000E+00, 0.000E+00)
INIT(WFN11    ,TEM1, 0.000E+00, SAME     )

PATCH(WFN12    ,INIVAL,  1,  1,  1,  18,  16,  16,  1,  1)
INIT(WFN12    ,V1   , 0.000E+00, 0.000E+00)
INIT(WFN12    ,W1   , 0.000E+00, 0.000E+00)
INIT(WFN12    ,HPOR, 0.000E+00, 0.000E+00)
INIT(WFN12    ,TEM1, 0.000E+00, SAME     )

PATCH(WFN13    ,INIVAL,  1,  1,  1,  18,  23,  23,  1,  1)
INIT(WFN13    ,V1   , 0.000E+00, 0.000E+00)
INIT(WFN13    ,W1   , 0.000E+00, 0.000E+00)
INIT(WFN13    ,HPOR, 0.000E+00, 0.000E+00)
INIT(WFN13    ,TEM1, 0.000E+00, SAME     )
INIADD   =     F
FSWEEP   =       1
NAMFI    = CHAM
************************************************************
Group 12. Patchwise adjustment of terms
Patches for this group are printed with those
for Group 13.
Their names begin either with GP12 or &
************************************************************
Group 13. Boundary & Special Sources

PATCH(INLET0    ,LOW   ,  1,  1,  1,  37,  1,  1,  1,  1)
COVAL(INLET0    ,P1   , FIXFLU    , 8.000E+00)
COVAL(INLET0    ,V1   , 0.000E+00, 0.000E+00)
COVAL(INLET0    ,W1   , 0.000E+00, 8.000E+00)
COVAL(INLET0    ,KE   , 0.000E+00, 6.000E-02)
COVAL(INLET0    ,EP   , 0.000E+00, 2.683E-01)
COVAL(INLET0    ,TEM1, 0.000E+00, 0.000E+00)

PATCH(OT12      ,HIGH  ,  1,  1,  1,  38,  57,  57,  1,  1)
```

```
COVAL(OT12     ,P1  , FIXVAL    , 0.000E+00)
COVAL(OT12     ,V1  , 0.000E+00, 0.000E+00)
COVAL(OT12     ,W1  , 0.000E+00, 0.000E+00)
COVAL(OT12     ,KE  , 0.000E+00, 0.000E+00)
COVAL(OT12     ,EP  , 0.000E+00, 0.000E+00)
COVAL(OT12     ,TEM1, 0.000E+00, 0.000E+00)

PATCH(OUTLET   ,HIGH  ,  1,  1,  1,  38,  57,  57,  1,  1)
COVAL(OUTLET   ,P1  , 1.000E+00, 0.000E+00)
COVAL(OUTLET   ,V1  , 0.000E+00, 0.000E+00)
COVAL(OUTLET   ,W1  , 0.000E+00, 0.000E+00)
COVAL(OUTLET   ,KE  , 0.000E+00, 0.000E+00)
COVAL(OUTLET   ,EP  , 0.000E+00, 0.000E+00)
COVAL(OUTLET   ,TEM1, 0.000E+00, 0.000E+00)

PATCH(WFN1     ,SWALL ,  1,  1,  1,  1,  1,  57,  1,  1)
COVAL(WFN1     ,V1  , 0.000E+00, 0.000E+00)
COVAL(WFN1     ,W1  , GRND2    , 0.000E+00)
COVAL(WFN1     ,KE  , GRND2    , GRND2    )
COVAL(WFN1     ,EP  , GRND2    , GRND2    )

PATCH(WFN11-NW,NWALL ,  1,  1,  17,  17,  16,  24,  1,  1)
COVAL(WFN11-NW,W1  , GRND2    , 0.000E+00)
COVAL(WFN11-NW,KE  , GRND2    , GRND2    )
COVAL(WFN11-NW,EP  , GRND2    , GRND2    )

PATCH(WFN11-SW,SWALL ,  1,  1,  18,  18,  16,  24,  1,  1)
COVAL(WFN11-SW,W1  , GRND2    , 0.000E+00)
COVAL(WFN11-SW,KE  , GRND2    , GRND2    )
COVAL(WFN11-SW,EP  , GRND2    , GRND2    )

PATCH(WFN12-HW,HWALL ,  1,  1,  1,  18,  16,  16,  1,  1)
COVAL(WFN12-HW,V1  , GRND2    , 0.000E+00)
COVAL(WFN12-HW,KE  , GRND2    , GRND2    )
```

```
COVAL(WFN12-HW,EP   , GRND2     , GRND2     )

PATCH(WFN12-LW,LWALL ,  1,  1,  1,  18,  17,  17,  1,  1)
COVAL(WFN12-LW,V1   , GRND2     , 0.000E+00)
COVAL(WFN12-LW,KE   , GRND2     , GRND2     )
COVAL(WFN12-LW,EP   , GRND2     , GRND2     )

PATCH(WFN13-HW,HWALL ,  1,  1,  1,  18,  23,  23,  1,  1)
COVAL(WFN13-HW,V1   , GRND2     , 0.000E+00)
COVAL(WFN13-HW,KE   , GRND2     , GRND2     )
COVAL(WFN13-HW,EP   , GRND2     , GRND2     )

PATCH(WFN13-LW,LWALL ,  1,  1,  1,  18,  24,  24,  1,  1)
COVAL(WFN13-LW,V1   , GRND2     , 0.000E+00)
COVAL(WFN13-LW,KE   , GRND2     , GRND2     )
COVAL(WFN13-LW,EP   , GRND2     , GRND2     )

PATCH(WFN14   ,WWALL ,  1,  1,  1,  18,  16,  24,  1,  1)
COVAL(WFN14   ,V1   , GRND2     , 0.000E+00)
COVAL(WFN14   ,W1   , GRND2     , 0.000E+00)
COVAL(WFN14   ,KE   , GRND2     , GRND2     )
COVAL(WFN14   ,EP   , GRND2     , GRND2     )

PATCH(WFN15   ,EWALL ,  1,  1,  1,  18,  16,  24,  1,  1)
COVAL(WFN15   ,V1   , GRND2     , 0.000E+00)
COVAL(WFN15   ,W1   , GRND2     , 0.000E+00)
COVAL(WFN15   ,KE   , GRND2     , GRND2     )
COVAL(WFN15   ,EP   , GRND2     , GRND2     )

PATCH(WFN112  ,NWALL ,  1,  1,  38,  38,  1,  57,  1,  1)
COVAL(WFN112  ,V1   , 0.000E+00, 0.000E+00)
COVAL(WFN112  ,W1   , GRND2     , 0.000E+00)
COVAL(WFN112  ,KE   , GRND2     , GRND2     )
COVAL(WFN112  ,EP   , GRND2     , GRND2     )
```

```
COVAL(WFN112   ,TEM1, 0.000E+00, SAME     )

PATCH(KESOURCE,PHASEM,  1,  1,  1,  38,  1,  57,  1,  1)
COVAL(KESOURCE,KE   , GRND4     , GRND4     )
COVAL(KESOURCE,EP   , GRND4     , GRND4     )
XCYCLE   =      F
EGWF     =      T
WALLCO   = GRND2
*******************************************
Group 14.Downstream Pressure For PARAB
*******************************************
Group 15.Terminate Sweeps
LSWEEP   =      1200;ISWC1   =      1
LITHYD   =      1;LITFLX  =      1;LITC   =      1;ITHC1   =      1
SELREF   =      T
RESFAC   = 1.000E-02
*******************************************
Group 16.Terminate Iterations
LITER (P1   )=      20;LITER (V1    )=   10
LITER (W1   )=      10;LITER (KE    ) =  20
LITER (EP   )=      20;LITER (TEM1) =   20
ENDIT (P1   )=   1.000E-03;ENDIT (V1    ) =   1.000E-03
ENDIT (W1   )=   1.000E-03;ENDIT (KE    ) =   1.000E-03
ENDIT (EP   )=   1.000E-03;ENDIT (TEM1) =   1.000E-03
*******************************************
Group 17.Relaxation
RELAX(P1    ,LINRLX, 1.000E+00)
RELAX(V1    ,FALSDT, 7.500E-02)
RELAX(W1    ,FALSDT, 7.500E-02)
RELAX(KE    ,FALSDT, 7.500E-02)
RELAX(EP    ,FALSDT, 7.500E-02)
RELAX(PRPS,LINRLX, 1.000E+00)
RELAX(ENUT,LINRLX, 1.000E+00)
RELAX(TEM1,FALSDT, 1.000E+09)
```

```
KELIN   =      1
OVRRLX = 0.000E+00
EXPERT =      F ;NNORSL =      F
*******************************************
Group 18.Limits
VARMAX(P1   )= 1.000000E+10;VARMIN(P1   )= -1.000000E+10
VARMAX(V1   ) = 1.000000E+06;VARMIN(V1   ) = -1.000000E+06
VARMAX(W1   ) = 1.000000E+06;VARMIN(W1   ) = -1.000000E+06
VARMAX(KE   ) = 1.000000E+10;VARMIN(KE   ) = 1.000000E-10
VARMAX(EP   ) = 1.000000E+10;VARMIN(EP   ) = 1.000000E-10
VARMAX(PRPS) = 1.000000E+10;VARMIN(PRPS) = -1.000000E+10
VARMAX(HPOR)= 1.000000E+10;VARMIN(HPOR)= -1.000000E+10
VARMAX(NPOR)= 1.000000E+10;VARMIN(NPOR)= -1.000000E+10
VARMAX(VPOR)= 1.000000E+10;VARMIN(VPOR)= -1.000000E+10
VARMAX(ENUT) = 1.000000E+10;VARMIN(ENUT) = -1.000000E+10
VARMAX(TEM1) = 1.000000E+10;VARMIN(TEM1) = -1.000000E+10
*******************************************
Group 19.EARTH Calls To GROUND Station
NAMGRD   = FLAR
GENK     =      T
GEN1     =      681
SPEDAT(SET,MATERIAL,0,L,T)
SPEDAT(SET,MATERIAL,199,L,T)
*******************************************
Group 20.Preliminary Printout
ECHO     =      T
*******************************************
Group 21.Print-out of Variables
INIFLD   =      F ;SUBWGR =      F
  * Y in OUTPUT argument list denotes:
  * 1-field 2-correction-eq.monitor 3-selective dumping
  * 4-whole-field residual 5-spot-value table 6-residual table
OUTPUT(P1   ,Y,N,Y,Y,Y,Y)
OUTPUT(V1   ,Y,N,Y,Y,Y,Y)
```

```
OUTPUT(W1   ,Y,N,Y,Y,Y,Y)
OUTPUT(KE   ,Y,N,Y,Y,Y,Y)
OUTPUT(EP   ,Y,N,Y,Y,Y,Y)
OUTPUT(PRPS,Y,N,Y,N,N,N)
OUTPUT(HPOR,Y,N,Y,N,N,N)
OUTPUT(NPOR,Y,N,Y,N,N,N)
OUTPUT(VPOR,Y,N,Y,N,N,N)
OUTPUT(ENUT,Y,N,Y,N,N,N)
OUTPUT(TEM1,Y,N,Y,Y,Y,Y)
****************************************
Group 22. Monitor Print - Out
IXMON    =       1;IYMON    =      18;IZMON    =      12
NPRMON   =   10000;NPRMNT   =       1;TSTSWP   =   10001
UWATCH   =       F ;USTEER  =       F
HIGHLO   =       F
****************************************
Group 23. Field Print - Out & Plot Control
NPRINT   =    1200;NUMCLS   =       5
NYPRIN   =       1;IYPRF    =       1;IYPRL    =      38
NZPRIN   =       1;IZPRF    =       1;IZPRL    =   10000
XZPR     =       F ;YZPR    =       T
IPLTF    =       1;IPLTL    =    1200;NPLT     =       1
ISWPRF   =       1;ISWPRL   =   10000
ITABL    =       1;IPROF    =       1
ABSIZ    = 5.000E-01;ORSIZ  = 4.000E-01
NTZPRF   =       1;NCOLPF   =      50
ICHR     =       2;NCOLCO   =      45;NROWCO   =      20
No PATCHes yet used for this Group
****************************************
Group 24. Dumps For Restarts
SAVE     =       T ;AUTOPS  =       F ;NOWIPE   =       F
NSAVE    = CHAM
```

*(停止计算时的剩余残差提示)

```
Whole - field residuals before solution
with resref values determined by EARTH
& resfac = 1.000E - 02
variable  resref   (res sum)/resref
  P1      3.747E - 03   1.589E - 01
  V1      2.059E - 03   7.496E - 01
  W1      1.962E - 02   6.315E - 01
  KE      3.762E - 03   8.791E - 01
  EP      5.961E - 02   1.038E + 00
  TEM1    3.762E + 02   6.407E - 03
```

## 17.3 算例程序 1 的应用:来流速度型变化对三维立体块顶部湍流回流区长度的影响

把算例程序 1 从二维扩展到三维,可以研究不同上游来流速度型变化对立体块顶部表面是否会在前角产生分离,分离程度和是否会在顶部表面附着的作用。在对有关的实验数据进行全面分析的基础上,使用标准 $k-\varepsilon$ 模型和稳态 SGS 模型,给出在立体块顶部是否会出现回流附着,附着长度 $Z_F$ 和来流速度型 $u=y^{1/m}$ 直接相关,随着 $1/m$ 的增大而减小。当 $1/m$ 很小时,在立体块上部,会产生较严重的分离而不会有附着,这时出现 $Z_F>1.0$。

近年来,在较高 $Re$ 数湍流情况下,对于流经方形立体块的流场特征的实验和数值模拟工作,已经完成了一些有代表性的工作。

由于立体块周围黏性流场的复杂,研究立体块周围回流情况,特别是分离和附着的情况(如图 17 - 2 所示),是有工程实际意义的。除对一些实际的工程应用有其重要性外,还可以对湍流模型的实用能力进行检验,故计算程序对立体块周围物理情况的描述能力是很重要的标志。

在以往的研究中[1~11],人们没有对来流速度型的变化产生的影响给予充分的注意。在为数很少的几个针对立体块的风洞实验中,风洞的尺寸有限,从来流入口处距离立体块前端不能做很多变化。由于下表面粗糙程度不同,或者由于来流入口距离立体块距离不同,使得来流速度型在距离立体块一定距离内靠近底壁面处陡峭程度有很大差别。在不同 $Re$ 数下,一般情况来流速度的相对值表示为 $u=C_1y^{1/m}+C_2$,$C_1$ 和 $C_2$ 为常数。

表 17 - 1 给出了三组在不同的 $m$ 值情况的实验结果。尽管实验风洞高度 $Y_B$ 有不同,但可以看出 $m$ 值的影响。

表 17－1 以往有关的风洞实验结果

| 序号 | 作者 | $u=\dfrac{\bar{u}}{u_B}$ | $Y_B$ | $Re$ | $Z_F$ 和 $Z_R$ |
|---|---|---|---|---|---|
| 1 | Casrto and Robins[1] | $\propto y^{1/3}$ * | $10H_b$ | $2\times10^4$<br>$1\times10^5$ | $Z_F=0.2$ |
| 2 | Murakami et al[4],[7],[8] | $\propto y^{1/4}$ | $5.2H_b$ | $7\times10^4$<br>$8.4\times10^4$ | $Z_F=0.7$<br>$Z_F=1.2$ |
| 3 | Hussein and Martinuzzi[1] | $\propto y^{1/7}$ * | $2H_b$ | $8\times10^4$ | $Z_F>1.0$<br>$Z_R=1.67$ |

编者注：$u=y^{1/3}$ 和 $u=y^{1/7}$ 是近似取值。原文作者并未给出数字的表示。1/3 和 1/7 是由给出的近似于原文作者给出的风洞入口处速度分布曲线。严格的曲线形状与此有很小差别。例如，对于 Hussein 和 Martinuzzi 的实验，严格准确的数字模拟应为

$$u(y)=1.557\,4y^4-1.076\,07y^3-0.736\,5y^2+1.389\,7y+0.62\quad(0\leqslant y\leqslant 1)$$

从表 17－1 中不同实验的基本规律，我们可以总结出下面两个主要方面：

1．实验风洞的纵向高度从 $Y_B=10H_b$，$5.2H_b$ 到 $2H_b$，风洞入口处流动近似于从 $u=y^{1/3}$，$y^{1/4}$ 到 $y^{1/7}$，甚至于接近 $u=1$ 的情况。$1/m$ 越小，速度分布曲线越陡，边界层厚度越靠近底壁面，在立体块上部越容易产生更严重的分离。

2．立体块上部的回流长度 $Z_F$ 是变化的。当 $u$ 的变化从正比于 $y^{1/7}\to y^{1/4}\to y^{1/3}$，$Z_F$ 从只分离不附着的 $Z_F>0$ 到 $Z_F=0.7$，再到 $Z_F\approx0.2$，甚至在立体块顶部不再产生分离，$Z_F=0$，都与来流速度大小和形状密切相关。$Z_F=0$ 也是一种实际存在的情况，在立体块上部，没有分离现象产生，流线自然穿过而不会波折。尽管目前这些实验结果尚不是很充分，表 17－1 的三个实验使我们在一定程度上有理由推论：$Z_F$ 的大小与来流速度形式相关联。而速度形式 $u$ 与 $Re$ 数，$Y_B$ 和 $H_b$ 的尺寸，底壁面粗糙度以及流体黏性有关。

当幂指数 $u=y^{1/m}$，$\dfrac{1}{m}=\dfrac{1}{4}\to\dfrac{1}{3}$，实验表明最大滞止压力 $p_{01}$ 约在 $0.6H_b\sim0.75H_b$ 位置。而在 $\dfrac{1}{m}=\dfrac{1}{7}\to\dfrac{1}{8}$ 情况，或者处于充分发展情况时，例如 $\dfrac{1}{m}\approx\dfrac{1}{10}$，$p_{02}$ 位置已在 $0.3H_b$ 高度。Martinuzzi 和 Havel 在 $Re=22\,000$ 情况下的实验中[11]，由于 $Y_B=2.0H_b$，滞止压力已经低于 $0.3H_b$ 高度，在立体块上部产生严重的分离，没有附着现象发生。

图 17-4 给出压力系数 $C_P$ 在立体块前表面变化规律示意图。虚线是$\frac{1}{m}\approx\frac{1}{10}$的情况，实线是$\frac{1}{m}\approx\frac{1}{4}$的情况，它们的滞止压力分别为立体块下部的 $p_{02}$ 和上部的 $p_{01}$。对于不同的 $u=y^{1/m}$，$p_{01}$ 的位置会随着$\frac{1}{m}$增大向上移动，使 $p_{01}$ 值更靠近立体块上端位置。

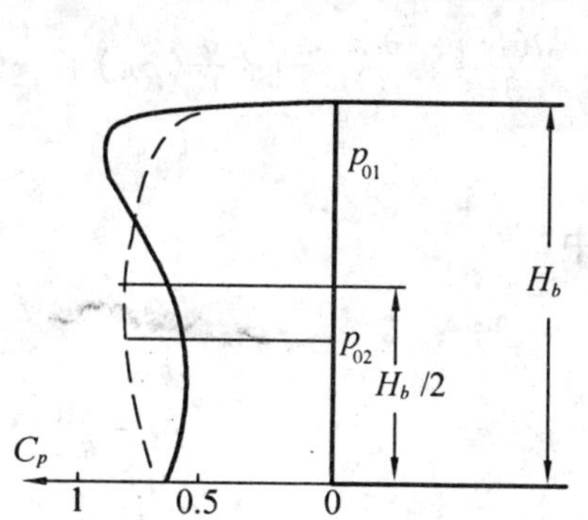


**图 17-4　压力系数 $C_P$ 在立体块前表面变化**

### 17.3.1　数学模型和边界条件

直角坐标系下三维质量、动量和能量方程，在 $x$，$y$，$z$ 三个方向的速度分量为 $u$，$v$，$w$，压力 $p$，密度 $\rho$，湍流动能 $k$ 和湍流耗散率 $\varepsilon$。有效湍流黏性系数 $\mu_{eff}=\mu_l+\mu_t$，$\mu_l$ 和 $\mu_t$ 分别为层流和湍流黏性系数。方程为

(1)质量方程

$$\frac{\partial\rho}{\partial t}+\frac{\partial(\rho u)}{\partial x}+\frac{\partial(\rho v)}{\partial y}+\frac{\partial(\rho w)}{\partial z}=0 \tag{17-1}$$

(2)动量方程

$$\frac{\partial(\rho u)}{\partial t}+\frac{\partial(\rho uu)}{\partial x}+\frac{\partial(\rho uv)}{\partial y}+\frac{\partial(\rho uw)}{\partial z}=-\frac{\partial p}{\partial x}+\frac{\partial\tau_{xx}}{\partial x}+\frac{\partial\tau_{xy}}{\partial y}+\frac{\partial\tau_{xz}}{\partial z} \tag{17-2}$$

$$\frac{\partial(\rho v)}{\partial t}+\frac{\partial(\rho vu)}{\partial x}+\frac{\partial(\rho vv)}{\partial y}+\frac{\partial(\rho vw)}{\partial z}=-\frac{\partial p}{\partial y}+\frac{\partial\tau_{yx}}{\partial x}+\frac{\partial\tau_{yy}}{\partial y}+\frac{\partial\tau_{yz}}{\partial z}-g(\rho-\rho_{ref}) \tag{17-3}$$

$$\frac{\partial(\rho w)}{\partial t}+\frac{\partial(\rho wu)}{\partial x}+\frac{\partial(\rho wv)}{\partial y}+\frac{\partial(\rho ww)}{\partial z}=-\frac{\partial p}{\partial z}+\frac{\partial\tau_{zx}}{\partial x}+\frac{\partial\tau_{zy}}{\partial y}+\frac{\partial\tau_{zz}}{\partial z} \tag{17-4}$$

式中

$$\tau_{xx}=\frac{2}{3}\mu_{eff}\left(2\frac{\partial u}{\partial x}-\frac{\partial v}{\partial y}-\frac{\partial w}{\partial z}\right)\quad \tau_{yy}=\frac{2}{3}\mu_{eff}\left(2\frac{\partial v}{\partial y}-\frac{\partial u}{\partial x}-\frac{\partial w}{\partial z}\right)$$

$$\tau_{zz}=\frac{2}{3}\mu_{eff}\left(2\frac{\partial w}{\partial z}-\frac{\partial v}{\partial y}-\frac{\partial u}{\partial x}\right)\quad \tau_{xy}=\tau_{yx}=\mu_{eff}\left(\frac{\partial u}{\partial y}+\frac{\partial v}{\partial x}\right)$$

$$\tau_{xz}=\tau_{zx}=\mu_{eff}\left(\frac{\partial w}{\partial x}+\frac{\partial u}{\partial z}\right)\quad \tau_{yz}=\tau_{zy}=\mu_{eff}\left(\frac{\partial w}{\partial y}+\frac{\partial v}{\partial z}\right)$$

(3)湍流动能 $k$ 和湍流耗散率 $\varepsilon$ 方程

$$\frac{\partial(\rho k)}{\partial t}+\frac{\partial}{\partial x}(\rho uk)+\frac{\partial}{\partial y}(\rho vk)+\frac{\partial}{\partial z}(\rho wk)=\frac{\partial}{\partial x}\left(\Gamma_k\frac{\partial k}{\partial x}\right)+\frac{\partial}{\partial y}\left(\Gamma_k\frac{\partial k}{\partial y}\right)+\frac{\partial}{\partial z}\left(\Gamma_k\frac{\partial k}{\partial z}\right)+S_k \tag{17-5}$$

$$\frac{\partial(\rho\varepsilon)}{\partial t}+\frac{\partial}{\partial x}(\rho u\varepsilon)+\frac{\partial}{\partial y}(\rho v\varepsilon)+\frac{\partial}{\partial z}(\rho w\varepsilon)=\frac{\partial}{\partial x}\left(\Gamma_\varepsilon\frac{\partial\varepsilon}{\partial x}\right)+\frac{\partial}{\partial y}\left(\Gamma_\varepsilon\frac{\partial\varepsilon}{\partial y}\right)+\frac{\partial}{\partial z}\left(\Gamma_\varepsilon\frac{\partial\varepsilon}{\partial z}\right)+S_\varepsilon \tag{17-6}$$

式中

$$\Gamma_k=\frac{\mu_t}{Pr_k},\Gamma_\varepsilon=\frac{\mu_t}{Pr_\varepsilon}$$

$$S_k=G_k-\rho\varepsilon+G_B \tag{17-7}$$

$$S_\varepsilon=\frac{\varepsilon}{k}[(G_k+G_B)(1+C_3R_f)C_1-C_2\rho\varepsilon] \tag{17-8}$$

$$G_B=\mu_t g\frac{1}{\rho}\frac{\partial\rho}{\partial y} \tag{17-9}$$

$$G_k=2\mu_t\left[\left(\frac{\partial u}{\partial x}\right)^2+\left(\frac{\partial v}{\partial y}\right)^2+\left(\frac{\partial w}{\partial z}\right)^2\right]+\mu_t\left\{\left[\left(\frac{\partial u}{\partial z}\right)^2+\left(\frac{\partial w}{\partial x}\right)^2\right]+\left[\left(\frac{\partial w}{\partial y}\right)^2+\left(\frac{\partial v}{\partial z}\right)^2\right]+\left[\left(\frac{\partial u}{\partial y}\right)^2+\left(\frac{\partial v}{\partial x}\right)^2\right]\right\} \tag{17-10}$$

式中，$Pr_k$ 为 $k$ 方程的有效普朗特数(取值为 1.0)；$Pr_\varepsilon$ 为 $\varepsilon$ 方程的有效普朗特数(取值为 1.3)。

湍流黏性系数

$$\mu_t=C_D\frac{\rho k^2}{\varepsilon} \tag{17-11}$$

$k-\varepsilon$ 方程中的浮力项 $G_B$，在稳态情况下增大势能减小湍流混合，不稳定情况下，却增加湍流度。由于该问题的剪切层垂直向上，Richardson 数 $R_f$ 变得很小且可忽略。这时 $S_\varepsilon$ 可分成为

$$S_\varepsilon=\frac{\varepsilon}{k}[(G_k+G_B)C_1-C_2\rho\varepsilon] \tag{17-12}$$

这样，常数 $C_3$ 可以清除，$C_1$，$C_2$，$C_D$ 分别取为 1.44，1.92 和 0.09。

边界条件有三种情况：

(ⅰ)壁面边界条件

壁面被认为无滑移并且绝热，因此在壁面上

$$u=v=w=0,\quad k=\varepsilon=0,\quad q_{\text{wall}}=0$$

壁面附近采用对数定律，对于动量方程，壁面的速度分量为零，扩散系数给出如下：

$$y^+\leqslant 11.5\rightarrow\Gamma_{\text{eff}}=\mu_t$$

$$y^+>11.5\rightarrow\Gamma_{\text{eff}}=\frac{\mu_t y^+\kappa}{\ln(Ey^+)}$$

式中

$$y^+=\frac{\rho C_D^{0.25}\kappa^{0.5}y}{\mu_l}$$

$y$ 为壁面网格点的垂直距离，壁面积分常数 $E$ 可取为 9.793，卡门常数 $\kappa$ 可取为 0.418 7。对于 $k$ 方程，扩散系数 $\Gamma_k$ 取为和动量方程相同。

对于 ε 方程,没有使用壁面函数,边界处 ε 可从下面方程直接得到

$$\varepsilon = \frac{C_D^{3/4} k^{3/2}}{\kappa y}$$

(ⅱ)进口边界条件

$$u = u_{in}, \quad v = v_{in}, \quad w = w_{in}, \quad T = T_{in}, \quad p = p_{in}, \quad f = f_{in}, \quad m = m_{in}$$

$$K = 3/2(u^*)^2 I^2, \quad \varepsilon = \frac{C_D^{0.75} k^{1.5}}{l}$$

式中,$I$ 取0.02~0.05之间,$u^*$ 为平均流速,$l$ 为入口处尺寸。

(ⅲ)自由边界条件

在自由边界,压力等于环境压力,由此知垂直于自由表面的速度分量为零。允许流体自由进入和离开计算区域。若边界平面垂直于 $x$ 轴,对于流入与流出平面:

$$\frac{du}{dx} = \frac{dv}{dx} = \frac{dw}{dx} = 0, \quad p = p_{atm}$$

对于流入

$$k = k_{in}, \quad f = f_{in}, \quad \varepsilon = \varepsilon_{in}, \quad T = T_{in}$$

对于流出

$$\frac{dh}{dx} = \frac{df}{dx} = \frac{dk}{dx} = \frac{d\varepsilon}{dx} = 0$$

### 17.3.2 计算结果与讨论

计算尺寸仿照 Murakami 等人[2-8]和 Martinuzzi[10],均匀和非均匀不同密度的网格都有使用。顺流方向为 $15.7H_b$,侧面为 $9.7H_b$,高度为 $5.2H_b$。

图17-5是不同来流速度抛面的比较。由于以往实验风洞高度 $Y_B$ 不同,$Re$ 数不同,在风

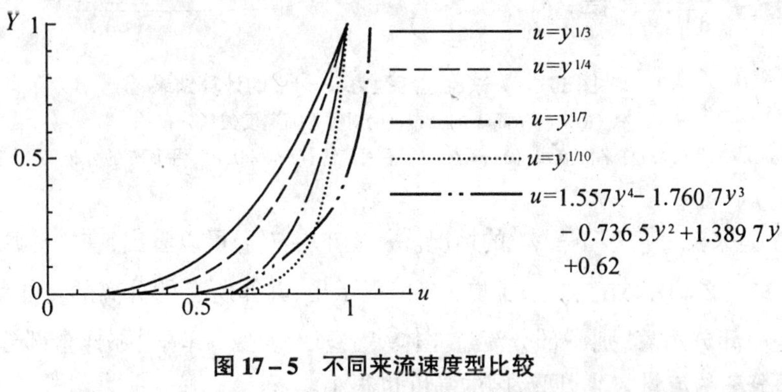


图17-5 不同来流速度型比较

洞入口处呈现的速度分布有很大差别，特别在底壁面附近，$\frac{du}{dy}$的变化更是影响立体块前压力滞止点 $p_0$ 沿立体块高度移动，造成立体块周围的流动图像有很大不同。图 17－4 表示出不同幂次方 $m$ 的差别。图 17－6 同样是在来流速度为 $u=y^{1/4}$ 情况下三维的计算结果。计算结果和实验结果有很好的一致性。图 17－6(a)是湍流动能 $k$ 的分布。图 17－6(b)和图 4(c)分别是立体块上部中间位置的速度矢量场分布和流线。可以看出立体块上部的回流区存在但比较弱，$Z_F$ 约为 0.7。图 17－6(d)和图 17－6(e)是在横向截面 $y=0.1H_b$ 高度时的流线图和湍流动能 $k$ 的布情况。

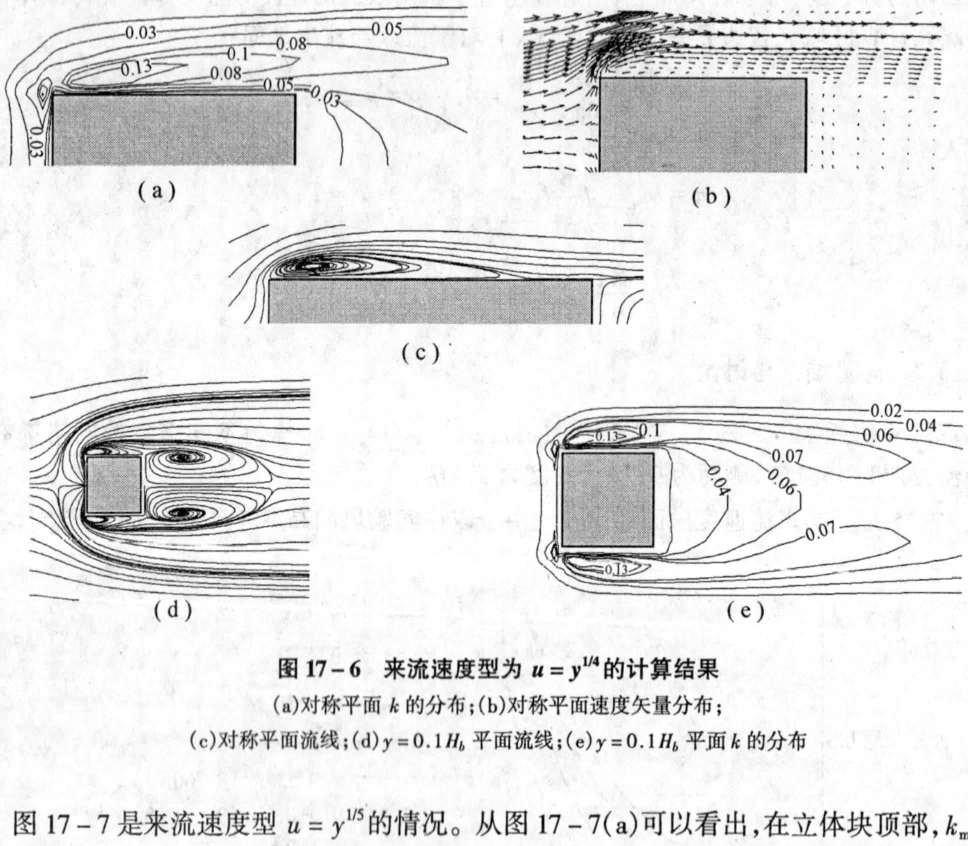


**图 17－6　来流速度型为 $u=y^{1/4}$ 的计算结果**

(a)对称平面 $k$ 的分布；(b)对称平面速度矢量分布；

(c)对称平面流线；(d) $y=0.1H_b$ 平面流线；(e) $y=0.1H_b$ 平面 $k$ 的分布

图 17－7 是来流速度型 $u=y^{1/5}$的情况。从图 17－7(a)可以看出，在立体块顶部，$k_{max}$ 约发生在 $y=0.12H_b$，$Z=0.45H_b$ 处。图 17－7(b)显示出，并非所有的分离的流体都会有 $H_b$ 宽度内附着，而是一部分附着，别一部分流过立体块上表面。像 $u=y^{1/4}$那样全部分离的流体都会附着，一般是分离的流量较小，回流区的高度也很小。

图 17－8 给出来流速度型 $u=y^{1/6}$情况。$Z_F$ 接近但小于 1.0。图 17－8(a)是速度矢量分

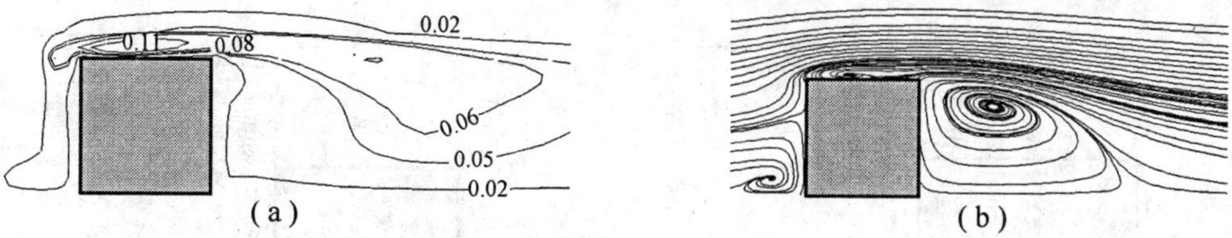


**图 17 - 7　来流速度型为 $u = y^{1/5}$ 的计算结果**

(a)对称平面 $k$ 的分布;(b)对称平面流线

布,图 17 - 8(b)是流线说明,分离的程度比图 17 - 7 的情况严重一些。

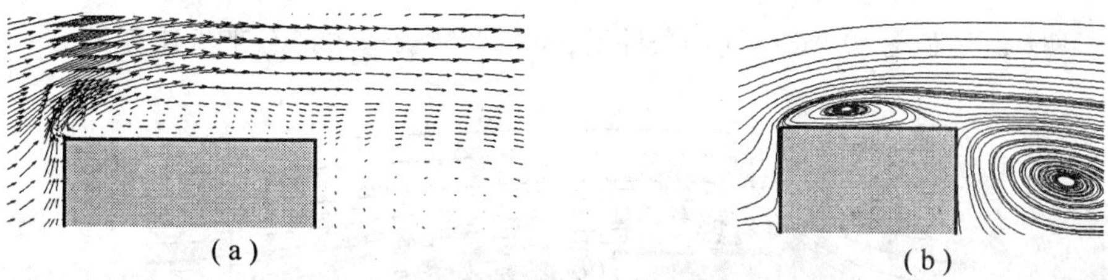


**图 17 - 8　来流速度型为 $u = y^{1/6}$ 的计算结果**

(a)对称平面速度矢量分布;(b)对称平面流线

图 17 - 9(a)和图 17 - 9(b)给出来流速度型 $u = y^{1/7}$ 的 $k$ 值分布情况和流线图。可以看出有更大漩涡存在,但都没有附着产生,$Z_F > 1.0$。

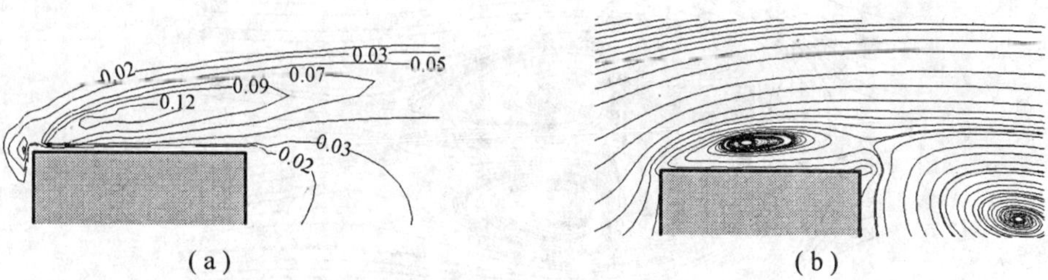


**图 17 - 9　来流速度型为 $u = y^{1/7}$ 的计算结果**

(a)对称平面 $k$ 的分布;(b)对称平面流线

图 17 - 10(a)和图 17 - 10(b)给出来流速度型 $u = y^{1/10}$ 的 $k$ 值分布情况和流线图。可以看出不再有回流,但有更强的分离能力。尽管分离加强,但 $k_{max}$ 变化不大,仅是向立体块中心上部略有移动,和 $u = y^{1/7}$ 无太大区别。

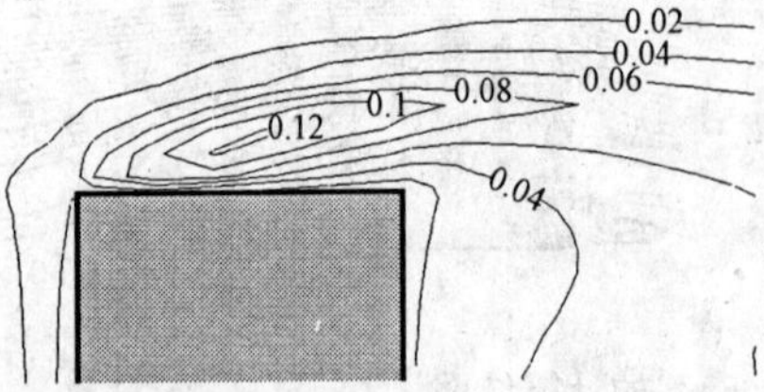


(a)

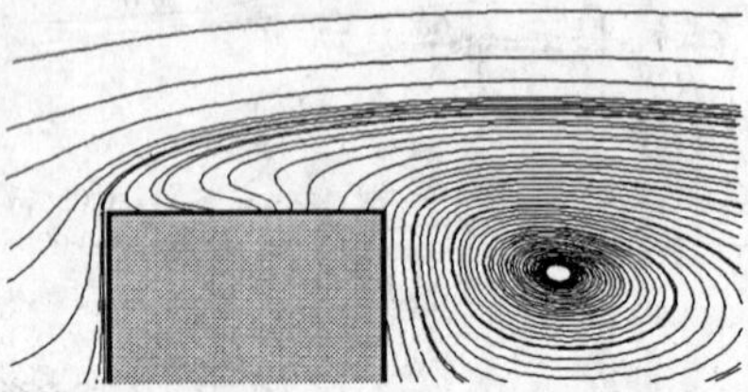

(b)

**图 17-10　来流速度型为 $u=y^{1/10}$ 的计算结果**

(a)对称平面 $k$ 的分布;(b)对称平面流线

图 17-11 也是和图 17-6 在同样条件下,即在平均状态的稳态来流速度为 $u=y^{1/4}$ 时,选

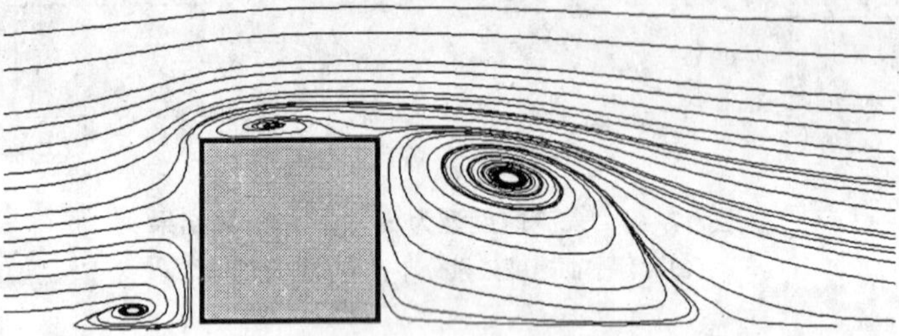

(a)

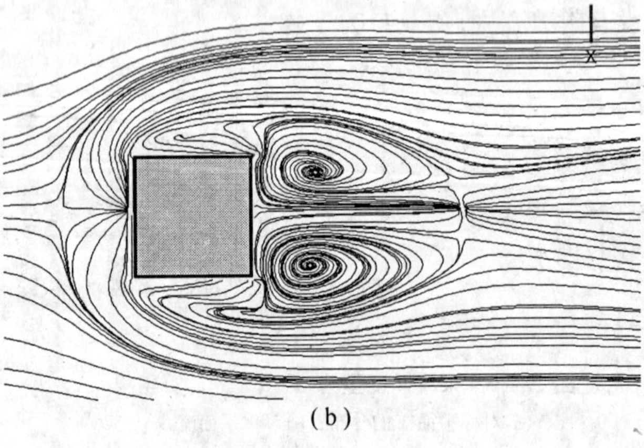


(b)

**图 17-11　来流速度型为 $u=y^{1/4}$ 使用 SGS 模型的计算结果**

(a)沿对称平面流线;(b)$y=0.1H_b$ 平面流线

用稳态来流速度边界条件下的 SGS 模型得到的计算结果。在 $Z_R$ 的计算方面,虽然比 $k-\varepsilon$ 模

型的计算结果要好,但比LES计算的结果要差。图17-11(a)是在立体块中间对称截面上,图17-11(b)是在 $y=0.1H_b$ 高度的底平面附近。计算得到的 $Z_F\approx0.88$, $Z_R\approx1.9$,均比实际测量和LES的计算结果[6][8][9]得到的值 $Z_F=0.6$, $Z_R=1.6$ 要大一些。

## 17.4 算例程序2:浮力引起的容器中非稳态振荡流动的Q1程序

物理问题说明:上端中间开口的二维半封闭容器,内部流体局部受到加热或者有热量释放,由于重力作用,会使加热后的流体密度降低并向上运动,容器中流体出现出口溢出,并产生周期性振荡现象。

```
TALK = T;RUN(1, 1)

CHAR(CPVNAM);CPVNAM = FLAIR      *(调用 Phoenics 中的专用程序 FLAIR)
  Group 1. Run Title

TEXT(Nature Convection in an Enclosure with a Ceiling Vent )
CARTES = T      *(直角坐标系)
STEADY = f      *(非稳态计算)

NX = 1
NY = 34
NZ = 21
XULAST = 1      *(XULAST = 1 交错网格在 x 方向的主区域由速度 U 所占据,
                  YVLAST 和 ZWLAST 情况相似)
YVLAST = 1
ZWLAST = 1

*(给出计算网格数目和长度尺寸)
YFRAC(1) = -1;YFRAC(2) = 0.0225
YFRAC(3) = 19;YFRAC(4) = 0.0225
YFRAC(5) = 14;YFRAC(6) = 0.01125
```

```
ZFRAC(1) = -1;ZFRAC(2) = 0.0225     *(YFRAC是y方向上的实型数列,计算容
ZFRAC(3) = 20;ZFRAC(4) = 0.0225       积在NORTH一侧表面进行各变量的平衡
                                      计算,当然y方向速度U除外)
*********************************************
IF(STEADY)THEN              *(如果STEADY = F,则从0到30秒的时间分开
ELSE                          20次,一次一次进行计算)
INTEGER(MAL);MAL = 20
    *RSET(U,0.0,10.0,MAL)
RSET(U,0.000000E+00,30.0,MAL)
ENDIF

*********************************************
 Group 7. Variables: STOREd,SOLVEd,NAMEd
ONEPHS   =      T
    * Non-default variable names
NAME( 38) = HPOR ; NAME( 39) = NPOR
NAME( 42) = ABSV ; NAME( 43) = BLOK
NAME( 44) = PRPS ; NAME( 46) = DEN1
NAME( 47) = TEM1

*(给出存储变量的命名,要小于四个字母,若不特意标出,程序自动排列50个变量名)
    * Solved variables list
SOLVE(P1  ,V1  ,W1  ,KE  ,EP  ,C1  ,TEM1)
    * Stored variables list
STORE(DEN1,PRPS,BLOK,ABSV,NPOR)
STORE(HPOR)
    * Additional solver options
SOLUTN(P1  ,Y,Y,Y,N,N,N)
SOLUTN(TEM1,Y,Y,Y,N,N,Y)
IVARBK   =        -1 ;ISOLBK =        1
*********************************************
 Group 8. Terms & Devices
TERMS (KE  ,N,Y,Y,Y,Y,N)
TERMS (EP  ,N,Y,Y,Y,Y,N)
```

```
NEWRH1   =    T
NEWENL   =    T
NEWENT   =    T
ISOLX    =        0 ;ISOLY   =        0 ;ISOLZ   =       0
DENPCO   =     T
****************************************************
  Group 9. Properties
RHO1       = FILE
PRESS0   = 1.000E+05
TEMP0    = 2.730E+02
CP1        = FILE
EL1        = KE15DEP
ENUL       = FILE    ;ENUT    = PRKOLM
PRNDTL(TEM1) = CONDFILE
PRT   (EP   ) =   1.314E+00
****************************************************
  Group 11.Initialise Var/Porosity Fields
BOOLEAN(NEW);NEW=t     *(如果 NEW=t,则读下面初场数据;否则从数据
IF(NEW) THEN                     "Phi"中读已给出或算得的数据作为初场值)
FIINIT(KE   ) =  7.225E-03 ;FIINIT(EP   ) =   1.007E-02
FIINIT(HPOR) =   1.000E+00 ;FIINIT(NPOR) =   1.000E+00
FIINIT(BLOK) =   1.000E+00 ;FIINIT(PRPS) =   2.000E+00
FIINIT(DEN1) =   1.161E+00 ;FIINIT(TEM1) =   2.000E+01
ELSE
RESTRT(ALL)
ENDIF
INIADD   =   F     *(和 CONPOR 特定区域共同出现)
****************************************************

  Group 13. Boundary & Special Sources
PATCH (KESOURCE,PHASEM,1,NX,1,NY,1,NZ,1,MAL)   *(在计算区域和不
COVAL (KESOURCE,KE   ,GRND4     ,GRND4     )         同的时间 k-ε 项
COVAL (KESOURCE,EP   ,GRND4     ,GRND4     )         在源项中出现)
```

```
PATCH (NIRE      ,VOLUME,1,1,1,9,5,17,3,5)          *(在不同位置不同时刻给
COVAL (NIRE      ,C1  , FIXVAL   , 1.000E+00)         出热源和物质浓度源)
COVAL (NIRE      ,TEM1, FIXFLU   , 4.500E+04)

PATCH (NIRE1     ,VOLUME,1,1,1,15,5,17,13,15)
COVAL (NIRE1     ,C1  , FIXVAL   , 1.000E+00)
COVAL (NIRE1     ,TEM1, FIXFLU   , 4.500E+04)

PATCH (NIRE2     ,VOLUME,1,1,1,21,5,17,23,25)
COVAL (NIRE2     ,C1  , FIXVAL   , 1.000E+00)
COVAL (NIRE2     ,TEM1, FIXFLU   , 4.500E+04)

PATCH (DOOR      ,NORTH,1,1,21,22,9,13,1,MAL)      *(在上部开口处给出自
COVAL (DOOR      ,P1  , 1.000E+00, 0.000E+00)        然流边界条件)
COVAL (DOOR      ,KE  , 0.000E+00, SAME      )
COVAL (DOOR      ,EP  , 0.000E+00, SAME      )
COVAL (DOOR      ,TEM1, 0.000E+00, 2.000E+01)

PATCH (BUOYANCY,PHASEM,1,NX,1,NY,1,NZ,1,1,MAL)  *(在整个计算区域
COVAL (BUOYANCY,V1 , FIXFLU , DENSDIFF )           的每一个时间考虑
                                                   与y方向相反的重
BUOYA = 0.000E+00 ; BUOYB = -9.810E+00             力的作用。各项取
BUOYC = 0.000E+00; BUOYD = 1.189E+00               值与选择的重力作
                                                   用形式有关)
  EGWF     =     T

CONPOR(FLOOR3  ,  0.00,CELL ,1,1,1,21,1,1)     *(锁定的无穿透网格)
CONPOR(FLOOR4  ,  0.00,CELL ,1,1,1,21,NZ,NZ)
CONPOR(FLOOR5  ,  0.00,CELL ,1,1,21,22,1,8)
CONPOR(FLOOR6  ,  0.00,CELL ,1,1,21,22,14,NZ)

WALL(WFN1,LOW,1,1,21,22,8,8,1,MAL)      *(壁面位置和限定参数)
VALUE(WFN1,TEM1,SAME)
VALUE(WFN1,W1,0.0)
```

```
VALUE(WFN1,V1,0.0)
VALUE(WFN1,U1,0.0)

WALL(WFN2,HIGH,1,1,21,22,14,14,1,MAL)
VALUE(WFN2,TEM1,SAME)
VALUE(WFN2,W1,0.0)
VALUE(WFN2,V1,0.0)
VALUE(WFN2,U1,0.0)

PATCH(OT2,NORTH,1,NX,NY,NY,1,NZ,1,MAL)   *(计算区域的自由边界条件,
COVAL(OT2,P1,FIXVAL,0.0)                   允许质量流入流出该界面)
COVAL(OT2,TEM1,ONLYMS,20.0)

PATCH(OT3,LOW,1,NX,1,NY,1,1,1,MAL)
COVAL(OT3,P1,FIXVAL,0.0)
COVAL(OT3,TEM1,ONLYMS,20.0)

PATCH(OT4,HIGH,1,NX,1,NY,NZ,NZ,1,MAL)
COVAL(OT4,P1,FIXVAL,0.0)
COVAL(OT4,TEM1,ONLYMS,20.0)

**************************************
WALL(WALL3,LOW,1,1,1,21,1,1,1,MAL)         *(进一步限定壁面条件,也包
WALL(WALL4,HIGH,1,1,1,21,NZ,NZ,1,MAL)        括湍流等不同参数的壁面函
WALL(WALL5,NORTH,1,1,21,21,1,8,1,MAL)        数设置)
WALL(WALL6,NORTH,1,1,21,21,14,NZ,1,MAL)
WALL(WALL7,SOUTH,1,1,22,22,1,8,1,MAL)
WALL(WALL8,SOUTH,1,1,22,22,14,NZ,1,MAL)
WALL(WALL9,SOUTH,1,1,1,1,1,NZ,1,MAL)

  Group 15. Terminate Sweeps
LSWEEP   =500 ; SELREF   =     T; RESFAC   = 1.000E-02
**************************************
  Group 16. Terminate Iterations
```

```
LITER (TEM1) =    15      *(对变量 TEM1 线性方程解的最大次数)
ENDIT (TEM1) = GRND1     *(参考 LITER 情况结束迭代)
**********************************************
 Group 17. Relaxation
RELAX(P1   ,LINRLX, 1.000E+00)   *(线性松弛系数和收敛限定参数)

RELAX(V1   ,FALSDT, 7.500E-02)   *(FALSDT 即 False-time-step relation)
RELAX(W1   ,FALSDT, 7.500E-02)
RELAX(KE   ,FALSDT, 7.500E-02)
RELAX(EP   ,FALSDT, 7.500E-02)
RELAX(DEN1,LINRLX, 7.000E-01)
RELAX(TEM1,FALSDT, 1.000E+02)
KELIN   =      1
**********************************************
 Group 19. EARTH Calls To GROUND Station
NAMGRD   = FLAR
GENK      =      T
**********************************************
 Group 22. Monitor Print-Out
IXMON = 1 ;IYMON = 5 ;IZMON = 5    *(屏幕监视点)
TSTSWP   = -1
**********************************************
 Group 23.Field Print-Out & Plot Control
NXPRIN   =    1; NYPRIN   =    1; NZPRIN   =    4; NPLT   =    1
**********************************************
 Group 24. Dumps For Restarts
NOWIPE = T
IDISPA = 1
IDISPB = 1
IDISPC = MAL
CSG1 = 'm'              *(把 20 次计算的每个时间的数据依次存放在名字为 m1,
CSG2 = 'm'                m2,…,m19,m20 的结果中,而且下一次计算自动
STOP                      读取上一次计算的结果作为初场数据)
```

## 17.5 算例程序3:气流流过上下对称圆柱体的Q1程序

```
TALK=T;RUN(1, 1)

    This case concerns the prediction of laminar flow over a
    complete cylinder. The default Reynolds Number is 40.

    The grid is composed of a single block, using a cartesian
    H topology. The cylinder is represented by a blockage.

BOOLEAN(LVISC); LVISC = T
REAL(RCYL,X0,X1,X2,X3,Y1,Y2,REYNO,UIN,TET,DTHYD)
INTEGER(NX1,NX2,NX3,NY1,NY2)
TET = 3.1415/4.0
MESG(Enter Reyolds Number in the range 0.1 - 2000 (40)
READVDU(REYNO,REAL,40)        *(在屏幕上输入0.1~2000的雷诺数,如果
IF(REYNO.GT.2000) THEN          不输入自动选雷诺数为40)
+ REYNO=2000
ELSE
+ IF(REYNO.LT..1) THEN
+   REYNO=0.1
+ ENDIF
ENDIF
TEXT(Flow around a Cylinder at Re = :REYNO:
TITLE
UIN = 1.0; RCYL = 1.0; NZ = 1
DTHYD = RCYL/UIN
NX1 = 16; NX2 = 12            *(x方向网格数分成圆外左侧NX1,圆NX2和
NX3= 28; NX= NX1+NX2+NX3       圆外右侧3部分。y方向分为4部分,NY1是
NY1 = 6; NY2 = 24              半个圆的网格数,NY2是圆边界至上边界网格
NY = 2*(NY1+NY2)               数,从图17-12可以看出,过圆中心线计算区域
                               上下对称,故成为4个部分,NY = 2*(NY1+NY2))
```

```
X0 = -4*RCYL;   X3 = 10*RCYL    *(以圆心为坐标原点,圆外左侧沿 x 负方向
X1 = -RCYL*COS(TET)              长度为 X0,圆内左侧沿 x 负方向长度为 X1,
X2 = RCYL*COS(TET)               圆内右侧为正方向,长度为 X2,圆外右侧正
Y1 = RCYL*SIN(TET)               方向长度为 X3。圆内沿 y 方向上半圆长度为
Y2 = 6*RCYL                      Y1,圆外至上边界沿 y 方向长度为 Y2)

BFC= T; GSET(D,NX,NY,NZ,RCYL,RCYL,1.0)          *(使用适体网格,并定义平面
GSET(P,P1 ,X1,-Y1,0.0); GSET(P,P2, X2,-Y1,0.0)  计算区域 D 上最大网格位
GSET(P,P3 ,X2, Y1,0.0); GSET(P,P4, X1, Y1,0.0)  置的长度尺度;适体网格的
GSET(P,P5 ,X0,-Y1,0.0); GSET(P,P10, X3,-Y1,0.0) 一系列指令可由 GSET 给出)
GSET(P,P16,X0, Y1,0.0); GSET(P,P11, X3, Y1,0.0)
GSET(P,P6 ,X0,-Y2,0.0); GSET(P,P7 ,X1,-Y2,0.0)
GSET(P,P8 ,X2,-Y2,0.0); GSET(P,P9 ,X3,-Y2,0.0)
GSET(P,P15,X0, Y2,0.0); GSET(P,P14,X1, Y2,0.0)
GSET(P,P13,X2, Y2,0.0); GSET(P,P12,X3, Y2,0.0)
*(以上定义了计算平面上 16 个标注点的坐标位置)

  ** Center.
+ GSET(L,L12,P1 ,P2 ,  NX2,1.0,ARC,  0.0,-RCYL,0.0)      *(在计算平面上分
+ GSET(L,L23,P2 ,P3 ,2*NY1,1.0,ARC, RCYL,  0.0,0.0)       上中下三个部分,
+ GSET(L,L34,P3 ,P4 ,  NX2,1.0,ARC,  0.0, RCYL,0.0)       把 16 个点两两相
+ GSET(L,L45,P4 ,P1 ,2*NY1,1.0,ARC,-RCYL,  0.0,0.0)       连成为有不同名字
+ GSET(L,A51,P5 ,P16,2*NY1,1.0)                           的 20 条线,每条
+ GSET(L,A11,P10,P11,2*NY1,1.0)                           线给出始点和终
  ** Bottom.                                              点名字,并给出每
+ GSET(L,L15,P1,P5 ,NX1,1.0)                              条线的网格数,
+ GSET(L,L67,P6,P7 ,NX1,1.0)                              网格排列密度变化
+ GSET(L,L78,P7,P8 ,NX2,1.0)                              的幂次关系。语句
+ GSET(L,L89,P8,P9 ,NX3,1.5)                              中 1.0 为网格均匀
+ GSET(L,A21,P2,P10,NX3,1.5)                              变化,1.5 和 1.8 是
+ GSET(L,A91,P10,P9,NY2,1.8)                              按幂指数变化)
+ GSET(L,L56,P5 ,P6,NY2,1.8)
  ** Top.
```

```
+ GSET(L,A64,P16,P4 ,NX1,1.0)
+ GSET(L,A54,P15,P14,NX1,1.0)
+ GSET(L,A43,P14,P13,NX2,1.0)
+ GSET(L,A32,P13,P12,NX3,1.5)
+ GSET(L,A31,P3 ,P11,NX3,1.5)
+ GSET(L,A12,P11,P12,NY2,1.8)
+ GSET(L,A56,P16,P15,NY2,1.8)

+ GSET(F,F1 ,P6 ,P7.P8,P9 ,-,P10,P2.P1 ,P5 ,-)   *(把整个计算区域分成5个子平
+ GSET(F,F21,P5 ,-     ,P1,- ,P4 ,-     ,P16,-)    面,每个子平面都有名字,并表
+ GSET(F,F22,P1 ,-     ,P2, -,P3 ,-     ,P4 ,-)    示出由哪些点连成。两点之间
+ GSET(F,F23,P2 ,-     ,P10,-,P11,-     ,P3 ,-)    的连线若经过已定义的点连接,
+ GSET(F,F3 ,P16,P4.P3,P11,-,P12,P13.P14,P15,-)    要写出该点名字并后面附加点
                                                    号而不是逗号,若两点直接连接
                                                    可加一横线,并附加逗号)

+ GSET(M,F1 ,+I+J,        1,        1,1)   *(置每个定义的平面或曲面坐
+ GSET(M,F21,+I+J,        1,    NY2+1,1)    标原点和一致的坐标系方向)
+ GSET(M,F22,+I+J,    NX1+1,    NY2+1,1)
+ GSET(M,F23,+I+J,NX1+NX2+1,    NY2+1,1)
+ GSET(M,F3 ,+I+J,    1,NY2+2*NY1+1,1)

GSET(C,K:NZ+1:,F,K1,1,NX,1,NY,+,0.0,0.0,1.0,INC,1.0)  *(按一定方式调整内部
MESG(Show the grid? (N/y)                                各个平面的网格)
READVDU(ANS,CHAR,N)
IF(:ANS:.EQ.Y) THEN
VIEW(K,1)                          *(在屏幕上看一下网格生成的情况)
ENDIF
SOLVE(U1,V1,P1)
RHO1 = 1.0
IF(LVISC) THEN                     *(按低雷诺数选择黏性系数)
+   ENUL=UIN*2*RCYL/REYNO
ELSE
+   ENUL = 0.0
```

```
ENDIF
INIADD = F

*（把圆柱封闭并在圆柱周围给出壁面边界）
CONPOR(CYL,0.0,CELL,NX1+1,NX1+NX2,NY2+1,NY2+2*NY1,1,NZ)

INLET( IN,WEST, 1, 1,1,NY,1,1,1,1)          *（给出入口边界条件）
VALUE(IN,P1,RHO1*UIN)
VALUE(IN,U1,UIN)
OUTLET(OUT,EAST,NX,NX,1,NY,1,1,1,1)  *（给出出口边界条件）
IF(LVISC) THEN               *（圆柱壁面分成上下左右四个部分）
+ WALL(WN,NORTH,NX1+1,NX1+NX2,  NY2,  NY2,1,1,1,1)
+ WALL(WS,SOUTH,NX1+1,NX1+NX2,NY2+2*NY1+1,NY2+2*NY1+1,1,1,1,1)
+ WALL(WW,WEST ,NX1+NX2,NX1+NX2,NY2+1,NY2+2*NY1,1,1,1,1)
+ WALL(WE,EAST ,  NX1,  NX1,NY2+1,NY2+2*NY1,1,1,1,1)
ENDIF
LSWEEP = 250
NONORT  =  T                       *（使用非正交网格）
MESG(Use GCV solver? Y/n)   *（在屏幕上选择是否使用 GCV 方法求解。GCV
READVDU(ANS,CHAR,Y)            指 General Colocated Velocity method，是解适
GCV = :ANS:.EQ.Y               应边界网格下 N-S 方程的方法之一）
IF(.NOT.GCV) THEN
RELAX(P1,LINRLX,0.1)
RELAX(U1,FALSDT,DTHYD/NX/10)
RELAX(V1,FALSDT,DTHYD/NX/10)
SYMBFC = T
ENDIF
TSTSWP  =  -1
IXMON = 50; IYMON = NY/2
LIBREF = 574
STOP
```

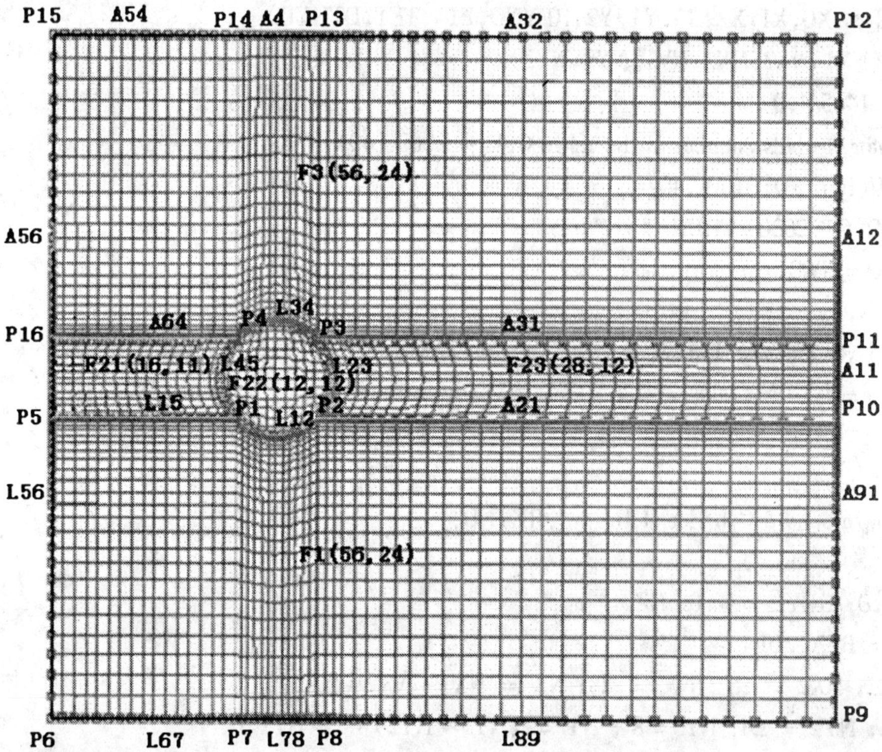


图 17-12 算例程序 3 的计算区域与网格生成示意图

## 17.6 算例程序 4:水流流过平面上的圆柱体

说明:计算程序 4 是由算例程序 3 修改而成。可以看出如何修改商用软件中的典型算例并为自己的研究问题服务。首先要改变物性参数,注意到流体密度,水和气体相差近 800 倍带来的动黏性系数的改变。另外要对程序进行最多修正的是计算网格的不同。现在下面多出一个平面壁面,并且圆柱由距平面一定距离逐渐减小到圆柱完全和壁面接近。尤其是接近到很小距离却没有完全接触到平面时,网格设计的个数和密度是相当困难的。一般在相当接近时,黏性的存在已经可以近似认为已无流体通过这个间隙。

```
TALK = T;RUN( 1, 1)
```

```
BOOLEAN(LVISC); LVISC = T
REAL(RCYL,X0,X1,X2,X3,Y1,Y2,REYNO,UIN,TET,DTHYD)
INTEGER(NX1,NX2,NX3,NY1,NY2,NY3)
TET = 3.1415/4.0
MESG(Enter Reyolds Number in the range 0.1 - 2000 (40)
READVDU(REYNO,REAL,40)
IF(REYNO.GT.2000) THEN
+ REYNO = 2000
ELSE
+ IF(REYNO.LT..1) THEN
+ REYNO = 0.1
+ ENDIF
ENDIF
TEXT(Flow around a Cylinder at Re = :REYNO:
TITLE
UIN = 2.0; RCYL = 1.0; NZ = 1
DTHYD = RCYL/UIN
NX1 = 22; NX2 = 16 ; NX3 = 28; NX = NX1 + NX2 + NX3
NY1 = 6; NY2 = 24; NY3 = 8 ; NY = (NY3 + NY2) + 2 * NY1
X0 = - 8 * RCYL;            X3 = 10 * RCYL
X1 = - RCYL * COS(TET); X2 = RCYL * COS(TET)
Y1 = RCYL * SIN(TET); Y2 = 6 * RCYL
*(如图 17 - 13 所示,NY3 是圆柱外部下侧和底平面之间的网格数,需要视圆柱距底平面距离
L56 和 A91 进行调整,可根据线 L12 和线 L78 之间的最小距离来确定 NY3 的个数)

BFC = T; GSET(D,NX,NY,NZ,RCYL,RCYL,1.0)
GSET(P,P1 ,X1, - Y1,0.0); GSET(P,P2, X2, - Y1,0.0)
GSET(P,P3 ,X2, Y1,0.0); GSET(P,P4, X1, Y1,0.0)
GSET(P,P5 ,X0, - Y1,0.0); GSET(P,P10, X3, - Y1,0.0)
GSET(P,P16,X0, Y1,0.0); GSET(P,P11, X3, Y1,0.0)
GSET(P,P6 ,X0, - (Y1 + 0.80 * Y1),0.0); GSET(P,P7 ,X1, - (Y1 + 0.8 * Y1),0.0)
GSET(P,P8 ,X2, - (Y1 + 0.80 * Y1),0.0); GSET(P,P9 ,X3, - (Y1 + 0.8 * Y1),0.0)
GSET(P,P15,X0, Y2,0.0); GSET(P,P14,X1, Y2,0.0)
GSET(P,P13,X2, Y2,0.0); GSET(P,P12,X3, Y2,0.0)
```

```
  * * Center.
+ GSET(L,L12,P1 ,P2 ,  NX2,1.0,ARC,  0.0,-RCYL,0.0)
+ GSET(L,L23,P2 ,P3 ,2*NY1,1.0,ARC, RCYL,  0.0,0.0)
+ GSET(L,L34,P3 ,P4 ,  NX2,1.0,ARC,  0.0, RCYL,0.0)
+ GSET(L,L45,P4 ,P1 ,2*NY1,1.0,ARC,-RCYL,  0.0,0.0)
+ GSET(L,A51,P5 ,P16,2*NY1,1.0)
+ GSET(L,A11,P10,P11,2*NY1,1.0)
  * * Bottom.
+ GSET(L,L15,P5,P1 ,NX1,-1.5)
+ GSET(L,L67,P6,P7 ,NX1,-1.5)
+ GSET(L,L78,P7,P8 ,NX2,1.0)
+ GSET(L,L89,P8,P9 ,NX3,1.5)
+ GSET(L,A21,P2,P10,NX3,1.5)
+ GSET(L,A91,P10,P9,NY3,1.0)      *(线A91和线L56是长度和网格尺寸,NY3
+ GSET(L,L56,P5 ,P6,NY3,1.0)        的条数是设置底平面距圆距离的关键尺寸。
  * * Top.                           如果距离太近,不可以设计太多网格。改变
                                     距离,可改变点P6,P7,P8,P9的坐标高度)
+ GSET(L,A64,P16,P4 ,NX1,-1.5)
+ GSET(L,A54,P15,P14,NX1,-1.5)
+ GSET(L,A43,P14,P13,NX2,1.0)
+ GSET(L,A32,P13,P12,NX3,1.5)
+ GSET(L,A31,P3 ,P11,NX3,1.5)
+ GSET(L,A12,P11,P12,NY2,1.7)
+ GSET(L,A56,P16,P15,NY2,1.7)
+ GSET(F,F1 ,P6 ,P7.P8,P9 ,-,P10,P2.P1  ,P5 ,-)
+ GSET(F,F21,P5 ,-    ,P1,- ,P4 ,-     ,P16,-)
+ GSET(F,F22,P1 ,-    ,P2, -,P3 ,-     ,P4 ,-)
+ GSET(F,F23,P2 ,-    ,P10,-,P11,-     ,P3 ,-)
+ GSET(F,F3 ,P16,P4.P3,P11,-,P12,P13.P14,P15,-)
+ GSET(M,F1 ,+I+J,        1,          1,1)
+ GSET(M,F21,+I+J,        1,      NY3+1,1)
+ GSET(M,F22,+I+J,    NX1+1,      NY3+1,1)
+ GSET(M,F23,+I+J,NX1+NX2+1,      NY3+1,1)
+ GSET(M,F3 ,+I+J,        1,NY3+2*NY1+1,1)
```

```
GSET(C,K:NZ+1:,F,K1,1,NX,1,NY,+,0.0,0.0,1.0,INC,1.0)
MESG(Show the grid? (N/y)
READVDU(ANS,CHAR,N)
IF(:ANS:.EQ.Y) THEN
VIEW(K,1)
ENDIF
SOLVE(U1,V1,P1);SOLUTN(P1,Y,Y,Y,N,N,N)
RHO1 = 1000.0
IF(LVISC) THEN
+   ENUL=UIN*2*RCYL/REYNO
ELSE
+   ENUL = 0.0
ENDIF
INIADD=F

CONPOR(CYL,0.0,CELL,NX1+1,NX1+NX2,NY3+1,NY3+2*NY1,1,NZ)
*(圆柱距底平面网格数为 NY3)
  *CONPOR(CYL1,0.0,CELL,1,NX,1,1,1,NZ) *(必要时底平面也处理为封闭面)

PATCH(PINF,CELL,1, 1,1,NY,1,1,1,1)
COVAL(PINF,U1,ONLYMS,0.0);COVAL(PINF,V1,ONLYMS,0.0)
INLET( IN,WEST, 1, 1,1,NY,1,1,1,1)
VALUE(IN,P1,RHO1*UIN)
VALUE(IN,U1,UIN)

OUTLET(OUT,EAST,NX,NX,1,NY,1,1,1,1)

IF(LVISC) THEN
+ WALL(WN,NORTH,NX1+1,NX1+NX2,NY3          ,           NY3,1,1,1,1)
+ WALL(WS,SOUTH,NX1+1,NX1+NX2,NY3+2*NY1+1,NY3+2*NY1+1,1,1,1,1)
+ WALL(WW,WEST ,NX1+NX2,NX1+NX2,NY3+1,NY3+2*NY1,1,1,1,1)
+ WALL(WE,EAST ,      NX1,       NX1,NY3+1,NY3+2*NY1,1,1,1,1)
+ WALL(WSS,SOUTH,1,NX,1,1,1,1,1,1)
```

```
ENDIF
LSWEEP = 1000
NONORT = T
MESG(Use GCV solver? Y/n)        *(使用 GCV 方法与否可以在平面上设计选择)
READVDU(ANS,CHAR,Y)
GCV = :ANS:.EQ.Y
IF(.NOT.GCV) THEN
RELAX(P1,LINRLX,0.1)
RELAX(U1,FALSDT,DTHYD/NX/10)
RELAX(V1,FALSDT,DTHYD/NX/10)
SYMBFC = T
ENDIF
TSTSWP = -1
IXMON = 50; IYMON = NY/2
STOP
```

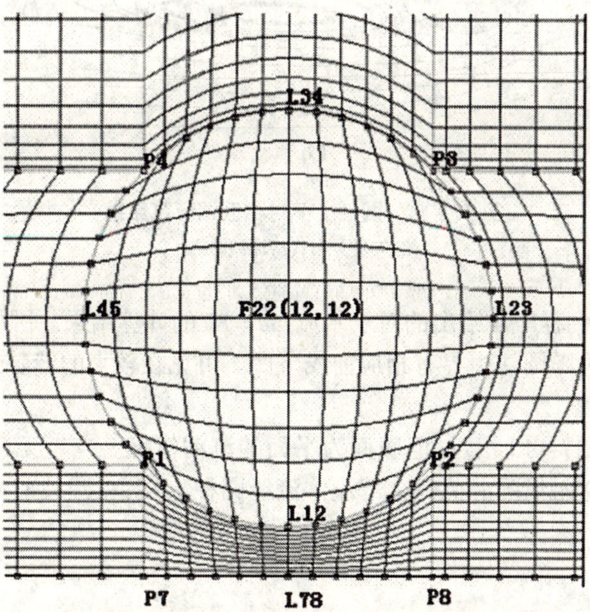


图 17-13　算例程序 4 的局部计算区域网格生成示意图

图 17-14 是由算例程序 3 给出 $Re=80$ 的计算结果,圆柱上下计算区域对称。

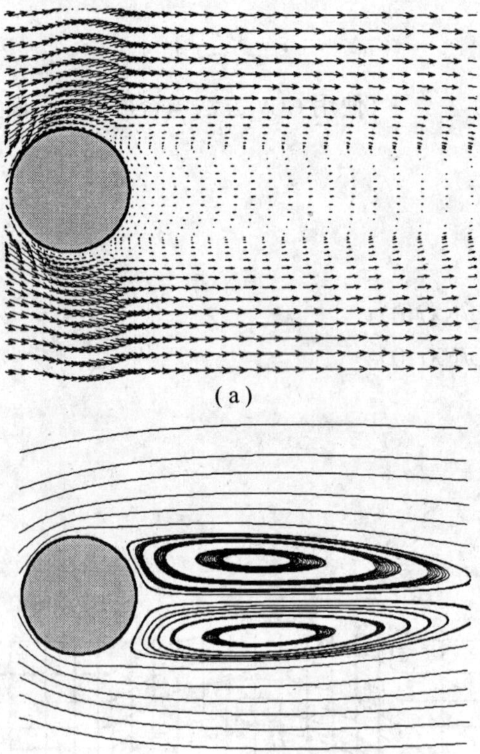

(a)

(b)

**图 17－14　圆柱上下对称区域计算结果**

(a)矢量分布;(b)流线分布

图 17－15 是由算例程序 4 给出的对于水流 $Re = 80$ 的计算结果。圆柱距底面距离为 0.12 倍的圆柱直径。底面为随圆柱边界有相应曲线下凹。可见在较大的缝隙之间速度在最隘处的加速情况。

图 17－16 是与图 17－15 相近,但底面为平面的流动情况。二者无明显差异。图 17－17 是圆柱与底平面完全接触情况。此时全部流体流经圆柱上端,在圆柱前方靠近底面附近有涡流存在。

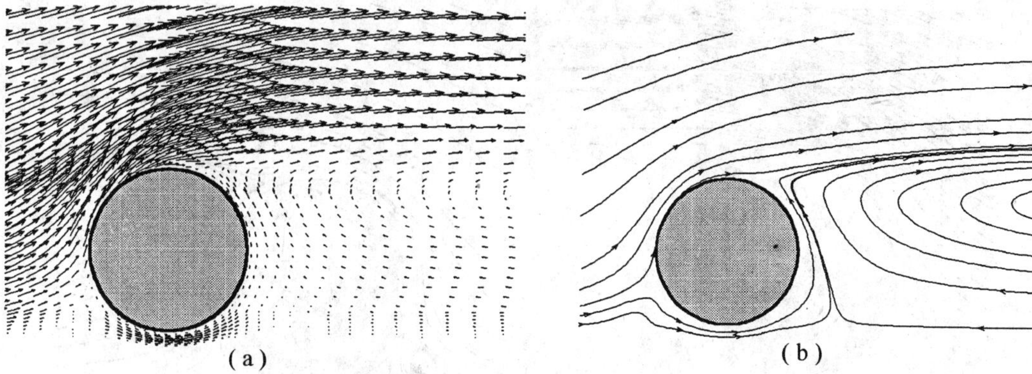


**图 17 - 15　圆柱与曲线底面保持一定距离计算结果**

(a)矢量分布;(b)流线分布

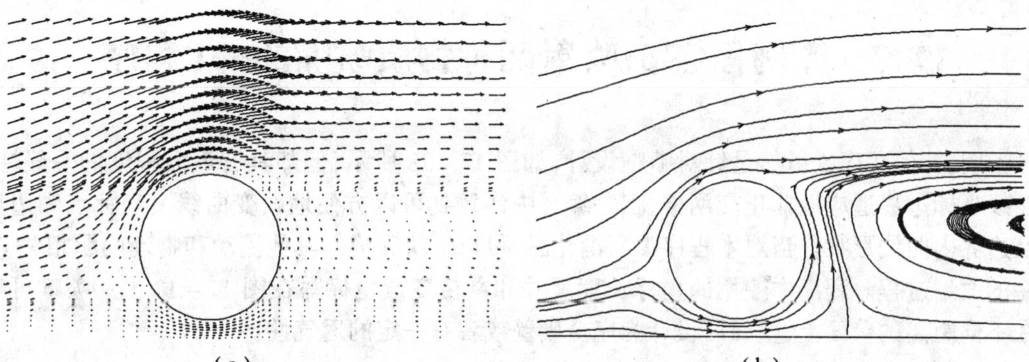


**图 17 - 16　底面为平面情况的计算结果**

(a)矢量分布;(b)流线分布

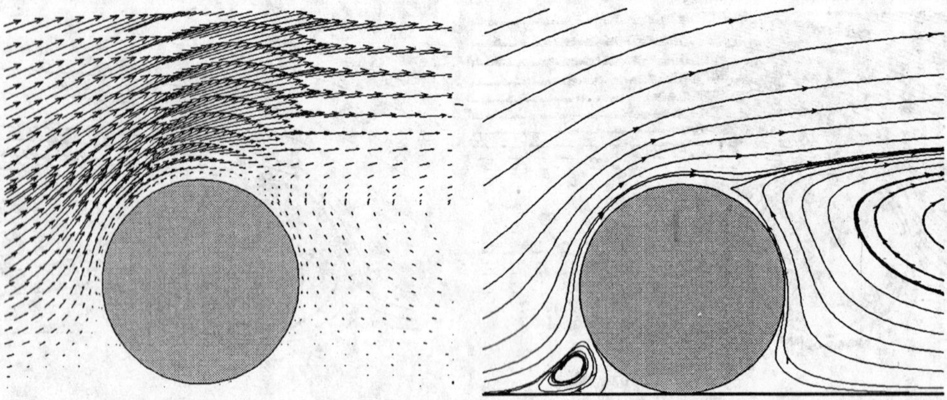

(a) (b)

图 17 – 17 圆柱与底面距离为零的计算结果

(a)矢量分布;(b)流线分布

## 17.7 算例程序 5:喷射两种物质喷嘴的 Q1 程序

说明:算例程序 5 虽然是针对喷嘴设计,如图 17 – 18 所示,但却具有最大程度的一般性。即曲线坐标边界适应性非正交网格,程序编写中注意到可以方便地改变曲线上坐标点和边界以及边界内曲线形状。当对本程序编写消化后,可以很快完成对其他流动和物理问题相关 Q1 程序的改编过程。程序中使用的坐标长度尺寸和网格变量也标写在图 17 – 18 上。喷嘴可喷射在不同距离的壁面上,壁面可设计为完全硬壁或者有一定的透气性。

```
TALK = T;RUN(1,1);VDU = X11 - TERM
IRUNN     =    1 ;LIBREF =    0
TEXT(Two Material Jet )
  DISPLAY
  Two Material Jet
  ENDDIS
BOOLEAN(Cart);Cart = F        *(非直角坐标系)
STEADY = T
INIADD    = F
```

```
BFC = T;NONORT = T;          *(使用适体边界非正交网格)

READCO(VIEWONLY)

IF (STEADY) THEN          *(置入非稳态的选择)
ELSE
   * Set overall time and no. of steps
INTEGER(MAL);MAL = 10 * 3
RSET(U,.000E+00,1.000E-03 * MAL,MAL)
   * Modify regions
ENDIF
BOOLEAN(Einfach);Einfach = F        *(如果并非湍流情况)
   * Turbulent model:
BOOLEAN(LamBrem);LamBrem = T   *(湍流模型的选择)
BOOLEAN(LamBYap);LamBYap = F
BOOLEAN(KEYap   );KEYap   = F
BOOLEAN(KEmod   );KEmod   = F
BOOLEAN(Chen    );Chen    = F
BOOLEAN(ChenLow);ChenLow = F
BOOLEAN(ChenYap);ChenYap = F
BOOLEAN(Rng     );Rng     = F
BOOLEAN(Tsk     );Tsk     = F
BOOLEAN(Mix     );Mix     = F
  * Neustart?
BOOLEAN(NEU );NEU  = T   *(如果 NEU = F,则后面设置重读上一次
                           计算的数据 Phi)
  * Reference
PRESS0 = 1e5      *(以此数据作为参数点并计算得到其他压力和温度的物性
TEMP0 = 0           参数)

  * Volumenstroeme (in l/min) and the Temperature [C] and Dencity
*(通过一定温度和密度下的容积流量在固定尺寸下,入口条件要求给出速度)
  * 1 -> H2 ; 2 -> O2
```

```
*（假设两种物质是氢气和氧气）
REAL(UUV1,UUV2,UUV3,UUT1,UUT2,UUT3,UUR1,UUR2,UUR3,PI)
PI = 3.1415927

UUV1 = 1.0/(60 * 1000)
UUV2 = 5.0/(60 * 1000)
UUV3 = 10.0/(60 * 1000)
UUT1 = 600.0 + 273.0
UUT2 = 0.0 + 273.0
UUT3 = 1200.0 + 273.0
IF (Einfach) THEN
UUT1 = 20 + 273
ENDIF
    * UUR1 = PRESS0/(287.1 * (UUT1 + TEMP0))
    * UUR2 = PRESS0/(287.1 * (UUT2 + TEMP0))
UUR1 = PRESS0/(287.1 * UUT1)    *（给出三个入口平面上的不同密度）
UUR2 = PRESS0/(287.1 * UUT2)
UUR3 = PRESS0/(287.1 * UUT3)

    * Radien (in Meter)
REAL(UURA1,UURI1,UURA2,UURI2,UURA3,UURI3,UUR)
REAL(UURA1b,UURI2b,UURA2b,UURI3b,UURA3b)
UURI1 = 0.001              *（给出了图 17 - 18 中喷嘴的基本几何尺寸）
UURA1 = 0.002
UURA1b = 0.0015

UURI2 = 0.003
UURA2 = 0.004
UURI2b = 0.0025
UURA2b = 0.0035

UURI3 = 0.005
UURI3b = 0.0045
UURA3b = 0.0055
```

```
UURA3 = 0.006

UUR = 0.05

    * UUA1in inneres
    * UUA2in Ringspalt
 *（给出内外圆的表面积）
REAL(UUA1in,UUA2in,UUA3in)
UUA1in = PI * UURI1 * UURI1
UUA2in = PI *（UURI2 * UURI2 - UURA1 * UURA1）
UUA3in = PI *（UURI3 * UURI3 - UURA2 * UURA2）

REAL(grad,alpha,UUZ)

grad = 6.0          *（计算喷嘴头部倾斜角度）
alpha = grad * PI/180
UUZ =（UURA1 - UURA1b)/tan(alpha）

UUR1      *（在屏幕上显示前面计算值）
UUR2
grad
UUZ

REAL(UUL,UUH,LENGTH)
UUL = 0.02
UUH = 0.2
LENGTH = UUL + UUZ + UUH

INTEGER(ZUUX,ZUUL,ZUUH,ZUUH2,ZUUH3)
ZUUX = 3
ZUUL = 5
ZUUH = 27
ZUUH2 = 8
ZUUH3 = 7
```

```
NZ = ZUUX + ZUUL + ZUUH + ZUUH2 + ZUUH3

INTEGER(YUUI1,YUUA1,YUUI2,YUUA2,YUUI3,YUUA3,YUU)

BOOLEAN(Viskos);              *(如果只考虑层流黏性,则选择低雷诺数模型)
IF (LamBrem.OR.LamBYap.OR.ChenLow) THEN
Viskos = T
ELSE
Viskos = F
ENDIF

NX = 2;
YUUI1 = 3
YUUA1 = 2
YUUI2 = 3
YUUA2 = 2
YUUI3 = 3
YUUA3 = 2
YUU = 15

INTEGER(YUU1,YUU2,YUU3,YUU4,YUU5,YUU6)
YUU2 = YUUI1 + YUUA1
YUU3 = YUU2 + YUUI2
YUU4 = YUU3 + YUUA2
YUU5 = YUU4 + YUUI3
YUU6 = YUU5 + YUUA3

NY = YUU6 + YUU
*(给出了各区域尺寸网格的划分数目)

GSET(D,NX,NY,NZ,2.0*PI,UUR,LENGTH)
CARTES = Cart
*(定义计算平面子区域上的标志点坐标位置和名字,如图 17-18 所示)
```

```
GSET(P,P1a,0.0,0.0,0.0)
GSET(P,P2a,0.0,UURI1,0.0)
GSET(P,P3a,0.0,UURA1,0.0)
GSET(P,P4a,0.0,UURI2,0.0)
GSET(P,P5a,0.0,UURA2,0.0)
GSET(P,P7a,0.0,UURI3,0.0)
GSET(P,P8a,0.0,UURA3,0.0)
GSET(P,P6a,0.0,UUR,0.0)

GSET(P,P1b,0.0,0.0,UUL)
GSET(P,P2b,0.0,UURI1,UUL)
GSET(P,P3b,0.0,UURA1,UUL)
GSET(P,P4b,0.0,UURI2,UUL)
GSET(P,P5b,0.0,UURA2,UUL)
GSET(P,P7b,0.0,UURI3,UUL)
GSET(P,P8b,0.0,UURA3,UUL)
GSET(P,P6b,0.0,UUR,UUL)
GSET(P,P1c,0.0,0.0,UUZ+UUL)
GSET(P,P2c,0.0,UURI1,UUZ+UUL)
GSET(P,P3c,0.0,UURA1b,UUZ+UUL)
GSET(P,P4c,0.0,UURI2b,UUZ+UUL)
GSET(P,P5c,0.0,UURA2b,UUZ+UUL)
GSET(P,P7c,0.0,UURI3b,UUZ+UUL)
GSET(P,P8c,0.0,UURA3b,UUZ+UUL)
GSET(P,P6c,0.0,UUR,UUZ+UUL)

GSET(P,P1c1,0.0,0.0,UUZ+1.3*UUL)
GSET(P,P2c1,0.0,UURI1,UUZ+1.3*UUL)
GSET(P,P3c1,0.0,UURA1b,UUZ+1.3*UUL)
GSET(P,P4c1,0.0,UURI2b,UUZ+1.3*UUL)
GSET(P,P5c1,0.0,UURA2b,UUZ+1.3*UUL)
GSET(P,P7c1,0.0,UURI3b,UUZ+1.3*UUL)
GSET(P,P8c1,0.0,UURA3b,UUZ+1.3*UUL)
GSET(P,P6c1,0.0,UUR,UUZ+1.3*UUL)
```

```
GSET(P,P1d,0.0,0.0,LENGTH)
GSET(P,P2d,0.0,UURI1 * 1.6,LENGTH)
GSET(P,P3d,0.0,UURA1b * 1.6,LENGTH)
GSET(P,P4d,0.0,UURI2b * 1.6,LENGTH)
GSET(P,P5d,0.0,UURA2b * 1.6,LENGTH)
GSET(P,P7d,0.0,UURI3b * 1.6,LENGTH)
GSET(P,P8d,0.0,UURA3b * 1.6,LENGTH)
GSET(P,P6d,0.0,UUR,LENGTH)

GSET(P,P1cd,0.0,0.0,LENGTH - UUL/3.0)
GSET(P,P2cd,0.0,UURI1 * 1.5,LENGTH - UUL/3.0)
GSET(P,P3cd,0.0,UURA1b * 1.5,LENGTH - UUL/3.0)
GSET(P,P4cd,0.0,UURI2b * 1.5,LENGTH - UUL/3.0)
GSET(P,P5cd,0.0,UURA2b * 1.5,LENGTH - UUL/3.0)
GSET(P,P7cd,0.0,UURI3b * 1.5,LENGTH - UUL/3.0)
GSET(P,P8cd,0.0,UURA3b * 1.5,LENGTH - UUL/3.0)
GSET(P,P6cd,0.0,UUR,LENGTH - UUL/3.0)

*(给出各定义点的连线的始终点和名字,如图 17 - 18 所示)
GSET(L,L12a,P1a,P2a,YUUI1,1.0)
GSET(L,L23a,P2a,P3a,YUUA1,1.0)
GSET(L,L34a,P3a,P4a,YUUI2,1.0)
GSET(L,L45a,P4a,P5a,YUUA2,1.0)
GSET(L,L57a,P5a,P7a,YUUI3,1.0)
GSET(L,L78a,P7a,P8a,YUUA3,1.0)
GSET(L,L86a,P8a,P6a,YUU,2.0)

GSET(L,L12b,P1b,P2b,YUUI1,1.0)
GSET(L,L23b,P2b,P3b,YUUA1,1.0)
GSET(L,L34b,P3b,P4b,YUUI2,1.0)
GSET(L,L45b,P4b,P5b,YUUA2,1.0)
GSET(L,L57b,P5b,P7b,YUUI3,1.0)
GSET(L,L78b,P7b,P8b,YUUA3,1.0)
```

```
GSET(L,L86b,P8b,P6b,YUU,2.0)

GSET(L,L12c,P1c,P2c,YUUI1,1.0)
GSET(L,L23c,P2c,P3c,YUUA1,1.0)
GSET(L,L34c,P3c,P4c,YUUI2,1.0)
GSET(L,L45c,P4c,P5c,YUUA2,1.0)
GSET(L,L57c,P5c,P7c,YUUI3,1.0)
GSET(L,L78c,P7c,P8c,YUUA3,1.0)
GSET(L,L86c,P8c,P6c,YUU,2.0)

GSET(L,L12d,P1d,P2d,YUUI1,1.0)
GSET(L,L23d,P2d,P3d,YUUA1,1.0)
GSET(L,L34d,P3d,P4d,YUUI2,1.0)
GSET(L,L45d,P4d,P5d,YUUA2,1.0)
GSET(L,L57d,P5d,P7d,YUUI3,1.0)
GSET(L,L78d,P7d,P8d,YUUA3,1.0)
GSET(L,L86d,P8d,P6d,YUU,2.0)

GSET(L,L1ab,P1a,P1b,ZUUL,-1.5)
GSET(L,L2ab,P2a,P2b,ZUUL,-1.5)
GSET(L,L3ab,P3a,P3b,ZUUL,-1.5)
GSET(L,L4ab,P4a,P4b,ZUUL,-1.5)
GSET(L,L5ab,P5a,P5b,ZUUL,-1.5)
GSET(L,L7ab,P7a,P7b,ZUUL,-1.5)
GSET(L,L8ab,P8a,P8b,ZUUL,-1.5)
GSET(L,L6ab,P6a,P6b,ZUUL,-1.5)

GSET(L,L1bc,P1b,P1c,ZUUX,1.0)
GSET(L,L2bc,P2b,P2c,ZUUX,1.0)
GSET(L,L3bc,P3b,P3c,ZUUX,1.0)
GSET(L,L4bc,P4b,P4c,ZUUX,1.0)
GSET(L,L5bc,P5b,P5c,ZUUX,1.0)
GSET(L,L7bc,P7b,P7c,ZUUX,1.0)
GSET(L,L8bc,P8b,P8c,ZUUX,1.0)
```

```
GSET(L,L6bc,P6b,P6c,ZUUX,1.0)

GSET(L,L1cc1,P1c,P1c1,ZUUH3,1.2)
GSET(L,L2cc1,P2c,P2c1,ZUUH3,1.2)
GSET(L,L3cc1,P3c,P3c1,ZUUH3,1.2)
GSET(L,L4cc1,P4c,P4c1,ZUUH3,1.2)
GSET(L,L5cc1,P5c,P5c1,ZUUH3,1.2)
GSET(L,L7cc1,P7c,P7c1,ZUUH3,1.2)
GSET(L,L8cc1,P8c,P8c1,ZUUH3,1.2)
GSET(L,L6cc1,P6c,P6c1,ZUUH3,1.2)

GSET(L,L1c1cd,P1c1,P1cd,ZUUH,s2.0)
GSET(L,L2c1cd,P2c1,P2cd,ZUUH,s2.0)
GSET(L,L3c1cd,P3c1,P3cd,ZUUH,s2.0)
GSET(L,L4c1cd,P4c1,P4cd,ZUUH,s2.0)
GSET(L,L5c1cd,P5c1,P5cd,ZUUH,s2.0)
GSET(L,L7c1cd,P7c1,P7cd,ZUUH,s2.0)
GSET(L,L8c1cd,P8c1,P8cd,ZUUH,s2.0)
GSET(L,L6c1cd,P6c1,P6cd,ZUUH,s2.0)

GSET(L,L1cdd,P1cd,P1d,ZUUH2,-1.2)
GSET(L,L2cdd,P2cd,P2d,ZUUH2,-1.2)
GSET(L,L3cdd,P3cd,P3d,ZUUH2,-1.2)
GSET(L,L4cdd,P4cd,P4d,ZUUH2,-1.2)
GSET(L,L5cdd,P5cd,P5d,ZUUH2,-1.2)
GSET(L,L7cdd,P7cd,P7d,ZUUH2,-1.2)
GSET(L,L8cdd,P8cd,P8d,ZUUH2,-1.2)
GSET(L,L6cdd,P6cd,P6d,ZUUH2,-1.2)

*(按顺时针方向定义各个子平面并给出名字,如图 17-18 所示)
GSET(F,FI1,P1a,-,P2a,P2b.P2c.P2c1.P2cd,P2d,-,P1d,P1cd.P1c1.P1c.P1b)
GSET(M,FI1,+J+K,1,1,1,TRANS)

GSET(F,FD1,P2a,-,P3a,P3b,P3c,-,P2c,P2b)
```

```
GSET(M,FD1,+J+K,1,YUUI1+1,1,TRANS)

GSET(F,FI2,P3a,-,P4a,P4b.P4c.P4c1.P4cd,P4d,-,P3d,P3cd.P3c1.P3c.P3b)
GSET(M,FI2,+J+K,1,YUU2+1,1,TRANS)

GSET(F,FD2,P4a,-,P5a,P5b,P5c,-,P4c,P4b)
GSET(M,FD2,+J+K,1,YUU3+1,1,TRANS)

GSET(F,FI3,P5a,-,P7a,P7b.P7c.P7c1.P7cd,P7d,-,P5d,P5cd.P5c1.P5c.P5b)
GSET(M,FI3,+J+K,1,YUU4+1,1,TRANS)

GSET(F,FD3,P7a,-,P8a,P8b,P8c,-,P7c,P7b)
GSET(M,FD3,+J+K,1,YUU5+1,1,TRANS)

GSET(F,FA,P8a,-,P6a,P6b.P6c.P6c1.P6cd,P6d,-,P8d,P8cd.P8c1.P8c.P8b)
GSET(M,FA,+J+K,1,YUU6+1,1,TRANS)

GSET(F,FU1,P2c,-,P3c,P3c1.P3cd,P3d,-,P2d,P2cd.P2c1)
GSET(M,FU1,+J+K,1,YUUI1+1,ZUUX+ZUUL+1,TRANS)

GSET(F,FU2,P4c,-,P5c,P5c1.P5cd,P5d,-,P4d,P4cd.P4c1)
GSET(M,FU2,+J+K,1,YUU3+1,ZUUX+ZUUL+1,TRANS)

GSET(F,FU3,P7c,-,P8c,P8c1.P8cd,P8d,-,P7d,P7cd.P7c1)
GSET(M,FU3,+J+K,1,YUU5+1,ZUUX+ZUUL+1,TRANS)

IF (CARTES) THEN
GSET(C,I:NX+1:,F,I1,1,NY,1,NZ, +,0,1.0,0,INC,1.0)
ELSE
   *(三维情况)
   * GSET(C,I:NX+1:,F,I1,1,NY,1,NZ,RZ,2.0*PI,0,0,INC,1.0)
   *(二维情况)
GSET(C,I:NX+1:,F,I1,1,NY,1,NZ,RZ,2.0*PI/100.0,0,0,INC,1.0)
CARTES=T
```

```
ENDIF

XCYIZ(1,NZ,T)
XCYCLE = T          *(绕 x 轴循环的外边界条件)

WUP = T          *(外边界有高曲率变化形状时,w 和 v 的方向也通常改变)
VUP = T

*(贮存和解的指令)
IF (Einfach) THEN
STORE(BLOK)
ELSE
STORE(DEN1,BLOK,PRPS)
FIINIT(PRPS) = 2
SOLVE(TEM1)
SOLUTN(TEM1,Y,Y,Y,N,N,Y)
ENDIF
FIINIT(BLOK) = 1;
IVARBK = -1; ISOLBK = 1
SOLVE(P1,U1,V1,W1)
SOLUTN(P1,Y,Y,Y,N,N,N)

*(湍流模型的选择)
IF (LamBrem) THEN
mesg(KEMODL - LOWRE
TURMOD(KEMODL - LOWRE)
TEXT(Two Material Jet)
ELSE
IF (KEmod) THEN
mesg(KEMODL
TURMOD(KEMODL)
ELSE
IF (Chen) THEN
TURMOD(KECHEN)
```

```
mesg(KECHEN
ELSE
IF (ChenLow) THEN
TURMOD(KECHEN - LOWRE)
mesg(KECHEN - LowRe
ELSE
IF (ChenYap) THEN
TURMOD(KECHEN - YAP)
mesg(KECHEN - YAP
ELSE
IF (Rng) THEN
TURMOD(KERNG)
mesg(RNG
ELSE
IF (Mix) THEN
TURMOD(MIXLEN)
mesg(Mischungsweg
ELSE
IF (LamBYap) THEN
TURMOD(KEMODL - LOWRE - YAP)
mesg(KEMODL - LOWRE - YAP
ELSE
IF (KEYap) THEN
TURMOD(KEMODL - YAP)
mesg(KEMODL - YAP
ELSE
IF (Tsk) THEN
TURMOD(TSKEMO)
mesg(TSKEMO
ELSE
msg(error !! kein Turbulenzmodell gewaehlt !!!!!!!!!!!
ENDIF
ENDIF
ENDIF
```

```
ENDIF
ENDIF
ENDIF
ENDIF
ENDIF
ENDIF
ENDIF

SOLUTN(U1   ,Y,Y,N,N,N,N)
SOLUTN(V1   ,Y,Y,N,N,N,N)
SOLUTN(W1   ,Y,Y,N,N,N,N)

STORE(ENUT,LEN1);KELIN = 1
IF (Mix) THEN
ENUT = GRND1;ENUTA = 0;ENUTB = 0.4
ENDIF

*(层流和湍流物性参数选择)
IF (Einfach) THEN
ENUL = 14.87e - 6
RHO1    = 1.18
PRNDTL(TEM1) = 0.025
PRT(TEM1)      = 1.0
ELSE
ENUL = GRND10
RHO1    = GRND10
DRH1DP = GRND10
PRNDTL(TEM1) = - GRND10
PRT(TEM1)      = 1.0
NEWRH1    =     T
NEWENL    =     T
NEWENT    =     T
ENDIF
```

```
*(计算三处入口边界速度)
REAL(W1IN,TKE1IN,EPS1IN,W2IN,TKE2IN,EPS2IN,W3IN,TKE3IN,EPS3IN)
W1IN = UUV1/UUA1in
W2IN = UUV2/UUA2in
W3IN = UUV3/UUA3in

*(相应的湍流入口边界值)
TKE1IN = (0.05 * W1IN) * * 2.0;
EPS1IN = TKE1IN * * 1.5 * 0.1643/(0.09 * UURI1)
TKE2IN = (0.05 * W2IN) * * 2.0;
EPS2IN = TKE2IN * * 1.5 * 0.1643/(0.09 * UURA1)
TKE3IN = (0.05 * W3IN) * * 2.0;
EPS3IN = TKE3IN * * 1.5 * 0.1643/(0.09 * UURA2)

*(在屏幕上显示计算结果)
W1IN
W2IN
W3IN
TKE1IN
TKE2IN
TKE3IN
EPS1IN
EPS2IN
EPS3IN

INTEGER(UUYI,UUYA1,UUYA2,UUYI2,UUYA3,UUYI3)
UUYI = YUUI1 + 1
UUYA1 = YUU2 + 1
UUYI2 = YUU3 + 1
UUYA2 = YUU4 + 1
UUYI3 = YUU5 + 1
UUYA3 = YUU6 + 1

*(开始计算赋初场各参数值)
```

```
IF (NEU) THEN
FIINIT(P1) = 0.0;FIINIT(W1) = 0.0
FIINIT(KE) = TKE2IN;FIINIT(EP) = EPS2IN
FIINIT(TEM1) = UUT2

PATCH(DDD1,INIVAL,1,NX,1,YUUI1,1,ZUUL + ZUUX,1,1)
INIT(DDD1,W1,0,W1IN)
PATCH(DDDi,INIVAL,1,NX,1,YUUI1,ZUUL + ZUUX + 1,NZ - ZUUH2 - 5,1,1)
INIT(DDDi,W1,0,W1IN/2.0)

PATCH(DDD2,INIVAL,1,NX,UUYA1,YUU3,1,ZUUL + ZUUX,1,1)
INIT(DDD2,W1,0,W2IN)
PATCH(DDDii,INIVAL,1,NX,UUYA1,YUU3,ZUUL + ZUUX + 1,NZ - ZUUH2 - 5,1,1)
INIT(DDDii,W1,0,W2IN/2.0)

PATCH(DDD3,INIVAL,1,NX,UUYA2,YUU5,1,ZUUL + ZUUX,1,1)
INIT(DDD3,W1,0,W3IN)
PATCH(DDDiii,INIVAL,1,NX,UUYA2,YUU5,ZUUL + ZUUX + 1,NZ - ZUUH2 - 5,1,1)
INIT(DDDiii,W1,0,W3IN/2.0)

*(或者全部与部分的读入上次已经计算出的数据)
IF (Tsk) THEN
FIINIT(KP) = TKE1IN;FIINIT(KT) = TKE1IN;FIINIT(ET) = EPS1IN
ENDIF
ELSE
RESTRT(ALL)
   * RSTGRD   =     T
   * FIINIT(P1) = READFI;FIINIT(W1) = READFI
   * FIINIT(KE) = READFI;FIINIT(EP) = READFI
   * FIINIT(TEM1) = READFI;FIINIT(V1) = READFI
   * FIINIT(DEN1) = READFI;FIINIT(VCRT) = READFI
   * FIINIT(UCRT) = READFI;FIINIT(WCRT) = READFI
   * FIINIT(U1) = READFI
ENDIF
```

```
*(给出喷嘴内环的入口边界条件)
INLET(IN1,LOW,1,NX,1,YUUI1,1,1,1,1)
VALUE(IN1,P1,UUR1 * W1IN)
VALUE(IN1,W1,W1IN)
VALUE(IN1,V1,0.0)
VALUE(IN1,UCRT,0.0)
VALUE(IN1,VCRT,0.0)
VALUE(IN1,WCRT,W1IN)
VALUE(IN1,KE,TKE1IN)
VALUE(IN1,EP,EPS1IN)
VALUE(IN1,TEM1,UUT1)
IF (Tsk) THEN
VALUE(IN1,KP,TKE1IN)
VALUE(IN1,KT,TKE1IN)
VALUE(IN1,ET,EPS1IN)
ENDIF

*(给出外环的入口边界条件)
INLET(IN2,LOW,1,NX,UUYA1,YUU3,1,1,1,1)
VALUE(IN2,P1,UUR2 * W2IN)
VALUE(IN2,W1,W2IN)
VALUE(IN2,V1,0.0)
VALUE(IN2,U1,0.0)
VALUE(IN2,UCRT,0.0)
VALUE(IN2,VCRT,0.0)
VALUE(IN2,WCRT,W2IN)
VALUE(IN2,UCRT,0.0)
VALUE(IN2,KE,TKE2IN)
VALUE(IN2,EP,EPS2IN)
VALUE(IN2,TEM1,UUT2)
IF (Tsk) THEN
VALUE(IN2,KP,TKE2IN)
VALUE(IN2,KT,TKE2IN)
```

```
VALUE(IN2,ET,EPS2IN)
ENDIF

*(给出喷嘴外侧计算区域入口处边界条件)
INLET(IN3,LOW,1,NX,UUYA2,YUU5,1,1,1,1)
VALUE(IN3,P1,UUR3 * W3IN)
VALUE(IN3,W1,W3IN)
VALUE(IN3,V1,0.0)
VALUE(IN3,U1,0.0)
VALUE(IN3,UCRT,0.0)
VALUE(IN3,VCRT,0.0)
VALUE(IN3,WCRT,W3IN)
VALUE(IN3,UCRT,0.0)
VALUE(IN3,KE,TKE3IN)
VALUE(IN3,EP,EPS2IN)
VALUE(IN3,TEM1,UUT3)
IF (Tsk) THEN
VALUE(IN3,KP,TKE3IN)
VALUE(IN3,KT,TKE3IN)
VALUE(IN3,ET,EPS3IN)
ENDIF

BFCA = UUR2

*(喷嘴外侧的自由边界条件)
PATCH(INLET,LOW,1,NX,UUYA3,NY,1,1,1,1)
COVAL(INLET,P1,FIXVAL,0.0)
COVAL(INLET,TEM1,ONLYMS,273.0)

PATCH(OUTLET,NORTH,1,NX,NY,NY,1,NZ,1,1)
COVAL(OUTLET,P1,FIXVAL,0.0)
COVAL(OUTLET,TEM1,ONLYMS,273.0)

*(NZ 平面壁面条件)
```

```
WALL(WFNN1,HIGH,1,NX,1,NY-5,NZ,NZ,1,1)
VALUE(WFNN1,TEM1,SAME)
VALUE(WFNN1,WCRT,0.0)
VALUE(WFNN1,W1,0.0)
VALUE(WFNN1,VCRT,0.0)
VALUE(WFNN1,V1,0.0)
VALUE(WFNN1,UCRT,0.0)
VALUE(WFNN1,U1,0.0)

PATCH(OUT3,HIGH,1,NX,NY-4,NY,NZ,NZ,1,1)
COVAL(OUT3,P1,FIXVAL,0.0)
COVAL(OUT3,TEM1,ONLYMS,273.0)

*(封闭区域,即喷嘴固定区域的外边界)
CONPOR(D1,0.0,CELL,1,NX,YUUI1+1,YUU2,1,ZUUL+ZUUX)
CONPOR(D2,0.0,CELL,1,NX,UUYI2+1,YUU4,1,ZUUL+ZUUX)
CONPOR(D3,0.0,CELL,1,NX,UUYI3+1,YUU6,1,ZUUL+ZUUX)

*(控制 x,y,z 方向的迭代频率)
ISOLX  =   0
ISOLY  =      2
ISOLZ  =      2

READCO(VIEWONLY)

LSWEEP = 200

REAL(MASIN,DTF)
MASIN = UURI1 * W1IN * UUR1
RESREF(P1) = 1.E-12 * MASIN
RESREF(W1) = RESREF(P1) * W1IN
RESREF(V1) = RESREF(W1)
RESREF(KE) = RESREF(P1) * TKE1IN
RESREF(EP) = RESREF(P1) * EPS1IN
```

```
    GROUP 16. Termination of iterations
LITER(P1) = 10        *(线性方程迭代最大次数)

    GROUP 17. Under - relaxation devices
RELAX(P1,LINRLX,0.15);DTF = ZWLAST/W1IN/NZ

DTF = DTF/10.0

RELAX(W1,FALSDT,DTF)
RELAX(V1,FALSDT,DTF)
RELAX(U1,FALSDT,DTF)
RELAX(KE,FALSDT,DTF)
RELAX(EP,FALSDT,DTF)
RELAX(LTLS,FALSDT,DTF)
RELAX(DEN1,LINRLX,0.3)
RELAX(TEM1,FALSDT,0.8)

    GROUP 22. Spot - value print - out
IYMON = NY;IZMON = NZ - 1;NPRMON = LSWEEP
    GROUP 23. Field print - out and plot control
NPRINT = LSWEEP;ITABL = 2;NPLT = 10;NYPRIN = 1;NZPRIN = ZUUL + ZUUX + 1
TSTSWP = 10;YPLS = T
INIFLD   = F

STOP
*(因篇幅局限不再列出计算结果)
```

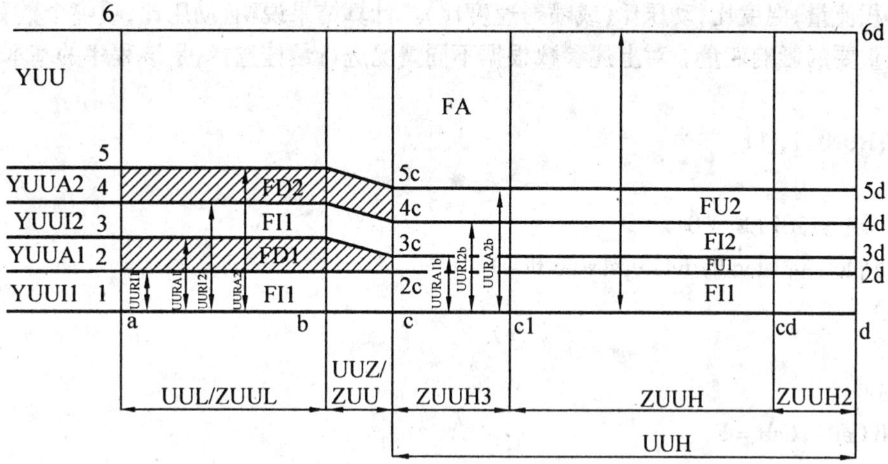


图 17－18　喷射两种物质喷嘴 Q1 程序网格划分示意图

## 17.8　算例程序 6：多股横向射流和主流混合流动的 Q1 程序

说明：

如图 17－19 所示，一个半径为 $R$，长为 $L$ 的有主流进入的管道，在侧面设计若干横向喷孔，设计多少，喷入速度多大，是否要对称设计，目的是如何使 $L_2$ 在最小的情况下，使不同温度的主流和侧面流尽快完全均匀混合。

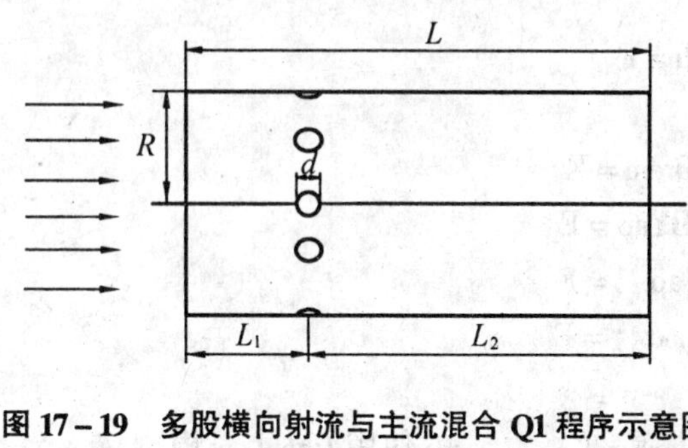


图 17－19　多股横向射流与主流混合 Q1 程序示意图

算例程序 6 延续算例程序 5 的一般性，即曲线适应性边界非正交网格湍流程序的优点。

对侧表面上一排横向流可以随意改变参数。例如:喷嘴个数和直径,圆管半径和长度,射流与主流的体积流量,温度比,动压比(或喷射速度比)。计算结果说明:动压比,喷嘴个数和喷嘴间距等都是重要的影响变量。对上述参数根据不同情况进行最佳选择,是该程序的基本功能。

```
TALK = T;RUN( 1, 1)

IRUNN    = 1 ;LIBREF  = 0
TEXT(Multiple jets laterally into upstream flow)
  DISPLAY
  GSB
  ENDDIS
BOOLEAN(Cart);Cart = F
STEADY = T
INIADD    = F

    * NAMFI = PHIA

IF (STEADY) THEN
ELSE
     * Set overall time and no. of steps
INTEGER(MAL);MAL = 10 * 3
RSET(U,.000E + 00,1.000E - 03 * MAL,MAL)
     * Modify regions
ENDIF
BOOLEAN(Einfach);Einfach = F
 * (Turbulent model)
BOOLEAN(LamBrem);LamBrem = F
BOOLEAN(LamBYap);LamBYap = F
BOOLEAN(KEYap    );KEYap    = F
BOOLEAN(KEmod    );KEmod    = F
BOOLEAN(Chen     );Chen     = F
BOOLEAN(ChenLow);ChenLow = T            *(使用 ChenLow 模型)
BOOLEAN(ChenYap);ChenYap = F
BOOLEAN(Rng      );Rng      = F
```

```
BOOLEAN(Tsk      );Tsk      = F
BOOLEAN(Mix      );Mix      = F
   * Neustart?
BOOLEAN(NEU      );NEU      = F      *(读上次运行数据)
   * Reference
PRESS0 = 1e5
TEMP0 = 0
REAL(UUM1,UUM2,UUT1,UUT2,UUR1,UUR2)
INTEGER(NNDD)
*(设计不同的质量流量,1.293 是流体密度)
   * * UUM1 = 18362.0 * 1.293;          UUM2 = 10000.0 * 1.293
   * * UUM1 = 15000.0 * 1.293;UUM2 = UUM1
UUM1 = 20000 * 1.293
UUT1 = 0.0 + 273.0;          UUT2 = 1000.0 + 273.0
NNDD = 4                     *(半个圆周上的横向流入口数目)
IF (Einfach) THEN
UUT2 = 0.0
ENDIF
UUR1 = PRESS0/(287.1 * (UUT1 + TEMP0))
UUR2 = PRESS0/(287.1 * (UUT2 + TEMP0))
UUR1 = PRESS0/(287.1 * UUT1)
UUR2 = PRESS0/(287.1 * UUT2)
UUR1
UUR2
*(在屏幕上显示出横向与顺向流计算出的密度)
   * Radium
REAL(UURI,UURA,UUA1in)
UURI = 0.0
UURA = 1.0
UUA1in = 3.1415926 * UURA * UURA
UUA1in

Real(UUDD1,UUAD,UUAD1,UUDB1,Angle1,Bangle)
UUDD1 = 0.505
```

```
   * UUDD2 = 0.0000
UUAD1 = 3.1415926 * UUDD1 * UUDD1/4.0
   * UUAD2 = 3.1415926 * UUDD2 * UUDD2/4.0
UUAD = UUAD1
UUDB1 = SQRT(UUAD1)/2.0
   * UUDB2 = SQRT(UUAD2)/2.0
UUAD
UUDB1
Bangle = 2.0 * UUDB1/UURA
   * Angle2 = UUDB2/UURA
   * Angle = asin(Angle)
Angle1 = (3.1415926/NNDD - Bangle)/2.0
Angle1
Angle1
Bangle
 *(在屏幕上显示算出的喷射角度)

REAL(UUL1,UUL2,UUL3,UUL4,UUL5)
UUL1 = 1.5
UUL2 = 2.0 * UUDB1
UUL3 = UUDB1
UUL4 = 2.0 * UUDB1
UUL5 = 12.5
REAL(UUO2,UUO3,UUO4,LENGTH,UUA2i1,UUA2i2)
UUO2 = UUL1 + UUL2
UUO3 = UUO2 + UUL3
UUO4 = UUO3 + UUL4
LENGTH = UUO4 + UUL5
UUA2i1 = 2 * NNDD * UUAD1
UUA2i1
   *(在屏幕上显示出喷射流量进入的总面积)
   * UUA2i2 = NNDD * UUAD2

BFC = T;NONORT = T;
```

```
INTEGER(UUX1,UUX2)
UUX1 = 4
UUX2 = 8
NX = 2.0 * UUX1 + UUX2

INTEGER(UUZ1,UUZ2,UUZ3,UUZ4,UUZ5)

BOOLEAN(Viskos);
IF (LamBrem.OR.LamBYap.OR.ChenLow) THEN
Viskos = T
ELSE
Viskos = F
ENDIF
IF (Viskos) THEN
NY = 10;
UUZ1 = 12
UUZ2 = 5
UUZ3 = 2
UUZ4 = 2
UUZ5 = 15
ELSE
NY = 10;
UUZ1 = 12
UUZ2 = 5
UUZ3 = 2
UUZ4 = 2
UUZ5 = 15
ENDIF

NZ = UUZ1 + UUZ2 + UUZ3 + UUZ4 + UUZ5

GSET(D,NX,NY,NZ,Angle1 + Angle1 + Bangle,UURA,LENGTH)    *(计算区域设置)
CARTES = Cart
REAL(Vorz)                *(为方便改变横向喷射正反方向)
```

```
IF (Cart) THEN
Vorz = -1
ELSE
Vorz = 1
ENDIF
UURI
UURA

GSET(P,P1 ,0.0,UURI,0.0)
GSET(P,P2 ,0.0,UURA,0.0)
GSET(P,P2a,0.0,UURA,UUL1)
GSET(P,P1a,0.0,UURI,UUL1)
GSET(P,P2b,0.0,UURA,UUO2)
GSET(P,P1b,0.0,UURI,UUO2)
GSET(P,P2c,0.0,UURA,UUO3)
GSET(P,P1c,0.0,UURI,UUO3)
GSET(P,P2d,0.0,UURA,UUO4)
GSET(P,P1d,0.0,UURI,UUO4)
GSET(P,P3 ,0.0,UURA,LENGTH)
GSET(P,P4 ,0.0,UURI,LENGTH)

*(考虑黏性或理想流体时边界附近网格变化幂次不同)
IF (Viskos) THEN
GSET(L,L1 ,P1 ,P2 ,NY,s1.2)
GSET(L,L1c,P1c,P2c,NY,s1.2)
GSET(L,L2 ,P3 ,P4 ,NY,s1.2)
GSET(L,L3 ,P2 ,P2a,UUZ1,-1.2)
GSET(L,L4 ,P1 ,P1a,UUZ1,-1.2)
GSET(L,L3a,P2a,P2b,UUZ2,s1.2)
GSET(L,L4a,P1a,P1b,UUZ2,s1.2)
GSET(L,L3b,P2b,P2c,UUZ3,s1.2)
GSET(L,L4b,P1b,P1c,UUZ3,s1.2)
GSET(L,L3c,P2c,P2d,UUZ4,s1.2)
GSET(L,L4c,P1c,P1d,UUZ4,s1.2)
```

```
GSET(L,L4d,P1d,P4 ,UUZ5,1.2)
GSET(L,L3d,P2d,P3 ,UUZ5,1.2)
ELSE
GSET(L,L1 ,P1 ,P2 ,NY,s1.2)
GSET(L,L1c,P1c,P2c,NY,s1.2)
GSET(L,L2 ,P3 ,P4 ,NY,s1.2)
GSET(L,L3 ,P2 ,P2a,UUZ1,-1.2)
GSET(L,L4 ,P1 ,P1a,UUZ1,-1.2)
GSET(L,L3a,P2a,P2b,UUZ2,s1.2)
GSET(L,L4a,P1a,P1b,UUZ2,s1.2)
GSET(L,L3b,P2b,P2c,UUZ3,s1.2)
GSET(L,L4b,P1b,P1c,UUZ3,s1.2)
GSET(L,L3c,P2c,P2d,UUZ4,s1.2)
GSET(L,L4c,P1c,P1d,UUZ4,s1.2)
GSET(L,L4d,P1d,P4 ,UUZ5,1.2)
GSET(L,L3d,P2d,P3 ,UUZ5,1.2)
ENDIF

GSET(F,F1,P2,-,P1,P1a.P1b.P1c.P1d,P4,-,P3,P2d.P2c.P2b.P2a)
*(平面 F1 的原点和转动方向以及网格特征)

GSET(M,F1,+J+K,1,1,1,TRANS)    *(按不同要求在其他平面复制网格平面 F1)

IF (CARTES) THEN
GSET(C,I:NX+1:,F,I1,1,NY,1,NZ, +,1.0,0,0,INC,1)
ELSE
GSET(C,I:UUX1+1:,F,I1,1,NY,1,NZ,RZ,Angle1,0,0,INC,1.0)
GSET(C,I:NX-UUX1+1:,F,I:UUX1+1:,1,NY,1,NZ,RZ,Bangle,0,0,INC,1.0)
GSET(C,I:NX+1:    ,F,I:NX-UUX1+1:,1,NY,1,NZ,RZ,Angle1,0,0,INC,1.0)

CARTES=T
ENDIF

  * XCYIZ(1,NZ,T)
```

```
  *  XCYCLE = T
  *(外表面曲率较大时速度适应变化设计)
  WUP = T
  VUP = T
  *(给出层流或者一般情况求解的参数)
IF (Einfach) THEN
STORE(BLOK)
ELSE
STORE(DEN1,BLOK,PRPS)
FIINIT(PRPS) = 2
SOLVE(TEM1)
SOLUTN(TEM1,Y,Y,Y,N,N,Y)
ENDIF
FIINIT(BLOK) = 1;
IVARBK = -1; ISOLBK = 1
SOLVE(P1,U1,V1,W1)
SOLUTN(P1,Y,Y,Y,N,N,N)

 *(湍流模型选择)
IF (LamBrem) THEN
mesg(KEMODL - LOWRE
TURMOD(KEMODL - LOWRE)
TEXT(KEMODL - LOWRE )
ELSE
IF (KEmod) THEN
mesg(KEMODL
TURMOD(KEMODL)
ELSE
IF (Chen) THEN
TURMOD(KECHEN)
mesg(KECHEN
ELSE
IF (ChenLow) THEN
TURMOD(KECHEN - LOWRE)
```

```
mesg(KECHEN - LowRe
ELSE
IF (ChenYap) THEN
TURMOD(KECHEN - YAP)
mesg(KECHEN - YAP)
ELSE
IF (Rng) THEN
TURMOD(KERNG)
mesg(RNG
ELSE
IF (Mix) THEN
TURMOD(MIXLEN)
mesg(Mixlen)
ELSE
IF (LamBYap) THEN
TURMOD(KEMODL - LOWRE - YAP)
mesg(KEMODL - LOWRE - YAP
ELSE
IF (KEYap) THEN
TURMOD(KEMODL - YAP)
mesg(KEMODL - YAP
ELSE
IF (Tsk) THEN
TURMOD(TSKEMO)
mesg(TSKEMO
ELSE
msg(error !! )
  *(告知湍流模型选择不当)

ENDIF
ENDIF
ENDIF
ENDIF
ENDIF
```

```
ENDIF
ENDIF
ENDIF
ENDIF
ENDIF

SOLUTN(U1   ,Y,Y,N,N,N,N)
SOLUTN(V1   ,Y,Y,N,N,N,N)
SOLUTN(W1   ,Y,Y,N,N,N,N)

  *(在整个场中存储湍流长度尺度)
STORE(ENUT,LEN1);KELIN = 1
IF (Mix) THEN
ENUT = GRND1;ENUTA = 0;ENUTB = 0.4
ENDIF

  *(给出适当的物性参数或可压缩选择)
IF (Einfach) THEN
ENUL = 14.87e - 6
RHO1    = 1.18
PRNDTL(TEM1) = 0.025
PRT(TEM1)      = 1.0
ELSE
ENUL = GRND10
RHO1    = GRND10
DRH1DP = GRND10
PRNDTL(TEM1) = - GRND10
PRT(TEM1)      = 1.0
NEWRH1    =     T
NEWENL    =     T
NEWENT    =     T
ENDIF
  *(通过横向与顺向流量给出入口速度)
REAL(W1IN,TKE1IN,EPS1IN,W2IN1,TKE2IN,EPS2IN)
```

```
W1IN = UUM1 /3600.0/UUA1in/UUR1
W2IN1 = UUM1/3600/UUA2i1/UUR2

  * * W2IN2 = UUM2/3600.0/UUA2i2/UUR2

W1IN
W2IN1
  * W2IN2

*(入口位置湍流条件)
TKE1IN = (0.35 * W1IN) * * 2.0;
EPS1IN = TKE1IN * * 1.5 * 0.1643/(0.09 * UURA)
TKE2IN = (0.05 * W2IN1) * * 2.0;
EPS2IN = TKE2IN * * 1.5 * 0.1643/(0.09 * UUL2)
TKE1IN
TKE2IN
EPS1IN
EPS2IN

INTEGER(UUDF,UUDL,UUDM,UUDN)
UUDF = UUZ1 + 1
UUDL = UUZ1 + UUZ2
UUDM = UUDL + UUZ3 + 1
UUDN = UUDL + UUZ3 + UUZ4

*(第一次计算给出初场参数)
IF (NEU) THEN
FIINIT(P1) = 100;FIINIT(W1) = W1IN
FIINIT(KE) = TKE1IN;FIINIT(EP) = EPS1IN
FIINIT(TEM1) = UUT1
PATCH(DDD1,INIVAL,1,UUX1,1,NY * 1/4,UUDF,UUDL,1,1)
INIT(DDD1,V1,0,W2IN1)
INIT(DDD1,TEM1,0,UUT2)
PATCH(DDD2,INIVAL,NX - UUX1,NX,1,NY * 1/4,UUDM,UUDN,1,1)
```

```
INIT(DDD2,V1,0,0.0)
INIT(DDD2,TEM1,0,UUT2)
PATCH(DDD1a,INIVAL,1,UUX1,1,NY * 2/4,UUDF,UUDL,1,1)
INIT(DDD1a,V1,0,W2IN1 * 0.7)
INIT(DDD1a,TEM1,0,UUT2 * 0.8)
PATCH(DDD2a,INIVAL,NX - UUX1,NX,1,NY * 2/4,UUDM,UUDN,1,1)
INIT(DDD2a,V1,0,0.0 * 0.7)
INIT(DDD2a,TEM1,0,UUT2 * 0.8)
PATCH(DDD1b,INIVAL,1,UUX1,1,NY * 3/4,UUDF,UUDL,1,1)
INIT(DDD1b,V1,0,W2IN1 * 0.3)
INIT(DDD1b,TEM1,0,UUT2 * 0.7)
PATCH(DDD2b,INIVAL,NX - UUX1,NX,1,NY * 3/4,UUDM,UUDN,1,1)
INIT(DDD2b,V1,0,0.0 * 0.3)
INIT(DDD2b,TEM1,0,UUT2 * 0.7)
IF (Tsk) THEN
FIINIT(KP) = TKE1IN;FIINIT(KT) = TKE1IN;FIINIT(ET) = EPS1IN
ENDIF
ELSE
RESTRT(ALL)
   * RSTGRD    = T
   * FIINIT(P1) = READFI;FIINIT(W1) = READFI
   * FIINIT(KE) = READFI;FIINIT(EP) = READFI
   * FIINIT(TEM1) = READFI;FIINIT(V1) = READFI
   * FIINIT(DEN1) = READFI;FIINIT(VCRT) = READFI
   * FIINIT(UCRT) = READFI;FIINIT(WCRT) = READFI
   * FIINIT(U1) = READFI
ENDIF

*(顺向流入口边界条件)
INLET(IN1,LOW,1,NX,1,NY,1,1,1,1)
VALUE(IN1,P1,UUR1 * W1IN)
VALUE(IN1,W1,W1IN)
VALUE(IN1,V1,0.0)
VALUE(IN1,WCRT,Vorz * W1IN)
```

```
VALUE(IN1,KE,TKE1IN)
VALUE(IN1,EP,EPS1IN)
VALUE(IN1,TEM1,UUT1)
IF (Tsk) THEN
VALUE(IN1,KP,TKE1IN)
VALUE(IN1,KT,TKE1IN)
VALUE(IN1,ET,EPS1IN)
ENDIF

*(横向流入口边界条件)
INLET(BFCD1,SOUTH,UUX1+1,NX-UUX1,1,1,UUDF,UUDL,1,1)
VALUE(BFCD1,P1,UUR2*W2IN1)
VALUE(BFCD1,W1,0.0)
VALUE(BFCD1,V1,W2IN1)
VALUE(BFCD1,U1,0.0)
    **VALUE(BFCD1,VCRT,-Vorz*W2IN1)
    **VALUE(BFCD1,WCRT,-0.4*W2IN1)
   * VALUE(BFCD1,WCRT,-0.0874886*W2IN1)
VALUE(BFCD1,UCRT,0.0)
VALUE(BFCD1,KE,TKE2IN)
VALUE(BFCD1,EP,EPS2IN)
VALUE(BFCD1,TEM1,UUT2)
IF (Tsk) THEN
VALUE(BFCD1,KP,TKE2IN)
VALUE(BFCD1,KT,TKE2IN)
VALUE(BFCD1,ET,EPS2IN)
ENDIF
BFCA=UUR2
  *(如果不是圆管而是方形通道,侧面方向入口边界条件)
  * WALL(D21,WEST,NX-UUX1+1,NX-UUX1+1,1,NY/2.0,UUDM,UUDN,1,1)
  * WALL(D22,LOW,NX-UUX1+1,NX,1,NY/2.0,UUDM,UUDM,1,1)
  * WALL(D23,HIGH,NX-UUX1+1,NX,1,NY/2.0,UUDN,UUDN,1,1)

  * VALUE(D2,TEM1,SAME)
```

```
* * WALL(WFNN1,SOUTH,NX - UUX1 + 1,NX,1,1,UUDM,UUDN,1,1)
* * VALUE(WFNN1,TEM1,SAME)

* REAL(GAMMA);GAMMA = Angle1 + Angle2 + Bangle
* INLET(BFCD2,SOUTH,NX - UUX1 + 1,NX,1,1,UUDM,UUDN,1,1)
* VALUE(BFCD2,P1,GRND1)
* VALUE(BFCD2,W1,GRND1)
* VALUE(BFCD2,V1,GRND1)
* VALUE(BFCD2,U1,GRND1)
* VALUE(BFCD2,VCRT, - Vorz * W2IN2 * cos(GAMMA))
* VALUE(BFCD2,WCRT,0.0)
*VALUE(BFCD2,WCRT,0.0874886 * W2IN2)
* VALUE(BFCD2,UCRT,W2IN2 * sin(GAMMA))
* VALUE(BFCD2,KE,TKE2IN)
* VALUE(BFCD2,EP,EPS2IN)
* VALUE(BFCD2,TEM1,UUT2)
* IF (Tsk) THEN
* VALUE(BFCD2,KP,TKE2IN)
* VALUE(BFCD2,KT,TKE2IN)
* VALUE(BFCD2,ET,EPS2IN)
* ENDIF

 * PATCH(NOCP1,SOUTH,1,UUX1,1,1,UUDF,UUDL,1,1)
 * VALUE(NOCP1,TEM1,UUT2 * 1000.0)
 * PATCH(NOCP2,SOUTH,NX - UUX1 + 1,NX,1,1,UUDM,UUDN,1,1)
 * VALUE(NOCP2,TEM1,UUT2 * 1000.0)

*(出口平面边界条件)
PATCH(OUTLET,HIGH,1,NX,1,NY,NZ,NZ,1,1)
COVAL(OUTLET,P1,50.0,0.0)
COVAL(OUTLET,V1,ONLYMS,0.0)
COVAL(OUTLET,W1,ONLYMS,SAME)
COVAL(OUTLET,U1,ONLYMS,0.0)
```

```
COVAL(OUTLET,TEM1,ONLYMS,383.0)
  *(如果需要,特意强调壁面条件)
  * * WALL(WFNN1,SOUTH,1,NX,1,1,1,UUDF-1,1,1)
  * * VALUE(WFNN1,TEM1,SAME)
  * * WALL(WFNN2,SOUTH,1,UUX1,1,1,UUDF,UUDL,1,1)
  * * VALUE(WFNN2,TEM1,SAME)
  * * WALL(WFNN2,SOUTH,NX-UUX1+1,NX,1,1,UUDF,UUDL,1,1)
  * * VALUE(WFNN2,TEM1,SAME)

  * * WALL(WFNN3,SOUTH,1,NX,1,1,UUDL+1,UUDM-1,1,1)
  * * VALUE(WFNN3,TEM1,SAME)
  * * WALL(WFNN4,SOUTH,1,NX-UUX1,1,1,UUDM,UUDN,1,1)
  * * VALUE(WFNN4,TEM1,SAME)
  * * WALL(WFNN5,SOUTH,1,NX,1,1,UUDN+1,NZ,1,1)
  * * VALUE(WFNN5,TEM1,SAME)

ISOLX   = 0
ISOLY   =2
ISOLZ   =2
LSWEEP=1000
REAL(MASIN,DTF);MASIN=UURA*W1IN*UUR1
RESREF(P1)=1.E-12*MASIN
RESREF(W1)=RESREF(P1)*W1IN;RESREF(V1)=RESREF(W1)
RESREF(KE)=RESREF(P1)*TKE1IN;RESREF(EP)=RESREF(P1)*EPS1IN

    GROUP 16. Termination of iterations
LITER(P1)=10

    GROUP 17. Under-relaxation devices
RELAX(P1,LINRLX,0.15);DTF=ZWLAST/W1IN/NZ

DTF=DTF/10.0

RELAX(W1,FALSDT,DTF);RELAX(V1,FALSDT,DTF)
```

```
RELAX(U1,FALSDT,DTF)
RELAX(KE,FALSDT,DTF);RELAX(EP,FALSDT,DTF)
RELAX(LTLS,FALSDT,DTF)
RELAX(DEN1,LINRLX,0.3)
        RELAX(TEM1,FALSDT,0.8)

    GROUP 22. Spot - value print - out
IYMON = NY - 2;IZMON = NZ - 1;NPRMON = LSWEEP
    GROUP 23. Field print - out and plot control
NPRINT = LSWEEP;ITABL = 2;NPLT = 10;NYPRIN = 5;NZPRIN = UUL1 + 5
TSTSWP = 10;YPLS = T
INIFLD   =  F
STOP
```

## 17.9 算例程序 7:二维钝体绕流湍流流动的 STAR - CD 程序

说明:该算例是用 star - cd 计算了一个钝体的二维绕流问题。star - cd 中的二维问题是在厚度方向上设为 1 个网格,其厚度为单位厚度。该算例中网格生成的方法是线确定关键点,然后分块生成平面网格;再把平面网格复制成单位厚度的三维网格;消除块与块之间重合的节点并用 couple 将各块完全打通,从而生成一体的计算网格(图 17 - 20)。

1.前处理过程

```
TITLE
2D TURBULENT FLOW OVER A BLUNT OBJECT        *(输入算例名称)
CSYS 1                                       *(进入默认的直角坐标系 1)
V 1 0.0 0.0 0.0                 *(设置 8 个关键点并给出三维坐标位置)
V 2 0.5 0.0 0.0
V 3 0.5 2.5 0.0
V 4 0.0 2.5 0.0
V 5 0.0 4.0 0.0
V 6 0.5 4.0 0.0
V 7 2.25 0.0 0.0
V 8 2.25 0.5 0.0
```

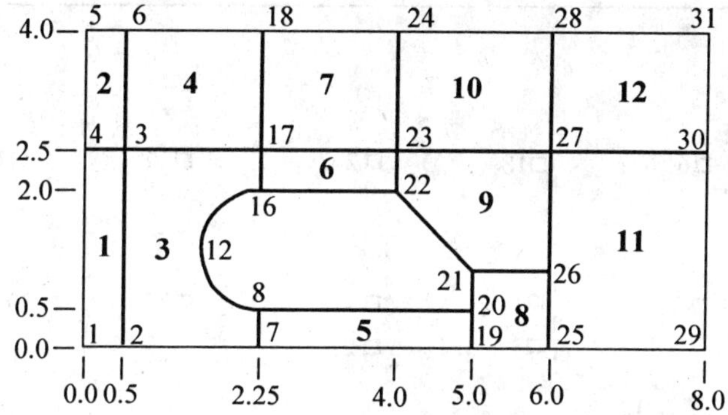


图 17－20 关键点和块的分布

```
LOCA 11 CYLI 2.25 1.25 0.0           *(进入自行设定坐标原点在(2.25,1.25,0)的柱坐标系 11)
VGEN 9 1 8 8 1 0. -22.5 0. 1.0       *(在 11 坐标系下以点 8 为起始点顺时针每隔 22.5 度生成 1 个点,生成第 9 至第 16 个关键点)
CSYS 1                               *(进入默认的直角坐标系 1)
V 17 2.25 2.5 0.0                    *(设置 17－31 个关键点并给出三维坐标位置)
V 18 2.25 4.0 0.0
V 19 5.0 0.0 0.0
V 20 5.0 0.5 0.0
V 21 5.0 1.0 0.0
V 22 4.0 2.0 0.0
V 23 4.0 2.5 0.0
V 24 4.0 4.0 0.0
V 25 6.0 0.0 0.0
V 26 6.0 1.0 0.0
V 27 6.0 2.5 0.0
V 28 6.0 4.0 0.0
V 29 8.0 0.0 0.0
V 30 8.0 2.5 0.0
V 31 8.0 4.0 0.0
```

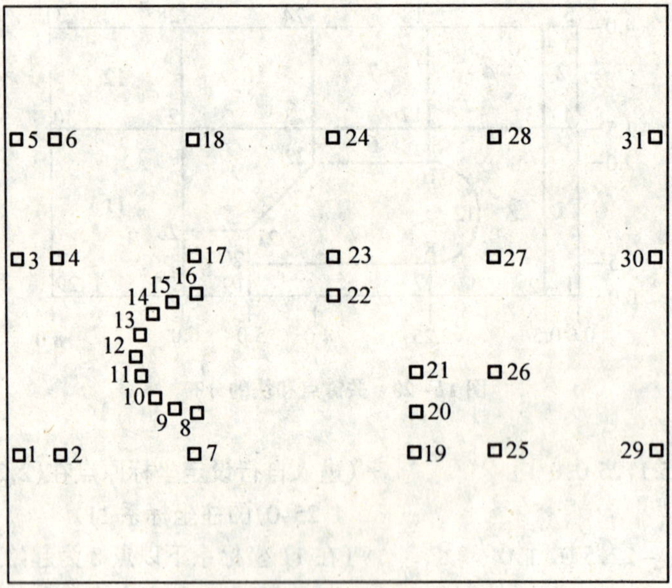


图 17-21 生成的各关键点位置

```
CTAB 5 SHELL 6 0 1 1              *(将网格类型设为 shell,即平面网格)
CTYP 5
PATC 1 2 3 4 1 3                  *(以点 1、2、3、4 为角点生成块 1,x 和 y
                                    方向上分别为 1 个和 3 个网格)
PATC 4 3 6 5 1 3                  *(以点 4、3、6、5 为角点生成块 2,x 和 y
                                    方向上分别为 1 个和 3 个网格)
SPL 1 VRAN 8 16 1                 *(以样条插值方法连接 8~16 点成为曲线)
SPLS ALL
SPL 2 VLIS 7 -2 -3 17             *(用曲线连接 7、2、3、17 点,负号表示
                                    直线连接)
PATC 7 8 16 17 3 8                *(生成块 3)
PATC 3 17 18 6 3 3                *(生成块 4)
PATC 7 19 20 8 4 3                *(生成块 5)
PATC 16 22 23 17 3 3              *(生成块 6)
PATC 17 23 24 18 3 3              *(生成块 7)
PATC 19 25 26 21 3 2              *(生成块 8)
```

SPL 3 VLIS 26 -27 -23 *(用曲线连接7、2、3、17点,负号表示直线连接)

PATC 26 21 22 23 3 6 *(生成块9)

PATC 23 27 28 24 3 3 *(生成块10)

PATC 25 29 30 27 3 5 *(生成块11)

PATC 27 30 31 28 3 3 *(生成块12)

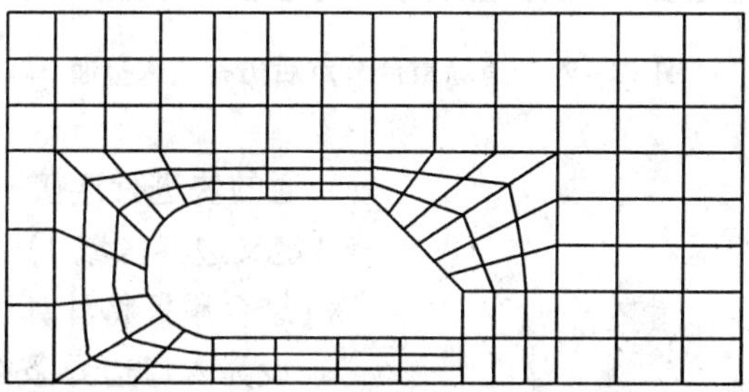

图 17-22 平面网格的生成

CTLI ALL

CTYP 1 *(将网格类型转为默认的fluid三维网格)

2D3D,CART *(在直角坐标系1下将上面生成的二维的shell网格转换为单位厚度的三维网格)

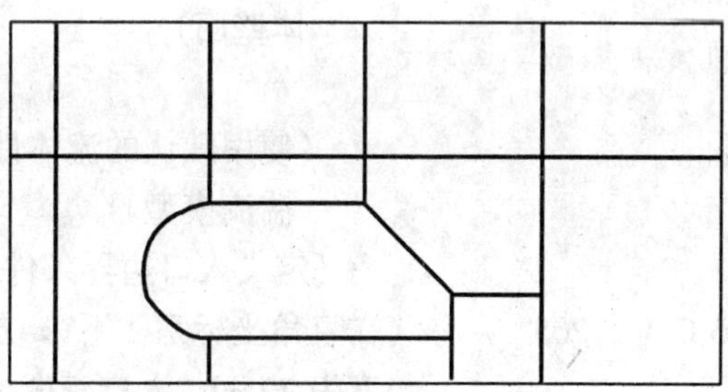

图 17-23 单位厚度的三维网格生成后各块之间并未打通

VMER ALL *(消除重合节点)

CPTYPE 1

CPMA ALL,,,,,,,,1 *(用integral coupling对未打

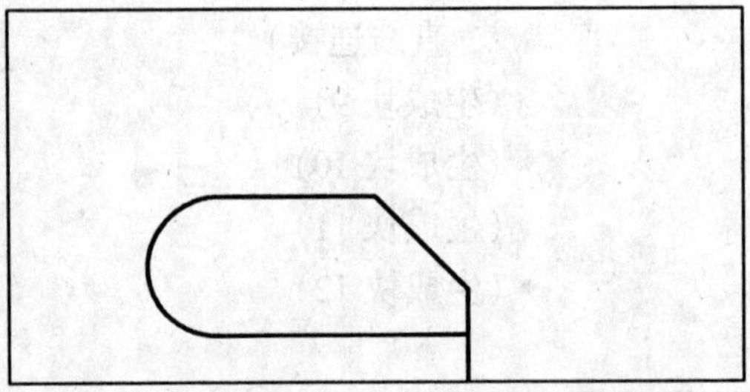

图 17－24 消除重合节点后仍有块未打通

通的块进行连接）

BZON 1 *（定义边界区域 1）

RDEF 1 INLE $ $ *（结合鼠标将计算区域的左端面设为入口边界条件）

BZON 2 *（定义边界区域 2）

RDEF 2 OUTL $ $ *（结合鼠标将计算区域的右端面设为出口边界条件）

BZON 3 *（定义边界区域 3）

RDEF 3 symplane $ $ *（结合鼠标将计算区域的 z 方向上两个端面设为对称边界条件（未定义的边界自动设为无滑移的固体壁面））

STAT

TURB KE *（使用默认的流体性质和标准 $k-\varepsilon$ 湍流模型）

RDEF 3 INLE *（定义入口边界条件）

20.0 0.0 0.0 1.0 0.0 0.05 0.1 1.205 *（在直角坐标系 1 下，$x$ 方向上速度为 20 m/s，入口密度 1.205 $/m^3$，湍流强度 0.05，混合长度 0.1，其余参数均设为 0）

SOLV LW N *（采用默认的 simple 方法和差分格式，求解除了 $w$ 以外的所有有关变量）

ITER 75 *（迭代次数设为 75 步）

GEOM tut.geom　　　　　　　　　　　　　　*(输出外形几何文件)
PROB tut.prob　　　　　　　　　　　　　　*(输出各种设定的条件文件)

2.计算结果分析

迭代完成并且收敛后,即可通过调入 * .pst 结果文件通过屏幕观看计算结果。

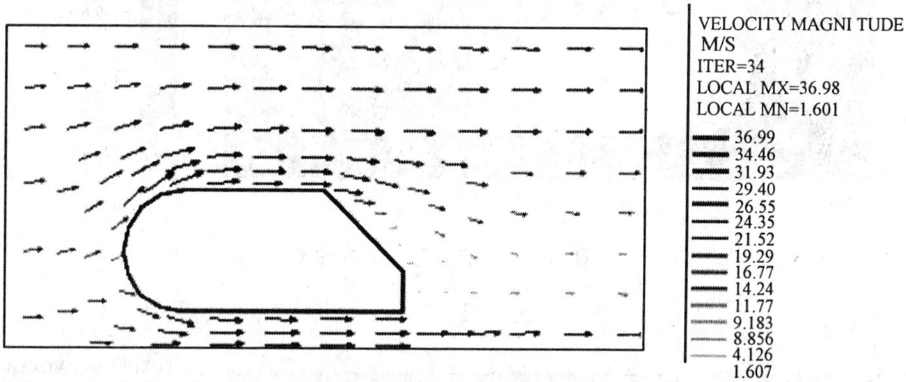


图 17-25 速度矢量图

图 17-26 速度等值线图

从图中可以看出,流体在钝体的头部附近滞止,压力达到最大值,速度降至最低;而在钝体圆形头部的上方,速度则达到最大值,而相应的出现了一个低压区。计算结果符合实际的物理情况。

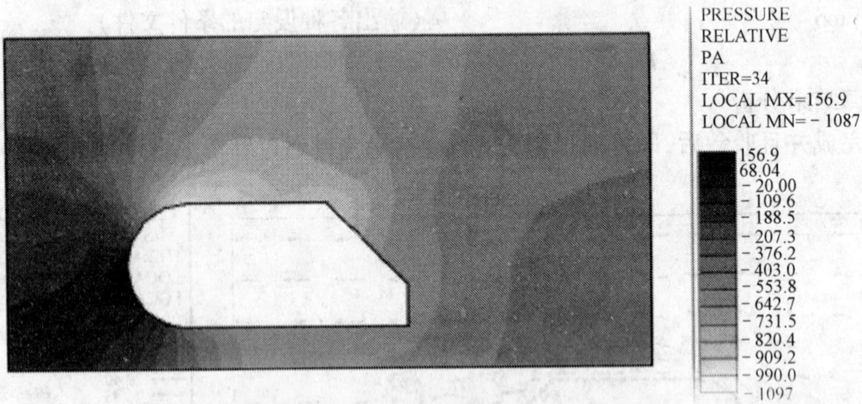


图 17－27　相对压力等值线图

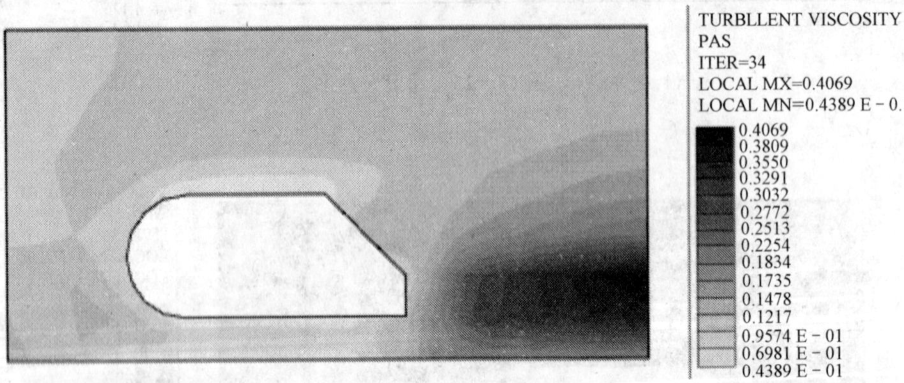


## 17.10　特种剖面鳍/舵的 CFD 结果分析

本节介绍具有常规剖面和特殊剖面的鳍/舵的 CFD 计算结果，试验结果取自于哈尔滨工程大学相关课题组的技术报告。

## 一、$\lambda = 0.8$ 的各种类型鳍的结果分析

1.NACA 剖面(常规剖面)

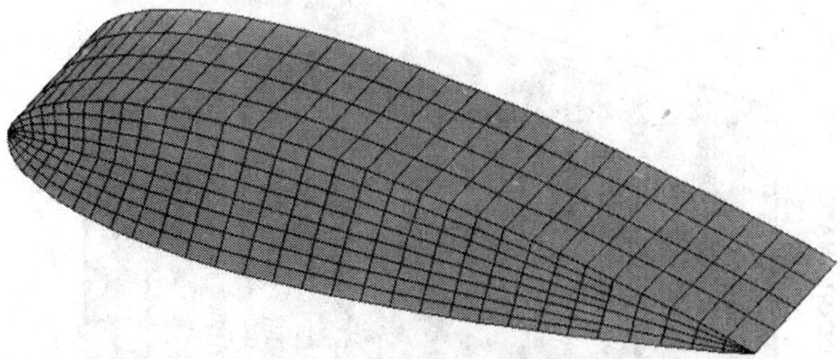

图 17-29 NACA 部分网格图

鳍体宽度为 0.8 m,其截面的几何外形如下图所示:

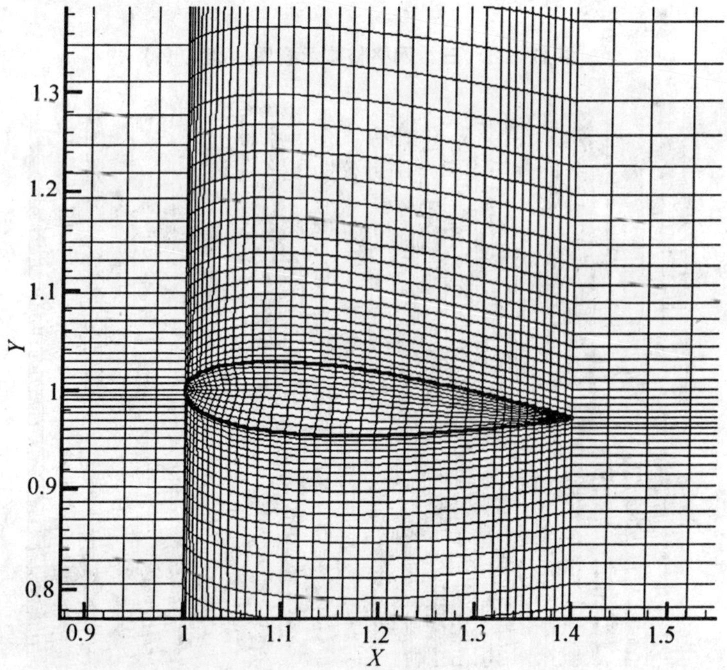


图 17-30 Z=0.4 截面网格图(4 度攻角)

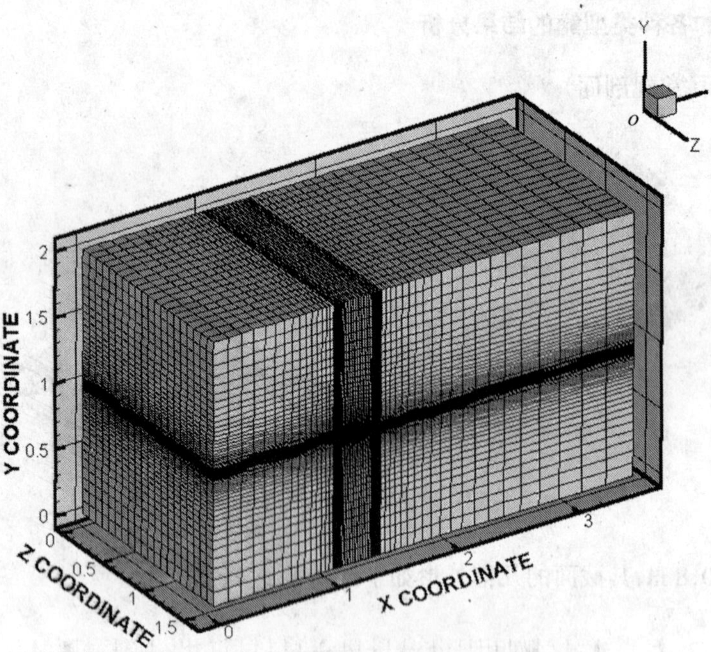


图 17 - 31　三维网格整体示意图(4 度攻角)

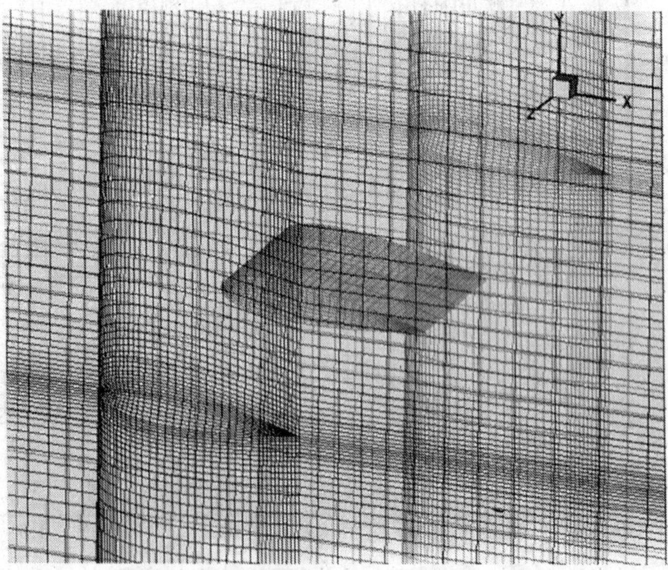


图 17 - 32　局部网格放大图(中心为鳍体)

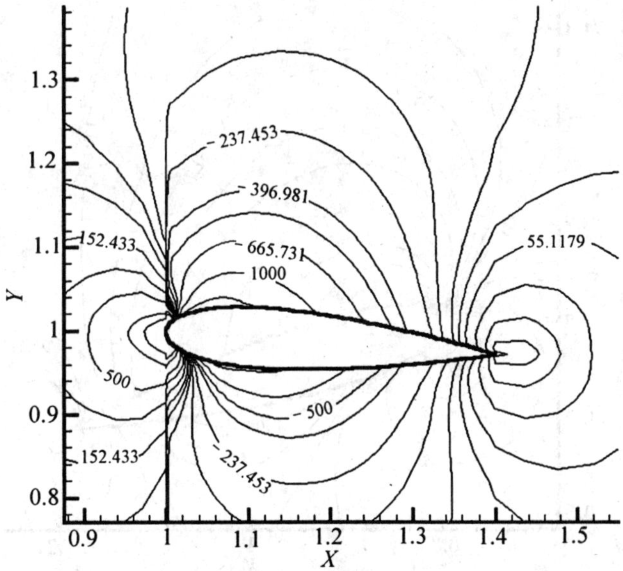


图 17-33 中心截面压力等值线分布图(4度攻角)

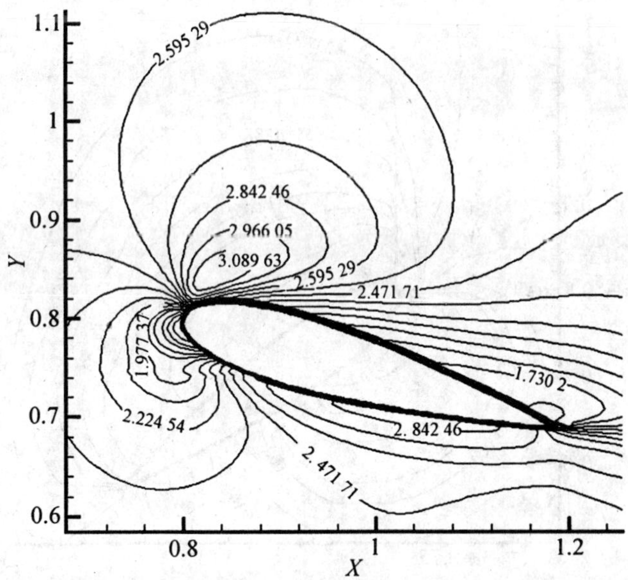


图 17-34 中心截面速度等值线分布图(16度攻角)

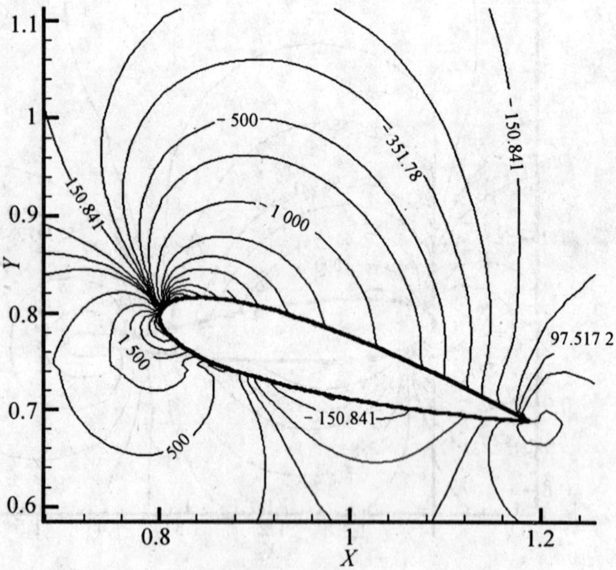


图 17-35 中心截面压力等值线分布图(16 度攻角)

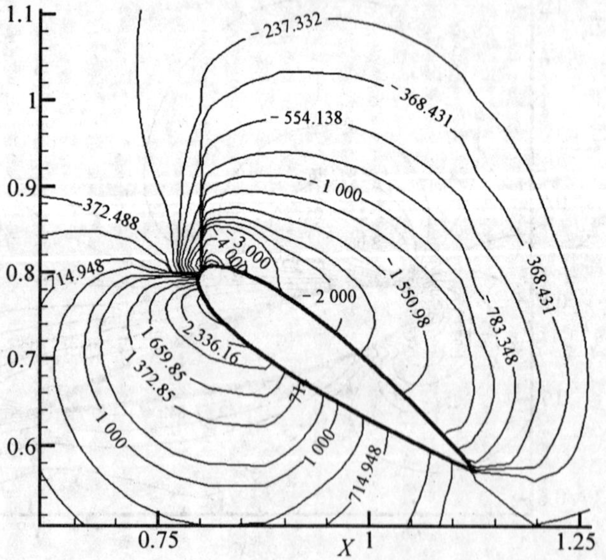


图 17-36 中心截面压力等值线分布图

2.鱼体形剖面鳍/舵(特种剖面)

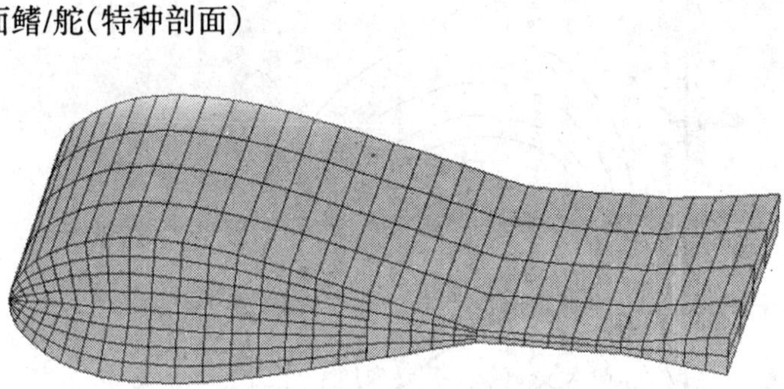

图17－37　鱼体形剖面鳍/舵部分网格图

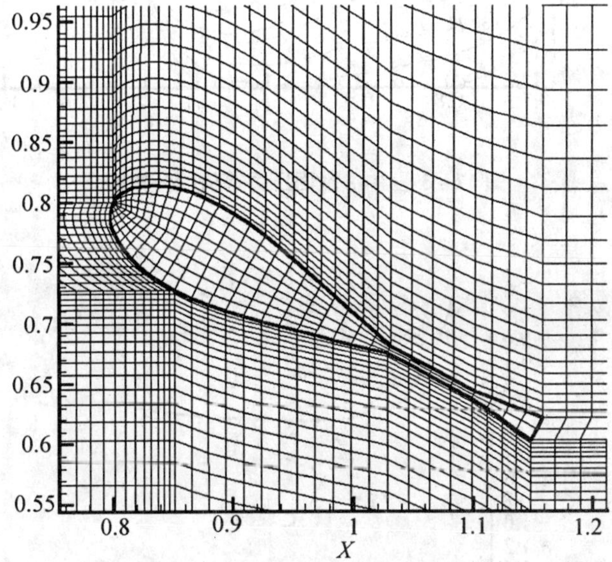


图17－38　中心截面网格分布图

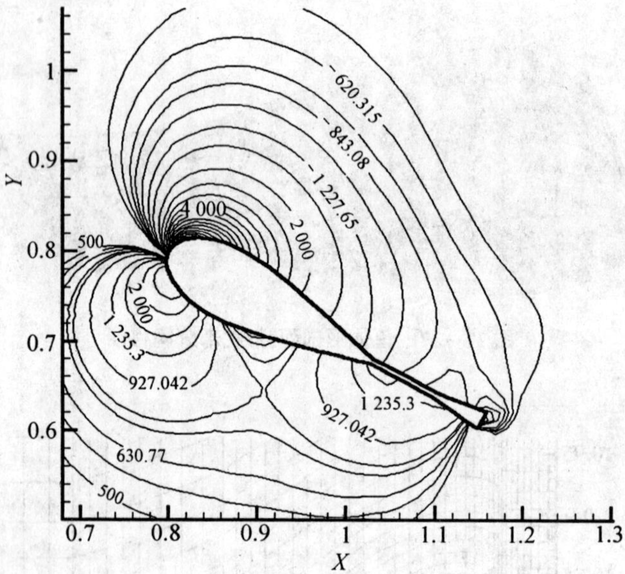


图 17－39　中心截面压力等值线分布图

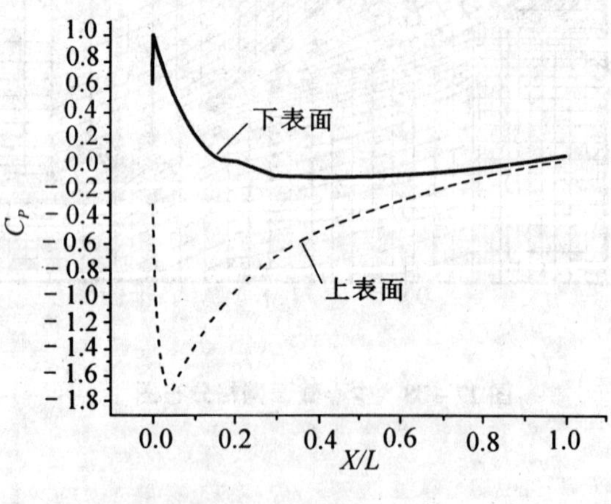


图 17－40　λ＝0.8 攻角 16 度的 NACA
上下表面压力系数曲线图

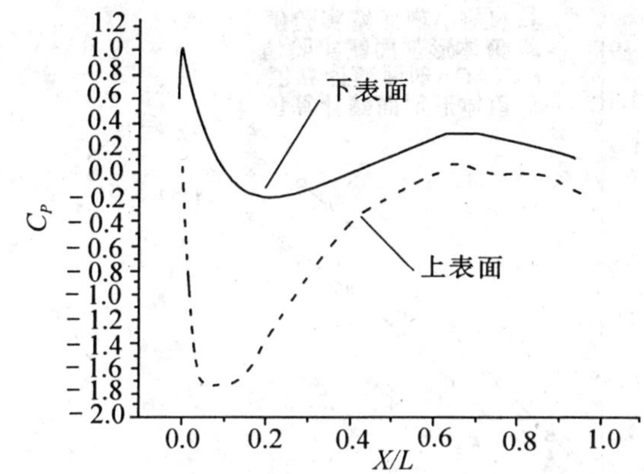


图 17-41　$\lambda=0.8$ 攻角 16 度的鱼体形剖面鳍的上下表面压力系数曲线图

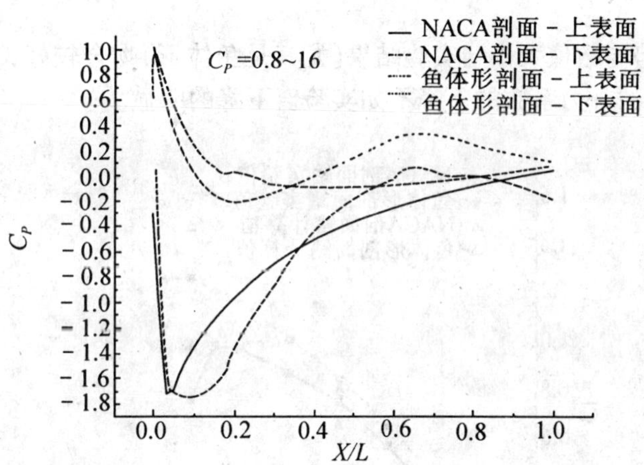


图 17-42　$\lambda=0.8$ 攻角 16 度的鱼体形剖面与 NACA 剖面鳍的上下表面压力系数曲线图

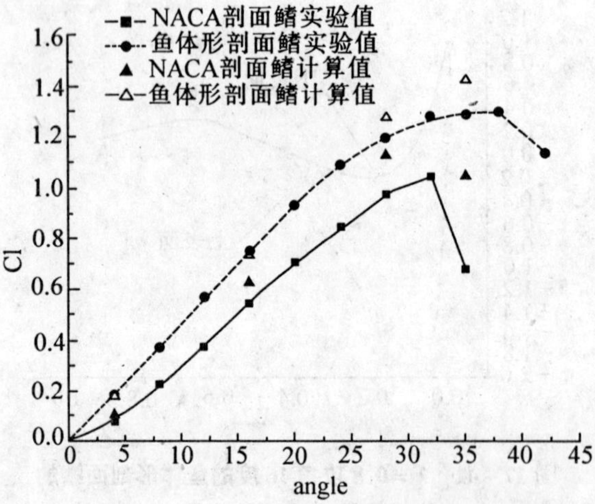


图 17-43 $\lambda=0.8$ 的鱼体形剖面与 NACA 剖面鳍的升力系数实验与计算结果曲线图

计算结果的趋势与数值大小与实验结果(尤其是鱼体形)吻合较好,只是在攻角不断增大的情况下,计算得到的升力系数的下降不如实验值下降的明显。

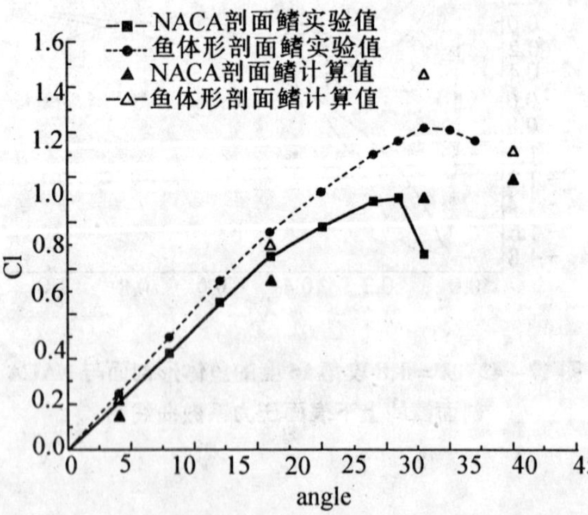


图 17-44 $\lambda=1.4$ 的鱼体形剖面与 NACA 剖面鳍的升力系数实验与计算结果曲线图

$\lambda=1.4$ 与 $\lambda=0.8$ 的情况相似,计算结果的趋势与数值大小与实验结果(尤其是鱼体形)

吻合较好,只是在攻角不断增大的情况下,计算得到的升力系数的下降不如实验值下降的明显。对于NACA剖面鳍的实验值在攻角28度的情况下可看出已发生失速,但是计算结果在攻角为35度的情况下,升力系数仍然较高。

# 参考文献

1 Gao Y and Chow W K. Review on wind-induced air movement around a cube. Architectural Science Review, 2003, 46(3)

2 Gao Y and Chow W K. Numerical studies on air flow around a cube. Journal of Wind Engineering and Industrial Aerodynamies, 2005, 93(2)

3 Chow W K and Gao Y. On using the wall function and the staggered grid arrangement at upwind sharp convex corners simulating approach air flow. International Journal of Computational Fluid Dynamics, 2005, 19(5)

# 第 18 章 近年来国外典型 CFD 成功算例介绍

## 18.1 多种湍流模型在计算立方体周围流场比较

提示:立方体周围流场的应变率张量分布是非常复杂的,可以通过各种不同的湍流模型计算结果来做对比分析。从 ASM 模型所得的结果,可以看出 $k-\varepsilon$ 模型涡黏性模拟方法的缺点。适用于 ASM 的代数近似的精确性用得自 LES 的数据作了检验,提出了一个带有可变的 Smagorinsky 常数的新的 LES 模型。

### 18.1.1 引言

近年来 CFD 的工程应用在不断地推进各种湍流模型的发展,如 $k-\varepsilon$ 二方程模型,代数二阶矩封闭模型(ASM),微分形式的二阶矩封闭模型(DSM)和大涡模拟(LES)等。在运用于简单的通道流动时这些模型的效果和精度已经得到了很好的验证,在运用于复杂的湍流流动时,尽管已有大量的研究[1,2,3,4,5,6,7,10],仍然还不能令人满意。

在这一节中,$k-\varepsilon$,ASM 和 LES 三种模型分别应用于立方体周围流场,对三种模型在这样情况下的相对能力进行了比较。

### 18.1.2 立方体周围的流场特性

在立方体表面周围的流场是非常复杂的。它可以包括滞止、分离、再附着、回流和卡门涡街等,如图 17-2(a)所示。

相对于传统的 CFD 所解决的通道流和管流,这是非常复杂的一个问题。$k-\varepsilon$ 在解决有些简单通道流和管流问题时,得到了比较令人满意的结果。但是计算立方体周围的流场情况却不尽如人意。

这类复杂流场的显著特征在于其应变率张量$\left(\frac{\partial u_i}{\partial x_j}\right)$的分布,它具有很强的各向异性,并随着相对于立方体位置的不同有很大的变化。$\frac{\partial u_i}{\partial x_j}$的分布如图 17-2(b)、(c)、(d)所示。在沿着流动方向和其垂直的方向都有很大的速度梯度,一个普通的边界层只有$\frac{\partial \langle u_1 \rangle}{\partial x_3}$一个量。由于诸如雷诺应力($u_i' u_j'$)这样的湍流统计学结果与应力变化率张量紧密相关,立方体周围的湍流特性因为$\frac{\partial u_i}{\partial x_j}$而变得更为复杂。

### 18.1.3 平均速度矢量场的比较

图 18-1 是立方体周围平均流场的风洞测试,$k-\varepsilon$ 模型[11],ASM[15,16,18]和 LES[13,14]的对比,图 18-2 是各种模型的速度的垂直分布。湍流模型的基本方程如附录 1~3 所示。注释 1 和注释 2 描述了数值方法和边界状况。三种模型所采用的数值方法和边界状况尽可能相同。由图 18-1 和 18-2 可知实验与三种模型的数值模拟结果比较一致,除极少数位置如前沿拐角处的分离点略有不同。虽然各种湍流模型都能给出合理的平均速度矢量场分布。但是各种湍流模型在所得表面压力和湍流统计特性上都存在着或大或小的差异,后面将予以详细分析。

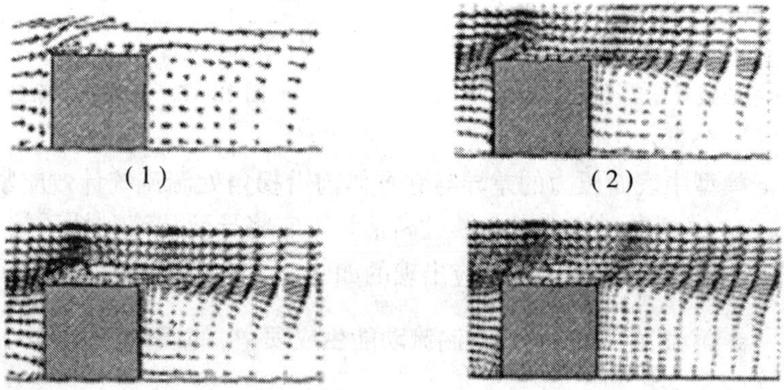

(1)　　(2)

(3)　　(4)

**图 18-1 平均速度矢量分布**

(1)风洞实验;(2)$k-\varepsilon$ EVM;(3)ASM;(4)LES

### 18.1.4 表面压力分布的差异

图 18-3 是通过立方体的表面压力的分布[8]。最值得注意的是在前沿拐角处,因为这儿的表面压力出现了最大的负值。在这个区域,$k-\varepsilon$ 模型的表面压力分布计算结果有较大的偏差。各种湍流模型中唯独在 $k-\varepsilon$ 模型中表面压力在前沿拐角处很快地下降到了负的极值。当$k-\varepsilon$模型用于这种立方体周围的流场时,通常得不到准确的压力分布。如图 18-4 所示,因为围绕着这个角落的面积被扩大了,在前沿拐角处的流场,没有再产生小的分离。ASM 和 LES 方法表现出在前沿拐角处有小的分离点。三种湍流模型都尽可能采用同样的数值方法和边界条件。

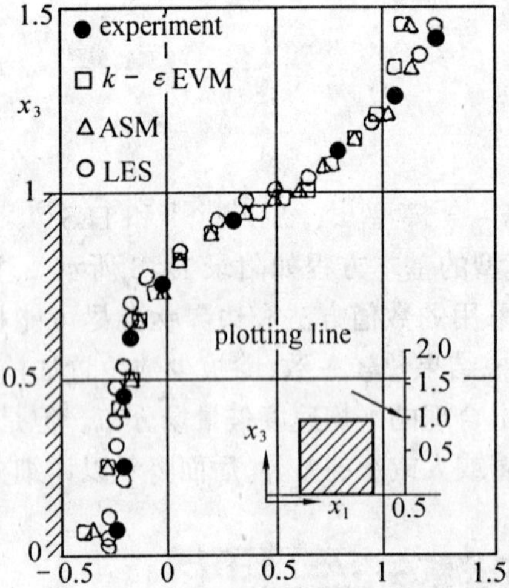


图 18-2 中心截面速度分布 $<u_1>$

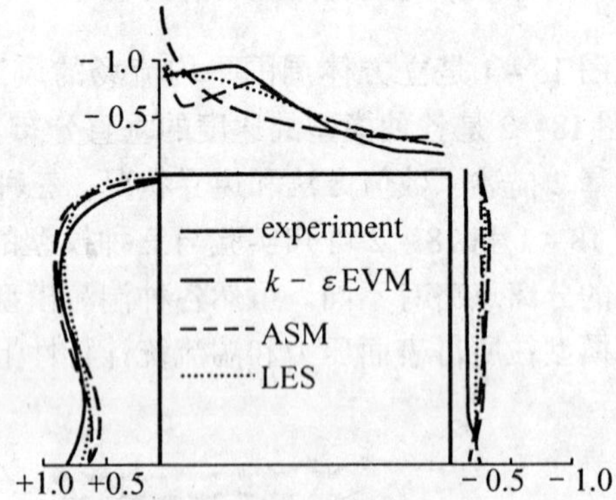


图 18-3 平均压力系数分布

只有在 $k-\varepsilon$ 模型中表面压力的差异与立方体前沿拐角处湍流统计效应紧密相关。如图 18-5 所示，在 $k-\varepsilon$ 模型中湍流能量 $k$ 被过高估计。它将导致湍流黏性系数 $\nu_t$[6] 偏高，$\nu_t$ 产生的过大的混合效果消除了立方体顶部应出现的如图 18-4 所示的回流现象。

### 18.1.5 $k-\varepsilon$ 与 ASM 模型的比较；湍流动能生成项 $P_k$ 的模化

#### 18.1.5.1 $k-\varepsilon$ 对湍流脉动动能 $k$ 的过高估计

$k-\varepsilon$ 与 ASM(和 LES)模型的最显著区别是湍流动量生成项 $P_k\left(=-<u_i'u_j'>\dfrac{\partial<u_i>}{\partial x_j}\right)$。通过 $k-\varepsilon$ 给出的 $P_k$ 是基于 EVM(参见附录 18.1 的方程(18-5)，(18-6))，而 ASM 中 $P_k$ 是基于准确的表达式得到的(参看附录 18.2 中方程(18-15))。

图 18-5 是在 $k-\varepsilon$ 和 ASM 模型中二维方形物体周围 $k$ 的等值分布图。$k-\varepsilon$ 模型中前沿拐角处的 $k$ 值线比较明显的偏高了。而 ASM 模型的结果与风洞测试的结果相符。

$k-\varepsilon$ 模型中的 $k$ 值偏高的原因如图 18-6 所示，$P_k$ 由 $P_{k.n}$ 和 $P_{k.s}$ 两部分组成，其中 $P_{k.n}$ 是对角元带来的应力变化率张量的湍流动能生成项，$P_{k.s}$ 则是非对角元产生的。

总的来说，在 ASM 和 LES 中的 $P_{k.n}$ 值没有变得很大，因为此时 $P_{k.n}$ 是由图 18-6 中的方程(1)准确计算出来，它是 $<u_1'^2>$ 和 $<u_3'^2>$ 的差值。而在如图 18-6 方程(2)中可见，在 $k-\varepsilon$ 的 EVM 中影响湍流动能生成项的 $<u_1'^2>$ 和 $<u_3'^2>$ 被简单地相加了。因此 $k-\varepsilon$ 模型中 $P_{k.n}$ 会变得非常大，这使 EVM 中的表达式产生偏差。

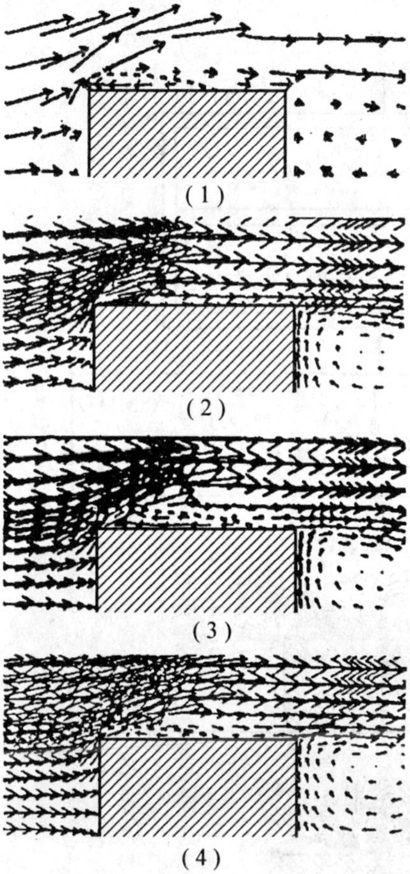


图 18-4 与图 18-1 相同,在前上角部

(1)风洞实验;(2) $k-\varepsilon$ EVM;(3)ASM;(4)LES

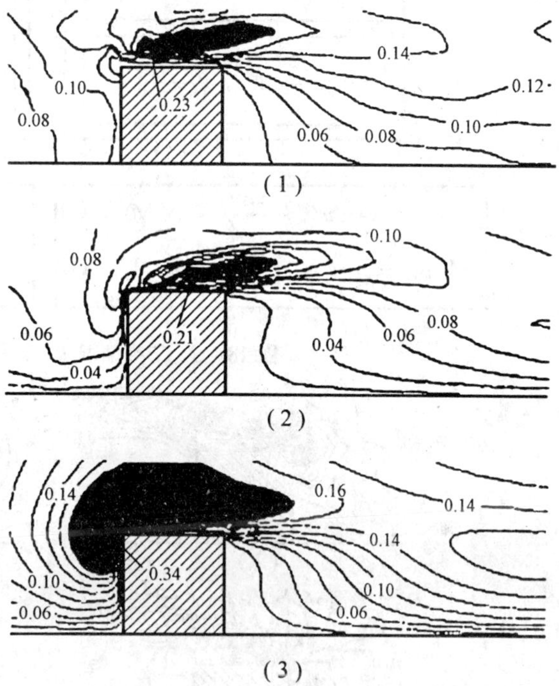


图 18-5 二维方块 $k$ 值分布

(1)风洞实验;(2)ASM 模型;(3) $k-\varepsilon$ EVM 模型

当流场中有较大的$\frac{\partial < u_i >}{\partial x_j}$时,由于对角变化率张量引起的 $k$ 值偏高是 EVM 的最根本的缺点。$\frac{\partial < u_i >}{\partial x_j}$的分布控制着雷诺应力生成项的值,因此对它的分析十分重要。在 $k-\varepsilon$ EVM 模型使用中也造成了 $P_{k.s}$的偏高。它的机理如图 18-6 所示可以仿照 $P_{k.n}$得出。图 18-7 给出了 $P_k$、$P_{k.n}$、$P_{k.s}$的分布,这些分布与图 17-2 中的$\frac{\partial < u_i >}{\partial x_j}$相互对应。在 ASM 模型使用中有些位置(如立方体的前沿拐角处)$P_{k.n}$和 $P_{k.s}$为负值,在那些位置它们相减,这样由 ASM 模型得出的 $P_k$ 不会像 $k-\varepsilon$ 模型那样大。而由于有效黏性系数的问题,$k-\varepsilon$ 模型中的 $P_{k.n}$和 $P_{k.s}$值

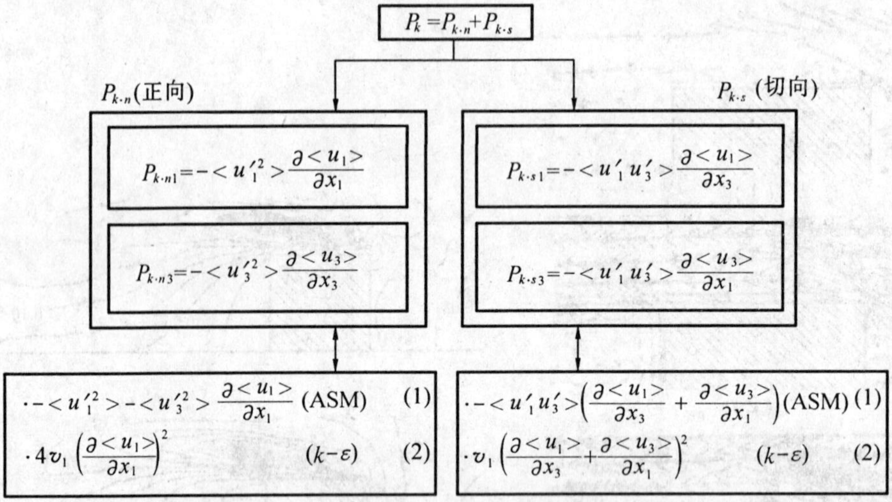


**图 18-6 二维情况 $k-\varepsilon$ 和 ASM $P_k$ 的计算**

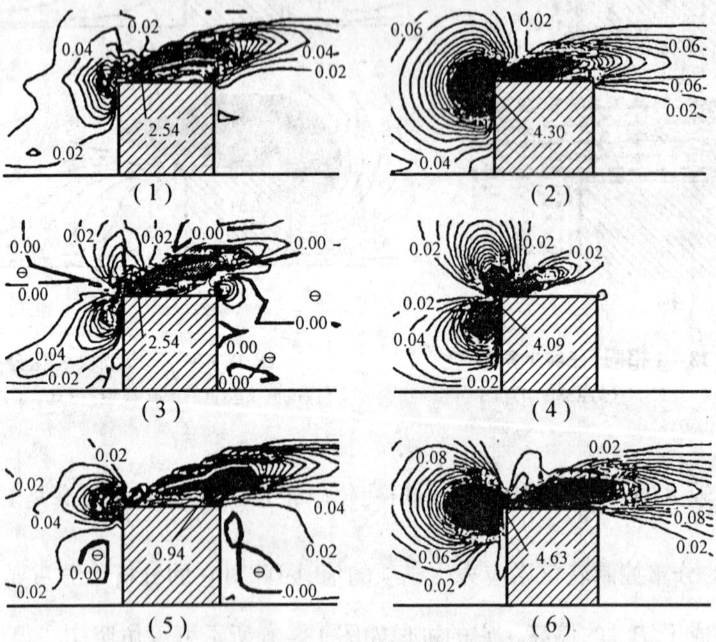


**图 18-7 二维情况 $k-\varepsilon$ 和 ASM 模型的 $P_k$，**

**$P_{k.n}$ 和 $P_{k.s}$ 的比较( - 标明负值)**

(1) $P_k$ by ASM; (2) $P_k$ by $k-\varepsilon$; (3) $P_{k-n}$ by ASM;

(4) $P_{k-n}$ by $k-\varepsilon$; (5) $P_{k-s}$ by ASM; (6) $P_{k-s}$ by $k-\varepsilon$

始终为正,因此 $k$ 值如图 18-6 所示会出现偏高。

18.1.5.2 $p_{ij}$各分量和 $<u_i'u_j'>$ 之间的相互影响

图 18-8 是 $P_{13}$ 和 $<u_1'u_3'>$ 间的对比,两个值很接近。例如,各自的正直和负值所对应的区域等。考虑到两者间的物理联系,这个结果是很自然的。同样其他项如 $<u_1'^2>$ 和 $P_{11}$, $<u_3'^2>$ 和 $P_{33}$ 也有如此相符的结果。

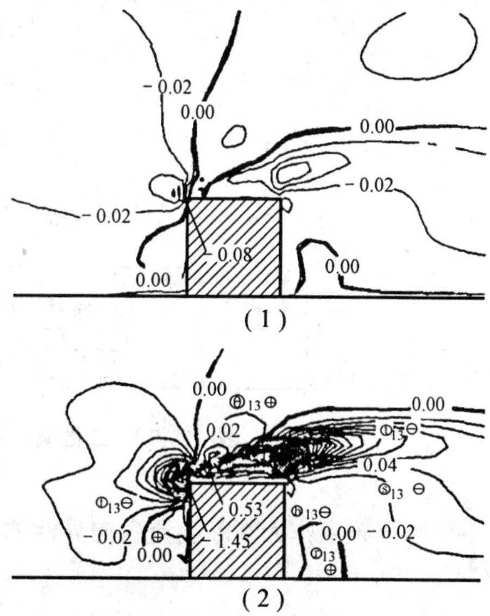


图 18-8 $<u_1'u_3'>$ 和 $P_{13}$ 作用的对比(二维 ASM 模型)

(1) $<u_1'u_3'>$;(2) $P_{13}$

因此 $P_{ij}$ 的分布在很大程度上决定了雷诺应力 $<u_i'u_j'>$ 的分布,为了分析立方体周围流场的湍流特性,知道 $P_{ij}$ 的分布是很重要的。基于 $P_{ij}$ 的特性,可以提出一种新的立方体周围流场区域的划分方法。如图 18-9,这种方法同传统的立方体周围流场区域化有很大的区别, $P_{ij}$ 的每一项的符号与 $<u_i'u_j'>$ 和 $\dfrac{\partial <u_i>}{\partial x_j}$ 的符号相符。这种区域划分方法能帮助我们很好地理解雷诺应力分布。

而且,通过 $P_{ij}$, $<u_i'u_j'>$ 的各项间也可以如图 18-10 所示相互影响。例如由 $P_{13} = -<u_1'^2>\dfrac{\partial <u_3>}{\partial x_1} - <u_3'^2>\dfrac{\partial <u_1>}{\partial x_3}$ 可知 $<u_1'^2>$ 和 $<u_3'^2>$ 会影响 $<u_1'u_3'>$ 的产生量。

由 $P_{11} = -2<u_1'^2>\dfrac{\partial <u_1>}{\partial x_1} - 2<u_1'u_3'^2>\dfrac{\partial <u_1>}{\partial x_3}$ 可知 $<u_1'^2>$ 的产生量受 $<u_1'^2>$ 和 $<u_1'u_3'>$ 的影响。由于 $k-\varepsilon$ 是基于各向同性的湍流模型,当用于各向异性的 $<u_i'u_j'>$ 时有很大的不足。

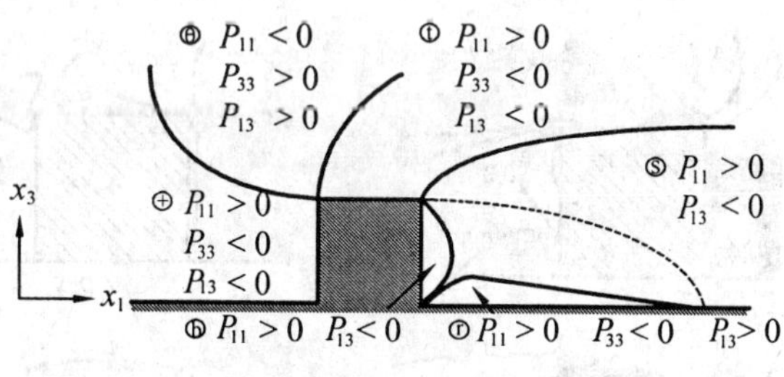


图 18-9 二维情况基于 $P_{ij}$ 特性的流场新的分区

### 18.1.6 ASM 与 LES 的对比;对流和扩散项模型

18.1.6.1 ASM 计算结果中 $\dfrac{<u_i'^2>}{2k}$ 作用的解释

图 18-11 ~ 图 18-13 给出了法向应力 $<u_1'^2>$ 各个分量的各向异性特征图。这里提出

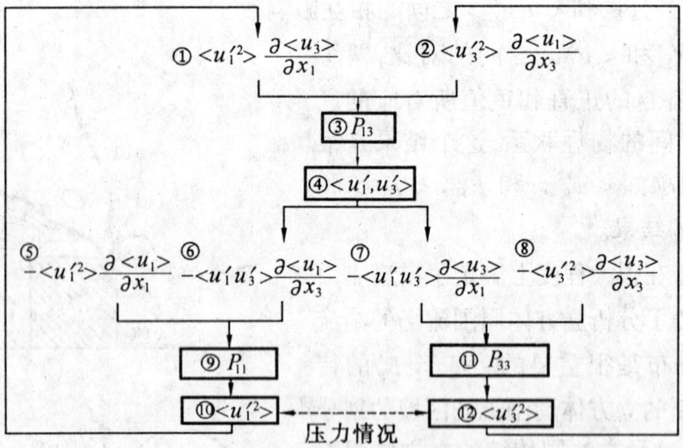


**图 18-10　二维情况 $\langle u_i' u_j'\rangle$ 分量和 $P_{ij}$ 相互作用范围**

$\frac{\langle u_i'^2\rangle}{2k}$的分布来作为判断湍流各向异性的一个指标。

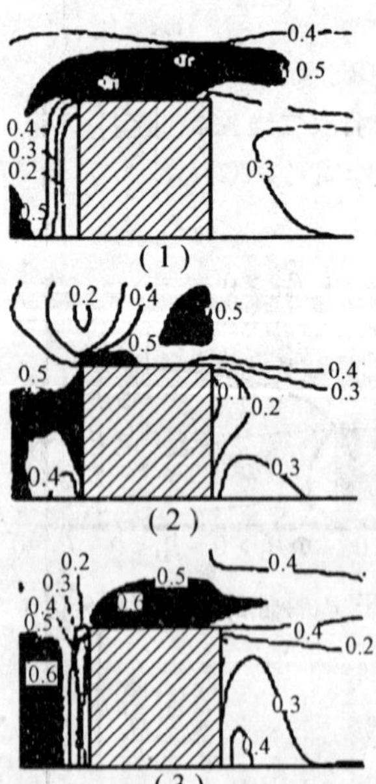


**图 18-11　$\langle u_1'^2/2k\rangle$ 分布**

(1) experiment; (2) ASM; (3) LES

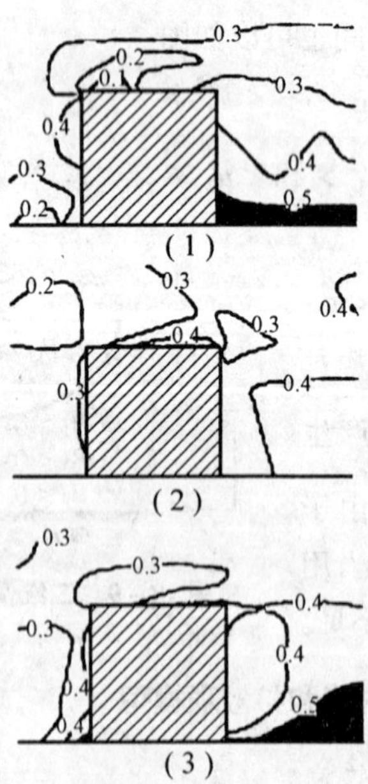


**图 18-12　$\langle u_2'^2/2k\rangle$ 分布**

(1) experiment; (2) ASM; (3) LES

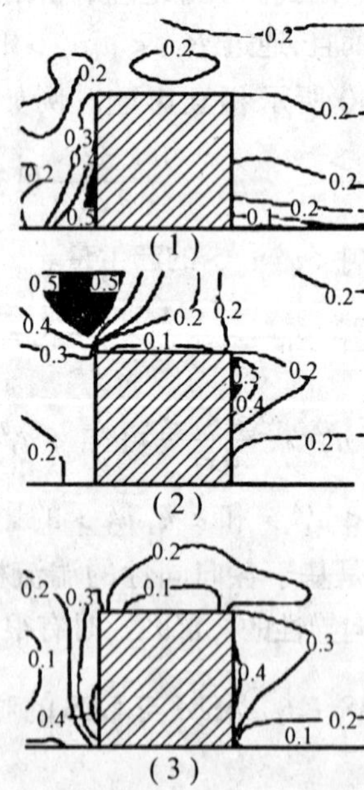


**图 18-13　$\langle u_3'^2/2k\rangle$ 分布**

(1) experiment; (2) ASM; (3) LES

风洞实验的结果指出，在顶部和下游的自由剪切层 $<u_1'^2>$ 的值占主导地位(如图18-11)。在方块后面的涡旋区有一个很大的 $\frac{<u_i'^2>}{2k}$ 值。如图18-12所示，在这里形成了卡门涡街。$\frac{<u_3'^2>}{2k}$ 是最小的，只有在迎面区附近的 $<u_3'^2>$ 是最大的。

LES计算结果与实验在由 $\frac{<u_i'^2>}{2k}$ 给出的各向异性特性方面符合的很好(图18-11~图18-13)。

对比于实验和LES计算结果，ASM计算结果在前沿拐角上方显示出了与之很大的差异。在此区域得到了不正常的 $\frac{<u_3'^2>}{2k}$ 的最大值和 $\frac{<u_1'^2>}{2k}$ 的最小值(参看图18-11,18-13,18-15)，它与 $k-\varepsilon$ EVM得出的结果一致，而在实验和LES计算结果中没有出现这种极值，形成这种差异的原因下面再详细说明。

18.1.6.2 ASM中代数近似引起的误差

在ASM的公式中，$<u_i'u_j'>$ 的输运方程的对流项 $C_{ij}$ 和扩散项 $D_{ij}$ 由一个代数表达式近似，例如附录18.2方程(18-12)中 $-(C_{ij}-D_{ij})$ 由 $-<u'_iu'_j>\frac{(P_k-\varepsilon)}{k}$ 近似。

当通过整个流场的 $\frac{<u_i'u_j'>}{k}$ 近似为一常数时，很明显此时用代数表达式是最有效的形式，然而图18-11~图18-14中反映的 $\frac{<u_i'u_j'>}{k}$ 并非一常数，在立方体周围的流场中 $<u_i'u_j'>$ 与 $k$ 按照不太一致的方式改变，特别是立方体前沿拐角周围的流场。ASM中由于这个区域用于 $-(C_{ij}-D_{ij})$ 的代数近似不可避免的引入了误差。如图18-14在立方体前沿拐角的 $\frac{<u_3'^2>}{2k}$ 的水平分布可以很清晰的观察到误差。

最后，需要讨论在 $<u_3'^2>$ 的输运方程中的雷诺应力产生量与对流和扩散量 $-(C_{ij}-D_{ij})$ 的平衡问题。这将便于说明在ASM和LES中 $\frac{<u_3'^2>}{2k}$ 分布的不同。在此区域，$\frac{\partial<u_3>}{\partial x_3}$ 是一个较大的负值。因为在迎面壁附近会产生较大的 $<u_3'^2>$，它沿着垂直方向下降。$\frac{\partial<u_3>}{\partial x_3}$ 这个较大的负值使 $P_{33}$ 值对比于那些不包括 $\frac{\partial<u_3>}{\partial x_3}$ 项的 $P_{11}$、$P_{12}$ 显得较大，所以在此区域湍流的各向异性被 $P_{33}$ 强烈影响。图18-15是 $P_{33}$ 值与两种类型 $-(C_{ij}-D_{ij})$ 值的对比。一种类型的 $-(C_{ij}-D_{ij})$ 是根据原始的准确表达式估计出，而另一种是基于ASM中引入的代数表达式估计，二者均引用了LES的计算数据，可以看出在 $P_{33}$ 有极大值的地方，通过 $-(C_{ij}-D_{ij})$ 原始的准确表达式，它是一

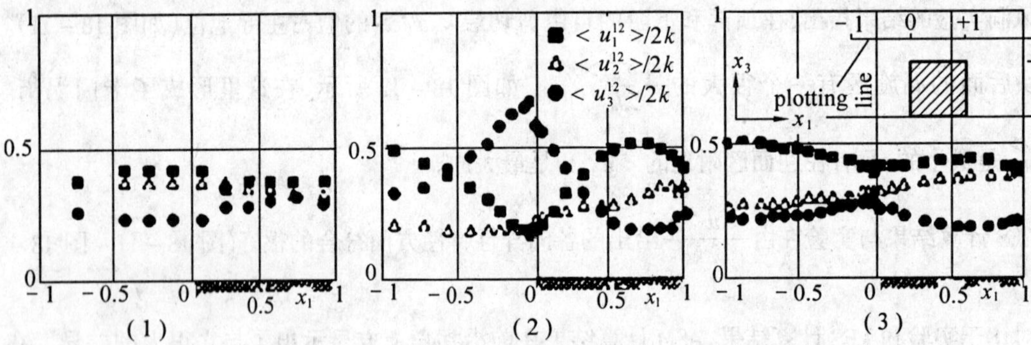


**图 18－14 立方体上面顺向的$<u_2'^2/2k>$分布**

(1)experiment;(2)ASM;(3)LES

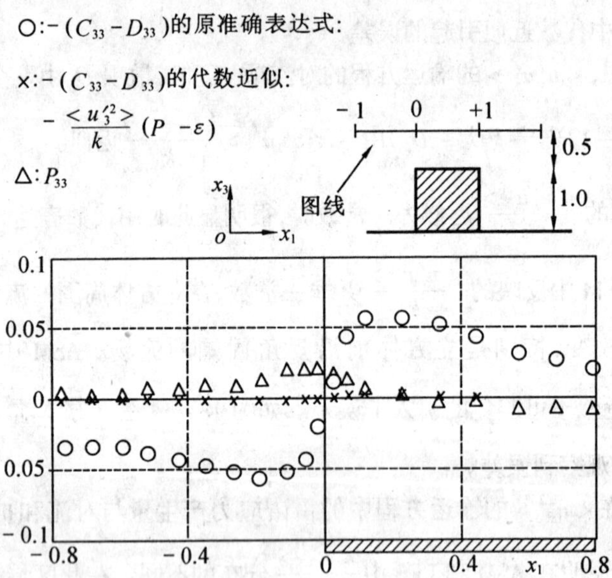


**图 18－15 由 LES 算出的立方体顶部的$-(C_{ij}-D_{ij})$和 $P_{33}$的分布**

个负值,所以由正值 $P_{33}$ 引起的$<u_3'^2>$增值受$-(C_{ij}-D_{ij})$的限制,这意味着由于 $P_{33}$ 引起的$<u_3'^2>$的增值被有效的扩散和对流到流场的下游和上侧。所以在实验和 LES 结果中$\frac{<u_3'^2>}{2k}$值在迎面壁的前沿拐角处没有 ASM 结果中那样很大的极大值(图 18－13,18－14,18－15),图 18－

15 清楚地显示了在 $< u_3'^2 >$ 应该减少的区域，用 ASM 所采用的近似不能准确反映对流和扩散产生的影响。在 ASM 结果中对 $-(C_{ij}-D_{ij})$ 不准确的估计导致了 $< u_3'^2 >$ 的值过大，这是 ASM 结果的最根本的缺点。当 $\frac{\partial < u_i >}{\partial x_j}$ 非常复杂和 $-(C_{ij}-D_{ij})$ 具有很大值的时候，这个错误会更加明显。

### 18.1.7　LES 的改进；具有可变 Smagorinsky 常数的 SGS 模型

在 LES 的公式中，这里采用了 Smagorinsky 亚格子(SGS)模型(见附录 18.3)，Smagorinsky SGS 模型是一种有 Smagorinsky 常数 $C_s$ 的湍流黏性模型，在这里将探索此模型的改进方法。在通常的 LES 中 Smagorinsky 常数 $C_s$ 根据空间和时间确定，本节中 $C_s$ 设为 0.12。然而 $C_s$ 的值应该是随着流场的特性而改变的。不同的流场有不同的合适的 $C_s$ 值。例如，对于通道流动 $C_s=0.1$，对于各项同性的衰减流动 $C_s=0.23$。

由以上可知立方体周围流场的流动特性有很大的改变，$C_s$ 的值也应随着相对于立方体位置不同引起的流场特性而改变。比较令人满意的 $C_s$ 值如下：在物体上游区 $C_s$ 值为 0.1(通道流动的最佳值)，物体后面的回流区 $C_s$ 值取 0.16(空间自由流动最佳值)和下游的自由剪切层 $C_s=0.12\sim0.15$(参看图 17-2$a$)。在模型中 Smagorinsky 常数 $C_s$ 根据不同的位置和不同的时间步长不同的流动特性按附录 18.3 中方程(18-31)给出。

在传统的 Smagorinsky 模型中，$C_s$ 的获得是基于当地 $k_{SGS}$(湍流脉动动能 $k$ 的 SGS 值，参看附录 18.4)平衡的假设。对于立方体周围流动特性改变非常的大，这个假设不能充分的满足。

因此，在提出新模型中不采用当地 $k_{SGS}$ 平衡假设。而是依据 $k_{SGS}$ 输运方程获得 $C_s$ 值(参加附录 18.4)，这样就同时考虑了对流与扩散的效应。

图 18-16 是基于新模型给出的立方体周围的 $C_s$ 值。这样得出的 $C_s$ 值在各个区域都与前面所说的最佳值相一致(通道流取 0.1，空间流动取 0.16)。并通过 $S\left(=\left[\frac{1}{2}\left(\frac{\partial \overline{u_i}}{\partial x_j}+\frac{\partial \overline{u_j}}{\partial x_i}\right)^2\right]^{1/2}\right)$ 的值反映流场的特征。

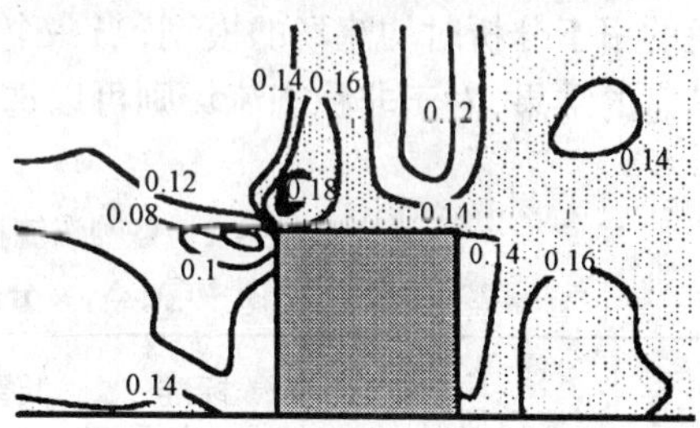

图 18-16　Smagorinsky 常数 $< c_s >$ 的分布

图 18-17 是几种情况下湍流脉动动能的对比。从图 18-17(2)中可见，仅用传统的常数 $C_s$，下游的自由剪切层的 $k$ 值被高估了，这是因为 $C_s$ 的值不够好。图 18-17(2)中在全部区域中给定 $C_s=0.12$，而 $C_s$ 在自由剪切层中应该取一个更大的值，在变 $C_s$ 的情况下，如图 18-17(3)自由剪切层偏高的 $k$ 值被矫正，由图 18-16 可知在此区域 $C_s$ 值约为 0.14，它比取 0.12 更加适合。

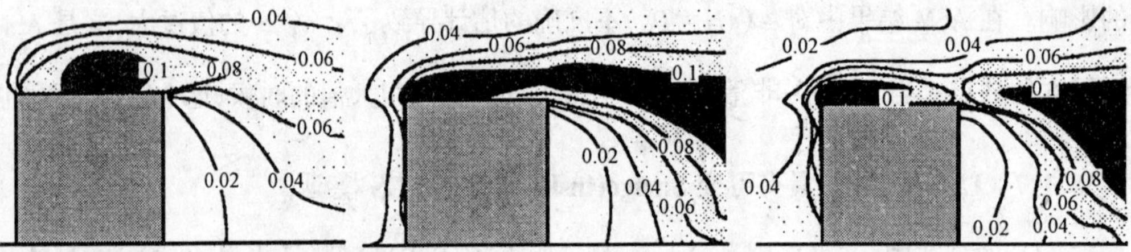


(1)　　　　(2)　　　　(3)

**图 18-17　湍流脉动动能对比**

(1)风洞实验;(2) $C_s=0.12$;(3)随变数 $C_s$ 变化

### 18.1.8　不同流场中各种湍流模型的对比

在各种建筑物、工程中有很多种流动形式。例如,有无表面弯曲效应、有无浮力、稳定和不稳定等。立方体周围的流场的特点就是具有很强的弯曲效应,它会导致出现冲击和分离现象。

任何湍流模型都由于模型自身的原因或多或少有些缺点。上面详细的讨论过了 $k-\varepsilon$ 模型中的 EVM 方法的缺点和 ASM 中的近似导致的缺点。

因而,在分析一个具体问题时,需要选择一个适当的湍流模型。通常提高结果的精度会使 CPU 运行时间更长和计算的稳定性减弱。为了分析问题,同时满足精度的需要,选择好一个合适的湍流模型是非常重要的。表 18-1 是各种湍流模型相对适用性的对比。$k-\varepsilon$ 模型是最广泛的用于分析时均流场的模型;当一个流场具有高度的各向异性,DSM 或 ASM 可以得到比较满意的结果,对于非稳态流场则可以选择 LES 方法。

**表 18-1　各种湍流模型用于工程实践各种流场中对比**

(图中○,△,×分别代表好,尚可,不好三种情况)

| 湍流模型 | 标准 $k-\varepsilon$ | 低雷诺数 $k-\varepsilon$ | 标准 DSM(ASM) | 低雷诺数 DSM(ASM) | LES | LES |
|---|---|---|---|---|---|---|
| 壁面边界条件 | 壁面函数 | 无滑移 | 壁面函数 | 无滑移 | 壁面函数 | 无滑移 |
| 1.简单流动(通道流动、管流等)(当地平衡成立) | ○ | ○ | ○ | ○ | ○ | ○ |

表 18－1(续)

| 湍流模型 | 标准 $k-\varepsilon$ | 低雷诺数 $k-\varepsilon$ | 标准 DSM(ASM) | 低雷诺数 DSM(ASM) | LES | LES |
|---|---|---|---|---|---|---|
| 壁面边界条件 | 壁面函数 | 无滑移 | 壁面函数 | 无滑移 | 壁面函数 | 无滑移 |
| 2.具有弯曲流线流动 | | | | | | |
| 1)弱弯曲 | ○ | ○ | ○ | ○ | ○ | ○ |
| 2)强弯曲(立方体周围流场) | ×,△ | ×,△ | ○ | ○ | ○ | ○ |
| 3.冲击流场 | ×,△ | ×,△ | △,○ | △,○ | ○ | ○ |
| 4.低雷诺数流动 | ×,△ | △,○ | ×,△ | △,○ | ○ | ○ |
| 5.非等温流动 | | | | | | |
| 1)弱差异 | ○ | ○ | ○ | ○ | ○ | ○ |
| 2)强差异 | ×,△ | ×,△ | ○ | ○ | ○ | ○ |
| 6.壁面有对流换热 | ×,△ | ○ | ×,△ | ○ | ×,△ | ○ |
| 7.非稳态流动、非稳态扩散 | | | | | | |
| 1)高度不稳定 | × | × | × | × | ○ | ○ |
| 2)涡流 | × | △ | ○ | ○ | ○ | ○ |
| 8.射流 | | | | | | |
| 1)一般情况 | ○ | ○ | ○ | ○ | ○ | ○ |
| 2)旋转 | × | × | ○ | ○ | ○ | ○ |

立方体周围的流动可以通过一定精度的 $k-\varepsilon$ 模型来预报。为计算表面压力和雷诺应力 $<u_i'u_j'>$ 等湍流的统计特性,用 ASM(或 DSM)和 LES 分析是非常有效的。LES 相对于其他湍流模型可以获得更高的精度,但是它需要 CPU 运行更长的时间。

### 18.1.9 小结

(1)由于立方体周围复杂的应力变化率张量$\frac{\partial < u_i >}{\partial x_j}$分布,使其周围流场的表面压力分布,雷诺应力和湍流动量生成项非常的复杂。

(2)用 LES、ASM 和 $k-\varepsilon$ 模型计算立方体周围的流场,用实验数据与之作了详细的比较,并根据各种模型的精度指出了 $k-\varepsilon$ 模型和 ASM 模型的缺点。

(3)提出了一种具有变 Smagorinsky 常数的 LES 模型。

符号表:

$X_i$——空间坐标的三个分量($i=1,2,3$,为顺流向,侧向,垂直方向)

$<f>$——$f$ 的时均量

$\bar{f}$——$f$ 的过滤值

$f'$——偏离 $<f>$ 的值;$f'=f-<f>$(在 LES 中 $f'=\bar{f}-<\bar{f}>$)

$f''$——偏离 $\bar{f}$ 的值;$f''=f-\bar{f}$

$H_b$——立方体的高度

$u_i$——速度的矢量分量

$u_b$——在计算域中高度为 $H_b$ 时的来流入口速度

$p$——压力

$\nu_t$——湍流黏性系数

$\upsilon_{SGS}$——亚格子尺度涡黏性系数

$k$——湍流脉动动能,$k=\frac{1}{2}<u'_i u'_j>$

$k_{SGS}$——$k$ 的亚格子分量,$k_{SGS}=\frac{1}{2}\overline{u''_i u''_j}$

$S_{ij}$——应力变化率张量$\left(S_{ij}=\left(\frac{\partial < u_i >}{\partial x_j}+\frac{\partial < u_j >}{\partial x_i}\right), S=[1/2(S_{ij})^2]^{1/2}\right)$

$p_k$——$k$ 的生成量

$\varepsilon$——$k$ 的耗散率

$<u'_i u'_j>$——雷诺应力

$p_{ij}$——$<u'_i u'_j>$的产生量

$\varepsilon_{ij}$——$<u'_i u'_j>$的耗散率

$C_{ij}$——$<u'_i u'_j>$的对流项

$D_{ij}$——$<u'_i u'_j>$的扩散项;$D_{ij}=\frac{\partial}{\partial x_k}(-<u'_i u'_j u'_k>-<p'u'_i>\delta_{jk}-<p'u'_j>\delta_{ik})$

$\Phi_{ij}$——压力张量修正项(由 $\Phi_{ij(1)}$，$\Phi_{ij(2)}$，$\Phi^{w}_{ij(1)}$ 和 $\Phi^{w}_{ij(2)}$ 组成)

$h_i$——$x_i$ 方向的网格间距

$h$——网格的尺度 $h=(h_1h_2h_3)^{1/3}$

$h_p$——近壁面处的网格距离

$(u_i)_p$——在近壁面节点的速度的切向分量

$k_p$——靠近壁面节点处的 $k$ 值

$\varepsilon_p$——靠近壁面节点处的 $\varepsilon$ 值

$\tau_w$——壁面剪应力

$h_n^{(w)}$——距 $w-th$ 壁面的垂直距离

$Re$——雷诺数$\left(\dfrac{< u_b > H_b}{\nu}=8.4\times10^4\right)$由 $< u_b >$，$H_b$ 和密度 $\rho$ 得出的无量纲值

**注释1　模型的方程与数值方法**

采用了 $k-\varepsilon$ EVM[11,12] 的标准公式(附录18.1)。ASM的模型方程见附录18.2。根据Rodi[15]，Gibson.和Launder[16]除了壁面反射项[17,20]外采用了普通的ASM形式。ASM中的常数值按照Launder，Reece和Rodi[18]，LES中的常数根据Launder[19]对亚格子模型[13,14]中的Smagorinsky常数 $C_s$ 取0.12(附录18.3)。

计算中采用了交错网格，对于 $k-\varepsilon$ 模型的EVM和ASM中的对流项采用了二阶迎风差分格式(QUICK格式)。其他对于空间的倒数按二阶中心差分格式离散。对于时间步采用Admas Bashforth格式。

**注释2　网格的设计与边界条件**

本节的计算域为15.7($x_1$ 方向)，9.7($x_2$ 方向)，5.2($x_3$ 方向)。对于 $k-\varepsilon$ EVM和ASM中将该域划分为63($x_1$)×49($x_2$)×28($x_3$)个网格。LES中划分为63($x_1$)×49($x_2$)×34($x_3$)个网格。各种情况中最密的网格出现在立方体的前沿拐角周围处，此处网格间距为原来的1/24。

边界条件总结在表18-2中，对于LES的入口条件，利用LES预算出充分发展通道流的与时间相关的速度 $\overline{u_1(t)}$，由LES得出的在通道流边界层中的 $\overline{u_1(x_3)}$ 与 $k(x_3)$ 的轮廓和实验结果相一致[20]。对于固体壁面的边界条件，为了给三种模型确定时均的壁面剪应力 $<\tau_w>$ 利用了表18-2的方程(1)的对数法则[12]。而且对于LES，如表18-2所示，用表18-2的方程(4)确定了壁面剪应力 $\tau_w$。在考虑时均流场时，对于三种湍流模型几乎采用了同样的边界条件。因而可以认为三种模型得到的不同结果是由湍流模型自身的原因造成的。

表 18－2 边界条件

| | $k-\varepsilon$ EVM ASM | LES |
|---|---|---|
| 入口处 | $\langle u_1(x_3)\rangle : \langle u_1(x_3)\rangle = x_3^{3/4}$<br>(风洞实验给出的速度分布)<br>$\langle u_2(x_3)\rangle = 0, \langle u_3(x_3)\rangle = 0$<br>$k(x_3)$:用 LES 预计通道某平面的分布(文献[20]中的实验)<br>$\nu_t(x_3) = k(x_3)^{1/2} l(x_3)$,<br>$\varepsilon(x_3) = C_\mu k(x_3)^{3/2} l(x_3)$,<br>$l(x_3) = (C_\mu k(x_3))^{1/2}\left(\frac{\partial \langle u_1\rangle}{\partial x_3}\right)^{-1}$ $(P_k(x_3) = \varepsilon(x_3))$<br>$\langle u_1'^2(x_3)\rangle = \frac{2}{3}k(x_3)$ | $\overline{u_1(t)}, \overline{u_2(t)}, \overline{u_3(t)}$:由 LES 确定的通道流中某平面边界层中不同时间的速度。<br>$\left\{\begin{array}{l}\langle \overline{u_1(x_3)}\rangle = x_3^{3/4} \\ \langle \overline{u_2(x_3)}\rangle = 0 \\ \langle \overline{u_3(x_3)}\rangle = 0\end{array}\right\}$ |
| 出口 | $\langle u_1\rangle, \langle u_2\rangle, \langle u_3\rangle, k, \varepsilon$:自由滑移($\partial/\partial x_1 = 0$) | $\overline{u_1}, \overline{u_2}, \overline{u_3}$:自由滑移 |
| 计算域的上表面 | $\langle u_3\rangle = 0$<br>$\langle u_1\rangle, \langle u_2\rangle, k, \varepsilon$:自由滑移 | $\overline{u_3} = 0$<br>$\overline{u_1}, \overline{u_2}$:自由滑移 |
| 计算域的侧面 | $\langle u_2\rangle = 0$<br>$\langle u_1\rangle$, $\langle u_3\rangle, k, \varepsilon$:自由滑移($\partial/\partial x_2 = 0$) | $\overline{u_2} = 0$<br>$\overline{u_1}, \overline{u_3}$:自由滑移 |
| 固体壁面 | 壁面的时均剪应力 $\langle \tau_n\rangle$ 由方程(1)给出;用于 $k$ 的输运方程的近壁面网格的 $\varepsilon$ 的有限容积中的平均值由方程(2)给出,$\bar{\varepsilon}$ 也一样。用于 $\varepsilon$ 的输运方程的近壁面网格值由方程(3)给出。<br>$\frac{\langle (u_t)_p\rangle}{\langle \tau_w\rangle}(C_\mu^{1/2}k_p)^{1/2}$<br>$= \frac{1}{\kappa}\ln\left(\frac{E\cdot \frac{1}{2}h_p(C_\mu^{1/2}k_p)^{1/2}}{\nu}\right)$……(1)<br>$\bar{\varepsilon} = \frac{C_\mu^{3/4}k_p^{3/2}}{\kappa h_p}\ln\left(\frac{E h_p (C_\mu^{1/2}k_p)^{1/2}}{\nu}\right)$……(2)<br>$\varepsilon_p = \frac{C_\mu^{3/4}k_p^{1/2}}{1/2\kappa h_p}$……(3) $k$:自由滑移<br>$(\kappa = 0.4, C_\mu = 0.09, E = 9.0)$ | $\tau_w = \langle \tau_w\rangle \times$<br>$\frac{\overline{(u_t)}_p}{\langle \overline{(u_t)}_p\rangle}$……(4)<br>$\langle \tau_w\rangle$ 由方程(1)估计,$\langle (u_t)_p\rangle, k_p$ 可以由前面时间步长的结果得到。 |

## 附录 18.1 $k-\varepsilon$ EVM 模型方程

$$\frac{\partial <u_i>}{\partial t}+\frac{\partial <u_i>\partial <u_j>}{\partial x_j}=-\frac{\partial <p>}{\partial x_i}+\frac{\partial}{\partial x_j}\nu_t\left(\frac{\partial <u_i>}{\partial x_j}+\frac{\partial <u_j>}{\partial x_i}\right) \tag{18-1}$$

$$\frac{\partial <u_i>}{\partial x_i}=0 \tag{18-2}$$

$$\frac{\partial k}{\partial t}+\frac{\partial k<u_j>}{\partial x_j}=\frac{\partial}{\partial x_j}\left(\frac{\nu_t}{\sigma_k}\frac{\partial k}{\partial x_j}\right)+\nu_t\left(\frac{\partial <u_i>}{\partial x_j}+\frac{\partial <u_j>}{\partial x_i}\right)\frac{\partial <u_i>}{\partial x_j}-\varepsilon \tag{18-3}$$

$$\frac{\partial \varepsilon}{\partial t}+\frac{\partial \varepsilon<u_i>}{\partial x_j}=\frac{\partial}{\partial x_j}\left(\frac{\nu_t}{\sigma_\varepsilon}\frac{\partial \varepsilon}{\partial x_j}\right)+\frac{\varepsilon}{k}\left(C_{\varepsilon1}\nu_t\left(\frac{\partial <u_i>}{\partial x_j}+\frac{\partial <u_j>}{\partial x_i}\right)\frac{\partial <u_i>}{\partial x_j}-C_{\varepsilon2}\varepsilon\right) \tag{18-4}$$

$$-<u_i'u_j'>=\nu_t\left(\frac{\partial <u_i>}{\partial x_j}+\frac{\partial <u_j>}{\partial x_i}\right)-\frac{2}{3}\delta_{ij}k \tag{18-5}$$

$$\nu_t=C_\mu\frac{k^2}{\varepsilon} \tag{18-6}$$

$C_\mu:0.09\quad \sigma_k:1.0\quad \sigma_\varepsilon:1.3\quad C_{\varepsilon1}:1.44\quad C_{\varepsilon2}:1.92$

## 附录 18.2 ASM(DSM)的模型方程

$$\frac{\partial <u_i>}{\partial t}+\frac{\partial <u_i>\partial <u_j>}{\partial x_j}=-\frac{\partial <p>}{\partial x_i}-\frac{\partial <u_i'u_j'>}{\partial x_j} \tag{18-7}$$

$$\frac{\partial <u_i>}{\partial x_i}=0 \tag{18-8}$$

$$\frac{\partial k}{\partial t}+\frac{\partial k<u_j>}{\partial x_j}=D_k+P_k-\varepsilon \tag{18-9}$$

$$\frac{\partial \varepsilon}{\partial t}+\frac{\partial \varepsilon<u_j>}{\partial x_j}=D_\varepsilon+\frac{\varepsilon}{k}(C_{\varepsilon1}P_k-C_{\varepsilon2}\varepsilon) \tag{18-10}$$

$$\frac{\partial <u_i'u_j'>}{\partial t}+\frac{\partial <u_i'u_j'><u_j'>}{\partial x_j}=D_{ij}+P_{ij}+\Phi_{ij}-\varepsilon_{ij} \tag{18-11}$$

$$(P_k-\varepsilon)\frac{<u_i'u_j'>}{k}=P_{ij}+\Phi_{ij}-\varepsilon_{ij}\quad \text{（在 ASM 情况中）} \tag{18-12}$$

$$D_k=\frac{\partial}{\partial x_m}\left(C_k<u_m'u_l'>\frac{k}{\varepsilon}\frac{\partial k}{\partial x_l}\right) \tag{18-13}$$

$$D_\varepsilon=\frac{\partial}{\partial x_m}\left(C_\varepsilon<u_m'u_l'>\frac{k}{\varepsilon}\frac{\partial \varepsilon}{\partial x_l}\right) \tag{18-14}$$

$$P_k=-<u_i'u_j'>\frac{\partial <u_i>}{\partial x_j} \tag{18-15}$$

$$D_{ij}=\frac{\partial}{\partial x_m}\left(C_k<u_m'u_l'>\frac{k}{\varepsilon}\frac{\partial <u_i'u_j'>}{\partial x_l}\right) \tag{18-16}$$

$$P_{ij} = -<u'_i u'_k>\frac{\partial <u_j>}{\partial x_k} - <u'_k u'_j>\frac{\partial <u_i>}{\partial x_k} \tag{18-17}$$

$$\delta_{ij} = \frac{2}{3}\delta_{ij}\varepsilon \tag{18-18}$$

$$\Phi_{ij} = \Phi_{ij(1)} + \Phi_{ij(2)} + \Phi^w_{ij(1)} + \Phi^w_{ij(2)} \tag{18-19}$$

$$\Phi_{ij(1)} = -C_1\frac{\varepsilon}{k}\left(<u'_i u'_j> - \frac{2}{3}\delta_{ij}k\right) \tag{18-20}$$

$$\Phi_{ij(2)} = -C_2\left(P_{ij} - \frac{2}{3}\delta_{ij}P_k\right) \tag{18-21}$$

$$\Phi^w_{ij(1)} = \sum_{w=1}^{w0} C'_1\frac{\varepsilon}{k}\Big( <u'_k u'_m> n_k^{(w)} n_m^{(w)}\delta_{ij} - \frac{3}{2} <u'_k u'_l> n_k^{(w)} n_j^{(w)} - \frac{3}{2} <u'_k u'_j> n_k^{(w)} n_i^{(w)}\Big)\frac{k^{\frac{3}{2}}}{C_l h_n^{(w)}\varepsilon} \tag{18-22}$$

$$\Phi^w_{ij(2)} = \sum_{w=1}^{w0} C'_2\Big(\Phi_{km(2)} n_k^{(w)} n_m^{(w)}\delta_{ij} - \frac{3}{2}\Phi_{ki(2)} n_k^{(w)} n_j^{(w)} - \frac{3}{2}\Phi_{kj(2)} n_k^{(w)} n_i^{(w)}\Big)\frac{k^{\frac{3}{2}}}{C_l h_n^{(w)}\varepsilon} \tag{18-23}$$

$c_\mu:0.09$ $\sigma_k:1.0$ $\sigma_\varepsilon:1.3$ $C_1:1.8$ $C_2:0.6$ $C'_1:0.5$

$C'_2:0.5$ $C_k:0.22$ $C_\varepsilon:0.16$ $C_{\varepsilon1}:1.44$ $C_{\varepsilon2}:1.92$ $C_l:2.5$

### 附录 18.3 LES 模型方程

1)传统 LES 模型方程

$$\frac{\partial \overline{u_i}}{\partial t} + \frac{\partial \overline{u_i u_j}}{\partial x_j} = -\frac{\partial \overline{p}}{\partial x_i} + \frac{\partial}{\partial x_j}(\nu + \nu_{SGS})\left(\frac{\partial \overline{u_i}}{\partial x_j} + \frac{\partial \overline{u_j}}{\partial x_i}\right) \tag{18-24}$$

$$\frac{\partial \overline{u_i}}{\partial x_i} = 0 \tag{18-25}$$

$$\nu_{SGS} = (C_{SG}h)^2 S \tag{18-26}$$

$$h = (h_1 h_2 h_3)^{1/3} \tag{18-27}$$

$$S = \left\{\frac{\partial \overline{u_i}}{\partial x_j}\left(\frac{\partial \overline{u_i}}{\partial x_j} + \frac{\partial \overline{u_j}}{\partial x_i}\right)\right\}^{1/2} \tag{18-28}$$

$$C_{SG}:0.12 \tag{18-29}$$

2)变 Smagorinsky 常数的模型方程(参看附录 4)

$$\nu_{SGS} = (C_s h)^2 S \tag{18-30}$$

$$\frac{C_s}{C_{SG}} = 1 - C_A\frac{(DS/Dt)}{S^2} \tag{18-31}$$

$C_A:1.8$ $C_{SG}:0.16$ $C_{S\min} \leqslant C_S \leqslant C_{S\max}$ $C_{S\min} = 0.10$ $C_{S\max} = 0.27$

**附录 18.4 变 Smagorinsky 数派生出来的新模型**

$k_{SGS}$的输运方程表达式如下

$$\frac{Dk_{SGS}}{Dt} = D_{kSGS} + P_{kSGS} - \varepsilon \tag{18-32}$$

方程(18-32)可变形如下

$$\varepsilon = P_{kSGS}\left[1 - \frac{(Dk_{SGS}/Dt)}{P_{kSGS}} + \frac{D_{kSGS}}{P_{kSGS}}\right] \tag{18-33}$$

式中 $P_{kSGS}$——$k_{SGS}$的生成项,其值为

$$\nu_{SGS} S^2 \tag{18-34}$$

$D_{kSGS}$——$k_{SGS}$的扩散项,其值为

$$\frac{\partial}{\partial x_j}\left(\frac{\nu_{SGS}}{\sigma_{kSGS}}\frac{\partial k_{SGS}}{\partial x_j}\right) \tag{18-35}$$

$$S = \left[\frac{1}{2}(S_{ij})^2\right]^{1/2} \tag{18-36}$$

$S_{ij}$应力变化率张量;

$$\sigma_{kSGS} = 1$$

由量纲分析可得

$$\nu_{SGS} = C_1 \Delta^{3/4} \varepsilon^{1/3} \tag{18-37}$$

$$k_{SGS} = C_2 \Delta^{4/3} \varepsilon^{2/3} \tag{18-38}$$

其中 $\Delta$ 是 SGS 长度尺度

由方程(18-34)~(18-38),可将方程(18-33)变为如下

$$\varepsilon = C_1^{3/2}\Delta^2 S^3\left[1 - \frac{2}{3}C_1^{-1}C_2\Delta^{-2/3}\varepsilon^{-2/3}S^{-2}\frac{D\varepsilon}{Dt} + \frac{2}{3}C_2\Delta^{-2/3}\varepsilon^{-1/3}S^{-2}\frac{\partial\varepsilon}{\partial x_j}\right]^{3/2} \tag{18-39}$$

在以前的 Smagorinsky 模型中,假定当地平衡,因此方程(18-39)中的括号里的第二项与第三项被忽略掉了,则有

$$\varepsilon = C_1^{3/2}\Delta^2 S^3 \tag{18-40}$$

因此以往的模型忽略了 $k_{SGS}$的对流和扩散效应。

由方程(18-37)和(18-40)的以往的 Smagorinsky 模型如下

$$\nu_{SGS} = (2C_1^{3/4}\Delta)^2 S = (C_{so}\Delta)^2 S \tag{18-41}$$

这里 $$C_{so} = 2C_1^{3/4}$$

这里用传统的 LES 模型计算中取 $C_{so}$为 0.12。

新的变 Smagorinsky 常数的 LES 模型由如下获得。

用方程(18-40)处理方程(18-39)括号中的第二项和第三项,然后用方程(18-37)消除 $\varepsilon$ 后得到方程(18-42)。

$$\nu_{SGS}=\left[\underline{2C_1^{3/4}\left\{1-2C_1^{-1/2}C_2S^{-2}\frac{DS}{Dt}+8C_1C_2\Delta^2S^{-3}\frac{\partial}{\partial x_j}\left(S^2\frac{\partial S}{\partial x_j}\right)\right\}^{1/4}}\Delta\right]^2 S \tag{18-42}$$

将画线部分用 $C_s$ 表示，则有

$$\nu_{SGS}=(C_s\Delta)^2 S \tag{18-43}$$

这是 $\nu_{SGS}$ 的原始表达形式。这里 $C_s$ 被定义为如下的时间和空间的函数

$$\frac{C_s}{C_{so}}=\left\{1-2C_1^{-1/2}C_2S^{-2}\frac{DS}{Dt}+8C_1C_2\Delta^2S^{-3}\frac{\partial}{\partial x_j}\left(S^2\frac{\partial S}{\partial x_j}\right)\right\}^{1/4} \tag{18-44}$$

式中 $C_{so}=2C_1^{3/4}$

这就是变 Smagorinsky 常数 $C_s$ 的定义式

方程(18－44)可转换成如下形式

$$\frac{C_s}{C_{so}}=1-C_AS^{-2}\frac{DS}{Dt}+C_B\Delta^2S^{-2}\frac{\partial}{\partial x_j}\left(S^2\frac{\partial S}{\partial x_i}\right) \tag{18-45}$$

式中

$$C_A=\frac{1}{2}C_1^{-1/2}C_2,\ C_B=2C_1C_2$$

这里的常数值根据 Yoshizawa 的两尺度 DIA 统计理论得出

$$C_1 \doteqdot 0.035;\quad C_2 \doteqdot 0.67 \tag{18-46}$$

此处 $\Delta$ 设为 $2h$。于是方程(18－45)的 $C_A, C_B, C_{SO}$ 可以如下给出

$$C_A=1.8,\quad C_B=0.047,\quad C_{SO}=0.16 \tag{18-47}$$

在这一节中，忽略掉了扩散项，因为它的影响很小。从而给出了附录 18.3 中的方程(18－31)。而且，鉴于计算的稳定性出发，为了更容易收敛，取 $C_s$ 的最大值和最小值如下[21]。

$$C_{s,\max}=0.27,\quad C_{s,\min}=0.10 \tag{18-48}$$

## 18.2 LES 和 RANS 三维流场数值计算比较

提示：针对在 $Re=22\ 000$ 时通过一方柱体和在 $Re=40\ 000$ 时通过立方体的三维流动两个算例对 LES 和 RANS(Reynolds－averaged Navier－Stokes)的计算结果进行了比较。两种情况的计算结果是相互包容的。RANS 的计算结果也可从多种形式的 $k-\varepsilon$ 模型和雷诺应力模型中获得。对大量的计算结果与详细的实验数据进行了比较，对不同计算方法的性能、成本和潜力给出了评价。

### 18.2.1 引言

流体流经突变几何的物体在许多工程中时有发生，经常包含复杂的现象，例如，分离和附

着、不稳定涡分离和双峰现象、高紊流、大尺度湍流结构以及随流动产生的剪切层。在考虑流量时湍流起到了非常重要的作用，尤其是对雷诺数很大的实际情况，在预测中湍流的影响应通过某种方式给以说明。当前，主要是通过雷诺平均纳维－斯托克斯方程结合产生的统计湍流模型，这一模型模拟所有对湍流运动产生作用的不同现象，例如，湍流频谱，在存在涡脱离情况下，通过求解不稳定的RANS方程确定周期性脱落的湍流模型模拟。在突变几何物体计算中主要采用的是 $k-\varepsilon$ 湍流黏性系数模型，只有少数使用其他模型，例如雷诺应力模型(RSM)[24,25]。在上述复杂的现象中，尤其是当大尺度涡结构主导湍流输运，当不稳定过程例如涡脱离和双稳定现象起重要作用时，当特殊影响例如浮力和离心力起重要作用时，越来越清晰地看出在这些计算中使用湍流模型是有困难的。从理论上讲大涡模拟(LES)方法在这些情况下更合适些，因为它解决了大尺寸非稳定模型运动时只需要小尺寸模型，不可解决的湍流运动受边界条件的影响较小。尽管LES方法对计算机的要求非常高，但是最近计算机的进步和计算方法的改进使得LES方法可以对多种几何外形物体周围流体进行模拟。这里补充说明一下直接数值模拟(DNS)(即直接求解完全尺度的湍流运动而不引入任何模型)只适用于低雷诺数情况($Re<10^4$)，因为完全尺度模拟网格点的增加级数大约为10的3次方。

对两种非常基本的突变几何物体用RANS和LES方法进行计算，是因为这两种情况的实验数据非常容易获得。其一是在 $Re=220\,000$ 通过一长方柱体时的涡脱离流体计算，Lyn和Rodi[26]以及Lyn[27]等人对其进行了实验研究。第二种是流体流经处于充分发展流动($Re=400\,000$)的正方体(依据正方体的高度和迎面流体速度)，详细实验数据可见文献[28,29]。在这种情况下平均流是充分发展的三维流动并且有复杂的多重分离。两种流动都是LES工作的经典算例，Rodi和斯坦福大学的J. H. Ferziger[30,31]，通过LES和RANS算法对这两种典型流体进行计算结果的比较，对目前所取得的主要成果进行了如下的总结。

### 18.2.2 方法

#### 18.2.2.1 结合统计湍流模型的雷诺平均N－S方程

在计算正方体的算例中，稳定的三维时均N－S纳维－斯托克斯方程是结合时均连续方程求解的。前项包含有雷诺应力 $\overline{u_i' u_j'}$，此项由统计湍流模型决定，上画线是指时间平均。在计算一长方柱体周围流体的算例中，平均流被认为是二维的，第三分解量被用来表示瞬时量，例如 $U=\overline{U}+\widetilde{U}+u'$，式中 $\overline{U}$ 是时间平均值，$\widetilde{U}$ 是周期性街涡分量，$u'$ 是随机湍流脉动。平均量 $<U>=\overline{U}+\widetilde{U}$ 通过求解平均二维N－S方程和连续方程确定。在前项中出现的平均雷诺应力 $<u_i' u_j'>$ 同样由选定的湍流模型确定。

(1) $k-\varepsilon$ 模型

已经对不同的 $k-\varepsilon$ 模型进行了大量的计算，$k-\varepsilon$ 模型通过湍流黏性系数 $\nu_t$ 把雷诺应力和平均速度梯度联系起来。湍流黏性系数本身通过表征湍流特性的两个参数表示，即湍流动

能参数 $k$ 和耗散率 $\varepsilon$，两者结合在一起定义湍流运动的速度和长度尺度。$k$ 和 $\varepsilon$ 在时间和空间的分布由这些量的模型输运方程决定。本计算使用了 $k-\varepsilon$ 模型[32]中经验常数的标准值。对于街涡流的求解就是对稳定 $k-\varepsilon$ 模型的直接拓展，即把现有的各项时间相关的平均量加到输运方程中。

在上面的两个应用例子中，基于各向同性湍流黏性系数理论的 $k-\varepsilon$ 标准模型，在滞止区域会导致 $k$ 的失真并过大的增长，这是由于在这些区域上，当平均应力项占据生成项 $P_k$ 的主要地位时，此模型模拟这种情况失效的结果。Kato 和 Lauder 建议特别用 $P_k = C_\mu \varepsilon S^2$ 代替源生成项 $P_k = C_\mu \varepsilon S\Omega$，式中，$S=\sqrt{\frac{1}{2}(U_{i,j}+U_{j,i})^2}$，$\Omega=\sqrt{\frac{1}{2}(U_{i,j}-U_{j,i})^2}$ 分别表示应变和涡量。在简单的剪切流体中，当 $\Omega \approx S$ 时，特征现象不变，而在滞止区域中 $\Omega = 0$ 的假设会使湍流生成取消。这种类型的 $k-\varepsilon$ 模型也用上面的两个算例进行了验证。

(2)雷诺应力模型(RSM)

湍流黏性系数模型并不能很好地处理历史效果和输运效果在湍流上的影响，因此在有复杂分离流体的区域中当这些情况起到重要作用时，用此模型处理自然会产生困难。例如 Franke 等人[34]通过对一流经圆柱体真实区域的街涡流动进行数值的分析认识到，由于历史效果和输运效果的重要影响，此时的湍流黏性系数是负值，因此这时湍流黏性系数的理论是无效的。雷诺应力模型单独通过求解模型输运方程的应力项 $\langle u'_i u'_j \rangle$ 考虑了历史和输运的效果，此模型没有使用湍流黏性系数的概念。Franke 和 Rodi[35] 把 Launder[36] 等人的带有壁面修正的标准雷诺应力模型应用到 Gibson 和 Launder[37] 计算的非稳态平均应力中的应力-应变项中。同时他们也把这一 $k-\varepsilon$ 模型应用到长方柱体的计算中。

(3)近壁面处理

针对不同的湍流模型，处理近壁面区域使用了多种方法。在今天众多流行的计算方法中，壁面函数依然被使用，即没有解黏性底层而是把第一个网格点放在这一底层之外。基于对数速度分布律和当地湍流平衡(生成=耗散)假设，网格点处的数值与摩擦速度有关。尽管这些假设在分离区域中是值得商榷的。作为可供选择的方法，双层方法也与 $k-\varepsilon$ 模型结合在一起，对于方柱体算例该方法同样与 RSM 方法结合在一起进行了计算。根据 Norris 和 Reynolds[38] 的计算结果在此方法中，黏性底层可由一相当简单的一维方程求解。在这种方法中，湍流运动速度尺度依然由 $k$ 方程确定，但是长度尺度不能由 $\varepsilon$ 方程确定。然而，在靠近墙壁的长度尺度分布是规定好的，特别是在非常靠近壁面的区域使用线性分布，此分布在靠近壁面处是逐渐衰减的，就像在 van Driest 模型中使用的那样。

18.2.2.2 LES 方法

在大涡模拟中，三维非稳态 N-S 方程获得的数值解，在大雷诺数情况下小尺度的湍流运动在此算法中无法求解，这些情况就被忽略了。只有运动尺度大于此忽略尺度即对网格尺寸有效的尺度才进行求解，这种情况在圆柱体算例中的二维周期性街涡运动中也存在。未解出的小尺度脉动在已获得解的大尺度运动中的影响需要被模拟。日本 Kuwahara[39] 等人在离散对流项时,把这些效果简化处理为三次幂迎风格式的衰减效果。这种准 - LES 方法被应用到正圆柱体的计算中,对所用网格的依赖性尚不完全清楚。

(1)亚格子尺寸模型

在许多大涡模拟计算中,不能解决的小尺度运动的效果是用亚格子尺寸模型模拟的。三维非稳态的方程的求解意味着小尺度运动被忽略,同样也可以说成方程在数值网格控制容积上进行了平均。这种忽略和平均化在未被求解的脉动速度上引入了修正,这一脉动速度在已解决的运动上表现为应力,而且这些运动需要被模拟。Rodi 等人使用了两种不同的模型。一种是 Smagorinsky[40] 的湍流黏性系数模型,这一模型将亚网格尺寸的湍流黏性系数与所求解运动的应变伸展速度以速度尺度的形式联系起来,与网格尺寸以长度尺度的形式联系起来。在靠近壁面,长度尺度用 van Driest 衰减函数修正。这一模型引入了经验常数 $C_s$,不是普适常数但与所计算的流体有关。$C_s$ 通常取为 0.1。

因为最理想的 $C_s$ 常数值随流动的变化而变化,甚至在同一流动的不同点处的数值也不同,而且在 Smagorinsky 模型中需要对近壁面进行处理,所以由 Germano 等人提出的动力模型越来越流行[41]。在这一模型中由求解最小尺度获得的信息被用来求解在 Smagorinsky 模型中的当地的非稳态的常数 $C_s$ 值。$C_s$ 的计算结果可能含有不稳定值甚至会是负值,虽然原则上这可以表示反向,但这会破坏该方法的稳定性。因此,进行一些平均和剪辑是必要的,采用的处理方法在文献[32]中有详细的描述。在计算方柱体的计算中动力模型常被使用。

(2)近壁面处理

大涡模拟中理想的壁面处理是使用无滑移条件,这就非常需要靠近壁面高雷诺数的解,否则在湍流底层中,对湍流动量输运起重要作用的运动尺寸就无法求解。尽管无滑移条件经常用到,充分的解并不是常常能够获得。对高雷诺数更合理的处理是引入一近壁面模型就像在 RANS 算法中使用壁面函数那样。许多种形式的这种模型被提出来,Rodi 等人在下面给出的方柱体和立方体算例的计算中,使用的是 Werner 和 Wengle 的方法[43]。这一方法假设在第一网格内的瞬时切线速度与瞬时壁面剪切应力是同相的,并且假设在 $y^+ < 11.81$ 时瞬时速度符合线性分布,在 $y^+ > 11.81$ 时符合 1/7 幂律分布规律。这里必须指出所有壁面模型基本上是对附着流动而言,而在分离流体区域的应用尚待商榷。

18.2.2.3 数值求解方法

RANS 方法和 LES 方法有许多共同特征,已经在前面进行了叙述。控制容积方法可通过贴体曲面网格求解不可压 N - S 方程。压力速度耦合由 SIMPLE 运算法得到,并将湍流通量用中心差分作出近似。

RANS 和 LES 方法的差别可叙述如下:RANS 方法是完全绝对的。它在三维稳态计算中是一个迭代过程而在非稳态的街涡计算中采用的是一级反向时间差分。与之相反,LES 方法在时间上最低需要二阶精度,并且为了获得脉动随时间变化的合适解也需要小时间步长。

### 18.2.3 长方柱体算例

下面是 $Re=22\ 000$ 的流体流经一长方柱体的算例。RANS 计算结果由多种湍流模型获得,从 Baldwin - Lomax 代数模型到 RSM 模型,一个简单的 LES[47] 方法已经在文献[24,25]中叙述过。同时,Bosch 已使用一拓展计算区域通过多种形式的 $k-\varepsilon$ 模型对此算例进行了计算。Rodi 等人获得了许多 LES 计算结果,这些结果要比文献[47]中的结果好。这里主要是对计算所得的新的结果进行比较和分析,同样 Franke 和 Rodi[35] 的 RSM 计算结果也被包含在内,因为这是通过唯一不使用湍流黏性系数概念的模型获得的解。

继 Franke 和 Rodi[25] 之后,LES 的计算区域在柱体上游被延长至 $4.5D$,而下游被至少延长至 $14.5D$,每侧至少 $6.5D$,也就是到管壁所处的位置。Wang 和 Vanka[48] 使用了一种有点不同的计算区域,在这一计算区域中采用了比 Rodi 等人更好的网格和高阶的对流项。在所有提到的 LES 计算中,计算区域沿伸方向增加了 $4D$。Bosch[45] 发现 $4.5D$ 对均匀入口流速来说离柱体太近,因此他把计算区域延长至 $10D$。实验中,在来流中测定湍流度为 2%。在所有的 LES 计算中,入口处的湍流被忽略,而在 RANS 计算中被测定的湍流度则被预先规定。尽管这样,在来流区域依然存在与 $\varepsilon$ 有关的需预先设定的不确定量。Franke 通过假设湍流黏性系数与层流黏性系数的比值为 100 确定了这个值,而 Bosch 则假设比值为 10 并说明这更接近实际情况。表 18 - 3 对 LES 和 RANS 方法的计算网格进行了对比。其中只包含了 Rodi 等人计算结果的一部分。Wang 和 Vankas[48] 改进了计算。UKAHY2 是指 Rodi 等人的工作。

当足够精确的数值方法被采用以及计算的参数被精心挑选后,所有模型都产生了街涡。图 18 - 18 表示的是用 RSM 和 RANS 模型结合 UKAHY2 的 LES 方法在一起的计算结果与实验测量结果对比,用三种不同情况下的流线表示出来。非常清楚地看到两种模型都与测试结果高度的符合。当然也存在细节上的差别,在不同的 LES 方法中这种差别会更大。在实验中以及大量的 LES 计算中街涡并不是很规律的,这可以在图 18 - 19 中摘录的一部分压力和升力变化可以非常清晰地看到,这里产生了低频率的振荡,但是一个清晰的街涡摆动频率依然可以被确定。

表 18 - 3 汇总了许多主要参数,比如无量纲摆动频率(Strouhal 数 $St=fD/U_0$),时间平均阻力系数 $\overline{c_D}$,RMS 中脉动阻力和升力系数,分别用 $c_D'$ 和 $c_l'$ 表示,附着长度 $l_R$,$l_R$ 指的是在柱体后面时间平均分离区域的长度。在 RANS 模型中通过壁面函数预测的 $St$ 数大致是正确的,而两层方法预测的 $St$ 值有点偏高,比在 RSM 中预测的值高 20%,许多 LES 方法符合 $St$ 的正确数值选为 $St=0.13$,这表示 $St$ 值受模拟参数的影响不是很大。标准 $k-\varepsilon$ 模型预测的 $\overline{c_D}$ 值非常低,这是由于存在一个非常大的底部压力和一个非常长的分离区域。无论是 Kato - Launder 修正的引进还是两层方法的使用,都可以减小底部压力和分离区域的长度从而增加 $\overline{c_D}$ 值,两种方法的结合更容易获得准确值(虽然 $l_R$ 现在有些小)。使用壁面函数 RSM 算法可以产生准确的

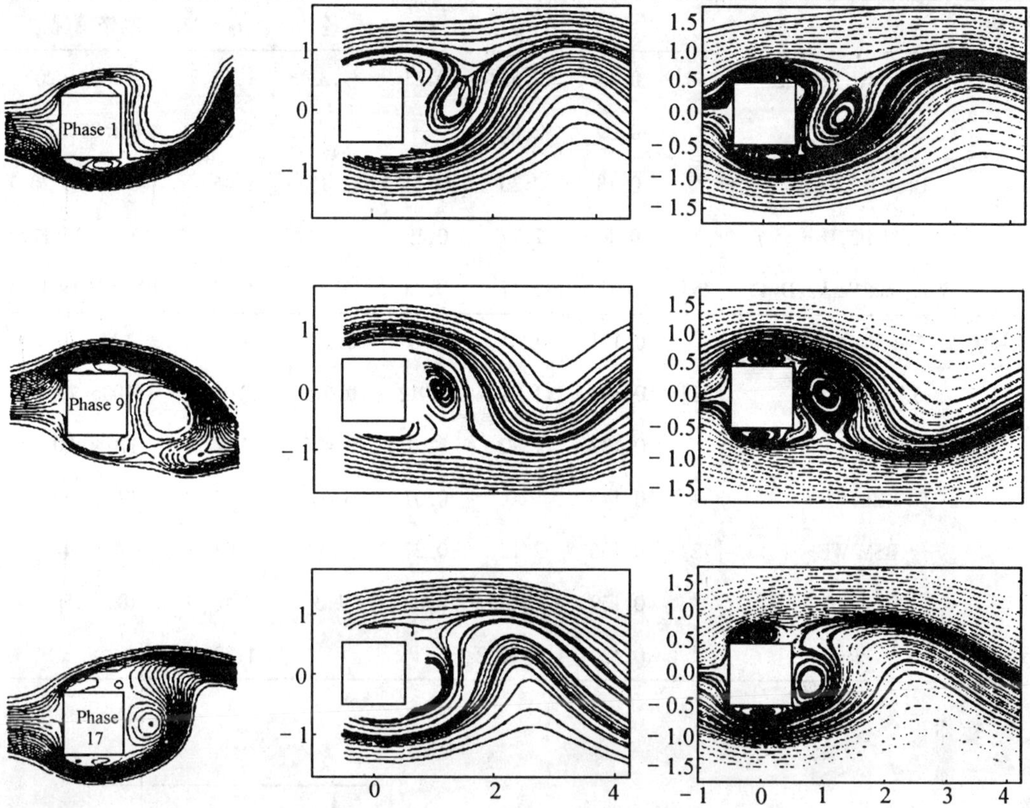


图 18-18 流过方柱体的三个不同摆动相位

$\overline{c_D}$值，而两层方法则较高的估计该数值。许多 LES 方法产生的$\overline{c_D}$值都落在经验范围之内，其中许多值都落在较大的一边，尤其是对没有使用壁面函数的 LES 方法。在 LES 方法中 $c_D$ 与附着长度之间没有明确的联系。基本上 RANS 方法产生的 $c_D$ 脉动要比 LES 方法小，对于由标准 $k-\varepsilon$ 模型获得的 $c_D$ 脉动也可以这样说。尽管如此，RANS 方法与 KL 方法和两层方法与 RSM 结合在一起与 LES 生成的结果仍在同一数量级上。

表 18-3 流经方柱体汇总参数

| 计算方法 | | | $St$ | $c_D$ | $c'_D$ | $c'_L$ | $l_R$ | 网格情况 |
|---|---|---|---|---|---|---|---|---|
| LES | KAWAMU, No SGS | [7,8] | 0.15 | 2.58 | 0.27 | 1.33 | 1.68 | 125×78×20 |
| | UMIST2 | | 0.09 | 2.02 | — | — | 1.21 | 140×81×13 |
| | UKAHY2, Smag | | 0.13 | 2.30 | 0.14 | 1.15 | 1.46 | 146×146×20 |
| | TAMU2, Dyn | | 0.14 | 2.77 | 0.19 | 1.79 | 0.94 | 165×113×17 |
| | Wang and Vanka, Dyn | [25] | 0.13 | 2.17 | 0.18 | 1.29 | 1.20 | 192×160×48 |
| RANS | Std $k-\varepsilon$ WF | | 0.134 | 1.64 | ≈0 | 0.305 | 2.8 | 100×76 |
| | KL $k-\varepsilon$ WF | [22] | 0.142 | 1.79 | 0.012 | 0.614 | 2.04 | 100×76 |
| | TL $k-\varepsilon$ | | 0.137 | 1.72 | ≈0 | 0.426 | 2.4 | 170×170 |
| | TL-Kl- $k-\varepsilon$ | | 0.143 | 2.0 | 0.07 | 1.17 | 1.25 | 170×170 |
| | RSM WF | [12] | 0.136 | 2.15 | 0.27 | 1.49 | 0.98 | 70×64 |
| | TL-RSM | | 0.159 | 2.43 | 0.06 | 1.3 | 1.0 | 186×156 |
| 实验结果 | | | 0.132 | 1.9-2.2 | | | 1.38 | |

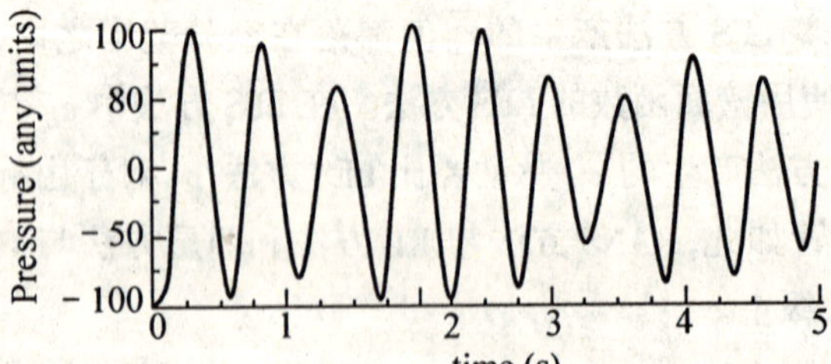


柱侧面压力

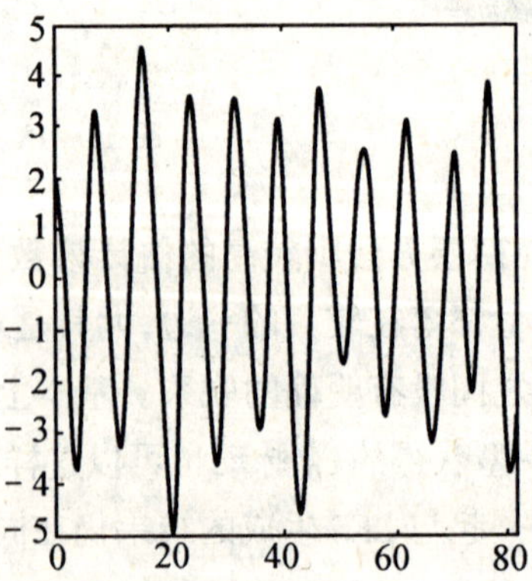


LES-UKAHY2: 升力

图 18-19 流经方柱体的压力和升力变化

图 18-20 表示的是沿中心线的时间平均速度 $U$ 的分布。Lyn 等人[27] 和 Durao 等人[50] 的

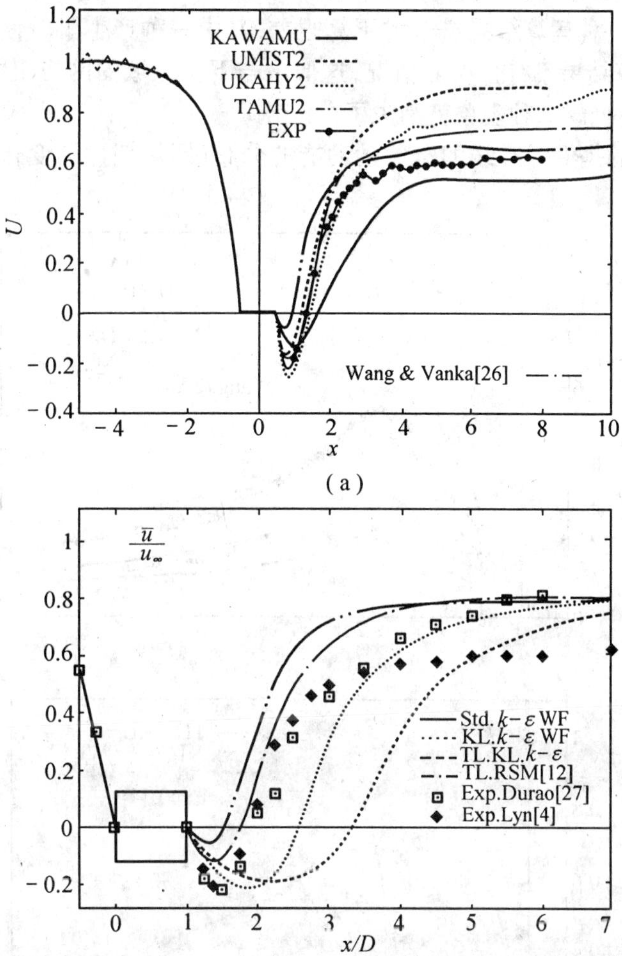


**图 18－20　沿方柱体中心线时间平均速度 $\overline{U}$**

实验数据也被包含在内。可以看出在靠近柱体的区域数据有很好的吻合,但是自由流体速度的差别越来越大的原因还不完全清楚。在柱体前侧流体基本上是非黏性的,所有的结果都吻合得很好,但是在尾部区域计算结果存在很大的差别。影响 $l_R$ 的因素先前已被讨论过。标准 $k-\varepsilon$ 模型过大的估计了分离区域的长度。引进 KL 修正和双层方法对计算有所改善,实际上两种方法结合在一起能够得到与实验数据吻合很好的结果。尽管如此,自由流动速度值比 Lyn 等人[27]测定的数值大,而与 Durao 等人测定的数据很接近。实际上这些 RANS 计算比 RSM 计算结果好,因为在 RSM 算法中分离区域非常短而且存在小的负值速度。LES 运算结果在分离区域长度和恢复状况都与实验测定出现了很大的差别。预测的恢复状况要比 Lyn 等人的测定数据快,但其中有一种运算结果符合的不算很差,其中一种产生了较慢的恢复。在 $x$ 值增加时 UKAHY2 的运算结果不符合实际情况,这似乎与下游区域的网格粗糙有关,因为当一个较好的网格应用在此处时这种现象就消失了[47]。

图 18－21 展现的是沿中心线的总脉动动能的分布(即周期性的变化加上湍流脉动的变

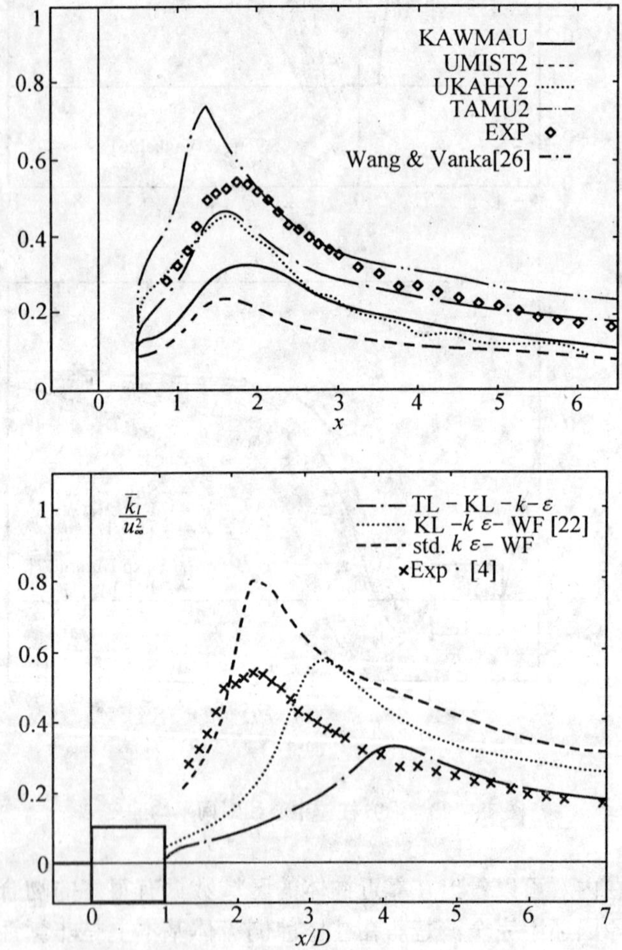


**图 18－21　沿方柱体中心线脉动动能(周期＋湍流)**

化)。在这里有多种 LES 计算,结果出现了更大的差别,在峰值 $K_{tot}$ 处甚至出现了四倍的差别,但这个图形并不是完全一致的。TAMU2 产生的脉动大而使分离长度变小,而 KAWAMU 产生的脉动小以便于解释长的分离长度。难于理解的是为什么在更低的脉动水平上 UMIST2 方法产生的分离长度也小。这大致可以理解为当阻力系数与分离长度可比拟时，总脉动的预测太小。而对 RANS 方法，由图 18－21 可以看到结合壁面函数的标准 $k-\varepsilon$ 模型预测的脉动峰值在下游很远处而且在柱体后的脉动值很小。使用两层模型(图中没有显示)将峰值点向左移动了一点，这里需要指出 Franke 和 Rodi[25] 的计算结果与实验有很大的差别，他们使用的是同一模型而得到一个相当低的 $K_{tot}$ 值。这表明计算结果受模拟参数选择的影响很明显。转换 KL 修正使得峰值靠近柱体并使其值基本正确，当 KL 修正与两层方法结合在一起峰值点的位置也是基本正确的，但是此时的脉动值被过高估计了。这里没有引进 Franke 和 Rodi 的 RSM 计算结果，因为他们没有显示 $K_{tot}$ 而只是显示了顺流和侧向的脉动，这与相应的实验数据的吻合很好，两层方法的结果有一些偏高。

这里显示了 UKAHY2－LES 的结果，所有的 RANS 计算结果都显得比实验值低，而 LES 的结果与实验结果大致相同。这表示在 RANS 计算中总脉动要么是符合实际要么是过高，周期性脉动就被预估过高。RANS 和 LES 方法的不同在于非常高的湍流动能，而这湍流动能如图 18－22 所示源于低频率脉动。在实验中这些数据源自大尺寸结构的三维特性，由实验中同样可以观测到，在一定范围内来流的低频不稳定性。LES 计算结果可获得三维特性，并用来计算源自三维特性的湍流低频脉动。当然二维 RANS 计算不能获得这些，可通过求解湍流模型方程来决定 $k$ 值。

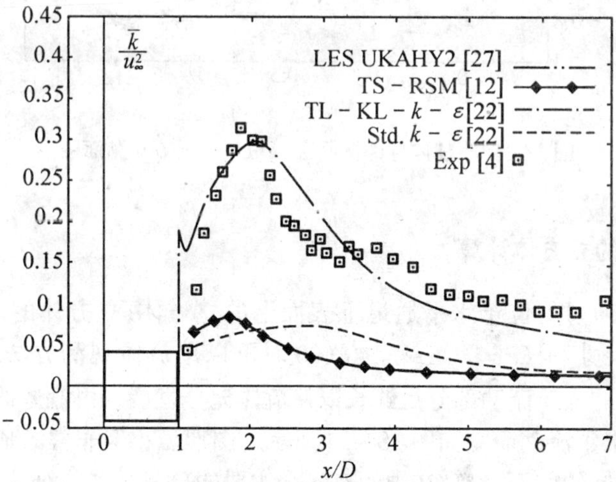


**图 18－22　沿方柱体中心线湍流动能分量**

街涡流动的总体现象主要取决于对柱体侧分离剪切层进展情况的预测。因此考虑柱体后侧的 $U$－速度图形是很有意义的。图 18－23 已把在截面 1 的总体平均流速显示出来。实验中已经发现在任何相分离的剪切层不再附着。从图 18 – 23 中可以看出 RANS 计算在上和下两个侧面预测附着都不成功。这里所有的 LES 计算都与实验数据非常接近,其中两个关于实际网格点预测的速度分布被显示在图中,这就给出了该区域解的总体图像:在 UKAHY2 计算中(近壁面网格高度 $y_1/D=0.01$)至少有一些网格点处于回流区域,而在 UMIST2 计算中第一个网格点位于负值速度最大处。在这区域的网格点是造成与实验数据误差以及不同 LES 计算差异的主要原因所在。也就是说,虽然进行了许多改进,TL – RSM 计算结果依然不是很理想($y_1/D=0.001\,25$)。

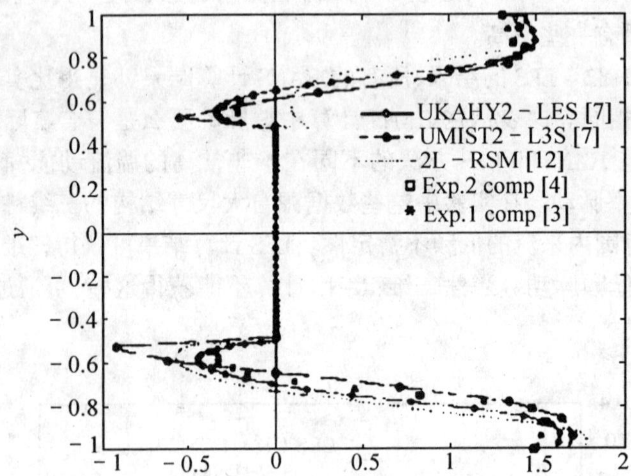


图 18 – 23 柱体背部壁面上 $x$ 位置的 $<U>$ 抛面图

### 18.2.4 平面上的立方体计算

下面考虑的流动通过一位于水平通道下表面上的立方体;立方体的高度 $H$ 是通道的一半,因为在这一几何尺寸和 $Re=U_BH/\nu=40\,000$ 时可以用流体观测方法进行研究和详细的 LDA 测量[28,29]。通道的入口流动部分足够长以使流体充分发展。由流体的可见性和精细测量可知,Martinuzzi[28] 给出了流动简图如图 18 – 24 所示。图形虽小但非常清楚地表达了流体的复杂特征。流动在立方体的前面分离,在中间有一个主要的分离涡和二级分离涡,因此可以观测到四个涡。主要的涡在立方体周围弯曲的像一个马蹄然后进入尾流区域,在这里有一个典型的聚集分散现象。流动在立方体的前脚、顶部以及边壁分离。在顶部中间它没有再附着,一个大的分离涡在立方体的后面发展起来并与马蹄涡相互作用。起于地面的一个曲线涡在立方体后面扩展开来,主要的脉动频率在立方体的后面和侧面测量,与通过侧面的流体街涡相互作用。流动分离的双峰现象特别是立方体前侧和顶部的涡也被观测到。

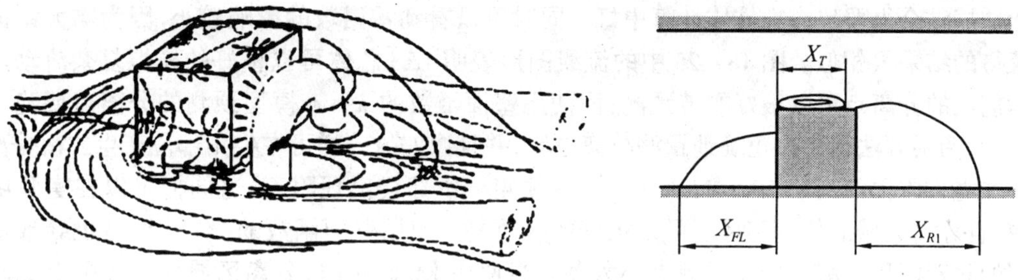


图 18–24 文献[28]中的流动经过平面上的立方体

Rodi 领导的 LES 研究小组在表 18–4 中列出了三种结果，表 18–4 中显示的 UKAHY 的方法和结果在文献[41]中有所叙述。Lakehal 和 Rodi[52] 用不同形式的 $k-\varepsilon$ 模型和用 RANS 方法计算的结果列在表 18–4 中。在长方柱体上游计算区域长宽分别延长 $3.0H$ 和 $3.5H$，对 LES 和 RANS 计算的下游计算区域长宽分别延长 $6H$ 和 $10H$ 以及 $7H$ 和 $9H$。对每一种方法都是先对其充分发展的流动进行计算然后计算结果被用来作为入口条件，周期性或无滑移条件被用在后面的边界上，而在两层(TL)RANS 计算中，两层方法只用于立方体壁和底面上，所用的网格列于表 18–4，在近壁面与较好的解有些不一致。使用壁面函数的 RANS 方法近壁面网格高度为 $0.01H$，在两层计算中网格高度为 $0.001H$，Rodi 等人使用的 UKAHY–LES 计算中网格高度为 $0.0125H$。因此大约需要有 160 000 个时间步长才能获得相对可靠的数据。

表 18–4 立方块计算的汇总参数

| 计算方法 | | Key | $x_{F1}$ | $x_T$ | $x_{R1}$ | 网格 |
|---|---|---|---|---|---|---|
| LES | UKAHY3, Smag | | 1.29 | | 1.70 | 165×65×97 |
| [7,8,26] | UKAHY4, Dyn | LES–D | 1.00 | | 1.43 | 165×65×97 |
| | UBWM2, Smag | | 0.81 | 0.837 | 1.72 | 144×58×88 |
| RANS | Std $k-\varepsilon$ WF | KE | 0.65 | 0.43 | 2.18 | 110×32×32 |
| [29] | KL– $k-\varepsilon$ WF | KL | 0.64 | | 2.73 | 110×32×32 |
| | TL–$k-\varepsilon$ WF | TLK | 0.95 | | 2.68 | 140×84×64 |
| | TL–KL– $k-\varepsilon$ | TLKK | 0.95 | | 3.40 | 142×84×64 |
| 实验结果[28,29] | | | 1.04 | | 1.61 | |

图 18－25 对几种计算的对称平面(左侧图形)的流线与靠近管壁(右侧图形)的流线进行了对比,而表 18－4 则对图 18－24 要确定的分离区域的长度进行了对比。此算例 LES 方法与实验数据结合得要比在方柱体计算中好。同时可以看到雷诺数的影响较小,因为与大雷诺数下获得的结果很相似。图 18－25 中的流线图形表明 LES 总体可以很好的模拟复杂流动。立方体前侧的分离点可以很好的被预测,而使用壁面函数的 $k-\varepsilon$ 模型预测的分离点要晚。另一方面,两层方法也可以正确地预测分离位置,并且像 LES 一样可在尖角部位产生二次分离。

在立方体顶部,UKAHY－LES 计算没有预测出中部会出现附着,这同样可以在实验中看到,并且分离区域的位置和尺度可以很好的被重复。使用壁面函数的 $k-\varepsilon$ 模型也导致了在顶部的附着而且预测的分离区域太小太薄。当使用 KL 修正时,分离区域变长实际上此时没

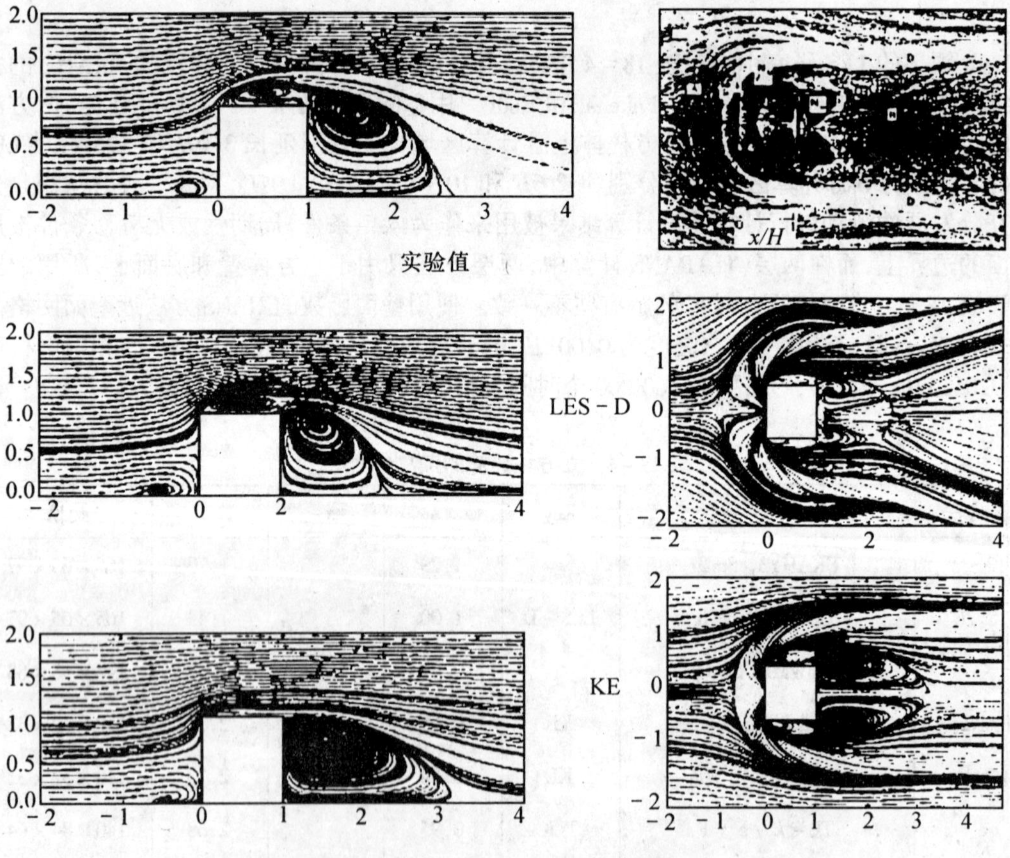


图 18－25(a)　对称平面和底平面附近的流线图

有附着,但是分离层依然很薄。改进效果可以通过在障碍物前侧产生的湍流动能的减少得到,

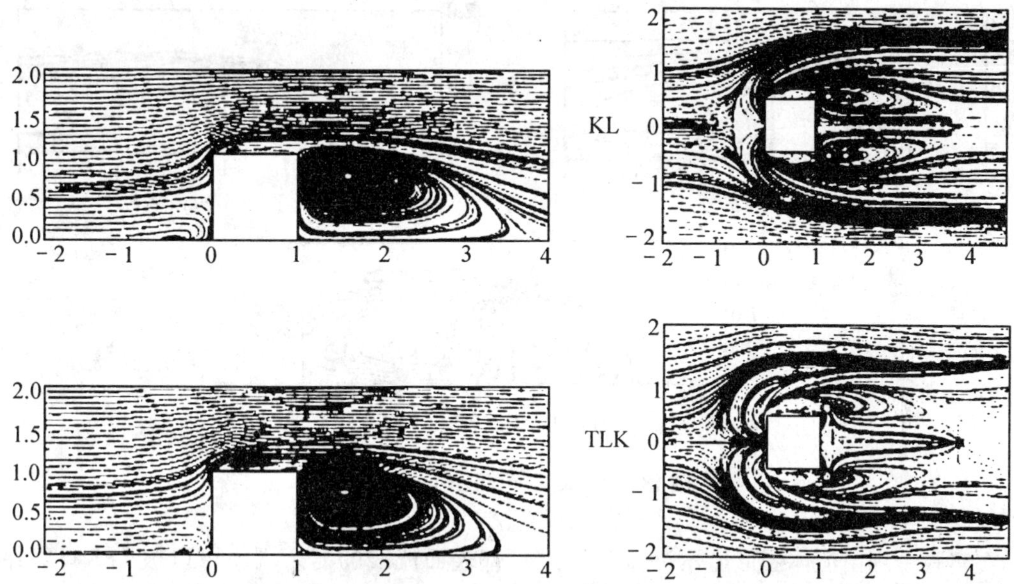


**图 18－25(b) 对称平面和底平面附近的流线图**

如图 18－26 中的 $k$ 的等高线所示。结果是，在 KL 方法中绕前角只有小部分湍流，因此在顶部的湍流黏性系数较小，从而导致一个较长的分离区域。立方体前部多余的动能在 LES 中也没有表明，分离剪切层中存在很大的湍流动能生成。将壁面函数应用于两层方法中，也可以改善顶部的预测；这是由于相对薄的分离层具有良好的解，近壁面更切合实际的处理，以及在二维分离流计算中与先前的观测结果一致。在考虑流经顶部的流体问题中，两层方法与 KL 修正法结合在一起，会产生最好的 RANS 预测效果。

所有的 RANS 模型在预测立方体后侧的分离区域时，得到的分离区域的长度都显得过大，使用壁面函数的标准 $k-\varepsilon$ 模型预测的长度超过 35%，而 KL 修正和两层方法的引入都会使的 $X_{R1}$ 增加较大，这两种方法的结合给出的长度最大(见表 18－3)。在 KL 修正的计算中，轻度湍流流经由前角和顶部处进入下流区域，从而在那里产生较小的湍流黏性系数，这可以解释标准模型计算得到的相对长的分离区域。从 WF 转化到 TL 算法，在顶部产生的较大的分离区域也使立方体后部的分离区域增加，LES 在立方体的背部处理的比较好，并且很好的预测了分离区域的长度。在实验中被观测的一些来自于侧壁的街涡可以加强尾流区的动量交换，而且可以显著地减少障碍物后面分离区域的长度。即使在 LES 结果中没有清晰的观测到涡，在这些计算中的大尺度不稳定运动的解仍可以产生正确的效果，而在 RANS 计算中当然不能说明这些效果，从而解释了产生过高估计分离区域的可能性。

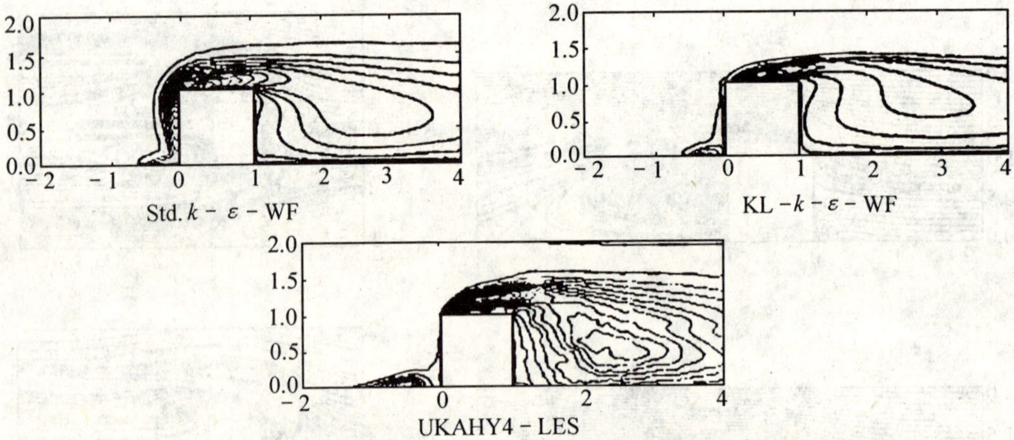


图 18-26 对称平面上的 $k$ 值分布

在实验中用由流体图形显示测量到的近管壁表面流线的复杂现象可以被 LES 计算结果很好地再现,包含以下细节:马蹄涡流动的聚集与分开现象,立方体前部的主要的和二次涡分离,立方体后部的弧形涡以及在回流区域的附着边界。在 RANS 计算中只有两层模型可以重现这些细节(但包含有一个很长的回流区域)。当马蹄涡的聚集和分开现象不存在,所有的分离区域基本上都是由弧形涡充满时,由壁面函数获得的计算结果产生的一个相对简单的图形,而这与实验观测的结果是相反的。

图 18-27 将在对称平面不同位置的流体平均速度 $\overline{U}$、剪切应力$\overline{u'v'}$和湍流动能 $k$ 进行了对比。在顶部和分离及再发展区域,LES 计算的结果明显大于 RANS 的计算结果。当然在后部区域中较差的 RANS 预测与已讨论过的附着的预测是紧密结合在一起的。如同在流线中设想的一样,KL 和 TL 方法改善了顶部 $U$ 的预测但是增加了尾流中的误差。在长方柱体的后部区域,LES 估计的 $k$ 值峰值点比顶部高出很多,在近尾流处($x\approx 2$),RANS 模型预测的 $k$ 值和剪切应力$\overline{u'v'}$较低。相对大的值主要由不稳定效果产生,这一不稳定效果似乎与相当短的分离区域有关,这不能在 RANS 模型中得到解释而在 LES 计算中可以很清楚的给以说明。

### 18.2.5 小结

本节列举了多项用 LES 和 RANS 方法对绕长方和立方物体流场的计算结果。计算物体的形状虽然相对简单然而它们会产生复杂的流动现象。通过与细致的实验测量结果的对比表明,这些流动的复杂现象至少可以被其中一些方法成功地预报,尽管方柱体的结果不是非常理想。通过这项工作可以看出,由于对周期性运动的估计过低,标准 $k-\varepsilon$ 模型在计算此类流动时产生的结果在某些方面较差。这很大程度归因于这种模型的使用使得流动滞止位置的湍流

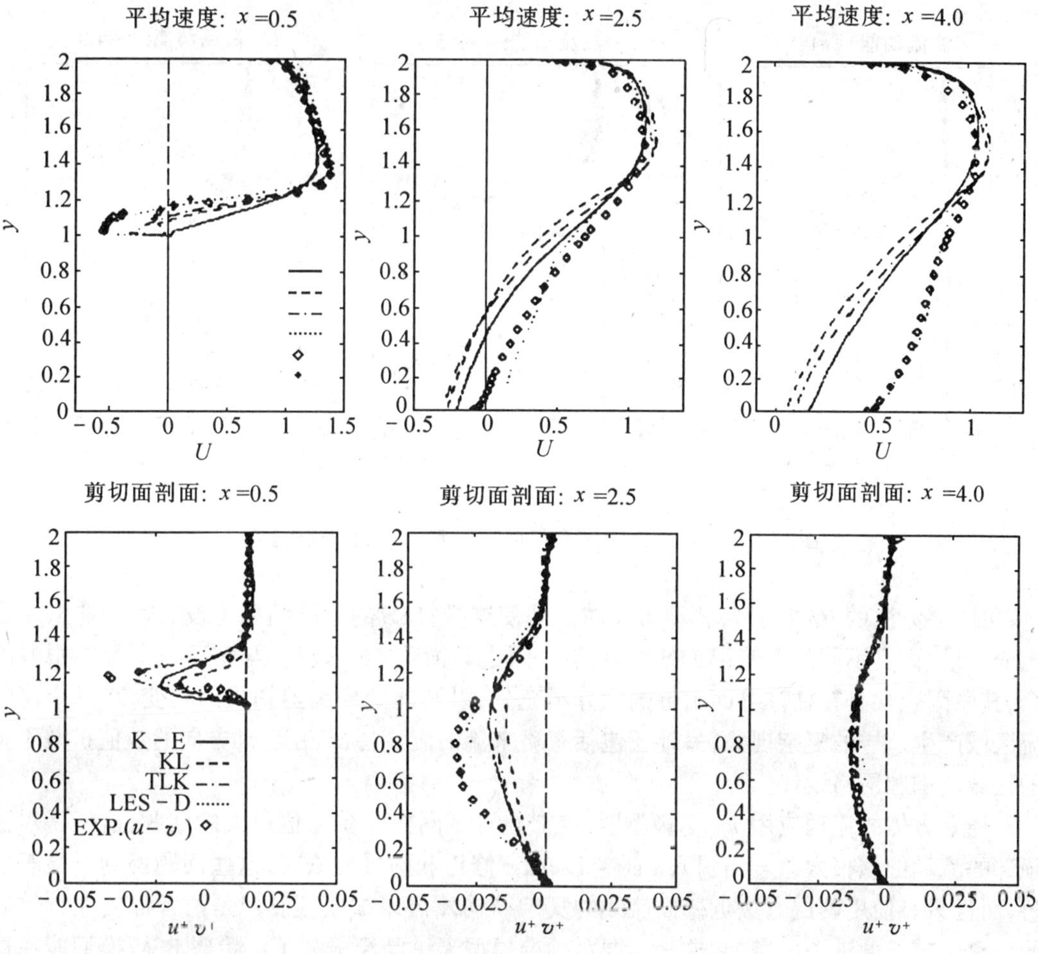


图 18-27(a)　立方体对称平面上的 $\overline{U}$, $\overline{u'v'}$, 和 $k$ 的分布

生成项过大。KL 修正解决了这一问题并获得了改进的结果，在处理近壁面区域时这种方法通过与两层方法的结合可以使计算结果获得更多的改进。雷诺应力模型的使用同样能够克服这个问题，但是此模型的引进会出现过高估计周期性运动的效果。在所有的 RANS 计算中，湍流脉动都被严重地估低了。在实验中这些脉动的过高数值可能源于涡下泻运动的低频变量，这也说明三维计算效果不能由二维情况下 RANS 计算给予很好的说明。LES 似乎考虑了这些运动，因此总体上可以给流休细节更好的模拟。为此付出的代价是计算时间的增加。在同样是 SNI S600/20的机器上UKAHY2 LES计算需要 73 小时，而使用壁面函数的 RANS 计算只需 2 小

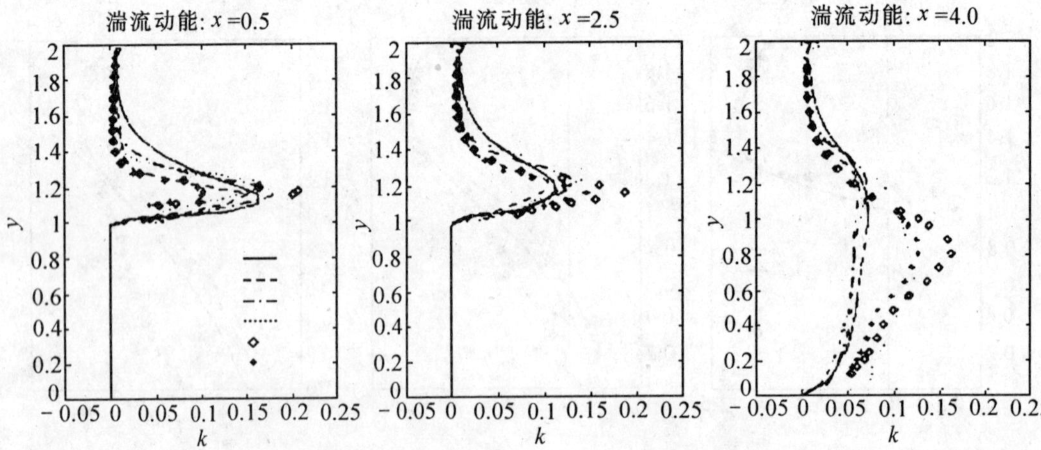


图 18-27(b) 立方体对称平面上的 $\overline{U}$, $\overline{u'v'}$, 和 $k$ 的分布

时，使用两层方法的 RANS 计算需要 8 小时。即使这样，LES 的计算结果也没有达到非常令人满意的效果，而且不同的人使用 LES 计算结果不同其原因很难解释。与实验数据不能很好的吻合，其原因包含有在柱体壁面附近的计算不充分，以及此处分离剪切层的转变，在一个薄的回流区域产生这样的复杂现象，另外还包括忽略来流的湍流特征，在流动方向的数值扩散不足够的区域范围和网格设计。

对绕立方体的流动应用 $k-\varepsilon$ 模型时，在滞止区域同样存在 $k$ 值过大的问题，这使得对流经顶部的流动的预报太差。当引入 Kato - Launder 修正和两层方法时，这些问题得到了显著的改善，而且只有使用两层方法近壁面流线的复杂结构才可以被模拟。但是两者都使立方体后面的分离区域长度进一步增加，这一长度对标准模型来讲已经很大了。希望 RSM 模型能在这一方面改进计算。用 LES 方法已经获得了很好的预报效果，这一方法对三维流动的基本特性都有良好的效果。不同的 LES 方法在计算长方柱体时差别很小，由于流动是完全湍流状态，较好的预报效果也需要很高的代价。在 SNI600/20 的计算机上，LES 计算(UKAHY4)需要 160 小时，而 RANS 两层模型需要 6 小时，使用壁面函数的 RANS 模型只需 15 分钟。

与统计湍流模型结合在一起的 RANS 方法进行突变台阶物体的工程计算已经有许多年，但是必须得承认仍然有时会产生较大的误差。本节这一比较性的研究表明 LES 方法很明显地更适合，更有潜力计算这些复杂的流动问题。虽然需要更进一步的发展和验证，但是随着计算能力的进步，LES 方法将很快应用于工程实际领域。

# 18.3　侧风条件下运动火车周围CFD数值分析

提示:高雷诺数流体流过简单车型的数值结果已被给出。在火车运动方向上流体入射角从平行到常态的变化促使了不同流动形式的发展。为计算不同流动形式,三维雷诺时均N-S方程以及 $k-\varepsilon$ 湍流模型用有限容积法在多块结构化网格中给予解决了。压力、速度场应用SIMPLE算法。尽管被计算的火车外形结构简单,可流动计算结果却相当复杂。

## 18.3.1　引言

近几十年来,在铁路运输中高速列车越来越被重视。高速列车中的空气动力学已经成为设计进程的一个主要课题。其主要原因是,考虑到火车及其他车辆中的空气动力学设计能满足低能耗、高安全系数和高稳定性的需要,并可以改善操作便利性、舒适度以及低噪音。如今在空气动力学的不同课题中,侧风的影响之所以占有一个重要地位,是因为其对车轮转动稳定性的不可忽略的作用。逆风中高速行驶引起的气体动力学的力和力矩有使车轮脱轨的可能,显然,这种作用对高速行驶的火车来说会更强。侧风带来的危险会随速度的增加而带来严重问题。

从流动过程来看,火车被定位在高细长比的非流线性物体。然而,火车周围的流动仍然不同于飞机等其他空间飞行器,因为火车的底部和底面之间的流动不能忽略。鉴于其几何特征和操作速度,火车周围的流体流动基本上是一个三维湍流流动问题。一般说来,连续变化时密度可以忽略,流体可以看成不可压流体。然而,特殊情况(隧道入口、超高压)压力影响就不得不考虑在内了。

任何气体动力学设计的最终目的,都是为了加深理解某些几何形状及特定函数的动力特性。实施典型约束下的可操作程序,需要对流体流动内在特性有一个广泛的了解,更有甚者,对作用力和力矩与流体结构之间的关系应该有更多了解。

除了在有限数量的简单例子中分析方法可以被利用外,交通车辆的气体动力学设计主要还是依靠实验方法。在过去的30年里,CFD在气体动力学等许多研究领域被大量实施。尽管他被应用于许多领域,但计算机运算要求与之相适应的条件使CFD的应用相当受限制。高速发展的计算机行业,已经开始把CFD带入到交通车辆气体动力学的领域中去。

当实验方法不适用或相当困难时,CFD的使用就变的备受关注。一般说来,实验方法需要大量时间和经济资源,因为雷诺数的限制,所以利用风洞来克服全部缺点是不可能的。例如,在大量流动中,特殊边界的再造和风洞中操作条件是不能实现的。换句话说,空气中的测试主要受到气体动力学的支配,这些条件使再次实验极为困难。

由Baker和Gawthrope[53]通过大尺度模型得出的实验数据显示,不可忽略的差异很可能是由不同的实验设置所造成，主要是考虑气体动力学边界层和底部运动。在一个试图估计火车被侧风掀翻可能的实验中，Cooper[54]使用了一种程序来计算其可能性，他的研究用十五分之一大尺度模型，考虑到运动和静止的情况，与Baker和Gawthrope的测试相对照，这次测试是在大气环境中进行的，结果静止测试实验大幅度偏离运动测试，准确确定这些参数已经超出了技术可行的能力。Cooper[55]同时也得出一个有关风洞测试的结论，显示临界雷诺数存在于流体结构形式发生剧烈变化情况。同样道理可应用于柱面分离点位置的变化，分离点从迎风面移动到背风面。该测试覆盖了倾斜角30°的一系列情况。

Copley[56]用三维势能技术，也称为棋盘法，去预测侧风条件下理想几何尺寸车体的作用力及力矩。更进一步，他把计算结果与倾斜角为角20°~35°一系列实验数据相比较，其一致性很小。相比较实验结果适用于倾斜角从15°~70°的实际几何尺寸。当倾斜角增加到50°时，结果的准确性似乎与以前相符，但是，这些有限的计算结果又大大偏离实验结果。Chiu[57,58]引入两维和三维棋盘法来预测理想火车模型的压力分布，显然必须提前知道初始压力，但计算结果与实验结果相当一致。Chiu和Squire[59]运用两维和三维相结合的方法来计算并与实验结果比较。Gaylard[60]对CFD的不同方面提出异议，他运用雷诺时均N-S解来计算当侧风90°入射时，列车中间车箱二维断面的流动问题。Masbernat等人[61]用三维运算预示了法国高速列车的流动情况。压缩雷诺时均N-S方程，使用非结构化网格的有限元方法，但侧风的作用没有考虑。

现在的目标是强化对火车周围流体物性的理解，特别是在侧风条件下的理解，考虑现阶段计算方法在传统铁路中的适用能力。一个简单的能够重现大量流体特性的三维几何形状已被重视。常使用的SIMPLE基本算法被利用来解决大量的三维雷诺时均N-S方程，并适用于火车周围的流动问题。对实际的火车和几何简化，再把主要方程式通过湍流封密模型联系在一起，并进行大量的技术处理。

### 18.3.2 几何描述

完整的列车模拟除了计算机软件需要的储存空间外，还需要250米长的列车运行计算空间，所以只有构造简单列车的流动才能依靠计算机来计算。最简单的长度应限制在像德国只有两节车厢组成的列车那样，见图18-28。这种车辆主要适用于推挽式高速载客列车，其总长为52.8米，车长与车宽、车高的比率为1:0.0535:0.0781。

Cooper[55]认为流体的结构顺流而下在较短的距离(小于一节车厢)内差不多是稳定的。然而，只要总长在Cooper限定的长度之上，减少长度不会改变流体的基本物理特性。另外，如果忽略表面以及底部细节，像车镜、挡风玻璃以及机械部分，车厢内部是封闭的，而轨道和车轮不包括在模型内，上述形状更加简单适用于计算。地面被认为是光滑的，所以铁道之间的粗糙程度不予以考虑。

### 18.3.3 控制方程和解的过程

本书给出的数学模型已经足够用来描述流体在特殊的相关流动中的运动。一方面，每个

图 18－28　典型的列车算例

数学模型的精确度都直接影响着物理模型的准确程度；另一方面，模型的复杂性增加也能使精度加强。很明显，一种特殊流动的预测准确度主要依赖于其物理模型的选取。以一定条件下的流动为例，N－S 方程中通过时均速度的变化与湍流黏性系数假设使方程组封密代表了计算流动中最通用的工程方法。考虑速度的情况下，忽略压缩性和传热性，方程可以简化成下列形式。

连续方程

$$\frac{\partial u_i}{\partial x_i}=0 \qquad (18-49)$$

动量方程

$$\rho\left(\frac{\partial u_i}{\partial t}+\frac{\partial(u_i u_j)}{\partial x_j}\right)=-\frac{\partial P}{\partial x_i}+\frac{\partial}{\partial x_j}\left((\mu+\mu_t)\frac{\partial u_i}{\partial x_j}\right) \qquad (18-50)$$

这里 $u_i$，$P$ 和 $\rho$ 分别代表速度矢量、静压力和密度，然后把湍流黏性系数 $\mu_t$ 与湍流脉动动能 $k$ 以及湍流动能耗散率 $\varepsilon$ 代入可得以下方程

$$\mu_t=\rho C_\mu\frac{k^2}{\varepsilon} \qquad (18-51)$$

这里 $C_\mu$ 是常数，$k$ 和 $\varepsilon$ 可以从标准 $k-\varepsilon$ 湍流模型方程中获得。

湍流动能量方程

$$\rho\left(\frac{\partial k}{\partial t}+\frac{\partial u_i k}{\partial x_i}\right)=\frac{\partial}{\partial x_i}\left(\left(\mu+\frac{\mu_t}{\sigma_t}\right)\frac{\partial k}{\partial x_i}\right)+\left(\mu_t\left(\frac{\partial u_i}{\partial x_j}+\frac{\partial u_j}{\partial x_i}\right)\right)\frac{\partial u_i}{\partial x_j}-\rho\varepsilon \qquad (18-52)$$

耗散率方程

$$\rho\left(\frac{\partial \varepsilon}{\partial t}+\frac{\partial u_i \varepsilon}{\partial x_i}\right)=\frac{\partial}{\partial x_i}\left(\left(\mu+\frac{\mu_t}{\sigma_\varepsilon}\right)\frac{\partial \varepsilon}{\partial x_i}\right)+C_{\varepsilon 1}\frac{\varepsilon}{k}\left(\mu_t\left(\frac{\partial u_i}{\partial x_j}+\frac{\partial u_j}{\partial x_i}\right)\right)\frac{\partial u_i}{\partial x_j}-\rho C_{\varepsilon 2}\frac{\varepsilon^2}{k} \tag{18-53}$$

方程中的系数

$$C_\mu=0.09 \quad C_{\varepsilon 1}=1.44 \quad C_{\varepsilon 2}=1.92 \quad \sigma_k=1.0 \quad \sigma_\varepsilon=1.3 \tag{18-54}$$

解上述方程,有限容积法离散化,用二阶精度中心差分格式离散扩散项,对流相用一阶迎风格式来分离。

使用 SIMPLE 算法计算黏性区内的压力和速度耦合流场,压力修正被反复使用。全部方程离散后最终会得到以下的代数方程组

$$A_p\phi_p+\sum A_{nb}\phi_{nb}=Q \tag{18-55}$$

这里 $nb$ 代表中心周围的有限容积单元,$A_{nb}$ 是个系数,$Q$ 是控制容积的源项,由此得到的代数方程是

$$A\phi=Q \tag{18-56}$$

这里 $\phi$ 是在计算单元中包含变量值的矩阵,$Q$ 是源项构成的矩阵,$A$ 是矩阵系数,每一次迭代都含有很强的隐式过程[62]。

许多流动的预测使用 FASTEST - 3D 来进行运算,其细节包括代码矢量等可以在文献[63-67]中找到,适用于陆地车辆的气体动力学在其他参考文献[68、69]中找到。

### 18.3.4 计算范围和边界条件

为了计算第 18.3.2 中描述的列车周围流场,在障碍拐角处使用了第一类边界条件与黏性,湍流动能和耗散率。而第二类边界条件适用于同样变化的外界流动边界。这个边界条件更适用于压力修正而非压力本身。由于压力修正方程的特殊格式,第二类边界条件也适用于所有边界的压力修正。

图 18 - 29 给出了计算流动区域,水力学直径($D$ = 3 米)被选作特征长度。入口边界至火车前部为 13.33 倍特征长度,火车后部至出口为 26.66 倍特征长度,计算范围从两边中线各扩大 13.33 倍特征长度,底部间隙和火车上部计算区域高度分别为 0.137 和 13.33 倍的特征长度,地面运动的模拟是通过预设的实际火车速度的垂直速度来完成的,其他方向速度为零。相对风速设为 20 m/s(72 km/h),在边界入口处湍流强度占 1%,它的长度尺寸为 0.4 米,地面、光滑壁面都使用标准壁面函数。

### 18.3.5 计算网格

数值计算区域由块结构组合而成,图 18 - 30 给出表面网格结构,网格数共为 $1.2\times10^6$ 个

控制容积，并且这些控制容积被分成24个块，使用一个商用软件来产生网格。

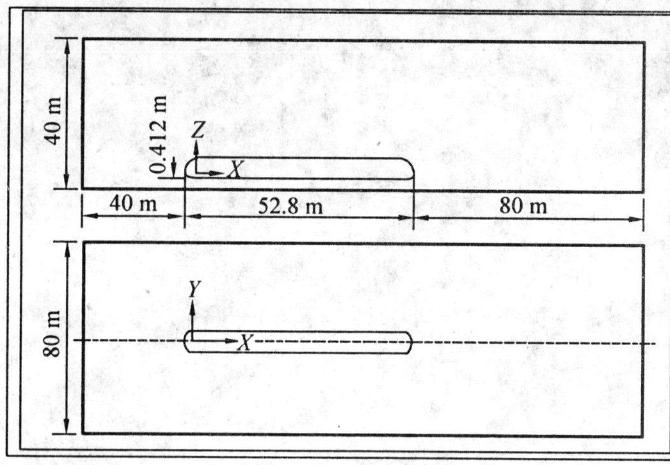


图18-29 计算区域

第一步就是把CAD的表面数据传递到网格生成器中；第二步，表面网格被分成内表面和外表面，线性插入被用作创造表面网格，最后，内部各点通过表面两点间的计算得出。

### 18.3.6 结果和讨论

侧风造成列车周围对称流动的干扰并使产生的力和力矩有所增加，这也会带来使火车翻车的危险，并且对操作安全产生影响。除了相对速度之外，空气动力及力矩主要与来风的倾斜角有关，众所周知，至今尚无人能够测量。

为了调查与侧风有关的现象，许多描述流体流过各几何形状的模拟实验已经展开。计算是在相对风速和特征尺寸的基础上取倾斜角为0°，20°，40°，60°，80°，90°以及雷诺数为$3.67\times10^6$情况下完成的。值得注意的是，因为相对中等速度而言，相对风速很小，所以大倾斜角在实际中很少提到，研究这种条件下获得的逆风对高速列车的影响还是很有意义的。

在以往的例子中使用相同的尺寸和计算范围，并用相同的边界条件来预测流动的情况。尽管漩涡大小和气动力系数有少许不同，所有的计算都来自相同的流动现象，并对风力条件的改变都显示出相同的敏感。从这些主要的对比中，可以以为现在的模型能够达到预测流动结构和分析目的。

18.3.6.1 流动结构

从倾斜来风角的变化中可以看得出两种不同流动结构。小倾斜角的流动结构在图18-31中给出，$\beta=20°$时二维流线在$x$轴上不同位置的描述见图18-32。小倾斜角时，漩涡是在导流体的背面上出现的如图18-31中的漩涡。在流体离开火车时会观察到迅速对流现象，进

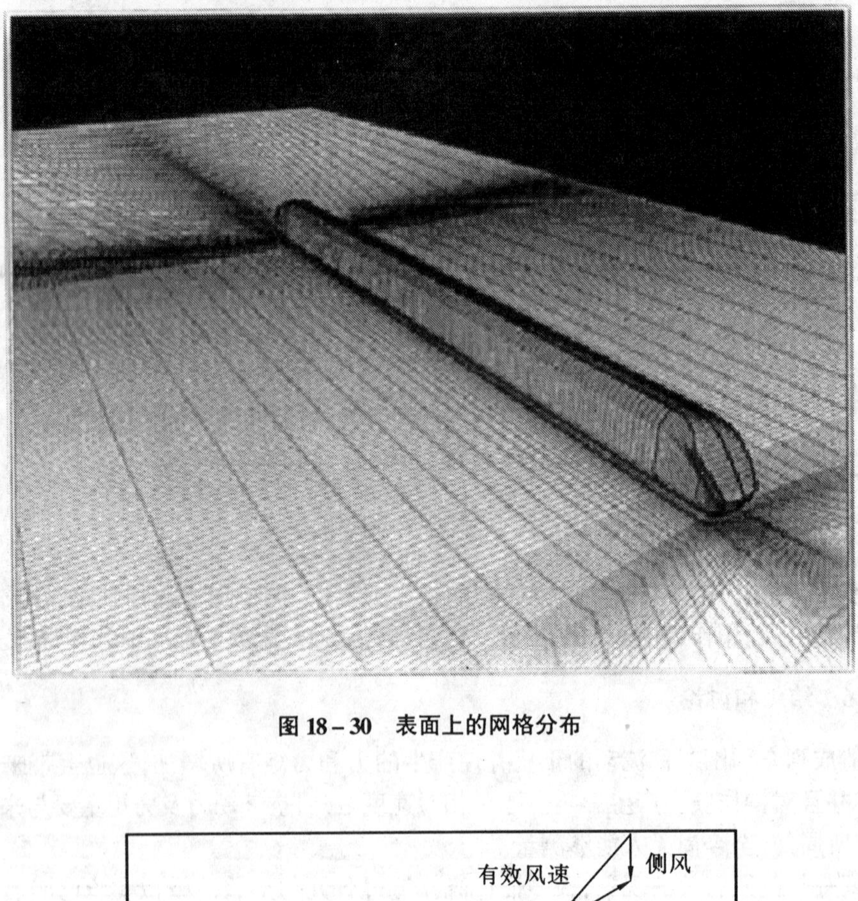

图 18－30 表面上的网格分布

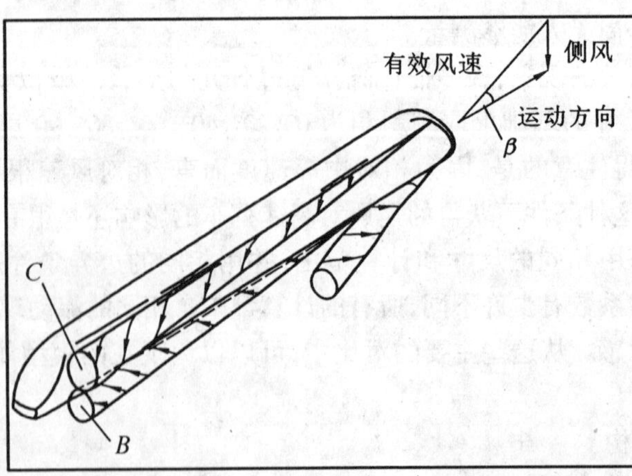


图 18－31 某一倾斜来风角度的流动结构简图

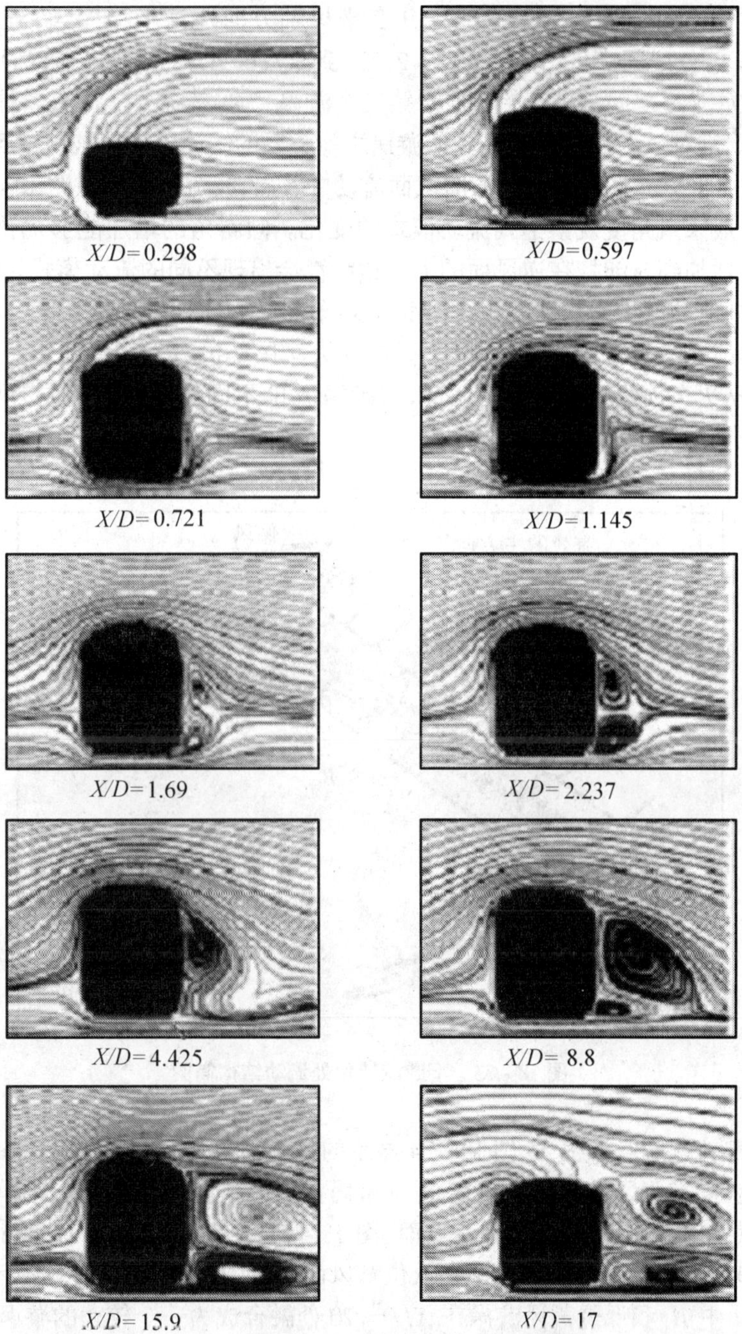


图 18-32　沿 $x$ 轴横向截面的二维流线

一步观察,在顺流方向一种新的漩涡产生并在坐标轴方向逐渐平稳变大,漩涡 $A$ 从 $X/D=1.145$ 到 $X/D=1.69$ 之间产生,并在 $X/D=2.237$ 到 $X/D=4.425$ 之间分离,而漩涡 $B$ 在 $X/D=4.425$ 到 $X/D=8.8$ 之间稍稍开始形成。第三个漩涡 $C$ 在三维导流体分离处产生且从发出点就开始分离。沿背风的漩涡的发展和低漩涡之间关系的结论也可以被观察到。$A$ 和 $B$ 漩涡的演变可以通过图 18-32 二维逆流横向截面流动中看出,其流线模型在图 18-35 中给出。

实际上,一般来风角度观察不到流动模式的变化。倾斜角的增加能够优化排列并破坏漩涡 $A$,当倾斜角增加到 80°时,在逆风面的上下边缘都会出现不同的流动模式。图 18-33 显示了下游流转角处流动结构的简图。包含垂直于列车前缘方向为轴的大漩涡 $A$ 的分离区倾斜角逐渐改变,而后水平平行于列车的外轮廓线,在火车尾部没有发现弯曲。另一个漩涡 $B$ 在漩涡 $A$ 下面。从火车前缘顺流而下至尾部,与漩涡 $A$ 的不同速度和不同方向相融合,最后分别产生两个二次漩涡 $C$ 和 $D$。

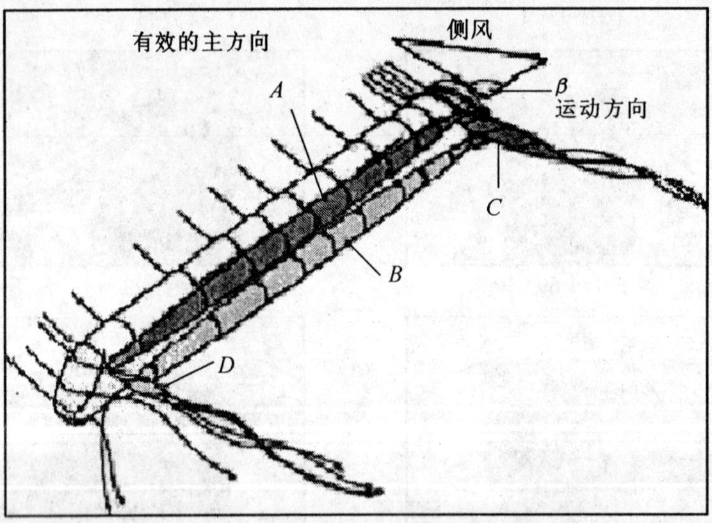


图 18-33 下游流转角处流动结构简图

风向对尾部轨迹的影响很大,图 18-34 显示的是倾斜角 $\beta=0°,20°,60°$时 $x$ 轴上不同点的总压等高线。在没有侧风的情况下,两个对称漩涡在低位产生并沿顺流方向逐渐衰弱,在倾斜角为 20°的侧风条件下,上部的漩涡在背风面(图 18-31 中的 $C$) $X/D=17.466$ 和 $X/D=17.7$ 之间先传播过来,一个附加的漩涡逐渐在低位背风面形成,并随着迎风面漩涡运动。背风面的漩涡(图 18-31 中 $B$)和低位背风漩涡在 $X/D=20$ 处融合成为一个较大的漩涡。

风向上的低位漩涡朝背风面移动,到 $X/D=19.166$ 时,它的中心在对称平面($Y/D=0$)处,而到 $X/D=20.833$ 时,中心移到 $Y/D=0.1$ 处,在轨迹中由于压力的增加会出现最后的漩涡渐

X/D=8.8

X/D=15.362

X/D=15.900

X/D=16.456

X/D=17

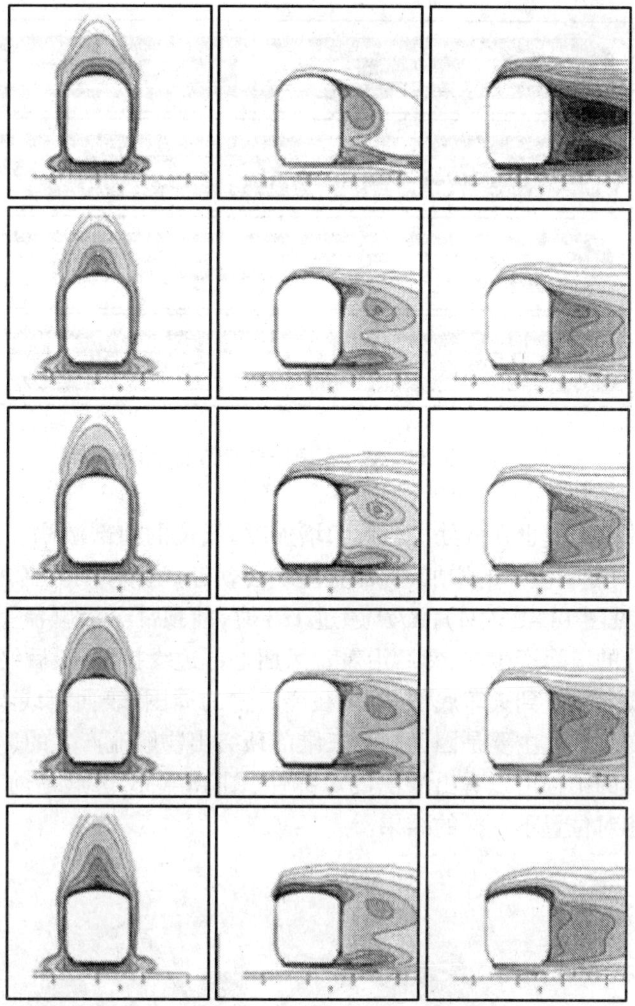

图 18－34　垂直 $X$ 轴不同截面总压等高线，$\beta=0°$，20°和 60°(从左至右)

渐衰弱，当 $\beta=60°$时，由于流过尾部时与背风面上部尾迹相干涉(图 18－31 中 $C$)，结果形成了一种平行于流动方向的新漩涡。其他的两个漩涡在离开火车后输散开并在较低位置处消失。

18.3.6.2　表面流线型

带倾斜角的流动结构的变化可以通过观察列车背风侧流体流线型得到(图 18－35)。图中给出的不同情况，在顶风侧的顶部流动都没有消失，一条主要的分离线可以沿着列车在背风面的上部边缘看到。

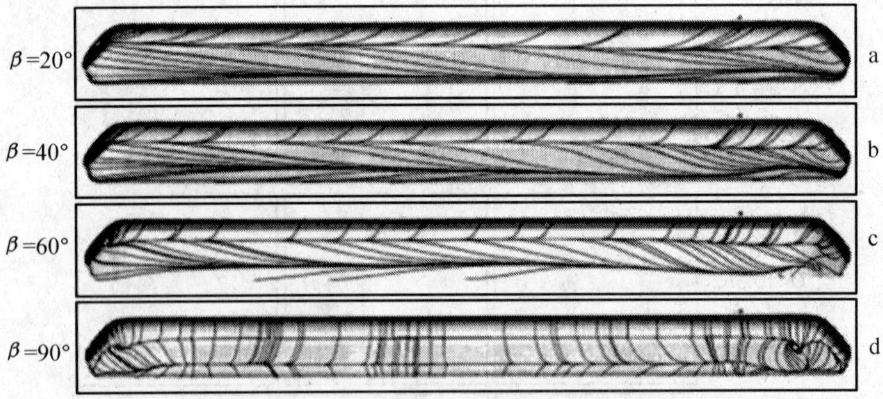


图 18-35 不同倾角背部表面流线型

低位漩涡的分离线也在低处。当倾角增加时，低位的前部漩涡和尾部漩涡会同时缩小和扩大，顺流移动。随着漩涡的增加，上部分离线会朝迎风侧移动。当角度到达 90°时流线型会发生复杂变化（见图 18-35(d)），$X/D$ 超过 1.3 时，前顶部分沿顺流呈现一条清晰的分离线，这是由突出部分的漩涡产生的，然后沿着背风面上部边缘扩大，最后终止于尾部漩涡里。第二个漩涡使分离线弯曲直到火车底部，除了在突出物的周围，表面流线型仍然不变，并且沿流动方向没有太大变化。这主要是因为缺少三维前顶突出物顺流产生的速度的缘故。计算比较从前部至尾部漩涡的结构可以看出漩涡的对称性（图 18-36）。这是前部突出物大小的不同和后尾部突出物相对位置不一样的结果。

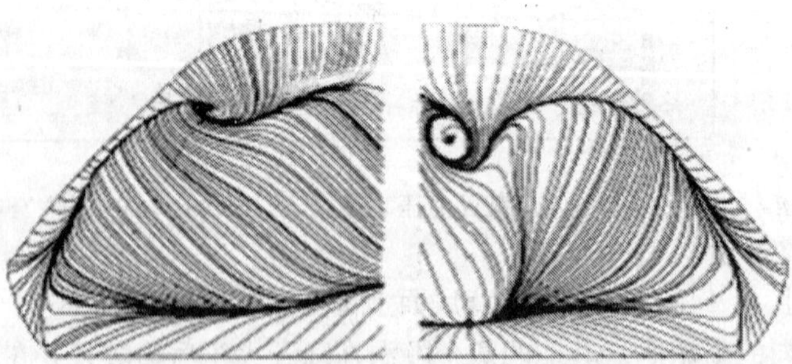

图 18-36 从前至尾部表面附近流线型

18.3.6.3 压力分布

图 18-31 给出了 $X$ 轴上不同位置，表面压力随倾斜角的变化。当以一定倾斜角靠近火

车流动时，流体会在表面上经历骤增和骤减过程。结果，一个非均匀压力场产生，并且一边产生侧压和转动力矩，而另一边的力和力矩也有所增加。显然，表面压力分布取决于来流风向角。压力场的特性适用于中小倾斜角，但在交叉流计算中却相差甚远。

当倾斜角为0度时，在上侧迎风和背风面边缘会出现两次尖锐突起。其他位置压力分布均匀。尾部的压力分布基本上与前部相同。

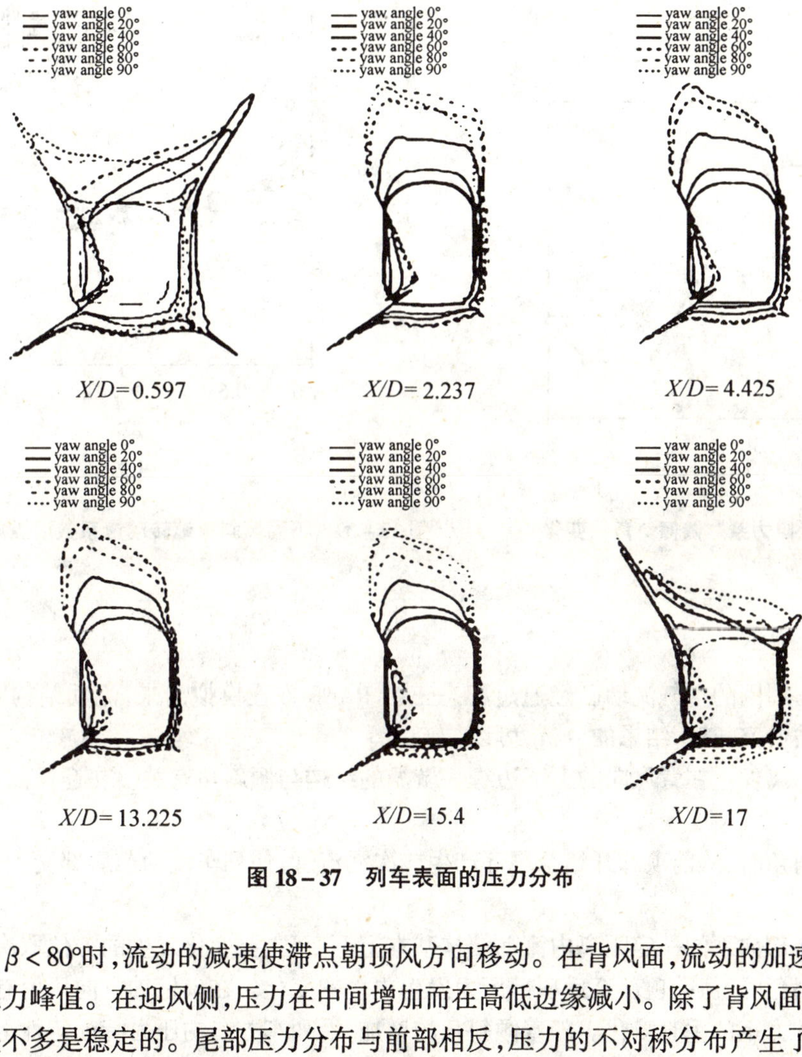


图 18－37 列车表面的压力分布

当0°＜$\beta$＜80°时，流动的减速使滞点朝顶风方向移动。在背风面，流动的加速使顶部背风边缘出现压力峰值。在迎风侧，压力在中间增加而在高低边缘减小。除了背风面边缘，列车底部的压力差不多是稳定的。尾部压力分布与前部相反，压力的不对称分布产生了转动力矩并使列车的后半部向反向扭转。

当$\beta \geqslant$80°时，速度和压力分布在列车两头是相似的，底部的运动对主要部位产生的压力比顶部低。既然交叉流中没有垂直速度，所以滞止点也随之消失，取而代之的是沿风向上出现一个停滞带，这些力和力矩共同作用，有推翻列车的企图。

图 18－38 给出了阻力系数随倾斜角的变化，图 18－39 给出了不同倾斜角滚轴动量系数沿纵向分布的规律。

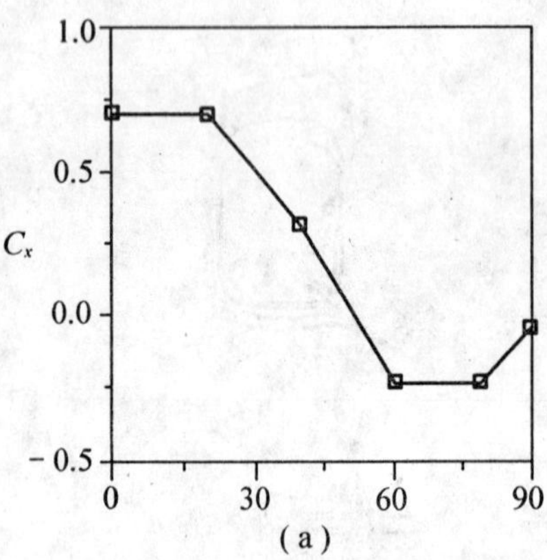


图 18－38 阻力系数随倾斜角的变化

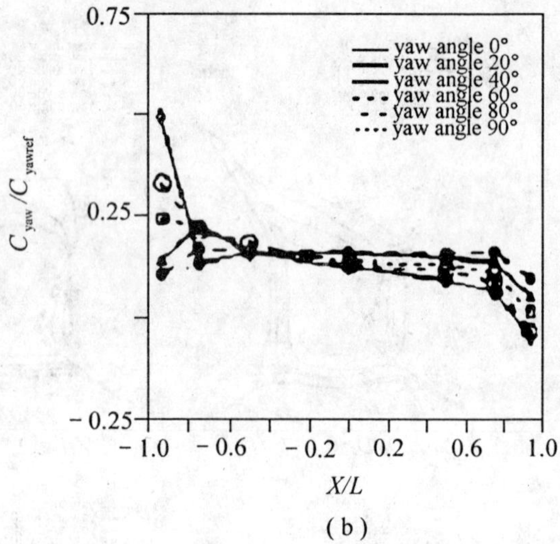


图 18－39 不同倾斜角滚转动量系数沿纵向分布

### 18.3.7 小结

高速列车周围的空气流动已经通过稳态三维 RANS 方程模拟出来，流动结构对来风倾向角的依赖也被研究，基于结果的分析，可以推论：

• 流动分离发生在背风向的上下边缘。漩涡的结构与倾斜角有关。在迎风面边缘没有分离。

• 大倾斜角时，从前项部开始至尾部产生二次涡流管，使列车流动前后部受到干扰而不再有对称性。

• 从前项部向下的一定距离内流动结构基本上不变，主要变化发生的方位取决于倾斜角。

• 小倾斜角时，从前项部至后项部压力发生更大的变化。在坐标轴方向压力有较大梯度，也导致了力和力矩的垂直变化。随着倾斜角的增加，沿列车方向的压力特征定性上是一样的。

# 18.4 BFC网格和正交网格计算复杂地形大气流动的比较

提示:为开发一种总体上精确有效的方法来模拟地形上的非稳态三维大气流动,考虑两种网格系统及其相应的变量分布进行比较是有意义的。一种是随体坐标网格系统(BFC),基于定位变量分布;另一种是正交网格系统,基于交错变量分布。用这些方法计算形如一个孤立小山的真实复杂地形上风的特征。两种方法明显的避开了数值计算上的困难,例如在解压力泊松方程时SOR方法的收敛性问题,而所得的数值结果有更高的精确性。除了网格系统和变量分布的差别,两种数值结果在流动类型上没有发现有实际意义的差别。与以往的研究相比较,不管用何种模拟方法,总体特征流动情况都被成功地模拟。从这个意义上说,所得的数值结果令人满意。

## 18.4.1 引言

大气现象在空间和时间上的尺寸范围都很大,且对气象学要素的变化依赖性很强,如湍流,浮力,地形效应及地球的自转。理解和预测这些现象的气象学变量(如风、温度、湿度、预计辐射量、湍流动能)的区域性分布非常有必要,因为它们与工业计划和环境问题的关系非常密切。

而今已有四种工具可以用来研究大气现象:(1)现场调查;(2)理论研究;(3)实验研究;(4)数值研究。大多数经得住时间考验的理论研究都局限在二维流动,而实验研究和现场调查通常费用高,且提供的数据常常不够细致。另一方面,数值研究(通常叫做计算流体力学,CFD)实际上已成为近年来研究大气现象的最有用的工具之一,这主要归功于现代计算机的计算能力越来越强大。尽管如此,作复杂地形上空的非稳态大气流的三维计算仍然费时费力。

因此从工程的角度看,我们已经用有限差分法(以后称FDM)得到了两个有效的模拟法则[71-76]。这些法则以直接数值模拟(以后称DNS)[71-74]为基础,包括N-S方程的数值解法而不包括任何湍流模型;以大涡模拟(以后称LES)为基础作为湍流模型,意味着只有流动中的大涡被确切的模拟,而那些小于网格尺寸的涡由动态格子模型模拟[77]。

这里描述的数值研究是前面提到的数值研究的继续[71-76]。它的基本目的是得到一种总体上有效且精确的模拟地形上三维非稳态大气流的方法。其特征长度量级为千米,特征时间量级为小时。因此这里考虑两种网格系统及其相应的变量分布。

首先用这些法则来研究一种简单的地形——一座孤立的小山,研究其上流过的稳定分层的大气流。把注意力放在这些方式的有效性、精确性和实用性上。地形上稳定分层大气流已经引起了广泛的关注,不止流体机械研究者,还有许多领域的工程师们都对此产生了极大的兴趣。复杂排放口上稳定分层大气流中污染物的传送和分散,是环境质量保护的关键问题,因为空气污染物的来源经常发生在复杂地形或其附近,稳定分层流动强烈影响着污染物的排放行为,或许会观察到,依赖于发散高度和分层条件的污染物会被卷进数量众多的漩涡和旋转体中,或被长距离的输运很少的扩散。

其次,我们用一个相对较好的空间算法来考虑这样一个计算,即对一个 25 m×25 m 的水平区域内的真实地形上流过的不分层大气流的计算,重点放在用这些法则能否成功地模拟以前风洞实验中观察到的风特征上。

### 18.4.2 数值模拟

控制方程

考虑一个密度线性分层的不可压黏性流体的流动。流动区域为一个孤立小山和复杂的三维地形,其边界无限大。当试图把这个数值结果与以往的实验[71-73,78,79]和数值结果[80]相比较时,忽略了哥氏力。在 Boussinesq 近似下,研究中用到的有关未知量 $u_i=(u,v,w)$,$\rho'$ 和 $p'$ 的控制方程由连续性方程,N-S 方程和密度方程组成如下

$$\frac{\partial u_i}{\partial x_i}=0 \tag{18-57}$$

$$\frac{\partial u_i}{\partial t}+u_j\frac{\partial u_i}{\partial x_j}=-\frac{1}{\rho_0}\frac{\partial p'}{\partial x_i}+\frac{\mu}{\rho_0}\frac{\partial^2 u_i}{\partial x_j\partial x_j}-\frac{\rho' g\delta_{i3}}{\rho_0} \tag{18-58}$$

$$\frac{\partial \rho'}{\partial t}+u_j\frac{\partial \rho'}{\partial x'}=\alpha\frac{\partial^2 \rho'}{\partial x_j\partial x_j}-w\frac{\mathrm{d}\rho_B}{\mathrm{d}z} \tag{18-59}$$

$\rho'$ 和 $p'$ 是扰动密度和压力

$$\rho'=\rho-\rho_B(z),\quad p'=p-p_B(z) \tag{18-60}$$

其中,$x_i=(x,y,z)$ 是物理坐标分量;$u_i=(u,v,w)$ 是相应的速度分量,$\rho_0$ 是密度,$\mu$ 是黏性系数,$g$ 是重力加速度,$\alpha$ 是分子密度扩散率。$\rho_B(z)$ 和 $p_B(z)$ 满足流体静力学平衡,$\mathrm{d}p_B(z)/\mathrm{d}z=-\rho_B(z)g$ 是入口边界处未受扰动的流体压力的基本分布。$\rho_B(z)$ 随高度减少,即,$\mathrm{d}p_B(z)/\mathrm{d}z=-1$。下标 $i,j,k$ 取值 1,2,3,分别代表流动方向、宽度方向和垂直方向。用相同的上方来流速度 $U$,地形高度 $h$ 和上面提到的密度 $\rho_0$ 无量纲化所有变量,得到三个无量纲方程:

$$\frac{\partial u_i}{\partial x_i}=0 \tag{18-61}$$

$$\frac{\partial u_i}{\partial t}+u_j\frac{\partial u_i}{\partial x_j}=\frac{\partial p}{\partial x_i}+\frac{1}{Re}\frac{\partial^2 u_i}{\partial x_j\partial x_j}-\frac{\rho\delta_{i3}}{Fr^2} \tag{18-62}$$

$$\frac{\partial \rho}{\partial t}+u_j\frac{\partial \rho}{\partial x_j}=\frac{1}{RePr}\frac{\partial^2 \rho}{\partial x_j\partial x_j}+w \tag{18-63}$$

这些方程包括三个无量纲参数,即雷诺数 $Re(=\rho_0 Uh/\mu)$,普朗特数 $Pr(=\mu/\alpha\rho_0)$ 和傅立叶数 $Fr(=U/Nh)$。这里 $N$ 是浮力,通常这样定义:$N^2=-(g/\rho_0)(\mathrm{d}\rho_B/\mathrm{d}z)$

数值模拟方法

数值模拟方法如下：速度分量和压力的耦合算法是指微步法[81]。因此，压力的分布由解泊松方程决定，即，用连续缩放法（以后称SOR）取方程（18－62）的发散部分。欧拉确定法有一级精确性，用来确定方程（18－62）和方程（18－63）的时间进程。对于不守恒的平流项，引进三级上方来流方案[80]。相应地，目前的数值模拟是以一个伪的直接数值解法为基础的[82]。

网格系统

成功地模拟三维地形上的大气流的最重要因素是，如何具体说明地形模型作为计算中的边界条件。出于这个目的，我们考虑两种网格系统及其相应的变量分布，如图18－40，图18－41所示：一是图18－40（a）所示的随体坐标网格系统（以后称BFC）；另一个是图18－40（b）所示的正交网格系统。注意到，在随后的例子中，地形模型由矩形网格近似得到。

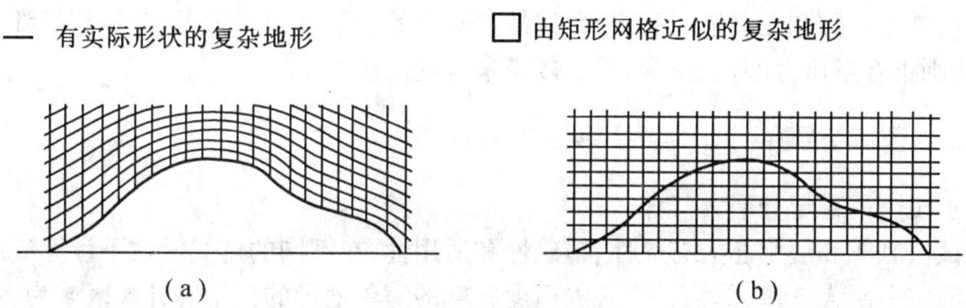


**图18－40　网格系统**

（a）BFC网格；（b）正交网格

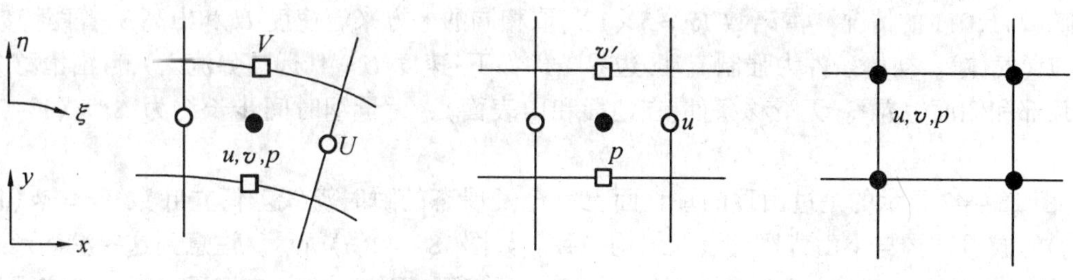


**图18－41　$(x,y)$：物理坐标；$(\xi,\eta)$：BFC；$(u,v)$：笛卡尔速度；$(U,V)$：体积流量；$(p)$压力**

（a）定位网格；（b）交错网格；（c）规则网格

假如用BFC网格系统，那么原来物理空间的控制方程（方程（18－61）～（18－63））就转换到计算空间来。坐标变换式:($x=x(\xi,\eta,\zeta)$, $y=y(\xi,\eta,\zeta)$, $z=z(\xi,\eta,\zeta)$)由基于定位网格[83]的 FDM 近似得到。笛卡尔速度分量和压力取自网格中心处,而体积流量分量取自相应网格表面的中点,如图 18-41(a)所示(以后称法则Ⅰ)。

另一方面,如用正交网格系统,那么,不用任何坐标变换就能将原来物理空间的控制方程(方程(18-61)~(18-63))用基于不均匀交错网格[81]的 FDM 直接近似。这里,笛卡尔速度分量取自对应网格表面的中点。只有压力取自网格中心,如图 18-41(b)所示(以后称法则Ⅱ)。结果,在正交网格系统中用 FDM 近似控制方程的计算变得比在 BFC 网格系统中的计算简单。

在以往的数值研究中[71-73],不管用图 18-40 中的何种网格系统都用规则的网格,其中所有的变量取自同一地点,如图 18-41(c)所示(以后称作法则Ⅲ)。于是当解压力泊松方程的 SOR 法不能有效的收敛时,以及网格解法不够充分时,会出现一个非物理的数值摆动。因此,根据前述的现象,为估计法则Ⅰ和法则Ⅱ的效果用相同的参数,即前人在数值研究中(网格算法,雷诺数,傅立叶数和无量纲时间步)用到的参数开始计算过程。结果,两种情况都无数值摆动,且为法则Ⅲ在解压力泊松方程时的收敛带来可观的改进。

### 18.4.3 数值结果

孤立小山上的稳定分层大气流

为测试法则Ⅰ和法则Ⅱ的有效性、精确性和适用性,在不同的傅立叶数下计算流过一个孤立小山的稳定分层大气流,作为一个有着适度斜度的简单地形的例子。计算区域为:流动长度 $L_x=16.5h$,宽度 $L_y=10h$,垂直高度 $L_z=5h$,其中 $h$ 是小山的高度。小山放置在宽长的中点,山的中心距流入边界 $4.5h$。山的形状这样确定:$f(r)=h/(1+r^4)$,其中 $f(r)$是高,$r$ 是距山中心的距离。在两种情形下,网格点的数量是 $111\times61\times51$ 即 $x$,$y$ 和 $z$ 方向,垂直方向山顶上最小的网格大小约为 $1.5\times10^{-3}h$。为了确定流动模式随傅立叶数的变化,计算了 $Fr=\infty$(自然流动),1,0.1 的情况。雷诺数 $Re=5\times10^3$,取相同的上方来流速度 $U$ 和山高 $h$,普朗特数 $Pr=0.71$(气体)。初始条件为强制流动,边界条件如下:速度 $U=1$(远边界流入),自由滑移条件(在顶部和侧面边界)。无滑移条件(在地面和山表面)。无量纲时间步长约为 $\Delta t=(1-2)\times10^{-3}$。

图 18-42 显示的是过山顶的垂直面上完全发展态的瞬时流线。傅立叶数 $Fr=\infty$(自然流动)的漩涡结构与小山背风处漩涡结构一致。如图 18-42(a)所示。注意到这些漩涡形式类似周期性地从山上脱落,对于 $Fr=1$ 和 $Fr=0.1$ 的情形,围绕小山的流场通过增加稳定层显著地改变。在 $Fr=1$ 时,如图 18-42(b)所示,一个背风处的长波在向上下的流动中被激发。这个背风处的波强烈地影响着山后气流的不稳定分离和再结合,导致了流体沿下风坡度流动而没有分离。背风波的第一个波动中的上升流在波峰下产生了一个旋转。根据线性理论,此背风波的波长预计为 $\lambda/h=2\pi U/(Nh)=2\pi Fr$ 且与上部的形状无关。如图 18-42(b)所示,(波长是根据图 18-42(b)中瞬时流线中的第一个背风波计算的,因为振幅衰减迅速)在 $Fr=0.1$

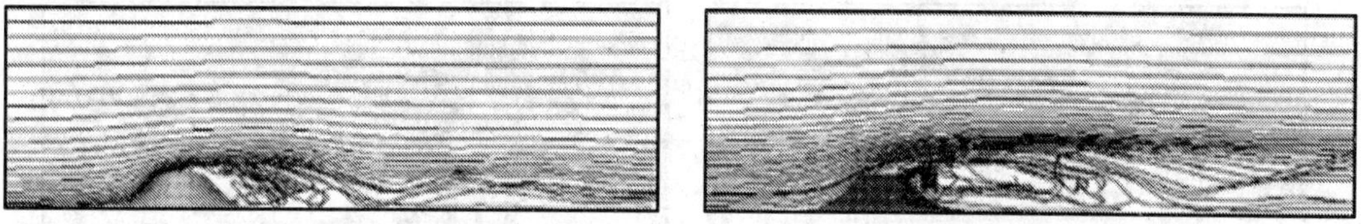

( a )

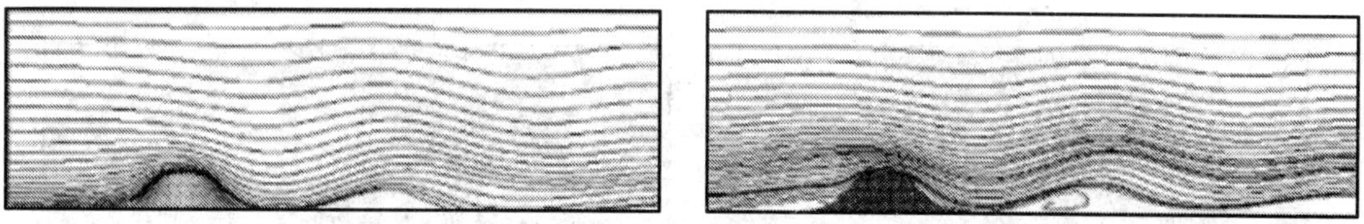

( b )

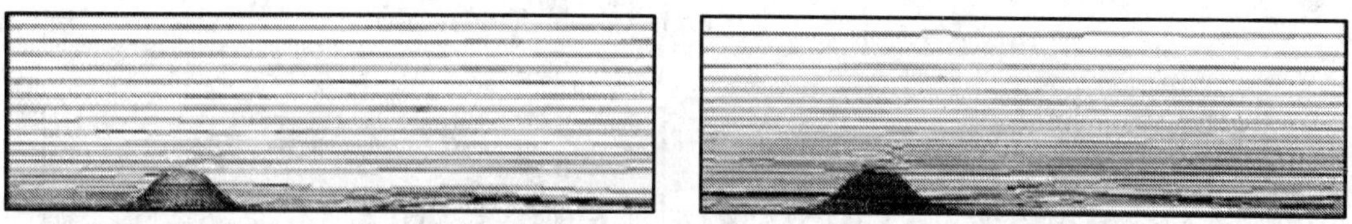

( c )

**图 18－42　过山顶的垂直平面上的完全发展态的瞬时流线（$Re = 5 \times 10^3$）**

（左）BFC 网格系统；（右）正交网格系统；流动从左到右。

（a）自然流 $Fr = \infty$；（b）稳定分层流 $Fr = 1$；（c）稳定分层流 $Fr = 0.1$

时，如图 18－42（c）所示，流体的垂直运动被严重的抑制。分离只发生在流体经过山顶时，大部分的流体从山的侧面水平流过，而不是越过山顶。对于地形上的明显分层流动（例如，当 $Fr < 1$ 时），众所周知，分离流线高度由 $Hs/h = 1 - Fr$ 决定。这是流体分离行为的一个简单准则。这个公式由 Hunt 等人[79]根据 Sheppard 公式[84]获得的。产生条件为存在均匀的上方来流速度和线性分层。其物理意义如下：如果流体在上方来流处破碎，且所处的高度大于 $Hs$，则流体越过山顶，余下破碎的流体可能水平地从侧边流过。换句话说，分开的流线 $Hs$ 形成了从较低的基本上是地面的流动层到过山顶的较高层的边界。在图 18－42（c）中，证明了分开流线的存在，它的高度 $Hs$ 与预测符合得很好。

在傅立叶数变得足够小时，山顶部上风处产生破碎的流体冲击着山表，分裂，然后水平地绕着山侧流过，如图 18－42（c）所示。因此，为了弄清楚 $Fr = 0.1$ 时，在较低层的水平流场中的更多的细节，测试一个离地高度为 $0.4h$ 的水平面中的流线随时间的演变过程，其数据显示在

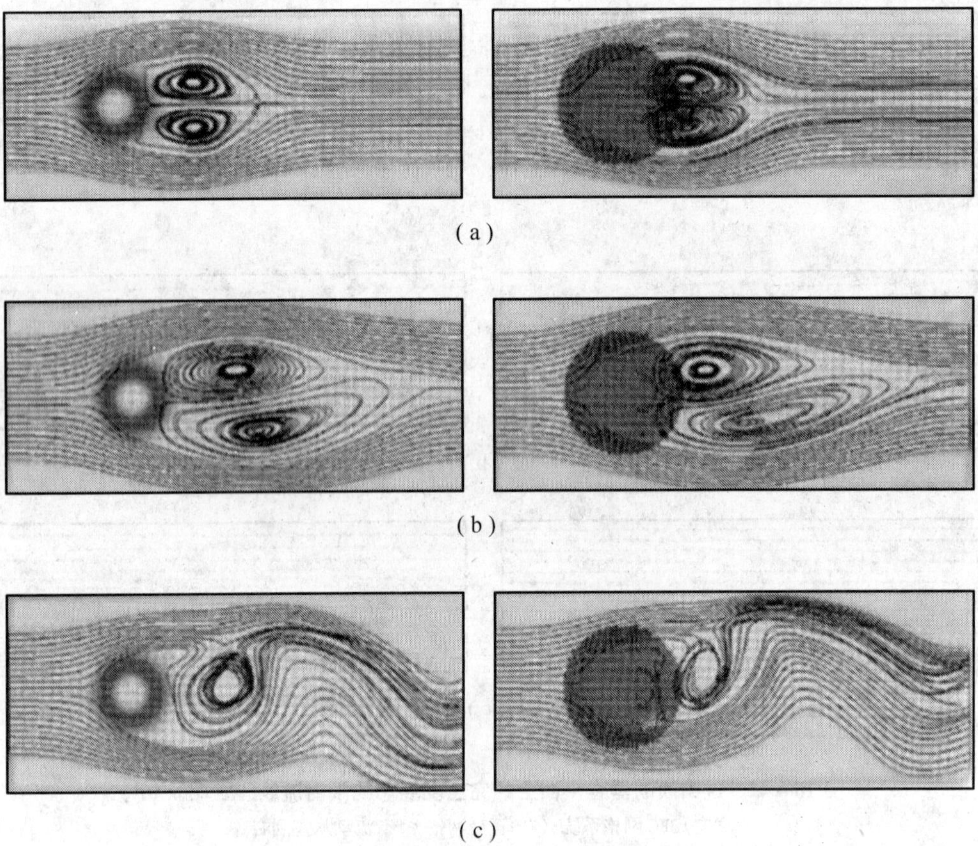


**图 18－43 离地高度为 0.4*h* 的水平面上的流线随时间的演变 $Fr=0.1$, $Re=5\times10^3$**

(左)*BFC* 网格系统;(右)正交网格系统。流动从左到右

(a)$t=10$;(b)$t=30$;(c)$t=100$

图 18－42 中。可以清楚地看到,在 $t=10$ 时,如图 18－42(a)所示,有一对涡在山的背后,随着时间的发展,在 $t=30$ 时,山后的这一对涡的不稳定性变得越来越明显,如图 18－42(b)所示。然后,当 $t=100$ 时,这对涡几乎周期性地从山上脱落,如图 18－42(c)所示。这与在二维圆柱体下风处的自然流中观察到的卡门涡街相像。

在有效性、精确性和适用性方面,这个算例清楚地阐述了对稳定分层大气流模拟的几点改进:第一,两个方法都明显地避开了数值上现有的困难,但有较高的精确性;第二,除了网格系统的差别(例如 BFC 和正交网格)和变量分布的差别(如,定位和交错的变量分布),根据法则Ⅰ和法则Ⅱ获得的数值结果差别很小。正如预料的那样,法则Ⅱ比法则Ⅰ节省 CPU 的时间和内存;第三,在孤立小山上稳定分层大气流情况下,解析解和实验的[71-73,79]结果相比较,以及和数值结果相比较,在各种傅立叶数下都符合的很好。

流过真实复杂地形的不分层大气流

用法则Ⅰ和法则Ⅱ,考虑一个流过真实复杂地形的不分层流动(自然流)的计算。

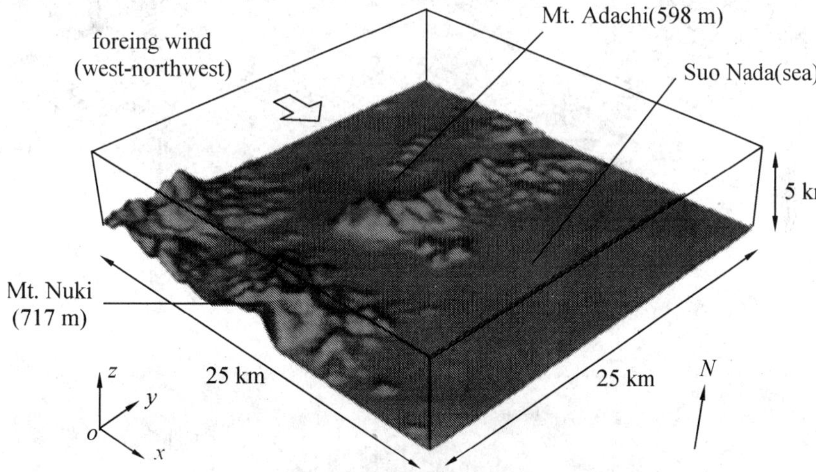


图 18-44　计算区域的预测情况

图 18-44 显示的是一个预测情形,它的计算区域覆盖了日本北部的 kyushu。包括北部的 Mt. Adachi(598 m),南部的 Nuki(717 m)和东部的 SuoNado(海)。计算区域的方向高度为 5 km,在 $x$ 和 $y$ 方向的气流方向长度和宽度均为 25 km。

考虑到复杂地区的一些有意义的细节,我们在水平方向铺上一层网格,$x$ 方向和 $y$ 方向等距离,即,$\Delta x = \Delta y = 250$ m,$\Delta z$ 方向用垂直非均匀网格,在两种方法的计算区域中集中指向地面,如图 18.4.6 所示,$\Delta z$ 方向最小尺寸都约为 5 m。$x$ 和 $y$ 和 $z$ 方向的网格数为 $101 \times 101 \times 51$。地势海拔情况在由日本地图中心提供的一张磁盘上($KS-110-1$)。特别指出,与以前的风洞实验一样,西-西北风是主导风向。边界条件如下:速度 $U=1$(远边界流入),自由滑移条件(在顶部和旁侧边界)。不滑移条件(在地面和地表面)。雷诺数基于上方均匀来流速度(西-西北风)和 Mt. Adachi(598 m)高度 $h$,量级设在 $10^4$,与前面提到的风洞实验[78]相对应。

图 18-46 显示的是完全发展态的近地面瞬时流线。利用粒子成像技术[78],我们获得了在这个区域上风系统的如下一些特征特点:(1)在 Mt. Adachi 的背风处存在一个连贯的涡结构,因而形成了准周期性的涡脱落;(2)能清楚地看到在 Mt. Adachi 和 Mt. Nuki 之间的集中且加速的流动,二者的侧边流也被证实。从图 18-46 中可以看到,不管用何种法则,前面提及的大量

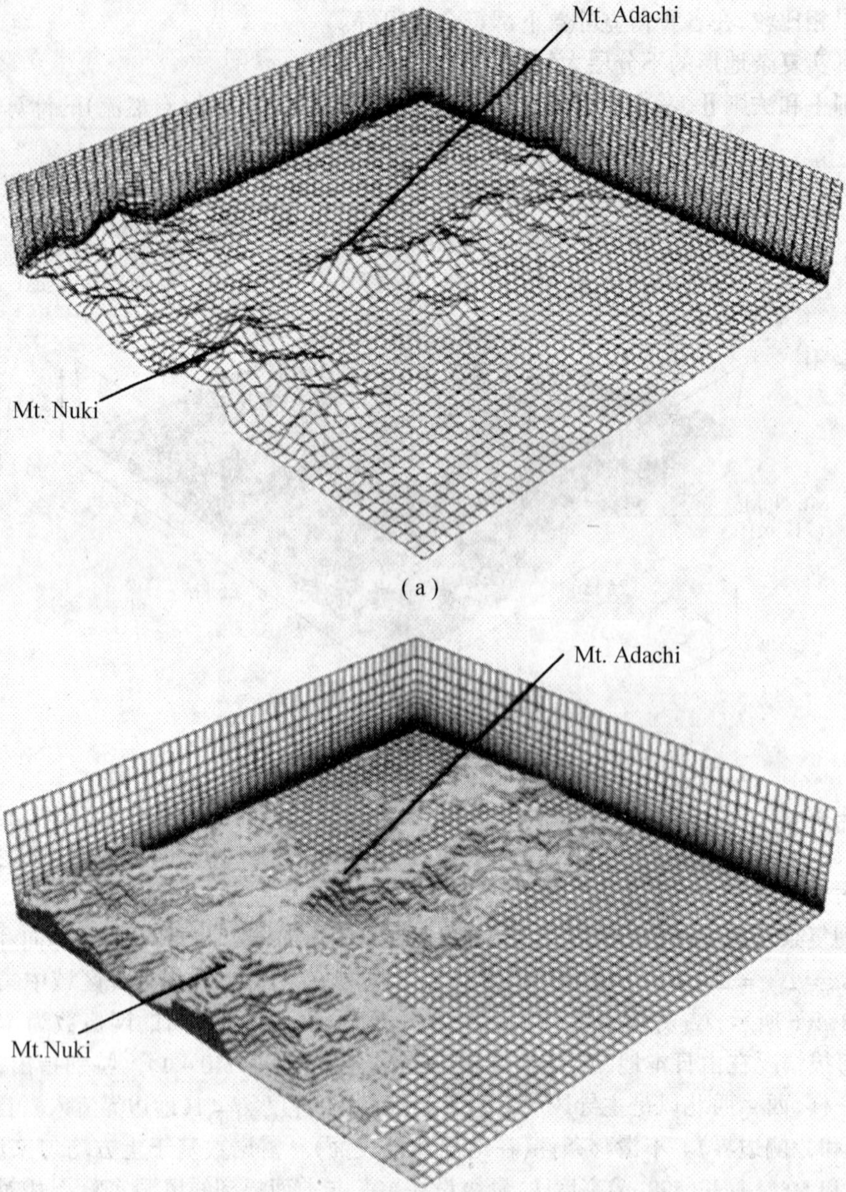


**图 18-45 网格系统**

(a)BFC 网格系统;(b)正交网格系统

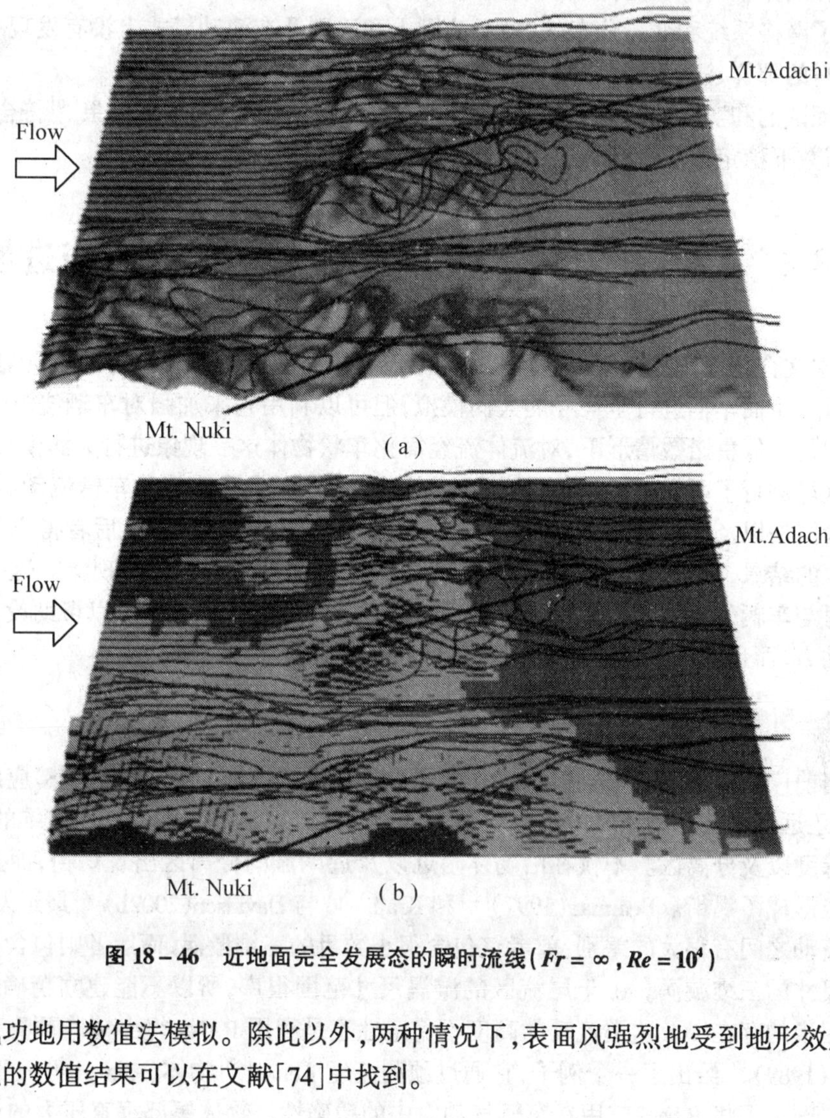


图 18－46　近地面完全发展态的瞬时流线（$Fr=\infty$，$Re=10^4$）

特征都被成功地用数值法模拟。除此以外，两种情况下，表面风强烈地受到地形效应的影响。稳定分层流的数值结果可以在文献[74]中找到。

### 18.4.3　小结

为得到一种总体上精确有效的基于 FDM 的方法来模拟非稳定三维大气流，考虑了两种网格系统及其相应的变量分布：一个是 BFC 网格系统，基于定位变量分布（法则Ⅱ）；另一个是正交网格系统，基于交错的变量分布（法则Ⅱ）。在后一种方法中，地形模型由矩形网格近似。用这些法则，我们计算真实复杂地形所获得的数值结果总结如下：

（1）法则Ⅰ和法则Ⅱ明显地避开了数值上的困难，例如 SOR 法在解压力泊松方程时的收敛问题,所得的数值对于稳定分层大气流的计算来说精确得多。

(2)除了网格系统和变量分布的差别,法则Ⅰ和法则Ⅱ在流动模式上没有发现有意义的差别,正如预料的那样,法则Ⅱ和法则Ⅰ节省 CPU 的时间和内存。

(3)与理论的和实验的结果[1-3,8,9]相比较,不管模拟法则如何,数值结果[10]符合得很好。

大雷诺数下稳定分层气流的应用目前正在用 LES 模型研究中。

## 18.5 LES 在车辆气动力学 CFD 中的应用与进展

提示:本文介绍了利用大涡模拟(LES)研究车辆外部空气动力的可行性。目前,计算机能力还不足以对路面车辆进行全尺寸的大涡模拟,但可以利用它来加强对车辆绕流这一现象的理解。特别是在低雷诺数情形下,对流体流经简化车状物体这一现象进行大涡模拟,是有实用意义的。这里进行了两个模拟:一个是绕立方块流动,另一个是绕简化车辆流动。前者证明,在相对粗糙网格以及简单入口边界条件下的大涡模拟也能得出精确解;后者得出了与实验数据比较一致的结果,并且显示出在实验或同类稳定流动中没有观察到的现象。这一模拟使我们有可能对与车辆气动力学特性瞬态机理进行研究。得出的认识不仅可以帮助设计师协调车辆的空气动力,而且可以为 CFD 专家用来完善湍流模型。

### 18.5.1 引言

尽管当前广泛应用于绕车辆流动工业预测中的雷诺时均 N-S 方程(RANS)应用已经比较成功,但是还远远不能作为一种外部空气动力的设计工具。绕汽车的流动是三维的,并且有很陡的压力梯度以及分离区。不仅在沿物体附近以及近尾流的分离区出现涡街,而且在车辆后部很远处也形成了涡街。Bearman(1997)[85]和 Krajnovic 与 Davidson(2002b)[86]最近发现,时均流动与瞬态流动之间有很大的差别:前者仅包含很小数目的三维漩涡,而后者则包含有大量不同位置不同尺寸的三维漩涡。由于尾流区的漩涡尺寸范围很广,所以不能建立精确的 RANS 模型。这些因素的存在以及这类流动的高度不稳定性正是利用 RANS 得出精确预测结果的主要障碍。Han(1989)[87]给出了一个例子,它通过预测流经 Ahmed[88]物体(Ahmed 等人于 1984 年提出)的流动,阐述了将 RANS 应用在车辆气动力中的精确性。物体尾部垂直压力的计算结果偏低(在斜角小于 20 度时),由此导致阻力的计算值比测量值偏高 30%(Han(1989)[87],Hucho(1998)[89]),因此需要更加精确一些的三维时间依变模拟。

Kataoka 等[90](1991),Hashiguchi 等[91](1989)和 Aoki 等[92](1993)早期曾经试图用瞬态模拟来描述这类流动。这些学者指明,他们利用的是直接模拟(DNS)(Kataoka 等[90](1991),Hashiguchi 等[91](1989))或者大涡模拟(LES)(Aoki 等[92])流动。

物体前缘的分离削弱了物体之前上游对下游结果的影响,因此在这里我们采用实验数据曲线(以时间为常数)作为入口条件,侧边界当作滑移边界来处理,采用对称情况:$\partial\overline{u}/\partial z = \partial\overline{v}/\partial z = \overline{w} = 0$,在下游边界采用了对流边界条件,$\partial\overline{u_i}/\partial t + U_c(\partial\overline{u_i}/\partial x) = 0$,这里规定 $U_c$ 等于主流速度 $U_b$,固壁处采用无滑移边界条件,所有边界上的压力均采用齐次第二类条件。与 Rodi(1995)[93]的模拟类似,如图 18-47,计算区域扩展为:立方块上游三倍边长,下游六倍边长,侧边七倍边长。这里所选用的计算网格数比 Rodi 模拟小四倍,仅为 $0.27\times10^6$。离固壁面最近的计算点高度为 $0.023H$,是 Rodi 模拟(详见 Rodi(1997)[94])的两倍。这种模拟结果的不精确度被一个一方程 SGS 模型所抵消。Davidson(1997)[95]和 Menon、Kim(1996)[96]利用两个一方程亚格子模型来模拟亚格子应力张量,两种模型都是亚格子动力模型,亚格子应力张量 $\tau_{ij} = 2\nu_{SGS}\overline{S}_{ij}$用来表示,涡黏性定义为 $\nu_{SGS} = C\Delta k_{SGS}^{1/2}$,亚格子动能定义为 $k_{SGS} = \dfrac{1}{2}\tau_{ij}$。关于这些模型的详细描述见 Krajnovic 与 Davidson(2002a)[97]。

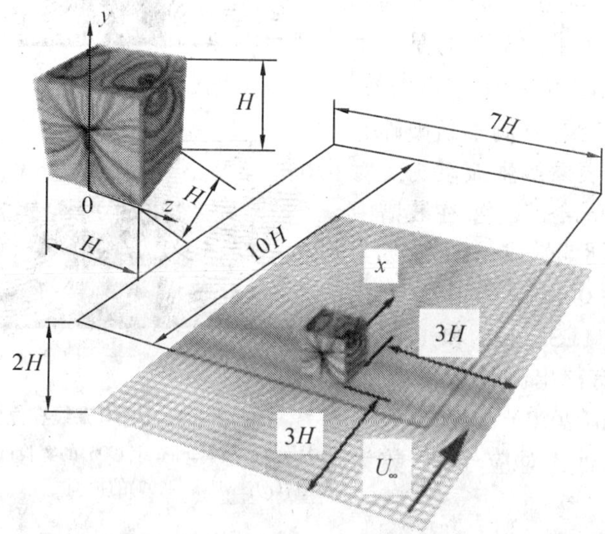


**图 18-47 置于风洞壁面立方块的几何尺寸**

(物体表面画出了顶部和侧面涡的时均迹线。图为立方块的正视图)

图 18-48 将对称平板时均流线的 LES 与实验结果进行了比较,两种模拟的马蹄涡,顶端、侧边和后面的分离区都与实验结果很一致。在 LES 的预测结果和实验数据之间,分离长度 $X_{F1}$ 和 $X_{R1}$ 的偏差分别为 6% ~7% 和 14% ~16%;Rodi 模拟预测的 $X_{F1}$ 偏差为 1% ~29%,$X_{R1}$ 的偏差为 7% ~13%。图中显示时均流实验结果与 LES 的主要差别在于马蹄涡的尺寸:距离立方块下游 $0.75H$ 处,马蹄涡两脚之间的距离比实验结果要大 36%,在距离立方块下游 $4.3H$ 处,这种差距减至 2%。Martinuzzi 和 Tropea(1993)[98]的测量解释了马蹄脚位置不同的原因。

他们发现马蹄涡的形状在很大程度上受到迎面边界层的影响。

时均流实验结果与 LES 相干结构的比较如图 18－49 所示：马蹄涡 $H$、两个侧边涡 $L$、顶端涡 $T$ 以及物体后气流分离区的拱形涡 $W$ 在 LES 中都得到了很好的预测。图中这些涡的核心都用临界点原理（Chong(1990)[99]，Sujudi，Haimes(1995)[100]）实现可视化，也就是标出那些速度为零，形变率张量有一个实数解或者一对共轭特征值的点。

瞬时流动（图 18－50）与时均流动不同，时均流的涡 $L$ 和 $T$（图 18－49）是从大量的瞬时涡 $L_i$ 和 $T_i$（图 18－50）中得出的。当这些涡向下游传递时，它们不断破碎并且相互影响，在物体表面产生波动力。对侧边的作用力进行 Fourier 变换，在波谱中得到一个峰值，这种周期性成分的 $St$ 数为 0.134，而实验测得为 0.145。为了比较，我们注意到在以前的 LES（Shah 和 Ferziger (1997)[101]）中，并没有得出涡脱落频率，而在 Iaccarino 和 Durbin（2000）[102] 的非稳态 RANS 模拟中，观察到了对应于 $St$ 数为 0.17 时的流动周期。

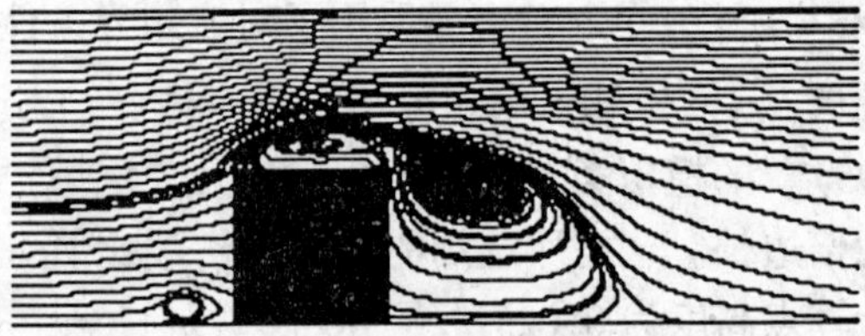

(a)

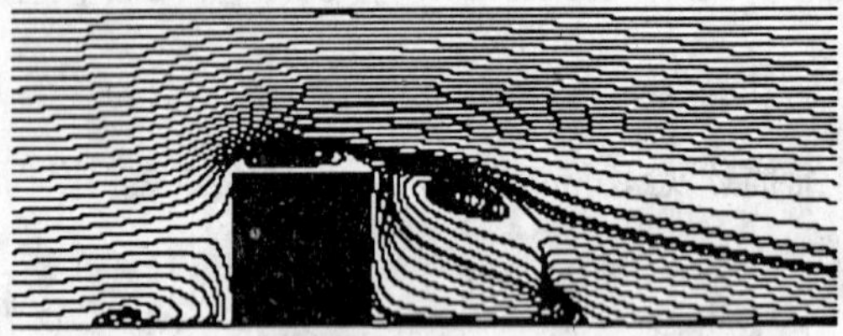

(b)

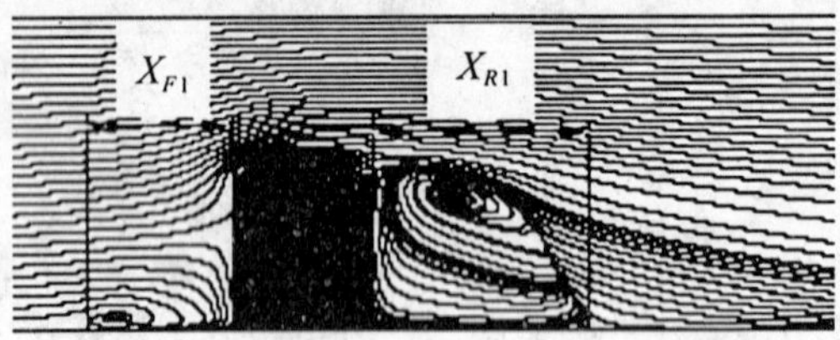


(c)

**图 18－48　平均流线在立方块中心的投影**

(a) Hussein 和 Martinuzzi(1996)的实验；(b) Menon 和 Kim (1996)的模型；(c) Davidson(1997)的模型

现在的模拟表明，利用简单入口边界条件、相对粗糙的网格以及一方程 SGS 模型的 LES 方法可以得到准确解。尽管这样的结果比较令人满意，但是我们并不能够就此得出 LES 在模拟绕车辆流动中的可行性，这是因为这两种流动本身以及几何尺寸的差异。车体被抬起，与地面相离，流体得以从物体下面流入，这一点使得瞬时尾流比在立方块流动中要长一些。由于车体的位置在 $y$ 的负方向上多了一个自由度，因此尾流的瞬时性更大一些。又由于没有立方块那样的尖角，靠近车体前缘的分离区就小了许多，这样上游和入口边界条件对尾流的影响就大了很多。除了随物体几何尺寸而改变的物理条件之外，数值方法的选取也有很大的影响。立方块的形状使我们可以使用简单的直角坐标，它研究这一流动是最好的选择；而对于高雷诺数下绕几何形状比较复杂的车辆的流动，就要求使用类似于块分解的代码和 PVM 或者传递系统的 MPI 代码，这在下面的一个例子中会用到。

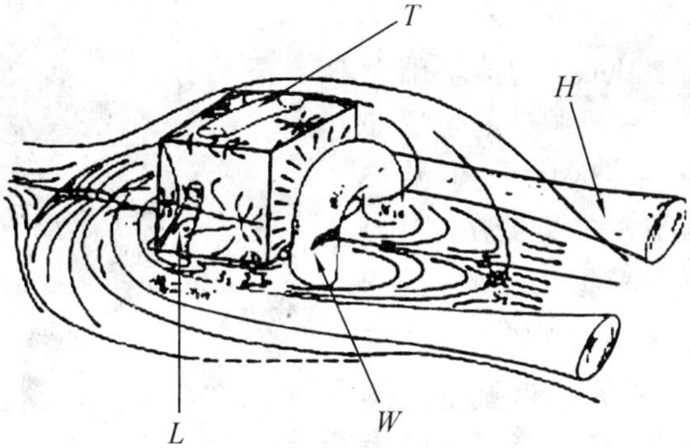


(a)

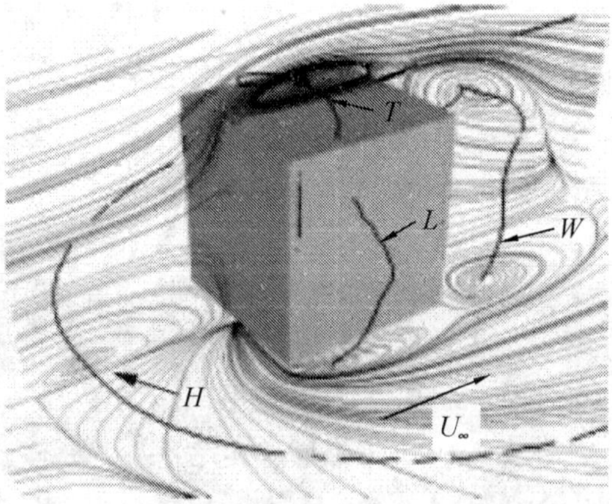


(b)

**图 18－49 实验和计算值的比较**

(a)Martinuzzi 和 Tropea(1996)的流动特征示意图；

(b)时均流线在 $x=0, z=0$ 平面的投影,黑色曲线表示涡的核心

### 18.5.2 绕简化巴士的流动

选用绕巴士状物体的流动作为第二个例子(Duell(1994)[103],Krajnovic(2002)[104])。这种流动与绕真实车辆的流动比较相似,并且已经出现了关于这类流动的实验和数值方法的资料(Bearman(1983)[105], Ahmed(1984)[88], Barlow (1999)[106],Duell(1999)[107])。由于流动是在一雷诺数相当大($0.21\times10^6$,以模型高度 $H$ 和入口速度为基准)的情况下进行模拟的,流动结果的

特征以及物体周围引射流动力与全尺寸车辆的流动是类似的。

物体的形状是建立在 Ahmed 物体基础上的(Ahmed 等(1984)[88]),它在风洞上的位置如图 18－51 所示。模拟中计算区域为:上游长度 $8H$,下游长度 $21H$,翼展方向 $5.92H$。对地面应用入口速度 $U_\infty$,可以模拟出实验(Duell(1994)[103], Duell 和 George(1999)[107])中的移动地带。在流线方向壁面单元的近壁空间解为 $\langle \Delta s^+ \rangle_t = 5 \sim 164$,在垂直于壁面方向为 $\langle \Delta n^+ \rangle_t = 0.5 \sim 0.8$,在翼展方向为 $\langle \Delta l^+ \rangle_t = 14 \sim 142$。这里 $\Delta f^+ = \Delta f u_\tau / v$,$u_\tau$ 是摩擦速度,$\langle \cdot \rangle_t$ 表示时均。对固壁面采用无滑移边界条件,为了简化计算,降低计算成本,采用 Smagorinsky 模型。

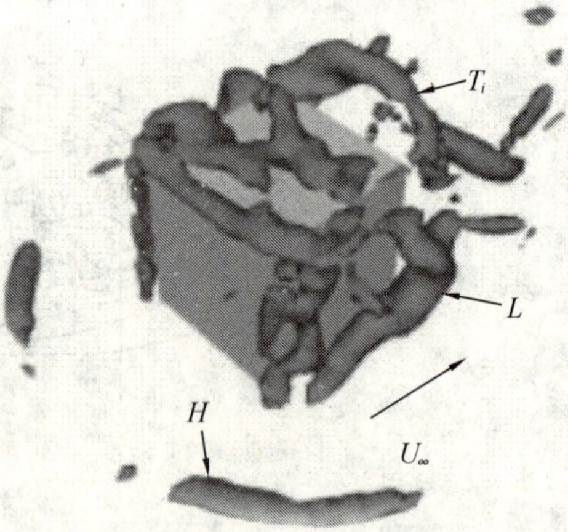


**图 18－50　速度梯度的瞬时不变量 $Q=5$ 的预测结果**

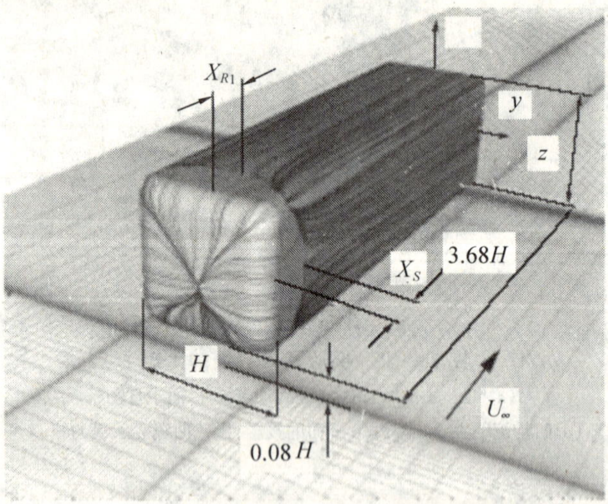


**图 18－51　风洞上巴士状物体的几何形状。物体表面画出了顶部涡和侧涡的时均迹线,这些涡分别沿流线方向延伸至 $X_{R1}$, $X_S$**

流体在物体的侧环区以及顶部分离,并且形成横断涡(图 18－52(a)),这种涡类似于 Spohn 和 Gillieron 在 Ahmed 物体上发现的 Kelvin－Helmholtz 涡(2002)[108]。这些涡被向后抬升,形成如图 18－52(b)的发夹涡；它们平均成为如图 18－53 所示的三个分离区，在这幅图里可以看到两种临界点（Perry 和 Chong(1987)[109]），它们分别是在巴士上缘的易变点 $z$ 和在分离区 $R$，$L$ 下游的马鞍点 $S_d$ 和 $S_S$。

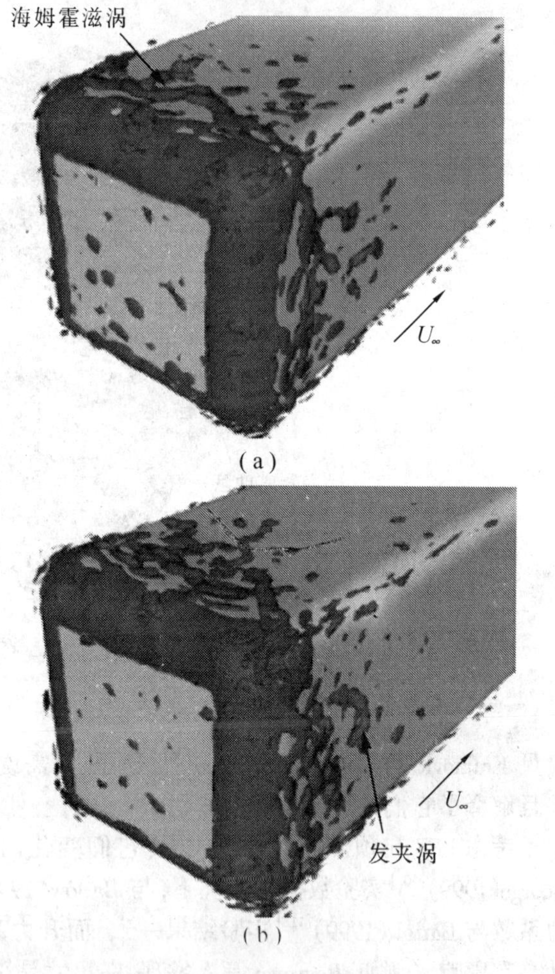


**图 18－52　在物体前缘分离后形成的瞬时涡。速度梯度不变量的标准面 $Q=8\ 000$ 时，两幅图的时间差为 $tU_\infty/H=0.8$**

在巴士的两侧，上缘形成了两个对旋的纵向涡，下缘形成一个纵向涡，(如图 18－54(b))，在 Ahmed 物体流动的实验中，观察到物体顶部有两个纵向涡，(Spohn 和 Gillieron(2002)[108]；而下缘的纵向涡则由 Han 在 1989 年的数值研究中有记载。

研究发现瞬时近尾流区是由大尺度的相干结构组成的，这些相干结构的轴线平行于物体尾部分离边缘。这些结构平均成为漩涡环（Krajnovic 与 Davidson（2002c）[110]，Krajnovic 与 Davidson(2002b)[86]），与实验结果（Duell（1994）[103]，Duell，George（1999）[107] 和 Ahmed(1984)[88] 等）一致。除了这些大涡，在靠近边缘的尾部还发现了四个小涡(图 18－55 中的 $B$)，注意，在图中只显示了两个涡(核心与 $z$ 轴平行的涡)。研究表明，这些涡非常不稳定，因此不能被 RANS 捕捉到，在实验中（Duell（1994)[103]，Duell 和 George(1999)[107]）没有观察到，或许是因为测量的技术(热线风速仪)以及这些涡非常靠近壁面的原因。与实验结果(Duell(1994)[103]，Duell 和 George(1999)[107]）相比较，气流分离区的流线长度 $X_r$(图 18－55)在预测中多出了 7%，Krajnovic 与 Davidson(2002b)[86] 解释说，这是因为翼展方向的网格比较粗糙以及实验的不确定性。

在气流分离区结束后，在时均流中观察到了与类似流动（Ahmed(1981)[111]，Ahmed 等(1984)[88]，Barlow 等(1999)[106]，Bearman(1997)[85]）实验结果一致的一对对旋纵向涡。Bearman(1997)[85] 曾发现瞬时涡与在瞬态流中观察到的相干结构很不相同，这一点在本模拟中得到进一步肯定(见 Krajnovic 与 Davidson(2002b)[86])。关于该流动特征以及它们最初机理的详细内

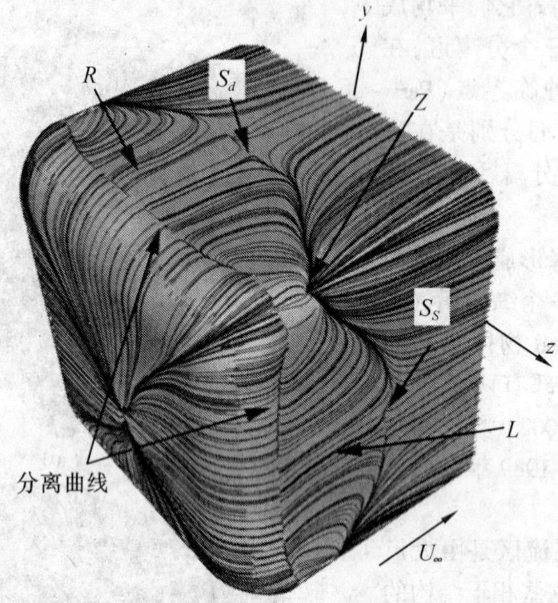


**图 18-53　顶部涡 *R*,侧涡 *L* 在物体表面的时均迹线。物体的正视图。**

容见 Krajnovic 与 Davidson(2002b)[86],这里,只需说明 LES 给出了这种流动相干结构的精确解,并且解释了它们的形成及相互作用。

考虑 LES 在预测空气动力以及它们变化时的能力。在缺乏 Duell(1994)[103], Duell 和 George(1999)[107]实验数据的情况下,与 Barlow(1999)[112]的实验比较阻力系数与升力系数。阻力系数与 Barlow(1999)[112]实验结果一致,而升力系数则被低估了 8%。由于滑移的地面对流动会有影响,(例如,Bearman 等人发现,在尺寸是小轿车规格 1/3 的例子中,阻力减小了 8%,升力减小了 30%),我们注意到 Barlow(1999)[106]的实验中的地板是静止的,而 Duell 和 George(1999)[107]实验中的地板是移动的。对作用在巴士上的瞬态作用力作 Fourier 变换,在单侧力信号中 *St* 数为 0.22 和 0.6 时,观察到两个主要频率,其中 *St* 数为 0.22 的频率与研究汽车尾流模型的 Bearman(1997)[85]实验中 0.23 的脉动频率十分接近。根据 Duell(1994)[103]和 Duell 和 George(1999)[107]的实验数据,对巴士尾部的压力系数进行积分得到的值,比我们利用 LES 得到的动压力要高 5%。这一点可以解释成为,实验中位于风洞一侧壁面的边界层的模拟并没有被求解,而是用滑移条件来代替。Krajnovic 与 Davidson(2002b)[86]给出了更多的瞬态力,瞬态速度以及应力的结果。

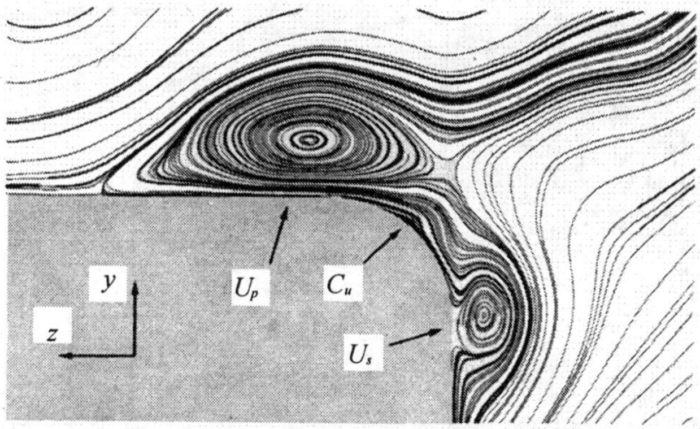


(a)

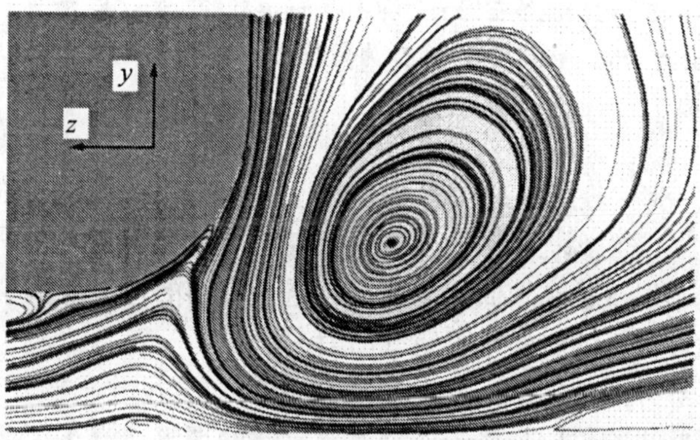


(b)

**图18-54 时均迹线在平面上的投影**

(a) $x=-1.28H$。$U_P$，$U_S$ 的旋转方向分别为逆时针和顺时针方向(从物体右上角的后面看去)；(b) $x=-0.48H$。涡的旋转方向为逆时针方向(从物体右下角的后面看去)

### 18.5.3 LES对车辆空气动力的预测小结

可以得出的结论是，未来LES在车辆空气动力学的应用在于探索这种流动的物理现象。正如在本节中所提到的，对低雷诺数时绕车辆流动的LES模拟将会是最有用的。LES的优势

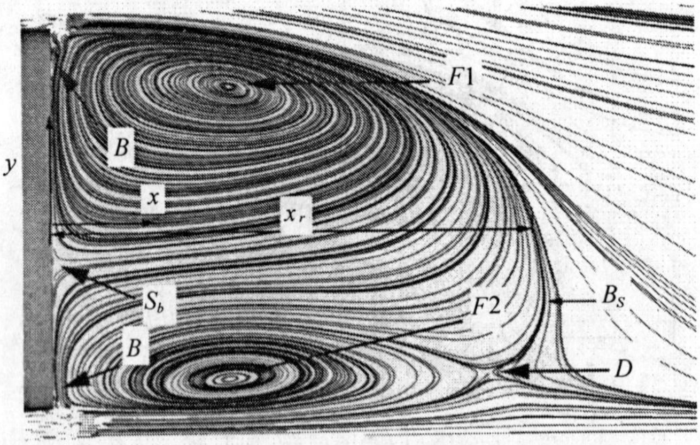


**图 18－55 时均流线在巴士对称平面 $z=0$ 处的投影。$S_b$ 为巴士尾部的滞止点，$B_S$ 为自由滞止点，$D$ 为马鞍点，$F1$，$F2$ 分别是上涡和下涡的核心**

在于它可以详细的研究瞬态过程，这在实验中进行是比较困难的，而在RANS中进行则是不可能的。类似于利用 DNS 来对瞬态流物理现象进行基本知识的累积，LES 也可以用来获取汽车流动的基础知识。基本思想是利用低雷诺数下对这种流动的理解来模拟高雷诺数下的流动，并且帮助设计师在设计汽车的时候改善空气动力参数。

尽管商业代码已经开始包括了一些 LES 模型，LES 对全尺寸车辆外部空气动力的模拟还仅限于对车辆外部一些小配件比如镜子的绕流作定性的理解。汽车工业将继续（至少在近十年内）依赖于空气动力实验数据的研究，比如说阻力系数和升力系数。计算流体力学（CFD）将不仅会用来预测汽车上作用力和动量，而且用来解释它们的原因并为设计师提供基本的改进方向。

随着计算机能力的发展，能够利用 LES 来对高雷诺数下的流动进行模拟。由于对一辆载人汽车模拟的雷诺数较大（大约为 $Re=5\times10^6$，见 Krajnovic（2002）[104]），在近壁区就要求采用另一种模拟方法，这就不可避免地要求一定的经验化。这里推荐几种混合方法：LES/RANS（Davidson 和 Peng（2001）[113]），或者分离漩涡模拟（DES）（Spalart 等（1997）[114]），它的边界层或者是其中一部分使用 RANS（瞬态模式）来模拟，远离壁面的分离流动采用 LES 来模拟。许多未解决的问题，比如说在 LES/RANS 混合格式中，LES 和 RANS 之间的最佳适配比。RANS 湍流模型的选取或是最适合计算网格的构造，都必须在这些混合格式应用于复杂流动之前得到解决。

在找到模拟近壁结构机理精确而有效的方法之前，LES都将作为一种强有力的实验补充工具，帮助我们加强对这种复杂流动的理解。

## 18.6 直升机着陆舰船甲板上流场的涡受限法计算

提示：直升机流的特征是在较大区域内存在密集的漩涡且漩涡可以保持其结构并传播一段较长距离。传统的CFD方法耗散了涡结构，降低了计算的精确性。虽然好的网格可以降低耗散程度，但对计算资源的需求却大大增加。涡受限法阻止了涡结构的耗散，可以在粗网格下对复杂外形周围的流场进行计算，从而降低了成本。将此方法应用于基于笛卡尔网格的求解器中，使用起来很方便，只需将几何表面划分为细小的三角形并给出它们的参数，所以即使对于特别复杂的几何外形，建立模型的时间也很少。本节应用涡受限法计算了与直升机流相关的几何体周围的流场。作为涡受限法的扩展，表面受限法是一种分离的湍流边界层模型，本节对此也作了阐述。

### 18.6.1 引言

涡受限法是一种较新的、基本的CFD方法，本节介绍了它的最新研究成果，证明其具有准确、有效和简单的特点。涡受限法适用于与直升机或别的复杂外形相关的空气动力学问题。与航天器相比，直升机流的计算极富挑战性，因为它的流动机理所含内容的范围很大，几何外形很复杂；同时，问题又具有高度的瞬态性，且存在分离的、薄而密集的漩涡区域，这些漩涡区域可以传播并与其他部分相互作用。正是由于这些复杂性，传统的CFD计算耗资巨大，对计算资源的要求极高。

另一方面，计算直升机流时的精确性不必像计算航天器那样严格，在考虑诸如在最佳巡航状态下的燃烧效率这些问题之前，还有许多涉及安全飞行方面的定量的流场问题需要解决。实际上，许多与飞行限制有关的空气动力学问题要到原型机生产出来试飞以后才能被发现。因此，为了分析直升机的飞行限制，需要一种简单而快速的方法来及时地计算其周围的流场。

由于大多数涡区域的流动比如边界层流和尾流都是湍流，计算复杂几何体周围的流动时，CFD方法除了要求简单和有效之外，还必须使用一定的湍流模型来简化方程而不是求解真实雷诺数下的方程。即使在用传统的CFD方法求解简单几何体周围的流场时也是如此。

基于以上认识，有可能发展一种全新的、采用完全不同的数值模型来计算湍流涡区域的CFD方法。一般大多数的方法都是先假设一个基于偏微分方程的湍流模型，将方程差分后在薄区域内求解。求解流动的小尺度部分通常需要高代价的求解方案，包括近壁处大量优化的贴体网格。一旦认识到偏微分方程仅仅是涡区域的近似模型后，我们就会产生这样的想法：不使用尽量近似求解模型化的微分方程的差分方程而使用非线性的差分方程，在网格上直接模拟涡区域的内部结构。这种方法将涡结构近似成单个的、仅沿着几个单元网格传播的物体，网格单元实质上是均匀的笛卡尔计算网格。

这一想法已经实现，取名为涡受限法，几十年前由 Lax 和另外一些人开始将此方法用来研究激波问题。在这些问题中，内部的特征斜线指向激波，实现起来容易得多。最早的用于解决不连续问题的改进型涡受限法之一是由 Harten[116] 提出的，但仅仅局限于计算一维的可压缩流。

### 18.6.2 涡受限法

涡受限技术是本节给出方法的一种基本技术。它在规则网格上保留大而密集的漩涡，这些漩涡可以代表固体表面的边界层或任意距离内的街涡。无论对于可压缩流或不可压缩流，通过在差分后的守恒型动量方程中加入一项，就可以在求解器中实现涡受限技术。

对于一般的非稳态不可压缩流，引入涡受限项后控制方程如下：

$$\nabla \cdot \boldsymbol{q} = 0 \tag{18-64}$$

$$\partial_t \boldsymbol{q} = -(\boldsymbol{q} \cdot \nabla)\boldsymbol{q} + \nabla(p/\rho) + \mu \nabla^2 \boldsymbol{q} - \varepsilon \boldsymbol{s} \tag{18-65}$$

这里，$\boldsymbol{q}$ 是速度矢量，$p$ 是压力，$\rho$ 是密度，$\mu$ 是数值扩散系数。对受限项 $\varepsilon\boldsymbol{s}$，$\varepsilon$ 是数值系数，它与 $\mu$ 一起控制街涡区域的大小或涡边界层的范围。需要强调的是，$\mu$ 是一个数值耗散项，一般求解器中固有的数值耗散足以给受限项所需的平衡。

受限项有许多可能的形式，最简单的一种是

$$\boldsymbol{s} = \boldsymbol{n} \times \boldsymbol{w}$$

这里 $\boldsymbol{n} = \nabla\eta/|\nabla\eta|$，速度矢量 $\boldsymbol{w} = \nabla \times \boldsymbol{q}$。

使用中最典型的两种受限类型是：区域受限和表面受限。在区域受限中，$\eta = |\boldsymbol{w}|$，涡的传播方向取决于涡梯度。单位矢量 $\boldsymbol{n}$ 指向涡区域的质心，受限项使涡沿质心方向传播。涡的传播使数值扩散项增大，当受限项和数值扩散平衡时就得到一个稳态分布的结果。公式的进一步讨论见文献[117,118,119]。

表面受限将涡限制在物体的表面，就像在湍流边界层中一样。此时，$\eta = |F|$。在表面上，$F = 0$；在表面外，$F > 0$；在物体里边，$F < 0$。由于表面受限，相关梯度由表面的特征决定，所以涡沿表面进行传播。表面受限法用于数值边界层计算时，可以被认为是一种粗糙的边界层模型。对每一时间步长，在边界层内沿涡等值线方向即切线方向都有一个加速度。在考虑到数值扩散，这将产生一个涡区域，此区域沿表面传播二到三个网格的距离。当应用区域受限时，涡区域将沿自由涡方向传播。受限的计算层在分离前可以传播到反压梯度区一段距离，就像在真实的湍流边界层中的情况一样。因此，应用表面受限计算得到的结果与真实的湍流边界层显示了相似的分离特点。

一般计算结果对参数 $\mu$ 和 $\varepsilon$ 在很大数值范围内的变化都不敏感。因此，设定它们的值与别的标准的 CFD 方法中设定数值参数相似，比如在许多可压缩流的计算中设定人工耗散系数。

涡受限法的一个重要特征是受限项仅在涡区域内不为零。在涡区域外，扩散项和受限项都消失了。另一个重要特征是通过质量、涡和动量修正，所有变化都减小了，且集中在街涡的一个截面上。文献[117~119]都指出，质量和涡都明显地保留了下来，动量也几乎正确地得到了保留。也有文献[120]对这种方法作了一点小小的扩展，明显地保留了动量。

### 18.6.3 计算举例

这一部分共给出了5个例子，其中2个例子应用表面受限法模拟了立方体边界层中湍流的影响。例1是二维圆柱体的绕流问题，其计算结果表面：表面受限法控制分离点简单有效。汽车表面与直升机机身具有相似的复杂外形，例4用表面受限法计算了汽车周围的流动。

例2计算了立体块后面的湍流尾流。这是一个非常成功的例子，因为立体块的外形与着陆板的上部结构相似，其湍流尾流与直升机的着陆有关。

例3研究了大攻角下椭圆体周围的流动。计算结果显示在椭圆体的后面形成一对漩涡。这种结构外形与直升机的机身相似。

例5研究了整个直升机的着陆舱，给出了两种情况下的计算。一种是没有考虑直升机的情形，另一种是用一个激励圆盘近似代替直升机考虑其影响。

例1：二维圆柱

表面受限法对流动分离的影响用二维的圆柱绕流来说明。对流过圆柱体的可压缩流，涡等值线如图18－56所示。计算在均匀的网格(284×200)上进行。圆柱体的直径约为35个单元网格长。

图18－56中三种情况都采用区域受限法。零表面受限的结果如图18－56(a)所示：流动一进入负压梯度区便立刻发生分离，就像层流边界层中的情况一样。增加表面受限量时，如图18－56(b)所示，分离点后移到负压梯度区，这与湍流边界层中的情况相似。随着受限量的增加，分离点继续后移，当受限量增加到某一点时，分离完全消失，如图18－56(c)所示。可以看出，分离点的位置随着表面受限量的增加而连续的变化，表面受限模型可以确定边界层分离地倾向，但不能直接控制分离点的位置。

例2：通道中的立体块

图18－57和图18－58给出了低速流流过置于通道底部的立体块的例子。立体块的边长为$h$，通道高度为$2h$，在流动方向，计算区域的长度是$10h$，在垂直流动方向，计算区域的长度是$7h$。以参考长度等于$h$计算雷诺数为100 000。Larousse, Martinnuzzi 和 Tropea[122]曾做过类似的著名实验，其中所用的几何模型与此一致。为了便于比较，文献还给出了对这一模型用大涡模拟得出的结果[124,125]。计算使用的是 Hu, Grossman 和 Steinhoff[126]的三维可压缩的无黏涡受限法。通道表面和立体块表面都使用无滑移边界条件。计算网格比较粗糙，在$x, y, z$三个方向上分别是$34\times24\times24$。

对不同的涡受限系数进行了四种不同情况的计算。第一种是零受限时的情况，第二种是

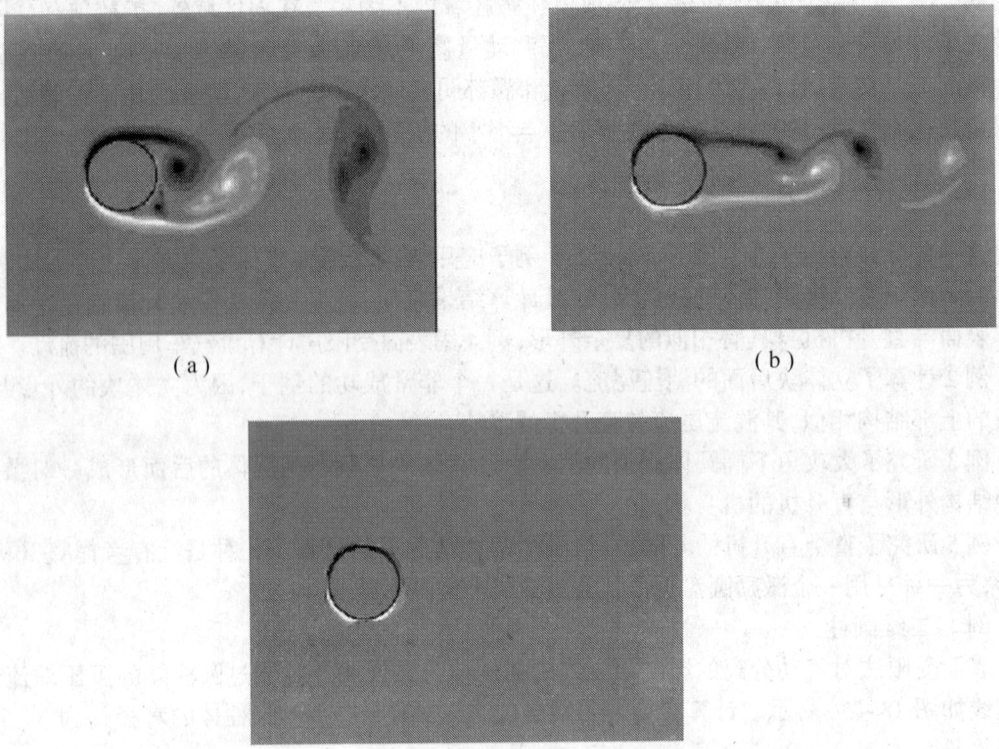

(a) (b) (c)

**图 18－56 表面受限量对圆柱体周围流动的影响**

(a)零表面受限时的流动；(b)中等表面受限时的流动；(c)最大表面受限时的流动

稳态解下最大受限系数时的情况，另外还分别计算了 1/2 和 1/4 最大受限时的两种情况，以此来评价流场对受限量的敏感程度。

零受限计算出的流场与实验和大涡模拟的结果极不相同。零受限时的情形显示了典型的低雷诺数的边界层流。这里给出了 1/2 受限的情况以及相应的通道雷诺数和 LES 结果。可以发现，流动对受限量并不敏感。

通道底部流动的计算结果如图 18－57(a)所示，图 18－57(b)是流动方向对称面的流线图，它们与文献[122]中的实验结果相符，包括流动分离、立体块周围马蹄形涡漩以及次级顶点的涡。这些结果也与 Shah 和 Ferziger[124] 采用 192×64×96 网格用 LES 得出的结果一致。

图 18－58 是涡受限法、实验和 LES(采用 144×92×58 的计算网格)结果的比较图。图 18－58(a)给出了立体块顶部沿对称面的速度剖面。图 18－58(b)给出了距立体块后部 $0.3h$ 的距离处的速度剖面。可以看出，在粗网格上用涡受限法得到的速度剖面与实验和 LES 结果有

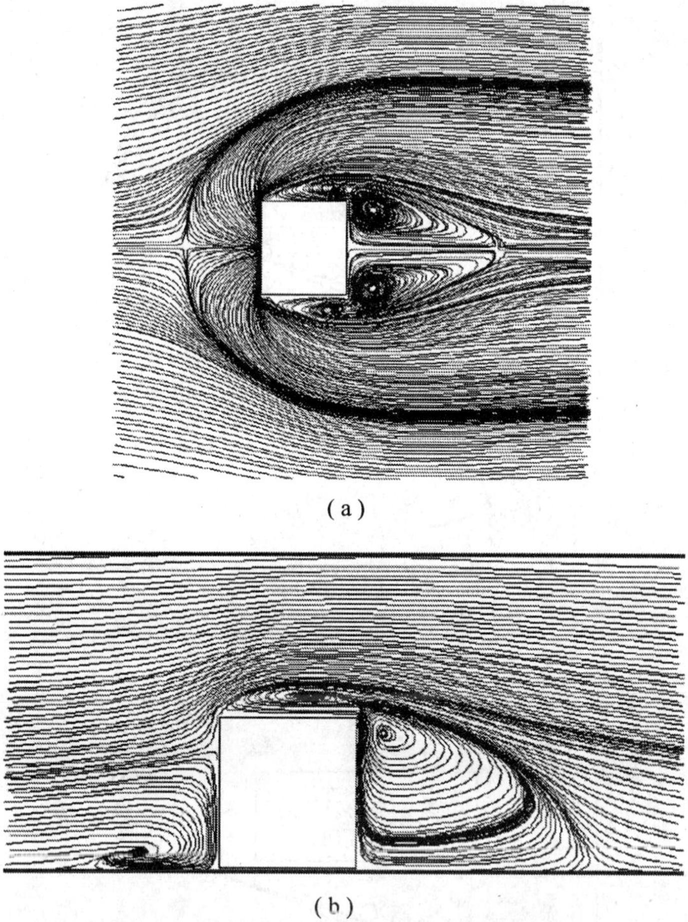


**图 18－57　通道中立体块周围的绕流**

(a)顶视图;(b)对称平面

较好的一致性。而且,从整体来看,它与实验结果更相符,尤其是考虑到计算网格的粗糙性以后。

经常注意到[127],要想正确地实现 LES,在一些区域要使用负扩散,但用传统的数值方法这样会导致计算不稳定。即使涡受限法还有更多的研究工作需要做,但它有效地代表了一定波数范围内数值上稳定的负扩散方法。

例 3:椭球体

在 CFD 工作领域中,立体块周围的流动引起研究者相当大的兴趣,因为在这种流动中存在大范围的流动分流,这些流动分离用传统的数值方法模拟起来很困难,工作量很大。这里用

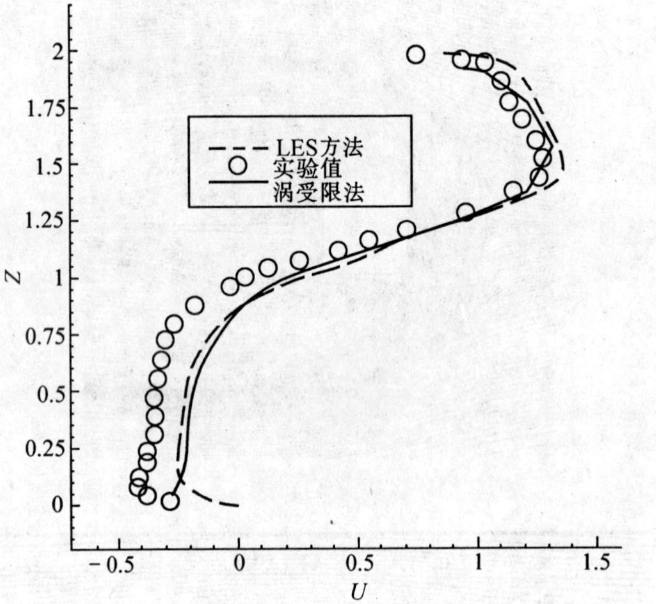


(a)

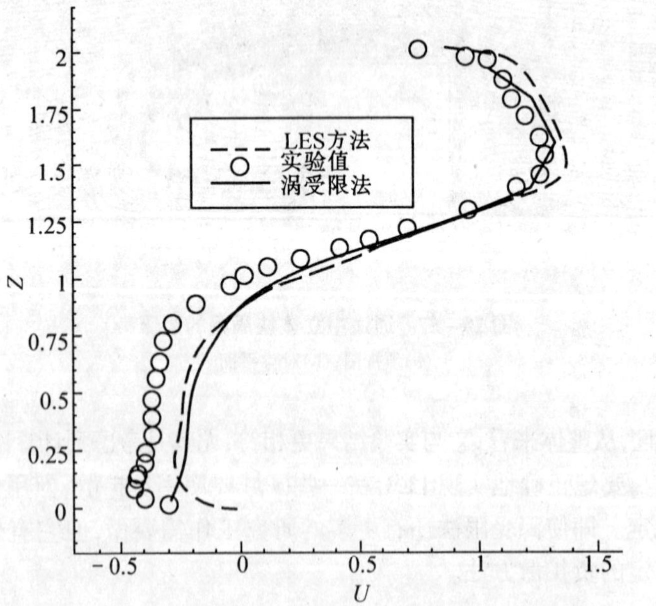


(b)

**图 18-58 涡受限法计算结果与实验和 LES 结果的比较**

(a)立体块顶部沿对称平面的速度剖面;(b)立体块后 $0.3h$ 处的速度剖面

涡受限法计算了以大攻角旋转的钝体的流动。图 18-59 中，物体置于均匀的粗网格下（188×

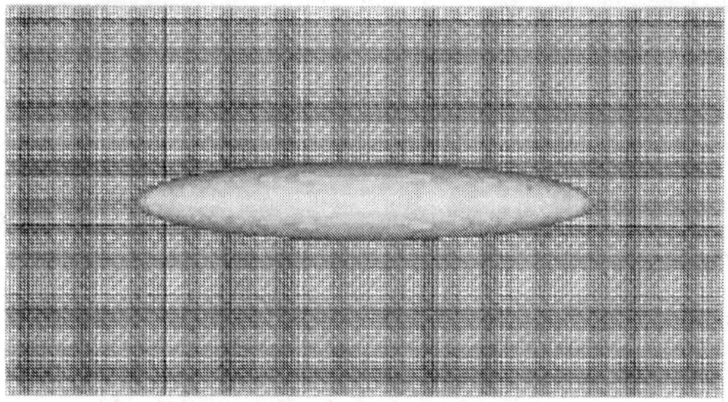

**图 18-59　椭球体周围的网格**

70×100，共 130 000 个网格节点）。这一几何模型用不可压缩的有限容积法的 N-S 流动求解器求解过，使用的是贴体坐标的结构化网格。图 18-60 将分别在 20°和 25°攻角下涡受限法、实验和传统的流动求解器（采用 F-V 法）三者得出的结果进行了比较。可以看出，在大倾角下，流动的特征是大范围的流动分离，在物体背面形成稳定的涡结构；两种情况下，涡受限法的结果与实验和 F-V 计算的结果一致。然而，在涡受限法中，使用的是非贴体的网格，从而消除了网格生成上的困难。得到相同的结果用涡受限法所需的网格比用传统的 CFD 方法所需的网格粗糙得多。涡受限法的计算在 PⅡ 机器上大约需 5 小时。

例 4：VW Goff 汽车

表面受限法的应用进一步用流过 VW Goff 汽车的不可压缩流来解释。图 18-61(a)给出了对称面的涡等值线。没有表面受限时，流动在汽车顶部第一条边上分离，分离点在负压梯度点处；流动在档风玻璃上前方角点处也发生了分离。当加入较小的表面受限时，流动就附着在表面上直到汽车顶部最后一条边，档风玻璃上前方的分离区域也减小了，但没有消失。图 18-61(a)所示的流动与实验所观察到的情况不相符。然而，图 18-61(b)的情形与风洞实验结果一致，特别是在分离点的位置上。可以发现，分离点对表面受限值比较敏感。

例 5：直升机/船结构

图 18-62 给出了船体周围的流场和 20°风向角时的一个恒涡表面。可以看出，在迎风甲板的边缘产生了一个大的涡漩，它沿船的上部进行传播。这种涡结构是船流场的一个主要特征。如果没有特别好的网格，传统的 CFD 方法求解和保持这种涡结构是很困难的，而用涡受限法采用非常粗糙的网格就可以解决，且结果与物理实际相符，因为涡强度和涡结构毫无扩散地保留了下来。

图 18-63 给出了将直升机置于甲板上的情形。直升机用一个激励磁盘带动的旋转体来

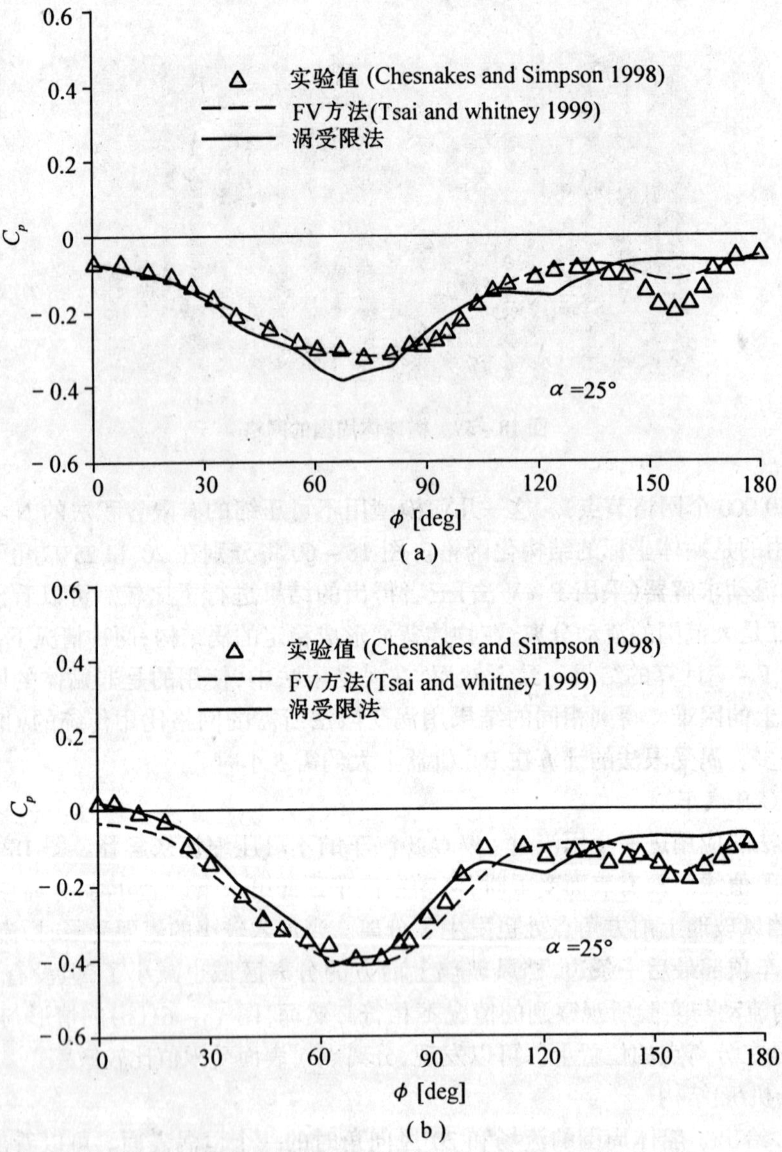


**图 18-60 定压比热的计算结果与实验结果的比较**

(a) $x/L = 0.77, \alpha = 20°$; (b) $x/L = 0.77, \alpha = 25°$

代替。可以看出,由于旋转体的存在而产生了很强的漩涡,而这些漩涡反过来又极大地影响街涡的强度和轨迹。

(a)

(b)

**图 18-61　对称平面上的速度分布**

(a)无表面受限;(b)有表面受限

由此很清楚地看到,由于甲板边缘和直升机的着陆而产生了密集地涡漩。这对一般的直升机的着陆很重要,对从船上起飞和着陆的直升机的工作同样也很重要。

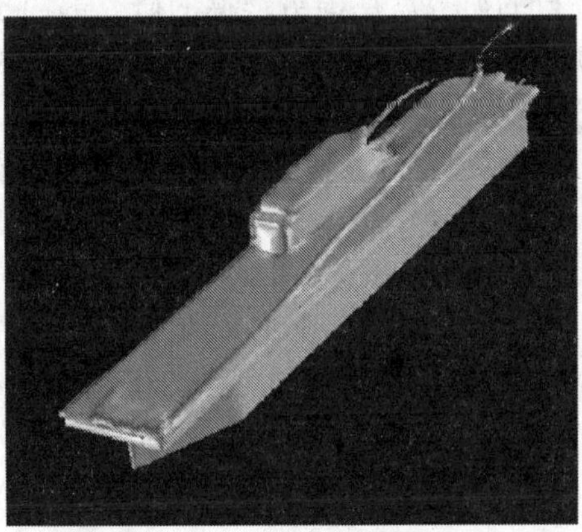

**图 18-62　风向角流过船体**

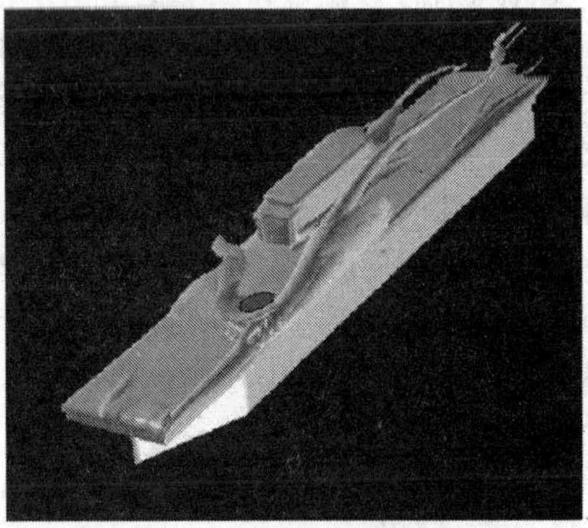

**图 18-63　直升机着陆甲板**

### 18.6.4 小结

应用涡受限法的五个例子都说明了这种方法对直升机流计算的适用性。把用涡受限法计算出的立体块周围的流动(与船的上部结构相似)的结果与实验和 LES 结果进行了比较。作为一种模拟湍流边界层的方法,表面受限法对二维和三维几何模型都是适用的。不同的表面受限量可以改变流动分离的倾向,但不能明确地决定分离点。最后用图形说明了涡受限法用于直升机/船结构的情形。进一步的研究还在进行当中。

## 18.7 ICCM 船舶流体动力学 CFD 最新进展

### 18.7.1 引言

计算连续介质力学股份有限公司的 ICCM 学会是一个有实力的研究机构,它致力于连续介质力学计算方法的发展和应用。该公司于 1997 年创立;它的 Comet(Continuum mechanics engineering tool)软件已经得到了十几个国家的公司、研究机构和大学等超过 50 个机构的认可。

ICCM 在船舶流体动力学领域有着丰富的经验,这得益于与汉堡科技大学汉堡造船研究所的密切合作。在流体力学和船舶理论部门有一个大约 10 个人的队伍,在应用 Comet 来解决造船和海洋工程方面的问题。ICCM 和汉堡科技大学有专门的协议,因此 Comet 在该大学中应用得十分广泛,它安装在 100 多台机器上。学生们也在他们的学习和论文研究中使用该软件。

Comet 也用于波茨坦和汉堡的牵引水池中所进行的研究。德国劳埃德的研究部门也是 ICCM 的合作伙伴,他们用 Comet 来研究液体的晃动和拍击运动现象。Comet 还被用于柏林科技大学以及基尔理工大学的船舶与海洋工程学院进行船舶技术研究。两家大型德国造船厂和三家螺旋桨制造厂也在他们的研发工作中使用 Comet;在我国台湾、韩国、日本、英国和加拿大还有一些使用者用 Comet 进行海洋技术研究。

本节的目的在于为更多可能会对 Comet 感兴趣的人们说明一下 Comet 在近来解决海洋科学问题中的应用。本节所提供的结果大多来自于汉堡科技大学的硕士论文和博士论文,希望这里提到的学术上的应用,足以说明在海洋科学领域中 CFD 应用目前的可行性和未来的发展趋势。

### 18.7.2 船舶周围的流场

除了研究像 Wigley 和 Series 60 这样“理论”上的船体,汉堡科技大学的研究者和研究生们还用自由表面计算了另外几种实际船体周围的流动,举例如下。

18.7.2.1　汉堡测试体

汉堡测试体指的是油轮的船体，这种油轮已经造了两艘。在 Jörg Tobias Zorn 的论文中，计算了在两种弗罗德数下这种船的模型周围的流动，并且将计算所得结果与早先从 HSVA 得到的实验数据进行了比较。这种模型的比例尺为 1:23；整条船的实际长度为 230 m。

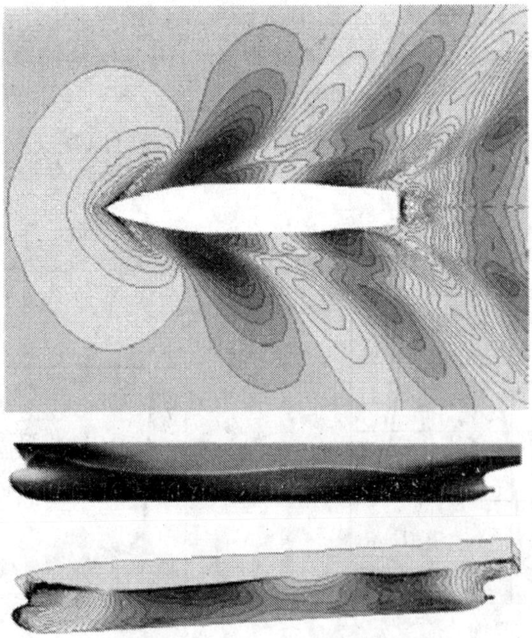

图 18－64　波形，沿船体的波的形状
和 $F_r=0.31$ 时船体表面的压力分布

Jörg Tobias Zorn 使用标准 $k-\varepsilon$ 湍流模型和壁面函数计算了在指定的船体位置处的流动（该位置处的流动已有实验数据可作为参照）。用 Comet 中的边界面捕捉方法计算了自由表面的形状，比如轮船周围的水面和气流的形状。船速取对应于弗罗德数在 0.24 左右时的速度，这个速度也是开始计算时所用的速度。为了估计数值误差采用了两种网格：比较粗的网格和比较细的网格；比较细的网格大约有 250 000 个控制容积。由于流场的对称性，只在一半的计算域上覆盖了网格。

计算所得到的阻力和实验所得到的吻合得很好；取更高的弗罗德数（$Fr=0.31$）重复计算，在这一弗罗德数时仍能得到对应的实验数据，但此时计算所得到的阻力作为弗罗德数的函数随其增大而急剧上升，结果如图 18－64 所示。

在轮船中部的几个平行截面上测量了波的剖面图，图 18－65 比较了在 $Fr=0.31$ 时，靠近船体截面上计算所得和测量所得的剖面图。在求解 N－S 方程时，阻力可以直接通过积分船体表面上的压力和剪切力求得。这样的话，网格只需在靠近壳体的地方加密，在其他的地方用较粗的网格就可以。由于在离船一定距离处的网格比较粗糙，使得波在此处被减弱了。但是取相同的两个弗罗德数，此时计算出的阻力与实验所得十分吻合，如图 18－66 所示。同时从图 18－66 也可以看出网格越细，计算所得结果与实验所得符合得越好。

下面将介绍一下用 Comet 计算浮体周围流场所得到的早期的结果。最后还计算了有 10 度倾角，$Fr=0.23$ 时的流场。此时的流动不是对称的，因此网格需覆盖整个的流动计算域（大约 500 000 个网格）。图 18－67 表示出了螺旋桨所在区域内二次流的复杂结构，从图中可以看出，有倾角时的流动与没有倾角时的流动极为不同。读者可以在文献[132]中获得更多汉堡测试体周围的流动的细节。

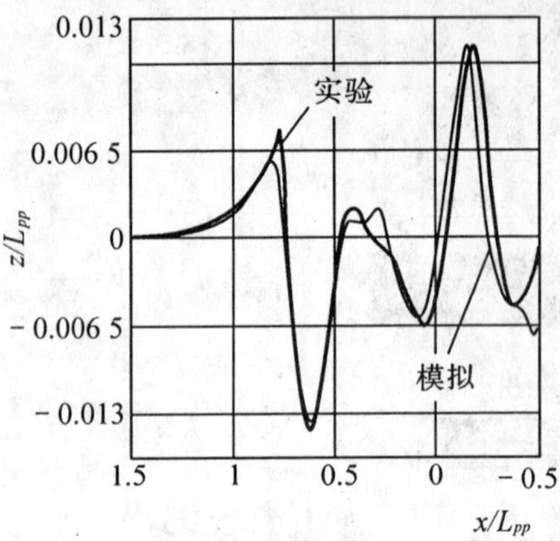


图 18－65 $F_r=0.31$ 时平行于船的中部离船 $0.184L_{pp}$ 处平面上计算和测量得到的波形

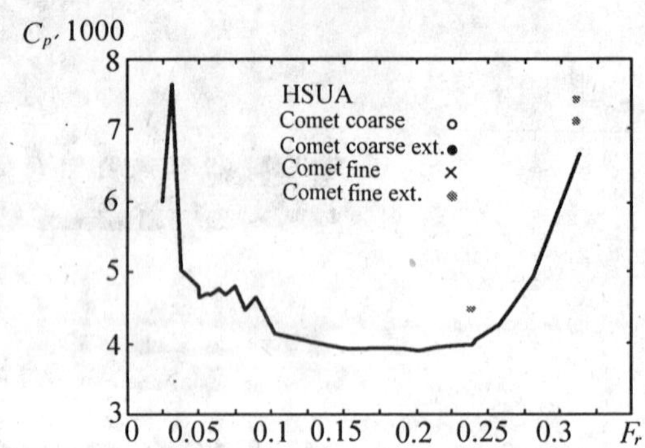


图 18－66 两种网格计算得到的总阻力于 HSVA 实验数据的比较

18.7.2.2 船－螺旋桨－舵

El Moctar 在汉堡科技大学完成他的博士论文期间，用 Comet 对船－螺旋桨－舵之间的相互作用进行了大量的数值计算。他先计算了均质流流过不同舵时的三维湍流流场，并将计算所得结果与 Basin 所作实验[134]得到的结果进行了比较。从比较结果可以看出，用 Comet 预测得到的拖曳力系数，升力系数和挠矩系数还是有足够的精度的。图 18－68～图 18－70 示出了用局部细化网格（大约 500 000 个网格）计算 NACA0015 的楔形舵所得到的结果。

接着他又模拟了考虑重力起推进作用的更复杂的舵周围的流动。图 18－69 示出了一个双层的舵，在这个舵后的一个二次速度矢量平面上，可以看到尖端处的漩涡。在这个例子中，计算所得结果与实验结果的吻合也是令人满意的。舵表面的不连续性使生成连续的贴体网格的难度加大了，也使得对这种舵周围流动的模拟变得非常复杂。此时，Comet 的允许网格块与

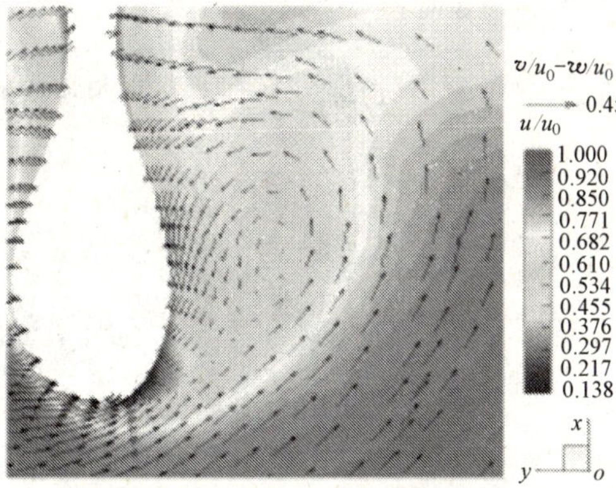


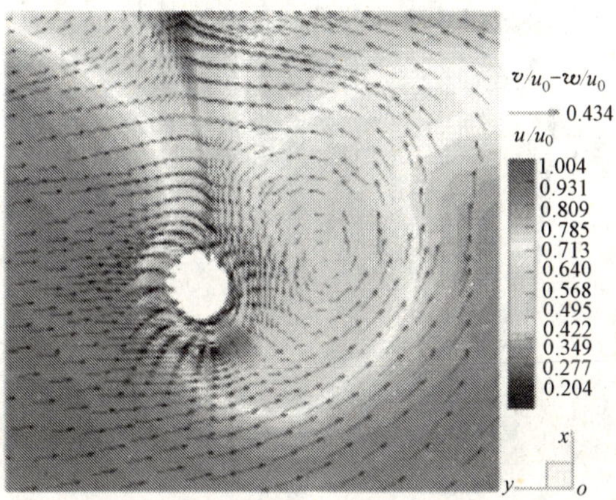


**图 18－67　$F_r$＝0.23，10 度角时用细网格计算浮体流动时，在螺旋桨平面之前（上图）和螺旋桨平面（下面）的速度分布**

网格块的界面不匹配的功能就非常有用了。可动的舵与固定的舵能彼此滑移，伴有运动的舵的非定常计算就可以实现了。

El Moctar 博士论文中的另外一个例子是关于偏航 18 度时 ESSO 油轮周围的流动。在这个例子中，舵被包括在网格模型中，但螺旋桨还是利用重力来模拟。这种对船舶运动实验的模拟也显示出了与实际实验所得数据吻合得很好。

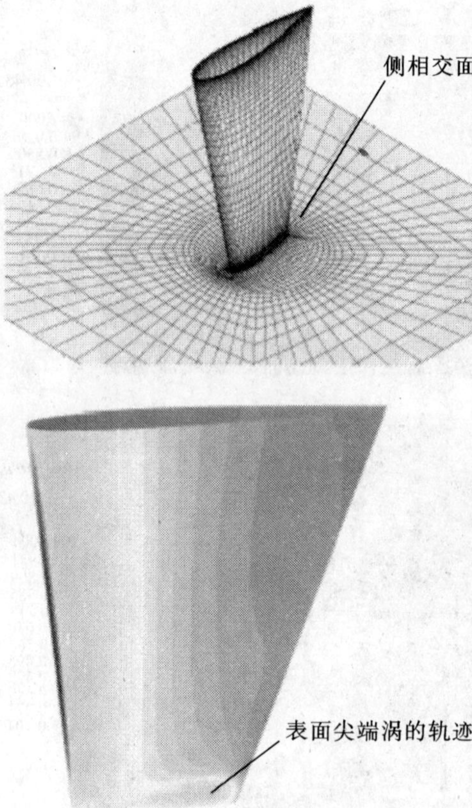


图 18-68 (a)舵吸入侧的计算网格(上图)和(b)压力分布(下图)

图 18-71 示出了船体和舵表面的压力分布。这里弗罗德数 $Fr=0.15$，很小，因此可以假定自由表面是平直的，这样就大大简化了模拟。此时可以认为流动是定常的，用计算机计算，在几个小时内就可以得到所要求的解。初始的块-结构化网格可以用 ICEM 来生成，然后再用 Comet 的前处理器局部细化网格。

El Moctar 还计算了螺旋桨周围的流动。计算自由流中螺旋桨周围的流动时，可以用旋转参考面(可以使流动看起来是定常的)来计算。计算时只用到两个叶片之间的通道和周期性边界条件。这种方法已经用于某种螺旋桨，对这种螺旋桨进行过实验。图 18-72 给出了这种螺旋桨叶片上的压力分布。

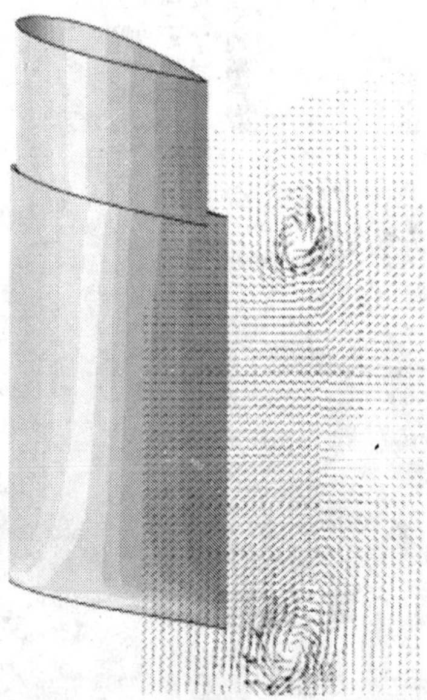

**图18－69　舵表面(吸入侧)的压力分布和舵后垂直于流动方向平面上速度矢量的映射,可以看到尖端的涡**

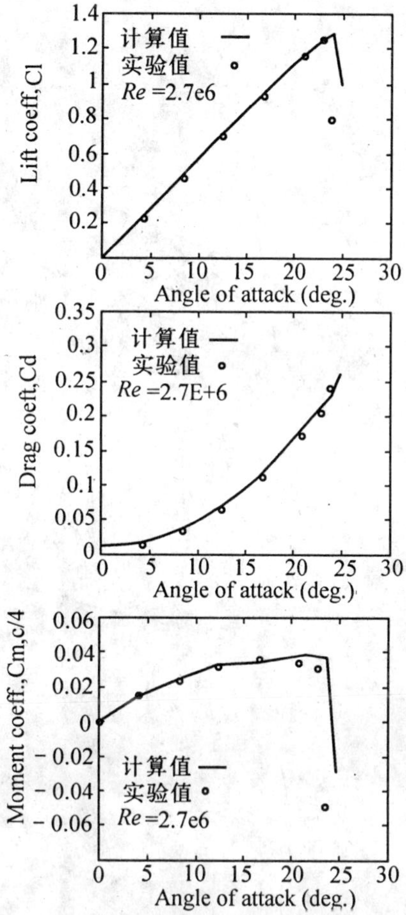


**图18－70　预测得到的与测量得到的舵模型(NACA 0015,方位比3.0,倾斜比0.45)的阻力、浮力和扭矩系数的比较**

计算所得到的推力系数和扭矩系数如图18－73所示。从图中可以看出,这些系数与实验数据吻合得非常好,这说明在设计和优化过程中数值模拟适宜对螺旋桨性能进行分析。

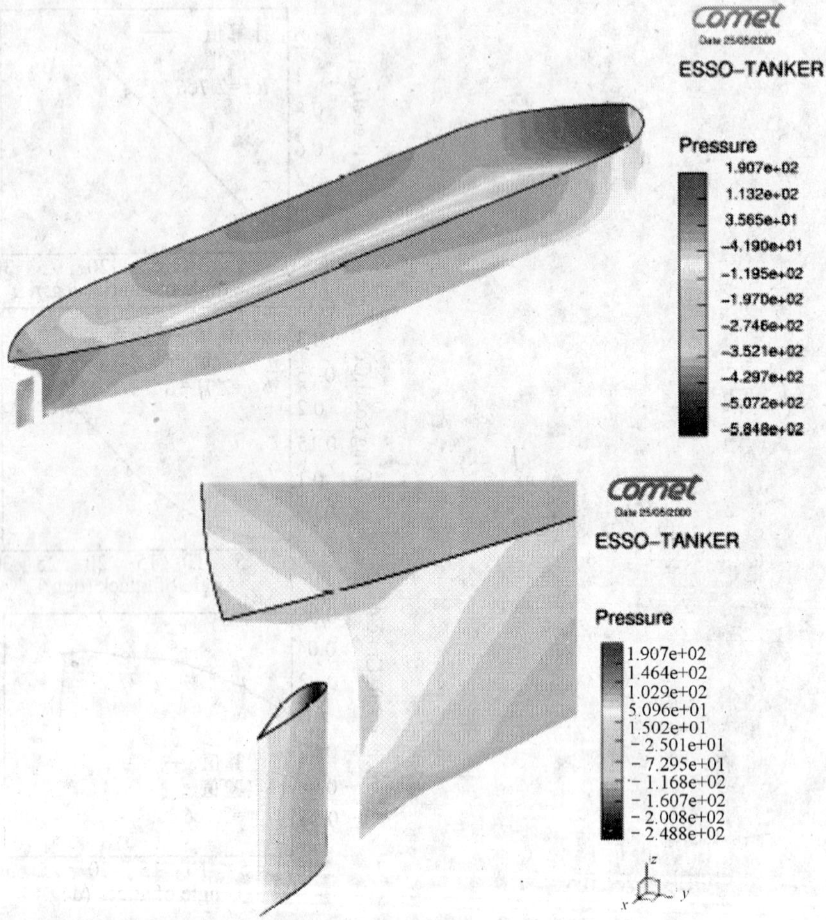


**图 18-71　计算得到的 ESSO 油轮表面以及舵上的压力分布**

最后要研究包括船体,螺旋桨和舵的情况。El Moctar[135] 给出了螺旋桨和舵周围流场的计算结果。进行这种模拟时,由于螺旋桨相对于舵的位置是在一直变化的,因此必须进行运动螺旋桨的非定常模拟。在 Comet 中可以使用有滑移界面的动网格,这样有可能实现这种非定常模拟。作法如下:把螺旋桨嵌入一个旋转的柱体块中,而其他的网格与舵相连。此时壁面周围覆盖了几层棱柱形的网格,其他部分覆盖的是四面体网格(网格生成可以用 ICEM 来实现)。

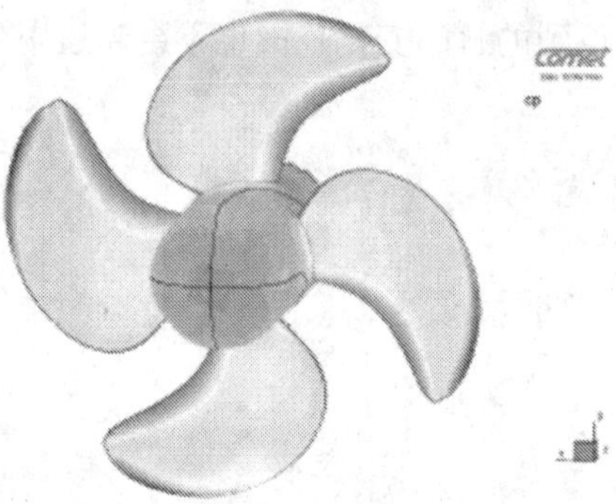

图 18-72　计算得到的螺旋桨叶片上的压力分布

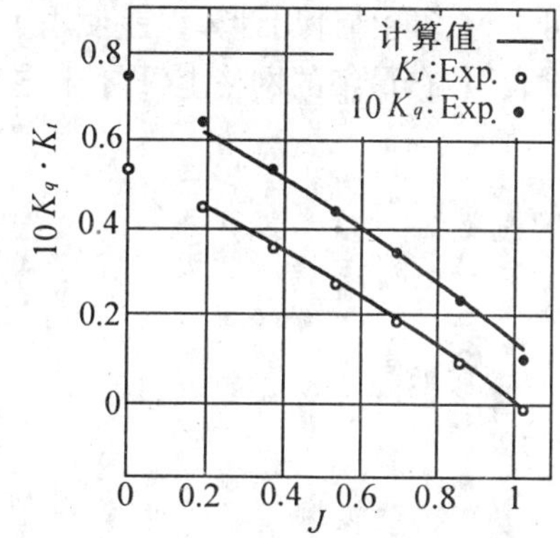


图 18-73　计算得到的螺旋桨特性与 SVA 波茨坦实验数据的比较(均匀流)

图 18-74 给出了在某一时刻这种非定常流动的一些性质。

(a)　　(b)

图 18-74　舵周围的流线

(a)舵周围的流线和螺旋桨及舵之间平面上速度矢量的映射;(b)用滑移界面的运动网格进行非定常流动计算

### 18.7.2.3　三体船

Lars-Ole Lübke[136]在他的论文中对三艘三体船周围的流场进行了分析。这些船的主体和舷外支架都与 Wigley 船模的尺寸相同(在的里雅斯特的水池中做过相同外形的船模的实验)。

舷外支架的长度是船主体长度($L=3$ m)的一半。由于流动是对称的,因此只需计算一半的计算域即可。为了能估计出计算误差使用了三种网格,其中最细的网格大约有一百万个。对网格的测试表明:在最细的网格上,即使网格再被细化,得到的解的变化范围也不会超过1%。

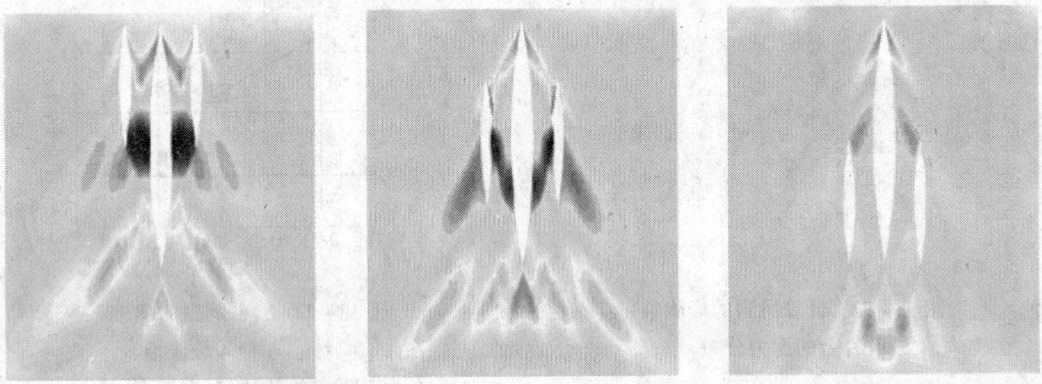

**图 18-75　船速相同(1.5 m/s)时三种三体船船形的波形(在同一等值面上)**

图 18-75 表明,舷外支架和船主体的尾部齐平的外形对于所设计的船速来说是最合适的。这一点可以从波形上清楚地看出来,因为波阻是船所受到的所有的阻力中最大的阻力。图 18-76 示出了两种船速时的波形,从图中可以看出,一种船速时最佳的船形不一定在另一种船速时也是最佳的。

18.7.2.4　钝头船

钝头船周围的流场已经在东京的船舶研究所(SRI)进行了实验研究。在 Rodrigo Azcueta 的博士论文中给出了其中一个实验(船舶吃水时弗罗德数 $Fr=0.7$)的数值模拟结果。在这种情况下产生了密集的波的破碎,破碎的位置在船头和船体的两侧[138]。图 18-77 是在船舶研究所的水池做实验时所拍的瞬态波形图,表示出了某一时刻的自由表面形状。

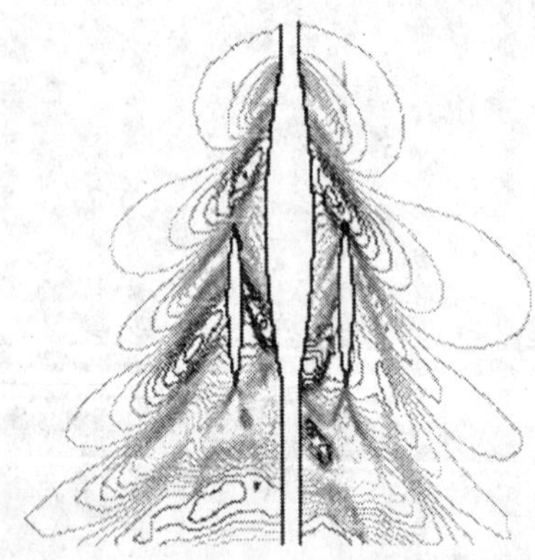

**图 18-76　最佳三体船船形不同速度(1.47 m/s 左和 1.75 m/s,右)时的波形(在同一等值面上)**

计算时采用了两种网格,其中较细的网格有两百多万个;在有 8 个处理器的并行计算机上运算了 8 个小时。图 18-77 定性地表明计算得到的自由表面的形状与实验中观察得到的符合得非常好。将计算所得到的船头波浪的高度和对称平面上波的平均速度与实验数据进行对比,发现二者也匹配的很好[137]。图 18-78 示出了沿船体测量所得的波浪的平均高度和计算

图 18－77　钝头船模型的实验瞬态波形图(左)和模拟得到的自由表面的瞬时形状(右)

所得的对比,二者吻合得非常好。

18.7.2.5　海军战舰

在其他的论文中,对军舰的比例模型周围的流场也进行了研究(Balle)[139]。这种船船体的形状复杂,对网格生成来说极富挑战性。图 18－79 示出了沿船体的浸水面和压力分布。图 18－80 示出了船周围的波形。

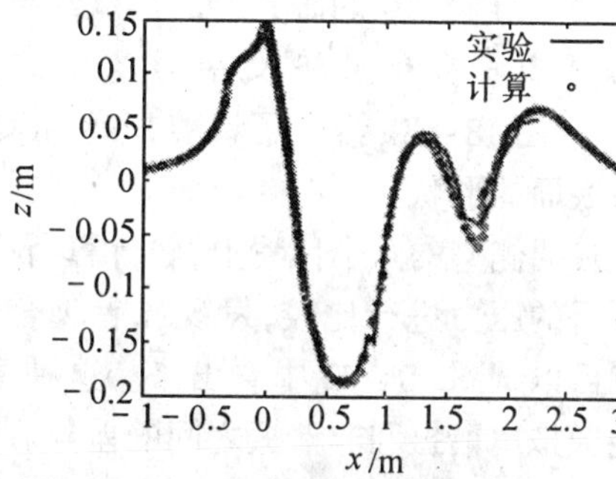


图 18－78　测量与计算所得到的钝头船模型表面的波形

虽然 Balle 在完成他的论文时,没有时间创建最佳的网格,但是他对所采用的两种网格中较细的那种进行计算所得到的结果与实验数据十分接近。

在众多的实际应用(实际尺寸的船体)中,与实验模型比起来,对阻力预测的误差在 2% ~6% 之间。通常我们用更高的精度来预测两种模型之间的不同的阻力。

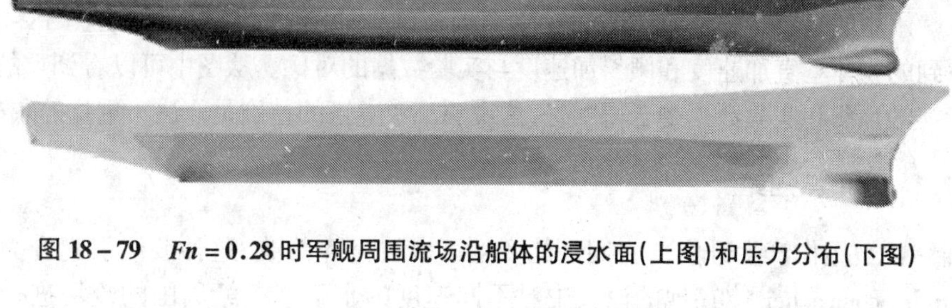

图 18－79　$Fn=0.28$ 时军舰周围流场沿船体的浸水面(上图)和压力分布(下图)

## 18.7.3　晃动

从许多方面来看,船上液体舱内的晃动问题是非常重要的。人们十分关心装载对结构和船的稳定性的影响。为了计算这样的流场,采用的求解方法必须考虑到波的破碎,浮力对受限气体的影响以及局部网格的细化。Comet 提供了实现这些要求的可能性,并被广泛地用于有晃动的流场的预测。

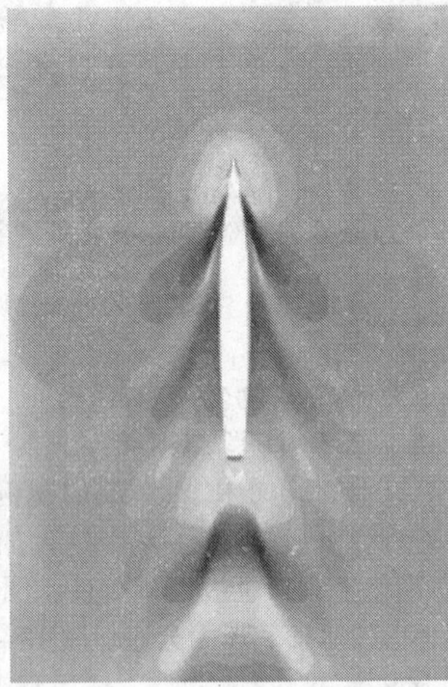

图 18-80 $F_r = 0.28$ 时军舰周围的波形

在 Delphine Marcouly 的论文[140]中给出了对柱形液体舱内的晃动进行大量研究后所得的结果。这一研究是在 P.C.Sames 博士的指导下,在德国的劳埃德进行的。她模拟了二维和三维的情况,并将结果与 SIRHENA 的实验数据进行了比较。

汉堡科技大学研究了矩形液体舱内的晃动问题,并将结果与东京船舶研究所的实验结果进行了对比。Frank Mallon 在他的论文中对这些结果进行了总结[141]。图 18-81 给出了计算所得和实验中拍到的自由表面的形状。

在船侧壁的几个位置上,将计算所得的压力与实验所得的压力进行比较,发现二者吻合的非常好,这一点可以从图 18-82 中看出来。这种模拟还可以准确地模拟出谐振和非谐振之间的差异。在谐振的情况下,通常在不和液体接触的地方(比如说天花板)会产生时间很短的高压。当填充量分别为 20% 和 60% 时,在几个振荡的周期和强度范围内,发现模拟结果与实验结果十分匹配。

### 18.7.4 拍击运动

在德国的劳埃德和汉堡科技大学,Comet 已经被广泛地用于研究拍击现象[130,131]。当描述物体的运动时,除了要计算拍击所产生的力之外,Azcueta[137]还计算了楔形物体从某一高度自由地落入静水中的运动过程。物体的运动受周围流体施加给它的力的控制。图 18-83 给出了计算所得到的物体垂直加速度和倾斜加速度与实验数据的对比。从图中可以看到重的楔形体和轻的楔形体的预测和实验数据吻合得很好,这说明二者真正的差别是取决于重量的减速度。

### 18.7.5 水下减摇鳍

减摇鳍常被用作产生升力。它们还能产生可以被打碎的波,这种波能引起升力不必要的波动。Arndt Schumacher[142]在他的论文中对不同速度的水下减摇鳍周围的流场进行了数值和实验两方面的研究。他发现在速度从 1 m/s 变化到 1.4 m/s 这样一个相对较小的范围内,可以观察到流动方式的极大改变:从平滑的波到密集的破碎的波再到平滑的波。用 Comet 进行二维模拟,可以非常定性和定量地预测这些现象:波峰波谷的位置,波的强度,波破碎区的尺度。

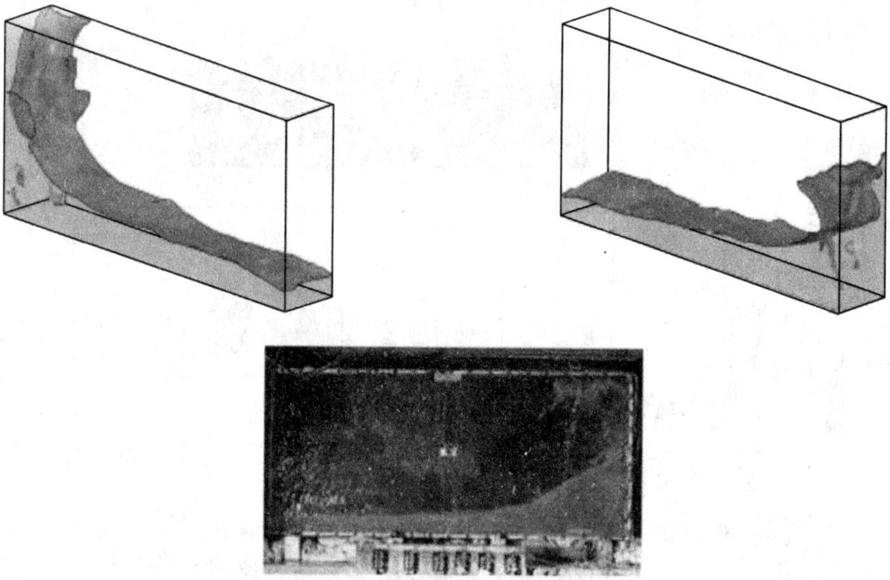

图 18 - 81　三维模拟得到的自由表面形状(上图)和实验照片(下图)

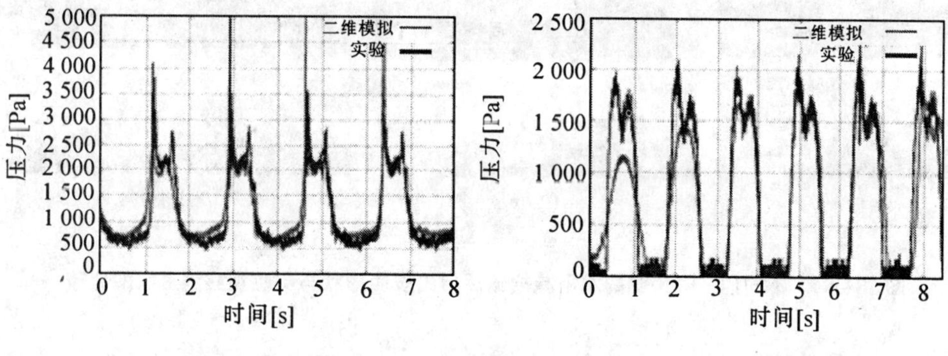


图 18 - 82　填充量为 20%(左)和 60%(右)时在侧壁一点处测量得到的与预测得到的压力变化的比较

所有这些流动特性都可以被准确地预测出来。当然,如果不进行极细网格的直接数值模拟的话,是无法预测到自由表面的微小结构的。但是对于工程应用来说,这种微小结构并不是人们非常关心的。

图 18 - 84 将预测得到的自由表面的形状和汉堡科技大学所作实验的照片进行了比较,结

果表明随着速度的增加流动结构也发生了变化。

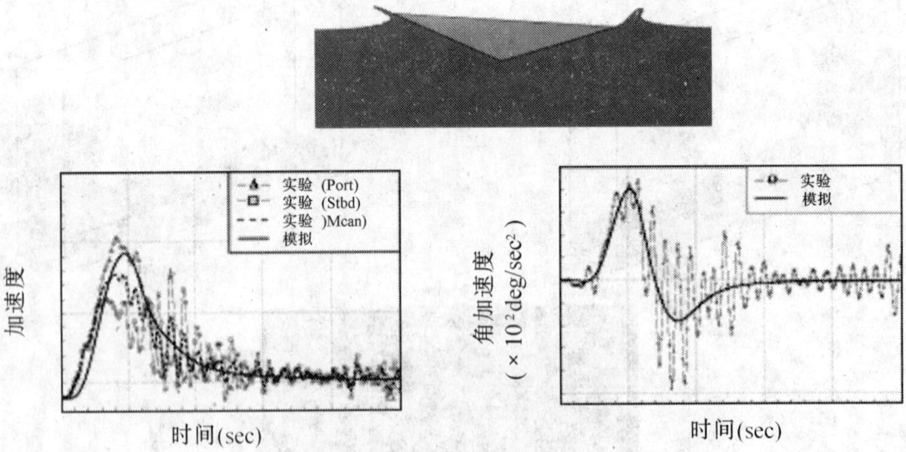


图 18－83 楔形体进入水中，以 5 度角自由落下（上图）；垂直减速（下图左）和倾斜加速（下图右）与实验数据的比较

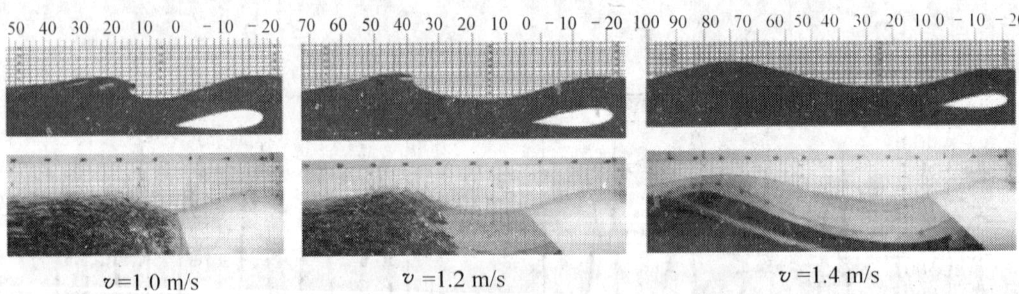


图 18－84 不同速度时预测的水下减摇鳍后自由表面形状与实验观察到形状的比较

### 18.7.6 浮体

浮体在波浪中运动的预测是海洋工程中最大的挑战之一。这种预测需要进行有自由表面的流体和浮体运动耦合的并且实时的模拟。这是汉堡科技大学的一个研究项目，初步的结果[143]已经在广岛召开的国际学术讨论会上被给出来了。

图 18－85～图 18－87 将预测结果与实验观察到的矩形截面的物体运动结果进行比较，表明物体容易碰到高强度的波束。在柏林科技大学的实验中，用高速数码相机以每秒 500 张拍

摄速度来观察物体的运动。

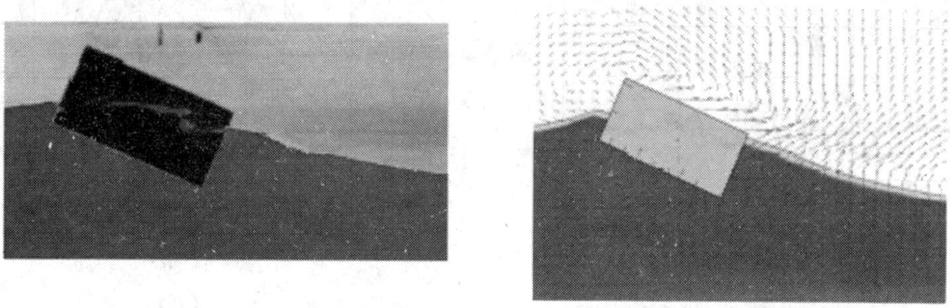

图 18-85　实验观察到的自由表面形状和物体位置(左)与 Comet 计算结果(右)的比较,还给出了水中和空气中的速度矢量

图 18-86　不同时刻计算得到的自由表面形状和物体位置(左边的壁面以一定的速度运动用来造波,产生所需的波束)

考虑到模拟仅是二维的,而且物体的运动还没有被精确地测量出来,因此可以认为预测与实验数据是相符的,尤其当考虑到大的滚动运动以及问题的高度非线性情况时。目前汉堡科技大学正致力于用 Comet 进行有向前速度且会碰到不规则波的物体三维运动的模拟。

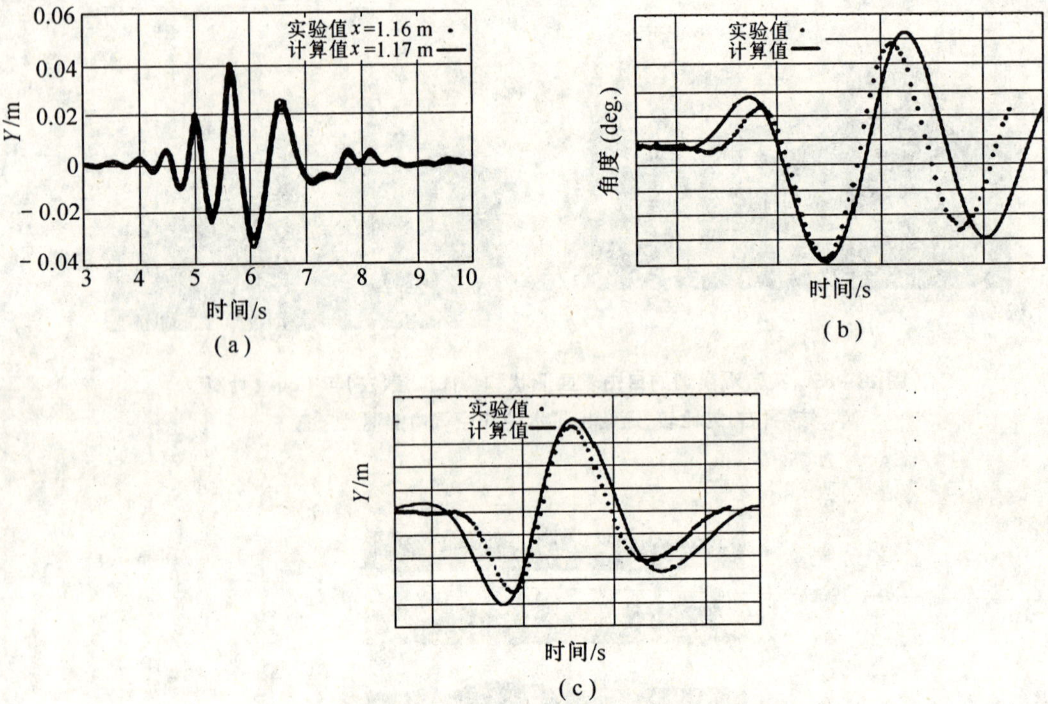


图 18-87 实验结果(ISM,柏林科技大学)与计算结果(汉堡科技大学)的比较

(注意到物体的运动还没有被直接测量出来但可以从时间间隔为 0.002 s 的数码照片中推算出来)

(a)在某一位置处自由表面的正视图;(b)倾斜物体的运动;(c)垂直物体的运动

# 参考文献

1 Paterson D A and Spelt C J. Simulation of flow past a cube in a turbulent boundary layer, J. Wind Eng. lnd. Aerodyn. 35(1990)149 - 176.

2 Murakami S and Mochida A. 3D numerical simulation of airflow around a cube model by means of k - ε model, J. Wind Eng. lnd. Aerodyn. 31(1988)283 - 303.

3 Beetke F Werner H and Wengle H. Numerical simulation of turbulent flow over surface-mounted obstacles with sharp edges and corners, J. Wind Eng. lnd. Aerodyn. 35(1990)129 - 147.

4 Murakami S. Computational wind engineering., J. Wind Eng. lnd. Aerodyn. 36 (1990)517 – 538.

5 Stathopoulos T and Baskaran A. Boundery treatment for the compulational of three-dimensional wind flow conditions around a building., J. Wind Eng . lnd. Aerodyn. 35(1990)177 – 200.

6 Murakami S and Mochida A. Numerical simulations of air flow around surface-mounted square rib by means of ASM and k – ε EVM. ASCE 9th Structures Congress. (1991)639 – 642.

7 Murakami S, Mochida A and Hibi K. Three-dimensional numerical simulation of airflow around a cube model by means of large eddy simulation., J. Wind Eng. lnd. Aerodyn. 25(1987)291 – 305.

8 Murakami S, Mochida A, Hayashi Y and Sakamoto S. Numerical study on velocity-pressure field and wind forces for bluff bodies by k – ε, ASM and LES., 8th int . on wind Eng, London, Canada(1987).

9 Murakami S, Mochida A and Hayashi Y. Examining the k – ε model by means of a wind tunnel test and large-eddy simulation of the turbulence structure around a cube., J. Wind Eng. lnd. Aerodyn. 35 (1990)87 – 100.

10 Tamural T, Ohta and Kuwahara K. On the reliability of two-dimensional simulation for unsteady flows around a cylinder-type stucture, J. Wind Eng. lnd. Aerodyn. 35(1990)275 – 298.

11 Launder B E and Spalding D B. Mathematical models of turbulence , Academic Press, New York, 1972.

12 Launder B E and Spalding D B. The numerical compulation of turbulence flows, Comput. Methods Appl. Mech, Eng, 3(1974).269 – 289.

13 Smagorinsky J. General ciculation experiments with the primitive equation. Part1, Basic experiments, Mon, Weather Rev., 91(1963)99 – 164.

14 Deardoff J W. A numerical study of three-dimensional turbulence channel flow at large Reynolds numbers, J. Fluid Mech., 41(1970) 453 – 480.

15 Rodi W. ZAMM, 58(1976)T219 – T221.

16 Gibson M M and Launder B E. Ground effects on pressure fluctuation in the atmospheric boundary layer, J, Fluid Mech., 86(1978)491 – 511.

17 Murakami S, Kato S and Kondo Y. Examining k – ε EVM by means of ASM for a 3 – D horizontal buoyant jet in enclosed space, int, Symp. on Engineering Turbulence Modelling and Experiments, Dubrovnik, Yugoslavia., (1990)205 – 214.

18 Launder B E, Reece G J and Rodi W. Progress in the development of a Reynolds stress turbulence closure, J. Fluid Mech., 68(1975)537 – 566.

19 Launder B E. University of Manchester, Institute of a Science and Technology, Report No. TFD/82/4, (1983).

20 Murakami S, Mochida A and Hayashi Y. Scrutinzing k – ε EVM by means of LES and wind tunnel for flowfield around cube, 8th Symp. on Turbulent Shear Flows(1991).

21 Morinishi Y and Kobayashi T. Large eddy simulation of backward facing step flow, Int Symp. on Engineer Turbulence Modelling and Experiments. Dubrovnik, Yugoslavia, (1990)279 – 286.

22 Yoshizawa A. Eddy-viscosity-type subgrid-scale model with a variable Smagorinsky cofficient and its relationship with the one-equation model in large eddy simulation, Phys. Fluid A3 (8). (1991), 2007 – 2009.

23 Mizutani K, Murakami S, Kato S, Mochida A. Numerical Simulation of Room Air Flow by means of Large Eddy Simulation (Part 1 and 2), Summaries of Technical Papers of Annual Meeting Artitechtural institute of Japan, Environ. Eng., 483 – 486. (in Japanese)

24 Rodi W. On the simulation of turbulent flow past bluff bodies, Wind. J Eng. Ind. Aerodyn, 46&47 (1993)39.

25 Rodi W. Simulation of flow past buildings with statistical turbulence models, in J. E. Cermak et al. (Eds), Wind Climate in Cities, Kluwer Academic Publishers, Dordrecht, (1995), pp. 649 – 668

26 Lyn D A, Rodi W. The flapping shear layer formed by flow separation from the forward corner of a square cylinder, J, Fluid Mesh, 267 (1994) 353 – 376

27 Lyn D A, Einav S, Rodi W, Park J H. A laser-doppler velocimetry study of ensemble-averaged characteristics of the turbulent near-wake of a square cylinder, J. Fluid Mech. 304 (1995) 285 – 319

28 Martinuzzi R. Experimentelle Unterōuchung der Umstromung wandgebundener, rechteckiger, prismatischer Hindernisse, Dissertation University Erlangen-Nürnberg, (1992)

29 Martinuzzi R, Tropca C. The flow around a surface-mounted prismatic obstacle placed in a fully developed channel flow, J. Fluids Eng. 115 (1993) 85 – 92.

30 Rodi W, Ferziger J H, Breuer M, Pourquié M. in Proc. Workshop on Large-Eddy Simulation of Flows past Bluff Bodies, Rottach-Egern, Germany, June(1995).

31 Rodi W, Ferziger J H, Breuer M, Pourquié M. Status of large-eddy simulation: Results of a workshop, J. Fluids. Eng. 119 (1997) 248 – 262

32 Rodi W. Turbulence Models and their Applications in Hydraulics, 3rd ed., Balkema, Rotterdam, (1993)

33 Kato M, Launder B E. The modeling of turbulent flow around stationary and vibrating square cylinders, in Proc, 9th Symp. Turbulent Shear Flows, Kyoto, (1993)

34 Franke R, Rodi W, Schōnung B. Analysis of experimental vortex-shedding data with respect to turbulence modeling, in Proc, 7th Symp, Turbulent Shear Flows, Stanford University, (1989), pp. 24, 4, 1 – 24, 4, 5.

35 Franke R, Rodi W. Calculation of vortex shedding past a square cylinder with various turbulence models, in U. Schumann et al. (Eds.), Turbulent Shear Flows, vol. 8, Springer, Berlin, (1993)

36 Launder B E, Reece G J, Rodi W. Progress in the development of a Reynolds-stress turbulence closure, J. Fluid Mech, 68 (1975) 537 – 566.

37 Gibson M M, Launder B E. Ground effects on pressure fluctuations in the atmospheric boundary layer, J. Fluid Mech. 68 (1978) 491

38 Norris H L, Reynolds W C. Turbulent channel flow with a moving wavy boundary, Dept. Mech. Eng. Report FM/10, Stanford University, (1975).

39 Tamura T, Ohta I, Kuwahara K. On the reliability of two-dimensional simulation for unsteady flows around a cylinder-type structure. J, Wind Eng, Ind. Aerodyn. 35 (1990) 275 – 298

40 Smagorinsky J S. General circulation experiments with the primitive equations, part1, basic experiments, Mon. Weather Rev, 91 (1963) 99 – 164

41 Germano M, Piomelli U, Moin P, Cabot W H. A dynamic subgrid-scale eddy-viscosity model, Phys Fluids A 3 (1991) 1760 – 1765

42 Breuer M, Rodi W. Large-eddy simulation for complex turbulent flows of practical interest, in E. H. Hirschel (Ed.), Flow Simulation with High-Performance Computers II, Notes on Numerical Fluid Mechanics, Vol. 52. Vieweg Verlag, Brunschweig, (1996), pp. 258 – 274

43 Werner H, Wengle H. Large-eddy simulation of turbulent flow over and around a cube in plane channel, in Schumann et al. (Eds.), Turbulent Shear Flows, vol. 8, Springer , Berlin, (1993)

44 Majumdar S, Rodi W, Zhu J. Three-dimensional finite-volume method for incompressible flows with complex boundaries ,J. Fluids Eng, 114 (1992) 496 – 503

45 Bosch G. Experimental und theoretische Untersuchung der instationaren Stromung um zylin-drische Struktyren, Dissertation, University of Karlsruhe, (1995)

46 Zhu J. A low-diffusive and oscillation-free convection scheme, Comm. Appl. Number. Mech. 7 (1991) 225 – 232

47 Majumdar S, Rodi W, Mochida S. Large-eddy simulation of turbulent vortex-shedding flow past 2D square cylinder, in Proc. ASMI Fluids Engineering Division Summer Meeting, Washington, DC, USA, (1993).

48 Wang G, Vanka S P. Large-eddy simulation of high Reynolds number turbulent flow over a square cylinder, Dept. of Mech and Eng. Rept, CFD 96 – 02, University of Illinois at Urbana-Champaign. (1996).

49 Breuer M, Pourquié M. First experience with LES of flows past bluff bodies, in Rodi W, Bergeles G. (Eds.), Engineering Turbulence Modeling and Experiments 3, Elsevier, Amsterdam, (1996).

50 Durao D F G, Heitor M V, Pereira J C F. Measurements of turbulent and periodic flows around a square cross section cylinder, Exp. Fluids 6 (1988) 298 – 304

51 Pourquié M. Private communication, (1996)

52 Lakchal D, Rodi W. Calculation of the flow past a surface-mounted cube with two-layer turbulence models, J. Wind Eng. Ind , Aerodyn 67&68 (1997) 65 – 78

53 Baker C J, Gawthrope R G. The effect of turbulence simulation on the wind-induced loads on ground vehicles. In: Proceedings of Aerodynamics and Transportation II, FED 7, ASME Winter Meeting, Boston, MA, (1983).

54 Cooper R K. The probability of trains overturning in high winds, In: Proceedings of the Fifth Conference on Wind Engineering, Fort Collins, CO, 1979. p. 1185 – 94.

55 Cooper R K. The effect of cross-wind on trains. In: Proceedings of Aerodynamics of Transportation, ASME-CSME Conference, 18 – 20 June, Niagara, 1979. p. 127 – 51.

56 Copley J M. The three dimensional flow around railway trains, Journal of Wind Engineering and Industrial Aerodynamics 1987;26:21 – 52.

57 Chiu T W. A two-dimensional second-order vortex panel method for the flow in cross-wind over a train and other two-dimensional blu. bodies, Journal of Wind Engineering and Industrial Aerodynamics(1991);37:43 – 64.

58 Chiu T W. Prediction of the aerodynamic loads on a railway train in a cross-wind at large yaw angles using an integrated two-and three-dimensional source/vortex panel method, Journal of Wind Engineering and Industrial Aerodynamics(1995); 57:19 – 39.

59 Chiu T W, Squire L C. An experimental study of the flow over a train in a cross-wind at large yaw angles up to 908, Journal of Wind Engineering and Industrial Aerodynamics(1992);45:47 – 74.

60 Gaylard A P. The application of computational fluid dynamics to railway aerodynamics, Journal of Rail and Rapid Transit, Proc Instn Mech Engrs(1993); 207:133.

61 Masbernat F, Wol. hugel Y F, Dumas J C. CFD Aerodynamics of the French high-speed train, GEC ALSTHOM Technical Review No. 11(1993).

62 Stone H L. Iterative solution of implicit approximations of multi-dimensional partial differential equations, IAM J Num Anal(1968);5:530 – 58.

63 Durst F, Schaèfer M. A parallel block structured multigrid method for the prediction of incompressible fows, Int J Num Meth Fluids(1996);22:1 – 17.

64 Durst F, Peric M, Schaèfer M, Schreck E. Parallelization of effcient numerical methods for fows in complex geometries, flow simulation with high-performance computers INotes on Numerical Fluid MechanicsVieweg Verlag3879 – 921993.

65 Durst F, Leister H J, Schaèfer M, Schreck E. Effcient 3 – D flow prediction on parallel high-performance computers. In: Symposium Parallel Computer, Notes on Numerical Fluid Mechanics, vol. 50. Vieweg Verlag, (1994). p. 59 – 65.

66 Durst F, Schaèfer M, Wechsler K. Effcient simulation of incompressible viscous flows on parallel

computers, DFG Priority Research Programme results. In: Hirschel EH, editor. Notes on Numerical Fluid Mechanics, vol.52, (1996).p.87 – 101.

67 Schaëfer M, Schreck E, Wechsler K. An effcient parallel solution technique for the incompressible Navier ± Stokes equations. In: Hebeker F – K, Rannacher R, Wittum G, editors. Numerical Methods for the Navier-Stokes Equations, Notes on Numerical Fluid Mechanics, vol. 47. Vieweg Verlag, (1994).p.228 – 38.

68 Khier W, Breuer M, Durst F. Computation of air flow past ground vehicle geometry. In: WUA – CFD, Basel World CFD User Days 1996, 3rd World Conference in Applied Fluid Dynamics, Freiburg, May 19 – 23, (1996).

69 Khier W, Breuer M, Durst F. Numerical simulation of side wind effects on high speed trains. In: Proc. 30th Int. Symp. on Automotive Technology and Automation (ISATA), Conference on Simulation, Diagnosis and Virtual Reality Applications in the Automotive Industry Including Supercomputer Applications, Florence, Italy, June 16 – 19, (1997).p.441 – 50.

70 Khier W, Le Devehat E. CFD Methodology, Report Ref. 1M7S23T1.DA, TRANSAERO (Transient Aerodynamics for Railway System Optimisation) Brite Euram project No. BE95 – 1240.

71 Uchida T, Ohya Y, Ozono S. Numerical simulation of stably stratified flows past a 3D complex terrain, Proc. 14th Japan Wind Engineering Symposium(1996), pp.91 – 96 (in Japanese).

72 Uchida T, Ohya Y. Numerical simulation of stably stratified flows past a three-dimensional obstacle on the ground, Proc. 10th Japan CFD Symposium (1996), pp.304 – 305 (in Japanese).

73 Uchida T, Ohya Y. Wind system prediction of stably stratified flows past a complex terrain-comparison of the rectangular grid system and the generalized curvilinear grid system, Reports of Research Institute for Applied Mechanics, vol.82, (1997), pp.113 – 126 (in Japanese).

74 Uchida T, Ohya Y. Prediction of wind system for stably stratified flows over complex terrain using a generalized curvilinear coordinate system based on a collocated grid, Proc. 15th Japan Wind Engineering Symposium, (1998), pp.131 – 136 (in Japanese).

75 Uchida T, Ohya Y. Large eddy simulation of neutral flow past a complex terrain using a dynamic SGS model, Proc. 8th Computation and Fluid Mechanics Symposium (1997), pp. 343 – 344 (in Japanese).

76 Uchida T, Ohya Y. Large eddy simulation of stably stratified flows past a complex terrain using a dynamic SGS model, Proc. 11th Japan CFD Symposium (1997), pp.173 – 174 (in Japanese).

77 Germano M, Piomelli U, Moin P, Cobat W H. A dynamic subgrid-scale eddy viscosity model, Phys. Fluids A 3 (1991) 1760 – 1765.

78 Ozono S, Ohya Y. Simulation of airflow in a coastal area with complex terrain, Proc. 14th Japan Wind Engineering Symposium, (1996), pp.85 – 90.

79 Hunt J C R, Snyder W H. Experiments on stably and neutrally stratified flow over a model three-dimensional hill, J. Fluid Mech. 96 (1980) 671 – 704.

80 Suzuki M, Kuwahara K. Stratified flow past a bell-shaped hill, Fluid Dyn. Res. 9(1992) 1 – 18.

81 Kim J, Moin P. Application of a fractional-step method to incompressible Navier-Stokes equations, J. Comput. Phys. 59 (1985) 308 – 323.

82 Lesieur M, Metais O. New trends in large-eddy simulations of turbulence, Ann. Rev. Fluid Mech. 28 (1996) 45 – 82.

83 Zang Y, Street R L, Kose J R. A non-staggered grid, fractional step method for time-dependent incompressible Navier-Stokes equations in curvilinear coordinates, J. Comput. Phys. 114 (1994) 18 – 33.

84 Sheppard P A. Airflow over mountains, Quart. J. Roy. Met. Soc. 82 (1956) 528 – 529.

85 Bearman P W. (1997). Near wake flows behind two-and three-dimensional bluff bodies, Journal of Wind Engineering and Industrial Aerodynamics 69 – 71, 33 – 54

86 Krajnovi'c S and Davidson L(2002b). Numerical study of the flow around the bus-shaped body. submitted for journal publication.

87 Han T(1989). Computational analysis of three-dimensional turbulent flow around a bluff body in ground proximity. AIAA Journal 27(9), 1213 – 1219.

88 Ahmed S R, Ramm G and Faltin G(1984). Some salient features of the time averaged ground vehicle wake. SAE Paper 840300

89 Hucho W – H(1998). Aerodynamics of Road Vehicles (4ed.). Society of Automotive Engineers, Inc. ISBN 0 – 7680 – 0029 – 7.

90 Kataoka T, China H, Nakagawa K, Yanagimoto K and Yoshida M(1991). Numerical simulation of road vehicle aerodynamics and effect of aerodynamic devices. SAE Paper910597.

91 Hashiguchi M, Kawaguchi K, Yamasake R and Kuwahara K(1989). Computational study of the wake structure of a simplified ground-vehicle shape with base slant. SAE Paper 890597.

92 Aoki K, Ohbayashi T, Zhu M and Miyata H(1993). Finite-volume simulation of 3 – d vortical flow-fields about road vehicles with various after-body configuration. SAE Paper 931896

93 Rodi W, Ferziger J H, Breuer M and Pourquie M(1995). Workshop on LES of flows past bluff bodies. Rotach-Egern, Germany.

94 Rodi W(1997). Large-eddy simulations of the flow past bluff bodies: State-of-the-art. In Proc. JSME Centennial Grand Conf., Int. Conf. Fluid Eng., Tokyo.

95 Davidson L(1997). Large eddy simulation: A dynamic one-equation subgrid model for three-dimensional recirculating flow. In 1th Int. Symp. on Turbulent Shear Flow, Volume 3, Grenoble, pp. 26.1 – 26.6

96 Menon S and Kim W – W(1996). High Reynolds number flow simulations using the localized dynamic subgridscale model. 34th Aerospace Sciences Meeting, AIAA Paper96 – 0425, Reno.

97 Krajnovic S and Davidson L(2002a). Large eddy simulation of the flow around a bluff body. AIAA Journal 40(5), 927 – 936.

98 Martinuzzi R and Tropea C(1993). The flow around surface-mounted prismatic obstacles placed in a fully developed channel flow. ASME: Journal of Fluids Engineering115(1), 85 – 91.

99 Chong M S, Perry A E and Cantwell B J(1990). A general classification of three-dimensional flow fields. Physics of Fluids 5(2), 765 – 777.

100 Sujudi D and Haimes R(1995). Identification of swirling flow in 3 – D vector fields. AIAA Paper AIAA 95 – 1715.

101 Shah K B and Ferziger J H(1997, April). A fluid mechanicians view of wind engineering: Large eddy simulation of flow past a cubic obstacle. Journal of Wind Engineeringand Industrial Aerodynamics 67, 211 – 224.

102 Iaccarino G and Durbin P(2000). Unsteady 3D RANS simulations using the v2f model. In Annual Research Briefs 2000, Stanford University, pp. 263 – 269.

103 Duell E G(1994). Experimental investigation of unsteady near wakes of ground vehicle bodies. Ph. D. thesis, Cornell University.

104 Krajnovic S(2002). Large Eddy Simulations for Computing the Flow Around Vehicles. Ph. D. thesis, Dept. of Thermo and Fluid Dynamics, Chalmers University of Technology, Gothenburg.

105 Bearman P W, Davis J P and Harvey J K(1983). Measurement of the structrure of road vehicle wakes. International Journal of Vehicle Design, Technological Advances in Vehicle Design Series. SP3. Impact of Aerodynamics on Vehicle Design, 493 – 499.

106 Barlow J, Guterres R, Ranzenbach R and Williams J(1999). Wake structures of rectangular bodies with radiused edges near a plane surface. SAE Paper 1999 – 01 – 0648

107 Duell E G and George A R(1999). Experimental study of a ground vehicle body unsteady near wake. SAE Paper 1999 – 01 – 0812.

108 Spohn A and Gillieron P(2002). Flow separations generated by a simplified geometry of an automotive vehicle. In IUTAM Symposium: Unsteady Separated Flows, April 8 – 12, Toulouse, France.

109 Perry A E and Chong M S(1987). A description of eddying motions and flow patterns using critical-point concepts. Ann. Rev. Fluid Mech. 19, 125 – 155

110 Krajnovic S and Davidson L(2002c). A test case for large eddy simulation in vehicle aerodynamics. In Proceedings of the 5th International Symposium on Engineering Turbulence Modelling and Measurements, Mallorca, Spain.

111 Ahmed S(1981). Wake structures of typical automobile shapes. ASME: Journal of Fluids Engineering 103,162 – 169

112 Barlow J B, Guterres R and Ranzenbach R(1999). Rectangular bodies with radiused edges in ground effect. AIAA Paper 99 – 3153

113 Davidson L and Peng S – H(2001). A hybrid LES – RANS model based on a one-equation SGS model and a twoequation k – ε model. In Lindborg E, Johansson A, Eaton J, Humphrey J, Kasagi N, Leschziner M, and Sommerfeld M(Eds.). The Second International Symp. on Turbulence and Shear Flow Phenomena, Volume 2, Stockholm, pp.175 – 180.

114 Spalart P R, Jou W H, Strelets M and Allmaras S R(1997). Detached-eddy simulation of an airfoil at high angle of attack. In Advances in DNS/LES, Proceedings of the First AFOSR International Conference on DNS/LES.

115 Lax P D. "Hyperbolic Systems of Conservation Laws II", Comm. Pure Appl. Math 10 (1957).

116 Harten A. "The Artificial Compression Method for Computation of Shocks and Contact Discontinuities III, Self-Adjusting Hybrid Schemes," Mathematics of Computation, Vol. 32, No. 142. April(1978).

117 Steinhoff J, Puskas E, Babu S, Wenren Y and Underhill D. "Computation of Thin Features Over Long Distances Using Solitary Waves," AIAA Proceedings, 13th Computational Fluid Dynamics Conference, July, (1997).

118 Steinhoff J, Wang Clin Underhill D, Mersch T and Wenren Y. "Computational Vorticity Confinement: A Non-Diffusive Eulerian Method for Vortex-Dominated Flows," UTSI preprint, (1992).

119 Steinhoff J and Underhill D. "Modification of the Euler Equations for Vorticity Confinement Application to the Computation of Interacting Vortex Rings," Physics of Fluids, 6, (1994).

120 Steinhoff J. "Vorticity Confinement: A New Technique for Computing Vortex Dominated Flows". In Caughey D A and Hafez M M, editors. Frontiers of Computational Fluid Dynamics. John Wiley & Sons, (1994).

121 Pevchin S V, Steinhoff J and Grossman B. "Capture of Contact Discontinuities and Shock Waves Using a Discontinuity Confinement Procedure," AIAA Paper No. 97 – 0874, (1997).

122 Larousse A, Martinuzzi R and Tropea C. "Flow Around Surface-Mounted, Three-Dimensional Objects," in Turbulent Shear Flows.

123 Eds: Durst, Freidrich, Launder, Schmidt, Schumann and Whitelaw. Springer-Verlag, (1991), pp.127 – 139.

124 Shah K B and Ferziger J H. "A Fluid Mechanicians View of Wind Engineering: Large-Eddy Simulation of Flow Past a Cubic Obstacle," J. Wind Eng. & Indust. Aero, Vols. 67 – 68, (1997),

pp.211 – 224.

125 Werner H and Wengle H. "Large-Eddy Simulation of Turbulent Flow Past Over and Around a Cube in a Plate Channel," in Turbulent Shear Flows 8, Eds. Durst, Freidrich, Launder, Schmidt, Schumann and Whitelaw, Springer-Verlag, (1991), pp.155 – 168.

126 Hu G, Grossman B and Steinhoff J. "Vortex Confinement in Compressible Flow," Paper AIAA – 2000 – 0281, 38th AIAA Aerospace Sciences Meeting, Reno NV, Jan. (2000).

127 Ferziger J H. "Large Eddy Simulation," in Simulation and Modeling of Turbulent Flows, Chapter III, Eds. Gatski, T., Hussaini, M.Y., and Lumley, J.L., Oxford University Press, (1996).

128 Tsai C Y and Whitney A K. "Numerical Study of Three-Dimensional Flow Separation for a 6:1 Ellipsoid," AIAA Paper no.99 – 0172, (1999).

129 Decker, Friedhelm, private communication, Nov. (2000).

130 Muzaferija S, Peric M, Sames P C, Shellin T. A two-fluid Navier-Stokes solver to simulate water entry, Proc. 22nd Symposium on Naval Hydrodynamics, Washington, D.C., August 09 – 14, (1998).

131 Sames P C, Shellin T, Muzaferija S, Peric M. Application of a two-fluid finite volume method to ship slamming, ASME J. Offshore Mech. Arctic Engrg., Vol.121, pp.47 – 52 (1999)

132 Zorn T. Berechnung der turbulenten Strömung mit freier Oberfläche um ein Containerschiff, Diplomarbeit, TU Hamburg-Harburg, (2001)

133 Muzaferijä S, Peric M. Computation of Free Surface Flow Using Interface-Tracking and Interface-Capturing Methods, chap.2 in Mahrenholtz O and Markiewicz M (eds.), Nonlinear Water Wave Interaction, pp.59 – 100, WIT Press, Southampton, (1999).

134 Whicker L F, Fehlner L F. Free-stream characteristics of a family of low-aspect-ratio, all-movable control surfaces for application to ship design, {cm Report 933}, David Taylor Model Basin, (1958).

135 El Moctar O A M. Numerische Berechnungvon Strömungskräften beim Manövrierenvon Schiffen, Dissertation, TU Hamburg-Harburg, (2001).

136 Lübke L O. Berechnung des Widerstandes von Wigley-Trimaranen, Diplomarbeit, TU Hamburg-Harburg, (2000).

137 Azcueta R A. Computation of turbulent free-surface flows around ships and floating bodies, Dissertation, TU Hamburg-Harburg, (2001).

138 Hinatsu M, Tsukada Y, Fukasawa R, Tanaka Y. Experiments of two-phase flows for the joint research, Internal Report, Ship Research Institute, Tokyo, (2001).

139 Balle J. Berechnung der turbulenten Strömung mit freier Oberfläche um einen Zerstörerrumpf, Diplomarbeit, TU Hamburg-Harburg, (2001).

140 Marcouly D. Sloshing in a cylindrical tank, Diplomarbeit, TU Hamburg-Harburg, (2000).

141 Mallon F. Berechnung von Sloshing in rechteckigen Tanks, Diplomarbeit, TU Hamburg-Harburg, (2000).

142 Schumacher A. Brechende Wellen hinter einem getauchten Flügelprofil: Versuch und Strömungsberechnung im Vergleich, Diplomarbeit, TU Hamburg-Harburg, (2001).

143 Xing Y, Hadzic I, Peric M. CFD simulation of wave-induced floating body motions, Int. Symp. Nonlinear and Free-Surface Flows, Hiroshima, Japan, April(2001).

144 Muzaferija S, Hadzic I, Peric M, Xing Y. Computation of viscous flows around floating bodies, Internal Report, TU Hamburg-Harburg (to be published).

145 MURANKAMI S. Comparison of Various Turbulence Models Applied to a Bluff Body. Journal of Wind Engineering and Industry Aerodynamics, 46 & 47 (1993) 21 – 36.

146 Rodi W. Comparison of LES and RANS Calculations of the Flow Around Bluff Bodies. Journal of Wind Engineering and Industry Aerodynamics, 69 – 71 (1997) 55 – 75.

147 Khier W, Breuer M and Durst F. Flow Structure Around Trains Under Side Wind Conditions: A Numerical Study. Computers & Fluids 29 (2000) 179 – 195.

148 Takanori Uchida and Yuji Ohya. Numerical Simulation of Atmospheric Flow Over Complex Terrain. Journal of Wind Engineering and Industry Aerodynamics, 81 (1999) 283 – 293.

149 Krajinović, S and Davidson, S. Development of Large-eddy Simulation For Vehicle Aerodynamics. Proceedings of IMECE2002, ASME International Mechanical Engineering Congress & Exposition, November 17.22, (2002), New Orleans, Louisiana.

150 Wenren Y, Fan M, Dietz W, Hu G, Braun C, Steinhoff J and Grossman B. Efficient Eulerian Computation of Realistic Rotorcraft Flows Using Vorticity Confinement. AIAA – 2001 – 0996.

151 ICCM Newsletter. Advanced CFD for Marine Technologies. ICCM Institute of Computational Continuum Mechnics Gmbh Bramfelder Sttabe 164 22305 Hamburg.